U0145065

地球科學 英漢對照詞典

邱琬婷 ◆編著

EARTH SCIENCES

of

and

Dictionary

EARTH

English-Chinese

of EARTH SCIENCES

SCIENCES

and

English

SCIENCES

Earth   Chinese

五南圖書出版公司 印行

序

　　地球科學主要是探討研究人類與環境的科學，是自然與人文世界的橋樑，既屬自然科學，又屬社會科學。地球科學研究內容廣泛，舉凡地形、氣候、土壤、水文、生物、天氣預測、集水區經營管理、海岸規劃、土壤侵蝕、森林資源的使用及人口、經濟、都市、政治、文化、性別、環境、地理資訊系統等都涵括在內。一般的研究領域分成自然地理、人文地理、地理技術，以及環境資源等四大主題方向。

　　工業用地的配置、都市與交通問題、原住民的適應、污染的產生及環境識覺等現代社會問題也屬於地球科學的一種。

　　本書編者搜集重要的字彙，並依字母順序的編排方式而編成此詞典，而使讀者能隨時查閱自己生疏字彙之語意。在編撰過程中，編者特別注意學術領域發展迅速，也盡可能收集近年來新出現的學術術語。設定為詞條，希望它對於讀者在從事地球科學及其相關科學的研究中能有所裨益。

　　編者更希望本詞典的出版，能帶給讀者在學習、編輯或翻譯過程中有所助益。

編者
2011年3月

目　次

A a

a axis　a 軸 [地質]

A horizon　表土層 [地質]

A star　A 型星 [天文]

A/E ratio　吸收率發射率比 [天文] [氣象]

aa channel　塊熔岩通道 [地質]

aa lava　塊熔岩 [地質]

AABW: Antarctic Bottom Water　南極底層水 [地質]

a-b plane　a-b 面 [地質]

ABC system　ABC 體系 [地質]

Abell richness class　阿貝爾富度 [天文]

abelsonite　鎳石 [地質]

aberration constant　像差常數 [天文]

aberration of light　光行差 [天文]

aberration shift　光行差位移 [天文]

aberrational ellipse　光行差橢圓 [天文]

aberration　像差，光行差 [天文]

aberrometer　像差計 [天文]

abiogenic landscape　非生源景觀 [地質]

abiological removal　非生物轉移 [海洋]

abkhazite　透閃石棉 [地質]

ablation area　消融區 [海洋]

ablation cone　消融錐 [海洋]

ablation factor　消融率 [海洋]

ablation form　消融形態 [海洋]

ablation moraine　消融冰磧 [海洋]

ablation　消融，消冰 [地質]

ablative　消融的 [地質]

ablatograph　冰融儀 [地質]

ablykite　阿布石 [地質]

Abney level　阿布尼水平儀 [地質]

abnormal absorption　異常吸收 [氣象]

abnormal anticlinorium　逆複背斜 [地質]

abnormal E layer　異常 E 電離層 [地質]

abnormal fluid pressure　異常流體壓力 [氣象]

abnormal magnetic variation　異常地磁變化 [地質]

abnormal synclinorium　逆複向斜 [地質]

abnormal weather　異常天氣 [氣象]

abortive exploration expenditure　無成果勘探支出 [地質]

Abraham's tree　亞伯拉罕樹狀捲雲 [氣象]

A

abrasion coast　海蝕海岸 [地質]

abrasion landform　海蝕地貌 [地質]

abrasion platform　海蝕臺地 [海洋]

abrasion　磨蝕 [地質]

abrasive jet drilling　磨蝕噴射鑽井 [地質]

abridged armilla　簡儀 [天文]

abridged drawing　略圖 [地質]

abrupt cliff　陡崖 [地質]

abruptness　陡度 [地質]

abrupt　陡起的 [地質]

absarokite　阿布沙玄武岩，正邊玄武岩 [地質]

absite　釷鈦鈾礦 [地質]

absolute age　絕對年齡 [地質]

absolute bolometric magnitude　絕對熱星等 [天文]

absolute brightness　絕對亮度 [天文]

absolute catalog　絕對星表 [天文]

absolute chronology　絕對年代 [地質]

absolute deflection of the vertical　絕對垂線偏差 [地質]

absolute determination　絕對測定 [地質]

absolute drought　絕對乾旱 [氣象]

absolute geopotential topography　絕對重力位圖 [氣象]

absolute gradient　絕對梯度 [天文] [地質]

absolute gravimeter　絕對重力儀 [地質]

absolute gravity measurement　絕對重力測量 [地質]

absolute gravity survey　絕對重力測量 [地質]

absolute height　絕對高度 [天文]

absolute humidity　絕對溼度 [氣象]

absolute instability　絕對不穩定（性）[氣象]

absolute isohypse　絕對等高線 [氣象]

absolute linear momentum　絕對線性動量 [氣象]

absolute magnitude effect　絕對星等效應 [天文]

absolute magnitude　絕對星等 [天文]

absolute manometer　絕對微壓計 [氣象]

absolute momentum　絕對動量 [地質]

absolute parallax　絕對視差 [天文]

absolute perturbation　絕對攝動 [天文]

absolute photoelectric magnitude　絕對光電星等 [天文]

absolute photographic magnitude　絕對照相星等 [天文]

absolute photometry　絕對光度學 [天文]

absolute photovisual magnitude　絕對仿視星等 [天文]

absolute proper motion　絕對自行 [天文]

absolute radiometric magnitude　絕對輻射星等 [天文]

absolute red magnitude　絕對紅星等 [天文]

absolute salinity　絕對鹽度 [海洋]

absolute scale of seismic intensity　絕對地震強度表 [地質]

absolute stability 絕對穩度 [氣象]

absolute standard barometer 絕對標準氣壓計 [氣象]

absolute star catalogue 絕對星表 [天文]

absolute time 絕對時間 [天文]

absorption band of carbon dioxide 二氧化碳吸收帶 [地質]

absorption band of ozone 臭氧吸收帶 [氣象]

absorption band of water vapor 水汽吸收帶 [氣象]

absorption crystal spectrum 吸收晶體光譜 [地質]

absorption hygrometer 吸收溼度表 [氣象]

absorption line 吸收譜線 [天文]

absorption spectrum 吸收光譜 [天文] [氣象]

abstraction 併水 [地質]

abukumalite 釷磷灰石 [地質]

Abukuma belt 阿不古馬帶 [地質]

Abukuma-type facies 釷磷灰石型相 [地質]

abundance anomaly 豐度異常 [地質]

abundance of element 元素富饒 [地質]

abyssal cave 海底扇 [海洋]

abyssal circulation 深海環流 [海洋]

abyssal clay 深海黏土 [海洋]

abyssal deposit 深海沉積 [海洋]

abyssal facies 深海相 [海洋]

abyssal fan 海底扇 [海洋]

abyssal floor 深海海床 [地質] [海洋]

abyssal gap 深洋隘口 [地質] [海洋]

abyssal hill 深海丘陵 [海洋]

abyssal injection 深成貫入 [地質]

abyssal intrusion 深成侵入 [地質]

abyssal oceanography 深海海洋學 [海洋]

abyssal plain 深海平原 [海洋]

abyssal region 深海區 [海洋]

abyssal rock 深成岩 [地質]

abyssal sediment 深海沉積物 [地質] [海洋]

abyssal theory 深成理論 [地質]

abyssal zone 深海帶 [海洋]

abyssal-benthic zone 深海底棲帶 [海洋]

abyssal 深海的 [海洋]

abyssolith 岩基 [地質]

abyssopelagic ecology 深海生態學 [海洋]

abyssopelagic organism 深海生物 [海洋]

abyssopelagic plankton 深海浮游生物 [海洋]

abyssopelagic zone 遠洋深海帶 [海洋]

abyss 深海 [海洋]

Ac cas 堡狀高積雲 [氣象]

Ac cug 積雲性高積雲 [氣象]

Ac electrical method 交流電法 [地質]

Ac flo 絮狀高積雲 [氣象]

a-c fracture a-c 斷裂 [地質]

a-c girdle a-c 帶 [地質]

Ac len　莢狀高積雲 [氣象]

Ac op　蔽光高積雲 [氣象]

a-c plane　a-c 面 [地質]

Ac tr　透光高積雲 [氣象]

Ac (altocumulus cloud)　高積雲 [氣象]

academic geology　理論地質學 [地質]

academic stratigraphy　理論地層學 [地質]

Acadian orogeny　阿克殿造山運動 [地質]

acanthite　斜方輝銀礦，螺狀硫銀礦 [地質]

acarbodavyne　無碳鉀鈣霞石 [地質]

acaustobiolith　非燃性生物岩 [地質]

accelerated erosion　加速侵蝕 [地質]

acceleration response spectrum　加速度反應譜 [地質]

accelerograph　加速度儀 [地質]

accessory cloud　附屬雲 [氣象]

accessory ejecta　副噴出物 [地質]

accessory element　痕量元素 [地質]

accessory mineral　副礦物 [地質]

accident block　外源噴塊 [地質]

accidental ejecta　外源噴出物 [地質]

accidental inclusion　外源包體，異質包體 [地質]

accompanying mineral　伴生礦物 [地質]

accordance loss of detector　探測器符合損失 [地質]

accordant fold　同向褶皺 [地質]

accordant summit level　等高切峰面 [地質]

accretion cylinder　吸積柱 [天文]

accretion disk　吸積盤 [天文]

accretion hypothesis　吸積假說 [天文]

accretion rate　吸積率 [天文]

accretion theory　吸積理論 [天文]

accretion vein　填加脈 [地質]

accretionary lava ball　增積熔岩球 [地質]

accretionary limestone　增積石灰岩 [地質]

accretionary prism　增積岩體 [地質]

accretionary ridge　堆積脊 [地質]

accretion　吸積，堆積作用 [天文] [地質]

accumulated time difference　累積時差 [天文]

accumulation area　堆積區 [地質]

accumulation hypothesis of earth　地球起源積聚假說 [天文] [地質]

accumulation zone　堆積區 [地質]

accumulation　堆積，聚積 [天文] [地質]

accuracy of sounder reading　測深儀讀數精度 [海洋]

accurate contour　精確等高線 [地質]

acendrada　白泥灰岩 [地質]

acervulus　松果體石 [地質]

ACF diagram　ACF 圖解 [地質]

achavalite　硒鐵礦 [地質]

Achernar(α Eri)　水委一，波江座 Ω 星 [天文]

Achilles group　阿基里斯群小行星 [天

文]

Achilles 阿基里斯（小行星 588 號）[天文]

achmatite 綠簾石 [地質]

achnakaite 黑雲長岩 [地質]

achondrite 無球粒隕石 [地質]

achrematite 鉛砷鉬礦 [地質]

achroite 無色電氣石 [地質]

achynite 氟矽鈮鈦礦 [地質]

acicular crystal 針狀晶體 [地質]

acicular nebula 針狀星雲 [天文]

acid precipitation 酸性降水 [氣象]

acid rain 酸雨 [氣象]

acid rock 酸性岩 [地質]

acid spar 酸性晶石 [地質]

acid spring 酸性泉 [地質]

acidic lava 酸性熔岩 [地質]

acidic rock 酸性岩 [地質]

acidite 酸性岩 [地質]

acidity coefficient 酸度係數 [地質]

acidulous water 酸性水 [地質] [海洋]

aclinal 水平的 [地質]

acline 無傾線 [地質]

aclinic line 地磁赤道 [地質]

aclinic 無傾角的 [地質]

acmite 鈉輝石，錐輝石 [地質]

acorite 鋯石 [地質]

acoustic exploration 音波探勘 [地質] [海洋]

acoustic logging 音波井測 [地質]

acoustic ocean current meter 聲洋流計 [海洋]

acoustic oceanography 聲學海洋學 [海洋]

acoustic prospecting 音波探測 [地質] [海洋]

acoustic responder 音波定位 [海洋]

acoustic sounding 音波測深 [地質] [海洋]

acoustic stratigraphy 音波地層學 [地質]

acoustic survey 音波探勘 [地質] [海洋]

acoustical frequency electric field receiver 音頻大地電場儀 [地質]

acoustical impedance 波阻抗 [地質]

acoustical oceanography 聲學海洋學 [海洋]

acoustostratigraphy 音波地層學 [地質]

acquisition station 採集站 [地質]

ACR: active cavity radiometer 主動空腔輻射計 [天文]

Acrab(β Sco) 房宿四，天蠍座 β 星 [天文]

acrobatholithic 露頂岩基的 [地質]

acrochordite 球砷錳礦 [地質]

acromorph 火山瘤 [地質]

Acrux(α Crucis) 十字架二，南十字座 Ω 星 [天文]

actinograph 日光強度自動記錄器 [氣象]

actinolite 陽起石 [地質]

actinolitization 陽起石化 [地質]

A

actinometer　日射測定計 [天文] [氣象]

actinometry　輻射測量學，日射測量法 [天文]

actinote　陽起石 [地質]

activation method　活化法 [地質]

active accumulated temperature　有效積溫 [氣象]

active cavity radiometer　主動腔體輻射計 [氣象]

active continental margin　活動大陸邊緣 [地質] [海洋]

active experiment　主動試驗 [地質]

active fault　活斷層 [地質]

active front　活躍鋒 [氣象]

active galaxy　活躍星系 [天文]

active geologic process　活動地質過程 [地質]

active glacier　活冰川 [海洋]

active layer　活性地層 [地質]

active longitude　活動經度 [天文]

active permafrost　活動性永久冰層 [地質] [海洋]

active prominence region　活躍日珥區 [天文]

active prominence　活躍日珥 [天文]

active source method　主動源法 [地質]

active structural system　活動性構造體系 [天文]

active sunspot prominence　活動黑子日珥 [天文]

active volcano　活火山 [地質]

activity longitude　活動經度 [天文]

activity ratio　活性比 [地質]

actual elevation　實際高度 [氣象]

actual flying weather　飛行天氣實況 [氣象]

actual pressure　實際壓力 [氣象]

acute angle block　銳角塊 [地質]

acute bisectrix　銳角等分線 [地質]

adamantine drill　鑽料鑽機 [地質]

adamantine spar　剛玉 [地質]

adamant　硬石 [地質]

adamas　金剛石 [地質]

adamellite　石英二長岩 [地質]

adamine　水砷鋅礦 [地質]

adamite　水砷鋅礦 [地質]

adamsite　暗綠雲母 [地質]

adaptive stack　自適應疊加 [地質]

adarce　石灰華 [地質]

adelite　砷鈣鎂石 [地質]

adiabatic ascending　絕熱上升 [氣象]

adiabatic atmosphere　絕熱大氣 [氣象]

adiabatic chart　絕熱圖 [氣象]

adiabatic condensation pressure　絕熱凝結氣壓 [氣象]

adiabatic condensation temperature　絕熱凝結溫度 [氣象]

adiabatic equilibrium　絕熱平衡 [天文] [氣象]

adiabatic heating　絕熱增溫 [氣象]

adiabatic lapse rate　絕熱直減率 [氣象]

adiabatic pulsation　絕熱脈動 [天文]

A

adiabatic region　絕熱區 [氣象]

adiabatic saturation pressure　絕熱飽和氣壓 [氣象]

adiabatic saturation temperature　絕熱飽和溫度 [氣象]

adiabatic sinking　絕熱下沉 [氣象]

adiabatic temperature change　絕熱溫度變化 [氣象]

adigeite　鎂蛇紋石 [地質]

adinole　鈉長英板岩 [地質]

adinolite　鈉長英板岩 [地質]

adipite　膠菱沸石 [地質]

adipocerite　偉晶蠟石 [地質]

adipocire　偉晶蠟石 [地質]

adjacent sea　邊緣海 [海洋]

adjacent waters　相鄰水域 [地質] [海洋]

adjoining rock stability　圍岩穩定 [地質]

adjustment of lengthwise and lateral level bubble　縱橫水平器調節 [地質]

adlerstein　針鐵礦 [地質]

adlittoral　近岸的 [氣象]

adobe flat　砂質黏土平地 [天文]

adobe　灰質黏土 [天文]

adolescent coast　壯年期海岸 [氣象]

Adonis　阿多尼斯（2101 號小行星）[天文]

adopted latitude　緯度採用值 [天文]

adopted longitude　經度採用值 [天文]

Adrastea　木衛十五 [天文]

Adriatic　亞得里亞海的 [海洋]

adsorbed water　吸附水 [地質]

adtidal　潮下的 [海洋]

adularescence　冰長光彩 [地質]

adularia　冰長石 [地質]

adularization　冰長石化作用 [地質]

adular　冰長石 [地質]

advance of periastron　近星點前移 [天文]

advance of perihelion　近日點前移 [天文]

advection current　平流 [氣象]

advection fog　平流霧 [氣象]

advection frost　平流霜 [氣象]

advection radiation fog　平流輻射霧 [氣象]

advection radiation frost　平流輻射霜 [氣象]

advection thunderstorm　平流雷暴 [氣象]

advection　平流 [氣象] [海洋]

advective hypothesis　平流假設 [氣象]

advective model　平流模式 [氣象]

advective thunderstorm　平流雷暴 [氣象]

advect　平流輸送 [氣象] [海洋]

adventive cone　寄生火山錐 [地質]

adventive crater　寄生火山口 [地質]

adverse wind　逆風 [氣象]

advisory　氣象報告 [氣象]

AE index　AE 指數 [地質]

aedelforsite　矽灰石 [地質]

aedelite　葡萄石，鈉沸石 [地質]

A

aegirine-augite   霓輝石 [地質]

aegirine-felsite   霓霏細岩 [地質]

aegirine-granite   霓花崗岩 [地質]

aegirine   霓石 [地質]

aegirinite   霓石岩 [地質]

aegirinolite   霓磁斑岩 [地質]

aegirite   霓石，錐輝石 [地質]

aegyrite-augite   霓輝石 [地質]

AEM method   航空電磁法 [地質]

AEM system   航空電磁系統 [地質]

aenigmatite   三斜閃石 [地質]

aeolian facies   風積相 [地質]

aeolian landform   風蝕地形 [地質]

aeolian rock   風成岩 [地質]

aeolian   風成的 [地質]

aeolotropic crystal   各向異性晶體 [地質]

aeon   十億年 [天文] [地質]

aerated flush fluid   充氣沖洗液 [地質]

aerial mapping   航空測圖 [地質]

aerial method of geology   航空地質調查方法 [地質]

aerial migration   大氣遷移 [氣象]

aerial photogrammetry   航空攝影測量學 [地質]

aerial photomap   航空攝影地圖 [地質]

aerial profiling of terrain system   航空地層剖面測定系統 [地質]

aerial spectrograph   航空光譜儀 [地質]

aerial survey aircraft   航空測量飛機 [地質] [氣象]

aerial survey   航空測量 [地質]

aerinite   青泥石 [地質]

aerocartography   航空攝影測量學 [地質] [氣象]

aeroclimatology   高空氣候學 [氣象]

aeroclinoscope   天候信號器 [氣象]

aerogeological survey   航空地質調查 [地質]

aerogeology   航空地質學 [地質]

aerogram   雷氏熱力圖，高空氣象圖 [氣象]

aerography   大氣學 [氣象]

aerograph   高空氣象儀 [氣象]

aerogravity survey   航空重力測量 [地質] [氣象]

aerohydrous mineral   包液礦物 [地質]

aerohypsometer   高空測高計 [氣象]

aeroidograph   氣壓記錄器 [氣象]

aerolite   石質隕石 [天文] [地質]

aerolithology   隕石學 [天文] [地質]

aerolitic chemistry   隕石化學 [天文] [地質]

aerological day   高空氣象日 [氣象]

aerological diagram   高空氣象圖 [氣象]

aerological observation   高空氣象觀測 [氣象]

aerological observatory   高空氣象臺 [氣象]

aerological sounding   高空探測 [氣象]

aerological theodolite   測風經緯儀 [氣象]

aerology   高空氣象學 [氣象]

aeromagnetic map　航空磁力圖 [地質]

aeromagnetic survey　航空磁測 [地質]

aeromagnetics　航空磁測 [地質]

aeromancy　航空天氣預報 [氣象]

aeronautical meteorology　航空氣象學 [氣象]

aeronomy　高層大氣物理學 [氣象]

aeropause　適航層頂 [氣象]

aerophotogeology　航空攝影地質 [地質]

aerophotogrammetry　航空攝影測量 [地質]

aerophotographic method　航測法 [地質]

aerophoto-stereogeological surveying　空中立體攝影地質測量 [地質]

aerophototopography　航空攝影地形學 [地質]

aerophysics　大氣物理學 [氣象]

aeroradioactivity　大氣放射性 [地質] [氣象]

aerosiderite　鐵質隕石 [天文] [地質]

aerosiderolite　鐵石隕石 [地質]

aerosite　深紅銀礦 [地質]

aerosol concentration　氣懸膠體集中度 [氣象]

aerosol density　氣懸膠體密度 [氣象]

aerosol layer　氣懸膠體層 [氣象]

aerosol　氣懸膠體 [氣象]

aerosoloscope　氣懸膠儀 [氣象]

aerosphere　氣圈 [氣象]

aerosurvey　航空勘測 [地質]

aerotopography　航空地形測量學 [地質]

aerovane　風向風速儀 [氣象]

aerugite　塊砷鎳礦 [地質]

aeschynite　易解石 [地質]

aestival　夏季的 [天文]

aetherial　太空的 [天文]

AF cleaning　交變場清洗 [地質]

affine strain　均勻應變 [地質]

affluent　支流 [地質]

Afghanets　阿富汗強風 [氣象]

African Plate　非洲板塊 [地質]

after-effect of storm　磁暴後效 [天文] [氣象]

afterlight　落日餘暉 [氣象]

afternoon effect　午後效應 [海洋]

aftershock sequence　餘震序列 [地質]

aftershock　餘震 [地質]

Aftonian-interglacial stage　阿夫頓間冰期 [地質]

aftonite　銀黝銅礦 [地質]

afwillite　柱矽鈣石 [地質]

agalite　纖滑石 [地質]

agalmatolite　壽山石 [地質]

Agamemnon　亞加米農星 [天文]

agardite　砷銅釔礦 [地質]

agaric mineral　岩乳 [地質]

Agassiz orogeny　阿格塞茲造山運動 [地質]

agate jasper　瑪瑙碧玉 [地質]

agate opal　瑪瑙蛋白石 [地質]

agate　瑪瑙 [地質]

agatized wood 瑪瑙石化木 [地質]

age determination 定年 [地質]

age of diurnal inequality 日潮不等潮齡 [海洋]

age of diurnal tide 全日潮潮齡 [海洋]

age of fishes 魚類時代 [地質]

age of mammals 哺乳動物時代 [地質]

age of parallax inequality 視差不等潮齡 [海洋]

age of phase inequality 月相不等潮齡 [海洋]

age of remanence 殘磁年齡 [地質]

age of the Galaxy 銀河系年齡 [天文]

age of the moon 月齡 [天文]

age of the universe 宇宙年齡 [天文]

age of tide 潮齡 [海洋]

ageostrophic motion 非地轉運動 [氣象]

ageostrophic wind 非地轉風 [氣象]

age 期，時代，年齡 [天文] [地質]

agglaciation 加強冰河作用 [地質]

agglomerate 集塊岩 [地質]

agglomeration 集塊作用，凝聚 [地質] [氣象]

aggraded valley floor 堆積谷底 [地質]

aggraded valley plain 堆積河谷平原 [地質]

aggregate structure 集合體構造 [地質]

aggregate 集合體 [地質]

aggregation 聚集 [地質]

aggressive magma 侵進岩漿 [地質]

AGK catalog 德國天文學會星表 [天文]

aglaite 變鋰輝石 [地質]

aglaurite 閃光正長石 [地質]

agmatite 角礫混合岩 [地質]

agnesite 碳鉍礦 [地質]

agnolite 紅矽鈣錳礦 [地質]

agonic line 無偏差線 [地質]

AGOR: Auxiliary General Oceanographic Research 輔助通用海洋學研究 [海洋]

agpaite 鈉質火成岩類 [地質]

agricolite 球矽鉍礦 [地質]

agricultural climatology 農業氣候學 [氣象]

agricultural geochemistry 農業地球化學 [地質]

agricultural geology 農業地質學 [地質]

agricultural meteorology 農業氣象學 [氣象]

agrinierite 鍶鉀鈾礦 [地質]

agroclimate 農業氣候 [氣象]

agroclimatic analysis 農業氣候分析 [氣象]

agroclimatic atlas 農業氣候圖集 [氣象]

agroclimatic demarcation 農業氣候區劃 [氣象]

agroclimatic evaluation 農業氣候評價 [氣象]

agroclimatic index 農業氣候指標 [氣象]

agroclimatic investigation 農業氣候調查 [氣象]

agroclimatic regionalization 農業氣候

區劃 [氣象]

agroclimatic region　農業氣候區 [氣象]

agroclimatography　農業氣候誌 [氣象]

agroclimatology　農業氣候學 [氣象]

agroforestrial geology　農林地質學 [地質]

agrogeochemistry　農業地球化學 [地質]

agrogeology　農業地質學 [地質]

agrometeorological forecast　農業氣象預報 [氣象]

agrometeorological index　農業氣象指標 [氣象]

agrometeorological model　農業氣象模式 [氣象]

agrometeorological observation　農業氣象觀測 [氣象]

agrometeorological simulation　農業氣象模擬 [氣象]

agrometeorological station　農業氣象站 [氣象]

agrometeorological yearbook　農業氣象年報 [氣象]

agrometeorological yield forecast　農業氣象產量預報 [氣象]

agrometeorology　農業氣象學 [氣象]

aguilarite　輝硒銀礦 [地質]

Agulhas Current　阿加勒斯海流 [海洋]

agustite　磷灰石 [地質]

aidyrlite　雜矽鋁鎳礦 [地質]

aikinite　針硫鉍鉛礦 [地質]

ailsyte　鈉閃微崗岩 [地質]

ainalite　鐵鉭錫石 [地質]

aiounite　輝石雲斜岩 [地質]

air base　空中基線 [氣象]

air breakup　大氣層破壞 [氣象]

air cap　氣冠 [天文]

air composition　大氣成分 [氣象]

air current　氣流 [氣象]

air diffusion　空氣擴散 [氣象]

air discharge　空中放電 [氣象]

air drag　空氣阻力 [地質] [氣象]

air dried basis　空氣乾燥基 [地質]

air drilling　空氣鑽井 [地質]

air flow　氣流 [氣象]

air frost　氣霜 [氣象]

air glow　大氣輝光 [天文]

air gun　氣槍 [地質]

air heave　空氣推舉作用 [地質]

air humidity　空氣溼度 [氣象]

air mass analysis　氣團分析 [氣象]

air mass climatology　氣團氣候學 [氣象]

air mass fog　氣團霧 [氣象]

air mass meteorology　氣團氣象學 [氣象]

air mass modification　氣團變性 [氣象]

air mass precipitation　氣團性降水 [氣象]

air mass shower　氣團陣雨 [氣象]

air mass source region　氣團源地 [氣象]

air mass transformation　氣團轉變 [氣象]

air mass　氣團 [氣象]

air meter 風速計 [氣象]

air parcel 氣塊 [氣象]

air pollutants 空氣污染物 [氣象]

air pollution meteorology 空氣污染氣象學 [氣象]

air pressure drop 空氣壓力降 [氣象]

air pressure field 氣壓場 [氣象]

air pressure gauge 氣壓計 [氣象]

air pressure gradient 氣壓梯度 [氣象]

air pressure variation 氣壓變異 [氣象]

air pressure 氣壓 [氣象]

air route weather forecast 航線天氣預報 [氣象]

air sac 氣孔 [地質]

air seismology 大氣地震學 [地質] [氣象]

air sounding 探空觀測 [氣象]

air speed 風速 [氣象]

air stability 大氣穩定性 [氣象]

air stream 氣流 [氣象]

air survey 航空測量 [氣象]

air temperature change 氣溫改變 [氣象]

air temperature distribution 氣溫分布 [氣象]

air temperature indicator 氣溫指示器 [氣象]

air temperature inversion layer 氣溫逆變層 [氣象]

air temperature inversion 逆溫 [氣象]

air temperature lapse rate 氣溫直減率 [氣象]

air temperature variation 氣溫變化 [氣象]

air temperature 氣溫 [氣象]

air turbulence 亂流 [氣象]

air wave 空氣波 [氣象]

airborne electromagnetic method 空中電磁法 [地質] [氣象]

airborne electromagnetic system 空中電磁系統 [地質] [氣象]

airborne exploration 航測探勘 [氣象]

airborne flux-gate magnetometer 空中磁通門磁力儀 [地質] [氣象]

airborne geochemical prospecting 空中地球化學探勘 [地質] [氣象]

airborne geochemical survey 空中地球化學測量 [地質] [氣象]

airborne geochemistry 空中地球化學 [地質] [氣象]

airborne geophysical prospecting 空中地球物理勘探 [地質] [氣象]

airborne gravimeter 空中重力儀 [地質] [氣象]

air-borne gravimeter 空載重力計 [地質] [氣象]

airborne gravity measurement 空中重力測量 [地質] [氣象]

airborne infrared survey 空中紅外探測 [地質] [氣象]

airborne magnetic survey 空中磁力探測 [地質] [氣象]

airborne meteorological data collection system 空中氣象資料收集系統 [氣象]

象]

airborne oceanography　航測海洋學 [氣象] [海洋]

airborne prospecting　航測探勘 [氣象]

airborne proton magnetometer　空中質子磁力儀 [地質]

airborne radioactivity survey　空中放射性測量 [地質]

airborne radiosonde recorder　空中無線電探空儀記錄器 [氣象]

airborne survey　航測探勘 [地質] [氣象]

airborne VLE electromagnetic system　航空甚低頻電磁系統 [地質] [氣象]

air-coupled Rayleigh wave　空氣耦合雷利波 [地質]

aircraft ceiling　飛機雲幕 [氣象]

aircraft electrification　飛機帶電 [氣象]

aircraft sounding　飛機探測 [氣象]

aircraft thermometry　飛機測溫 [氣象]

aircraft turbulence　飛機亂流 [氣象]

aircraft weather reconnaissance　飛機氣象偵察 [氣象]

air-earth conduction current　地空傳導電流 [地質]

air-earth current　地空電流 [地質]

airflow drying　氣流乾燥 [氣象]

airflow meter　空氣流速計 [氣象]

airflow speed of test point　測試點風速 [氣象]

airflow　氣流 [氣象]

airglow　氣輝 [氣象]

airplane sounding　飛機高空探測 [氣象]

air-sea boundary process　海氣邊界過程 [海洋]

air-sea interaction　大氣海洋相互作用 [海洋]

air-sea interface　氣海界面 [海洋]

airwave　空中電波 [氣象]

airway forecast　航線天氣預報 [氣象]

airway weather map　航線天氣預報圖 [氣象]

Airy isostasy　艾里地殼均衡說 [地質]

Airy pattern　艾里樣圖 [地質]

Airy-Heiskanen isostasy　艾里－海斯卡寧地殼均衡說 [地質]

air　空氣，微風 [氣象]

aithalite　鈷土礦 [地質]

Aitken nuclei　艾肯特核 [氣象]

akaganeite　四方纖鐵礦 [地質]

akenobeite　明延岩 [地質]

akerite　英輝正長岩 [地質]

akermanite　鎂黃長石 [地質]

akmite　錐輝石 [地質]

AKR:auroral kilometric radiation　極光千米波輻射 [天文] [氣象]

akrochordite　球砷錳石 [地質]

aksaite　硼鎂石 [地質]

aktian deposit　陸坡沉積 [地質]

alabandite　硫錳礦 [地質]

alabaster　雪花石膏 [地質]

alaite　紅苔釩礦 [地質]

alalite　綠透輝石 [地質]

alamosite 鉛輝石 [地質]

Alaska current 阿拉斯加海流 [海洋]

alaskaite 雜硫銀鉍礦 [地質]

alaskite 白崗岩 [地質]

albanite 白榴岩 [地質]

albedo electron 反照電子 [地質]

albedo neutron 反照中子 [地質]

albedo of sea 海洋反照率 [海洋]

albedo of the Earth 地球反照率 [天文] [氣象]

albedo particle 反照粒子 [天文] [氣象]

albedometer 反照率計 [天文] [氣象]

albedowave 反照波 [天文] [氣象]

albedo 反照率 [天文] [氣象]

Alberta low 亞伯達低壓 [氣象]

albertite 黑瀝青 [地質]

Albian 阿爾必期 [地質]

albite moonstone 鈉長月光石 [地質]

albite 鈉長石 [地質]

albitite 鈉長岩 [地質]

albitization 鈉長石化作用 [地質]

albitophyre 鈉長斑岩 [地質]

alboranite 紫蘇玄武岩 [地質]

Alcyone(η Tau) 昴宿六，金牛座 η 星 [天文]

Aldebaran(α Tau) 畢宿五（金牛座 α 星）[天文]

Alderamin(α Cep) 天鉤五（仙王座 α 星）[天文]

alec basin 深海濁流盆地 [海洋]

Aleutian Current 阿留申海流 [海洋]

Aleutian low 阿留申低壓 [氣象]

aleutite 閃輝安山岩 [地質]

aleuvite 粉砂岩 [地質]

Alexandrian Series 阿力山得統 [地質]

alexandrite 變石，變色石 [地質]

alexoite 磁黃橄欖岩 [地質]

alferric mineral 鋁鐵礦物 [地質]

alfven speed 亞耳芬速率 [天文]

algae coal 藻煤 [地質] [海洋]

algal biscuit 藻餅 [地質] [海洋]

algal limestone 藻灰岩 [地質] [海洋]

algal pit 藻淵 [地質] [海洋]

algal reef 藻礁 [地質] [海洋]

algal rim 藻環 [地質] [海洋]

algal structure 藻叢構造 [地質] [海洋]

Algenib(γ Peg) 壁宿一（飛馬座 γ 星）[天文]

alginite 藻煤素 [地質] [海洋]

algodonite 微晶砷銅礦 [地質]

Algol-type binary 大稜型雙星 [天文]

Algol-type eclipsing variable 大稜型食變星 [天文]

Algol-type variable 大稜型變星 [天文]

Algol 大稜五（英仙座 β 星）[天文]

Algoman orogeny 阿爾岡紋造山運動 [地質]

Algonkian 阿爾岡紀 [地質]

Alhena(γ Gem) 井宿三（雙子座 γ 星）[天文]

alimachite 黑綠琥珀 [地質]

alimentation of glacier 冰川補給 [海洋]

Alioth(ε UMa)　北斗五，玉衡（大熊座ε星）[天文]

alipite　綠鎂鎳礦 [地質]

alisonite　閃銅鉛礦 [地質]

alite　矽三鈣石 [地質]

alizite　鎳葉蛇紋石 [地質]

Alkaid　北斗七 [天文]

alkali basalt　鹼性玄武岩 [地質]

alkali beryl　鹼綠柱石 [地質]

alkali feldspar　鹼性長石 [地質]

alkali lake　鹼湖 [地質] [海洋]

alkali lime index　鹼灰質指數 [地質]

alkali rock　鹼性岩 [地質]

alkali-calcic series　鹼鈣系列 [地質]

alkalidavyne　鈉鈣霞石 [地質]

alkali metasomatism　鹼性換質作用 [地質]

alkali rock series　鹼性岩石系列 [地質]

alkaline rock　鹼性岩 [地質]

alkaline spring　鹼性泉 [地質]

allactite　砷水錳礦 [地質]

allalinite　蝕變輝長岩 [地質]

allanite　褐簾石 [地質]

allcharite　針鐵礦 [地質]

alleghanyite　粒矽錳礦 [地質]

Alleghenian orogeny　阿萊干尼造山運動 [地質]

Allegheny series　阿萊干尼統 [地質]

allemontite　砷銻礦 [地質]

Allende meteorite　阿聯德隕石 [地質]

allgovite　輝綠玢岩 [地質]

all-hydraulic drill　全液壓鑽機 [地質]

allivalite　橄鈣輝長岩 [地質]

allochemical metamorphism　他化變質（作用）[地質]

allochem　生物化學沉積 [地質]

allochetite　霞輝二長斑岩 [地質]

allochroite　粒榴石 [地質]

allochthonous coal　移置煤 [地質]

allochthonous deposit　移置 [地質]

allochthonous　移置 [地質]

allochthon　移置岩體 [地質]

alloclase　斜硫砷鈷礦 [地質]

alloclasite　斜硫砷鈷礦 [地質]

allogene　外來物 [地質]

allogonite　磷鈹鈣石 [地質]

allomerism　異質同晶 [地質]

allomorphism　同質異晶現象 [地質]

allomorphite　貝狀重晶石 [地質]

allomorphous　同質異晶的 [地質]

allomorph　同質異晶 [地質]

allophane-chrysocolla　膠矽孔雀石 [地質]

allophane-evansite　膠磷凡土 [地質]

allophane　水鋁英石 [地質]

allophanite　水鋁英石 [地質]

allorgentum　六方銻銀礦 [地質]

allothimorph　他形的 [地質]

allotrioblast　他形變晶 [地質]

alluaudite　磷錳鈉鐵石 [地質]

alluvial cone　沖積錐 [地質]

alluvial dam　沖積阻塞 [地質]

alluvial deposit　沖積物 [地質]

alluvial facies　沖積相 [地質]

alluvial fan　沖積扇 [地質]

alluvial flat　沖積灘 [地質]

alluvial ore deposit　沖積礦床 [地質]

alluvial plain　沖積平原 [地質]

alluvial slope　沖積坡 [地質]

alluvial stream　沖積河流 [地質]

alluvial terrace　沖積階地 [地質]

alluvial tin　沖積錫 [地質]

alluvial valley　沖積谷 [地質]

alluvial　沖積的 [地質]

alluviation　沖積作用 [地質]

alluvion　沖積層 [地質]

alluvium　沖積物 [地質]

almagra　深紅赭石 [地質]

almagrerit　e 鋅礬 [地質]

Almair(ζ Cen)　庫樓一（半人馬座 ζ 星）[天文]

almanac　天文年曆 [天文]

almandine spinel　紅尖晶石 [地質]

almandine　鐵鋁榴石，貴榴石 [地質]

almandite　鐵鋁榴石，貴榴石 [地質]

almashite　黑綠琥珀 [地質]

almucantar　地平緯圈，等高圈 [天文]

Alnilam(ε Ori)　參宿二（獵戶座 ε 星）[天文]

alnoite　橄輝煌斑岩 [地質]

alongshore current　沿岸流 [地質]

alpenglow　高山輝 [地質]

alpha region　阿爾法區 [地質]

Alphard(α Hya)　星宿一（長蛇座 α 星）[天文]

alpha　α 星 [天文]

Alpheratz(α And)　壁宿二（仙女座 α 星）[天文]

alpine climate　高山氣候 [氣象]

alpine geomorphology　高山地貌學 [地質]

alpine glacier　高山冰河 [地質]

alpine glow　高山輝 [氣象]

Alpine orogeny　阿爾卑斯造山運動 [地質]

alpine region　高山區 [地質]

Alpine tectonics　阿爾卑斯期構造 [地質]

alpine zone　阿爾卑斯帶 [地質]

Alpine-type facies　阿爾卑斯相 [地質]

alquifou　粗粒方鉛礦 [地質]

alsbachite　榴雲細斑岩 [地質]

alshedite　釔楄石 [地質]

alstonite　鋇霰石 [地質]

Altair　牽牛星 [天文]

altaite　碲鉛礦 [地質]

altar　天壇座 [天文]

altazimuth mounting　地平裝置 [天文]

altazimuth telescope　地平經緯望遠鏡 [天文]

altazimuth　經緯儀 [天文]

alteration halo　蝕變環 [地質]

alteration of fluorescence　螢光變化 [地質]

alteration zone　蝕變帶 [地質]

alteration 換質作用 [地質]

altered aureole 蝕變暈 [地質]

altered mineral 蝕變礦物 [地質]

altered rock 蝕變岩石 [地質]

alternate freezing and thawing 凍融交替 [地質]

alternating bars 交替沙洲 [地質]

alternating current 交流電 [地質] [氣象]

alternation of strata 互層 [地質]

alternative wave 轉換地震波 [地質]

altimeter setting indicator 測高儀定位指示器 [地質] [氣象]

altimeter setting 測高計設定 [地質] [氣象]

altiplanation surface 高山剝夷面 [地質]

altiplanation terrace 高山剝夷階地 [地質]

altiplanation 高山剝夷作用，解凍平頂泥流 [地質]

altithermal 高熱期 [地質]

altitude 高度 [天文] [地質] [氣象]

altocumulus castellanus 堡狀高積雲 [氣象]

altocumulus cloud 高積雲 [氣象]

altocumulus cumulogenitus 積雲性高積雲 [氣象]

altocumulus floccus 絮狀高積雲 [氣象]

altocumulus lenticularis 莢狀高積雲 [氣象]

altocumulus opacus 蔽光高積雲 [氣象]

altocumulus translucidus 透光高積雲 [氣象]

altocumulus 高積雲 [氣象]

altonimbus 高雨雲 [氣象]

altostratus cloud 高層雲 [氣象]

altostratus opacus 蔽光高層雲 [氣象]

altostratus translucidus 透光高層雲 [氣象]

altostratus 高層雲 [氣象]

alum coal 明礬煤 [地質]

alum schist 明礬片岩 [地質]

alum shale 明礬頁岩 [地質]

alum slate 明礬板岩 [地質]

alum stone 明礬石 [地質]

alumianite 正方礬石 [地質]

alumian 無水礬石 [地質]

alumina 氧化鋁，礬土 [地質]

aluminide rock 鋁質岩 [地質]

aluminite 礬石 [地質]

aluminium deposit 鋁礦床 [地質]

aluminium mineral 鋁礦物 [地質]

aluminum ore 鋁礦 [地質]

alumoberyl 鋁綠柱石 [地質]

alumogel 硬鋁膠 [地質]

alumogoethite 鋁針鐵礦 [地質]

alumohematite 鋁赤鐵礦 [地質]

alumolimonite 鋁褐鐵礦 [地質]

alumyte 明礬黏土 [地質]

alum 明礬 [地質]

alunite 明礬石 [地質]

alunitization 明礬石化 [地質]

A

alunogen 毛礬石，毛鹽礦 [地質]	**ammonioborite** 水銨硼石 [地質]
alurgite 錳雲母 [地質]	**ammoniojarosite** 銨黃鐵礬 [地質]
alushtite 藍高嶺土 [地質]	**amoeboid fold** 變形褶皺 [地質]
alvanite 水鋁礬石 [地質]	**amorphous mineral** 非晶質礦物 [地質]
alvarolite 斜鉭錳礦 [地質]	**amorphous peat** 塊狀泥炭 [地質]
alvite 矽鐵鋯礦 [地質]	**amorphous** 非結晶質的 [地質]
Amalthea 木衛五，阿摩笛亞 [地質]	**Amor** 阿莫爾（小行星 1221 號）[地質]
amargosite 膨土岩 [地質]	**amosite** 鐵石棉，鐵閃石棉 [地質]
amarillite 黃鐵鈉礬 [地質]	**amospheric optics** 大氣光學 [氣象]
amausite 燧石 [地質]	**amount of erosion** 侵蝕量 [地質]
amazonite 天河石 [地質]	**amount of evaporation** 蒸發量 [氣象]
amazonitization 天河石化 [地質]	**amount of evapotranspiration** 蒸散量 [氣象]
ambatoarinite 碳酸鍶鈰礦 [地質]	
amber 琥珀 [地質]	**amount of precipitation** 降水量 [氣象]
ambient sea noise 海洋環境雜訊 [海洋]	**amount of rainfall** 降雨量 [氣象]
ambient stress field 環境應力場 [地質]	**amount of sediment** 沉積量 [地質]
amblygonite 鋰磷鋁石 [地質]	**amount of snowfall** 降雪量 [氣象]
ambonite 堇青安山岩 [地質]	**ampangabeite** 鈮鈦鐵鈾礦 [地質]
ambrite 灰黃琥珀 [地質]	**ampelite** 黃鐵炭質頁岩 [地質]
ambrosine 褐黃琥珀 [地質]	**amphibole** 角閃石，閃石類 [地質]
ameletite 雜方鈉石 [地質]	**amphibolite facies** 角閃岩相 [地質]
American Ephemeris 美國天文年曆 [天文]	**amphibolite** 角閃岩 [地質]
	amphibolization 角閃岩化 [地質]
amesite 鎂綠泥石 [地質]	**amphibololite** 角閃石岩 [地質]
amethystine 紫晶質 [地質]	**amphidromic point** 無潮點 [海洋]
amethyst 紫水晶 [地質]	**amphidromic region** 無潮區 [海洋]
amianthus 石棉，石絨 [地質]	**amphidromic system** 無潮系統 [海洋]
amiant 石棉，石絨 [地質]	**amphigene** 白榴石 [地質]
aminoffite 鈹黃長石，鈹密黃石 [地質]	**amphigenite** 白榴熔岩 [地質]
ammislite 銻汞礦 [地質]	**amphoterite** 球粒狀古橄隕石 [地質]
ammite 鮞狀岩 [地質]	**amplitude envelope** 振幅包絡 [地質]

amplitude of partial tide　分潮振幅 [海洋]

amplitude ratio-phase difference instrument　振幅比一相位差儀 [地質]

amplitude　振幅 [天文]

amygdaloidal lava　杏仁狀熔岩 [地質]

amygdaloid　杏仁岩 [地質]

amygdule　杏仁孔 [地質]

anabatic wind　上坡風 [氣象]

anaberrational telescope　消像差望遠鏡 [天文]

anabohitsite　鐵橄蘇輝岩 [地質]

anaclinal　逆傾斜的 [地質]

anacoustic zone　寂靜區 [地質]

anadiagenesis　再成岩作用 [地質]

anaflow　上升氣流 [氣象]

anafront　上滑鋒 [氣象]

anagalactic nebula　河外星雲 [天文]

anagalactic　銀河系外的 [天文]

anagenite　鉻華 [地質]

anaglyphic map　互補色立體圖 [地質]

analbite　歪長石，異常鈉長石 [地質]

analcime　方沸石 [地質]

analcimization　方沸石化 [地質]

analcite　方沸石 [地質]

analcitite　方沸岩 [地質]

analemma　日晷，日赤緯表 [地質]

anallobaric center　升壓中心 [氣象]

anallobar　升壓線 [氣象]

analog magnetic tape record type strong-motion instrument　類比磁帶記錄強震儀 [地質]

analog seismograph tape recorder　類比磁帶地震記錄儀 [地質]

analogous pole　熱正極 [地質]

analogue superconducting magnetometer　類比式超導磁力儀 [地質]

analogue unit　類比單元 [地質]

analysis of particle orientation　粒子定向分析 [地質]

analytical chemistry of sea water　海水分析化學 [海洋]

analytical geochemistry　分析地球化學 [地質]

analytical nadir-point triangulation　解析天底點輻射三角測量 [地質]

analytical plotter　解析測圖儀 [地質]

analytical projecting　解析投影 [地質]

analytical stratigraphy　分析地層學 [地質]

anamigmatism　成漿作用 [地質]

anamorphic zone　合成變質帶 [地質]

anamorphism　合成變質 [地質]

Ananke　木衛十二，安那喀 [天文]

anapaite　三斜磷鈣鐵礦 [地質]

anaphalanx　暖鋒面 [氣象]

anaseism　推進波 [地質]

anatase　銳鈦礦 [地質]

anatexis　深熔作用 [地質]

anauxite　富矽高嶺石 [地質]

anchieutectic　共結晶岩漿 [地質]

anchimonomineralic　近單礦物的 [地質]

anchor ice 底冰 [海洋]

anchored dune 固定沙丘 [地質]

anchored trough 滯槽 [氣象]

anchorite 帶狀閃長岩 [地質]

ancient astronomy 古代天文學 [天文]

ancient calendrical science 古曆法 [天文]

ancient geothermal system 古地熱系統 [地質]

ancient mud flow 古泥石流 [地質]

ancient sea water 古海水 [海洋]

ancient soil 古土壤 [地質]

ancient star map 古星圖 [天文]

ancona ruby 紅水晶 [地質]

ancudite 高嶺石 [地質]

ancylite 碳酸鍶鈰礦 [地質]

andalusite 紅柱石 [地質]

Andeans-type continental margin 安地斯型大陸邊緣 [地質]

andelatite 安山二長安山岩 [地質]

andendiorite 英輝閃長岩 [地質]

andengranite 雲閃花岡岩 [地質]

anderbergite 鈰鈣鋯石 [地質]

andersonite 水鈉鈣鈾礦 [地質]

Andes glow 安地斯閃電 [地質]

Andes lightning 安地斯閃 [地質]

andesilabradorite 安山拉長岩 [地質]

andesine 中長石 [地質]

andesite line 安山岩線 [地質]

andesite tuff 安山凝灰岩 [地質]

andesite 安山岩 [地質]

andesitic glass 安山玻璃 [地質]

andorite 硫銻鉛銀礦 [地質]

andradite 鈣鐵榴石 [地質]

andreasbergolite 交沸石 [地質]

andreolite 交沸石 [地質]

andrewsite 水磷鐵銅礦 [地質]

Andromeda Galaxy 仙女座星系 [天文]

Andromeda Nebula 仙女座星雲 [天文]

Andromeda Subgroup 仙女次星系群 [天文]

Andromeda 仙女座 [天文]

Andromedids 仙女座流星群 [天文]

anemobiagraph 風速儀 [氣象]

anemobiograph 風壓計 [氣象]

anemoclastic 風成碎屑的 [地質]

anemoclast 風成碎屑岩 [地質]

anemoclinograph 風傾儀 [氣象]

anemoclinometer 風傾計 [氣象]

anemogram 風速記錄圖 [氣象]

anemograph 風速計 [氣象]

anemolite 風成石藤 [地質]

anemology 測風學 [氣象]

anemometer 風速計 [氣象]

anemometrograph 風向風速風壓計，測風儀 [氣象]

anemometry 風速測定法 [氣象]

anemorumbometer 風向風速表 [氣象]

anemoscope 風向計，測風儀 [氣象]

anemovane 風標，接觸式風向風速器 [氣象]

aneroid altimeter 空盒高度計 [氣象]

A

aneroid barograph 空盒氣壓記錄器 [氣象]

aneroid barometer 空盒氣壓計 [氣象]

aneroidograph 空盒氣壓計 [氣象]

aneroid 空盒氣壓計 [氣象]

Angara land 安加拉古陸 [氣象]

Angara shield 安加拉地盾 [氣象]

angaralite 安加拉石 [氣象]

angle of deviation 偏角 [地質]

angle of dip 傾斜角 [地質]

angle of extinction 消光角 [地質]

angle of position 方位角 [天文]

angle of repose 休止角，安定角 [氣象]

angle of sight 視角 [天文]

angle of tilt 傾斜角 [天文]

anglesite 硫酸鉛礦 [地質]

angolite 錳沸石 [地質]

angrite 鈦輝無粒隕石 [地質]

Angstrom compensation pyrheliometer 埃斯特朗補償日射強度計 [天文]

anguclast 角碎屑 [地質]

angular dispersion 角色散 [天文]

angular distance 角距 [天文]

angular path length 角程長度 [天文]

angular semi-major axis 角半長徑 [天文]

angular semi-minor axis 角半短徑 [天文]

angular sensitivity of gravimeter 重力儀角靈敏度 [地質]

angular separation 角距 [天文]

angular spectrum 角譜 [天文]

angular unconformity 角度不整合，交角不整合 [地質]

angular wave number 角波數 [氣象]

anharmonic pulsation 非諧脈動 [天文]

anhedron 他形晶 [地質]

anhydrite evaporite 硬石膏蒸發鹽 [地質]

anhydrite 硬石膏 [地質]

anhydrock 硬石膏岩 [地質]

anhydroferrite 赤鐵礦 [地質]

anhyetism 缺雨性 [氣象]

anhysteretic remanent magnetization 去磁滯效應殘磁 [地質]

animal fossil 動物化石 [地質]

Animikean system 安尼米基系 [地質]

animikite 雜鉛銀砷鎳礦 [地質]

Anisian 安尼期 [地質]

anisodesmic structure 異鍵型構造 [地質]

anisotropic conductivity 各向異性電導率 [地質]

anisotropic cosmology 各向異性宇宙論 [天文]

anisotropic crystal 各向異性晶體 [地質]

anisotropic scattering 各向異性散射 [天文]

anisotropic universe 各向異性宇宙 [天文]

anite 砷銻鎳礦 [地質]

ankaramite 斜長輝石岩 [地質]

ankaratrite　黃橄霞玄武岩 [地質]

ankerite　鎂鐵白雲石 [地質]

annerodite　鈮釔鈾礦 [地質]

annite　鐵雲母 [地質]

anniversary wind　週年風 [氣象]

annual aberration　周年光行差 [天文]

annual change of magnetic variation　年磁差 [地質]

annual inequality　周年不等量 [海洋]

annual layer　年積層 [地質]

annual magnetic change　年磁變 [地質]

annual magnetic variation　年磁差 [地質]

annual mean rainfall　年平均降雨量 [氣象]

annual parallax　周年視差 [天文]

annual precession　周年歲差 [天文]

annual precipitation　年降水量 [氣象]

annual proper motion　年自行 [天文]

annual rainfall　年降雨量 [氣象]

annual temperature range　年溫度範圍 [氣象]

annual variation　年變化 [天文]

annular eclipse of sun　日環食 [天文]

annular eclipse　環食 [天文]

annular nebula　環狀星雲 [天文]

annular solar eclipse　日環食 [天文]

annulus　環 [天文]

anomalistic month　近點月（27.554550 日）[天文]

anomalistic period　近點週期 [天文]

anomalistic revolution　近點轉動 [天文]

anomalistic year　近點年（365 日 6 時 13 分 53.1 秒）[天文]

anomalous lead　異常鉛 [地質]

anomalous magma　異常岩漿 [地質]

anomalous radon content in water　水氡異常 [地質]

anomalous refraction　異常折射 [天文] [氣象]

anomalous sea level　異常水位 [海洋]

anomalous weather　異常天氣 [氣象]

anomalous Zeeman effect　異常則曼效應 [天文]

anomaly of geopotential difference　重力位差距平 [氣象]

anomaly　近點角，異常 [天文]

anomite　褐雲母 [地質]

anophorite　鈉鈦閃石 [地質]

anorogenic time　非造山期 [地質]

anorogenic　非造山的 [地質]

anorthic crystal　三斜晶體 [地質]

anorthite-basalt　鈣長玄武岩 [地質]

anorthite　鈣長石 [地質]

anorthoclase　歪長石 [地質]

anorthose　斜長石 [地質]

anorthosite　斜長岩 [地質]

anorthositization　斜長岩化 [地質]

anosovite　黑鈦石 [地質]

anoxic basin　缺氧海盆 [海洋]

anoxic condition　缺氧狀態 [海洋]

anoxic event　缺氧事件 [海洋]

anoxic water 缺氧水 [海洋]

anoxic zone 缺氧區 [海洋]

ansilite 碳鍶鈰礦 [地質]

antalgol 逆大陵變星 [天文]

antarctic air 南極氣團 [氣象]

antarctic anticyclone 南極反氣旋 [氣象]

antarctic bottom water 南極底層水 [地質]

antarctic circumpolar current 南極繞極流 [海洋]

antarctic circumpolar water mass 南極繞極水團 [海洋]

antarctic convergence 南極輻合帶 [海洋]

antarctic front 南極鋒 [氣象]

antarctic intermediate water 南極中層水 [海洋]

antarctic meteorite 南極隕石 [地質]

Antarctic Ocean 南冰洋 [海洋]

antarctic plate 南極洲板塊 [地質]

antarctic pole 南極 [地質]

Antarctica 南極洲 [地質]

antarctic circle 南極圈 [天文] [氣象]

antarctic 南極（區，圈，的）[天文] [地質] [氣象]

Antares(α Sco) 心宿二，心大星，大火（天蠍座 α 星）[天文]

antecedent platform 先成平台 [地質]

antecedent precipitation index 前期降水指數 [氣象]

antecedent precipitation 前期降水 [氣象]

antediluvial 前洪積世 [地質]

anteklise 台背斜，台拱 [地質]

antetheca 前壁 [地質]

anthelic arc 反日弧 [天文]

anthelion 幻日 [天文]

anthodite 針石膏層，針霧石層，針叢石膏 [地質]

anthoinite 水鎢鋁礦 [地質]

anthophyllite 直閃石 [地質]

anthracite coal 無煙煤 [地質]

anthracite 無煙煤 [地質]

anthracography 煤相學 [地質]

anthracology 煤岩學 [地質]

anthraconite 黑方解石，瀝青灰石，瀝青石灰岩 [地質]

anthracoxene 碳瀝青質 [地質]

anthraxylon 鏡煤 [地質]

anthropogenic landform 人工地貌 [地質]

anticenter 反銀心 [天文]

anticlinal axis 背斜軸 [地質]

anticlinal bend 背斜曲部 [地質]

anticlinal mountain 背斜山 [地質]

anticlinal nose 背斜鼻 [地質]

anticlinal theory 背斜理論 [地質]

anticlinal valley 背斜谷 [地質]

anticline 背斜 [地質]

anticlinorium 複背斜 [地質]

anticrepuscular rays 反曙暮光 [氣象]

anticyclogenesis 反氣旋生成 [氣象]

anticyclolysis　反氣旋消散 [氣象]

anticyclone　反氣旋 [氣象]

anti-cyclone　高氣壓區 [氣象]

anticyclonic circulation　反氣旋環流 [氣象]

anti-cyclonic curvature　反氣旋曲率 [氣象]

anticyclonic curvature　反氣旋性曲率 [氣象]

anticyclonic shear　反氣旋式風切 [氣象]

anticyclonic vorticity　反氣旋式渦度 [氣象]

anticyclonic wind　反氣旋風 [氣象]

antidune　對風沙丘 [地質]

antiferroelectric crystal　反鐵電晶體 [地質]

antifluorite　反螢石構造 [地質]

antifog　防霧 [氣象]

antiform　背斜形態 [地質]

antiglaucophane　反藍閃石 [地質]

antigorite　葉蛇紋石 [地質]

Antilles Current　安地列斯海流 [地質]

antimonial copper　硫銅銻礦 [地質]

antimoniferous arsenic　砷銻礦 [地質]

antimonious acid　銻華 [地質]

antimonite　輝銻礦 [地質]

antimon-luzonite　銻硫砷銅礦 [地質]

antimonsoon　反季風 [氣象]

antimony blende　硫氧銻礦 [地質]

antimony bloom　銻華 [地質]

antimony deposit　銻礦床 [地質]

antimony glance　輝銻礦 [地質]

antimony mineral　銻礦物 [地質]

antiperthite　反條紋長石 [地質]

anti-plane shear crack　反平面剪切裂紋 [地質]

antiroot　反山根 [地質]

antiseismic engineering　抗震工程 [地質]

anti-seismic　抗震的 [地質]

antiselena　幻月 [天文]

antisohite　黑斑雲閃岩 [地質]

antisolar point　對日點 [天文]

antistress mineral　反應力礦物 [地質]

antisymmetry operation　反對稱操作 [地質]

antitail　逆向彗尾 [天文]

anti-tail　逆向彗尾 [天文]

antithetic fault　反傾斷層 [地質]

antitrades　反信風 [氣象]

antitriptic wind　摩擦風，滯衡風 [氣象]

Antler orogeny　安特勒造山運動 [地質]

antlerite　塊銅礬 [地質]

Antlia　唧筒座 [天文]

antofagastite　水氯銅礦 [地質]

antophyllite　直閃石石棉 [地質]

antozonite　嘔吐石（紫螢石）[地質]

antrimollte　中沸石 [地質]

anvil cloud　砧狀雲 [氣象]

Ao horizon　Ao 層 [地質]

AOU:apparent oxygen utilization　有效氧利用量 [海洋]

Ap index　Ap 指數 [地質]

A

apachite　閃輝響岩 [地質]	aplanatic lens　消球差透鏡 [天文]
apaneite　磷霞岩 [地質]	aplanatic system　消球差系統 [天文]
apastron　遠星點 [天文]	aplanatic telescope　消球差望遠鏡 [天文]
apatelite　核鐵礬 [地質]	aplanatism　消球差性，等光程性 [天文]
apatite deposit　磷灰石沉積 [地質]	aplite　細晶岩 [地質]
apatite　磷灰石 [地質]	aplitic　細晶岩質的 [地質]
aperture efficiency　孔徑效率 [天文]	aplodiorite　淡色花崗閃長岩 [地質]
aperture ratio　口徑比 [天文]	aplogranite　淡色花崗岩 [地質]
aperture synthesis　孔徑合成 [天文]	aploid　副長細晶岩 [地質]
apex of vein　礦脈頂 [地質]	aplome　褐榴石 [地質]
apex　頂點 [天文]	aplosyenite　淡色正長岩 [地質]
aphanesite　砷銅礦 [地質]	apoanalcite　變方沸石 [地質]
aphaniphyric　隱晶基斑狀的 [地質]	apoandesite　脫玻安山岩 [地質]
aphanite　隱晶岩 [地質]	apoapsis　遠拱點 [天文]
aphanitic　隱晶質的 [地質]	apoareon　遠火星點 [天文]
aphanophyric　隱晶斑狀的 [地質]	apobasalt　脫玻玄武岩 [地質]
aphelic conjunction　遠日點合 [天文]	apob　飛機儀器觀測 [氣象]
aphelic opposition　遠日點衝 [天文]	apocenter　遠（銀）心點 [天文]
aphelion　遠日點 [天文]	apodolerite　脫玻煌綠岩 [地質]
aphlebia　無脈羽葉 [地質]	apogalactica　遠銀心點 [天文]
aphotic zone　無光帶 [地質] [海洋]	apogean tide　遠地潮 [海洋]
aphrite　鱗方解石 [地質]	apogee　遠地點 [天文]
aphrizite　黑電氣石 [地質]	apojove　遠木星點 [天文]
aphrochalcite　絲砷銅礦 [地質]	apollinaris spring　碳酸泉 [地質]
aphrodite　泡石 [地質]	apollinaris　碳酸泉水 [地質]
aphroid　互嵌狀 [地質]	Apollo asteroids　阿波羅小行星 [天文]
aphrolite　泡沫岩 [地質]	apolune　遠月點 [天文]
aphrosiderite　鐵綠泥石 [地質]	apomagmatic　外岩漿的 [地質]
aphthonite　銀黝銅礦 [地質]	apomercurian　遠水星點 [天文]
aphyric　無斑隱晶質的 [地質]	apoobsidian　脫玻黑曜岩 [地質]
apical system　頂系 [地質]	

apophyllite　魚眼石 [地質]

apophysis　岩枝 [地質]

apoplutonian　遠冥王星點 [天文]

apoposeidon　遠海王星點 [天文]

aporhyolite　脫玻流紋岩 [地質]

aposandstone　石英岩 [地質]

aposaturnium　遠土（星）點 [天文]

aposedimentary　沉積後生的 [地質]

aposelenium　遠月點 [天文]

apotome　天青石 [地質]

apouranian　遠天王星點 [天文]

Appalachian orogeny　阿帕拉契造山運動 [地質]

Appalachian revolution　阿帕拉契變動 [地質]

apparent altitude　視視高度 [天文]

apparent anomaly　視近點角 [天文]

apparent bolometric magnitude　視熱星等 [天文]

apparent declination　視赤緯 [天文]

apparent diameter　視直徑 [天文]

apparent dip　視傾斜 [地質]

apparent distance　視距離 [天文]

apparent diurnal motion　周日視動 [天文]

apparent emission rate　視發射率 [地質]

apparent equatorial coordinates　視赤道座標 [天文]

apparent flattening　視扁率 [天文]

apparent horizon　視地平線 [天文]

apparent libration in longitude　經度視天平動 [天文]

apparent libration　視天平動 [天文]

apparent magnetic susceptibility　視磁化率 [地質]

apparent magnitude-colour index diagram　視星等色指數圖 [天文]

apparent magnitude　視星等 [天文]

apparent modulus　視（距離）模數 [天文]

apparent motion　視運動 [天文]

apparent movement of fault　斷層視運動 [地質]

apparent orbit　視軌道 [天文]

apparent oxygen utilization　有效氧利用量 [海洋]

apparent path　視軌跡 [天文]

apparent photographic magnitude　視照相星等 [天文]

apparent photovisual magnitude　視仿視星等 [天文]

apparent place　視位置 [天文]

apparent plunge　視傾沒 [地質]

apparent polar wander　視極移 [天文] [地質]

apparent position　視位置 [天文]

apparent precession　視進動 [天文]

apparent radiant　視輻射點 [天文]

apparent radiometric magnitude　視輻射星等 [天文]

apparent radius　視半徑 [天文]

apparent rate of frequency spread　視頻

散率 [地質]

apparent red magnitude 視紅星等 [天文]

apparent relative density 視相對密度 [地質]

apparent resistance 視電阻 [地質]

apparent resistivity 視電阻率 [地質]

apparent right ascension 視赤經 [天文]

apparent semidiameter 視半徑 [天文]

apparent sidereal time 視恆星時 [天文]

apparent solar day 視太陽日 [天文]

apparent solar time 視太陽時 [天文]

apparent temperature 視溫度 [天文]

apparent vertex 視奔赴點 [天文]

apparent vertical 視垂線 [地質]

apparent wander 視漂移 [地質]

apparent wind 視風 [氣象]

apparent zenith distance 視天頂距 [天文]

apparition 出現期 [天文]

appearance height 出現點高度（流星）[天文]

appearance point 出現點（流星）[天文]

appinite 富閃深成岩 [地質]

apple coal 瀝青煤，軟煤 [地質]

Appleton anomaly 阿爾普頓異常 [地質]

Appleton layer 阿爾普頓層（F 電離層）[氣象]

Appleton-Hartree formula 阿爾普頓—哈特里公式 [地質]

applied astronomy 應用天文學 [天文]

applied astrophysics 應用天文物理學 [天文]

applied atmospheric optics 應用大氣光學 [氣象]

applied climatology 應用氣候學 [氣象]

applied crystal chemistry 應用晶體化學 [地質]

applied crystal physics 應用晶體物理學 [地質]

applied crystallography 應用晶體學 [地質]

applied drilling technology 應用鑽井工程學 [地質]

applied earth science 應用地球科學 [地質]

applied geobiochemistry 應用地球生物化學 [地質]

applied geography 應用地理學 [地質]

applied geology 應用地質學 [地質]

applied geomorphology 應用地貌學 [地質]

applied geophysics 應用地球物理學 [地質]

applied geothermics 應用地熱學 [地質]

applied glaciology 應用冰川學 [地質]

applied hydrogeology 應用水文地質學 [地質]

applied hydrology 應用水文學 [地質] [海洋]

applied marine economics 應用海洋經濟學 [海洋]

applied meteorology　應用氣象學 [氣象]

applied mineralogy　應用礦物學 [地質]

applied oceanography　應用海洋學 [海洋]

applied petrology　應用岩石學 [地質]

applied sedimentology　應用沉積學 [地質]

applied seismology　應用地震學 [地質]

applied stratigraphy　應用地層學 [地質]

apposition beach　並列沙灘 [地質]

apposition fabric　原生岩組 [地質]

appulse　兩星漸近 [天文]

APR:active prominence region　活躍日珥區 [天文]

apron　裙地 [地質] [海洋]

apse line　拱線 [天文]

apse　拱點 [天文]

apsidal line　拱線 [天文]

apsidal motion　拱線轉動 [天文]

apsidal period　拱線轉動週期 [天文]

apsidal rotation　拱線轉動 [天文]

apsis　拱點 [天文]

Aptian　阿普第階 [地質]

Apus　天燕座 [天文]

APWP:apparent polar-wander path　視極移路徑 [地質]

apyre　紅柱石 [地質]

apyrite　紅電氣石 [地質]

aqua fluvialis　河水 [地質]

aqua manna　海水 [海洋]

aqua pluvialis　雨水 [氣象]

aquacreptite　水爆石 [地質]

aquagene tuff　水生凝灰岩 [地質]

aquamarine　海藍寶石，綠柱石 [地質]

Aquarids　寶瓶座流星群 [天文]

Aquarius　寶瓶座 [天文]

aqueo-igneous　水火成的 [地質]

aqueous lava　泥熔岩 [地質]

aqueous rock　水成岩 [地質]

aquiclude　低度含水層，弱透水層 [地質]

aquifer　含水層 [地質]

aquifuge　不透水層 [地質]

Aquila　天鷹座 [天文]

Aquitanian　阿啟坦 [地質]

aquitard　滯水層，阻水層 [地質]

aquo-system　水系 [地質]

aracaty　阿拉卡蒂風 [氣象]

araeoxene　釩鉛鋅礦 [地質]

aragonite　霰石，文石 [地質]

aragotite　黃瀝青 [地質]

arakawaite　磷鋅銅礦 [地質]

aramayoite　硫鉍銻銀礦 [地質]

arandisite　水矽錫礦 [地質]

arapahite　磁鐵玄武岩 [地質]

Ara　天壇座 [天文]

Arbuckle orgeny　阿爾布克爾造山運動 [地質]

arc structure　弧形構造 [地質]

arc trench basin system　溝弧盆系 [地質]

arcanite　鉀芒硝，鉀礬 [地質]

arch fold　拱形褶皺 [地質]

arch system　拱系（日冕）[天文]

Archaean era　始生代 [地質]

archaean geochemistry　始生代地球化學 [地質]

Archaean　太古元 [地質]

archaeoastronomy　考古天文學 [天文]

archaeogeology　太古元地質學 [地質]

archaeomagnetism　古地磁學 [地質]

Archaeozoic era　始生代 [地質]

arched squall　弧形颮 [氣象]

Archeozoic　太古代 [地質]

Archer　人馬星座 [天文]

archetelome　原始頂枝 [地質]

archibenthic zone　深海底部表層 [海洋]

Archimedes　阿基米德月面圓谷 [天文]

arching　背斜作用 [地質]

archipelago　群島，列島 [地質]

architectonic geology　構造地質學 [地質]

arcilla　粗酒石 [地質]

arcose　長石砂岩 [地質]

arctic air mass　北極氣團 [氣象]

arctic anticyclone　北極反氣旋 [氣象]

arctic climate　北極氣候 [氣象]

arctic circle　北極圈 [地質]

arctic front　北極鋒 [氣象]

arctic haze　北極靄 [氣象]

arctic high　北極高壓 [氣象]

arctic mist　北極霧 [氣象]

arctic sea smoke　北冰洋蒸氣霧 [氣象]

arctic suite　北極岩群 [地質]

arctic water　北極水 [海洋]

arctic-alpine　極性高山區 [氣象]

arcticite　中柱石，方柱石 [地質]

Arcturus　大角 [天文]

arcuate delta　弧形三角洲 [地質]

arcuate mountain　弧形山脈 [地質]

arcuation　屈曲，弧狀的 [地質]

ardennite　矽鋁錳礦 [地質]

arduinite　安沸石，發光沸石 [地質]

area forecast　區域預報 [氣象]

area mean rainfall　區域平均雨量 [氣象]

area of audibility　能聞範圍 [天文]

area of geothermal anomaly　地熱異常區 [地質]

area of visibility　能見範圍 [天文]

areal eruption　區域噴發 [地質]

areal geochemistry　區域地球化學 [地質]

areal geology　區域地質學 [地質]

areal precipitation　區域降水量 [氣象]

arenaceous quartz　石英砂 [地質]

arenaceous texture　砂質結構 [地質]

arenaceous　砂質 [地質]

arendalite　暗綠簾石 [地質]

arene　芳烴 [地質]

arenicolite　曲管跡 [地質]

Arenigian　阿利尼克 [地質]

arenite　砂粒岩；砂岩 [地質]

arenology　砂岩學 [地質]

arenose　粗砂質 [地質]

arenous　砂質的 [地質]

arenyte 砂質岩石，砂屑岩 [地質]

areocentric coordinates 火星中心座標 [天文]

areocentric 火星中心的 [天文]

areodesy 火星測量學 [天文]

areographic chart 火星表面圖 [天文] [地質]

areographic coordinates 火星面座標 [天文]

areographic latitude 火星面緯度 [天文]

areographic longitude 火星面經度 [天文]

areographic pole 火星面極 [天文]

areographic system of coordinates 火星面座標系 [天文]

areography 火星地理學 [天文]

areology 火星學 [天文]

areophysics 火星物理學 [天文]

Ares 阿雷斯 [天文]

arete 刃嶺 [地質]

arfvedsonite 鈉鐵閃石 [地質]

Argelander method 阿格蘭德法 [天文]

argental 銀汞齊 [地質]

argentiferous galena 銀方鉛礦 [地質]

argentine 輝銀礦 [地質]

argentite 輝銀礦 [地質]

argentojarosite 銀鐵礬 [地質]

argillaceous desert 泥漠 [地質]

argillaceous rock 泥質岩 [地質]

argillaceous texture 泥質結構 [地質]

argillation 黏土作用 [地質]

argillic alteration 黏土化 [地質]

argillite 泥板岩 [地質]

argillization 黏土化作用 [地質]

argillo-arenaceous 泥砂質的 [地質]

argillo-calcareous 泥灰質的 [地質]

Argo 南船星座 [天文]

argument of latitude 升交角距 [天文]

argument of perigee 近地點角距 [天文]

argument of perihelion 近日點角距 [天文]

argument 幅角，自變數，引數 [天文] [地質] [氣象] [海洋]

argyrite 輝銀礦 [地質]

argyroceratite 氯銀礦 [地質]

argyrodite 硫銀鍺礦 [地質]

argyrose 輝銀礦 [地質]

argyrythrose 深紅銀礦 [地質]

aricite 水鈣沸石 [地質]

arid climate 乾燥氣候 [氣象]

arid erosion 乾旱侵蝕 [地質]

arid landform 乾燥地形 [地質]

arid landscape 乾燥地形 [地質]

arid period 乾季 [氣象]

arid region karst 乾旱區溶蝕 [地質]

arid zone 乾旱區，乾燥區 [氣象]

arid 乾燥 [氣象]

aridity boundary 乾燥界限 [氣象]

aridity coefficient 乾燥係數 [氣象]

aridity index 乾燥指數 [氣象]

aridity 乾燥 [氣象]

ariegite 尖榴輝岩 [地質]

A

Ariel　天王衛一 [天文]

Aries　白羊座 [天文]

Arietids　白羊流星群 [天文]

arifi　阿里法風 [氣象]

arithmetic mean diameter　算術平均直徑 [氣象]

arizonite　正長石英岩 [地質]

Arkansas stone　均密石英岩 [地質]

arkansite　黑鈦礦 [地質]

arkite　白榴霞斑岩 [地質]

arkose quartzite　長石石英岩 [地質]

arkose　長石砂岩 [地質]

arkosic bentonite　長石膨土岩 [地質]

arkosic limestone　長石石灰岩 [地質]

arkosic sandstone　長石砂岩 [地質]

arkosic wacke　長石硬砂岩 [地質]

arkosic　長石的 [地質]

arkosite　長石石英岩 [地質]

arksutite　錐冰晶石 [地質]

arm population　旋臂星族 [天文]

ARM:anhysteretic remanent magnetization　非磁滯殘磁化 [地質]

armangite　砷錳礦 [地質]

armenite　鋇鈣沸石 [地質]

armillary sphere　渾儀 [天文]

armored mud ball　嵌石泥球 [地質]

Armorican orogeny　阿摩力克造山運動 [地質]

Armorican　阿摩力克運動 [地質]

arnimite　水銅礬，水塊銅礦 [地質]

arquerite　輕汞膏 [地質]

array factor　陣列因子，列陣因數 [地質]

array　陣列，陳列 [天文]

arrhenite　鈹鉭鈮礦 [地質]

arrival time difference　到達時間差 [地質]

arrival time　到達時間 [地質]

arrojadite　鈉磷錳鐵石 [地質]

arschinowite　變鋯石 [地質]

arsenargentite　砷輝銀礦 [地質]

arsenate mineral　砷酸鹽礦物 [地質]

arseneisensinter　土砷鐵礬 [地質]

arsenfahlerz　砷黝銅礦 [地質]

arsenic bloom　砷華 [地質]

arsenic mineral　砷礦物 [地質]

arsenical antimony　砷銻礦 [地質]

arsenical nickel　紅砷鎳礦 [地質]

arsenical pyrite　砷黃鐵礦 [地質]

arsenicite　毒石 [地質]

arsenikstein　毒砂 [地質]

arseniopleite　紅砷鐵礦 [地質]

arseniosiderite　菱砷鐵礦 [地質]

arsenobismite　砷鉍礦，水砷鉍石 [地質]

arsenoclasite　水砷錳礦 [地質]

arsenoferrite　方砷鐵礦 [地質]

arsenoklasite　水砷錳礦 [地質]

arsenolamprite　自然砷鉍 [地質]

arsenolite　砷華 [地質]

arsenopyrite　砷黃鐵礦 [地質]

arsenostibite　砷黃銻礦 [地質]

arsenothorite 砷釷礦 [地質]

arsenphyllite 白砷礦 [地質]

arshinovite 膠鋯石，阿申諾夫石 [地質]

arsoite 輝橄粗面岩 [地質]

arterite 層混合岩 [地質]

artesian aquifer 自流含水層 [地質]

artesian leakage 自流滲漏 [地質]

artesian slope 自流斜地 [地質]

artesian spring 自流泉 [地質]

artesian water 自流水 [地質]

artesian well 自流井 [地質]

artificial airglow 人造氣輝 [氣象]

artificial aurora 人造極光 [天文] [氣象]

artificial climate 人造氣候 [氣象]

artificial climatic chamber 人造氣候室 [氣象]

artificial cloud 人造雲 [氣象]

artificial diamond 人造金剛石 [地質]

artificial earthquake 人造地震 [地質]

artificial field method instrument 人造電場法儀器 [地質]

artificial ice nucleus 人造冰核 [氣象]

artificial island 人造島 [地質]

artificial lake 人造湖 [地質]

artificial magnetization method 人造磁化法 [地質]

artificial magnetizing method 人造磁化法 [地質]

artificial microclimate 人造小氣候 [氣象]

artificial mineral 人造礦物 [地質]

artificial potential 人造電位 [地質]

artificial precipitation 人造降水 [氣象]

artificial rain 人造雨 [氣象]

artificial recharge 人造補給地下水 [地質]

artificial reef 人造礁 [海洋]

artificial satellite geodesy 人造衛星大地測量學 [地質]

artificial sea water 人造海水 [海洋]

artificial seismic source 人造震源 [地質]

artificial weathering 人造風化 [地質]

artinite 水纖菱鎂礦 [地質]

Artinskian age 阿丁新克期 [地質]

arzrunite 氯銅鉛礬 [地質]

As op:altostratus opacus 蔽光高層雲 [氣象]

As tr:altostratus translucidus 透光高層雲 [氣象]

AS:acquisition station 接收站 [地質]

As:altostratus 高層雲 [氣象]

asbeferrite 鐵錳閃石 [地質]

asbestiform 石棉狀 [地質]

asbestine 石棉狀，微石棉 [地質]

asbestos deposit 石棉礦床 [地質]

asbestos-like minerals 石棉類礦物 [地質]

asbestos 石棉 [地質]

asbest 石棉 [地質]

asbolane 鈷土礦 [地質]

asbolite 鈷土 [地質]

ascending air current 上升氣流 [氣象]

ascending branch 上升部分（光變曲線）[天文]

aschaffite 雲英斜煌岩 [天文]

aschistite 未分異岩 [地質]

aseismatic joint 抗震縫 [地質]

aseismatic test 抗震試驗 [地質]

aseismic belt 無震帶 [地質]

aseismic ridge 無震海嶺 [地質]

aseismic slip 無震滑動 [地質]

aseismic zone 無震區 [地質]

as-grown crystal 生成態晶體 [地質]

ash coal 高灰煤 [地質]

ash cone 火山灰錐 [地質]

ash fall 火山落灰 [地質]

ash field 火山灰原 [地質]

ash flow 火山灰流 [地質]

ash plain 火山灰平原 [地質]

ash rock 火山灰岩 [地質]

ash shower 降灰 [地質]

ash structure 火山灰結構 [地質]

ash tuff 灰質凝灰岩 [地質]

ashen light 灰光 [天文]

Ashgillian 阿西極 [地質]

ashless coal 無灰煤 [地質]

ashstone 火山灰石 [地質]

ashtonite 異光沸石 [地質]

ashy grit 火山灰砂 [地質]

ash 火山灰，灰分 [地質]

asiderite 無鐵隕石 [地質]

Askania gravimeter 阿斯卡尼亞重力儀 [地質] [海洋]

Askania marine gravimeter 阿斯卡尼亞海洋重力儀 [地質] [海洋]

asmanite 隕鱗石英 [地質]

aso lava 阿蘇熔岩 [地質]

asparagolite 黃綠磷灰石 [地質]

asparagus-stone 黃綠磷灰石 [地質]

aspect 方位 [天文] [地質]

asphalt rock 瀝青岩 [地質]

asphalt stone 瀝青石 [地質]

asphaltic sand 瀝青砂 [地質]

asphaltite coal 瀝青煤 [地質]

asphaltite 瀝青岩 [地質]

asphaltite 瀝青礦 [地質]

aspheric(al) lens 消球差透鏡 [天文]

aspidolite 鈉金雲母，綠金雲母 [地質]

aspirated psychrometer 通風乾溼表 [氣象]

aspiration meteorograph 通風氣象計 [氣象]

aspite 盾狀火山 [地質]

asronomical clock 天文鐘 [天文]

assay ton 試驗噸（等於 29.1667 克）[地質]

assay 試金，化驗 [地質]

assimilation 同化作用 [地質]

Assmann psychrometer 阿士曼溼度計 [氣象]

associated corpuscular emission 締合微粒放射 [地質]

associated mineral 伴生礦物 [地質]

association of galaxies 星系協 [天文]

association　星協 [天文]

assumed coordinate system　假定座標系 [天文]

assumed ground elevation　假定地面高程 [天文]

assumed plane coordinates　假定面座標 [天文]

assypite　鈉橄輝長岩 [地質]

astatic gravimeter　無定向重力儀 [地質]

astatic magnetometer　無定向磁力儀 [地質]

asteriated quartz　星彩石英 [地質]

asteria　星彩寶石 [地質]

asterism　星彩性 [地質]

asteroid belt　小行星帶 [天文]

asteroid group　小行星群 [天文]

asteroid ring　小行星環 [天文]

asteroid stream　小行星流 [天文]

asteroid taxonomy　小行星分類學 [天文]

asteroid zone　小行星帶 [天文]

asteroid　小行星 [地質]

asteroite　蒼輝石，鈣鐵輝石 [地質]

asthenolith　岩漿體 [地質]

asthenosphere　軟流圈 [地質]

Astian　阿斯蒂 [地質]

astite　紅柱角頁岩 [地質]

astochite　鈉錳閃石，粗晶閃石 [地質]

Astraea　義神星（小行星 5 號）[天文]

astrakanite　白鈉鎂礬 [地質]

astrapia　星彩藍寶石 [地質]

astridite　鉻硬玉 [地質]

astrite　星彩石 [地質]

astroballistics　天文彈道學 [天文]

astrobiology　天文生物學 [天文]

astrobleme　隕石痕 [地質]

astrobotany　天文植物學 [天文]

astrochemistry　天文化學 [天文]

astrochronology　天文年代學 [天文]

astroclimatology　天文氣候學 [天文]

astrodome　（觀測）圓頂 [天文]

astrodynamics　天體動力學 [天文]

astrogeochemistry　天體地球化學 [天文]

astrogeodesy　天文大地測量學 [天文]

astrogeodynamics　天文地球動力學 [天文]

astrogeography　天文地理學 [天文]

astrogeology　天文地質學 [天文]

astrogeophysics　天文地球物理 [天文]

astrognosy　恆星學 [天文]

astrogony　恆星演化學 [天文]

astrographic catalog　照相星表 [天文]

astrographic chart　照相星圖 [天文]

astrographic doublet　天文照相雙合透鏡 [天文]

astrographic position　天體攝影位置 [天文]

astrographic refractor　折射天文照相儀 [天文]

astrography　天體攝影學 [天文]

astrograph　天體照相儀 [天文]

astroite　星彩石 [地質]

astrolithology　隕石學 [地質]

astrology 占星術 [天文]

astromagnetics 天體磁學 [天文]

astromagnetism 天體磁學 [天文]

astromechanics 天體力學 [天文]

astrometeorology 天體氣象學 [天文]

astrometer 天體測量儀 [天文]

astrometric baseline 天體測量基線 [天文]

astrometric instrument 天體測量儀器 [天文]

astrometry 天體測量學 [天文]

astronastron [天文]

astronegative 天文負片 [天文]

astronics 天文電子學 [天文]

Astronomer Royal 皇家天文學家 [天文]

astronomer 天文學家 [天文]

astronomical almanac 天文年曆 [天文]

astronomical azimuth 天文方位角 [天文]

astronomical calculation 天文計算 [天文]

astronomical camera 天文照相機 [天文]

astronomical catalog 天文星表 [天文]

astronomical chronology 天文年代學 [天文]

astronomical colorimetry 天體色度學 [天文]

astronomical constant 天文常數 [天文]

astronomical coordinate measuring instrument 天文座標測量儀器 [天文]

astronomical coordinate system 天文座標系 [天文]

astronomical coordinates 天文座標 [天文]

astronomical date 天文日期 [天文]

astronomical day 天文日 [天文]

astronomical distance 天文距離 [天文]

astronomical eclipse 天文食 [天文]

astronomical electronics 天文電子學 [天文]

astronomical ephemerisis 天文年曆 [天文]

astronomical equator 天文赤道 [天文]

astronomical geodesy 天文測地學 [天文]

astronomical geography 天文地理學 [天文]

astronomical geology 天體地質學 [天文]

astronomical instrument 天文儀器 [天文]

astronomical latitude 黃緯，天文緯度 [天文]

astronomical longitude 黃經，天文經度 [天文]

astronomical mathematics 天文數學 [天文]

astronomical measurement 天文觀測 [天文]

astronomical meridian plane 天文子午面 [天文]

astronomical meridian 天文子午線 [天

A

文]

astronomical nutation 天文章動 [天文]

astronomical observation 天文觀測 [天文]

astronomical observatory 天文臺 [天文]

astronomical optics 天文光學 [天文]

astronomical orientation 天文定向 [天文]

astronomical perturbation 天體攝動 [天文]

astronomical phenomenon 天文現象 [天文]

astronomical photography 天體照相學 [天文]

astronomical photometry 天體光度測量 [天文]

astronomical plate 天文底片 [天文]

astronomical polarimetry 天體偏振測量 [天文]

astronomical position 天文位置 [天文]

astronomical pyrometer 天體測溫計 [天文]

astronomical radiation 天體輻射 [天文]

astronomical refraction 大氣折射 [天文]

astronomical scintillation 天文閃爍 [天文]

astronomical seeing 視相，大氣寧靜度 [天文]

astronomical shape theory 天體形狀理論 [天文]

astronomical spectrograph 天文光譜儀 [天文]

astronomical spectrophotometry 天文分光光度學 [天文]

astronomical spectroscopy 天文光譜學 [天文]

astronomical spin theory 天體自轉理論 [天文]

astronomical surveying 天文測量 [天文]

astronomical telegram 天文電報 [天文]

astronomical telescope 天文望遠鏡 [天文]

astronomical theodolite 天文經緯儀 [天文]

astronomical tide 天文潮汐 [天文]

astronomical time determination 天文測時 [天文]

astronomical time 天文時 [天文]

astronomical transit 子午儀 [天文]

astronomical twilight 天文曙暮光 [天文]

astronomical unit(AU) 天文單位 [天文]

astronomical watch 天文表 [天文]

astronomical year book 天文年曆 [天文]

astronomical zenith 天文天頂 [天文]

astronomy 天文學 [天文]

astro-observation 天文觀測 [天文]

astrophotocamera 天體照相機 [天文]

astrophotogrammetry 天文攝影測量學 [天文]

astrophotogram 天文底片 [天文]

astrophotography 天文攝影學 [天文]

astrophotometer 天文光度計 [天文]

astrophotometry 天文光度測量 [天文]

astrophyllite 星葉石 [地質]

astrophysical effect 天體物理效應 [天文]

astrophysical fluid dynamics 天體物理流體力學 [天文]

astrophysical spectroscopy 天體物理光譜學 [天文]

astrophysics 天文物理學 [天文]

astroplate 天體照相底片 [天文]

astropolarimeter 天體偏振計 [天文]

astropolarimetry 天體偏振測量 [天文]

astrorelativity 宇宙相對論 [天文]

astroscope 天球儀 [天文]

astrospace 宇宙空間 [天文]

astrospectrograph 天體光譜儀 [天文]

astrospectrometer 天體光譜儀 [天文]

astrospectrometry 天體光譜學 [天文]

astrospectroscopy 天體光譜學 [天文]

astrosurveillance 天文探測 [天文]

Asturian orogeny 阿斯突里造山運動 [地質]

asymmetric(al) bedding 不對稱層理 [地質]

asymmetric(al) fold 不對稱褶皺 [地質]

asymmetric(al) index 不對稱性指數 [地質]

asymmetric(al) laccolith 不對稱岩盤 [地質]

asymmetric(al) ripple mark 不對稱波痕 [地質]

asymmetric(al) vein 不對稱礦脈 [地質]

asymmetry unit 不對稱單位 [地質]

asymptote of convergence 輻合漸近線 [氣象]

asymptotic direction 漸近方向 [地質]

asymptotic latitude 漸近緯度 [地質]

asymptotic longitude 漸近經度 [地質]

asymptotic model 漸近（宇宙）模型 [天文]

atacamite 氯銅礦 [地質]

ataxic deposit 不成層礦床 [地質]

ataxite 角礫斑雜岩，中鎳鐵隕石，鎳菱鐵礦 [地質]

atectonic pluton 非造山深成岩體 [地質]

atectonic 非構造的 [地質]

atelestite 砷酸鉍礦，斜砷鉍礦 [地質]

Aten asteroids 阿坦型小行星 [地質]

athrogenic 火山碎屑的 [地質]

Atlantic equatorial undercurrent 大西洋赤道底流 [海洋]

Atlantic Ocean 大西洋 [地質] [海洋]

Atlantic Province 大西洋區 [地質] [海洋]

Atlantic series 大西洋岩系 [地質]

Atlantic standard time 大西洋標準時間 [天文]

Atlantic suite 大西洋岩群 [地質]

Atlantic time 大西洋時間 [天文]

Atlantic type coastline 大西洋型岸線

[海洋]

Atlantic type continental margin 大西洋型大陸邊緣 [地質]

atlantite 霞石碧玄岩 [地質]

Atlas 亞拉斯，土衛十五 [天文]

atlas 地圖集 [地質]

atmidometer 蒸發計 [氣象]

atmoclastic rocks 氣碎石 [地質]

atmoclast 氣碎石 [地質]

atmogenic 氣源的 [地質]

atmogeochemistry 大氣地球化學 [氣象]

atmoliths 氣成岩 [地質]

atmology 水氣學

atmometer 蒸發計 [氣象]

atmometry 蒸發量測定法 [氣象]

atmophile element 氣體元素 [氣象]

atmoradiograph 天電儀 [氣象]

atmosphere absorption 大氣吸收 [氣象]

atmosphere acoustics 大氣聲學 [氣象]

atmosphere condition 大氣條件 [氣象]

atmosphere interface 大氣界面 [氣象]

atmosphere layer 大氣層 [氣象]

atmosphere optical thickness 大氣光學厚度 [氣象]

atmosphere physics 大氣物理學 [氣象]

atmosphere refraction 大氣折射 [氣象]

atmosphere scale height 大氣尺度高 [氣象]

atmosphere-ocean dynamics 大氣海洋動力學 [氣象]

atmosphere-ocean interaction 大氣海洋相互作用 [氣象]

atmosphere 大氣圈，大氣層 [氣象]

atmospheric action 大氣作用 [氣象]

atmospheric advection 大氣平流 [氣象]

atmospheric agitation 大氣攪動 [天文] [氣象]

atmospheric boundary layer 大氣邊界層 [氣象]

atmospheric boundary 大氣邊界 [氣象]

atmospheric chemistry 大氣化學 [氣象]

atmospheric circulation 大氣環流 [氣象]

atmospheric composition 大氣組成 [氣象]

atmospheric condensation 大氣凝結 [氣象]

atmospheric correction factor 大氣條件訂正因子 [氣象]

atmospheric correction 大氣修正 [氣象]

atmospheric counter radiation 大氣反輻射 [氣象]

atmospheric density 大氣密度 [氣象]

atmospheric diffusion 大氣擴散 [氣象]

atmospheric discharge 大氣放電 [氣象]

atmospheric dispersion 大氣色散 [氣象]

atmospheric disturbance 大氣擾動 [氣象]

atmospheric duct 大氣波導 [氣象]

atmospheric dynamics 大氣動力學 [氣象]

atmospheric eclipse 大氣食 [天文] [氣

象]

atmospheric electric field　大氣電場 [氣象]

atmospheric electricity　大氣電學 [氣象]

atmospheric emission　大氣發射 [氣象]

atmospheric energetics　大氣能量學 [氣象]

atmospheric escape　大氣逃逸 [氣象]

atmospheric evaporation　大氣蒸發 [氣象]

atmospheric extinction　大氣消光 [氣象]

atmospheric feedback process　大氣反饋過程 [氣象]

atmospheric gas　大氣氣體 [氣象]

atmospheric general circulation　大氣環流 [氣象]

atmospheric geophysics　大氣地球物理學 [氣象]

atmospheric gravity wave　大氣重力波 [氣象]

atmospheric impurity　大氣雜質 [氣象]

atmospheric input　大氣輸入 [氣象]

atmospheric instability　大氣不穩定度 [氣象]

atmospheric ionization　大氣電離 [氣象]

atmospheric ion　大氣離子 [氣象]

atmospheric irradiance　大氣輻照度 [氣象]

atmospheric kinematics　大氣運動學 [氣象]

atmospheric lapse rate　大氣直減率 [氣象]

象]

atmospheric layer　大氣層 [氣象]

atmospheric line　大氣壓力線 [氣象]

atmospheric long wave　大氣長波 [氣象]

atmospheric mass　大氣質量 [氣象]

atmospheric model　大氣模型 [氣象]

atmospheric moisture capacity　大氣含水量 [氣象]

atmospheric noise　大氣雜訊 [氣象]

atmospheric opacity　大氣不透明度 [氣象]

atmospheric optics　大氣光學 [氣象]

atmospheric oscillation　大氣振盪 [氣象]

atmospheric ozone　大氣臭氧 [氣象]

atmospheric parameter　大氣參數 [氣象]

atmospheric phenomenon　大氣現象 [氣象]

atmospheric photochemistry　大氣光化學 [氣象]

atmospheric physics　大氣物理學 [氣象]

atmospheric polarization　大氣偏振 [氣象]

atmospheric precipitation　大氣降水 [氣象]

atmospheric predictability　大氣可預報度 [氣象]

atmospheric prediction　大氣預測 [氣象]

atmospheric pressure compensated equipment　氣壓補償裝置 [氣象]

atmospheric pressure　大氣壓力 [氣象]

atmospheric process　大氣過程 [氣象]

atmospheric profile　大氣剖面 [氣象]

atmospheric quality　大氣質量 [氣象]

atmospheric radiation　大氣輻射 [氣象]

atmospheric radio noise　大氣無線電雜訊 [氣象]

atmospheric radio wave　大氣無線電波 [氣象]

atmospheric radio window　大氣無線電窗 [天文] [氣象]

atmospheric radioactive substance　大氣放射性物質 [氣象]

atmospheric radiochemistry　大氣放射化學 [氣象]

atmospheric realm　大氣圈 [氣象]

atmospheric reflectance　大氣反射 [氣象]

atmospheric refraction　大氣折射 [氣象]

atmospheric region　大氣圈 [氣象]

atmospheric remote sensing　大氣遙測 [氣象]

atmospheric scattering　大氣散射 [氣象]

atmospheric science　大氣科學 [氣象]

atmospheric scintillation　大氣閃爍 [氣象]

atmospheric sea salt　大氣海鹽 [氣象]

atmospheric seeing　視相，大氣寧靜度 [天文]

atmospheric shell　大氣圈 [氣象]

atmospheric sounding　探空觀測 [氣象]

atmospheric stability　大氣穩定度 [氣象]

atmospheric statics　大氣靜力學 [氣象]

atmospheric stratification　大氣成層 [氣象]

atmospheric structure　大氣結構 [氣象]

atmospheric surface layer　大氣近地層 [氣象]

atmospheric suspensoid　大氣懸膠體 [氣象]

atmospheric thermal conductivity　大氣熱導率 [氣象]

atmospheric thermodynamics　大氣熱力學 [氣象]

atmospheric tide　大氣潮汐，大氣潮 [氣象]

atmospheric trace gas　大氣微量氣體 [氣象]

atmospheric transmissivity　大氣透射率 [氣象]

atmospheric transparency　大氣透明度 [氣象]

atmospheric transport　大氣輸送 [氣象]

atmospheric turbidity　大氣混濁度 [氣象]

atmospheric turbulence　大氣亂流 [氣象]

atmospheric viscosity　大氣黏滯性 [氣象]

atmospheric vortex　大氣渦旋 [氣象]

atmospheric vorticity　大氣渦度 [氣象]

atmospheric wave　大氣波動 [氣象]

atmospheric window　大氣窗 [天文] [氣

象]

atmospherical drag perturbation　大氣
阻力攝動 [天文]

atmospherics　大氣電學 [氣象]

atoll texture　環形結構 [地質]

atoll　環礁 [地質]

atom　原子 [天文] [地質] [氣象] [海洋]

atomic absorption coefficient　原子吸收
係數 [天文]

atomic clock　原子鐘 [天文]

atomic number　原子序 [天文] [地質]
[氣象] [海洋]

atomic selective absorption coefficient
原子選擇吸收係數 [天文]

atomic time　原子時 [天文]

atomic weight　原子量 [天文] [地質] [氣
象] [海洋]

atopite　黃銻鈣石，氟銻鈣石 [地質]

attacolite　紅橙石 [地質]

attapulgite　鎂鋁海泡石 [地質]

attenuation distance　衰減距離 [天文]

attenuation time　衰減時間 [天文] [地質]

atteration　沖積土，表土 [地質]

Attican orogeny　阿提克造山運動 [地質]

attitude　位態，位置，空間方位角 [地
質]

attractive mineral　磁性礦物 [地質]

attrinite　暗細屑煤 [地質]

attrital coal　暗煤 [地質]

attrition　磨損 [地質]

attritus　暗煤 [地質]

A-type star　A 型星 [天文]

aubrite　頑火無球粒隕石 [地質]

audio frequency magnetic field method
音頻磁場法 [地質]

auerbachite　變鋯石，矽鋯石 [地質]

auerlite　磷釷石，磷矽釷礦 [地質]

auganite　輝安岩，無橄玄武岩 [地質]

augelite　光彩石，水磷鋁石 [地質]

augen gneiss　眼球片麻岩 [地質]

augen kohle　眼煤，核煤 [地質]

augen schist　眼球片岩 [地質]

augen structure　眼狀構造 [地質]

augite　輝石 [地質]

augitophyre　輝斑玄武岩 [地質]

augmentation　增大 [天文]

augmenting factor　擴變因子 [地質]

aulacogen　斷陷槽 [地質]

aureole　日暈，接觸圈，帶，光環 [天
文] [地質]

aurichalcite　綠銅鋅礦 [地質]

auriferous pyrite　含金黃鐵礦 [地質]

Auriga　御夫座 [天文]

auripigment　雌黃 [地質]

aurobismuthinite　金輝鉍礦 [地質]

aurora australis　南極光 [天文] [氣象]

aurora borealis　北極光 [天文] [氣象]

aurora line　極光譜線 [天文] [氣象]

aurora polaris　極光 [天文] [氣象]

auroral absorption event　極光吸收事件
[天文] [氣象]

auroral arc　極光弧 [天文] [氣象]

A

auroral belt　極光帶 [天文] [氣象]

auroral cap　極光帽 [天文] [氣象]

auroral echo　極光回波 [天文] [氣象]

auroral electrojet　極光電子噴流 [天文] [氣象]

auroral electron　極光電子 [天文] [氣象]

auroral emission　極光輻射 [天文] [氣象]

auroral form　極光形狀 [天文] [氣象]

auroral frequency　極光出現頻率 [天文] [氣象]

auroral hiss　極光嘶聲 [天文] [氣象]

auroral irregular pulsation　極光不規則脈動 [天文] [氣象]

auroral isochasm　極光等頻線 [天文] [氣象]

auroral kilometric radiation　極光千米波輻射 [天文] [氣象]

auroral line　極光譜線 [天文] [氣象]

auroral morphology　極光形態學 [天文] [氣象]

auroral oval　極光橢圓區 [天文] [氣象]

auroral particle　極光粒子 [天文] [氣象]

auroral photometry　極光光度學 [天文] [氣象]

auroral physics　極光物理學 [天文] [氣象]

auroral pole　極光極 [天文] [氣象]

auroral proton　極光質子 [天文] [氣象]

auroral pulsation　極光脈動 [天文] [氣象]

auroral radiation　極光輻射 [天文] [氣象]

auroral reflection　極光反射 [天文] [氣象]

auroral region　極光區域 [天文] [地質] [氣象]

auroral spectroscopy　極光光譜學 [天文] [氣象]

auroral spectrum　極光光譜 [天文] [氣象]

auroral sporadic E layer　極光散亂 E 層 [天文] [氣象]

auroral storm　極光暴 [天文] [氣象]

auroral substorm　極光次暴 [天文] [氣象]

auroral temperature　極光溫度 [天文] [氣象]

auroral zone　極光帶 [天文] [地質] [氣象]

aurora　極光 [天文] [氣象]

aurosmirid　金銥鋨礦 [地質]

aurotellurite　針碲金礦 [地質]

austausch　交換，渦流傳導性 [氣象] [海洋]

auster　奧斯特風 [氣象]

Austin Chalk　奧斯丁白堊層 [地質]

austinite　砷鋅鈣石 [地質]

austral axis pole　南軸極 [地質]

Australia-Antarctic Rise　澳大利亞—南極海隆 [地質]

australite　澳洲曜石 [地質]

Austrian orogeny 奧地利造山運動 [地質]

autallotriomorphic 細晶錯綜狀的 [地質]

authigene 自生 [地質]

authigenic mineral 自生礦物 [地質]

authigenic sediment 自生沉積 [地質]

autobarotropy 自動正壓狀態 [地質]

autobrecciated lava 自碎熔岩 [地質]

autobrecciation 自角礫化 [地質]

autochthonous coal 原地煤 [地質]

autochthonous deposit 原地沉積物 [地質]

autochthonous 原地 [地質]

autochthon 原地岩 [地質]

autoclastic schist 自碎片岩 [地質]

autoclast 自碎岩 [地質]

autoconvection 自動對流 [氣象]

autoconvective gradient 自動對流梯度 [氣象]

autoconvective instability 自動對流不穩定 [氣象]

autoconvective lapse rate 自動對流直減率 [氣象]

autogenetic topography 自成地形 [地質]

autogeosyncline 自成地槽 [地質]

autoguider 自動導向裝置 [天文]

autoinjection 自貫入 [地質]

autointrusion 殘液入侵作用 [地質]

autolith 同源胞體 [地質]

automatic meteorological observation station 自動氣象觀測站 [氣象]

automatic meteorological oceanographic buoy 海洋氣象自動浮標站 [氣象] [海洋]

automatic meteorological operating system 氣象業務自動化系統 [氣象]

automatic radio meteorograph 自動無線電氣象儀 [氣象]

automatic standard magnetic observatory 自動標準地磁觀測站 [地質]

automatic water level recorder 自記水位儀 [地質]

automatic weather station 自動氣象站 [氣象]

automatic winch 自動絞車 [地質]

automatic zero tracking amplifier 零點自動追蹤放大器 [地質]

autometamorphism 自變質作用 [地質]

autometasomatism 自交代變質作用 [地質]

automorphosis 自變質作用 [地質]

autopneumatolysis 自氣化作用 [地質]

autorotation 自動旋轉 [天文]

autotrigger 自動觸發器 [地質]

autumn 秋季 [天文] [氣象]

Autumnal Equinox 秋分 [天文]

autunite 鈣鈾雲母 [地質]

Auversian 奧弗斯期 [地質]

auxiliary channel 輔助通道 [地質]

auxiliary fault 副斷層 [地質]

Auxiliary General Oceanographic Research 輔助通用海洋學研究 [地質] [海洋]

auxiliary mineral 次要礦物，副礦物 [地質]

auxiliary plane 輔助面 [地質]

auxiliary ship observation 輔助船舶觀測 [氣象]

available depth 有效水深 [海洋]

available precipitation amount 有效降水量 [氣象]

available relief 有效起伏，均夷起伏 [地質]

aventurine feldspar 耀長石 [地質]

aventurine quartz 星彩石英 [地質]

aventurine 矽金石，耀石英 [地質]

average dislocation 平均錯位 [地質]

average igneous rock 平均火成岩 [地質]

average speed of air 平均風速 [氣象]

average wind velocity 平均風速 [氣象]

avezacite 鈦鐵輝閃脈岩 [地質]

aviation area forecast 航空氣象服務 [氣象]

aviation meteorological support 航空氣象支援 [氣象]

aviation meteorology 航空氣象學 [氣象]

aviation weather forecast 航空天氣預報 [氣象]

aviation weather observation 航空天氣觀測 [氣象]

aviation weather 飛航天氣 [氣象]

aviolite 堇雲角岩 [地質]

avogadrite 氟硼鉀石 [地質]

avulsion 急流沖刷，流水裂地 [地質]

awaruite 鐵鎳礦 [地質]

axial angle 光軸角 [地質]

axial compression 軸向壓力 [地質]

axial culmination 軸褶升 [地質]

axial element 晶軸要素 [地質]

axial plane cleavage 軸面劈理 [地質]

axial plane foliation 軸面葉理 [地質]

axial plane schistosity 軸面片理 [地質]

axial plane separation 軸面間距 [地質]

axial plane 晶軸平面 [地質]

axial ratio 軸比 [地質]

axial rotational 自轉 [天文]

axial surface 軸面 [地質]

axial trace 軸跡 [地質]

axial trough 軸槽 [地質]

axially symmetric marine gravimeter 軸向對稱式海洋重力儀 [地質] [海洋]

axinite 斧石 [地質]

axinitization 斧石化作用 [地質]

axiolite 橢球粒 [地質]

axis of earth 地軸 [地質]

axis of jet stream 噴流軸 [氣象]

axis 參考軸線 [地質]

axonometry 晶軸測定 [地質]

Aymestry Limestone 艾米斯特利石灰岩 [地質]

azimuth angle 方位角 [天文]

azimuth circle 方位圈，地平經圈 [天文]

azimuth mark　方位標 [天文]

azimuth mounting　地平裝置 [天文]

azimuth quadrant　地平象限儀 [天文]

azimuth quantum number　方位量子數
　[天文]

azimuth star　方位星 [天文]

azimuth table　方位表 [天文]

azimuth telescope　方位儀 [天文]

azimuthal angle　方位角 [天文]

azimuth　方位，方位角 [天文]

azimuth　方位角 [天文]

azoic era　無生代 [地質]

azoic　無生（命）的 [地質]

Azores high　亞速高壓 [氣象]

azovskite　棕鐵礦 [地質]

azurite　石青，藍銅礦 [地質]

azurmalachite　藍孔雀石 [地質]

B b

B girdle   B 環帶 [地質]

B star   B 型星 [天文]

B tectonite   B 構造岩 [地質]

bababudanite   紫鈉閃石 [地質]

Babcock magnetograph   巴布科克地磁記錄儀 [天文]

Babinet compensator   巴比內補償器 [天文]

babingtonite   鐵灰石 [地質]

back rush   反流 [海洋]

back slope   後坡 [地質]

back surface   後表面 [天文]

back-arc basin   弧後盆地 [地質]

back-arc spreading   弧後擴張 [地質]

back-bent occlusion   後曲囚錮 [氣象]

backdeep   後淵 [地質]

backfolding   背向褶皺 [地質]

background count   背景計數 [天文]

background radiation   背景輻射 [天文]

background star   背景星 [天文]

background temperature   背景溫度 [天文]

backland   腹地 [地質]

backlimb   後翼 [地質]

backscatter sounding   後向散射探測 [天文]

backscatter   後向散射 [天文]

backshore   後濱 [地質]

backshore terrace   濱後階地，海蝕階地 [地質]

backside   背地面 [天文]

backswamp   氾濫平原沼澤 [地質]

backthrusting   背衝斷層作用 [地質]

backward folding   背向褶皺作用 [地質]

backward-tilting trough   後傾槽 [氣象]

backwash mark   回流痕 [地質]

backwash ripple mark   回流波痕 [地質]

backwash   回瀾，回流 [海洋]

baculite   桿晶 [地質]

bad visibility   不良能見度 [氣象]

baddeckite   雜鐵黏土 [地質]

baddeleyite   斜鋯石 [地質]

bad-i-sad-o-bistroz   塞斯坦風 [氣象]

badland   惡地，劣地 [地質]

baeumlerite   氯鉀鈣石 [地質]

baffling wind   無定向風 [氣象]

Baggy beds 巴吉岩層 [地質]

bagotite 綠桿沸石 [地質]

bagrationite 鈰黑簾石 [地質]

baguio 碧瑤風（菲律賓強烈熱帶氣旋）[氣象]

bahada 山麓沖積扇 [地質]

bahamite 巴哈馬灰岩 [地質]

bahiaite 橄閃紫蘇岩 [地質]

baierine 鈳鐵礦 [地質]

baikalite 次透輝石，易裂鈣鐵輝石 [地質]

baikerinite 褐地蠟 [地質]

baikerite 貝地蠟 [地質]

bailer 汲筒，舀水勺 [地質]

bai-u 梅雨 [氣象]

Baiu front 梅雨鋒 [氣象]

bajada breccia 扇積礫扇礫岩 [地質]

bajada 山麓沖積扇 [地質]

Bajocian 巴若桑 [地質]

baked contact test 烘烤接觸檢驗 [地質]

bakerite 瓷硼鈣石 [地質]

balance temperature 平衡溫度 [地質]

balance 天平，秤 [地質]

balanced rock 平衡岩 [地質]

balance-like diastrophism 地殼天平式運動 [地質]

balas ruby 淺紅晶石 [地質]

balas 淺紅晶石 [地質]

Bali wind 峇里風 [氣象]

balipholite 纖鋇鋰石 [地質]

ball clay 球狀黏土 [地質]

ball coal 球狀煤 [地質]

ball lightning 球狀閃電 [氣象]

ballas 硬球金剛石 [地質]

ballesterosite 鋅錫黃鐵礦 [地質]

balloon ceiling 氣球雲幕 [氣象]

balloon sonde 氣球探測 [氣象]

balloon sounding 氣球探測 [氣象]

balloon theodolite 測風經緯儀 [氣象]

Baltic shield 波羅的地盾 [地質]

baltimorite 硬蛇紋石 [地質]

banakite 粗綠岩 [地質]

banalsite 鋇鈉長石，貝副長石 [地質]

banatite 正輝英閃長岩 [地質]

band agate 帶瑪瑙 [地質]

band lightning 帶狀閃電 [氣象]

band ore 條帶狀礦石 [地質]

band series 譜帶系 [天文]

bandaite 鈣斜石英安山岩，盤梯岩 [地質]

banded cloud 帶狀雲系 [氣象]

banded differentiate 帶狀分異 [地質]

banded ore 帶狀礦石 [地質]

banded peat 帶狀泥炭 [地質]

banded structure 帶狀結構 [地質] [氣象]

banded vein 帶狀礦脈 [地質]

bandylite 氯硼銅礦 [地質]

ban-gull 班古爾風 [氣象]

bank deposit 灘積 [地質]

bank reef 灘礁 [地質]

bank sand 岸沙 [地質]

banket 含金礫岩層 [地質]

bankfull stage 平岸水位 [地質] [海洋]

bank-inset reef 灘緣珊瑚礁 [地質]

bank-run gravel 岸流砂礫 [地質]

banner cloud 旗狀雲 [氣象]

baotite 包頭礦，矽鋇鈦鈮礦 [地質]

Baquios 巴奎斯風 [氣象]

bar beach 濱外灘，沙洲灘 [地質]

bar theory 沙洲說 [地質]

bar 沙洲 [地質]，沙灘 [氣象]

baraboo 重現殘丘 [地質]

baralite 硬鰤綠泥石 [地質]

baramite 菱鎂蛇紋石 [地質]

bararite 氟銨石 [地質]

barat 巴拉風 [氣象]

barbertonite 水碳鉻鎂石 [地質]

barber 泡霜風暴，冷雪暴，凍煙 [氣象]

barbierite 單斜鈉長石，鈉紋正長石 [地質]

barbosalite 複鐵天藍石 [地質]

barettite 水鎂蛇紋石 [地質]

baric topography 氣壓型 [氣象]

baric wind law 氣壓風定律 [氣象]

bariohitchcockite 磷鋇鋁石 [地質]

barite deposit 重晶石礦床 [地質]

barite dollar 重晶石磐 [地質]

barite 重晶石 [地質]

barium feldspar 鋇長石 [地質]

barium star 鋇星 [天文]

Barker index 巴克指數 [地質]

Barker method 巴克法 [地質]

barkevikite 棕閃石 [地質]

Barnach stone 巴納赫石 [地質]

Barnard's loop 巴納德環 [天文]

Barnard's star 巴納德星 [天文]

barnesite 水釩鈉石 [地質]

barnhardtite 塊黃銅礦 [地質]

baroclinic atmosphere 斜壓大氣 [氣象]

baroclinic disturbance 斜壓擾動 [氣象]

baroclinic field 斜壓場 [氣象]

baroclinic flow 斜壓氣流 [氣象]

baroclinic instability 斜壓不穩定 [氣象]

baroclinic model 斜壓模式 [氣象]

baroclinic mode 斜壓模 [氣象]

baroclinic ocean 斜壓海洋 [海洋]

baroclinic wave 斜壓波動 [氣象]

barocyclometer 氣壓風暴計 [氣象]

baroghermohygrograph 氣壓溫度溼度儀 [氣象]

barograph trace 氣壓自記曲線 [氣象]

barograph 氣壓計 [氣象]

barolite 毒重石，碳酸鋇礦，天青重晶岩 [地質]

barometer elevation 氣壓錶高度 [氣象]

barometer height 氣壓計高度 [氣象]

barometer 氣壓計 [氣象]

barometric altimeter 氣壓高度表 [氣象]

barometric correction 氣壓錶校正 [氣象]

barometric gradient 氣壓梯度 [氣象]

barometric height formula 壓高公式 [氣

B

象]

barometric height 氣壓高度 [氣象]

barometric high 高壓 [氣象]

barometric hypsometry 氣壓測高法 [氣象]

barometric law 氣壓定律 [氣象]

barometric leg 氣壓柱 [氣象]

barometric leveling 氣壓水準測量 [氣象]

barometric low 低氣壓 [氣象]

barometric pressure gradient 氣壓梯度 [氣象]

barometric pressure 氣壓 [氣象]

barometric surveying 氣壓測量 [氣象]

barometric tendency 氣壓趨勢 [氣象]

barometric tide 氣壓潮汐 [氣象] [海洋]

barometrograph 氣壓自動記錄器 [氣象]

barometry 氣壓測定法 [氣象]

baropause 氣壓層頂 [氣象]

baroselenite 重晶石 [地質]

barosphere 氣壓層 [氣象]

barothermogram 氣壓溫度圖 [氣象]

barothermograph 氣壓溫度記錄器 [氣象]

barothermohygrograph 氣壓溫度溼度計 [氣象]

barotropic atmosphere 正壓大氣 [氣象]

barotropic disturbance 正壓擾動 [氣象]

barotropic field 正壓場 [氣象]

barotropic instability 正壓不穩定 [氣象]

象]

barotropic model 正壓模式 [氣象]

barotropic mode 正壓模態 [氣象]

barotropic ocean 正壓海洋 [氣象]

barotropic wave 正壓波 [氣象]

barotropy 正壓性 [氣象]

barracanite 方黃銅礦 [地質]

barranca 深峽谷 [地質]

barranco 深峽谷 [地質]

barrandite 磷鋁鐵石 [地質]

barred basin 隔離海盆 [地質] [海洋]

barred spiral galaxy 棒旋星系 [天文]

barrier island 堰洲島，離岸沙洲島 [地質]

barrier lagoon 堡礁潟湖 [地質] [海洋]

barrier lake 堰塞湖 [地質]

barrier reef 堡礁 [地質] [海洋]

barrier spit 連岸砂嘴 [地質]

barrier theory of cyclone 氣旋障礙說 [地質]

barroisite 凍藍閃石 [地質]

Barrovian metamorphism 巴羅芙變質作用 [地質]

barsowite 斜方鈣長石 [地質]

Barth mechanism 巴斯機制 [地質]

barthite 砷鋅銅礦 [地質]

Bartonian 巴爾頓期 [地質]

barycenter 質量中心 [天文]

barycentric dynamical time 質心力學時 [天文]

barycentric element 質心要素 [天文]

barylite　矽鈹鈹礦 [地質]

barysilite　矽鉛礦 [地質]

barystrontianite　碳酸鋇鍶礦 [地質]

baryta feldspar　鋇鈣砷鉛礦 [地質]

baryta mineral　鋇礦物 [地質]

baryte　重晶石 [地質]

barytes deposit　重晶石礦床 [地質]

baryt-hedyphane　鋇鈣砷鋁礦 [地質]

barytocalcite　鋇方解石，鋇解石 [地質]

barytocelestite　鋇天青石 [地質]

barytolamprophyllite　鋇閃葉石 [地質]

basal arkose　底長石砂岩 [地質]

basal cleavage　底面解理 [地質]

basal conglomerate　基底礫岩 [地質]

basal water　底水 [地質]

basalatite　玄武安粗岩 [地質]

basal-face-centered lattice　底心晶格 [地質]

basalt glass　玄武岩玻璃 [地質]

basalt of Lunar Maria　月海玄武岩 [地質]

basaltic hornblende　玄武角閃石 [地質]

basaltic lava　玄武熔岩 [地質]

basaltic magma　玄武岩漿 [地質]

basaltic rock　玄武質岩 [地質]

basaltic shell　玄武岩殼 [地質]

basaltic　玄武岩的 [地質]

basaltiform　玄武岩狀 [地質]

basaltine　玄武岩的 [地質]

basalt　玄武岩 [地質]

basaluminite　水鋁礬 [地質]

basanite　碧玄岩 [地質]

base complex　基底雜岩 [地質]

base level of erosion　侵蝕基準面 [地質]

base level　基本級 [地質]

base line　基線 [天文]

base map　底圖 [地質]

base station　基地站 [地質] [海洋]

base　底 [地質]

base-centered lattice　底心晶格 [地質]

base-leveled plain　基準面平原 [地質]

baseleveling epoch　基準面期 [地質]

baseline　基線 [天文]

basement complex　基盤雜岩 [地質]

basement layer　基盤層 [地質]

basement rock　基岩 [地質]

basement　基盤 [地質]

basic gravimetric point　基本重力點 [地質]

basic hornfels　基性角頁岩 [地質]

basic lava　基性熔岩 [地質]

basic range　基本量程 [地質]

basic rock　基性岩 [地質]

basification　基性岩化 [地質]

basilite　雜水錳礦 [地質]

basimesostasis　粗玄輝石基 [地質]

basin peat　盆地泥炭 [地質]

basin perimeter　流域範圍 [地質]

basin range　斷塊山嶺 [地質]

basin valley　河谷盆地 [地質]

basin　盆地，流域 [地質] [海洋]

basing　盆地形成作用 [地質]

basining　盆地形成作用 [地質]

basiophitic　粗玄輝石基組織 [地質]

basite　基性岩類 [地質]

basobismutite　泡鉍礦 [地質]

bassanite　燒石膏 [地質]

bassetite　斜磷酸鈣 [地質]

basset　露頭 [地質]

bastite　絹石 [地質]

batavite　透鱗綠泥石 [地質]

batchelorite　綠葉石 [地質]

bathaseism　深海地震 [海洋]

batholite　岩盤，岩基 [地質]

batholith　岩盤，岩基 [地質]

bathometer　深度計 [海洋]

Bathonian　巴通期 [地質]

bathvillite　黃褐塊炭 [地質]

bathyal deposit　半深海沉積物 [地質] [海洋]

bathyal facies　半深海相 [地質] [海洋]

bathyal fauna　半深海動物 [海洋]

bathyal region　半深海區 [海洋]

bathyal sediment　半深海沉積物 [地質] [海洋]

bathyal zone　半深海底帶 [海洋]

bathyclinograph　深海測斜儀 [海洋]

bathygraphic chart　海深圖 [海洋]

bathylith　岩基，岩盤 [地質]

bathymetric biofacies　深海生物相 [海洋]

bathymetric chart　海洋水深圖 [海洋]

bathymetric data　水深資料 [海洋]

bathymetric surveying　水下地形測量 [海洋]

bathymetry　測深學，測深法 [海洋]

bathyphotometer　深水光度計 [海洋]

bathyscaphe　半深海潛水器 [海洋]

bathythermograph　溫度深度儀 [海洋]

batukite　暗色白玄岩 [地質]

baudisserite　菱鎂礦 [地質]

bauerite　片石英 [地質]

baumhauerite　硫砷鉛礦 [地質]

baumlerite　氯鉀鈣石 [地質]

bauranoite　鋇鈾礦 [地質]

bauxite　鋁礬土 [地質]

bauxitization　鋁礬土化 [地質]

bavalite　硬鐵綠泥石 [地質]

bavenite　硬沸石，矽鈹鈣石 [地質]

Baveno twin law　巴溫諾雙晶定律 [地質]

B-axis　B 軸 [地質]

bay ice　灣冰 [海洋]

bay　海灣 [地質]

bayerite　三水鋁礦 [地質]

bayldonite　乳砷鉛銅礦 [地質]

bayleyite　菱鎂鈾礦 [地質]

baymouth bar　灣口沙洲 [地質]

bayou　淤塞灣 [地質]

b-c plane　b-c 面 [地質]

Be star　Be 星 [天文]

beach berm　灘台，灘肩 [海洋]

beach cusp　灘尖 [海洋]

beach diagram　海灘分區圖 [海洋]

beach drift　沿灘漂沙 [海洋]

beach erosion　海灘侵蝕 [海洋]

beach exit　海灘出口 [海洋]

beach face　灘面 [海洋]

beach gravel　海灘礫石 [海洋]

beach nourishment　海岸培養 [海洋]

beach organism　海灘生物 [海洋]

beach plain　灘平原 [海洋]

beach platform　海灘臺地 [海洋]

beach profile　海灘剖面 [海洋]

beach ridge　灘脊 [海洋]

beach scarp　灘崖 [海洋]

beach　海灘 [海洋]

beachcomber　灘浪 [海洋]

beaching　搶灘 [海洋]

beachrock　灘岩 [海洋]

beachscape　海濱風景 [海洋]

beacon　信標，航標，燈塔 [氣象] [海洋]

bead test　熔珠試驗 [地質]

beam director　光束導向器 [地質]

beam efficiency　波束效率 [天文]

beam trawl　橫拖網 [海洋]

beam width　波束寬度 [天文]

beam　射束 [天文] [地質]

bean ore　豆鐵礦 [地質]

Beaufort force　蒲福風力 [氣象]

Beaufort notation　蒲福天氣符號 [氣象]

Beaufort number　蒲福數 [氣象]

Beaufort scale　蒲福風級 [氣象]

Beaufort wind scale　蒲福風級 [氣象]

Becke test　貝克試驗 [地質]

Beckmantown limestone　貝克曼鎮石灰岩 [地質]

becquerelite　深黃鈾礦 [地質]

bed rock　基岩 [地質]

bedded vein　層狀脈 [地質]

bedded volcano　成層火山 [地質]

bedded　層狀的 [地質]

bedding cleavage　層面劈理 [地質]

bedding correction　層面修正 [地質]

bedding fault　層面斷層 [地質]

bedding fissility　層面易裂性 [地質]

bedding joint　層面節理 [地質]

bedding plane slip　層面滑動 [地質]

bedding plane　層面 [地質]

bedding schistosity　層面片理 [地質]

bedding thrust　層面逆斷層 [地質]

bedding void　層間空隙 [地質]

bedding　層理 [地質]

bediasite　貝迪亞玻璃石 [地質]

bedrock geochemistry　基岩地球化學 [地質]

bedrock geology　基岩地質學 [地質]

bedrock　基岩 [地質]

bed　層，地層 [地質]

beegerite　輝鉍鉛礦 [地質]

beehive　蜂巢星團 [天文]

beekite　玉髓燧石 [地質]

beerachite　輝長細晶岩 [地質]

beetle stone　龜背石 [地質]

Beginning of Autumn　立秋 [天文]

beginning of morning twilight　晨光始

B

[天文]

beginning of partial eclipse　偏食始 [天文]

Beginning of Spring　立春 [天文]

Beginning of Summer　立夏 [天文]

beginning of totality　全食始 [天文]

Beginning of Winter　立冬 [天文]

beginning of year　歲首 [天文]

beginning point　出現點 [天文]

beheaded stream　斷頭河 [地質]

beidellite　鐵鋁膨潤石 [地質]

belat　貝拉風 [氣象]

belite　人造斜矽灰石 [地質]

Bellatrix(γ Ori)　參宿五（獵戶座 γ 星）[天文]

bellingerite　水碘銅礦 [地質]

belonite　針雛晶，針硫鉍鉛礦 [地質]

below minimums　低於最低氣象條件 [氣象]

belt of cementation　膠結帶 [地質]

belt of earthquakes　地震帶 [地質]

belt of soil moisture　土壤水帶 [地質]

belt of soil water　土壤水帶 [地質]

belt of totality　全食帶 [天文]

belteroporic　定向岩組，易向生長的 [地質]

belt　帶 [天文] [地質] [氣象]

bench gravel　階地礫石 [地質]

bench lava　階狀熔岩 [地質]

bench magma　階狀熔岩 [地質]

bench placer　河階砂礦床 [地質]

bench　階地，岸灘 [地質] [海洋]

Benotnasch　搖光 [天文]

Benguela current　本吉拉海流 [海洋]

Benioff seismograph　貝納奧夫地震儀 [地質]

Benioff zone　貝納奧夫帶 [地質]

benitoite　藍錐礦，矽鋇鈦礦 [地質]

bent back occlusion　後曲囚錮 [氣象]

benthic division　底棲分區 [海洋]

benthic ecology　底棲生態學 [海洋]

benthic-pelagic coupling　海底水層耦合 [海洋]

benthic zone　底棲帶 [海洋]

benthic　底棲的 [海洋]

benthonic　底棲的 [海洋]

benthos　底棲生物 [海洋]

bentonite slurry　膨土漿 [地質]

bentonite　皂土，膨潤土，斑脫岩 [地質]

bentu de soli　本多索里風 [氣象]

beraunite　簇磷鐵礦 [地質]

Berea sandstone　貝瑞亞砂岩 [地質]

beresite　黃鐵石英岩 [地質]

beresitization　黃鐵石英岩化 [地質]

beresovite　鉻鉛礦 [地質]

berg till　冰山磧土 [地質]

Bergeron process　白吉龍過程 [氣象]

berkeyite　天藍石 [地質]

berlinite　磷鐵鋁礦，塊磷鋁石 [地質]

berm　灘台，沿岸堤 [海洋]

bermanite　板磷錳礦 [地質]

Bermuda high 百慕達高壓 [氣象]

bertrandite 斜方矽鈹石，矽鈹石 [地質]

beryl pegmatite deposit 綠柱石偉晶岩礦床 [地質]

beryllium deposit 鈹礦床 [地質]

beryllium mineral 鈹礦物 [地質]

beryllonite 磷鈹鈉石 [地質]

beryl 綠柱石 [地質]

berzelianite 硒銅礦 [地質]

Besselian day number 貝塞爾日數 [天文]

Besselian element 貝塞爾要素 [天文]

Besselian star constant 貝塞爾恆星常數 [天文]

Besselian star number 貝塞爾星數 [天文]

Besselian year 貝塞爾年 [天文]

Bessel 貝塞爾環形山 [天文]

beta plane 貝塔平面 [地質]

Beta region 貝塔區 [地質]

betafite 貝塔石，鈮鈦鈉礦 [地質]

Betelgeuse(α Ori) 參宿四（獵戶座 α 星）[天文]

betwist-mountain 中間山地，中間山帶 [地質]

beudantite 砷鉛鐵礬 [地質]

beveling 削平作用 [地質]

beyerite 碳鈣鉍礦 [地質]

Bianchi cosmology 比安基宇宙學 [天文]

bianchite 鋅鐵礬 [地質]

biaxial crystal 雙軸晶體 [地質]

biaxial indicatrix 雙軸晶光率體 [地質]

biaxial 雙軸的 [地質]

Bi-Ca-V garnet 鉍鈣釩石榴石 [地質]

Bicknell sandstone 比克內爾砂岩 [地質]

bicyclooctane liquid crystal 二環辛烷類液晶 [地質]

bidalotite 鋁直閃石 [地質]

bieberite 赤礬 [地質]

bielenite 頑輝橄欖岩 [地質]

Big Dipper 北斗七星 [天文]

big-bang cosmology 大爆炸宇宙論 [天文]

big-bang model 大爆炸模型 [天文]

Big Bang Theory 大霹靂理論 [天文]

bigwoodite 正鈉正長岩 [地質]

bilinite 複鐵礬 [地質]

billow cloud 波狀雲 [氣象]

bimaceral 雙煤素質 [地質]

bimetallic thermograph 雙金屬溫度計 [氣象]

bimetallic thermometer 雙金屬溫度計 [氣象]

binary collision 二體碰撞 [天文]

binary galaxy 雙重星系 [天文]

binary pulsar 脈衝雙星 [天文]

binary radio pulsar 無線電脈衝雙星 [天文]

binary star 雙星 [天文]

binary system 二進位 [天文] [地質] [氣象] [海洋]

binary typhoon 雙颱風 [氣象]

B

binary X-ray source X射線雙星 [天文]

binary 二元的，二進位制，雙星 [天文] [地質] [氣象] [海洋]

bindheimite 水銻鉛礦 [地質]

binding coal 黏結性煤 [地質]

biochemical deposit 生物化學沉積 [地質]

biochemical rock 生物化學岩 [地質]

bioclastic rock 生物碎屑岩 [地質]

biofacies 生物相 [地質]

biofog 生物霧 [氣象]

biogeneous sediment 生物源沉積物 [地質]

biogenic anomaly 生物成因異常 [地質]

biogenic chert 生物（成因）燧石 [地質]

biogenic mineral 生物礦物 [地質]

biogenic reef 生物礁 [地質]

biogenic rock 生物岩 [地質]

biogenic sediment 生物沉積 [地質]

biogenic texture 生物結構 [地質]

biogenous hydrocarbon 生源烴 [地質] [海洋]

biogenous silica 生源矽石 [地質] [海洋]

biogeochemical prospecting 生物地球化學探勘 [地質]

biogeochemical survey 生物地球化學測量 [地質]

biogeochemistry of estuaries 河口灣生物地球化學 [地質]

biogeochemistry 生物地球化學 [地質]

biogeology 生物地質學 [地質]

biohermite 生物塊礁岩 [地質]

bioherm 生物塊礁 [地質] [海洋]

biohydrography 生物水文地理學 [地質]

biohydrology 生物水文學 [地質]

biolite 生物岩 [地質]

biolithite 生物岩類 [地質]

biolith 生物岩 [地質]

biological concentration 生物富集 [地質] [海洋]

biological geochemistry 生物地球化學 [地質]

biological geology 生物地質學 [地質]

biological input 生物輸入 [海洋]

biological meteorology 生物氣象學 [氣象]

biological mineralogy 生物礦物學 [地質]

biological oceanography 生物海洋學 [海洋]

biological product 生物性產物 [地質]

biological purification 生物淨化 [海洋]

biological removal 生物轉移 [海洋]

biological scavenging 生物清除 [海洋]

biological stratigraphy 生物地層學 [地質]

biological weathering 生物風化 [地質]

biology of marine mammals 海洋哺乳動物生物學 [海洋]

biomass 生物量 [天文] [地質] [氣象] [海洋]

biomass geochemistry 生物質地球化學 [地質]

biometeorology 生物氣象學 [氣象]

biomicrite 生物細晶岩 [地質]

biomicrosparite 生物微屑岩 [地質]

biomineralogy 生物礦物學 [地質]

biomineral 生物礦物 [地質]

biopelite 生物泥質岩 [地質]

biopelmicrite 生物細晶岩 [地質]

biopelsparite 生物細屑岩 [地質]

biopetrography 生物岩石學 [地質]

biophile element 親生物元素 [地質]

biosparite 生物細層岩 [地質]

biosphere 生物圈，生物界 [天文] [地質] [氣象] [海洋]

biostratigraphy 生物地層學 [地質]

biostromal limestone 層狀生物石灰岩 [地質]

biostrome 生物礁層 [地質]

biotite schist 黑雲母片岩 [地質]

biotite 黑雲母 [地質]

biotitization 黑雲母化 [地質]

bipolar group 雙極（黑子）群 [天文]

bi-polar half sine wave 雙極性半正弦波 [地質]

bipolar magnetic region 雙極磁區 [天文]

bipolar sunspot 雙極黑子 [天文]

Birkhill shales 貝克希爾頁岩 [地質]

Birkhoff's theorem 柏克霍夫定理 [天文]

Birkland current 貝爾克蘭德電流 [地質]

bisection error 平分（星象）誤差 [天文]

bisection 平分，二等分 [天文] [地質]

bise 白斯風 [氣象]

Bishop's ring 畢旭光環 [氣象]

bisilicate 偏矽酸鹽類 [地質]

bismite 鉍華 [地質]

bismuth blende 閃鉍礦 [地質]

bismuth deposit 鉍礦床 [地質]

bismuth glance 輝鉍礦 [地質]

bismuth mineral 鉍礦物 [地質]

bismuth ocher 鉍華 [地質]

bismuth spar 鉍華 [地質]

bismuthinite 輝鉍礦 [地質]

bismuthite 泡鉍礦 [地質]

bismutite 泡鉍礦 [地質]

bismutotantalite 鉭鉍礦 [地質]

bisphenoid 雙楔 [地質]

bissextile 閏年 [天文]

bitter spar 白雲石 [地質]

bituminization 瀝青化 [地質]

bituminous coal 煙煤 [地質]

bituminous lignite 煙褐煤 [地質]

bituminous lump coal 煙煤塊 [地質]

bituminous rock 瀝青岩 [地質]

bituminous sandstone 瀝青質砂岩 [地質]

bituminous shale 瀝青頁岩 [地質]

bivane 雙風向標 [氣象]

bixbyite 方鐵錳礦 [地質]

bize 白斯風 [氣象]

Bjerknes theorem of circulation 皮葉克尼斯環流定理 [氣象]

black alkali 黑鹼 [地質]

black amber 黑琥珀 [地質]

black band ironstone 黑帶鐵礦 [地質]

black body radiation 黑體輻射 [天文] [氣象]

black body 黑體 [天文]

black bulb thermometer 黑球溫度計 [氣象]

black buran 黑風暴 [氣象]

black cobalt 鑽土 [地質]

black durain 黑色暗煤 [地質]

black dwarf 黑矮星 [天文]

black frost 黑霜 [氣象]

black granite 暗色花崗岩 [地質]

black hole physics 黑洞物理學 [天文]

black hole thermodynamics 黑洞熱力學 [天文]

black hole 黑洞 [天文]

black iron ore 黑鐵礦 [地質]

black lava glass 黑色熔岩玻璃 [地質]

black lead 石墨，黑鉛 [地質]

black lignite 黑褐煤 [氣象]

black mica 黑雲母 [地質]

black moonstone 黑色月光石 [地質]

black mud 黑泥 [地質]

black ocher 黑華，錳土 [地質]

black opal 黑蛋白石 [地質]

black pearl 黑珍珠 [地質]

black sand 黑砂 [地質]

black shale 黑色頁岩 [地質]

black silver 脆銀礦，黑銀礦 [地質]

black storm 黑風暴 [地質]

black tellurium 黑碲礦 [地質]

black-and-white lattice 黑白晶格 [地質]

black-and-white symmetry 黑白對稱 [地質]

blackband 黑礦層 [地質]

Blackdown bed 布萊克當層 [地質]

bladder 液囊，氣囊 [地質]

blairmorite 沸斑岩 [地質]

Blake event 布萊克事件 [地質]

Blake excursion 布萊克偏離 [地質]

blakeite 紅碲鐵礦 [地質]

blanket deposit 平伏礦床 [地質]

blanket sand 覆砂層 [地質]

blanket vein 平伏脈 [地質]

blanketing effect 覆蓋效應 [天文] [氣象]

blanketing frequency 抑制頻率 [地質] [氣象]

blanket 毯狀層 [氣象]

blast drilling 爆炸鑽井 [地質]

blastic deformation 變晶變形 [地質]

blasting echo 爆炸回聲 [地質]

blasting 爆炸 [地質]

blastomylonite 變晶糜稜岩，變餘糜稜岩 [地質]

blastophitic 變晶輝岩，變餘輝岩 [地

質]

blastoporphyrmc 變晶斑狀，變餘斑狀 [地質]

blastopsammite 變晶砂岩，變餘砂岩 [地質]

blastopsephitic 變晶礫狀，變餘礫狀 [地質]

blast 爆炸，變晶 [地質]

blaze angle 閃耀角 [天文]

blaze wave length 閃耀波長 [天文]

bleach spot 褪色點 [地質]

blended unconformity 混合不整合 [地質]

blend 混合 [天文]

blind deposit 潛隱礦床 [地質]

blind hole 盲孔 [地質]

blind ore deposit 隱伏礦床 [地質]

blind roller 高湧 [海洋]

blind seas 滔天大浪 [海洋]

blind vein 無露頭礦脈 [地質]

blink comparator 閃視比較鏡 [天文]

blink 雲底光，閃光 [氣象]

blister hypothesis 地泡假說 [地質]

blister 地泡 [地質]

blizzard 暴風雪 [氣象]

blob 非均勻區，局部大氣斑 [氣象]

block fault diastrophism 地殼塊斷變動 [地質]

block fault structure 塊狀斷層構造 [地質]

block faulting 塊狀斷層作用 [地質]

block floating point enhancement 塊浮點增強 [地質]

block floating point number 塊浮點數 [地質]

block lava 塊狀熔岩 [地質]

block mountain 斷塊山 [地質]

block movement 斷塊運動 [地質]

block structure 塊狀構造 [地質]

blocking action 阻塞作用 [氣象]

blocking anticyclone 阻塞反氣旋 [氣象]

blocking diameter 阻擋直徑 [氣象]

blocking flow 阻塞流 [氣象]

blocking high 阻塞高氣壓 [氣象]

blocking time 阻擋時間 [氣象]

blocking volume 阻擋體積 [氣象]

bloedite 白鈉鎂礬 [地質]

blomstrandine 釔易解石 [地質]

blood rain 血雨 [氣象]

bloodstone 血石髓 [地質]

bloom 礦華 [地質]

blossom 華 [地質]

blowdown 排放 [氣象]

blowhole 噴水孔，噴穴 [地質]

blowing action 吹揚作用 [地質]

blowing cave 風洞 [地質]

blowing dust 高吹塵 [氣象]

blowing sand 高吹沙 [氣象]

blowing snow 高吹雪 [氣象]

blowing spray 高吹沫 [氣象]

blown sand 飛沙 [地質]

blowout dune 風蝕沙丘 [地質]

B

blowout 風蝕窪地，噴出口 [地質]

blowpipe analysis 吹管分析 [地質]

blue agate 藍瑪瑙 [地質]

blue asbestos deposit 青石棉礦床 [地質]

blue asbestos 青石棉 [地質]

blue band 藍帶 [氣象]

blue chalcocite 藍輝銅礦 [地質]

blue copper ore 藍銅礦 [地質]

blue dwarf 藍矮星 [天文]

blue flash 藍閃光 [天文]

blue ground 藍土 [地質]

blue iron earth 藍鐵礦 [地質]

blue john 藍螢石 [地質]

blue magnetism 藍磁性，指南磁力 [地質]

blue malachite 藍銅礦；藍孔雀石 [地質]

blue metal 藍冰銅 [地質]

blue mud 青泥 [地質]

blue ocher 藍鐵華 [地質]

blue of sky 天空藍度 [氣象]

blue opal 藍蛋白石 [地質]

blue pearl 藍珍珠 [地質]

blue schist zone 藍片岩帶 [地質]

blue shift 藍移 [天文]

blue sky scale 藍天色級 [氣象]

blue spar 天藍石，藍晶 [地質]

blue star 藍星 [天文]

blue stellar object 藍恆星體 [天文]

blue vitriol 藍石，膽礬 [地質]

blue-green flame 藍綠閃光 [天文]

blueschist facies 藍片岩相 [地質]

bluestone 藍砂岩 [地質]

BN object BN 天體 [天文]

bobierrite 白磷鎂石 [地質]

bodenite 褐簾石 [地質]

Bode's law 波德定律 [天文]

bodily tide 體潮 [地質] [海洋]

body tide 體潮 [海洋]

body wave 體波 [地質]

body-centered cube 體心立方體 [地質]

body-centered cubic 體心立方的 [地質]

body-centered lattice 體心晶格 [地質]

boehm lamellae 博謨紋 [地質]

boehmite 水鋁礦 [地質]

bog iron ore 沼鐵礦 [地質]

bog manganese 錳土 [地質]

bog mine ore 沼錳礦 [地質]

bog ore 沼礦 [地質]

bogen structure 弧形構造 [地質]

bogen structure 弧形構造

boghead cannel shale 沼腐泥頁岩 [地質]

boghead coal 沼塊煤，藻煤 [地質]

Bohai Coastal Current 渤海沿岸流 [海洋]

Bohemian gemstones 波希米亞寶石類 [地質]

Bohemian ruby 波希米亞紅寶石 [地質]

Bohemian topaz 波希米亞黃玉 [地質]

boilerplate 飛行器的試驗樣品 [天文]

boiling spring 沸泉 [地質]

bojite 角閃輝長岩 [地質]

boleite 氯銅鉛礦 [地質]

bole 紅玄武土 [地質]

bolide 火流星 [天文]

bolometric amplitude 熱（星等）變幅 [天文]

bolometric correction 熱（星等）修正 [天文]

bolometric luminosity 熱光度 [天文]

bolometric magnitude 熱星等 [天文]

bolson 沙漠盆地 [地質]

boltwoodite 黃矽鉀鈾礦 [地質]

Boltzmann formula 波茲曼公式 [天文]

bolus 膠塊土 [地質]

bomb sag 火山彈渣 [地質]

bombiccite 晶蠟石 [地質]

Bonawe granite 伯納維花崗岩 [地質]

Bond albedo 邦德反照率，球面反照率 [天文]

bone bed 骨層 [地質]

bone chert 骨燧石 [地質]

bone coal 骨煤 [地質]

boninite 玻紫安山岩 [地質]

Bonner Durchmusterung 波昂星表 [天文]

Bononian stone 重晶石 [地質]

book mica 書頁狀雲母 [地質]

book structure 書頁狀構造 [地質]

boomerang sediment corer 自返式沉積物取芯器 [海洋]

boorga 布加風 [氣象]

Bootes 牧夫座 [天文]

boothite 七水膽礬 [地質]

Bootids 牧夫流星群 [天文]

bora fog 布拉霧 [氣象]

boracite 方硼石 [地質]

borate alkalinity 硼酸鹽鹼度 [海洋]

borate mineral 硼酸鹽礦物 [地質]

borax 硼砂 [地質]

bora 布拉風 [氣象]

borderland slope 邊緣地斜坡 [地質]

borderland 邊緣地 [地質]

borehole deformation gauge 鑽孔變形測量器 [地質]

borehole gravimeter 井孔重力儀 [地質]

borehole gravimetry 井孔重力測量 [地質]

borehole logging 地物井測 [地質]

borehole position survey 鑽孔位置測量 [地質]

borehole seismometer 鑽孔地震檢波器 [地質]

borehole strainmeter 鑽孔應變計 [地質]

borehole stressmeter 鑽孔應力計 [地質]

borehole-surface variant 井中地面方式 [地質]

borehole 鑽孔，井孔 [地質]

bore 孔，暴漲潮 [海洋]

borickite 磷鈣鐵礦 [地質]

bornite 斑銅礦 [地質]

boroarsenate 硼砷酸鹽 [地質]

borolanite 霞榴正長岩 [地質]

B

boron deposit　硼礦床 [地質]

boron mineral　硼礦物 [地質]

boronatrocalcite　硼鈉方解石 [地質]

bort　圓粒金剛石，次級鑽石 [地質]

Bosch-Omori seismograph　玻什—大森地震儀 [地質]

Boss General Catalog　博斯星表 [天文]

boss　岩瘤，瘤狀物 [地質]

bostonite　歪正細晶岩 [地質]

botallackite　斜氯銅礦 [地質]

botanogeochemistry　植物地球化學 [地質]

botryogen　赤鐵礬，葡萄串石 [地質]

botryoid　葡萄串狀的 [地質]

bottle stone　天然玻璃，貴橄欖石 [地質]

bottom characteristics　底層特性 [海洋]

bottom community　底棲群集 [海洋]

bottom current　底層流 [海洋]

bottom flow　底流 [海洋]

bottom friction layer　底摩擦層 [海洋]

bottom glade　谷地 [地質]

bottom grab　表層取樣器 [海洋]

bottom gradient electrode system　底部梯度電極系 [地質]

bottom ice　底冰 [海洋]

bottom ionosphere　底部電離層 [氣象]

bottom layer　底層 [地質] [海洋]

bottom load　底荷 [地質]

bottom moraine　底磧 [地質]

bottom reflection　海底反射 [海洋]

bottom sampling　底質取樣 [海洋]

bottom scattering　海底散射 [海洋]

bottom sediment　海底沉積物 [海洋]

bottom sediment survey　底沉積物調查 [地質] [海洋]

bottom side ionospheric sounding　底端電離層探測 [氣象]

bottom water temperature　底層水溫 [海洋]

bottom water　底層水 [海洋]

bottomset bed　底積層 [地質] [海洋]

bottomside sounding　底部探測 [地質] [海洋]

bottom-supported platform　坐底式平臺 [地質]

boudinage　串腸構造 [地質]

boudin　串腸構造體 [地質]

Bouguer anomaly　布蓋異常 [地質]

Bouguer correction　布蓋校正 [地質]

Bouguer effect　布蓋效應 [地質]

Bouguer gravity anomaly　布蓋重力異常 [地質]

Bouguer reduction　布蓋化算法 [地質]

Bouguer's halo　布蓋暈 [氣象]

boulangerite　硫銻鉛礦 [地質]

boulder belt　冰礫帶 [地質]

boulder clay　冰礫泥 [地質]

boulder pavement　礫石地，亂石坡 [地質]

boulder train　漂礫列，漂礫群 [地質]

boulder　巨礫 [地質] [海洋]

boule　人造剛玉 [地質]

bounce cast　沖積鑄型 [地質]

boundary current　邊界流 [海洋]

boundary layer jet stream　邊界層急流 [氣象]

boundary layer meteorology　邊界層氣象學 [氣象]

boundary temperature　邊界溫度 [天文]

boundary velocity　介面速度 [地質]

Bournemouth bed　伯恩默斯層 [地質]

bournonite　車輪礦 [地質]

boussingaultite　銨鎂礬 [地質]

Bovey bed　博韋層 [地質]

bow shock　弓型衝擊波 [天文] [氣象]

Bowen line　鮑文譜線 [天文]

Bowen's reaction series　鮑文反應系列 [地質]

bowenite　硬綠蛇紋石，透蛇紋石 [地質]

Bowie formula　鮑威公式 [地質]

bowk　鑿井吊桶 [地質]

bowlder　巨礫 [地質]

bowlingite　綠皂石 [地質]

bowl　碗狀物 [地質]

box corer　箱式採岩器 [地質] [海洋]

box fold　箱形褶皺 [地質]

box model　箱形模式 [氣象]

boxwork　網格構造 [地質]

Boyden index　博伊登指數 [氣象]

brachy axis　短軸 [地質]

brachyaxis fold　短軸褶皺 [地質]

brachydiagonal　短軸 [地質]

brachypinacoid　短軸面 [地質]

brachysyncline　短軸向斜 [地質]

brackebuschite　錳鐵釩鉛礦 [地質]

brackish facies　半淡水相 [海洋]

brackish water desalination　半鹹水淡化 [海洋]

brackish water　微鹹水，半鹹水 [海洋]

bracklesham bed　布拉克爾歇姆層 [地質]

Bradford clay　布萊德福黏土 [地質]

Bradfordian　布萊德福期 [地質]

Bradley aberration　布拉德萊光行差 [天文]

bradleyite　磷碳鎂鈉石 [地質]

Bragg angle　布拉格角 [地質]

Bragg condition　布拉格條件 [地質]

Bragg curve　布拉格曲線 [地質]

Bragg diffraction　布拉格繞射 [地質]

Bragg equation　布拉格方程 [地質]

Bragg ionization curve　布拉格游離曲線 [地質]

Bragg law　布拉格定律 [地質]

Bragg method　布拉格法 [地質]

Bragg reflection　布拉格反射 [地質]

Bragg rule　布拉格定則 [地質]

Bragg scattering　布拉格散射 [地質]

Bragg spectrometer　布拉格譜儀 [地質]

braggite　硫鎳鈀鉑礦 [地質]

Bragg-Kleeman rule　布拉格－克利曼定則 [地質]

Bragg-Pierce law　布拉格－皮爾斯定律 [地質]

Bragg's equation 布拉格方程式 [地質]

Bragg's law 布拉格定律 [地質]

braided stream 網狀河流 [地質]

braking absorption 制動吸收 [地質]

branchite 晶蠟石 [地質]

brandtite 砷錳鈣石 [地質]

brannerite 鈦鈾礦 [地質]

Brans-Dicke theory 布蘭斯－迪克理論 [天文]

brash ice 碎冰 [地質] [海洋]

brass bed 黃銅礦床 [地質]

brass ore 黃銅礦石 [地質]

braunite 褐錳礦 [地質]

Bravais indices 布拉菲指數 [地質]

Bravais lattice 布拉菲晶格 [地質]

brave west wind 咆哮西風 [氣象]

bravoite 硫鐵鎳礦 [地質]

Brazil Current 巴西海流 [海洋]

Brazilian aquamarines 巴西海藍寶石 [地質]

Brazilian chrysolite 巴西橄欖石 [地質]

Brazilian emerald 巴西純綠寶石 [地質]

Brazilian pebble 巴西卵石 [地質]

Brazilian peridot 巴西橄欖石 [地質]

Brazilian ruby 巴西紅寶石 [地質]

Brazilian sapphire 巴西藍寶石 [地質]

Brazilian scapolite 巴西方柱石 [地質]

Brazilian topaz 巴西黃玉 [地質]

Brazilian tourmaline 巴西電氣石 [地質]

breached anticline 破裂背斜 [地質]

breached cone 裂口火山錐 [地質]

breadcrust 層皮結核 [地質]

breaker terrace 破浪階地 [地質]

breaker wave 破浪 [海洋]

breaker zone 破浪帶 [海洋]

breaker 破浪，碎浪 [海洋]

breaking mud flow 潰決型泥石流 [地質]

breaking of rod 斷鑽 [地質]

breaking wind speed 破壞風速 [氣象]

breaking-drop theory 水滴破碎理論 [氣象]

breaks in overcast 密雲隙 [氣象]

break 轉折，雲隙 [地質] [氣象]

breakwater 防波堤 [地質]

breathing cave 呼吸洞 [地質]

breathing 通氣，間歇性自噴 [地質]

breccia dike 角礫岩脈 [地質]

breccia marble 角礫質大理岩 [地質]

breccia pipe 角礫岩管 [地質]

breccia 角礫岩 [地質]

breeze 微風 [氣象]

breithauptite 紅銻鎳礦 [地質]

bremsstrahlung 制動輻射 [天文]

Bretonian orogeny 布銳東造山運動 [地質]

Bretonian strata 布銳東地層 [地質]

breunnerite 鐵菱鎂礦 [地質]

Brewster point 布羅斯點 [氣象]

brewsterite 鍶沸石 [地質]

brick clay 磚土 [地質]

brickfielder 布拉克非德風 [氣象]

Briden index　布利登指數 [地質]

bright coal　亮煤 [地質]

bright diffuse nebula　發散亮星雲 [天文]

bright flocculus　亮譜斑 [天文]

bright giant　亮巨星 [天文]

bright limb　亮邊緣 [天文]

bright line spectrum　明線光譜 [天文]

bright line　明線 [天文]

bright nebula　亮星雲 [天文]

bright nebulosity　亮星雲 [天文]

bright point　亮點 [天文] [地質]

bright rays on lunar surface　月面輻射紋 [天文]

bright rim structure　亮緣結構 [天文]

bright ring　亮環 [天文]

bright spot　亮點 [地質]

bright stars catalog　亮星星表 [天文]

bright-banded coal　亮帶煤 [地質]

brightness coefficient　亮度係數 [天文]

brightness distribution　亮度分佈 [天文]

brightness of the aurora　極光亮度 [天文]

brightness ring　亮環 [天文]

brightness temperature　亮度溫度 [天文]

brightness　亮度 [天文]

brilliancy　多面形寶石光 [地質]

brilliant　耀面鑽石 [地質]

brine　滷水 [海洋]

brisa carabinera　布利撒卡拉賓風 [氣象]

brisa　布利撒風 [氣象]

brisote　勃利蘇風 [氣象]

bristol stone　美晶石英 [地質]

britholite　重磷灰石 [地質]

British Maritime Law Association　英國海洋法協會 [海洋]

brittle mica　脆雲母 [地質]

brittle silver ore　脆銀礦 [地質]

briza　布利撒風 [氣象]

broad band photometry　寬帶光度學 [天文]

broadening　增寬 [天文]

broadside array　垂射天線陣 [天文]

brochantite　水膽礬 [地質]

brockite　磷鈣釷石 [地質]

broeboe　布魯比風 [氣象]

broken cloud　碎雲 [氣象]

bromargyrite　溴銀礦 [地質]

bromellite　鈹石 [地質]

bromide　溴化物 [地質]

bromlite　鋇霰石，碳酸鈣鋇礦 [地質]

Bronsil shale　布龍西爾頁岩 [地質]

brontograph　雷雨儀 [氣象]

brontometer　雷雨儀 [氣象]

bronze mica　金雲母 [地質]

bronzite　古銅輝石 [地質]

bronzitite　古銅輝岩 [地質]

brookite　板鈦礦 [地質]

brown clay ironstone　褐泥鐵石 [地質]

brown clay　褐黏土 [地質]

brown coal　褐煤 [地質]

B

brown hematite　褐鐵礦 [地質]

brown iron ore　褐鐵礦 [地質]

brown spar　褐白雲石 [地質]

brown tourmaline　棕電氣石 [地質]

brownstone　褐色砂岩 [地質]

brucite-marble　水鎂大理岩 [地質]

brucite　水鎂石，氫氧鎂石 [地質]

Bruckner cycle　布氏週期 [氣象]

brugnatellite　次碳酸鎂鐵礦 [地質]

bruma　布羅瑪霾 [氣象]

Brunhes epoch　布容期 [地質]

brunsvigite　鐵鎂綠泥石 [地質]

Brunt-Douglas isallobaric wind　布道等變壓風 [氣象]

Brunt-Vaisala frequency　布維頻率 [氣象]

bruscha　布呂夏風 [氣象]

brushite　鈣磷石 [地質]

B-type star　B 型星 [天文]

bubble high　氣泡高壓 [氣象]

bubble sextant　氣泡六分儀 [天文]

bubble train　氣泡列痕 [地質]

buchite　玻化岩 [地質]

buchonite　閃雲霞玄岩 [地質]

bucklandite　褐簾石 [地質]

buckle fold　彎曲褶皺 [地質]

buckwheat coal　蕎麥煤 [地質]

Budleigh Salterton bed　布德雷─沙爾特頓層 [地質]

buetschliite　碳鉀鈣石 [地質]

buhrstone　磨石 [地質]

built-up mica　組合雲母 [地質]

bulb glacier　山麓冰川 [地質]

bulk phase　體相 [海洋]

bulk speed　整體速度 [地質]

bulk water　整體水物 [氣象]

Bullhead bed　布林赫德層 [地質]

bull's-eye squall　牛眼雲颮 [氣象]

bunsenite　綠鎳礦 [地質]

Bunter　斑砂岩 [地質]

Buntsandstein　斑砂岩統 [地質]

buoyancy frequency　浮力頻率 [地質]

buoy　浮標 [海洋]

buran　布冷風 [氣象]

Burdiehouse limestone　布代豪斯石灰岩 [氣象]

burga　布加風 [氣象]

burial depth　埋沒深度 [地質]

buried hill　潛丘 [地質]

buried placer　埋沒砂礦 [地質]

buried river　埋沒河 [地質]

buried soil　埋沒土壤 [地質]

buried structure　埋沒構造 [地質]

buried valley　埋沒谷 [地質]

burkeite　碳鈉礬 [地質]

Burlington limestone　柏林頓石灰岩 [地質]

Burmese scapolite　緬甸方柱石 [地質]

burmite　緬甸硬琥珀 [地質]

burning of bit　燒鑽 [地質]

burnt coal　天然焦炭 [地質]

burr　毛邊 [地質]

burst　爆發 [天文]

Busch lemniscate　中性線 [氣象]

bustamite　鈣薔薇輝石 [地質]

butterfly diagram　蝴蝶圖 [天文]

buttress sand　殘柱砂岩 [地質]

Buys-Ballot's law　白貝羅定律 [氣象]

B-V colour index　B-V 色指數 [天文]

byerite　黏結瀝青煤 [地質]

bysmalith　岩栓 [地質]

bytownite　備長石 [地質]

B

C c

c axis　c 軸 [地質]

C index　C 指數 [地質]

C layer　C 電離層 [氣象]

cable length　電纜長 [海洋]

cable-tool drilling　繩索衝擊式鑽井 [地質]

cabochon　橢圓形寶石 [地質]

cacholong　美蛋白石 [地質]

cacimbo　卡生波濛霧 [氣象]

cacoxenite　黃磷鐵礦 [地質]

cactolith　水平岩盤，岩枝 [地質]

CAD: computer aided detection　電腦輔助探測 [地質]

cadmium blende　硫鎘礦，閃鎘礦 [地質]

cadmium ocher　硫鎘礦，閃鎘礦 [地質]

cadwaladerite　氯水鋁石 [地質]

Caelum　雕具座 [天文]

caesium beryl　銫綠柱石 [地質]

caesium biotite　銫黑雲母 [地質]

caesium clock　銫鐘 [天文]

caesium mineral　銫礦物 [地質]

Cagniard method　卡尼亞爾法 [地質]

Cagniard-De Hoop method　卡尼亞爾—德胡普法 [地質]

Cagniard-De Hoop technique　卡尼亞爾—德胡普法 [地質]

cahnite　水砷硼鈣石 [地質]

Cainozoic era　新生代 [地質]

Cainozoic group　新生界 [地質]

Cainozoic　新生代 [地質]

cairngorm　煙晶 [地質]

Caithness flags　凱思內斯板層 [地質]

cake adhesive retention meter　泥餅黏滯性測定儀 [地質]

caking coal　黏結煤 [地質]

Calabrian age　卡拉布里亞期 [地質]

calaite　綠松石 [地質]

calamine　異極礦 [地質]

calaverite　碲金礦 [地質]

calc-alkali rock series　鈣—鹼岩石系列 [地質]

calc-alkaline rock　鈣—鹼岩石 [地質]

calcarenite　砂屑石灰岩 [地質]

calcareous ooze　鈣質軟泥 [地質] [海洋]

calcareous plate　鈣板 [地質]

calcareous rock　鈣質岩 [地質]

calcareous schist　鈣質片岩 [地質]

calcareous sinter　鈣華，石灰華 [地質]

calcareous soil　石灰性土壤 [地質]

calcareous tufa　石灰華 [地質]

calciclase　鈣長石 [地質]

calciferous sandstone　含鈣砂岩 [地質]

calciferrite　鈣磷鐵礦 [地質]

calcilutite　泥質石灰岩，鈣泥岩 [地質]

calciocarnotite　鈣釩鈾礦 [地質]

calciovolborthite　鈣釩銅礦 [地質]

calcirudite　鈣質礫岩，礫屑石灰岩 [地質] [海洋]

calcite compensation depth　方解石補償深度 [地質]

calcite dissolution index　方解石溶解指數 [地質]

calcite dolomite　灰質白雲岩 [地質]

calcite　方解石 [地質]

calcium cloud　鈣雲 [天文]

calcium feldspar　鈣長石 [地質]

calcium flocculus　鈣譜斑 [天文]

calcium star　鈣星 [天文]

calcium-treated mud　鈣處理泥漿 [地質]

calclacite　醋氯鈣石 [地質]

calclithite　鈣質石屑岩，鈣氯岩 [地質]

calcrete　鈣質礫岩，鈣結層 [地質]

calc-silicate hornfels　鈣質矽酸鹽角頁岩 [地質]

calc-silicate marble　鈣質矽酸鹽大理岩 [地質]

calcsparite　亮晶 [地質]

calcspar　方解石 [地質]

caldera　破火山口 [地質]

Caledonian movement　加里東運動 [地質]

Caledonian orogeny　加里東造山運動 [地質]

Caledonides　加里東山系 [地質]

caledonite　鉛綠礬 [地質]

Caledonoid direction　加里東方向 [地質]

Calellonian　加里東的 [地質]

calendar day　曆日 [天文]

calendar month　曆月 [天文]

calendar variance　日曆差異 [天文]

calendar variation　日曆變動 [天文]

calendar year　曆年 [天文]

calendar　曆 [天文]

calf　浮水，小冰塊 [氣象] [海洋]

calibrating period　校準週期 [地質]

calibration star　校準星 [天文]

calibration system　校準系統 [天文] [地質] [氣象] [海洋]

calibrator of inclinometer　測斜儀校準台 [地質]

caliche　鈣積層 [地質]

California Current　加利福尼亞海流 [海洋]

California fog　加利福尼亞霧 [氣象]

California Nebula (IC 1499)　加利福尼亞星雲 [天文]

californite　玉符山石，加州石 [地質]

calina　卡麗那霾 [氣象]

callainite　綠磷鋁石 [地質]

Callao painter　喀勞霧 [氣象]

Callisto　木衛四，卡利斯多 [天文]

Callovian age　卡洛夫期 [地質]

calm belt　無風帶 [氣象]

calm of Cancer　北半球副熱帶無風帶 [氣象]

calm of Capricorn　南半球副熱帶無風帶 [氣象]

calm sea　無浪 [海洋]

calm　無風，靜風 [氣象]

calorie　卡（熱量單位）[氣象]

Caloris basin　卡洛里斯盆地 [地質]

calved ice　分裂冰 [海洋]

calving　冰解作用，冰裂 [地質] [氣象]

Calypso　卡利普索，土衛十四 [天文]

calyx drill　鋼球鑽機 [地質] [海洋]

cal　黑鎢礦 [地質]

camanchaca　卡門卻加霧 [氣象]

camber　拱區，弧面 [地質]

Cambrian period　寒武紀 [地質]

Cambrian system　寒武系 [地質]

Cambrian　寒武紀 [地質]

Camelopardus　鹿豹座 [天文]

cameo　多彩浮雕寶石 [地質]

Campanian age　坎佩尼期 [地質]

Campbell-Stokes recorder　坎貝爾－斯托克司記錄器 [地質]

camptonite　斜閃煌岩 [地質]

campylite　磷砷鉛礦 [地質]

camsellite　硼鎂石 [地質]

Canadian shield　加拿大地盾 [地質]

Canary Current　加那利海流 [海洋]

Cancer　巨蟹座 [天文]

cancrinite　鈣霞石 [地質]

candite　鐵鎂尖晶石 [地質]

Candlemas crack　聖燭節強風 [氣象]

Candlemas Eve winds　聖燭節強風 [氣象]

Canes Venatici　獵犬座 [天文]

canfieldite　黑硫銀錫礦 [地質]

Canis Major　大犬座 [天文]

Canis Minor　小犬座 [天文]

cannel coal　燭煤 [地質]

cannel shale　燭煤頁岩 [地質]

cannelite　燭煤 [地質]

canneloid　似燭煤 [地質]

cannon-shot gravel　砲彈礫石 [地質]

canon of eclipse　食典 [天文]

canonical time unit　標準時間單位 [天文]

Canopus(α Car)　老人星（船底座 α 星）[天文]

Canterbury northwester　坎特伯雷西北風 [氣象]

canyon bench　峽谷階地 [地質]

canyon fill　峽谷充填物 [地質]

canyon wind　峽谷風 [氣象]

canyon　峽谷 [地質]

cap cloud　帽狀雲 [氣象]

Cap Herculis　武仙角（月面）[天文]

C

cap jewel　覆蓋寶石 [地質]

Cap Laplace　拉普拉斯角（月面）[天文]

cap prominence　冠狀日珥 [天文]

cap rock　覆岩 [地質]

capacity　容量，電容，負載量 [天文] [地質] [氣象] [海洋]

capacity correction　容積校正 [地質]

cape　岬角 [地質]

cape diamond　黃金剛石 [地質]

cape doctor　道格特角風 [氣象]

Cape Horn current　合恩角海流 [海洋]

cape ruby　紅榴石鎂，鋁榴石 [地質]

Capella(α Aur)　五車二（御卡座 α 星）[天文]

Caph(β Cas)　王良一（仙后座 β 星）[天文]

capillary viscometer　毛細管黏度計 [地質]

capillatus　髮狀雲 [氣象]

cappelenite　硼矽鋇釔礦 [地質]

capping　表土 [地質]

Capricornus　摩羯座 [天文]

captive balloon sounding　繫留氣球探測 [氣象]

captive balloon　繫留氣球 [氣象]

capture hypothesis　捕獲說 [天文]

capture　捕獲，襲奪 [天文] [地質]

capturing river　襲奪河 [地質]

cap　頂說，雷管 [天文] [氣象]

carabine　卡拉伯恩風 [氣象]

caracolite　氯鉛芒硝 [地質]

Caradocian　喀拉多克階 [地質]

carat　克拉 [地質]

carbargilite　碳質泥岩 [地質]

carbide bit　硬質合金鑽頭 [地質]

carboborite　水碳硼石 [地質]

carbohumin　腐植質 [地質]

carbon-14 dating　放射性碳定年 [地質]

carbon branch　碳分支 [天文]

carbon cycle　碳循環 [天文]

carbon detonation supernova model　碳爆炸超新星模型 [天文]

carbon dioxide system in sea water　海水二氧化碳系統 [海洋]

carbon flash　碳閃 [天文]

carbon isotope ratio　碳同位素比 [地質]

carbon ratio theory　碳比論 [地質]

carbon ratio　碳比 [地質]

carbon sequence　碳星序 [天文]

carbon star　碳星 [天文]

carbonaceous chondrite　碳質球粒隕石 [地質]

carbonaceous meteorite　碳質隕石 [地質]

carbonaceous rock　碳質岩 [地質]

carbonaceous sandstone　碳質砂岩 [地質]

carbonaceous shale　碳質頁岩 [地質]

carbonado　黑金剛石 [地質]

carbonate alkalinity　碳酸鹽鹼度 [海洋]

carbonate apatite　碳酸磷灰石 [地質]

carbonate critical depth　碳酸鹽極限深度 [海洋]

carbonate cycle　碳酸鹽循環 [地質] [海洋]

carbonate deposit　碳酸鹽類沉積物 [地質]

carbonate mineral　碳酸鹽礦物 [地質]

carbonate reservoir　碳酸鹽儲油層 [地質]

carbonate rock　碳酸鹽岩 [地質]

carbonate sediment　碳酸鹽沉積物 [地質]

carbonate spring　碳酸泉 [地質]

carbonate system　碳酸鹽體系 [地質] [海洋]

carbonate uranium ore　碳酸鹽鈾礦石 [地質]

carbonatite　碳酸鹽岩 [地質]

carbonatization　碳酸鹽化作用 [地質]

Carboniferous igneous rocks　石炭紀火成岩 [地質]

Carboniferous period　石炭紀 [地質]

Carboniferous system　石炭系 [地質]

Carboniferous　石炭紀 [地質]

carbonification　碳質化 [地質]

carbonite　天然焦（炭）[地質]

carbon-nitrogen-oxygen cycle　碳氮氧循環 [天文]

carbon-nitrogen-phosphorus ratio　碳氮磷比率 [地質] [海洋]

carbon-poor star　貧碳恆星 [天文]

carbopyrite　碳黃鐵礦 [地質]

Carcenet　卡塞內特風 [氣象]

cardinal winds　四方位風 [氣象]

Caribbean Current　加勒比海流 [海洋]

Caribbean Sea　加勒比海 [地質]

Carina Nebula　船底座星雲 [天文]

Carina　船底座 [天文]

Carlsbad law　卡爾斯巴德定律 [地質]

Carme　卡米，木衛十一 [天文]

carminite　砷鉛鐵礦 [地質]

carnallite　光鹵石 [地質]

carnegieite　三斜霞石 [地質]

carnelian　紅玉髓 [地質]

Carnian　喀尼階 [地質]

carnotite　釩鉀鈾礦 [地質]

carpholite　纖錳柱石 [地質]

carphosiderite　草黃鐵礬 [地質]

Carrara marble　卡拉拉大理岩 [地質]

Carrington meridian　卡林頓子午線（日面）[天文]

carrollite　硫銅鈷礦 [地質]

carrying capacity　挾帶能力 [地質]

cartographic symbol　地圖符號 [地質]

cartography　製圖學 [地質]

cartology　地層測繪學，製圖學 [地質]

caryinite　砷錳鉛礦 [地質]

cascade　串聯，小瀑布，急灘 [地質]

Cascadian orogeny　卡斯卡底造山運動 [地質]

case hardening　表層硬化 [地質]

Cassadagan　凱瑟達格階 [地質]

C

Cassegrain focus　卡塞格林焦點焦點 [天文]

Cassegrain reflector　卡塞格林焦點式反射望遠鏡 [天文]

Cassiar orogeny　凱西阿爾造山運動 [地質]

Cassini's division　卡西尼環縫 [天文]

Cassini's law　卡西尼定律 [天文]

Cassiopeia　仙后座 [天文]

Cassiopeids　仙后座流星群 [天文]

cassiterite　錫石 [地質]

cast basalt　鑄玄武岩 [地質]

castellanus　堡狀雲 [氣象]

castellatus　堡狀層積雲 [氣象]

casting　鑄造，鑄件 [地質]

castorite　透鋰長石 [地質]

castor　透鋰長石 [地質]

cast　鑄型 [地質]

cat gold　雲母 [地質]

CAT: clear air turbulence　晴空亂流 [氣象]

cataclasis　壓碎作用，碎裂作用 [地質]

cataclasite　壓碎岩 [地質]

cataclastic metamorphism　壓碎變質作用 [地質]

cataclastic rock　壓碎岩 [地質]

cataclastic structure　壓碎構造 [地質]

cataclysmic binary　激變雙星 [天文]

cataclysmic variable star　激變變星 [天文]

cataclysmic variable　激變變星 [天文]

catadioptric telescope　折反射望遠鏡 [天文]

catalog number　目錄編號 [天文]

catalog of faint stars　暗星表 [天文]

Catalog of Geodetical Stars　測地星表 [天文]

catalog of time determination　測時星表 [天文]

catalogue equinox　星表分點 [天文]

catalogue of gamma ray sources　γ 射線源表 [天文]

catalogue of stars　星表 [天文]

catalogue　星表，目錄 [天文]

catalog　目錄，編目 [天文]

cataphorite　紅鈉閃石 [地質]

catapleite　鈉鋯石 [地質]

cataract　大瀑布 [地質]

catastrophe theory　災變說 [地質]

catastrophe　災變 [地質]

catastrophism　災變說 [地質]

catazone　深變質帶 [地質]

catching range　捕捉範圍 [地質]

catchment area　集水區，儲油面積 [地質]

catchment glacier　吹雪冰川，漂雪冰河 [地質]

category of coals　煤的品種 [地質]

Cathaysia old land　華夏古陸 [地質]

Cathaysian structural system　華夏系構造體系 [地質]

Cathaysian　華夏系 [地質]

cathetometer　高差計 [地質]

catoptrite　黑矽銻錳礦 [地質]

cat's eye　貓眼石 [地質]

cat's paw　貓掌風 [氣象]

Catskill bed　卡次啟爾岩層 [地質]

cauda　尾 [地質]

cauldron subsidence　火山口沉陷作用 [地質]

cause of earthquake　地震成因 [地質]

caustobiolith　可燃性生物岩 [地質]

Cavaliers　卡伐利風期 [氣象]

cave　洞 [地質]

cave biotic deposit　洞穴生物堆積 [地質]

cave breccia　洞穴角礫岩 [地質]

cave collapse deposit　洞穴崩塌堆積 [地質]

cave coral　洞穴珊瑚 [地質]

cave deposit　洞穴堆積 [地質]

cave earth　洞穴土 [地質]

cave erosion　洞穴侵蝕 [地質]

cave flower　洞穴花（石膏等鹽類沉積）[地質]

cave of debouchure　出水洞 [地質]

cave pearl　洞穴珠 [地質]

cave science　洞穴學 [地質]

caveology　洞穴學 [地質]

cavern　洞穴，岩洞 [地質]

caver　卡佛風 [氣象]

cavity　溶蝕窟，空腔 [天文] [地質]

cawk　珠光重晶石 [地質]

cay sandstone　礁砂岩 [地質]

Cayugan　卡尤加統 [地質]

cay　沙洲，岩礁，珊瑚礁 [地質]

Cb cal　禿積雨雲 [氣象]

Cb cap　鬃積雨雲 [氣象]

Cb: cumulonimbus　積雨雲 [氣象]

Cc: cirrocumulus cloud　捲積雲 [氣象]

CCD: calcite compensation depth　方解石補償深度 [海洋]

CCD:charge coupled device　電荷耦合元件 [天文]

CD galaxy　CD 星系 [天文]

CDP grid　共深度點網格 [地質]

CDP stacking　共深度點疊加 [地質]

cebollite　白纖柱石，纖維石 [地質]

cecilite　黃長白榴岩 [地質]

ceiling balloon　雲幕氣球 [氣象]

ceiling classification　雲幕分類 [氣象]

ceiling light　雲幕燈 [氣象]

ceiling projector　雲幕燈 [氣象]

ceiling　雲幕，雲幕高 [氣象]

ceilometer　雲幕計 [氣象]

celadonite　綠鱗石 [地質]

celescope　天體望遠鏡 [天文]

celestial axis　天軸 [天文]

celestial body azimuth　天體方位 [天文]

celestial body rotation　天體自轉 [天文]

celestial body　天體 [天文]

celestial cartography　天體製圖學 [天文]

celestial chart　天體圖 [天文]

celestial chemistry　天體化學 [天文]

celestial computation　天文計算 [天文]

C

celestial coordinate system 天球座標系 [天文]

celestial coordinates 天球座標 [天文]

celestial ephemeris pole 天球曆書極 [天文]

celestial equator system of coordinates 天球赤道座標系 [天文]

celestial equator 天球赤道 [天文]

celestial geodesy 天文大地測量學 [天文]

celestial geomorphology 天體地貌學 [天文]

celestial globe 天球儀 [天文]

celestial horizon 天球地平圈 [天文]

celestial latitude 天球緯度 [天文]

celestial longitude 天球經度 [天文]

celestial map 天體圖 [天文]

celestial maser 天體邁射源 [天文]

celestial mechanics 天體力學 [天文]

celestial meridian 天球子午圈 [天文]

celestial north pole 北天極 [天文]

celestial object 天體 [天文]

celestial origin 天體起源 [天文]

celestial parallel 赤緯圈 [天文]

celestial photography 天體照相學 [天文]

celestial photometry 天體光度學 [天文]

celestial physics 天體物理學 [天文]

celestial pole 天極 [天文]

celestial south pole 南天極 [天文]

celestial sphere 天球 [天文]

celestial structurology 天體結構學 [天文]

celestial 天體的，天球的 [天文]

celestine 天青石 [地質]

Celite 矽鈣石 [地質]

cellular cloud 胞狀雲 [氣象]

cellular convection 胞狀對流 [氣象]

cellular growth 胞狀生長 [地質]

cellular 多孔狀的 [地質]

celonavigation 天文航行學 [天文]

celsian 鋇長石 [地質]

cement clay 膠結黏土 [地質]

cement rock 水泥岩 [地質]

cementation 膠結作用 [地質]

cemented rock 膠結岩 [地質]

cementing material in rock 岩石中的膠結物 [地質]

cementstone group 膠結石群 [地質]

cement 膠結物 [天文]

Cen X-3 半人馬座 X-3 [天文]

Cenomanian 森諾曼階 [地質]

cenote 岩洞陷落井，天然井 [地質]

Cenozoic 新生代 [地質]

Centaurus X-3 半人馬座 X-3 源 [天文]

Centaurus 半人馬座 [天文]

center jump 中心跳躍 [氣象]

center limb variation 中心邊緣變化 [地質]

center of action 活動中心 [天文] [氣象]

center of activity 活動中心 [天文] [氣象]

center of curvature 曲率中心 [天文]

center of earth　地心 [地質]

center of fall　降壓中心 [氣象]

center of rise　升壓中心 [氣象]

centered dipole　中心偶極 [地質]

central calm　中心靜風 [氣象]

central concentration　中心密集度 [天文]

central condensation　中心凝聚物 [天文]

central configuration　中心構形 [天文]

central cyclone　中心氣旋 [氣象]

central dipole　中心偶極 [地質]

central eclipse　中心食 [天文]

central gradient array method　中間梯度法 [地質]

Central Indian Ridge　印度洋中洋脊 [地質]

central intensity　線心強度（譜線）[天文] [地質]

central meridian　中央子午線 [天文]

central peak　中央峰 [天文]

central pressure index　中心氣壓指數 [氣象]

central rift valley　中央斷裂谷 [地質] [海洋]

central star　中央星（行星狀星雲核心）[天文]

central valley　中央谷 [地質]

central-meridian transit　中央子午線中天 [天文]

centre　拱架 [地質]

centrifugal　離心的，離心機 [地質]

centripetal drainage pattern　向心水系型 [地質]

centroclinal dip　向心傾斜 [地質]

centroid of stars　恆星群形心 [天文]

centrosphere　地心圈，核圈 [地質]

centrosymmetry　中心對稱 [地質]

centrum　中心，震源 [地質]

centurial year　世紀年 [天文]

century　百年 [天文]

CEP: celestial ephemeris pole　天球曆書極 [天文]

Cepheid parallax　造父視差 [天文]

Cepheid variable star　造父變星 [天文]

Cepheid　造父變星 [天文]

Cepheus　仙王座 [天文]

ceramicite　瓷土岩，陶瓷石 [地質]

cerargyrite　角銀礦 [地質]

ceratophyre　角斑岩 [地質]

Ceraunograph　天電儀 [氣象]

Ceres　穀神星（小行星 1 號）[天文]

cerine　脂褐簾石 [地質]

cerite　矽鈰石 [地質]

cerolite　蠟蛇紋石 [地質]

cers　塞爾斯風 [氣象]

certified reference coal　標準煤樣 [地質]

cerussite　白鉛礦 [地質]

cervantite　黃銻礦 [地質]

cesarolite　泡錳鉛礦 [地質]

cesium chloride type structure　氯化銫型結構 [地質]

Cetids　鯨魚座流星群 [天文]

Cetus 鯨魚座 [天文]

Ceylon peridot 錫蘭貴橄欖石 [地質]

Ceylon ruby 錫蘭紅寶石 [地質]

Ceylon zircon 錫蘭鋯石 [地質]

Ceylonese chrysolite 錫蘭橄欖石 [地質]

ceylonite 鐵鎂尖晶石 [地質]

chabasite 菱沸石 [地質]

chabazite 菱沸石 [地質]

chadacryst 捕獲晶 [地質]

chain lightning 鏈狀閃電 [地質]

chain method 連鎖法 [天文]

chain of volcanoes 火山鏈 [地質]

chain silicate mineral 鏈狀矽酸鹽礦物 [地質]

chain structure 鏈狀構造 [地質]

chalazoidite 凝灰球，火山丸 [地質]

chalcanthite 膽礬 [地質]

chalcedonite 玉髓 [地質]

chalcedony-opal 玉髓蛋白石 [地質]

chalcedonyx 帶紋玉髓 [地質]

chalcedony 玉髓 [地質]

chalcoalumite 銅明礬 [地質]

chalcocite 輝銅礦 [地質]

chalcocyanite 銅靛石 [地質]

chalcolite 銅鈾雲母 [地質]

chalcomenite 藍硒銅礦 [地質]

chalcophanite 黑鋅錳礦 [地質]

chalcophile element 親銅元素 [地質]

chalcophile 親銅的 [地質]

chalcophyllite 雲母銅礦 [地質]

chalcopyrite 黃銅礦 [地質]

chalcopyrrhotite 銅磁黃鐵礦 [地質]

chalcosiderite 磷銅鐵礦 [地質]

chalcosine 輝銅礦 [地質]

chalcostibite 硫銅銻礦 [地質]

chalcotrichite 毛赤銅礦 [地質]

chalk marl 白堊泥灰岩 [地質]

chalk 白堊 [地質]

challiho 卻立霍風 [氣象]

chalmersite 方黃銅礦 [地質]

chalybeate spring 鐵質泉 [地質]

chalybeate water 鐵質水 [地質]

chalybite 菱鐵礦 [地質]

chambered vein 囊狀礦脈 [地質]

chamosite 鮞綠泥石 [地質]

Champlainian Age 香濱期 [地質]

Chandler number 張德勒數 [天文]

Chandler period 張德勒週期 [天文]

Chandler wobble 張德勒顫動 [天文]

Chandrasekhar limit 錢氏極限 [天文]

chandui 昌杜伊風 [氣象]

changbaiite 長白礦，鈮鉛礦 [地質]

change chart 變化圖 [天文] [地質] [氣象] [海洋]

Changjiang-Huaihe cyclone 江淮氣旋 [氣象]

Changjiang-Huaihe shear line 江淮切風切線 [氣象]

Changlin diamond 常林鑽石 [地質]

channel net 河流網 [地質]

channel sampling 槽式取樣 [地質]

channel sand 河床砂 [地質]

channel segment　河段 [地質]

channel wave　槽波 [地質]

channel　水道，海峽，頻道，槽 [天文] [地質] [氣象] [海洋]

chaos　混沌 [天文] [氣象]

Chapman equation　查普曼方程 [氣象]

Chapman layer　查普曼層 [氣象]

Chapman mechanism　查普曼機制 [氣象]

Chapman production function　查普曼生成函數 [氣象]

Chapman region　查普曼區 [氣象]

chapmanite　矽銻鐵礦 [地質]

Chapman's equation　查普曼方程 [氣象]

Chapman's oxygen-cycle　查普曼氧循環 [氣象]

character figure　磁性數 [氣象]

characteristic envelope　特徵包絡 [天文]

characteristic level of water　特徵水位 [地質] [海洋]

characteristic of char residue　焦渣特徵 [地質]

characteristic wave　特徵波 [地質]

charge composition of primary cosmic rays　初級宇宙線電荷成分 [地質]

charge spectrum of primary cosmic rays　原宇宙射線電荷譜 [地質]

chargeability　可負載率 [地質] [海洋]

charged particle astronomy　帶電粒子天文學 [天文]

charging rate　充電率 [地質]

Charles's Wain　查理的馬車，北斗七星 [天文]

Charlier universe　沙利葉宇宙 [天文]

Charmouthian stage　查茅斯階 [地質]

Charnian series　查尼統 [地質]

charnockite　紫蘇花岡岩 [地質]

Charnoid direction　查恩諾德方向 [地質]

Charon　夏龍（冥衛）[天文]

chart of marine gravity anomaly　海洋重力異常圖 [海洋]

charted depth　圖示水深 [海洋]

charting　製圖 [地質]

chassignite　純橄無球隕石 [地質]

chatoyancy　貓眼光 [地質]

chatoyant　貓眼石，貓眼光的 [地質]

Chattian　恰特階 [地質]

Chautauquan division　肖托誇層 [地質]

Chautauquan　肖托誇統 [地質]

Chazyan　夏西統 [地質]

check observation　校驗觀測 [氣象]

check station　監測台 [海洋]

chemical abundance　化學豐度 [天文]

chemical crystallography　化學結晶學 [地質]

chemical denudation　化學剝蝕 [地質]

chemical diagenesis　化學成岩作用 [地質]

chemical evolution　化學演化 [天文]

chemical fossil　化學性化石 [地質]

chemical geothermometer　化學地球溫

C

度計 [地質]

chemical lifetime　化學壽命 [地質]

chemical oceanography　化學海洋學 [地質]

chemical petrology　化學岩石學 [地質]

chemical precipitate　化學沉澱物 [地質]

chemical remanent magnetization　化學殘磁強度 [地質]

chemical reservoir　化學儲層 [地質]

chemical rock　化學岩 [地質]

chemical sedimentary rock　化學沉積岩 [地質]

chemical sedimentology　化學沉積學 [地質]

chemical sediment　化學沉積物 [地質]

chemical speciation model　化學形態模型 [地質]

chemical speciation　化學形態分析 [地質]

chemically-formed rock　化學形成岩 [地質]

chemocline　化變層 [地質]

chemopause　光化層頂 [氣象]

chemosphere　光化層 [氣象]

chemung group　舍蒙群 [地質]

Chemungian　舍蒙統 [地質]

chenevixite　綠砷鐵銅礦 [地質]

cheralite　磷鈣釷礦，富釷獨居石 [地質]

chergui　乞歸風 [氣象]

chertification　燧石化 [地質]

chert　燧石 [地質]

chessylite　藍銅礦，石青 [地質]

Chester group　契斯特群 [地質]

chestnut coal　小塊煤 [地質]

Cheterian　契斯特群 [地質]

chevkinite　矽鈦鈰鐵礦 [地質]

chevron fold　尖項褶曲 [地質]

Cheyenne sandstones　切耶尼砂岩 [地質]

chiastolite　空晶石 [地質]

chibli　吉勃利風 [氣象]

Chideruan　希德魯階 [地質]

childrenite　磷鋁鐵石 [地質]

Chile nitrate　智利硝石 [地質]

Chile saltpeter　智利硝石 [地質]

chilisaltpeter　智利硝石 [地質]

chili　奇利風 [氣象]

chill wind factor　寒風指數 [氣象]

chilled contact　冷凝接觸 [地質]

chilling injury　低溫冷害 [氣象]

chimney cloud　煙囪式雲 [氣象]

chimney current　煙囪式氣流 [氣象]

chimney rock　柱狀石，[地質]

chimney　管狀礦脈，煙囪 [地質]

chimopelagic plankton　冬季表層浮游生物 [海洋]

china clay　瓷土 [地質]

chinastone　瓷石 [地質]

Chinese talc lump　中國滑石塊 [地質]

Chinese talc　中國滑石 [地質]

chinoite　磷銅礦 [地質]

chinook arch　欽諾克拱狀雲 [氣象]

chinook 奇努克風 [氣象]

chiolite 錐冰晶石 [地質]

chiviatite 硫鉛鉍礦 [地質]

chloanthite 砷鎳礦 [地質]

chloraluminite 氯鋁石 [地質]

chlorapatite 氯磷灰石 [地質]

chlorargyrite 角銀礦 [地質]

chlorastrolite 綠星石 [地質]

chlorinity 氯度 [海洋]

chlorite slate 綠泥石板岩 [地質]

chlorite-schist 綠泥片岩 [地質]

chlorite-sericite schist 綠泥絹雲母片岩 [地質]

chlorite 綠泥石 [地質]

chloritic marl 綠泥泥灰岩層 [地質]

chloritization 綠泥石化 [地質]

chloritoid schist 硬綠泥片岩 [地質]

chloritoid 硬綠泥石 [地質]

chlormanganokalite 鉀錳鹽，氯錳鉀石 [地質]

chlorocalcite 氯鉀鈣石 [地質]

chloromagnesite 氯鎂石 [地質]

chloropal 綠蛋白石，綠脫石 [地質]

chlorophaeite 褐綠泥石 [地質]

chlorophoenicite 綠砷鋅錳礦 [地質]

chlorophyllite 綠葉石 [地質]

chlorosapphire 綠寶石 [地質]

chlorosity 鹽度，含氯量 [氣象] [海洋]

chlorothionite 鉀氯膽礬 [地質]

chloroxiphite 綠銅鋁礦 [地質]

chocked lake 堰塞湖 [地質]

chocolatero 巧克力風 [氣象]

chondrite 球粒隕石 [地質]

chondrodite 粒矽鎂石 [地質]

chondrule 球粒隕石 [天文] [地質]

chopping 小量挖掘 [地質]

choppy sea 怒海 [海洋]

chorismite 混合岩 [地質]

christophite 鐵閃鋅礦 [地質]

chromate mineral 鉻酸鹽礦物 [地質]

chromatic aberration of position 位置色差 [天文]

chromatic curve 色差曲線 [天文]

chromatic difference of magnification 放大色差 [天文]

chrome deposit 鉻礦床 [地質]

chrome iron ore 鉻鐵礦 [地質]

chrome mineral 鉻礦物 [地質]

chrome spinel 鉻尖晶石 [地質]

chromic iron 鉻鐵礦 [地質]

chromite deposit 鉻鐵礦礦床 [地質]

chromite 鉻鐵礦 [地質]

chromitite 鉻鐵岩 [地質]

chromium depletion 脫鉻 [地質]

chromium deposit 鉻礦床 [地質]

chromocratic 暗色的 [地質]

chromosphere-corona transition region 色球日冕過渡區 [天文]

chromosphere 色球 [天文]

chromospheric ejection 色球拋射 [天文]

chromospheric eruption 色球爆發 [天文]

C

chromospheric flocculus　色球譜斑

chromospheric mottling　色球日芒 [天文]

chromospheric network　色球網路 [天文]

chromospheric spicule　色球針狀體 [天文]

chromospheric spike　色球針狀體 [天文]

chromospheric telescope　色球望遠鏡 [天文]

chronogeochemistry　年代地球化學 [地質]

chronograph　計時器 [天文]

chronolithologic unit　時間岩石單位 [地質]

chronolith　時間岩石單位 [地質]

chronological table　年代表 [天文]

chronology　紀年法，年代學 [天文]

chronometer correction　天文鐘校正 [天文]

chronometer rate　天文鐘日速 [天文]

chronometer　天文鐘 [天文]

chronometric radiosonde　時距無線電探空儀 [氣象]

chronometry　測時學 [天文]

chronoscope　計時器 [天文]

chronostratic unit　地層年代單位 [地質]

chronostratigraphic unit　地層年代單位 [地質]

chronostratigraphy　年代地層學 [地質]

Chryse basin　克里斯盆地 [地質]

chrysoberyl　金綠寶石 [地質]

chrysocolla　矽孔雀石 [地質]

chrysolite　貴橄欖石 [地質]

chrysopal　金綠寶石 [地質]

chrysoprase　綠玉髓 [地質]

chrysotile　纖蛇紋石，溫石棉 [地質]

chubasco　丘白斯哥雷雨 [氣象]

churada　丘拉達颺 [氣象]

churchite　水磷鈰礦 [地質]

CI abundance　CI 豐度 [天文]

Ci fib　毛捲雲 [氣象]

Ci index　Ci 指數 [地質]

Ci spi　密捲雲 [氣象]

Ci unc　鉤捲雲 [氣象]

Ci: cirrus　捲雲 [氣象]

Cimarron Series　西馬隆統 [地質]

ciminite　橄輝粗面岩 [地質]

cimolite　水磨土 [地質]

Cincinnatian　辛辛納提階 [地質]

cinder cone　火山渣錐 [地質]

cinnabarite　辰砂 [地質]

cinnabar　辰砂 [地質]

cinnamon stone　桂榴石，鐵鈣鋁榴石 [地質]

CIPW classification　CIPW 岩石分類法 [地質]

cir X-1　圓軌座 X-1 [天文]

Circinus　圓規座 [天文]

circle of declination　赤緯圈 [天文]

circle of equal altitude　等高度圈 [天文]

circle of equal declination　等赤緯圈 [天

文]

circle of inertia　慣性圓 [氣象]

circle of latitude　緯度圈 [天文]

circle of longitude　經度圈 [天文]

circle of perpetual apparition　恆顯圈 [天文]

circle of perpetual occultation　恆隱圈 [天文]

circle of right ascension　赤經圈 [天文]

circle　圈，圓，度盤 [天文]

circular coal　圓煤 [地質]

circular feature　環狀特徵 [地質]

circular polarizer　圓形極化器 [地質]

circular structure　環狀構造 [地質]

circular velocity　環繞速度 [天文]

circular vortex　圓渦旋 [氣象]

circularly polarized radiation　圓偏振輻射 [天文]

circulating current　循環電流 [氣象]

circulation cell　環流圈 [氣象]

circulation flux　環流通量 [氣象]

circulation index　環流指數 [氣象]

circulation pattern　環流型 [氣象]

circulation theorem　環流定理 [氣象]

circumhorizontal arc　環地平弧，日暈 [天文]

circumlunar　環月的 [天文]

circummeridian altitude　近子午線高度 [天文]

circum-Pacific　環太平洋 [地質]

circum-Pacific province　環太平洋岩區

[地質]

circum-Pacific seismic belt　環太平洋地震帶 [地質]

Circum-Pacific volcanic belt　環太平洋火山帶 [地質]

circumpolar constellations　拱極星座 [天文]

circumpolar star　拱極星 [天文]

circumpolar westerlies　繞極西風帶 [氣象]

circumpolar whirl　繞極旋風 [氣象]

circumpolar zone　拱極區 [天文]

circumpolar　拱極的 [天文]

circumsolar orbit　環日軌道 [天文]

circumstellar line　拱星譜線 [天文]

circumstellar matter　拱星物質 [天文]

circumstellar nebula　拱星星雲 [天文]

circumstellar　拱星的 [天文]

circumzenithal arc　環天頂弧（日暈） [天文]

Cirque　冰斗 [地質]

cirriform　捲狀雲 [氣象]

cirrocumulus cloud　捲積雲 [氣象]

cirrocumulus　捲積雲 [氣象]

cirrose　有捲鬚的 [氣象]

cirrostratus cloud　捲層雲 [氣象]

cirrostratus fibratus　毛捲層雲 [氣象]

cirrostratus nebulosus　薄幕捲層雲 [氣象]

cirrostratus　捲層雲 [氣象]

cirrus cloud　捲雲 [氣象]

C

cirrus fibratus　毛捲雲 [氣象]

cirrus spissatus　密捲雲 [氣象]

cirrus uncinus　鉤捲雲 [氣象]

cirrus　卷雲，蔓肢 [地質] [氣象]

cislunar space　地月空間 [天文]

cislunar　地月間的 [天文]

cisplanetary space　行星軌道內空間 [天文]

citrine　黃水晶 [地質]

city weather　城市天氣 [氣象]

civil calendar　民用曆 [天文]

civil day　民用日 [天文]

civil time　民用時 [天文]

civil twilight　民用曙暮光 [天文] [氣象]

civil year　民用年 [天文]

clairite　三斜銨礬 [地質]

clarain　亮煤 [地質]

clarinite　亮煤素 [地質]

clarite　微亮煤，亮煤岩 [地質]

clarkeite　水鈉鈾礦 [地質]

clarke　地殼元素百分比 [地質]

clarofusain　亮質絲煤 [地質]

clarovitrain　亮質鏡煤 [地質]

classical astronomy　古典天文學 [天文]

classical cepheid　經典造父變星 [天文]

classical geology　古典地質學 [地質]

classical nova　經典新星 [天文]

classification criterion　分類判據 [天文]

classification of galaxies　星系分類 [天文]

classification of planets　行星分類 [天文]

classification of prominences　日珥分類 [天文]

clastation　碎裂作用 [地質]

clastic dike　碎屑岩脈 [地質]

clastic ratio　碎屑比 [地質]

clastic reservoir rock　碎屑岩儲油層 [地質]

clastic rock　碎屑岩 [地質]

clastic sediment　碎屑沉積物 [地質]

clastic texture　碎屑結構 [地質]

clastic weathered crust　碎屑風化殼 [地質]

clastic weathering crust　碎屑風化殼 [地質]

clastic wedge　碎屑楔形層 [地質]

clast　碎屑，岩屑 [地質]

claudetite　白砷石 [地質]

clausthalite　硒鉛礦 [地質]

clay belt　黏土帶 [地質]

clay deposit　黏土層 [地質]

clay for preparing mud　造漿黏土 [地質]

clay gall　黏土團塊 [地質]

clay ironstone　泥鐵岩 [地質]

clay marl　黏質泥灰岩 [地質]

clay mineral structure　黏土礦物結構 [地質]

clay mineralogy　黏土礦物學 [地質]

clay mineral　黏土礦物 [地質]

clay pan　黏磐 [地質]

clay plug　黏土填塞 [地質]

clay rock　黏土岩 [地質]

clay shale 黏土頁岩 [地質]

clay slate 黏土板岩 [地質]

clay vein 黏土脈 [地質]

claystone 黏土岩 [地質]

clear air turbulence detection laser system 晴空亂流檢測雷射系統 [地質]

clear sky 晴天 [氣象]

clear 晴，清除，歸零，無色 [地質] [氣象]

cleat 割理 [地質]

cleavage banding 解理條帶 [地質]

cleavage crystal 解理晶體 [地質]

cleavage plane 解理面 [地質]

cleavage 劈理（岩石），解理（礦物）[地質]

cleavelandite 葉鈉長石 [地質]

cleft 裂縫，裂理 [天文]

clepsydra 漏壺，水時計 [天文]

cleveite 釔鈾礦 [地質]

cliachite 膠鋁礦 [地質]

cliff of displacement 斷岩 [地質]

cliff 懸崖，崖 [地質]

Cliftonian 克利夫頓期 [地質]

climagram 氣候圖 [氣象]

climagraph 氣候圖 [氣象]

climate change 氣候變化 [氣象]

climate control 氣候控制 [氣象]

climate damage 氣候災害 [氣象]

climate history 氣候史 [氣象]

climatic model 氣候模式 [氣象]

climate modification 氣候改造 [氣象]

climate noise 氣候雜訊 [氣象]

climate periodicity 氣候週期性 [氣象]

climate resource 氣候資源 [氣象]

climate sensitivity experiment 氣候敏感性實驗 [氣象]

climate system 氣候系統 [氣象]

climate variation 氣候變遷 [氣象]

climate 氣候 [氣象]

climatic adaptation 氣候適應 [氣象]

climatic anomaly 氣候異常 [氣象]

climatic atlas 氣候圖集 [氣象]

climatic belt 氣候帶 [氣象]

climatic cabinet 人工氣候箱 [氣象]

climatic change 氣候變遷 [氣象]

climatic chart 氣候圖 [氣象]

climatic classification 氣候分類 [氣象]

climatic control 氣候控制 [氣象]

climatic cycle 氣候變化週期 [氣象]

climatic damage 氣候災害 [氣象]

climatic deterioration 氣候惡化 [氣象]

climatic diagnosis 氣候診斷 [氣象]

climatic diagram 氣候圖 [氣象]

climatic divide 氣候分界 [氣象]

climatic effect 氣候效應 [氣象]

climatic element 氣候要素 [氣象]

climatic factor 氣候因子 [氣象]

climatic fluctuation 氣候波動 [氣象]

climatic forecast 氣候預報 [氣象]

climatic geomorphology 氣候地形學 [氣象]

climatic hazard 氣候災害 [氣象]

climatic map　氣候圖 [氣象]

climatic monitoring　氣候監測 [氣象]

climatic optimum　氣候最適期 [氣象]

climatic oscillation　氣候振盪 [氣象]

climatic prediction　氣候預報 [氣象]

climatic province　氣候區 [氣象]

climatic reconstruction　氣候重建 [氣象]

climatic region　氣候區 [氣象]

climatic resource　氣候資源 [氣象]

climatic simulation　氣候模擬 [氣象]

climatic snow line　氣候雪線 [氣象]

climatic stress　氣候應力 [氣象]

climatic system　氣候系統 [氣象]

climatic testing　氣候試驗 [氣象]

climatic test　氣候試驗 [氣象]

climatic trend　氣候趨勢 [氣象]

climatic type　氣候型 [氣象]

climatic variability　氣候變率 [氣象]

climatic variation　氣候變化 [氣象]

climatic zone　氣候帶 [氣象]

climatochronology　氣候測年學 [氣象]

climatogenesis　氣候生成 [氣象]

climatography　氣候誌 [氣象]

climatograph　氣候圖 [氣象]

climatological data　氣候資料 [氣象]

climatological forecast　氣候預報 [氣象]

climatological front　氣候鋒 [氣象]

climatological normal　氣候平均值 [氣象]

climatological observation　氣候觀測 [氣象]

climatological station elevation　氣候站海拔高度 [氣象]

climatological station pressure　氣候站氣壓 [氣象]

climatological statistics　氣候統計 [氣象]

climatological substation　氣候分站 [氣象]

climatology　氣候學 [氣象]

climbing dune　上爬沙丘 [地質]

climbing　攀緣的 [地質]

climogram　氣候圖 [氣象]

climograph　氣候圖 [氣象]

clinkering property　結渣性 [地質]

clinker　熔渣塊，渣狀熔岩塊 [地質]

clinoaxis　斜軸 [地質]

clinochlore　斜綠泥石 [地質]

clinoclase　光線石 [地質]

clinoclasite　光線石 [地質]

clinodiagonal　斜軸的 [地質]

clinoenstatite　斜頑火輝石 [地質]

clinoferrosilite　斜鐵輝石 [地質]

clinoform　斜坡 [地質]

clinohedral class　坡面晶族 [地質]

clinohedrite　斜晶石 [地質]

clinohumite　斜矽鎂石 [地質]

clinometer　測斜儀 [地質]

clinopinacoid　斜軸面 [地質]

clinoptilolite　斜髮沸石 [地質]

clinopyroxene　斜輝石 [地質]

clinozoisite　斜黝簾石 [地質]

Clinton limestones　克林頓石灰岩 [地質]

Clinton shales　克林頓頁岩 [地質]

Clintonian　克林頓階 [地質]

clintonite　綠脆雲母 [地質]

clock comparison　時鐘比對，對鐘 [天文]

clock star　測時星 [天文]

Clock　時鐘座 [天文]

close binary star　近密雙星 [天文]

close defect　密集缺陷 [地質]

close packing　密堆積 [地質]

close universe　閉合宇宙 [天文]

closed drainage　封閉流域 [地質]

closed fold　閉合褶皺 [地質]

closed high　封閉高壓 [氣象]

closed low　封閉低壓 [氣象]

closed magnetospheric mode　封閉磁層模式 [地質]

closed model　閉合模式 [氣象]

closed system　封閉系統 [地質] [氣象]

closed universe　封閉宇宙 [天文]

closedown　夜降臨 [天文]

close-packed crystal　密堆積晶體 [地質]

close　封閉 [地質] [氣象]

closure　圈合，閉合 [地質]

clothing index　衣著指數 [氣象]

cloud　雲 [氣象]

cloud absorption　雲吸收 [氣象]

cloud amount　雲量 [氣象]

cloud atlas　雲圖 [氣象]

cloud attenuation　雲層衰減 [氣象]

cloud balk　雲堤 [氣象]

C

cloud band　雲帶 [氣象]

cloud banner　旗狀雲 [氣象]

cloud bar　雲帶 [氣象]

cloud base recorder　雲底記錄儀 [氣象]

cloud base　雲底 [氣象]

cloud break　雲破裂 [氣象]

cloud cap　雲帽 [氣象]

cloud ceiling　雲幕 [氣象]

cloud classification　雲的分類 [氣象]

cloud cluster　雲團 [氣象]

cloud cover　雲量 [氣象]

cloud crest　雲冠 [氣象]

cloud deck　雲蓋 [氣象]

cloud depth　雲深 [氣象]

cloud discharge　雲中放電 [氣象]

cloud distribution　雲分布 [氣象]

cloud drop sampler　雲滴取樣器 [氣象]

cloud droplet　雲滴 [氣象]

cloud drop　雲滴 [氣象]

cloud dynamics　雲動力學 [氣象]

cloud echo　雲回波 [氣象]

cloud family　雲族 [氣象]

cloud flash　雲中放電 [氣象]

cloud forest　雲林 [氣象]

cloud formation　雲的形成 [氣象]

cloud form　雲狀 [氣象]

cloud height　雲高 [氣象]

cloud layer　雲層 [氣象]

cloud level　雲高度 [氣象]

cloud microphysics　雲微觀物理學 [氣象]

cloud mirror 測雲鏡 [氣象]

cloud modification 雲改造 [氣象]

cloud particle 雲粒 [氣象]

cloud pattern photography 雲圖攝影學 [氣象]

cloud phase chart 雲相圖 [氣象]

cloud physics 雲物理學 [氣象]

cloud precipitation physics 雲霧降水物理學 [氣象]

cloud rack 碎飛雲塊 [氣象]

cloud seeding 種雲 [氣象]

cloud shield 雲盾 [氣象]

cloud species 雲種 [氣象]

cloud street 雲街 [氣象]

cloud symbol 雲符號 [氣象]

cloud system 雲系 [氣象]

cloud top 雲頂 [氣象]

cloud type 雲型 [氣象]

cloud variety 雲變型 [氣象]

cloud water content 雲水成分 [氣象]

cloud with vertical development 直展雲 [氣象]

cloudage 雲量 [氣象]

cloudburst 暴雨 [氣象]

cloudiness 多雲 [氣象]

cloudless 無雲 [氣象]

cloudlet 小雲塊 [氣象]

clouds of vertical development 直展雲 [氣象]

cloud-to-cloud discharge 雲間放電 [氣象]

cloud-to-ground discharge 雲地間放電 [氣象]

cloudy weather 多雲天氣 [氣象]

cloudy 多雲 [氣象]

cloud 雲 [天文] [地質] [氣象]

clough 山谷；峽谷 [地質]

cluster galaxy 屬團星系 [天文]

cluster member 星團成員 [天文]

cluster nebula 屬團星雲 [天文]

cluster of galaxies 星系團 [天文]

cluster of stars 星團 [天文]

cluster parallax 星團視差 [天文]

cluster star 屬團星 [天文]

cluster type cepheid 星團型造父變星 [天文]

cluster type variable star 星團變星 [天文]

cluster variable 星團變星 [天文]

clustering 晶簇 [地質]

clusterite 葡萄叢石 [地質]

cluster 團，叢 [天文]

CM Tauri 金牛座 CM 星 [地質]

coagulation stability 聚結穩定性 [地質]

coal ball 煤結核 [地質]

coal bed 煤層 [地質]

coal breccia 煤角礫岩 [地質]

coal clay 煤黏土 [地質]

coal deposit 煤礦床，煤炭沉積 [地質]

coal field 煤田 [地質]

coal formation 煤系 [地質]

coal geology 煤床地質學 [地質]

coal measures　煤系 [地質]

coal metamorphism　煤變質作用 [地質]

coal microbiology　煤微生物學 [地質]

coal pebble　煤卵石 [地質]

coal petrography　煤岩學，煤相學 [地質]

coal petrology　煤岩學 [地質]

coal sample　煤樣 [地質]

coal seam group　煤層群 [地質]

coal seam　煤層 [地質]

coal split　煤層分支 [地質]

coal stratigraphy　煤地層學 [地質]

coal-bearing region　含煤區 [地質]

coal-bearing strata　含煤地層 [地質]

coalescence efficiency　合併效率 [氣象]

coalescence process　合併過程 [氣象]

coalescence　合併 [氣象]

coalification　煤化作用 [地質]

coalsack　煤袋 [天文]

co-altitude　餘高 [天文]

coal　煤 [地質]

coarse-grained texture　粗粒組織 [地質]

coarse motion　粗動 [天文]

coast　岸 [地質]

coast current　沿岸流 [海洋]

coast deposit　海岸沉積 [海洋]

coast development　海岸發育 [海洋]

coast ice　岸冰 [海洋]

coast line survey　海岸線測量 [海洋]

coast line　海岸線 [海洋]

coast of emergence　上升海岸 [海洋]

coast of submergence　下沉海岸 [海洋]

coast protection　海岸防護 [海洋]

coastal area　海岸區 [地質]

coastal bar　海口沙洲 [地質]

coastal beach　海灘 [地質]

coastal chart　海岸圖 [地質]

coastal climate　濱海氣候 [氣象]

coastal current　沿岸流 [海洋]

coastal dune　海岸沙丘 [地質] [海洋]

coastal dynamic geomorphology　沿岸動力地貌學 [地質] [海洋]

coastal effect　海岸效應 [地質]

coastal engineering　海岸工程 [地質] [海洋]

coastal geomorphology　海岸地貌學 [地質] [海洋]

coastal ice　岸冰 [海洋]

coastal landform　海岸地形 [地質]

coastal marine science　海岸海洋科學 [海洋]

coastal meteorology　海岸氣象學 [氣象]

coastal morphology　海岸形態學 [地質] [海洋]

coastal oceanography　海岸海洋學 [地質] [海洋]

coastal physical oceanography　海岸物理海洋學 [海洋]

coastal plain　海岸平原 [地質] [海洋]

coastal science　海岸科學 [海洋]

coastal sedimentology　海岸沉積學 [海洋]

C

coastal sediment　海岸沉積物 [海洋]

coastal terrace　海岸階地 [海洋]

coastal upwelling　海岸突起 [地質]

coastal water　沿岸水 [海洋]

coastal zone　海岸帶 [海洋]

coastal　海岸的，沿岸的 [地質]

coasting area　沿海地區 [地質] [海洋]

coastline effect　海岸效應 [地質] [海洋]

coastline　海岸線 [地質] [海洋]

coastlining　海岸線測量 [地質] [海洋]

coastwise survey　沿岸測量 [地質] [海洋]

cobalt deposit　鈷礦床 [地質]

cobalt glance　輝砷鈷礦 [地質]

cobalt mineral　鈷礦物 [地質]

cobalt ochre　鈷華 [地質]

cobalt pyrite　硫鈷礦，鈷黃鐵礦 [地質]

cobaltite　輝砷鈷礦 [地質]

cobaltocalcite　鈷方解石 [地質]

cobaltomenite　硒鈷礦 [地質]

cobble beach　礫灘 [地質] [海洋]

cobblestone　大卵石 [地質]

Coblenzian　科布蘭茲階 [地質]

coccolith ooze　顆石藻軟泥，球菌軟泥 [地質]

coccolith　顆石藻，顆形石，圓石藻 [地質]

Cochiti event　科奇蒂事件 [地質]

cocinerite　雜銀輝銅礦 [地質]

cockeyed bob　雞眼颱 [氣象]

cockscomb pyrite　雞冠黃鐵礦 [地質]

cocoon　繭狀 [天文]

cocurrent line　等流線 [海洋]

COD determination　化學需氧量測定 [地質]

coda wave　尾波 [地質]

coda　震尾 [地質]

code sending radiosonde　發送電碼無線電探空儀 [氣象]

codetype radiosonde　發送電碼無線電探空儀 [氣象]

coeanus procellarum basalt　風暴洋玄武岩 [地質] [海洋]

coefficient of consolidation　固結係數 [地質]

coefficient of dynamic viscosity　大氣動力學黏性係數 [氣象]

coefficient of kinematic viscosity　大氣運動學黏性係數 [氣象]

coefficient of opacity　不透明係數 [天文]

coefficient of true selective absorption　真選擇性吸收係數 [天文]

coefficient of wind-pressure　風壓係數 [氣象]

coelostat　定天儀 [天文]

coeruleolactite　鈣綠松石 [地質]

coesite　柯矽石，斜矽石 [地質]

coffinite　水矽鈾礦 [地質]

cognate ejecta　同源噴出物 [地質]

cohenite　鈷碳鐵隕石 [地質]

coherence emphasis　相干加強 [地質]

coherence stack　相干疊加 [地質]

coherency 相干性 [天文]

coherent scattering 相干散射 [天文] [氣象]

cohesionless 無黏結性的 [地質]

coil system of induction logging 感應測井線圈系 [地質]

coiled string drilling rig 軟管鑽機 [地質]

cokeite 天然焦 [地質]

coking property 結焦性 [地質]

col 啞口，鞍部 [地質] [氣象]

col pressure field 鞍形氣壓場 [氣象]

co-latitude 餘緯度 [天文]

cold air current 寒流 [氣象]

cold anticyclone 冷性反氣旋 [氣象]

cold climate 寒冷氣候 [氣象]

cold cloud 冷雲 [氣象]

cold current 寒流 [氣象]

cold cyclone 冷性氣旋 [氣象]

cold damage 寒害 [氣象]

cold degree-day 冷度日 [氣象]

cold dew wind 寒露風 [氣象]

cold dome 冷丘 [氣象]

cold drop 冷池 [氣象]

cold eddy 冷渦 [氣象]

cold front 冷鋒 [氣象]

cold high 冷高壓 [氣象]

cold low 冷低壓 [氣象]

cold occluded front 冷囚錮鋒 [氣象]

cold outburst 寒潮爆發 [氣象]

cold pole 寒極 [氣象]

cold pool 冷池 [氣象]

cold season 寒季 [氣象]

cold spring 冷泉 [氣象]

cold tongue 冷舌 [氣象]

cold vortex 冷渦 [氣象]

cold water mass 冷水團 [海洋]

cold water sphere 冷水圈 [海洋]

cold water tongue 冷水舌 [海洋]

cold wave 寒潮 [氣象]

cold-air drop 冷池 [氣象]

cold-air mass 冷氣團 [氣象]

cold-air outbreak 寒潮爆發 [氣象]

cold-core cyclone 冷性氣旋 [氣象]

cold-core high 冷心高壓 [氣象]

cold-core low 冷心低壓 [氣象]

cold-front thunderstorm 冷鋒雷暴 [氣象]

cold-front-like sea breeze 似冷鋒海風 [氣象]

colemanite 硬硼鈣石 [地質]

collada 可拉達風 [氣象]

collapsar 塌縮星 [天文]

collapse breccia 塌陷角礫岩 [地質]

collapse caldera 塌陷巨火山口 [地質]

collapse doline 陷坑 [地質]

collapse earthquake 陷落地震 [地質]

collapse sink 崩陷石灰阱，坍塌滲穴 [地質]

collapse structure 塌陷構造 [地質]

collapse 塌縮，崩潰 [天文]

colla 可拉颱 [氣象]

C

collecting area　接收面積，匯集區 [天文] [地質]

colliding galaxy　碰撞星系 [天文]

collimation error　視準誤差 [天文]

collimation plane　視準面 [天文]

collinite　膠鏡煤素 [地質]

collinsite　淡磷鎂鈣石 [地質]

collision-coalescence process　碰撞—合併過程

collision cross section　碰撞截面 [天文]

collision efficiency　碰撞率 [天文] [氣象]

collision hypothesis　碰撞假說 [天文]

collision parameter　碰撞參數 [天文]

collision strength　碰撞強度 [天文]

collision zone　碰撞帶 [地質] [海洋]

collisional bremsstrahlung　碰撞制動輻射 [天文]

collisional broadening　碰撞致寬（譜線）[天文]

collisional damping　碰撞阻尼 [天文]

collisional excitation　碰撞激發 [天文]

collision　碰撞 [天文] [地質] [氣象]

colloform　膠體狀 [地質]

colloform structure　膠狀構造 [地質]

colloid mineral　膠體礦物 [地質]

colloid sediment　膠體沉積物 [地質]

colloidal coefficient　膠體率 [地質]

colloidal instability　膠性不穩定 [氣象]

collophane　膠磷灰石，膠磷礦 [地質]

collophanite　膠磷灰石，膠磷礦 [地質]

colluvium　崩積層 [地質]

colo(u)r contrast　色彩對比度 [天文]

colo(u)r curve　顏色曲線 [天文]

colo(u)r equation　顏色差 [天文]

colo(u)r equivalent　色當量 [天文]

colo(u)r excess　色餘 [天文]

colo(u)r geological mass　彩色地質體 [天文] [地質]

colo(u)r index　色指數 [天文]

colo(u)r liquid crystals　彩色液晶 [地質]

colo(u)r symmetry operation　色對稱操作 [地質]

colo(u)r symmetry　色對稱 [地質]

colo(u)r temperature　色溫 [天文]

colo(u)r variability　色可變性 [天文]

colo(u)r-apparent magnitude diagram　顏色—視星等圖 [天文]

colo(u)r-colo(u)r diagram　色指數圖 [天文]

colo(u)red crystal　有色晶體 [地質]

colo(u)ring earth　礦物顏料 [地質]

colo(u)r-luminosity array　顏色光度圖 [天文]

colo(u)r-magnitude diagram　顏色星等圖 [天文]

colo(u)r　色彩，顏色 [天文] [地質]

Cologne earth　碳質黏土 [地質]

Colorado low　科羅拉多低壓 [氣象]

Colorado ruby　科羅拉多紅寶石 [地質]

Colorado topaz　科羅拉多黃玉 [地質]

coloradoite　碲汞礦 [地質]

Columba　天鴿座 [天文]

columbite 鈮鐵礦 [地質]

columnar crystal 柱狀晶 [地質]

columnar jointing 柱狀節理 [地質]

columnar resistance 氣柱電阻 [氣象]

columnar section 柱狀剖面 [地質]

columnar structure 柱狀構造 [地質]

column 柱,行 [天文] [地質] [氣象] [海洋]

colure 二分圈,二至圈 [天文]

colusite 硫釩錫銅礦 [地質]

col 鞍點,埡口 [地質] [氣象]

Coma Berenices 后髮座 [天文]

Coma Cluster 后髮星系團 [天文]

Coma type cluster 后髮座型星系團 [天文]

comagmatic assemblage 同源岩漿岩組 [地質]

comagmatic region 同源岩漿區 [地質]

coma 彗髮,彗形像差 [天文]

comb nephoscope 梳狀測雲器 [氣象]

combination coefficient 化合係數 [氣象]

combination digital logger 數位式綜合測井儀 [地質]

combination logging instrument 組合測井儀 [地質]

combination scattering 組合散射 [天文]

combination trap 組合封閉 [地質]

combined humic acid 結合腐植酸 [地質]

combustible natural gas deposit 可燃天然氣礦床 [地質]

combustible shale 可燃頁岩 [地質]

combustion nucleus 燃燒核 [氣象]

comb 峽谷,梳狀脈 [海洋]

comendite 鹼性流紋岩 [地質]

comet cloud 彗星雲 [天文]

comet family 彗星族 [天文]

comet group 彗星群 [天文]

comet orbit 彗星軌道 [天文]

comet physics 彗星物理學 [天文]

cometary astronomy 彗星天文學 [天文]

cometary burst 彗星爆發 [天文]

cometary head 彗頭 [天文]

cometary meteor 彗生流星 [天文]

cometary nebula 彗狀星雲 [天文]

cometary nucleus 彗核 [天文]

cometary physics 彗星物理學 [天文]

cometary stream 彗生流星雨 [天文]

cometary tail 彗尾 [天文]

cometography 彗星誌 [天文]

comet-seeker 尋彗鏡 [天文]

comet-shaped nebula 彗狀星雲 [天文]

comet 彗星 [天文]

comfort current 舒適氣流 [氣象]

comfort index 舒適指數 [氣象]

comfort temperature 舒適溫度 [氣象]

comma cloud 逗點雲 [氣象]

commensurable motion 通約運動 [天文]

commercial coal 商品煤 [地質]

common aurora 普通型極光 [天文] [氣象]

C

common black opal 普通黑蛋白石 [地質]

common chalcedony 普通玉髓 [地質]

common depth point grid 共深點網格 [地質]

common depth point shooting 共深度點爆炸 [地質]

common depth point stacking 共深度點疊加 [地質]

common envelop 共有包層 [天文]

common establishment 平均潮信 [海洋]

common mid-point stacking 共中心點疊加 [地質]

common opal 普通蛋白石 [地質]

common orthoclase 普通正長石 [地質]

common pyrite 黃鐵礦 [地質]

common salt 氯化鈉 [地質]

common year 平年 [天文]

common-genesis hypothesis 同源假設 [地質]

co-moving coordinate system 共動座標系 [天文]

compact galaxy 緻密星系 [天文]

compact object 緻密天體 [天文]

compact radio source 緻密無線電波源 [天文]

compact star 緻密星 [天文]

compaction 壓縮作用，壓實 [天文] [地質]

companion galaxy 伴星系 [天文]

companion star 伴星 [天文]

companion 伴星 [天文]

comparative meteorology 比較氣象學 [氣象]

comparative oceanography 比較海洋學 [海洋]

comparative petrology 比較岩石學 [地質]

comparative planetology 比較行星學 [天文]

comparative rabal 比較雷保 [氣象]

comparative structural geology 比較構造地質學 [地質]

comparative tectonics 比較大地構造學 [地質]

comparison star 比較星 [天文]

comparison survey 聯測比對 [海洋]

comparison with adjacent chart 鄰圖拼接比對 [海洋]

compass declinometer 羅盤磁偏計 [海洋]

compass rose 羅盤面，羅經刻度盤圖形 [海洋]

compasses 圓規星座 [天文]

compass 指南針，羅盤 [天文] [地質] [氣象] [海洋]

compensated linear vector dipole 補償線性向量偶極 [地質]

compensated pendulum 補償擺 [天文]

compensating system 補償系統 [地質]

compensation current 補償流 [海洋]

compensation density logger 補償密度

測井儀 [地質]

compensation neutron logger　補償中子測井儀 [地質]

compensation of undulation　波浪補償 [海洋]

compensation type airborne electromagnetic instrument　補償式航電儀 [地質]

compensation type analog recorder　補償法類比記錄儀 [地質]

competence　搬運力 [地質]

competent beds　強岩層 [地質]

complementary rock　互補岩 [地質]

complete degeneracy　完全簡併性 [天文]

complete synchrone　全等時線（彗尾）[天文]

complex climatology　綜合氣候學 [氣象]

complex dune　複合沙丘 [地質]

complex fold　複褶皺 [地質]

complex group　複群 [天文]

complex low　複式低壓 [氣象]

complex resistivity instrument　複電阻率儀 [地質]

complex resistivity method　複電阻率法 [地質]

complex tombolo　複連島沙洲 [地質]

complex　複合體，雜岩 [天文] [地質]

compliant structure　順應式結構 [海洋]

component proton magnetometer　分量質子磁力儀 [地質]

component star　子星 [天文]

component superconducting magneto-

meter　超導分量磁力儀 [地質]

component　部分，子星，分量，組成 [天文] [地質] [氣象] [海洋]

composite cone　複成火山錐，集火山錐 [地質]

composite dike　複成岩脈，集岩脈 [地質]

composite fault-plane solution　綜合斷層面解 [地質]

composite flash　複閃光 [氣象]

composite fold　複合褶皺 [地質]

composite gneiss　複片麻岩 [地質]

composite grain　複粒 [地質]

composite mode　複合模型 [天文]

composite profiling method　聯合剖面法 [地質]

composite sequence　複層序 [地質]

composite sill　複合岩床 [地質]

composite vein　複合脈 [地質]

composite volcano　複合式火山 [地質]

composition face　接合面 [地質]

composition of atmosphere　大氣組成 [氣象]

composition of cosmic ray　宇宙線成分 [天文]

composition plane　接合面 [地質]

composition surface　接合面 [地質]

compositional petrology　岩石組成學 [地質]

compositive exploration　組合法探勘 [地質]

compound 化合物 [天文] [地質] [氣象] [海洋]

compound alluvial fan 複合沖積扇 [地質]

compound drift of gravimeter 重力儀混合零點位移 [地質]

compound fault 複合斷層 [地質]

compound origin deposit 複合成因礦床 [地質]

compound ripple mark 複合波痕 [地質]

compound shoreline 複合海岸線 [地質]

compound tide 複合潮 [地質]

compound twins 複合雙晶 [地質]

compound valley glacier 複合谷冰川 [地質]

compound volcano 複合火山 [地質]

compressed solar wind 受壓太陽風 [天文]

compression cap 壓縮冠 [天文]

compression wave 壓縮波 [地質]

compressional wave 壓縮波 [地質]

compression 扁率，壓縮 [天文] [地質]

compressive plane 擠壓面 [地質]

compressive structural plane 壓性結構面 [地質]

compressive zone 擠壓帶 [地質]

Compton-Getting effect 康普頓－格廷效應 [天文]

computation seismology 計算地震學 [地質]

computational crystallography 計算結晶學 [地質]

computational seismology 計算地震學 [地質]

computer geology 電腦地質學 [地質]

concave 凹面的 [天文]

concealed coalfield 掩蓋式煤田 [地質]

concealed deposit 潛隱礦床 [地質]

concentrated flow zone of karst 岩溶強逕流帶 [地質]

concentric fault 同心斷層 [地質]

concentric fold 同心褶皺 [地質]

concentric fracture 同心破裂 [地質]

concentric ring structure 同心環形山構造 [地質]

concentric weathering 同心風化 [天文]

conchoidal 貝殼狀 [地質]

concordant body 整合岩體 [地質]

concordant injection 整合貫入 [地質]

concordant pluton 整合貫入深成岩體 [地質]

concretionary structure 結核構造 [地質]

concretion 結核 [地質]

concussion fracture 衝擊破裂 [地質]

condensation 凝聚，凝結 [天文] [地質] [氣象] [海洋]

condensation age of solar nebula 太陽星雲凝聚年齡 [天文]

condensation cloud 凝結雲 [氣象]

condensation nucleus 凝結核 [氣象]

condensation pressure 凝結氣壓 [氣象]

condensation temperature 凝結溫度 [氣象]

condenser-discharge anemometer 電容放電風速計 [氣象]

condition of coal formation 成煤條件 [地質]

conditional climatology 條件氣候學 [氣象]

conditional instability 條件性不穩定，條件不穩定度 [氣象]

conditionally unstable 條件性不穩定的 [氣象]

conducting electrical instrument 傳導類電法儀器 [地質]

conducting electrical method 傳導類電法 [地質]

conduction 傳導 [地質] [氣象]

conductive equilibrium 傳導平衡 [氣象]

conductive heat flow 傳導熱流 [地質]

conductivity instrument 電導率儀器 [地質]

conduit 導管，水道，火山通道 [地質]

conduit flow 管道流 [地質]

Condy's crystal 康狄晶體 [地質]

cone delta 錐狀三角洲 [地質]

cone dike 錐形岩脈 [地質]

cone of dejection 沖積錐 [地質]

cone of depression 洩降圓錐 [氣象]

cone of detritus 岩屑錐 [地質]

cone of escape 逃逸錐 [地質]

cone of propagation 傳播錐 [地質]

cone sheet 錐狀岩脈 [地質]

cone-in-cone 套錐，疊錐 [地質]

Conemaugh series 科納莫系 [地質]

cones of escape 逃逸錐 [地質]

Conewangoan 科尼旺戈組 [地質]

confidence coefficient 可信係數 [地質]

confidence probability 信賴機率 [地質]

configuration 輪廓，組態 [天文] [地質]

confined aquifer 受壓含水層 [地質]

confined groundwater 受壓地下水 [地質]

confined water 受壓水 [地質]

confining bed 封閉地層 [地質]

confining pressure 圍壓，受限壓力 [地質]

confluence 合流 [地質] [氣象]

conformable strata 整合岩層 [地質]

conformable 整合的 [地質]

conformity 整合 [地質]

confused sea 暴濤 [海洋]

confused swell 暴湧 [海洋]

congelifraction 凍裂，冰裂作用 [地質]

congeliturbate 融凍堆積物，凍擾土 [地質]

congeliturbation 冰擾作用，凍攪 [地質]

conglomerate test 礫石檢驗 [地質]

conglomerate 礫岩 [地質]

conglomeratic mudstone 礫質泥岩 [地質]

congruent melting 一致熔融，合熔 [地

質]

Coniacian 科尼亞斯階 [地質]

conical point 錐點 [天文]

conical wave 錐面波 [地質]

conichalcite 砷銅鈣石 [地質]

coning and quartering 錐形四分法 [地質]

conjugate faults 共軛斷層 [地質]

conjugate focus 共軛焦點 [天文]

conjugate joint system 共軛節理系 [地質]

conjugate photoelectron 共軛光電子 [天文]

conjunction 合 [天文]

connarite 鎳矽蛇紋石 [地質]

connate water 原生水 [地質]

connecting bar 連接沙洲 [地質]

connellite 銅氯礬 [地質]

conodont 牙形蟲類 [地質]

conoidal wave 橢圓餘弦波 [海洋]

conoscopic observation 錐光觀察 [地質]

Conrad discontinuity 康拉德不連續面 [地質]

Conrad interface 康拉德介面 [地質]

consanguineous ring structure 同族環形山構造 [天文]

consanguineous 同源的 [地質]

consanguinity 同源性 [地質]

consequent drainage 順向水系 [地質]

consequent stream 順向河 [地質]

consequent valley 順向谷 [地質]

consequent 順向的 [地質]

conservation of absolute vorticity 絕對渦度守恆 [氣象]

conservation of potential vorticity 位渦守恆 [氣象]

consistency constant 結持常數 [地質]

consolidated ice 固結冰 [地質] [海洋]

consolidation 固結作用 [地質]

constancy of composition of sea water 海水成分恆定性 [海洋]

constancy 恆定性 [地質] [氣象]

constant level balloon 定高面氣球 [氣象]

constant level chart 等高面圖 [氣象]

constant level surface 等高面 [氣象]

constant of aberration 光行差常數 [天文]

constant of nutation 章動常數 [天文]

constant pressure surface 等壓面 [氣象]

constant temperature equipment 恆溫裝置 [地質]

constant-height chart 等高面圖 [氣象]

constant-height surface 等高面 [氣象]

constellation 星座 [天文]

constituent day 分潮日 [海洋]

constituent hour 分潮時 [海洋]

constituent number 分潮號 [海洋]

constructive boundary 建設性板塊邊界 [地質]

contact aureole 接觸變質帶 [地質]

contact binary star 密接雙星 [天文]

contact binary　密接雙星 [天文]

contact breccia　接觸角礫岩 [地質]

contact chronometer　接觸天文鐘 [天文]

contact induced polarization method　接觸激發極化法 [地質]

contact metamorphic rock　接觸變質岩 [地質]

contact metamorphism　接觸變質作用 [地質]

contact metasomatism　接觸交代作用 [地質]

contact micrometer　接觸測微計 [天文]

contact mineral　接觸礦物 [地質]

contact surface　接觸面 [地質]

contact twin　接觸雙晶 [地質]

contact vein　接觸礦脈 [天文]

contact width　接觸寬度 [地質]

contact zone　接觸帶 [地質]

contaminated rock　混染岩 [地質]

contemporaneous deformation　同生變形 [地質]

contemporaneous fault　同生斷層 [地質]

contemporaneous syngenetic　同生的 [地質]

contiguous arc　相接環形山弧 [天文]

contiguous chain　相接環形山鏈 [天文]

contiguous crater　相接環形山 [天文]

continent formation　大陸形成作用 [地質]

continental accretion　大陸增積 [地質]

continental air mass　大陸氣團 [氣象]

continental air　大陸氣團 [氣象]

continental anticyclone　大陸性反氣旋 [氣象]

continental block　大陸塊 [地質]

continental borderland　大陸邊緣地 [地質] [海洋]

continental climate　大陸性氣候 [氣象]

continental condition　大陸條件 [氣象]

continental crust　大陸地殼 [氣象]

continental deposition　大陸沉積 [地質] [海洋]

continental deposit　大陸沉積 [地質]

continental displacement　大陸漂移，大陸位移 [地質]

continental drift theory　大陸漂移學說 [地質]

continental evolution　大陸演化 [地質]

continental facies　陸相 [地質]

continental fitting　大陸拼合 [地質]

continental geosyncline　大陸地槽 [地質]

continental glacier　大陸冰川 [地質]

continental growth　大陸增長 [地質]

continental heat flow　大陸熱流 [地質]

continental high　大陸性高壓 [氣象]

continental margin　大陸邊緣 [地質]

continental mass　大陸塊體 [地質]

continental nucleus　陸核 [地質]

continental plateau　大陸高原 [海洋]

continental plate　大陸板塊 [地質]

continental polar air　極地大陸氣團 [氣象]

C

continental reconstruction 大陸重建 [地質]

continental rift valley 大陸裂谷 [地質]

continental rise 大陸隆起 [地質] [海洋]

continental shelf break 大陸棚裂 [地質] [海洋]

continental shelf sediment 大陸棚沉積物 [地質] [海洋]

continental shelf 大陸棚 [地質] [海洋]

continental shield 地盾 [地質] [海洋]

continental slope 大陸坡 [地質] [海洋]

continental splitting 大陸分裂 [地質]

continental spreading 大陸擴張 [地質]

continental terrace 大陸階地 [地質] [海洋]

continental tropical air 熱帶大陸氣團 [氣象]

continentality 陸性度 [氣象]

continent 大陸，洲 [地質]

continuity chart 連續性圖 [氣象]

continuous acceleration model 連續加速模型 [地質]

continuous creation 連續創生 [天文]

continuous debris flow 連續岩屑流 [地質]

continuous disclination 連續向錯 [地質]

continuous emission 連續發射 [天文]

continuous injection model 連續注入模型 [天文]

continuous leader 連續導閃 [氣象]

continuous permafrost zone 連續永凍土帶 [地質]

continuous profiling 連續剖面法 [地質]

continuous pulsation 連續脈動 [地質]

continuous rain 連續雨 [氣象]

continuous reaction series 連續反應系 [地質]

continuous seismic source 連續震源 [地質]

continuous spectrum 連續光譜 [天文] [氣象]

continuous velocity logging 連續聲速測井 [地質]

continuous wave airborne electromagnetic system 連續波航空電磁系統 [地質]

contour chart 等值線圖 [氣象]

contour code 等高線電碼 [地質]

contour current 等深流 [海洋]

contour line 等值線 [地質] [氣象]

contour map 等值線圖 [地質]

contour microclimate 地形微氣候 [氣象]

contourite 等深積岩，等深積岩 [海洋]

contour 輪廓，等值線，等壓線，等高線 [天文] [地質] [氣象] [海洋]

contra solem 反日向 [氣象]

contracting model 收縮模型 [天文]

contraction hypothesis 收縮假說 [天文]

contraction of satellite orbit 衛星軌道收縮 [天文]

contraction phase 收縮相，收縮階段 [天文]

contraction vein 收縮脈 [地質]

contrail 凝結尾 [氣象]

contrast enhancement 對比度增強 [地質] [氣象]

contrast in water 水中對比度 [海洋]

contrast transmission in water 水中對比度傳輸 [海洋]

contrasts 反差，對比 [天文] [地質] [氣象] [海洋]

control day 徵兆日 [氣象]

control latitude 控制緯度 [天文]

control of marine pollution 海洋污染控制 [海洋]

control point 控制點 [地質] [氣象]

controlled source seismology 可控源地震學 [地質]

controlled source 可控震源 [地質]

convection cell 對流單體 [氣象]

convection current 對流 [氣象] [海洋]

convection theory of cyclones 氣旋的對流理論 [氣象]

convection zone 對流層 [氣象]

convectional rain 對流雨 [氣象]

convectional stability 對流穩定 [氣象]

convection 對流 [天文] [地質] [氣象] [海洋]

convective activity 對流活動 [氣象]

convective adjustment 對流調整 [氣象]

convective cell 對流胞 [氣象]

convective cloud height diagram 對流雲高度圖 [氣象]

convective cloud 對流雲 [氣象]

convective condensation level 對流凝結高度 [氣象]

convective core 對流核心 [天文]

convective current 對流氣流 [氣象]

convective equilibrium 對流平衡 [氣象]

convective heat flow 對流熱流 [地質] [氣象]

convective instability 對流不穩定性 [氣象]

convective mixing 對流混合 [海洋]

convective parameterization 對流參數化 [氣象]

convective precipitation 對流性降水 [氣象]

convective region 對流區 [氣象]

convective transfer 對流轉移 [天文]

convective zone 對流帶 [天文]

Conventional International Origin 國際協議原點 [天文]

convergence belt 聚合帶 [地質]

convergence line 輻合線 [氣象]

convergence zone 輻合帶 [氣象]

convergence 輻合，匯聚，聚合，收斂 [氣象]

convergent boundary 聚合邊界 [地質]

convergent plate boundary 聚合性板塊邊界 [地質]

convergent point 匯聚點 [天文]

convergent precipitation 輻合降水 [氣象]

convergent-type geothermal belt　聚合型地熱帶 [地質]

converted wave　轉換波 [地質]

convolute bedding　旋捲層理 [地質]

cool damage　冷害 [氣象]

cool spring　涼泉 [地質]

cool star　冷星 [地質]

cool summer　冷夏 [氣象]

cool temperate belt　寒溫帶 [氣象]

cool temperate zone　寒溫帶 [氣象]

cooling curve　冷卻曲線 [地質]

cooling pond　冷卻池 [氣象]

cooling rate of parent body　母體冷卻速率 [地質]

cool-summer damage due to delayed growth　延遲型冷害 [氣象]

cooperative observer　合作觀測員 [天文]

cooperite　硫鉑礦 [地質]

coordinate azimuth　座標方位角 [天文]

coordinate measuring instrument　座標量度儀 [天文]

coordinate system　座標系 [天文]

coordinate time　座標時 [天文]

coordinated universal time　協調世界時 [天文]

coordinate　座標，配位的 [天文] [地質]

coordination perturbation　座標攝動 [天文]

copal opal　樹脂蛋白石 [地質]

Copenhagen water　國際哥本哈根標準海水 [海洋]

Copernican system　哥白尼體系 [天文]

Copernicus　哥白尼環形山 [天文]

copiapite　葉綠礬 [地質]

coplanarity of orbits　軌道共面性 [天文]

copper deposit　沉積銅，銅礦床 [地質]

copper glance　輝銅礦 [地質]

copper mica　雲母銅礦 [地質]

copper mineral　銅礦物 [地質]

copper nickel　紅砷鎳礦 [地質]

copper pyrite　黃銅礦 [地質]

copper shale　銅頁岩 [地質]

copper uranite　銅鈾雲母 [地質]

copper-bearing mineral　含銅礦物 [地質]

copper-bearing pyritic-deposit　含銅黃鐵礦礦床 [地質]

coquimbite　針綠礬 [地質]

coquina　殼灰岩 [地質]

coracite　晶質鈾礦 [地質]

coral head　珊瑚岬 [地質] [海洋]

coral island　珊瑚島 [地質] [海洋]

coral knoll　珊瑚丘，礁岩塊 [地質] [海洋]

coral mud　珊瑚泥 [地質] [海洋]

coral pinnacle　珊瑚塔 [地質] [海洋]

coral reef coast　珊瑚礁海岸 [地質] [海洋]

coral reef ecology　珊瑚礁生態學 [地質] [海洋]

coral reef　珊瑚礁 [地質] [海洋]

coral rock　珊瑚岩 [地質] [海洋]

coral sand 珊瑚砂 [地質] [海洋]

coral shoreline 珊瑚海岸線 [地質] [海洋]

coral-reef lagoon 珊瑚礁潟湖 [地質] [海洋]

coral-reef shoreline 珊瑚礁海岸線 [地質] [海洋]

cordierite 堇青石 [地質]

Cordilleran geosyncline 科迪勒拉地槽 [地質]

Cordonazo 哥多那索颶風 [氣象]

cordylite 氟碳銅鈰礦 [地質]

core analysis 岩心分析 [地質]

core barrel 岩心管 [地質]

core catcher 岩心捕捉器，岩心爪 [地質]

core drill 岩心鑽 [地質]

core equipment 取心設備 [地質]

core geochemistry 地核地球化學 [地質]

core intersection 岩心斷面 [地質]

core interval 岩心間距 [地質]

core knockout machine 砂心清砂機 [地質]

core lifter case 岩心提取器 [地質]

core lifter 岩心提取器 [地質]

core machine 砂心機 [地質]

core material 地球核心物質 [地質]

core phase 核震相 [天文]

core recovery 岩心回收率 [地質]

core sample 岩心樣品 [地質]

core surface reflected wave 核面反射波

[地質]

core surface refracted wave 核面折射波 [地質]

core texture 核心結構 [地質]

core-drilling exploration 岩心鑽進勘探 [地質]

core-drilling 岩心鑽進 [地質]

core-halo galaxies 核一暈星系 [天文]

core-mantle boundary 地核一地函邊界 [地質]

core-mantle coupling 地核一地函耦合 [地質]

corequake 核震 [天文]

corer 岩心採取器 [地質]

core 地核，岩心，核心 [天文] [地質]

coring bit 取心鑽頭 [地質]

coring tool 取心工具 [地質]

coring 取心作業 [地質]

Coriolis force 科氏力 [天文] [地質] [氣象]

cornetite 藍磷銅礦 [地質]

coromell 可樂美風 [氣象]

Corona Australis 南冕座 [天文]

Corona Austrina 南冕座 [天文]

Corona Austrinus 南冕座 [天文]

Corona Borealis Cluster 北冕星系團 [天文]

Corona Borealis 北冕座 [天文]

corona method 光暈方法 [氣象]

coronadite 鉛硬錳礦 [地質]

coronagraphy 日冕學 [天文]

coronagraph 日冕儀 [天文]

coronal arch 冕拱 [天文]

coronal cloud 冕雲 [天文]

coronal condensation 日冕凝聚物 [天文]

coronal enhancement 日冕增強區 [天文]

coronal hole 冕洞 [天文]

coronal line 日冕譜線 [天文]

coronal loops 冕環 [天文]

coronal prominence 冕珥 [天文]

coronal streamer 冕流 [天文]

coronal sunspot prominence 黑子冕珥 [天文]

coronal transients 日冕瞬變事件 [天文]

coronascope 日冕觀測鏡 [天文]

corona 冠狀結構，日冕，華 [天文] [地質] [氣象]

coronograph 日冕儀 [天文]

corotation electric field 共轉電場 [地質]

corotation radius 共轉半徑 [天文]

corotation 共轉 [天文]

corpocollinite 團塊鏡質體 [地質]

corpohuminite 團塊腐植體 [地質]

corposemicollinite 團塊半鏡質體 [地質]

corpuscular eclipse 微粒食

corpuscular ionization 微粒電離作用 [天文] [氣象]

corpuscular radiation 微粒輻射 [天文]

corpuscular stream 微粒流 [天文]

corrected altitude 修正高度 [氣象]

corrected dipole coordinates 修正偶極座標系 [天文]

corrected geomagnetic coordinate 修正地磁座標 [地質]

correcting lens 修正透鏡 [天文]

correcting plate 修正鏡片 [天文]

correction for radio wave propagation of time signal 時間信號電波傳播校正 [地質]

correction of depth 水深修正 [海洋]

correction of gravity measurement for tide 重力潮汐修正 [海洋]

correction of sounder 測深儀修正數 [海洋]

correction of sounding wave velocity 聲速修正 [海洋]

correction of transducer baseline 換能器基線修正 [海洋]

correction of water level 水位修正 [海洋]

correction of zero drift 零點漂移修正 [海洋]

correction of zero line 零位線修正 [海洋]

correction screw 校正螺絲 [天文]

correction 修正，改正，校正 [天文]

corrector 校正器 [天文]

correlation 相關，對比，交互作用 [地質]

correlative method INPUT system 相關對比法感應脈衝瞬變系統 [地質]

corrosion border 熔蝕邊 [地質]

corrosion in sea water 海水腐蝕 [地質]

corrosion rim 熔蝕邊 [地質]

corrosion 腐蝕，侵蝕 [地質]

corsite 球狀閃長岩 [地質]

corundum 剛玉 [地質]

corvusite 水複釩礦 [地質]

Corvus 烏鴉座 [天文]

cosalite 斜方輝鉛鉍礦 [地質]

co-seismic 同震的 [地質]

cosmic abundance 宇宙豐度 [天文]

cosmic age 宇宙年齡 [天文]

cosmic background radiation 宇宙背景輻射 [天文]

cosmic biochemistry 宇宙生物化學 [天文]

cosmic biology 宇宙生物學 [天文]

cosmic biophysics 宇宙生物物理學 [天文]

cosmic chemistry 宇宙化學 [天文]

cosmic cloud 宇宙雲 [天文]

cosmic constant 宇宙常數 [天文]

cosmic dust 宇宙塵 [天文]

cosmic electrodynamics 宇宙電動力學 [天文]

cosmic expansion 宇宙膨脹 [天文]

cosmic geodynamics 宇宙地球動力學 [天文]

cosmic geology 宇宙地質學 [天文]

cosmic geophysics 宇宙地球物理學 [天文]

cosmic mapping 宇宙製圖 [天文]

cosmic mean density 宇宙平均密度 [天文]

cosmic microwave background radiation 宇宙微波背景輻射 [天文]

cosmic microwave radiation 宇宙微波輻射 [天文]

cosmic mineralogy 宇宙礦物學 [天文]

cosmic mineral 宇宙礦物 [天文]

cosmic nebular physics 宇宙星雲物理學 [天文]

cosmic physics 宇宙物理學 [天文]

cosmic physiology 宇宙生理學 [天文]

cosmic radiation source 宇宙輻射源 [天文]

cosmic radio astronomy 宇宙無線電天文學 [天文]

cosmic radio burst 宇宙無線電爆發 [天文]

cosmic radio noise 宇宙無線電雜訊 [天文]

cosmic radio radiation 宇宙無線電輻射 [天文]

cosmic radio source 宇宙無線電源 [天文]

cosmic radio wave 宇宙無線電波 [天文]

cosmic radiobiology 宇宙放射生物學 [天文]

cosmic thermometer 宇宙溫度計 [天文]

cosmic velocity 宇宙速度 [天文]

cosmic virial theorem 宇宙維理定理 [天

文]

cosmic X-ray astronomy 宇宙 X 射線天文學 [天文]

cosmic X-ray spectroscopy 宇宙 X 射線光譜學 [天文]

cosmic year 宇宙年（太陽處銀河系自轉一周的時間）[天文]

cosmical electrodynamics 宇宙電動力學 [天文]

cosmical meteorology 宇宙氣象學 [天文]

cosmical physics 宇宙物理學 [天文]

cosmic-ray astronomy 宇宙線天文學 [天文]

cosmic-ray chemistry 宇宙線化學 [天文]

cosmic-ray nuclear chemistry 宇宙線核化學 [天文]

cosmic-ray path length distribution 宇宙線路徑長度分佈 [天文]

cosmic-ray propagation 宇宙線傳播 [天文]

cosmic-ray telescope 宇宙線望遠鏡 [天文]

cosmochemistry 宇宙化學 [天文]

cosmochronology 宇宙編年學 [天文]

cosmoecology 宇宙生態學 [天文]

cosmogenous sediment 宇宙沉積 [天文]

cosmogeology 宇宙地質學 [天文]

cosmogony 天文演化學 [天文]

cosmography 宇宙學 [天文]

cosmological constant 宇宙常數（宇宙論）[天文]

cosmological distance 宇宙論距離 [天文]

cosmological model 宇宙模型 [天文]

cosmological paradox 宇宙論佯謬 [天文]

cosmological principle 宇宙論原則 [天文]

cosmological red shift 宇宙學紅移 [天文]

cosmology of classical mechanics 古典力學宇宙學 [天文]

cosmology 宇宙論 [天文]

cosmophysics 宇宙物理學 [天文]

cosmos 宇宙 [天文]

cotidal chart 等潮圖 [海洋]

cotidal hour 等潮時 [天文]

cotidal line 等潮線 [海洋]

cotton ball 硼鈉鈣石 [地質]

Cotton-Belt climate 棉帶氣候 [氣象]

cotunnite 氯鉛礦 [地質]

coulee 熔岩流 [地質]

coulsonite 釩磁鐵礦 [地質]

counter sun 反日 [天文] [氣象]

counter telescope 計數器望遠鏡 [天文]

counter type superconducting magnetometer 計數式超導磁力儀 [地質]

counterglow 對日照，反暉 [天文]

counterradiation 逆輻射 [地質]

counting-shallow-layer seismograph 計數型淺層地震儀 [地質]

country rock 圍岩 [地質]

coupled metamorphic zone 成對變質帶 [地質]

course of ore 支脈 [地質]

course of river 河道 [地質]

Couvinian 庫維階 [地質]

covalent bond 共價鍵 [地質]

covalent crystal 共價晶體 [地質]

covelline 銅藍 [地質]

cover rock 覆岩 [地質]

covered area 覆蓋區 [地質]

cover 掩蔽 [地質] [氣象]

covite 輝閃霞石正長岩 [地質]

Cowling conductivity 柯林電導率 [地質]

cowshee 考斯風 [氣象]

Cp-figureCp 指數 [地質]

Crab Nebula(M1) 蟹狀星雲 [天文]

Crab pulsar 蟹狀星雲脈衝星 [天文]

Crab 巨蟹星座 [天文]

crachin 交趾細雨 [氣象]

crack 裂縫，裂紋 [天文] [地質]

crandallite 纖磷鈣鋁石 [地質]

crane 起重機 [地質]

Crape ring 暗環 [天文]

crater arc 環形山弧 [天文]

crater chain 環形山鏈 [天文]

crater cone 火山錐 [地質]

Crater Copernicus 哥白尼月坑 [天文]

crater floor 火口底，坑洞底 [天文] [地質]

crater lake 火口湖 [地質]

crater pit 下陷火口 [地質]

Crater Tycho 第谷月坑 [天文]

cratering 成坑作用 [地質]

craterlet 小坑洞，小火山口 [天文]

crater 火山口，月坑，隕石坑 [天文] [地質]

Crater 巨爵座 [天文]

craton 穩定地塊，大陸核心，古陸 [地質]

Creat Cluster of Hercules 武仙座大星團 [天文]

crednerite 錳銅礦 [地質]

creedite 鋁氟石膏 [地質]

creep 潛移，蠕變 [地質]

crenitic 泉水，泉積岩 [地質]

crenulation cleavage 細褶皺劈理 [地質]

crepuscular ray 曙暮光 [天文] [氣象]

crescent moon 蛾眉月 [天文]

crest cloud 山脊雲 [氣象]

crest line 脊線 [地質]

crestal plane 脊面 [地質]

Cretaceous period 白堊紀 [地質]

Cretaceous system 白堊系 [地質]

Cretaceous 白堊紀 [地質]

cretaceous 白堊紀岩石 [地質]

crevasse 裂隙，冰隙 [地質]

crevasse deposit 冰隙沉積 [地質]

criador 克利亞德風 [氣象]

crib 槽，池 [地質]

crinoidal limestone 海百合石灰岩 [地質]

cristobalite 方矽石 [地質]

critical argument 臨界幅角 [天文]

critical bottom slope 臨界底斜率 [地質]

critical humidity 臨界溼度 [地質]

critical inclination 臨界傾角 [天文]

critical layer 臨界層 [天文]

critical level of atmospheric escape 大氣逃逸臨界高度 [天文] [氣象]

critical level of escape 逃逸臨界高度 [天文] [氣象]

critical moisture point 臨界溼度 [地質]

critical velocity of atmospheric escape 大氣逃逸臨界速度 [地質]

Crivetz 克立維茲風 [氣象]

crocidolite 青石棉，鈉閃石棉 [地質]

crocoisite 鉻鉛礦 [地質]

crocoite 鉻鉛礦 [地質]

Croixian 庫拉辛統 [地質]

cromfordite 角鉛礦 [地質]

Cromwell current 克倫威爾海流 [海洋]

cronstedtite 綠錐石，黑鐵蛇紋石 [地質]

crookesite 硒鉈銀銅礦 [地質]

cross fault 橫斷層 [地質]

cross fold 橫褶皺 [地質]

cross joint 橫節理，交錯節理 [地質]

cross section 斷面 [天文]

cross valley 橫谷 [地質]

cross vein 交錯脈 [地質]

crossbar micrometer 十字絲測微計 [天文]

cross-bedding 交錯層 [地質]

cross-cutting 橫割 [地質]

cross-equatorial flow 跨赤道氣流 [氣象]

crosslamination 交錯紋理 [地質]

crossline section 橫向連點剖面 [地質]

crossover effect 跨越效應（A 型特殊星譜線）[天文]

cross-stratification 交錯層理 [地質]

crosswind 側風 [氣象]

Northern cross 北十字 [天文]

Southern cross 南十字 [天文]

croute calcaire 鈣積層 [地質]

crown 頂，冠 [地質]

crumbling 屑粒化 [地質]

crush breccia 壓碎角礫岩 [地質]

crush conglomerate 壓碎礫岩 [地質]

crush fold 壓碎褶皺 [地質]

crush zone 壓碎帶 [地質]

crustal abundance 地殼豐度 [地質]

crustal deformation 地殼形變 [地質]

crustal dynamics 地殼動力學 [地質]

crustal earthquake 地殼地震 [地質]

crustal extension 地殼伸張 [地質]

crustal geophysics 地殼地球物理學 [地質]

crustal horizontal deformation 地殼水平形變 [地質]

crustal horizontal displacement 地殼水

平位移 [地質]

crustal inclination 地傾斜 [地質]

crustal material 地殼物質 [地質]

crustal motion 地殼活動 [地質]

crustal movement 地殼變動 [地質]

crustal petrology 地殼岩石學 [地質]

crustal plate 地殼板塊 [地質]

crustal strain 地殼應變 [地質]

crustal stress 地殼應力 [地質]

crustal structure 地殼構造 [地質]

crustal transfer function 地殼傳遞函數 [地質]

crustal vertical deformation 地殼垂直形變 [地質]

crustal vertical displacement 地殼垂直位移 [地質]

crustal warping 地殼翹曲 [地質]

crustquake 殼震 [天文]

crust 地殼 [地質]

Crux 南十字座 [天文]

cryergy 冰凍學 [地質]

cryoconite hole 冰塵穴 [地質]

cryoconite 冰塵，宇宙塵 [天文] [氣象]

cryogenic period 冰川形成期，冰河時期 [地質]

cryogenic weathering 寒凍風化 [地質]

cryogeology 凍土地質學 [地質]

cryogeomorphology 凍土地貌學 [地質]

cryohydrate 冰鹽 [地質]

cryohydrogeochemistry 低溫水文地球化學 [地質]

cryolaccolith 冰岩蓋 [地質]

cryolite 冰晶石 [地質]

cryolithionite 鋰冰晶石 [地質]

cryolithology 冰凍岩石學 [地質]

cryology 冰雪水文學，冰川學，冰凍學 [地質]

cryomorphology 凍土地貌學 [地質]

cryopedology 凍土學 [地質]

cryoplanation 冰凍均夷作用 [地質]

cryosphere 冷圈 [地質]

cryoturbation 冰圈，冰凍圈 [地質]

cryptoclastic 隱屑質的 [地質]

cryptoclimate 室內氣候 [地質]

cryptoclimatology 室內氣候學 [氣象]

cryptocrystalline 隱晶質 [氣象]

cryptohalite 方氟矽銨石 [地質]

cryptolite 針獨居石 [地質]

cryptomelane 錳鉀礦 [地質]

cryptoperthite 隱晶紋長石 [地質]

cryptosymmetry 隱對稱 [地質]

cryptovolcano 潛火山 [地質]

cryptozoic Eon 隱生元 [地質]

crystal acoustics 晶體聲學 [地質]

crystal activity 晶體活動性 [地質]

crystal analysis 晶體分析 [地質]

crystal anisotropy 晶體各向異性 [地質]

crystal annealing 晶體退火 [地質]

crystal atomic dynamics 晶體原子動力學 [地質]

crystal atomic structure 晶體原子結構 [地質]

crystal axis 晶軸 [地質]

crystal boundary 晶界 [地質]

crystal bring-up 晶體培育 [地質]

crystal class 晶類 [地質]

crystal conduction 晶體導電性 [地質]

crystal defect 晶體缺陷 [地質]

crystal density 晶體密度 [地質]

crystal dichroism 晶體二向色性 [地質]

crystal dislocation 晶體錯位 [地質]

crystal dynamics 晶體動力學 [地質]

crystal engineering 晶體工程 [地質]

crystal face 晶面 [地質]

crystal field splitting 晶場分裂 [地質]

crystal field theory 晶場論 [地質]

crystal field transition 晶場躍遷 [地質]

crystal field 晶場 [地質]

crystal form 晶形 [地質] [氣象]

crystal geometry 晶體幾何學 [地質]

crystal gliding 晶體滑移 [地質]

crystal goniometer 晶體測角儀 [地質]

crystal growth by sintering 燒結晶體生長 [地質]

crystal growth from melt 熔體晶體生長 [地質]

crystal growth from solution 溶液晶體生長 [地質]

crystal growth from vapor 汽相晶體生長 [地質]

crystal growth under high pressure 高壓晶體生長 [地質]

crystal growth 晶體生長 [地質]

crystal habit 晶癖，晶體習性 [地質]

crystal imperfection 晶體不完整性 [地質]

crystal indices 晶體指數 [地質]

crystal lattice dynamics 晶格動力學 [地質]

crystal lattice 晶格 [地質]

crystal magnetism 晶體磁學 [地質]

crystal mechanics 晶體力學 [地質]

crystal microstructure 晶體微結構 [地質]

crystal model 晶體模型 [地質]

crystal momentum representation 晶體動量表現 [地質]

crystal momentum 晶體動量 [地質]

crystal morphology 晶體形態學 [地質]

crystal nucleus 晶核 [地質]

crystal optics 晶體光學 [地質]

crystal orientation 晶向，晶體取向 [地質]

crystal perfection 晶體完整性 [地質]

crystal phase 結晶相 [地質]

crystal physical mechanics 晶體物理力學 [地質]

crystal physicochemistry 晶體物理化學 [地質]

crystal physics 晶體物理學 [地質]

crystal plane index 晶面指數 [地質]

crystal projection 晶體投影 [地質]

crystal pulling method 單晶拉製法 [地質]

crystal radiophysics 晶體放射物理學 [地質]

crystal sandstone 結晶砂岩 [地質]

crystal settling 結晶沉降 [地質]

crystal size 晶粒大小 [地質]

crystal space 晶體空間 [地質]

crystal spectroscopy 晶體光譜學 [地質]

crystal stabilizer 晶體穩定器 [地質]

crystal statistics 晶體統計學 [地質]

crystal stereochemistry 結晶立體化學 [地質]

crystal structure analysis 晶體結構分析 [地質]

crystal structure determination 晶體結構測定 [地質]

crystal structure geometry 晶體結構幾何學 [地質]

crystal structure of alloy 合金晶體結構 [地質]

crystal structure of element 元素晶體結構 [地質]

crystal structure of high polymer and macromolecule 高聚物與大分子晶體結構 [地質]

crystal structure 晶體結構 [地質]

crystal structurology 晶體結構學 [地質]

crystal symmetry transition 晶體對稱性轉變 [地質]

crystal symmetry 晶體對稱 [地質]

crystal system 晶系 [地質]

crystal technology 晶體技術 [地質]

crystal texture 晶體纖構 [地質]

crystal thermodynamics 晶體熱力學 [地質]

crystal tuff 晶體凝灰岩 [地質]

crystal twin 雙晶 [地質]

crystal whisker 晶鬚 [地質]

crystal zone 晶帶 [地質]

crystalline alumina 結晶礬土 [地質]

crystalline anisotropy 晶態各向異性 [地質]

crystalline basement 晶質基盤 [地質]

crystalline double-refraction 晶體雙折射 [地質]

crystalline field 晶體場 [地質]

crystalline form 晶形 [地質]

crystalline frost 結晶霜 [氣象]

crystalline matrix 結晶基體 [地質]

crystalline overgrowth 結晶附生 [地質]

crystalline perfection 晶格完整性 [地質]

crystalline porosity 晶體孔隙度 [地質]

crystalline rock 結晶岩 [地質]

crystalline schist 結晶片岩 [地質]

crystalline size 晶粒大小 [地質]

crystalline state 晶態 [地質]

crystalline system 晶系 [地質]

crystalline-granular texture 晶粒狀結構 [地質]

crystalline 結晶質，結晶的 [地質]

crystalling phase 晶相 [地質]

crystallinity 結晶度 [地質]

crystallite 雛晶，微晶 [地質]

crystallization differentiation 結晶分異 [地質]

crystallization kinetics 結晶動力學 [地質]

crystallization morphology 結晶形態學 [地質]

crystallization rate 結晶速度 [地質]

crystallization remanent magnetization 結晶剩磁 [地質]

crystallization 結晶作用 [地質]

crystallize 結晶 [地質]

crystalloblastic series 變晶系列 [地質]

crystalloblastic texture 變晶質組織 [地質]

crystalloblast 變晶 [地質]

crystallochemistry 結晶化學 [地質]

crystallogeny 結晶生長學 [地質]

crystallogeometry 晶體幾何學 [地質]

crystallogram 晶體繞射圖 [地質]

crystallographic axis 晶軸 [地質]

crystallographic group 結晶體群 [地質]

crystallographic notatio 晶面表示法 [地質]

crystallographic orientation 結晶取向 [地質]

crystallographic plane 結晶學平面 [地質]

crystallographic point group 結晶學點群 [地質]

crystallographic shear 結晶切變 [地質]

crystallographic space group 結晶學空間群 [地質]

crystallographic structure 晶體結構 [地質]

crystallographic symmetry 晶體學對稱性 [地質]

crystallographic system 晶系 [地質]

crystallographic texture 晶體組織 [地質]

crystallography 結晶學 [地質]

crystallograph 晶體分析儀，檢晶儀 [地質]

crystallology 結晶構造學，晶體學 [地質]

crystallomagnetic 晶體磁性的 [地質]

crystallomagnetism 晶體磁學 [地質]

crystallometry 晶體測量學 [地質]

crystallophysics 晶體物理學 [地質]

crystallurgy 晶體構造學 [地質]

crystal-phase transformation 晶體相變 [地質]

crystal-vitric tuff 晶屑玻璃凝灰岩 [地質]

crystal 結晶，晶體，水晶 [地質]

Cs fib 毛捲層雲 [氣象]

Cs neb 薄幕捲層雲 [氣象]

Cs: cirrostratus 捲層雲 [氣象]

C-type asteroid! C型小行星 [天文]

Cu con 濃積雲 [氣象]

Cu fra 碎積雲 [氣象]

Cu hum 淡積雲 [氣象]

Cu med 中展積雲 [氣象]

Cu: cumulus 積雲 [氣象]

cubanite 直黃銅礦 [地質]

cube ore 毒鐵礦 [地質]

cube spar 硬石膏 [地質]

cubic crystal 立方晶體 [地質]

cubic lattice 立方晶格 [地質]

cubic niter 鈉硝石，智利硝石 [地質]

cubic packing 立方堆積 [地質]

cubic parsec 立方秒差距 [地質]

cubic structure 立方結構 [地質]

cubic system 等軸晶系 [地質]

cubic 等軸晶系的 [地質]

culm 無煙煤 [地質]

cum sol 順日向 [氣象]

cumberlandite 鐵橄輝長岩 [地質]

cumengite 銅氯鉛礦 [地質]

cummingtonite 鎂鐵閃石 [地質]

cumulate 沉聚 [地質]

cumulative duration 累積持續時間 [地質]

cumulative error 累積誤差 [地質]

cumulative precipitation 累積雨量 [氣象]

cumulative temperature 累積溫度 [氣象]

cumuliform cloud 積狀雲 [氣象]

cumuliform 積雲的 [氣象]

cumulonimbus calvus 禿積雨雲 [氣象]

cumulonimbus capillatus 髮狀積雨雲 [氣象]

cumulonimbus cloud 積雨雲 [氣象]

cumulonimbus 積雨雲 [氣象]

cumulostratus 層積雲 [氣象]

cumulus cloud 積雲 [氣象]

cumulus congestus 濃積雲 [氣象]

cumulus convection 積雲對流 [氣象]

cumulus fractus 碎積雲 [氣象]

cumulus humilis 淡積雲 [氣象]

cumulus mediocris 中度積雲 [氣象]

cumulus 積雲 [氣象]

cup anemometer 杯式風速計 [氣象]

cup crystal 杯狀晶體 [地質]

cup-and-ball joint 關節狀節理 [地質]

cupola 圓頂，岩鐘 [天文]

cupriferous iron sulfide deposit 含銅鐵硫化物礦床 [地質]

cuprite 赤銅礦 [地質]

cuprocopiapite 銅黃綠礬 [地質]

cuprodescloizite 銅釩鉛鋅礦 [地質]

cuprotungstite 鎢銅礦，銅鎢華 [地質]

cuprouranite 銅鈾雲母 [地質]

Cup 巨爵座 [天文]

curite 板鉛鈾礦 [地質]

curl 旋度，捲曲 [天文] [地質] [氣象] [海洋]

current chart 海流圖 [海洋]

current constant 潮流常數 [海洋]

current curve 流速曲線 [海洋]

current cycle 潮流循環 [海洋]

current diagram 潮流圖 [海洋]

current difference 流差 [海洋]

current drogue 測流浮標 [海洋]

current ellipse 潮流橢圓 [海洋]

current hour 最大潮流間隙 [海洋]

current lineation 流線理 [海洋]

current meter 測流計 [海洋]

current pattern 流型 [海洋]

current pole 流速桿 [海洋]

current power generation 海流發電 [海洋]

current ripple 流痕 [海洋]

current rose 洋流頻向圖 [海洋]

current speed 洋流速度 [海洋]

current surveying 測流 [海洋]

current table 潮流表 [海洋]

current velocity 洋流速度 [海洋]

current 水流，洋流，氣流 [地質] [氣象] [海洋]

curtain 簾狀，帷幕 [地質]

curvature correction 曲率校正 [天文]

curvature vorticity 曲率渦度 [氣象]

curve of growth 生長曲線 [地質]

curved fan 曲扇狀流 [天文]

curved jet 曲線噴流 [天文]

curved method prospecting 曲線法地震探勘 [地質]

curved space 彎曲空間 [天文]

curved tail 曲彗尾 [天文]

curves of water level 水位曲線 [海洋]

cuspate bar 三角沙洲 [海洋]

cusp 尖形，尖角 [天文] [地質]

custard wind 柯斯他風 [氣象]

cut platform 海蝕平台 [地質]

cutbank 凹岸，挖蝕岸 [地質]

cutinite 角質體 [地質]

cutoff channel 截彎取直河道 [地質]

cutoff 截切 [地質]

cutting-off process 切斷過程 [氣象]

cyanite 藍晶石 [地質]

cyanochroite 鉀藍礬 [地質]

cyanogen absorption 氰吸收 [天文]

cyanotrichite 絨銅礦 [地質]

cycle of erosion 侵蝕循環 [地質]

cycle of sedimentation 沉積循環 [地質]

cycle skip 週波跳越 [地質]

cycle-amplitude relation 周幅關係 [天文]

cycle 循環，週期 [天文] [地質]

cyclic magnetization 循環磁化 [地質]

cyclic salt 循環鹽，再生鹽 [地質]

cyclic twinning 輪式雙晶作用 [地質]

cyclical transition 循環躍遷 [天文]

cyclogenesis 氣旋生成 [氣象]

cyclolysis 氣旋消散 [氣象]

cyclone family 氣旋族 [氣象]

cyclone wave 氣旋波 [氣象]

cyclone 氣旋 [氣象]

cyclonic circulation 氣旋性環流 [氣象]

cyclonic curvature 氣旋性曲率 [氣象]

cyclonic scale 氣旋尺度 [氣象]

cyclonic shear 氣旋風切 [氣象]

cyclonic vorticity 氣旋式渦度 [氣象]

cyclonic 氣旋的 [氣象]

cyclosilicate　環矽酸鹽 [地質]

cyclosilicate mineral　環矽酸鹽礦物 [地質]

cyclostrophic wind　旋轉風 [氣象]

cyclothem　旋迴層 [地質]

cyclotron radiation　迴旋加速輻射 [天文]

Cyg X-1　天鵝座 X-1 [天文]

Cygnus A source　天鵝座 A 源 [天文]

Cygnus Loop　天鵝座環 [天文]

Cygnus　天鵝座 [天文]

cylinder crystal　圓柱狀晶體 [地質]

cylindrite　圓柱錫礦 [地質]

cymophane　金綠寶石 [地質]

cymrite　鋁矽鋇石 [地質]

cyrtolite　曲晶石 [地質]

Czochralski method　切克勞斯基法 [地質]

Czochralski process　切克勞斯基過程 [地質]

C

D d

D abundance　氘豐度 [天文] [地質]

D galaxy　D 星系 [天文]

D horizon　D 層 [地質]

D layer　D 層 [地質] [氣象]

D line of sodium　鈉 D 線 [天文]

D region　D 域 [地質] [氣象]

D2 radio source　D2 型無線電源 [天文]

dachiardite　環晶石 [地質]

Dacian　達西階 [地質]

dacite glass　石英安山岩玻璃 [地質]

dacite　石英安山岩 [地質]

dactylitic　指形晶狀 [地質]

dadur　達杜風 [氣象]

daily aberration　周日光行差 [天文]

daily forecast　日預報 [氣象]

daily mean sea level　日平均海面 [海洋]

daily mean temperature　日平均溫度 [氣象]

daily mean　日平均 [氣象]

daily motion　周日運動 [天文]

daily temperature range　日溫度範圍 [氣象]

Dakotan　達科他階 [地質]

Dalmatian coastline　達爾馬提亞岸線 [地質] [海洋]

damkjernite　輝雲鹼煌岩 [地質]

damp air　潮溼空氣 [氣象]

damp haze　溼霾 [氣象]

damping radiation　阻尼輻射 [天文]

dampness　潮溼 [氣象]

danalite　鈹榴石 [地質]

dangerous semicircle　危險半圓 [氣象]

Danian　達寧階 [地質]

dannemorite　錳鐵閃石 [地質]

daomanite　道馬礦，硫砷銅鉑礦 [地質]

daphnite　鐵綠泥石 [地質]

darapskite　鈉硝礬，硫鈉硝石 [地質]

dark band　暗帶 [天文]

dark companion　暗伴星 [天文]

dark dome　暗拱 [天文]

dark flocculus　暗譜斑 [天文]

dark lane　暗帶 [天文]

dark limb　暗邊緣 [天文]

dark matter　暗物質 [天文]

dark nebula　黑暗星雲 [天文]

dark nebula　暗星雲 [天文]

dark of the moon　月暗期 [天文]

dark red silver ore　深紅銀礦 [地質]

dark segment　暗弧 [氣象]

dark star　暗星 [天文]

dark-eclipsing variable　暗食變星 [天文]

dark-line spectrum　暗線光譜 [天文] [氣象]

darkening towards the limb　臨邊昏暗 [天文]

Darling shower　大令塵暴 [氣象]

dart leader　突進導閃 [氣象]

Darwin glass　達爾文玻璃 [地質]

Darwin-Doodson system　達爾文－杜森系統 [地質]

dashkesanite　氯閃石 [地質]

data interpretation　資料判讀 [氣象]

date line　日界線 [天文]

dating　定年 [天文] [地質]

datolite　矽硼鈣石 [地質]

datum of chart　海圖基準面 [海洋]

datum static correction　基準面靜校正 [地質]

datum　基準 [地質]

daubreelite　鉻鐵硫隕石 [地質]

daughter product　子產物 [地質]

Dauphine law　多菲定律 [地質]

Davian　達維階 [地質]

Davidson Current　大衛森海流 [海洋]

daviesite　細柱氯鉛礦 [地質]

Davis apparatus　大衛斯裝置 [海洋]

davisonite　板磷鈣鋁石 [地質]

dawn side　黎明側 [天文]

dawn-and-dusk meridian plane　晨昏子午面 [天文]

dawn-dusk electric field　晨昏電場 [地質]

dawn　黎明 [天文] [氣象]

dawsonite　碳鈉鋁石 [地質]

day arc　晝弧 [天文]

day length　晝長 [天文]

day of autumnal equinox　秋分（日）[天文]

day of clear sky　晴空日 [氣象]

day of snow　雪日 [氣象]

day of summer solstice　夏至（日）[天文]

day of vernal equinox　春分（日）[天文]

day of winter solstice　冬至（日）[天文]

daybreak　破曉 [天文] [氣象]

dayglow　晝輝 [氣象]

daylight fireball　白晝火流星 [天文]

daylight saving meridian　日光節約子午線 [天文]

daylight saving noon　日光節約正午 [天文]

daylight saving time　日光節約時間 [天文]

daylighting　日光 [天文]

daylight　日光 [天文]

day-night rhythm　晝夜節律 [氣象]

daytime meteor　白晝流星 [天文]

daytime train　白晝（流星）餘跡 [天文]

daytime transparency 白晝天空透明度 [天文]

day 日 [天文]

db galaxy db 星系 [天文]

DC electrical method 直流電法 [地質]

DC Josephson effect 直流約瑟夫遜效應 [地質]

DC method 直流電法探勘 [地質]

DD model:dilatancy-diffusion model 膨脹擴散模式 [地質]

DDC:dissolved organic carbon 溶解有機碳 [海洋]

De Hoop transformation 德胡普變換 [地質]

de Sitter model 德西特模型 [天文]

De Sitter universe 德西特宇宙 [天文]

de Witte relation 德威特關係 [地質]

dead sea 死海 [地質]

dead water level 死水位 [海洋]

dead water 死水 [海洋]

deaister 多斯脫風暴 [氣象]

debacle 冰裂，解凍 [氣象]

debris avalanche 岩屑崩落 [地質]

debris cone 岩屑錐 [地質]

debris fall 岩屑墜落 [地質]

debris flow alimentation area 岩屑流補給區 [地質]

debris flow body 岩屑流體 [地質]

debris flow formation region 岩屑流形成區 [地質]

debris flow movement region 岩屑流運動區 [地質]

debris flow 岩屑流 [地質]

debris line 岩屑線 [地質]

debris slide 岩屑滑動 [地質]

debris slope 岩屑坡 [地質]

debris 岩屑，碎片 [地質]

Debye pattern 德拜圖 [地質]

Debye shielding distance 德拜遮罩距離 [天文]

Debye temperature 德拜溫度 [地質]

Debye-Scherrer ring 德拜一謝勒環 [地質]

decay decomposition 衰變分解 [地質]

decay 衰變，腐朽 [地質]

Deccan basalt 德干玄武岩 [地質]

Deccan trap 德干熔岩 [地質]

deceleration parameter 減速參數 [天文]

decke 逆蓋斷層 [地質]

declination axis 赤緯軸 [天文]

declination circle 赤緯圈 [天文]

declinational determination 赤緯測定 [地質]

declination 偏角，磁傾角 [天文] [地質]

declivity 傾斜，斜坡 [地質]

decollement 脫頂 [地質]

deconvolution 解迴旋，反褶積，解褶積 [地質]

decoupling epoch 退耦時間 [天文]

decoupling 解耦合 [天文] [地質]

decremental arc 漸縮環形山弧 [天文]

decremental chain 漸縮環形山鏈 [天文]

D

deep sea trench 深海溝 [地質] [海洋]

decussate structure 交錯構造 [地質]

dedolomitization 脫白雲石化作用 [地質]

deep sea 深海 [海洋]

deep current 深層流 [海洋]

deep seismic sounding 深地震測深 [地質]

deep earthquake 深成地震 [地質]

deep slow flow zone 深部緩流帶 [地質]

deep easterlies 赤道東風 [氣象]

deep sound field 深海聲場 [海洋]

deep focus earthquake 深源地震 [地質]

deep space 深太空 [天文]

deep fracture 深部裂隙 [地質]

deep structure 深部結構 [地質]

deep hole drill 深孔鑽頭 [地質]

deep tectonic geology 深部構造地質學 [地質]

deep lead 深部砂礦 [地質]

deep ocean engineering 深海工程學 [海洋]

deep tectonic 大地深部構造 [地質]

deep trade 赤道東風 [氣象]

deep phreatic water 深層地下水 [地質]

deep water wave 深水波 [海洋]

deep saturation zone 深飽和帶 [地質]

deep water 深水 [海洋]

deep scattering layer 深海散射層 [海洋]

deepening of cyclone 氣旋加深 [氣象]

deep sea basin 深海盆地 [地質] [海洋]

deep-ocean trench 深海溝 [地質] [海洋]

deep sea channel 深海谷 [地質] [海洋]

deep-seated 深位的 [地質]

deep sea core 深海岩心 [地質] [海洋]

deerite 迪閃石 [地質]

deep sea current 深海洋流 [海洋]

defect chemistry 缺陷化學 [地質]

deep sea deposit 深海沉積物 [地質] [海洋]

defect cluster 缺陷團簇 [地質]

defect motion 缺陷運動 [地質]

deep sea facies 深海相 [海洋]

defect solid chemistry 缺陷固體化學 [地質]

deep sea fan 深海扇 [地質] [海洋]

deep sea lead 深水測深錘 [地質] [海洋]

defect structure 缺陷構造 [地質]

deep sea plain 深海平原 [地質] [海洋]

defect 晶格缺陷 [地質]

deep sea propagation 深海傳播 [海洋]

deferent 均輪 [天文]

deep sea sand 深海砂 [地質] [海洋]

definitive orbit 既定軌道 [天文]

deep sea sediment 深海沉積物 [地質] [海洋]

definitive time 確定時 [天文]

definitive weight 確定權 [天文]

deep sea sound channel 深海聲道 [海洋]

deflation basin 風蝕盆地 [地質]

deep sea terrace 海底階地 [地質] [海洋]

deflation 風蝕，吹蝕 [地質]

deflecting vane anemometer 轉葉風速計 [氣象]

deflection angle 偏離角 [天文] [地質]

deflection force of earth rotation 地球自轉偏向力 [氣象]

deformation 變形 [天文] [地質]

deformation fabric 變形岩組 [地質]

deformation field 變形場 [氣象]

deformation lamella 變形晶紋 [地質]

degenerate star 簡併星 [天文]

degeneration coefficient 簡併係數 [地質]

degeneration system 簡併體系 [地質]

degradation 退化作用，沖刷，剝蝕 [地質]

degraded illite 退化伊來石 [地質]

degree of coal metamorphism 煤變質程度 [地質]

degree of coalification 煤化程度 [地質]

degree of earthquake recurrence 地震再生程度 [地質]

degree of excitation 激發度 [天文]

degree of frost 霜度 [氣象]

degree of mineralization of ground water 地下水礦化度 [地質]

degree of obscuration 食分 [天文]

degree variance of gravity anomaly 重力異常階方差 [地質]

dehrnite 鹼磷灰石 [地質]

Deimos 火衛二 [天文]

Deister phase 德斯特期 [地質]

delafossite 黑銅鐵礦 [地質]

delessite 鐵葉綠泥石 [地質]

dellenite 流紋英安岩 [地質]

Delmontian 德爾蒙特階 [地質]

delorenzite 鉭黑稀鈦礦 [地質]

Delphinus 海豚座 [天文]

delta 三角洲 [地質]

delta facies 三角洲相 [地質]

delta moraine 三角洲冰磧 [地質]

delta plain 三角洲平原 [地質]

deltageosyncline 三角洲地槽 [地質]

deltaic deposits 三角洲沉積物 [地質]

deltaic sediment 三角洲沉積物 [地質]

deltaite 鈣銀星石 [地質]

deltohedron 扁方十二面體 [地質]

deltoid dodecahedron 三角斜方十二面體 [地質]

delvauxite 膠磷鐵礦 [地質]

demantoid 翠榴石 [地質]

demi-definitive time 半確定時 [天文]

demineralization 失礦質作用 [地質]

demorphism 風化作用 [地質]

dendrite 樹枝石，樹枝狀結晶 [地質]

dendritic crystal 枝狀生長晶體 [地質]

dendritic growth 樹枝狀生長 [地質]

dendritic valley 樹枝狀河谷 [地質]

dendrochronology 樹離學 [地質]

dendroclimatography 年輪氣候誌 [氣象]

dendro-climatology 林業氣候學 [氣象]

dendroclimatology 樹木氣候學 [氣象]

dendrohydrology 樹木水文學 [地質]

Denebola(β Leo) 五帝座一（獅子座 β 星）[天文]

Deneb(α Cyg) 天津四（天鵝座 α 星）[天文]

densinite 密屑體 [地質]

density 密度 [天文] [地質] [氣象] [海洋]

density current 密度流 [氣象] [海洋]

density evolution 密度演化 [天文]

density logger 密度測井儀 [地質]

density of lump 塊密度 [地質]

density of radiatfon 輻射密度 [天文]

density of sea water 海水密度 [海洋]

density perturbation 密度擾動 [天文]

density ratio 密度比 [氣象]

density scale height 密度尺度高 [氣象]

density wave theory 密度波理論 [天文]

density wave 密集波 [天文]

densofacies 變質相 [地質]

denudation 剝蝕作用，溶蝕作用，均夷作用 [地質]

deoxidation sphere 還原圈 [地質] [海洋]

departure 偏離，偏差，橫距 [天文] [地質] [氣象] [海洋]

depegram 露點圖 [氣象]

depeq 地卑風 [氣象]

depergelation 解凍作用 [地質] [海洋]

depocenter 沉積中心 [地質]

deposit produced by weathering 風化礦床 [地質]

deposit provenance 沉積物根源 [地質]

deposited snow 積雪 [地質] [氣象]

deposition nucleus 昇華核 [氣象]

depositional dip 沉積傾斜角 [地質]

depositional DRM 沉積碎屑剩磁 [地質]

depositional environment 沉積環境 [地質]

depositional fabric 沉積組構 [地質]

depositional remanence 沉積剩磁 [地質]

depositional sequence 沉積層序 [地質]

depositional strike 堆積走向 [地質]

deposition 沉積作用 [地質] [氣象]

deposit 沉積物，礦床，沉澱 [地質]

depression of land 內陸窪地 [地質]

depression spring 陷落泉，窪地泉 [地質]

depression 俯角，窪地，低壓區 [地質] [氣象]

depth contour 等深線 [海洋]

depth controller 深度控制器 [地質]

depth curve 等深線 [海洋]

depth datum 深度基準面 [海洋]

depth effect 深度效應 [天文]

depth finder 測深儀 [海洋]

depth marker 深度標誌器 [氣象] [海洋]

depth migration 深度偏移 [地質]

depth of compensation 補償深度 [海洋]

depth of freezing 凍結深度 [氣象]

depth of ore formation 礦層深度 [地質]

depth resolution 深度分辨力 [地質]

depth section 深度剖面 [地質]

depth signal pole　水深信號桿 [海洋]

depth sounder　測深 [地質]

depth system　深度系統 [地質]

depth transmission　深度感測（器）[地質]

depth zone or earth　地球深帶 [地質]

depth-duration-area value　雨量一時間一面積值 [氣象]

depths　水深 [海洋]

derbylite　銻鈦鐵礦 [地質]

Derbyshire spar　螢石 [地質]

derivative rock　次積岩 [地質]

derived fossils　次生化石 [地質]

derived gust velocity　導出陣風速 [地質]

Des Moinesian　德莫統 [地質]

desalination apparatus　淡化器 [海洋]

desalination by adsorption　吸附法淡化 [海洋]

desalination by biological process　生物法淡化 [海洋]

desalination by distillation　蒸餾法淡化 [海洋]

desalination by electrodialysis　電滲析法淡化 [海洋]

desalination by evaporation　蒸發法淡化 [海洋]

desalination by freezing　冷凍法淡化 [海洋]

desalination by hydrate process　水合物法淡化 [海洋]

desalination by ion exchange　離子交換法淡化 [海洋]

desalination by piezodialysis　壓力透析法淡化 [海洋]

desalination by reverse osmosis process　反滲透法淡化 [海洋]

desalination membrane　脫鹽薄膜 [海洋]

descending air current　下沉氣流 [氣象]

descending current　下沉氣流 [氣象]

descending vertical angle　俯角 [天文] [地質]

descloizite　水釩鋅鉛石 [地質]

description of fossil　化石描述 [地質]

descriptive astronomy　描述天文學 [天文]

descriptive climatology　描述氣候學 [氣象]

descriptive crystallography　描述晶體學 [地質]

descriptive meteorology　描述氣象學 [氣象]

descriptive mineralogy　描述礦物學 [地質]

descriptive oceanography　描述海洋學 [海洋]

descriptive petrology　描述岩石學 [地質]

descriptive stratigraphy　描述地層學 [地質]

desert climate　沙漠氣候 [地質]

desert crust　漠境結皮 [地質]

desert devil　沙漠旋風 [地質] [氣象]

D

desert floor 沙漠地面 [地質]

desert pavement 漠地礫面 [地質]

desert peneplain 沙漠準平原 [地質]

desert polish 沙漠磨面 [地質]

desert rose 沙漠玫瑰 [地質]

desert varnish 沙漠岩漆 [地質]

desert wind 沙漠風 [氣象]

desertification 沙漠化 [地質]

desert 沙漠，荒漠 [地質]

desiccation breccia 乾化角礫岩 [地質]

desiccation crack 乾裂 [地質]

design spectrum 設計譜 [地質]

design storm 設計暴雨 [氣象]

design torrential rain 設計豪雨 [氣象]

desilication 脫矽作用 [地質]

desilter 除泥機 [地質]

desmine 輝沸石 [地質]

desmocollinite 基質鏡質體 [地質]

desmosemicollinite 基質半鏡質體 [地質]

desquamation 剝離 [地質]

destructive boundary 破壞性板塊邊界 [地質]

detached binary 分離雙星 [天文]

detached core 擠離褶皺核部 [地質]

detachment 分離 [地質]

detecting gate 檢測門 [地質]

determination of mineral 礦物鑑定 [地質]

determinative mineralogy 鑑定礦物學 [地質]

deterministic prediction 確定性預報 [氣象]

detonating fireball 發聲火流星 [天文]

detrainment 捲出 [氣象]

detrital coal 碎屑煤 [地質]

detrital magnetic particle 碎屑磁顆粒 [地質]

detrital mineral 碎屑礦物 [地質]

detrital ratio 碎屑比 [地質]

detrital remanence 碎屑剩磁 [地質]

detrital remanent magnetization 碎屑剩磁 [地質]

detrital reservoir rocks 碎屑儲油層 [地質]

detrital sediment 碎屑沉積物 [地質]

detrital sedimentary rock 碎屑沉積岩 [地質]

detritus 碎屑 [地質]

deuteric 岩漿後期的 [地質]

development index 發展指數 [氣象]

development of coast profile 海岸剖面發育 [海洋]

development of ocean 海洋開發 [海洋]

development 發展，顯影 [地質]

deviative absorption 偏向吸收 [地質]

devillite 鈣銅礬 [地質]

devil 塵捲風 [氣象]

devitrification 去玻作用 [地質]

Devonian igneous rock 泥盆紀火成岩 [地質]

Devonian period 泥盆紀 [地質]

Devonian system   泥盆系 [地質]

Devonian   泥盆紀 [地質]

dew cap   露罩 [天文]

dew point   露點 [氣象]

deweylite   雜滑蛇紋石 [地質]

dewindtite   磷鉛鈾礦 [地質]

dew-point apparatus   露點測定器 [氣象]

dew-point depression   露點降低 [氣象]

dew-point formula   露點公式 [氣象]

dew-point hygrometer   露點溼度計 [氣象]

dew-point hygrometry   露點測溼法 [氣象]

dew-point recorder   露點記錄器 [氣象]

dew-point sensor   露點感測器 [氣象]

dew-point spread   露點差 [氣象]

dew-point temperature   露點溫度 [氣象]

dew-point transducer   露點感測器 [氣象]

dew   露 [氣象]

dextral drag fold   右拖褶皺 [地質]

dextral fault   右移斷層，右旋斷層 [地質]

dextral fold   右移褶皺，右旋褶皺 [地質]

dextrogyrate component   右旋子線（塞曼效應）[天文]

DF bearing sensitivity   測向方位靈敏度 [地質]

diabantite   矽鐵斜綠泥石 [地質]

diabase amphibolite   輝綠角閃石岩 [地質]

diabase   輝綠岩 [地質]

diabasic   輝綠質的 [地質]

diablastic   篩狀變晶的 [地質]

diaboleite   水氯鉛銅石 [地質]

diachronism   跨代 [地質]

diachronous   跨代的 [地質]

diaclinal   橫向的 [地質]

diadochite   磷鐵礬 [地質]

diadochy   離子置換作用 [地質]

diagenesis   成岩作用 [地質]

diagnostic equation   診斷方程 [氣象]

diagonal bar   斜沙洲 [地質]

diagonal fault   斜斷層 [地質]

diagonal joint   斜節理 [地質]

diagonal wave   斜浪 [海洋]

dial barometer   空盒氣壓計 [氣象]

diallage   異剝石，剝輝石 [地質]

dialling   撥號 [天文]

dial   刻度盤，日晷 [天文]

dialogite   菱錳礦 [地質]

diamantine   鑽石的 [地質]

diamictite   陸源混積岩 [地質]

diamond bit   金剛石鑽頭 [地質]

diamond boring   金剛石鑽孔 [地質]

diamond deposit   金剛石礦床 [地質]

diamond drill machine   金剛石鑽機 [地質]

diamond drilling   金剛石鑽進 [地質]

diamond plate   菱形板 [地質]

diamond structure   金剛石結構 [地質]

Diamond-Hinman radiosonde   戴蒙德一

D

欣曼無線電探空儀 [氣象]

diamond 鑽石，金剛石 [地質]

diaphorite 輝銻鉛銀礦 [地質]

diaphragm aperture 光圈孔徑 [天文]

diaphthoresis 退化變質作用 [地質]

diaphthorite 退化變質岩 [地質]

diapiric fold 貫入褶皺 [地質]

diapiric structure 貫入構造 [地質]

diapir 貫入作用，衝頂 [地質]

diaspore 水鋁礦 [地質]

diastem 小間斷，沉積停頓 [地質]

diastrophism 地殼變動 [地質]

diatom earth 矽藻土 [地質]

diatom ooze 矽藻軟泥 [海洋]

diatomaceous earth 矽藻土 [地質]

diatomaceous ooze 矽藻軟泥 [海洋]

diatomite 矽藻土 [地質]

diatreme 火山爆發口，火山角礫岩筒 [地質]

diborate 二硼酸鹽 [地質]

DIC:dissolved inorganic carbon 溶解無機碳 [海洋]

dichotomy 半輪月，均分 [天文] [地質]

dichroism 二色性 [地質]

dichroite 菫青石 [地質]

dickinsonite 綠鹼磷錳礦 [地質]

dickite 狄克石 [地質]

dictyonema bed 網筆石層 [地質]

didymolite 鈣藍石 [地質]

dielectric crystal 介電晶體 [地質]

dielectric logging 介電測井 [地質]

dielectric phase induction logger 相位介電感應測井儀 [地質]

dietrichite 錳鐵鋅礬 [地質]

dietzeite 碘鉻鈣石 [地質]

differential aberration 光行差較差 [天文]

differential analysis 差值分析，微分分析 [氣象]

differential atmospheric absorption 大氣吸收較差 [天文]

differential catalog 較差星表 [天文]

differential chart 變差圖 [氣象]

differential compaction 差異壓實 [地質]

differential correction 較差修正 [天文]

differential determination 較差測定 [天文]

differential erosion 差異侵蝕 [地質]

differential method 微分法 [天文] [氣象]

differential observation 較差觀測 [天文]

differential photometry 較差測光 [天文]

differential refraction 較差（大氣）折射 [天文]

differential rotation 較差自轉 [天文]

differential star catalogue 較差星表 [天文]

differential weathering 差異風化（作用）[地質]

differentiation positioning 差分法定位

[海洋]

differentiation 分異作用 [地質]

diffluence 分流 [氣象]

diffracted wave 繞射波 [地質]

diffraction condition 繞射條件 [地質]

diffraction crystallography 繞射晶體學 [地質]

diffraction disk 繞射盤 [天文]

diffraction method 繞射方法 [地質]

diffraction pattern 繞射圖 [地質]

diffraction symmetry 繞射對稱 [地質]

diffractometer trace 繞射儀記錄圖 [地質]

diffractometry 繞射學 [地質]

diffuse aurora 漫射極光 [天文] [氣象]

diffuse flow 擴散流 [地質]

diffuse front 擴散鋒 [氣象]

diffuse galactic gamma-rays 瀰漫銀河 γ 射線 [天文]

diffuse matter 瀰漫物質 [天文]

diffuse nebula 瀰漫星雲 [天文]

diffuse sky radiation 天空漫輻射 [天文]

diffuse skylight 漫射光 [天文]

diffuse solar radiation 太陽漫射輻射 [天文]

diffuse surface 漫射面 [地質]

diffuse-enhanced spectrum 擴散增強譜 [天文]

diffuseness of whistler 哨聲擴散度 [地質]

diffusion anomaly 擴散異常 [地質]

diffusion diagram 擴散圖 [氣象]

diffusion function 漫射函數 [天文]

diffusion halo 擴散暈 [天文] [氣象]

diffusion in grain 晶粒內擴散 [地質]

diffusion model 擴散模式 [天文] [氣象]

diffusionless transformation 無擴散相變 [地質]

diffusive equilibrium 擴散平衡 [氣象]

diffusive separation 擴散分離 [地質]

diffusosphere 擴散圈 [地質]

digenite 藍輝銅礦 [地質]

digital anemometer 數位風速儀 [氣象]

digital deep-level seismograph 數位深層地震儀 [地質]

digital magnetic tare record type strong-motion instrument 數位磁帶記錄強震儀 [地質]

digital magnetic telluro sounding instrument 數位大地電磁測深儀 [地質]

Digital World Wide Standard Seismograph Network 數位化世界標準地震台網 [地質]

digit 數位 [天文] [地質] [氣象] [海洋]

dihexagonal-dipyramidal 複六方雙錐 [地質]

dihexagonal 複六方的 [地質]

dihexahedron 複六方體 [地質]

dike ridge 堤嶺 [地質]

dike set 岩脈組 [地質]

dike swarm 岩脈群 [地質]

D

dike 岩脈，岩牆，堤 [地質]

dilatancy hardening 膨脹硬化 [地質]

dilatancy hypothesis 膨脹假說 [地質]

dilatancy-diffusion model 膨脹擴散模式 [地質]

dilatancy 膨脹現象 [地質]

dilatant fluid 膨脹性流體 [地質]

diluvium 洪積層 [地質]

dim spot 暗點 [地質]

dimmerfoehn 低摩焚風 [氣象]

dimorphic 二形的 [地質]

dimorphism 二形性 [地質]

dimorphite 硫砷礦 [地質]

dimorphous 二形的 [地質]

Dinantian 狄南 [地質]

Dines anemometer 達因風速計 [氣象]

Dines hygrometer 達因溼度計 [氣象]

dinosaur 恐龍 [地質]

dioctahedral 雙八面體的 [地質]

dioctahedron 雙八面體 [地質]

diogenite 古銅無球粒隕石 [地質]

Dione 土衛四 [天文]

diopside-jadeite 玉質透輝石 [地質]

diopside 透輝石 [地質]

dioptase 透視石 [地質]

diorite 閃長岩 [地質]

dioxane liquid crystal 二氧六環類液晶 [地質]

dip angle 傾角 [地質]

dip equator 磁傾赤道 [地質]

dip fault 傾向斷層 [地質]

dip joint 傾向節理 [地質]

dip logger 傾角測井儀 [地質]

dip log 傾角測井 [地質]

dip move-out 傾斜時間差 [地質]

dip needle 磁傾角儀 [地質]

dip of horizon 地平傾角 [天文] [地質]

dip orientation 傾角定向 [地質]

dip pole 傾角磁極 [地質]

dip reversal 傾斜逆轉 [地質]

dip slip 傾向滑距 [地質]

dip slope 傾向坡 [地質]

dip stream 傾向河 [地質]

diploid 偏方二十四面體 [地質]

dipmeter log 地層傾斜測錄 [地質]

dipmeter survey 傾斜儀測量 [地質]

dipmeter 地層傾斜儀 [地質]

dipole anticyclone 偶極反氣旋 [氣象]

dipole term 偶極項 [地質]

dip-strike symbol 傾角—走向符號 [地質]

dipyramid 雙錐體 [地質]

dipyre 針柱石 [地質]

dip 傾斜，傾角，傾向 [天文] [地質]

direct circulation 直接環流 [地質]

direct motion 順行 [天文]

direct radiation 直接輻射 [地質]

direct reading current meter 直讀式海流計 [海洋]

direct read-out ground station 直收地面站 [氣象]

direct read-out image dissector 直收圖

像分析儀 [氣象]

direct read-out infrared radiometer 直收紅外輻射計 [氣象]

direct record strong-motion instrument 直接記錄式強震儀 [地質]

direct solar irradiance 直接太陽照射度 [天文]

direct solar radiation 直接太陽輻射 [天文]

direct stationary 順留 [天文]

direct tide 順潮 [海洋]

direct wave 直達波 [地質]

direct-detecting mode 直接檢測式 [地質]

directional drilling 定向鑽井 [地質]

directional structure 定向構造 [地質]

directional wave spectrum 方向波譜 [地質] [海洋]

directional well 定向井 [地質]

direction 方位，方向 [天文] [地質]

directivity factor 方向性係數 [天文]

directivity function 方向性函數 [地質]

directivity 方向性，指向性 [天文]

dirt band 廢石層，冰川碎屑層 [地質]

dirty ice 髒冰 [天文]

dirty snowball model 髒雪球模型 [天文]

dirt 廢石，雜質 [地質]

disappearance point 消失點 [天文]

discharge 流量，放電 [天文] [地質] [氣象] [海洋]

discharge area 排水區 [地質]

discharge curve 流量曲線 [地質]

discharge diagram 流量圖 [地質]

discharge hydrograph 流量過程線 [地質]

discharge mass-curve 流量累積曲線 [地質]

discolo(u)red water 變色海水 [海洋]

discomfort index 不舒適指數 [氣象]

disconformity 假整合 [地質]

discontinuity 不連續性 [地質]

discontinuous reaction series 不連續反應系列 [地質]

discordance 不整合 [地質]

discordant pluton 不整合深成岩體 [地質]

discordant 不整合的 [地質]

discrete interval theorem 分立間隔定理 [天文]

discrete radio source 分立無線電源 [天文]

discrete source of gamma-ray radiation! γ射線分立源 [天文]

discrete wave number method 離散波數法 [地質]

discrete wave number-finite element method 離散波數有限元法 [地質]

disdrometer 雨滴譜儀 [氣象]

disharmonic fold 不諧和褶皺 [地質]

dishpan experiment 轉盤實驗 [氣象]

dishpan simulation 轉盤模擬 [氣象]

disk galaxy 盤形星系 [天文]

D

disk of spiral galaxy 螺旋星系盤面 [天文]

disk population 盤族 [天文]

disk star 盤族星 [天文]

disk 圓盤，板 [天文] [地質]

dislocated deposit 錯位礦床 [地質]

dislocation array 錯位陣列 [地質]

dislocation atmosphere 錯位氣團 [氣象]

dislocation boundary 錯位界面 [地質]

dislocation breccia 錯位角礫岩 [地質]

dislocation distribution 錯位分佈 [地質]

dislocation free crystal 無錯位晶體 [地質]

dislocation image 位元錯位 [地質]

dislocation line nucleation 位元錯位成核 [地質]

dislocation line 錯位線 [地質]

dislocation loop 位元錯位 [地質]

dislocation metamorphism 錯位變質作用 [地質]

dislocation motion 位元錯運動 [地質]

dislocation network 位元錯網路 [地質]

dislocation reaction 位元錯反應 [地質]

dislocation source 位元錯源 [地質]

dislocation theory 位元錯理論 [地質]

dislocation wall 位元錯壁 [地質]

dislocation 錯位，斷層 [地質]

dismicrite 細粒石灰岩 [地質]

disorder 無次序 [地質]

dispersal pattern 分散模式 [地質]

dispersed element 分散元素 [地質]

dispersion element anomaly 分散元素異常 [地質]

dispersion equation of whistler 哨聲色散方程 [地質]

dispersion halo 分散暈 [地質]

dispersion measure 色散量 [天文]

dispersion of velocity 速度瀰散 [天文]

dispersion orbit 瀰散軌道 [天文]

dispersion ring 瀰散環 [天文]

dispersion train 分散流 [地質]

dispersion wave 頻散波 [地質]

dispersion 色散，頻散，瀰散 [天文] [地質] [氣象]

disphenoid 複正方楔形 [地質]

displaced ore body 移位礦體 [地質]

displacement response spectrum 位移回應譜 [地質]

displacement transition 位移性相變 [地質]

displacement 位移，排出量 [地質]

disruption 破裂 [天文]

dissection 切割作用 [地質]

disseminated deposit 浸染礦床 [地質]

disseminated ore 浸染礦 [地質]

disseminated talc 浸染狀滑石 [地質]

dissociation time 瓦解時間 [天文]

dissolution pore 溶孔 [地質]

dissolution 溶解作用 [地質]

dissolved component 已溶解成分 [地質] [海洋]

dissolved inorganic carbon 溶解無機碳

[海洋]

dissolved load　溶解負載 [地質]

dissolved organic carbon　溶解有機碳 [海洋]

dissolved organic matter　溶解有機物 [海洋]

dissolved substances in seawater　海水溶解物質 [海洋]

distance indicator　示距天體 [天文]

distance modulus　距離模數 [天文]

distance-luminosity relation　距離一光度關係 [天文]

distant earthquake　遠震 [地質]

disthene　藍晶石 [地質]

distorted water　畸變水 [地質]

distortion wave　畸變波 [地質]

distortional wave　畸變波 [地質]

distortion　變形，畸變，失真 [天文] [地質] [氣象] [海洋]

distributary　分流，支流 [地質]

distributed fault　斷層帶 [地質]

distribution of air temperature　氣溫分布 [氣象]

distribution of vertical air temperature　氣溫垂直分布 [氣象]

distributive fault　分枝斷層 [地質]

district forecast　區域預報 [氣象]

district　區，區域 [天文] [地質] [氣象] [海洋]

disturbance band　擾動範圍 [天文] [地質] [氣象] [海洋]

disturbance　干擾，擾動 [天文] [地質] [氣象] [海洋]

disturbed body　受攝體 [天文]

disturbed coordinates　受攝座標 [天文]

disturbed day　（地磁）受擾日 [天文]

disturbed interplanetary magnetic field　行星際擾動磁場 [天文]

disturbed orbit　受攝軌道 [天文]

disturbed sun noise　擾動太陽雜訊 [天文]

disturbed sun　擾動太陽 [天文]

disturbed　攝動的，擾動的 [天文]

disturbing body　攝動體 [天文]

disturbing force　攝動力 [天文]

disturbing mass　攝動質量 [海洋]

ditroite　方鈉霞石正長岩 [地質]

diurnal aberration　周日光行差 [天文]

diurnal age　日潮潮齡 [天文]

diurnal arc　周日弧 [天文]

diurnal circle　周日圈 [天文]

diurnal clock rate　周日鐘速 [天文]

diurnal inequality　日差 [天文]

diurnal libration　周日天平動 [天文]

diurnal motion　周日運動 [天文]

diurnal nutation　周日章動 [天文]

diurnal parallax　周日視差 [天文]

diurnal range　日較差 [天文] [海洋]

diurnal tide　全日潮 [天文] [海洋]

diurnal variation correction　日變校正 [天文]

diurnal variation method　日變法 [天文]

D

diurnal variation 周日變化 [天文]

diurnal 一日的 [天文] [地質] [氣象] [海洋]

divergence belt 發散帶 [天文] [氣象]

divergence zone 輻散區 [天文] [氣象]

divergence 發散,擴散,輻散 [天文] [地質] [氣象]

divergent boundary 擴張邊界 [地質] [海洋]

diversity stack 分集重合 [地質] [海洋]

dive 俯衝 [天文] [海洋]

divide 分水嶺,氣候分界 [地質] [氣象]

diving bell 潛水鐘 [海洋]

diving equipment 潛水裝具 [海洋]

diving facilities 潛水裝備 [海洋]

diving operation 潛水作業 [海洋]

diving physics 潛水物理學 [海洋]

diving physiology 潛水生理學 [海洋]

diving platform 潛水平臺 [海洋]

diving wave 潛波 [地質] [海洋]

diving 潛水 [海洋]

dixenite 黑矽砷錳礦 [地質]

djerfisherite 硫銅砷礦 [地質]

Djuifian 朱伊夫階 [地質]

dneprovskite 木錫礦 [地質]

doctor 局部電鍍用陽極,醫療風 [地質] [氣象]

dog days 天狼星東昇日,伏天 [天文] [氣象]

Dog star 天狼星 [天文]

dogger 鐵質結核 [地質]

dog-tooth spar 犬牙石 [地質]

doister 多斯脫風暴 [氣象]

doldrums 赤道無風帶 [氣象]

dolerite 粗粒玄武岩 [地質]

dolerophanite 褐銅礬 [地質]

doline 石灰穴 [地質]

dolocast 白雲石模 [地質]

dolomite powder 白雲石粉 [地質]

dolomite rock 白雲岩 [地質]

dolomite 白雲石 [地質]

dolomitic conglomerate 白雲石礫岩 [地質]

dolomitic limestone 白雲灰岩 [地質]

dolomitic marble 白雲石大理岩 [地質]

dolomitization 白雲石化 [地質]

dolostone 白雲岩 [地質]

dolphin 海豚座 [天文]

domatic class 坡面晶族 [地質]

dome 圓頂,坡面,穹丘 [天文] [地質] [氣象]

Domerian 道麥爾階 [地質]

domestic climatology 本地氣候學 [氣象]

domeykite 砷銅礦 [地質]

DON:dissolved organic nitrogen 溶解有機氮 [海洋]

Donati comet 多納提彗星 [天文]

Donau glaciation 多瑙冰期 [地質]

Donghai Coastal Current 東海沿岸流 [海洋]

Donghai Sea 東海 [海洋]

DOP:dissolved organic phosphorus 溶

解有機磷 [海洋]

Doppler broadening　都卜勒致寬 [天文]

Doppler contour　都卜勒輪廓 [天文]

Doppler core　都卜勒核心（譜線）[天文]

Doppler current meter　都卜勒海流計 [海洋]

Doppler effect　都卜勒效應 [天文] [氣象]

Doppler profile　都卜勒剖線 [天文] [氣象]

Doppler radar　都卜勒雷達 [氣象]

Doppler red shift　都卜勒紅移 [天文]

Doppler width　都卜勒寬度 [天文]

Doppler-Fizeau effect　都卜勒－斐索效應 [天文]

dopplerite　膠質泥炭 [地質]

Dorado　劍魚座 [天文]

dormant volcano　休眠火山 [地質]

double astrograph　雙筒天體照相儀 [天文]

double bore well　雙孔井 [地質]

double brilliant　雙耀面鑽石 [地質]

double cluster　雙星團 [天文]

double diffusion　雙擴散 [海洋]

double ebb　雙退潮 [海洋]

double equatorial　雙筒赤道儀 [天文]

double flood　雙漲潮 [海洋]

double galaxy　雙星系 [天文]

double ionization　雙電離作用 [地質]

double line binary　雙線（光譜學）雙星 [天文]

double line spectroscopic binary　雙譜分光雙星 [天文]

double meteor　雙流星 [天文]

double nebula　雙星雲 [天文]

double nuclear resonance magnetometer　雙重核共振磁力儀 [地質]

double reversal　雙重自食（譜線）[天文]

double rose　雙玫瑰花型 [地質]

double star　雙星 [天文]

double wave　雙波 [天文]

doublet　雙合透鏡，雙峰，雙線，二連晶 [天文]

doubly plunging fold　雙傾褶皺 [地質]

Douglas sea and swell scale　道格拉斯海況和長浪尺度 [海洋]

douglasite　氯鉀鐵鹽 [地質]

Dove　天鴿座 [天文]

down current　下沉氣流 [氣象]

down draft　下滑漂移 [氣象]

down sweep　降頻掃描 [地質]

downburst　下爆流 [氣象]

downcast side　下落翼 [地質]

downcutting　下切侵蝕 [地質]

downdip　下傾，順傾向的 [地質]

downdraft　下衝流 [氣象]

downfall　大陣雨 [氣象]

downhole geophone　井內受波器 [地質]

downhole ground　井內接地極 [地質]

downhole method　井內法 [地質]

downhole sensor　井內探測器 [地質]

downhole source　井內波源 [地質]

downrush　下衝氣流 [氣象]

downthrow side　下落翼 [地質]

downthrow　下落 [地質]

Downton Castle Sandstone　當唐堡砂岩 [地質]

Downtonian series　當唐統 [地質]

downward current　下爆流 [氣象]

downward radiation　向下輻射 [氣象]

downwelling　沉降流 [氣象] [海洋]

Draconids　天龍座流星雨 [天文]

draconitic month　交點月 [天文]

draconitic revolution　交點周 [天文]

draconitic year　交點年 [天文]

Draco　天龍座 [天文]

drag bit　刮刀鑽頭 [地質]

drag effect　拖曳效應 [天文]

drag fold　拖曳褶皺 [地質]

drag mark　拖痕 [地質]

dragon　水龍捲 [氣象]

drainage area　流域 [地質]

drainage basin　流域 [地質]

drainage geochemical anomaly　水系地球化學異常 [地質]

drainage map　水系圖 [地質]

drainage system　水系 [地質]

drainage wind　下潰風 [氣象]

drainage　水系，排水 [地質]

Draper catalog　德雷伯星表 [天文]

drapery　鐘乳石幕，石灰華幕 [地質]

draping　覆合 [地質]

draught1　吃水，送風 [氣象]

dravite　鈉鎂電氣石 [地質]

drawdown　洩降 [地質]

dredge　挖泥，拖曳，底撈 [海洋]

D-region　D 區 [地質] [氣象]

dreikanter　三稜石 [地質]

Dresbachian　德雷斯巴奇階 [地質]

Dresden Green　德雷斯頓綠 [地質]

drewite　灰泥 [地質]

dribble　微雨 [氣象]

drift bottle　漂流瓶 [海洋]

drift card　漂流卡片 [海洋]

drift chronology　冰磧年代學 [地質]

drift clay　冰礫泥 [地質]

drift current　漂流，吹送流 [氣象] [海洋]

drift curve　偏移曲線，漂移曲線 [天文]

drift dam　冰磧堰 [地質]

drift glacier　吹積冰川 [地質]

drift ice　漂冰 [地質] [海洋]

drift of gravimeter　重力儀零點位移 [地質]

drift station　漂冰測站 [海洋]

drift stratigraphy　冰磧地層學 [地質]

drift terrace　冰磧階地 [地質]

drift to zero point　零點漂移 [地質]

drifting buoy　漂移浮標 [氣象] [海洋]

drifting dust　低吹塵 [地質]

drifting sand　低吹沙 [地質]

drifting snow　低吹雪 [氣象]

drift　漂移，冰磧 [天文] [地質] [海洋]

drill bit 鑽頭 [地質]

drill hole 鑽孔 [地質]

drillability of rock 岩石可鑽性 [地質]

drilling accident 鑽井事故 [地質]

drilling centralizer 鑽桿定心器 [地質]

drilling mud 鑽井泥漿 [地質]

drilling rig 鑽機，鑽探平臺 [地質]

drilling rod 鑽桿 [地質]

drilling ship 鑽探船 [地質] [海洋]

drilling tool 鑽具 [地質]

drilling tower 鑽塔 [地質]

drilling vessel 鑽探船 [地質] [海洋]

drilling 鑽井探勘 [地質] [海洋]

dripstone cave 滴水石洞穴 [地質]

dripstone 滴水石 [地質]

driven snow 吹積雪 [氣象]

driving clock 轉儀鐘 [天文]

driving torque of rig 鑽具的驅動轉矩 [地質]

drizzle drop 毛毛雨滴 [氣象]

drizzle 毛毛雨 [氣象]

DRM-depositional remanent magnetization 沉積剩磁 [地質]

DRM-detrital remanent magnetization 碎屑剩磁 [地質]

drop size distribution 雨滴尺寸分布 [氣象]

drop spectrum 滴譜 [氣象]

drop theory 氣旋障礙說 [氣象]

dropdown curve 降水曲線 [氣象]

drop-down curve 跌降曲線 [地質]

droplet 小水滴 [氣象]

dropsonde dispenser 投落送艙 [氣象]

dropsonde observation 投落送儀觀測 [氣象]

dropsonde 投落送 [氣象]

drosograph 露量儀 [氣象]

drosometer 露量儀 [氣象]

drought frequency 乾旱頻數 [氣象]

drought index 乾旱指數 [氣象]

drought 乾旱 [氣象]

drowned coast 沉溺海岸，溺岸 [地質]

drowned river mouth 沉溺河口 [地質]

drowned valley 溺谷 [地質]

droxtal 滴晶 [氣象]

drumlin 鼓丘 [地質]

druse 晶簇，晶洞 [地質]

dry adiabatic lapse rate 乾絕熱直減率 [氣象]

dry adiabatic process 乾絕熱過程 [氣象]

dry adiabat 乾絕熱線 [氣象]

dry and hot wind 乾熱風 [氣象]

dry ash-free basis 乾燥無灰基 [地質]

dry climate 乾燥氣候 [氣象]

dry cold front 乾冷鋒 [氣象]

dry delta 乾三角洲 [地質]

dry diving 乾式潛水 [海洋]

dry drilling 乾法鑽進 [地質]

dry fog 乾霧 [氣象]

dry freeze 乾凍 [氣象]

dry haze 乾霾 [氣象]

D

dry heat rock body　乾熱岩體 [地質]

dry hot wind　乾熱風 [氣象]

dry line　乾線 [氣象]

dry mineral-matter-free basis　乾燥無礦物質基 [地質]

dry permafrost　乾永凍層 [地質]

dry season runoff　枯季徑流 [地質]

dry season　乾季 [氣象]

dry tongue　乾舌 [氣象]

dry valley　乾谷 [地質]

dry wash　旱谷 [地質]

drydock iceberg　乾船塢形冰山 [海洋]

dry-hot-rock geothermal system　乾熱岩地熱系統 [地質]

drying height　出水高度 [海洋]

dryline　乾旱線 [氣象]

drystone　乾石 [地質]

dry　乾燥，乾旱 [氣象]

DSL:deep scattering layer　深海散射層 [海洋]

Dst index　Dst 指數 [地質]

DT-cut crystal　DT 切割晶體 [地質]

dual tubing wellhead　雙油管採油 [地質]

dual-bore drill rod　雙孔鑽桿 [地質]

dual-frequency sounder　雙頻測深儀 [地質] [海洋]

Dubhe　天樞 [天文]

duct propagation　導管傳播 [地質]

duct　電波槽，導管 [氣象]

duff　酸性腐植層 [地質]

dufrenite　綠磷鐵礦 [地質]

dufrenoysite　硫砷鉛礦 [地質]

duftite　銅鉛礦 [地質]

dull coal　暗煤 [地質]

Dumbbell Nebula(M27)　啞鈴星雲 [天文]

Dumfries sandstone　鄧弗里斯砂岩 [地質]

dummy load　模擬負載 [天文]

dumontite　水磷鈾鉛礦 [地質]

dumortierite　藍線石 [地質]

dundasite　白碳鋁鉛石 [地質]

dune bedding　沙丘層理 [地質]

dune complex　沙丘複合體 [地質]

dune　沙丘 [地質]

dunite　純橄欖岩 [地質]

Dunkard Series　鄧卡德統 [地質]

Duperrey's lines　杜佩里線 [地質]

duplexite　硬沸石 [地質]

duplicatus　重疊雲 [氣象]

durain　暗煤 [地質]

durangite　橙砷鈉石 [地質]

duration of bright sunshine　日照時數 [天文] [氣象]

duration of eclipse　交食時間 [天文]

duration of possible sunshine　可照時數 [天文] [氣象]

duration of shaking　震動持續時間 [地質]

duration of totality　全食時間 [天文]

duration　期間寬度 [海洋]

durchmusterung　星表 [天文]

duricrust 硬殼層 [地質]

durinite 暗煤質 [地質]

duripan 硬盤 [地質]

durite 暗煤岩 [地質]

Durness Limestone 杜內斯石灰岩 [地質]

dusky belt 暗帶 [天文]

dusky ring 暗環 [天文]

dusky veil 暗紗 [天文]

dusk 晨昏 [天文] [氣象]

dussertite 綠砷鋇鐵石 [地質]

dust avalanche 塵崩，乾雪崩 [地質] [氣象]

dust bowl 塵暴 [氣象]

dust cloud 塵雲 [天文] [氣象]

dust counter 計塵計 [地質] [氣象]

dust devil effect 塵卷效應 [氣象]

dust devil 塵捲風 [氣象]

dust horizon 塵地平 [氣象]

dust lane 塵埃帶 [天文]

dust nebula 塵埃星雲 [天文]

dust ore 粉狀礦石 [地質]

dust storm 塵暴 [氣象]

dust tail 塵埃尾 [天文]

dust train 塵埃（流星）餘跡 [天文]

dust well 塵坑 [地質]

dust whirl 塵捲風 [氣象]

dustball 塵球 [天文]

duststorm 塵暴 [氣象]

DW method-discrete wavenumber method 離散波數法 [地質]

dwarf cepheid 靄造父變星 [天文]

dwarf galaxy 靄星系 [天文]

dwarf nova 靄新星 [天文]

dwarf star 靄星 [天文]

dwarf 靄星 [天文]

dwey 突雨雪 [氣象]

DWFE method:discrete wavenumber-finite element method 離散波數有限元法 [地質]

dwigh 德懷風暴 [氣象]

dwoy 突雨雪 [氣象]

DWWSSN: Digital World Wide Standard Seismograph Network 數位化世界標準地震台網 [地質]

dyke swarm 岩脈群 [地質]

dyke 岩脈，岩牆 [地質]

dynamic astronomy 動力天文學 [天文]

dynamic breccia 動力角礫岩 [地質]

dynamic climatology 動力氣候學 [氣象]

dynamic cloud seeding 動力播雲 [氣象]

dynamic drift of gravimeter 重力儀的動態位移 [地質]

dynamic ellipticity of the earth 地球動力扁率 [地質]

dynamic ellipticity 力學橢率 [天文]

dynamic factor of the earth 地球動力因數 [地質]

dynamic forecasting 動力學預報 [氣象]

dynamic geology 動力地質學 [地質]

dynamic geomorphology 動力地貌學 [地質]

D

dynamic geophysics　動力地球物理學 [地質]

dynamic glaciology　動力冰川學 [地質]

dynamic height anomaly　動力高度偏差 [海洋]

dynamic low　動力低壓 [氣象]

dynamic metamorphism　動力變質作用 [地質]

dynamic meteorology　動力氣象學 [氣象]

dynamic method　動力方法 [地質] [海洋]

dynamic oceanography　動力海洋學 [海洋]

dynamic parallax　動力學視差 [天文]

dynamic positioning　動力定位 [海洋]

dynamic rock mechanics　岩石動力學 [地質]

dynamic roughness　動力粗糙度 [海洋]

dynamic sounding　動力探測 [地質]

dynamic spectrum　運動頻譜 [天文]

dynamic stratigraphy　動力地層學 [地質]

dynamic structural geology　動力構造地質學 [地質]

dynamic thickness　動力厚度 [海洋]

dynamic trough　動力槽 [氣象]

dynamic viscosity　動力黏度 [天文] [氣象]

dynamical cosmology　動力宇宙學 [天文]

dynamical equinox　動力學分點 [天文]

dynamical evolution　動力演化 [天文]

dynamical flattening　動力學扁率 [天文]

dynamical halo model　動態暈模型 [天文]

dynamical mechanical magnification　動態機械放大倍數 [地質]

dynamical meteorology　動力氣象學 [氣象]

dynamical oblateness　動力學扁率 [天文]

dynamical oceanography　動力海洋學 [海洋]

dynamical parallax　動力視差 [天文]

dynamical reference system　動力學參考系 [天文]

dynamical stability　動力穩定性 [天文]

dynamical time　力學時 [天文]

dynamics of crust　地殼動力學 [地質]

dynamics of crystal lattice　晶格動力學 [地質]

dynamics of galaxy　星系動力學 [天文]

dynamics of marine structure　海洋結構動力學 [海洋]

dynamics of ocean current　海流動力學 [海洋]

dynamics of ocean floor　洋底動力學 [海洋]

dynamics of ocean　海洋動力學 [海洋]

dynamics of planets　行星動力學 [天文]

dynamics of plate interiors　板塊內部動

力學 [地質]

dynamics of stellar system 星系動力學 [天文]

dynamics of stream 河流動力學 [地質]

dynamics of the atmospheres 大氣動力學 [氣象]

dynamics of the earth 地球動力學 [地質]

dynamics of upper ocean 海洋上層動力學 [海洋]

dynamo layer 發電機層 [地質]

dynamo region 發電機區 [地質]

dynamo theory 發電機理論，地球磁潮說 [地質]

dynamometamorphic rock 動力變質岩 [地質]

dynamometamorphism 動力變質作用 [地質]

dysanalyte 鈮鈦鈣礦 [地質]

dyscrasite 銻銀礦 [地質]

dyslytite 隕磷鐵鎳礦 [地質]

dyster 多斯脫風暴 [氣象]

dystome spar 矽硼鈣石 [地質]

D

E e

E layer　E 層 [地質] [氣象]

E region　E 區 [地質] [氣象]

e type absorptione　E 型吸收 [氣象]

E1 Nath(β Tau)　五車五金牛座（β 星）[天文]

eager　湧潮 [海洋]

Eagle　天鷹座 [天文]

earlandite　水檸檬鈣石 [地質]

early decline　初降 [天文]

early frost　早霜 [氣象]

early Paleozoic Era　古生代早期 [地質]

early universe　早期宇宙 [天文]

early-type galaxy　早型星系 [天文]

early-type star　早型星 [天文]

earth atmosphere　地球大氣 [氣象]

earth atmospheric optics　地球大氣光學 [氣象]

earth core　地核 [地質]

earth crust structure　地殼構造 [地質]

earth crust　地殼 [地質]

earth current storm　大地電流暴 [地質]

earth current　大地電流 [地質]

earth discontinuity　地球間斷面 [地質]

earth ellipsoid　地球橢圓體 [天文]

earth ellipticity　地球扁率 [天文] [地質]

earth evolutionism　地球演化論 [天文] [地質]

earth external gravitational field　地球外部引力場 [地質]

earth figure　地球形狀 [天文] [地質]

earth free oscillation　地球自由振盪 [地質]

earth gravitational field　地球重力場 [地質]

earth gravity field model　地球重力場模型 [地質]

earth gravity model　地球重力模型 [地質]

earth history　地史學 [地質]

earth hummock　土丘 [地質]

earth inner core　地球內核 [地質]

earth interior physics　地球內部物理學 [地質]

earth interior　地球內部 [地質]

earth ionosphere waveguide　地電離層波導 [地質]

earth light　地球光 [地質]

earth magnetic field　地磁場 [地質]

earth magnetism　地磁學 [地質]

earth major radius　地球長半徑 [天文] [地質]

earth mantle　地函 [地質]

earth minor radius　地球短半徑 [天文] [地質]

earth model　地球模型 [天文] [地質]

earth morphology　地球形狀學 [天文] [地質]

earth mound　土丘 [地質]

earth movement　地球運動 [天文]

earth observation platform　地球觀測台 [地質]

earth observation　地球觀測 [地質]

earth observing system　地球觀測系統 [地質]

earth orbit　地球軌道 [天文]

earth oscillation　地球振動 [地質]

earth physics　地球物理學 [地質]

earth pillars　土柱 [地質]

earth polar coordinates system　地極座標系 [天文] [地質]

earth pole　地極 [天文] [地質]

earth radiation　地球輻射 [地質]

earth rate　地球轉速 [天文]

earth resistivity　地電阻率 [地質]

earth rotation parameter　地球自轉參數 [天文]

earth rotation　地球自轉 [天文]

earth science　地球科學 [天文] [地質] [氣象] [海洋]

earth shadow　地影 [天文]

earth shape　地球形狀 [天文]

earth shine　地光 [天文]

earth sound　地聲 [地質]

earth spheroid　地球球形體 [天文]

earth surface science　地球表層科學 [地質]

earth surface temperature　地面溫度 [氣象]

earth surface　地球表面 [地質] [氣象]

earth temperature　地溫 [氣象]

earth tide　地潮，固體潮 [天文] [海洋]

earth tilt　地傾斜 [地質]

earth tremor　地顫 [地質]

Earth upper mantle　上部地函 [地質]

earth-fixed coordinates system　地固座標系 [天文]

earth-flattening approximation　地球扁平近似 [地質]

earth-flattening transformation　地球扁平換算 [地質]

earthflow　土流 [地質]

earthlight　地光 [天文] [氣象]

earth-moon dynamics　地月動力學 [天文]

earth-moon system　地月系統 [天文]

earthquake belt　地震區 [地質]

earthquake bioprediction　生物地震預報 [地質]

E

earthquake catalog　地震目錄 [地質]

earthquake catalogue　地震目錄 [地質]

earthquake damage　地震災害 [地質]

earthquake depth　震源深度 [地質]

earthquake dislocation　地震錯位 [地質]

earthquake engineering　地震工程 [地質]

earthquake epicenter　震央 [地質]

earthquake force　地震力 [地質]

earthquake forecasting　地震預報 [地質]

earthquake frequency　地震頻率 [地質]

earthquake generating stress　起震應力 [地質]

earthquake geochemistry　地震地球化學 [地質]

earthquake geology　地震地質學 [地質]

earthquake hazard　震災 [地質]

earthquake history　地震史 [地質]

earthquake intensity engineering standard 地震強度工程標準 [地質]

earthquake intensity　地震強度 [地質]

earthquake light　地震光 [地質]

earthquake line　地震線 [地質]

earthquake loading　地震負載 [地質]

earthquake load　地震負載 [地質]

earthquake location　地震定位 [地質]

earthquake magnitude　地震規模 [地質]

earthquake mechanics　地震力學 [地質]

earthquake mechanism　地震機制 [地質]

earthquake migration　地震遷移 [地質]

earthquake motion　地震運動 [地質]

earthquake origin　地震震源 [地質]

earthquake parameter　地震參數 [地質]

earthquake periodicity　地震週期性 [地質]

earthquake period　地震週期 [地質]

earthquake precursor　地震前導 [地質]

earthquake prediction　地震預測 [地質]

earthquake prevention　地震預防 [地質]

earthquake province　地震區 [地質]

earthquake record　震波圖，地震紀錄 [地質]

E

earthquake recurrence rate　地震重複率 [地質]

earthquake recurrence　地震重複性 [地質]

earthquake region　地震區 [地質]

earthquake risk　地震危害 [地質]

earthquake rupture mechanics　地震破裂力學 [地質]

earthquake scale　地震震級 [地質]

earthquake sea wave　地震海嘯 [地質]

earthquake seismology　地震學 [地質]

earthquake sequence　地震序列 [地質]

earthquake series　地震系列 [地質]

earthquake shock　地震衝擊 [地質]

earthquake size　地震大小 [地質]

earthquake sound　震聲，地鳴 [地質]

earthquake source dynamics　震源動力學 [地質]

earthquake source mechanism　震源機制 [地質]

earthquake statistics 地震統計 [地質]

earthquake structural engineering 抗震結構工程 [地質]

earthquake swarm 地震群 [地質]

earthquake tremor 地震顫動 [地質]

earthquake warning 地震警報 [地質]

earthquake wave 地震波 [地質]

earthquake zone 地震帶 [地質]

earthquake-proof 抗震 [地質]

earthquake-resistant 抗地震的 [地質]

earthquake 地震 [地質]

earth's axis 地軸 [地質]

earth's barodynamics 地球重量力學 [地質]

earth's crust geochemistry 地殼地球化學 [地質]

earth's electric conductivity 地球電導率 [地質]

earth's electromagnetic field 地球電磁場 [地質]

earth's inner-core 地球內核 [地質]

earth's magnetism 地磁學 [地質]

earth's magnetosphere 地球磁層 [地質]

earth's orbit 地球軌道 [天文]

earth's outer-core 地球外核 [地質]

earth's surface 地表 [地質]

earthshine 地球反照，地光 [天文] [氣象]

earthy cobalt 鈷土礦 [地質]

earthy manganese 土狀錳礦 [地質]

earth 地球 [天文] [地質]

East Africa Coast Current 東非沿岸海流 [海洋]

East African Rift Zone 東非裂谷帶 [地質]

East Asia deep trough 東亞大槽 [氣象]

East Australia Current 東澳大利亞海流 [海洋]

East China Sea Coastal Current 東海沿岸流 [海洋]

East China Sea 東海 [海洋]

east component 東向分量 [地質]

East Greenland Current 東格陵蘭海流 [海洋]

east longitude 東經 [天文] [地質]

East Pacific Rise 東太平洋脊 [地質] [海洋]

east point 東方點 [天文]

easterlies 東風帶 [氣象]

easterly wave 東風波 [氣象]

eastern elongation 東距角（行星）[天文]

Eastern Hemisphere 東半球 [天文] [地質]

eastern quadrature 東方照 [天文]

eastonite 富鎂黑雲母 [地質]

east-west asymmetry 東西不對稱性 [地質]

east-west effect 東西效應 [天文]

east-west structural system 東西向構造體系 [地質]

east-west structural zone 東西構造帶

[地質]

ebb current 落潮流，退潮流 [海洋]

ebb stream 落潮流，退潮流 [海洋]

ebb tide 落潮，退潮流 [海洋]

ebb-and-flow structure 漲落潮流構造 [海洋]

ebb 落潮，退潮 [海洋]

eccentric angle 偏心角 [天文]

eccentric anomaly 偏近點角 [天文]

eccentric dipole coordinates 偏偶極座標系 [天文]

eccentric dipole 偏偶極子 [天文]

eccentric drilling device 偏心鑽具 [地質] [海洋]

eccentric station 偏心測站 [氣象] [海洋]

eccentricity 離心率，偏心率 [天文] [地質]

eccentricity of ellipsoid 橢球離心率 [天文]

ECDB: electronic chart data base 電子海圖資料庫 [海洋]

ecdemite 氯砷鉛礦 [地質]

ECDIS: electronic chart display and information system 電子海圖顯示和資訊系統 [海洋]

echelon faults 雁行斷層 [地質]

echelon structure 雁行構造 [地質]

echo experiment 回聲試驗 [地質]

echo signal of sounder 測深儀回波信號 [海洋]

echo sounder 回聲測深儀 [海洋]

echo sounding 回聲測深 [海洋]

echo train 回聲列 [地質]

echo wall 回波牆 [地質] [氣象]

echo sounder 回聲測深儀 [海洋]

eckermannite 鎂鋁鈉閃石 [地質]

eclipse begins 初虧 [天文]

eclipse boundary 食界 [天文]

eclipse cycle 交食周期 [天文]

eclipse effec 食效應 [天文]

eclipse end 食終 [天文]

eclipse limit 食限 [天文]

eclipse of satellite 衛星食 [天文]

eclipse of the Moon 月食 [天文]

eclipse of the sun 日食 [天文]

eclipse season 食季 [天文]

eclipse theory 交食理論 [天文]

eclipse year 食年 [天文]

eclipse 食，蝕 [天文]

eclipsing binary star 食雙星 [天文]

eclipsing binary 食雙星 [天文]

eclipsing system 食雙星系統 [天文]

eclipsing variable star 食變星 [天文]

eclipsing variable 食變星 [天文]

ecliptic 黃道 [天文]

ecliptic armillary sphere 黃道渾儀 [天文]

ecliptic coordinates 黃道座標 [天文]

ecliptic diagram 黃道圖 [天文]

ecliptic latitude 黃緯 [天文]

ecliptic limit 食限 [天文]

ecliptic longitude 黃經 [天文]

E

ecliptic plane 黃道面 [天文]

ecliptic pole 黃極 [天文]

ecliptic system of coordinates 黃道座標系 [天文]

ecliptical meteor 黃道流星 [天文]

ecliptical stream 黃道流星雨 [天文]

eclogite facies 榴輝岩相 [地質]

eclogite 榴輝岩 [地質]

ecnephias 伊耐菲斯颮 [氣象]

ecoclimate forecasting 生態氣候預測 [氣象]

ecoclimate 生態氣候 [氣象]

ecoclimatology 生態氣候學 [氣象]

ecological climatology 生態氣候學 [氣象]

ecological stratigraphy 生態地層學 [地質]

ecology of coastal water 沿海海水生態學 [海洋]

ecology of marine sediment 海洋沉積生態學 [海洋]

economic geology 經濟地質學 [地質]

economic mineralogy 經濟礦物學 [地質]

economic mineral 經濟礦物 [地質]

economics of marine resource 海洋資源經濟狀態 [海洋]

ecostratigraphy 生態地層學 [地質]

ectinite 等化學區域變質岩 [地質]

Edale shale 艾達爾頁岩 [地質]

Eday Sandstone 艾台砂岩 [地質]

Eddington limit 愛丁頓極限 [天文]

Eddington luminosity 愛丁頓光度 [天文]

Eddington model 愛丁頓模型 [天文]

eddy conductivity 渦流傳導性 [氣象]

eddy correlation 渦流性相關 [氣象]

eddy diffusion 渦流擴散 [氣象]

eddy flux 渦流通量 [氣象]

eddy kinetic energy 渦流動能 [氣象]

eddy mill 渦流磨 [地質]

eddy shearing stress 渦流切應力 [氣象]

eddy velocity 渦流速度 [氣象]

eddy viscosity 渦流黏滯性 [氣象]

Edenian 艾登階 [氣象]

edenite 淡閃石 [氣象]

edge coal group 邊緣煤群 [氣象]

edge crispening 邊緣增強 [氣象]

edge dislocation 邊錯位 [地質]

edge wave 海邊浪 [海洋]

edge-on object 側向天體 [天文]

edge 稜，邊緣 [氣象]

edingtonite 鋇沸石 [地質]

Edzell shale 埃德澤爾頁岩 [地質]

effect of drag force 阻力效應 [氣象]

effect of evolution 演化效應 [天文]

effect of topography 地形效應 [地質]

effective accumulated temperature 有效積溫 [氣象]

effective anomaly 有效異常 [地質]

effective atmosphere 有效大氣 [氣象]

effective atmospheric transmission 有效

大氣透射 [地質]

effective earth radius 有效地球半徑 [地質]

effective earth-radius factor 等效地球半徑因數 [地質]

effective gust velocity 有效陣風速度 [氣象]

effective horizon 有效地平線 [地質]

effective line width 有效譜線寬度 [天文]

effective peak acceleration 有效峰值加速度 [地質]

effective peak velocity 有效峰值速度 [地質]

effective precipitable water 有效可降水量 [氣象]

effective precipitation 有效降水量 [氣象]

effective radiation 有效輻射 [氣象]

effective radius of the earth 有效地球半徑 [地質]

effective rainfall 有效雨量 [氣象]

effective sky temperature 天空有效溫度 [氣象]

effective snowmelt 有效融雪量 [地質]

effective terrestrial radiation 有效地球輻射 [地質]

effective wavelength 有效波長 [地質]

effective wind direction 有效風向 [氣象]

effective wind speed 有效風速 [氣象]

efflorescence 霜華，鹽華，風化，粉化，

火山昇華物，開花期 [地質]

efflux 噴流，流出物 [海洋]

effusive rock 噴出岩 [地質]

effusive stage 噴出期 [地質]

Egeria 埃傑里亞 [天文]

eggstone 鮞石，魚卵石 [地質]

eglestonite 氯汞礦 [地質]

Egnell's law 伊格尼爾定律 [氣象]

egress 終切，出食，出凌 [天文]

Egyptian asphalt 埃及地瀝青 [地質]

Egyptian calendar 埃及曆 [天文]

Egyptian jasper 埃及碧玉 [地質]

Egyptian wind 埃及風 [氣象]

Eifelian stage 埃菲爾階 [地質]

einkanter 單稜石 [地質]

Einstein observatory X-ray telescope 愛因斯坦 X 射線望遠鏡 [天文]

Einstein probability coefficient 愛因斯坦機率係數 [天文]

Einstein universe 愛因斯坦宇宙 [天文]

Einstein-de sitter cosmological model 愛因斯坦－德西特宇宙模型 [天文]

Einstein-de Sitter model 愛因斯坦－德西特模型 [天文]

eisenkiesel 含鐵石英 [地質]

ejecta 排泄物 [地質]

Ekman boundary layer 艾克曼層 [海洋]

Ekman convergence 艾克曼輻合 [海洋]

Ekman current meter 艾克曼流速儀 [海洋]

Ekman depth 艾克曼深度 [海洋]

E

Ekman flow　艾克曼流 [海洋]

Ekman layer　艾克曼層 [海洋]

Ekman pumping　艾克曼抽吸 [海洋]

Ekman spiral　艾克曼螺旋 [海洋]

Ekman transport　艾克曼輸送 [海洋]

Ekman water bottle　艾克曼水瓶 [海洋]

El Niño　聖嬰現象，艾尼紐 [海洋]

elaeolite　脂光石 [地質]

Elara　木衛七 [天文]

elastic earth tide　彈性地潮 [海洋]

elastic half-space　彈性半空間 [地質]

elastic rebound　彈性回跳 [地質]

elastic rebound theory　彈性回跳學說 [地質]

elbaite　鋰電氣石 [地質]

Electra(17 Tau)　昴宿一（金牛座 17 星）[天文]

electric arc drilling　電弧測井 [地質]

electric arc method　電弧法 [地質]

electric calamine　電異極礦 [地質]

electric current of atmosphere　大氣電流 [氣象]

electric field controller　電場控制儀 [地質]

electric logger　電測井儀 [地質]

electric mapping method　電製圖法 [地質]

electric transmission current meter　電傳海流計 [海洋]

electrical axis　電軸 [地質]

electrical logging　井下電測 [地質]

electrical profiling method　電剖面法 [地質]

electrical prospecting　電探法 [地質]

electrical sounding　電探 [地質]

electrical survey　電法調查 [地質]

electrical thickness　電磁測流厚度 [海洋]

electricity of atmospheric precipitation　大氣降水電學 [氣象]

electrification ice nucleus　帶電冰核 [氣象]

electrochemical growth　電化學生長 [地質]

electrocrystallization　電解結晶 [地質]

electrode array　電極陣列 [地質]

electrode potential logging　電極電位測井 [地質]

electrode system of potential　電位電極系 [地質]

electrode system　電極系統 [地質]

electrode type salinometer　電極式鹽度計 [海洋]

electrodynamic drift　電動力漂移 [地質]

electrodynamic type seismometer　電動式地震檢波器 [地質]

electrogeochemistry　電地球化學 [地質]

electrogram　靜電紀錄 [氣象]

electrogravics　電磁重力學 [地質]

electrojet　電噴流 [地質]

electrolytic growth　電解生長 [地質]

electromagnetic current meter　電磁流

速計 [氣象] [海洋]

electromagnetic distance measurement 電磁波測距 [地質]

electromagnetic gun 電磁槍 [地質]

electromagnetic induction method instrument 電磁感應法儀器 [地質]

electromagnetic induction method 電磁感應法 [地質]

electromagnetic logging 電磁測井 [地質]

electromagnetic method 電磁法 [地質]

electromagnetic prospecting 電磁探勘 [地質]

electromagnetic radiation 電磁輻射 [天文]

electromagnetic seismograph 電磁式地震儀 [地質]

electromagnetic seismometer 電磁式地震儀 [地質]

electromagnetic spectrum 電磁波譜 [天文] [氣象]

electromagnetic surveying 電磁探勘 [地質]

electromagnetic well logging 電磁測井 [地質]

electron 電子 [天文] [地質] [氣象] [海洋]

electron aurora 電子極光 [地質]

electron beam diffraction 電子束繞射 [地質]

electron density distribution 電子密度分佈 [地質]

electron detector 電子探測器 [地質]

electron echo experiment 電子回音試驗 [地質]

electron gyro-frequency 電子迴轉頻率 [地質]

electron pressure 電子壓力 [天文]

electron spectroscopy of crystals 結晶體電子光譜學 [地質]

electron type rock ore densimeter 電子式岩礦密度儀 [地質]

electronic altimeter 電子測高計 [地質]

electronic anemometer 電子風速計 [氣象]

electronic chart 電子海圖 [海洋]

electronic chronometer 電子天文鐘 [天文]

electronic compensating 電補償 [地質]

electronic enhancement viewer 電子增強觀測器 [天文]

electronic luminescence display 電子發光顯示器 [地質]

electronic map 電子地圖 [地質]

electro-optic crystal 電光晶體 [地質]

electro-optical crystal 電光晶體 [地質]

electro-optical distance measurement 光電測距儀 [地質]

electrostatic bremsstrahlung 靜電制動輻射 [天文]

electrostatic coalescence 靜電併合 [氣象]

E

electrothermic constant temperature equipment 電熱恆溫裝置 [地質]

electrum 銀金礦，琥珀 [地質]

element 元素 [天文] [地質] [氣象] [海洋]

element abundance 元素豐度 [天文]

element mineral 元素礦物 [地質]

element of eclipse 交食要素 [天文]

element of light variation 光變要素 [天文]

element of orbit 軌道要素 [天文]

element partition 元素分離 [地質]

element receiver 元素接收器 [地質]

elementary geochemistry 元素地球化學 [地質]

elementary ring structure 簡單環形構造 [天文]

elementary surveying 普通測量學 [地質]

eleolite 霞石，脂光石 [地質]

elephanta 愛烈芬塔暴風雨 [氣象]

elephant-hide pahoehoe 象皮繩狀熔岩 [地質]

elerwind 艾勒風 [氣象]

elevated coast 上升海岸 [地質] [海洋]

elevated pole 仰極 [天文]

elevation angle 仰角 [天文] [地質]

elevation correction 高度修正 [地質]

elevation of ivory point 象牙針尖高度 [氣象]

elevation 高度 [天文] [地質]

ellestadite 矽磷灰石 [地質]

ellipsoidal binary 橢球雙星 [天文]

ellipsoidal distribution of velocity 速度橢球分佈 [天文]

ellipsoidal lava 橢球形熔岩 [地質]

ellipsoidal variable 橢球變星 [天文]

elliptic comet 橢圓（軌道）彗星 [天文]

elliptical anagalactic nebula 橢圓河外星雲 [天文]

elliptical extragalactic nebula 橢圓河外星雲 [天文]

elliptical galaxy 橢圓星系 [天文]

elliptical motion 橢圓運動 [天文]

elliptical nebula 橢圓星雲 [天文]

elliptical orbit 橢圓軌道 [天文]

elliptical polarization instrument 橢圓極化儀 [地質]

elliptical subsystem 橢圓次系 [天文]

elliptical trochoidal wave 橢圓餘擺線波 [海洋]

elliptically polarized radiation 橢圓偏振輻射 [天文]

ellipticity correction 橢率校正 [地質]

ellsworthite 鈣鈮水石 [地質]

elongated line 加長線 [地質]

elongation of circumpolar stars 拱極星大距 [天文]

elongation 距角，伸長 [天文]

elpasolite 鉀冰晶石 [地質]

elpidite 纖矽鋯鈉石 [地質]

Elsasser band model 愛氏頻帶模式 [氣

象]

Elsasser's radiation chart　艾爾薩沙輻射圖 [氣象]

eluvial facies　殘積相 [地質]

eluvial gravel　殘積礫石 [地質]

eluvial landscape　殘積景觀 [地質]

eluviation　淋溶作用 [地質]

eluvium gravel　殘積礫石 [地質]

eluvium　殘積物 [地質]

elvan　白色英斑岩 [地質]

elvegust　愛維颮 [氣象]

emanation　分泌，噴氣，噴發 [地質]

embata　恩巴達風 [氣象]

embatholithic　深蝕岩基的 [地質]

embayed coastal plain　多灣海岸平原 [地質]

embayed coast　港灣海岸 [海洋]

embayed mountain　多灣山脈 [地質]

embayment　海灣 [地質]

embolite　氯溴銀礦 [地質]

embryonic volcano　雛形火山 [地質]

Emden equation　埃姆登方程 [天文]

Emden function　埃姆登函數 [天文]

emerald cut　祖母綠型琢磨 [地質]

emerald nickel　翠鎳礦 [地質]

emerald　祖母綠，純綠寶石 [地質]

emerged shoreline　上升海岸線 [地質]

emergence　上升，出露 [地質]

emergent coast　上升海岸 [地質] [海洋]

emergent pupil　出射光瞳 [天文]

emersion　復明（掩星）[天文]

emery rock　剛玉岩 [地質]

Emery-Dietz gravity corer　埃默里－迪茨重力取樣器 [海洋]

emissary sky　預兆天空 [氣象]

emission coefficient　發射係數 [天文]

emission line galaxy　發射線星系 [天文]

emission line star　發射線星 [天文]

emission line　發射線 [天文]

emission measure　發射量 [天文]

emission nebula　發射星雲 [天文]

emission nebulosity　發射雲氣 [天文]

emission spectra of aurora　極光發射光譜 [天文] [氣象]

emissive power　發射強度 [天文]

emmonsite　綠鐵碲礦 [地質]

emphasized second marker　加重秒信號 [天文]

emplacement　定位，放置 [天文]

emplectite　硫銅鉍礦 [地質]

empressite　粒碲銀礦 [地質]

emulsion mud　油乳泥漿 [地質]

en echelon faults　雁行斷層 [地質]

en echelon　雁行狀 [地質]

enantiomorph　對映晶體 [地質]

enantiotropic　雙變性的 [地質]

enargite　硫砷銅礦 [地質]

Enceladus　土衛二 [天文]

Encke comet　恩克彗星 [天文]

Encke division　恩克環縫 [天文]

enclosed sea　內海 [地質] [海洋]

encounter hypothesis　偶遇假說（太陽

E

系起源）[天文]

encounter　相遇 [天文]

encrinal limestone　海百合灰岩 [地質]

end height　消失點高度（流星）[天文]

end member　端成份 [地質]

end moraine　終磧，端磧 [地質]

end of eclipse　食終 [天文]

end of totality　全食終 [天文]

end point　終點 [天文]

endellite　安德石 [地質]

endlichite　砷釩鉛礦 [地質]

endobatholithic　內岩基的 [地質]

endocast　內模，內鑄型 [地質]

endoergic process　吸能過程 [天文]

endogenetic　內成的，內營的 [地質]

endogenic deposit　內成礦床 [地質]

endogenic　內營力 [地質]

endogenous steam　內生蒸汽 [地質]

endogenous　內營力 [地質]

endometamorphism　內變質作用 [地質]

endomorphic zone　內變質帶 [地質]

end-on object　端向天體 [天文]

end-product of weathering　風化的終極產物 [地質]

energetic particle event　高能質點事件 [天文]

energetic solar particle　高能太陽粒子 [天文]

energy　能；能量 [天文] [地質] [氣象] [海洋]

energy balance climatology　能量平衡氣候學 [氣象]

energy balance model　能量平衡模式 [氣象]

energy budget of atmosphere　大氣能量收支 [地質]

energy density of radiation　輻射能密度 [天文]

energy level　能階 [天文]

energy source meteorology　能源氣象學 [氣象]

energy tensor　能量張量 [天文]

engineering and environmental geology　工程與環境地質學 [地質]

engineering astronomy　工程天文學 [天文]

engineering dynamic geology　工程動力地質學 [地質]

engineering environmental geology　工程環境地質學 [地質]

engineering geological map　工程地質圖 [地質]

engineering geological phenomenon　工程地質現象 [地質]

engineering geological process　工程地質方法 [地質]

engineering geological prospecting　工程地質探勘 [地質]

engineering geological survey　工程地質調查 [地質]

engineering geological test　工程地質試驗 [地質]

engineering geology 工程地質學 [地質]

engineering geomechanics 工程地質力學 [地質]

engineering geomorphology 工程地貌學 [地質]

engineering geophysics 工程地球物理學 [地質]

engineering hydrogeology 工程水文地質學 [地質]

engineering hydrology 工程水文學 [地質]

engineering oceanography 工程海洋學 [海洋]

engineering oceanology 工程海洋學 [海洋]

engineering seismography 工程測震學 [地質]

engineering seismology 工程地震學 [地質]

English mounting 英國式裝置 [天文]

englishite 水磷鈣鉀石 [地質]

engysseismology 工程地震學 [地質]

enhanced line 增強譜線 [天文]

enhanced radiation 增強輻射 [天文]

enigmatite 三斜閃石 [地質]

enlarger 放大機 [天文]

enrichment 富集 [地質]

enrockment 填石 [地質] [海洋]

ensialic geosyncline 矽鋁質地槽 [地質]

ensimatic geosyncline 矽鎂質地槽 [地質]

enstatite chondrite 頑火輝石球粒隕石 [天文] [地質]

enstatite 頑火輝石 [地質]

enterolithic 腸形岩構造的 [地質]

entrail pahoehoe 腸結繩狀熔岩 [地質]

entrainment 捲吸 [海洋]

entrance pupil 入射光瞳 [天文]

entrance region 入口區 [氣象]

entrapment 陷入 [地質] [氣象]

entrenched meander 嵌入曲流 [地質]

entrenched stream 嵌入河流 [地質]

envelope 包層 [天文]

environment 環境 [天文] [地質] [氣象] [海洋]

environment capacity 環境容量 [氣象]

environment of sedimentation 沉積環境 [地質]

environment stratigraphy 環境地層學 [地質]

environmental climatic chamber 人工氣候室 [氣象]

environmental lapse rate 環境直減率 [氣象]

environmental load 環境負荷 [海洋]

environmental oceanography 環境海洋學 [海洋]

Eocambrian period 始寒武紀 [地質]

Eocambrian 始寒武紀 [地質]

Eocene epoch 始新世 [地質]

Eocene 始新世 [地質]

Eocretaceous 始白堊層 [地質]

E

Eogene　古第三紀 [地質]

eolation　風蝕作用 [地質]

eolian deposit　風成沉積 [地質]

eolian dune　風成丘 [地質]

eolian erosion　風蝕作用 [地質]

eolian ripple mark　風成波痕 [地質]

eolian sand　風成砂 [地質]

eolian soil　風成土 [地質]

eolianite　風成岩 [地質]

Eolithic Period　始石器時代 [地質]

eolith　原始石器 [地質]

con　元，超代 [地質]

EOS: earth observing system　地球觀測系統 [地質]

eosphorite　曙光石，磷鋁錳石 [地質]

eotvos torsion balance　歐提渥扭力計 [地質]

Eozoic Era　始生代 [地質]

eozoon　始生物 [地質]

Ep galaxy　Ep 星系 [天文]

EPA: effective peak acceleration　有效峰值加速度 [地質]

epact　元旦月齡，歲首月齡 [天文]

epeiric sea　陸緣海 [地質]

epeirogenic folds　造陸褶皺 [地質]

epeirogenic geology　造陸地質學 [地質]

epeirogenic movement　造陸運動 [地質]

ephemeral stream　季節性河流 [地質]

ephemeris astronomy　曆書天文學 [天文]

ephemeris day　曆書日 [天文]

ephemeris second　曆書秒 [天文]

ephemeris time　曆書時 [天文]

ephemeris　星曆表 [天文]

epibenthos　淺海底棲生物 [海洋]

epicenter azimuth　震央方位角 [地質]

epicenter distribution　震央分佈 [地質]

epicenter intensity　震央強度 [地質]

epicenter migration　震央遷移 [地質]

epicenter　震央 [地質]

epicentral distance　震央距 [地質]

epiclastic　表層碎屑的 [地質]

epicontinental sea　陸緣海 [海洋]

epicontinental　陸緣的 [地質] [海洋]

epicycle　小循環，本輪 [天文] [氣象]

epidiagenesis　表層成岩作用 [地質]

epididymite　板晶石 [地質]

epidiorite　變閃長岩 [地質]

epidosite　綠簾岩 [地質]

epidote-amphibolite facies　綠簾石一角閃岩相 [地質]

epidote　綠簾石 [地質]

epidotization　綠簾石化作用 [地質]

epieugeosyncline　後成優等地槽 [地質]

epifauna　表棲動物群 [地質]

epigenesis　後成作用，表生作用 [地質]

epigenetic anomaly　後成異常 [地質]

epigenetic deposit　後成礦床 [地質]

epigenetic　後成的 [地質]

epigene　後生置換的，淺成的 [地質]

epigenite　砷硫銅鐵礦 [地質]

epilimnion　表水層 [海洋]

epimagma　淺成岩漿 [地質]

epimetamorphic rock　淺變質岩 [地質]

Epimetheus　土衛十一 [天文]

epimorph　外假形 [地質]

epipelagic zone　表層水帶 [海洋]

episode　幕，期 [地質]

epistilbite　柱沸石 [地質]

epitaxy　磊晶，外附結晶 [地質] [氣象]

epithermal deposit　低溫熱液礦床 [地質]

epithermal　低溫熱液的 [地質]

epizone　淺成帶 [地質]

EPMA: electron probe micro-analysis　電子探針微分析 [地質]

epoch　曆元，世 [天文] [地質]

e-processe　e 過程 [天文]

epsom salt　瀉鹽（硫酸鎂）[地質]

epsomite　瀉利鹽（七水鎂礬）[地質]

EPV: effective peak velocity　有效峰值速度 [地質]

equal altitude method　等高法 [天文]

equal interval peak　等時距洪峰 [地質] [海洋]

equation of center　中心差 [天文]

equation of compatibility　相容性方程式 [天文]

equation of equal altitude　等高差 [天文]

equation of equinoxes　歲差 [天文]

equation of light　光行時差 [天文]

equation of LOP　位置線方程 [海洋]

equation of radiative transfer　輻射轉移方程 [天文]

equation of state　狀態方程 [天文]

equation of time　時差 [天文]

equation of transfer　轉移方程 [天文]

equator correction　赤道修正 [天文]

equator of epoch　曆元赤道 [天文]

equatorial acceleration　赤道加速度 [天文]

equatorial aeronomy　赤道高層大氣物理學 [氣象]

equatorial air　赤道氣團 [氣象]

equatorial anomaly　赤道異常 [地質]

equatorial armillary sphere　赤道渾儀 [天文]

equatorial atmospheric dynamics　赤道大氣動力學 [氣象]

equatorial buffer zone　赤道緩衝帶 [氣象]

equatorial bulge　赤道隆起 [天文]

equatorial calm　赤道無風帶 [氣象]

equatorial climate　赤道氣候 [氣象]

equatorial convergence zone　赤道輻合帶 [氣象]

equatorial coordinates system　赤道座標系 [天文]

equatorial coordinates　赤道座標 [天文]

equatorial countercurrent　赤道逆流 [海洋]

equatorial current system　赤道流系 [海洋]

equatorial current　赤道海流 [海洋]

equatorial dry zone　赤道乾旱帶 [氣象]

E

equatorial easterlies 赤道東風帶 [氣象]

equatorial electrojet 赤道電噴射氣流 [氣象]

equatorial front 赤道鋒 [氣象]

equatorial horizontal parallax 赤道地平 視差 [天文]

equatorial low 赤道低壓 [氣象]

equatorial mounting 赤道式裝置 [天文]

equatorial parallax 赤道視差 [天文]

equatorial plane 赤道面 [天文]

equatorial projection 赤道投影 [天文]

equatorial radius 赤道半徑 [天文]

equatorial ring current index 赤道環電 流指數 [地質]

equatorial ring current 赤道環電流 [地 質]

equatorial sporadic E layer 赤道散亂 E 層 [氣象]

equatorial stratospheric wind oscillation 赤道平流層風振盪 [氣象]

equatorial sundial 赤道（式）日晷 [天 文]

equatorial system 赤道系統 [天文]

equatorial telescope 赤道儀 [天文]

equatorial tide 赤道潮 [海洋]

equatorial trough 赤道槽 [氣象]

equatorial undercurrent 赤道潛流 [海 洋]

equatorial vortex 赤道渦旋 [氣象]

equatorial wave 赤道波 [氣象]

equatorial westerlies 赤道西風帶 [氣象]

equatorial zone 赤道帶 [地質] [氣象]

equatorial 赤道儀 [天文]

equator 赤道 [天文]

equiaxed grain structure 等軸結晶構造 [地質]

equiaxed grain 等軸晶粒 [地質]

equidistance motion 等距運動 [天文]

equigeopotential surface 等重力位面 [地質]

equigranular 等粒狀的 [地質]

equilateral triangle point 等邊三角形點 [天文]

equilibrium diagram 平衡圖 [地質]

equilibrium profile 平衡剖面 [地質]

equilibrium ratio 平衡比率 [天文]

equilibrium solar tide 平衡太陽潮 [海 洋]

equilibrium spheroid 平衡球狀體 [地 質]

equilibrium tide 平衡潮 [海洋]

equinoctial colure 二分圈 [天文]

equinoctial point 二分點 [天文]

equinoctial rain 二分雨 [氣象]

equinoctial storm 二分點風暴 [氣象]

equinoctial system of coordinates 分至 座標系 [天文]

equinoctial tide 二分潮 [海洋]

equinoctial year 分至年 [天文]

equinox correction 春分點修正 [天文]

equinoxes 二分點 [天文]

equinox 分點 [天文] [氣象]

E

equiparte 伊奎巴脫雨 [氣象]

equipartition time 均分時間 [天文]

equipluve 等雨量線 [氣象]

equipotential method 等位法 [地質]

equipotential surface of gravity 重力等位面 [地質]

equipotential surface 等位面 [地質]

equivalent barotropic atmosphere 相當正壓大氣 [氣象]

equivalent barotropic model 相當正壓模式 [氣象]

equivalent breadth 等值寬度 [天文]

equivalent current system 等效電流系 [地質]

equivalent diameter 等效直徑 [地質]

equivalent duration 等效風時 [海洋]

equivalent fetch 等效風區 [海洋]

equivalent focal distance 等效焦距 [天文]

equivalent focal length 等效焦距 [天文]

equivalent focus 等效焦點 [天文]

equivalent gradient 等效梯度 [地質]

equivalent height 等效高度 [地質]

equivalent input impedance 等效輸入阻抗 [地質]

equivalent position 等效位置 [地質]

equivalent potential temperature 等效位溫 [氣象]

equivalent temperature 等效溫度 [天文]

equivalent width 等值寬度 [天文]

equivoluminal wave 等體積波 [地質]

Equuleus 小馬座 [天文]

eradiation 地射，地面輻射 [地質]

Eratosthene system 愛拉托遜系 [地質]

Eratosthenian system 愛拉托遜系 [地質]

era 代 [天文] [地質]

erect image 正像 [天文]

erescentic dune 新月形丘 [地質]

ergosphere 動圈 [天文]

Erian orogeny 伊里亞造山運動 [地質]

Erian Stage 伊里亞階 [地質]

Erian 伊里亞統 [地質]

Eridanus 波江座 [天文]

erikite 水磷鈰石 [地質]

erinite 鐵蒙脫石，翠砷銅礦 [地質]

erionite 毛沸石 [地質]

erosion coast 侵蝕海岸 [地質] [海洋]

erosion cycle 侵蝕循環 [地質]

erosion pavement 防侵蝕礫層 [地質]

erosion platform 侵蝕平台 [地質]

erosion surface 侵蝕面 [地質]

erosional landform 侵蝕地形 [地質]

erosional unconformity 侵蝕不整合 [地質]

erosion 侵蝕，腐蝕 [地質]

Eros 愛神星（小行星 433 號）[天文]

ERP: earth rotation parameter 地球自轉參數 [天文]

erratic block 漂礫 [地質]

error bar 誤差槓 [天文] [地質] [氣象]

E

[海洋]

error box 誤差框 [天文] [地質] [氣象]
[海洋]

ertor 埃爾托 [氣象]

erubescite 斑銅礦 [地質]

eruption 噴發，爆發 [天文] [地質]

eruptive arch 爆發拱（日珥）[天文]

eruptive galaxy 爆發星系 [天文]

eruptive prominence 爆發日珥 [天文]

eruptive rock 噴發岩 [地質]

eruptive star 爆發星 [天文]

eruptive variable 爆發變星 [天文]

erythrite 鈷華 [地質]

erythrosiderite 紅鉀鐵鹽 [地質]

Erzgebirgian orogeny 埃爾格堡造山運
動 [地質]

Es layer Es 層 [氣象]

escape velocity 逃逸速度 [天文]

escarpment 崖 [地質]

escar 蛇丘 [地質]

eschar 蛇丘 [地質]

eschwegeite 紅稀金礦 [地質]

eschynite 易解石 [地質]

eskar 蛇丘 [地質]

ESP: extended seismic profiling 擴展地
震剖面法 [地質]

essexite 鹼性輝長岩 [地質]

establishment 潮訊，定居 [海洋]

estival 夏季的 [天文]

estuarine chemistry 河口化學 [地質]
[海洋]

estuarine circulation 河口灣型環流 [地
質] [海洋]

estuarine cycle 河口循環 [海洋]

estuarine deposition 河口灣堆積作用
[地質]

estuarine deposit 河口灣堆積 [地質]

estuarine geomorphology 河口地貌學
[地質] [海洋]

estuarine geomorphy 河口地貌 [地質]
[海洋]

estuarine oceanography 河口海洋學 [海
洋]

estuarine stratified flow 河口成層水流
[地質] [海洋]

estuarine tide 河口潮汐 [海洋]

estuary 河口灣 [地質] [海洋]

etch figure 蝕像 [地質]

etch hill 蝕丘 [地質]

etch pit 蝕坑 [地質]

etesians 地中海季風 [氣象]

ethmolith 漏斗岩盤 [地質]

ettringite 鈣礬石 [地質]

EUC: equatorial undercurrent 赤道潛
流 [海洋]

eucairite 硒銀銅礦 [地質]

euchlorin 鹼銅礬 [地質]

euchroite 翠綠砷銅石 [地質]

euclase 藍柱石 [地質]

Euclidean space 歐幾里德空間 [天文]

eucrite 備長輝長岩 [地質]

eucryptite 鋰霞石 [地質]

eudialyte 異性石 [地質]

eudidymite 雙晶石 [地質]

eugeosyncline 活動正地槽 [地質]

euhedral 自形的 [地質]

Euler period 歐拉週期 [天文]

Eulerian wind 歐拉風 [氣象]

eulite 易熔石 [地質]

eulittoral zone 沿岸帶（潮間帶）[海洋]

eulytite 矽鉍石 [地質]

eupelagic 遠洋的 [海洋]

euphotic zone 透光層 [海洋]

Euphrosyne 美樂女神星 [天文]

euralite 鐵葉綠泥石 [地質]

euraquilo 歐拉基洛風 [氣象]

Eurasian Plate 歐亞板塊 [地質]

Eureka black shale 尤里卡黑頁岩 [地質]

euroaquilo 尤拉奎洛風 [氣象]

Europa 歐羅巴木衛二 [天文]

eustacy 海平面升降 [海洋]

eustasy 海平面升降 [海洋]

eustatic change 海平面升降變化 [海洋]

eustatic change of sea level 全球性海水面之變化 [海洋]

eustatic movement 海平面升降運動 [海洋]

Eutaw group 歐陶群 [地質]

eutectic growth 共晶生長 [地質]

eutectic texture 共熔組織 [地質]

eutectoid temperature 共析溫度 [地質]

eutrophic lake 優養湖泊 [地質]

eutrophic mire 優養沼澤 [地質]

eutrophic water 優養水 [地質] [海洋]

eutrophication 優養化作用 [海洋]

EUV bright point 極紫外亮點 [天文]

euxenite 黑稀金礦 [地質]

euxinic environment 靜海環境 [海洋]

euxinic 靜海相的 [海洋]

evanescent wave 消散波 [地質]

evaporating capacity 蒸發量 [氣象]

evaporation capacity 蒸發能力 [氣象]

evaporation coefficient 蒸發係數 [氣象]

evaporation current 蒸發流 [海洋]

evaporation fog 蒸發霧 [氣象]

evaporation from land surface 地面蒸發 [氣象]

evaporation from snow surface 雪面蒸發 [氣象]

evaporation from soil surface 陸面蒸發 [氣象]

evaporation from water surface 水面蒸發 [氣象]

evaporation gage 汽化計 [氣象]

evaporation index 蒸發指數 [氣象]

evaporation pan 蒸發皿 [氣象]

evaporation power 蒸發能力 [氣象]

evaporation rate 蒸發速率 [氣象]

evaporation suppression 蒸發抑制 [氣象]

evaporation tank 蒸發槽 [氣象]

evaporation trail 蒸發尾 [氣象]

evaporation 蒸發作用 [地質] [氣象]

E

evaporative capacity 蒸發量 [氣象]

evaporative power 蒸發能力 [氣象]

evaporativity 蒸發率 [氣象]

evaporimeter 蒸發計 [氣象]

evaporite deposit 蒸發岩礦床 [地質]

evaporite 蒸發岩，蒸發鹽 [地質]

evaporogrgph 蒸發計 [氣象]

evapotranspiration 蒸散 [氣象]

evapotranspirometer 蒸散計 [氣象]

evection in latitude 黃緯出差 [天文]

evection 出差（月球運動）[天文]

evening group 黃昏星組 [天文]

evening star 昏星 [天文]

evening twilight 暮光 [天文]

event deposit 事件沉積 [地質]

event horizon 視界 [天文]

Evershed effect 埃弗謝德效應 [天文]

evjite 角閃拉長輝長岩 [地質]

evolution diagram 演化圖 [天文]

evolution of atmosphere 大氣演化 [氣象]

evolution of earth 地球演化 [地質]

evolution of solar system 太陽系演化 [天文]

evolutionary cosmology 演化宇宙論 [天文]

evolutionary phase 演化相，演化階段 [天文]

evolutionary track 演化軌跡 [天文]

evolution 進化，演化，開方 [天文]

evorsion hollow 渦蝕穴 [地質]

evorsion 渦流侵蝕 [地質]

excellent visibility 極佳能見度 [氣象]

excess argon 過剩氬 [地質]

excess water 過剩水 [地質]

excessive precipitation 過量降水 [氣象]

excessive rain 過量降雨，霪雨 [氣象]

excitation mechanism 激發機制 [天文]

excitation temperature 激發溫度 [天文]

exciting star 激發星 [天文]

excursion 偏移 [地質]

exfoliation dome 剝離丘 [地質]

exfoliation joint 頁狀剝落節理 [地質]

exfoliation 剝離，剝蝕作用 [地質]

exhalation 噴氣，洩流 [地質]

exhalation deposit 洩流沉積 [地質]

exinite 膜煤素，殼質體 [地質]

exit pupil 出射光瞳 [天文]

exmeridian altitude 近子午線高度 [天文]

exmeridian observation 近子午線觀測 [天文]

exmorphism 外變質作用 [地質]

exobase 逸散層底 [地質]

exocline 倒轉向背斜 [地質]

exogenetic deposit 外生礦床 [地質]

exogenetic process 外力作用 [地質]

exogenous halo 外生暈 [天文] [氣象]

exogenous inclusion 外源包體 [地質]

exogeology 天體地質學 [天文] [地質]

exogeosyncline 外緣地槽，前淵地槽 [地質]

exomorphic zone　外變質帶 [地質]

exosphere　外氣層 [氣象]

exospheric temperature　外層溫度 [氣象]

expanded clay　膨脹黏土 [地質]

expanding model　膨脹模型 [天文]

expanding shell　膨脹殼 [天文]

expanding universe　膨脹宇宙 [天文]

expansion age　膨脹年齡 [天文]

expansion fissure　膨脹裂縫 [地質]

expansive phase　膨脹相 [地質]

expansive soil　膨脹土 [地質]

expendable bathythermograph　消耗性深溫儀 [海洋]

experimental astromechanics　實驗天體力學 [天文]

experimental astronomy　實驗天文學 [天文]

experimental crystal physics　實驗晶體物理學 [地質]

experimental crystallography　實驗結晶學 [地質]

experimental geochemistry　實驗地球化學 [地質]

experimental geology　實驗地質學 [地質]

experimental geomorphology　實驗地貌學 [地質]

experimental marine biology　實驗海洋生物學 [海洋]

experimental marine microbiology　實驗海洋微生物學 [海洋]

experimental meteorology　實驗氣象學 [氣象]

experimental mineralogy　實驗礦物學 [地質]

experimental petrology　實驗岩石學 [地質]

experimental sedimentology　實驗沉積學 [地質]

experimental seismology　實驗地震學 [地質]

experimental structural geology　實驗構造地質學 [地質]

experimental tectonics　實驗大地構造學 [地質]

exploding galaxy　爆發星系 [天文]

exploration geochemistry　探勘地球化學 [地質]

exploration geology　探勘地質學 [地質]

exploration geophysics　探勘地球物理 [地質]

exploration seismology　探勘地震學 [地質]

exploration　探測，探勘 [地質]

exploratory boring　探勘鑽孔 [地質]

explosion breccia　爆發角礫岩 [地質]

explosion crater　爆裂火山口 [地質]

explosion detection　爆炸探測 [地質]

explosion detector　爆炸探測器 [地質]

explosion earthquake　爆炸地震 [地質]

explosion seismology　爆炸地震學 [地質]

E

explosion tuff 爆發凝灰岩 [地質]

explosive galaxy 爆發星系 [天文]

explosive nucleosynthesis 爆發核融合 [天文]

explosive phase 爆發相 [天文]

explosive pipe 爆發岩筒 [地質]

explosive shower 爆炸簇射 [地質]

explosive source 爆炸震源 [地質]

explosive variable 爆發變星 [天文]

exponential atmosphere 指數大氣 [氣象]

exponential path length distribution 指數路徑長度分佈 [地質]

exposed coalfield 暴露式煤田 [地質]

exposed waters 開闊海域 [海洋]

exsolution lamellae 出溶紋層 [地質]

exsolution texture 析離組織 [地質]

exsolution 出溶作用，凝析作用 [地質]

exsudatinite 滲出瀝青體 [地質]

extended atmosphere 延伸大氣 [天文] [氣象]

extended chain crystal 伸展鏈晶體 [地質]

extended dislocation 廣延錯位 [地質]

extended distance 延伸距離 [地質]

extended envelope 延伸包層 [天文]

extended forecast 展期預報 [氣象]

extended photosphere 延伸光球 [天文]

extended plasma sheet 延伸電漿片 [天文]

extended radio source 延伸無線電源 [天文]

extended seismic profiling 延伸地震剖面法 [地質]

extended X-ray source X 射線展源 [天文]

extension joint 延長節理 [地質]

extensometer 伸張度測器 [地質]

extent of territorial sea 領海寬度 [海洋]

exterior contact 外切 [天文]

external coincidence 外部符合 [天文]

external galaxy 銀河外星系 [天文]

external gravity wave 外重力波 [天文]

extinct element 滅絕元素 [天文]

extinct lake 乾湖 [地質]

extinct organism 絕種生物 [地質] [海洋]

extinction coefficient 消光係數 [天文]

extinction ratio 消光比 [地質]

extinction rule 消光法則 [地質]

extinction 滅絕，消光 [天文] [地質]

extinguished volcano 熄滅火山 [地質]

extra long-range weather forecast 超長期天氣預報 [氣象]

extracentral telescope 偏側望遠鏡 [天文]

extrafocal image 焦外像 [天文]

extrafocal photometry 焦外光度測量 [天文]

extragalactic astronomy 河外天文學 [天文]

extra-galactic astronomy 河外星系天文

學 [天文]

extragalactic cosmic rays 河外宇宙線 [天文]

extragalactic galaxy 河外星系 [天文]

extragalactic gamma-ray 河外 γ 射線 [天文]

extragalactic mechanics 河外力學 [天文]

extragalactic model 河外模型 [天文]

extragalactic nebula 河外星雲 [天文]

extragalactic nova 河外新星 [天文]

extragalactic radio source 河外無線電源 [天文]

extragalactic space 河外空間 [天文]

extragalactic system 銀河外星系 [天文]

extragalactic 河外星系的 [天文]

extra-occultation coronagraph 外掩日冕儀 [天文]

extraordinary rays 異常射線 [天文]

extrasolar 太陽系外的 [天文]

extraterrestrial civilization 地外文明 [天文]

extraterrestrial geology 地外地質學 [地質]

extraterrestrial life 地外生命 [天文]

extra-terrestrial seismology 地外地震學 [地質]

extraterrestrial solar radiation 地外日射 [天文]

extratropical cyclone 溫帶氣旋 [氣象]

extratropical low 溫帶低壓 [氣象]

extratropical storm 溫帶風暴 [氣象]

extravasation 噴發岩漿 [地質]

extreme ultraviolet region 遠紫外波段 [天文]

extrinsic variable star 外因變星 [天文]

extrusion 噴出 [地質]

extrusive rock 噴出岩 [地質]

exudation vein 分凝脈 [地質]

eye 眼，風暴眼 [氣象]

eye coal 眼煤 [地質]

eye estimate 目視估計 [天文]

eye wall 眼牆 [氣象]

eyepiece micrometer 目鏡測微計 [天文]

eyepiece 目鏡 [天文] [地質]

E

F f

F center　F 心 [地質]

F corona　F 日冕 [天文]

F layer　F 層 [地質] [氣象]

F region　F 區 [地質] [氣象]

F star　F 型星 [天文]

fabric analysis　組構分析 [地質]

fabric diagram　組構圖 [地質]

fabric element　組構要素 [地質]

fabric　組構 [地質]

face on bord　節理平行煤面 [地質]

face-centered cube　面心立方體 [地質]

face-centered cubic lattice　面心立方晶格 [地質]

face-centered lattice　面心晶格 [地質]

face-centered orthorhombic lattice　面心正交晶格 [地質]

facellite　鉀霞石 [地質]

face-on object　正向天體 [天文]

faceted pebble　磨面礫 [地質]

facet　小面，刻面，磨蝕面 [地質]

face　面，晶面 [地質]

facies analysis　岩相分析 [地質]

facies map　相圖 [地質]

facies　面，相 [地質]

facsimile chart　傳真圖 [氣象]

facsimile seismograph　傳真式地震儀 [地質]

facsimile weather chart　傳真天氣圖 [氣象]

facular granule　光斑米粒 [天文]

facula　光斑 [天文]

faculous region　光斑區 [天文]

fahlband　黝礦帶 [地質]

fahlore　含砷黝銅礦 [地質]

failure criterion　失效準則 [地質]

faint companion　暗伴星 [天文]

fair visibility　良好能見度 [氣象]

fair weather cumulus　晴天積雲 [氣象]

fair weather electric field　晴天電場 [地質]

fair weather electricity　晴天電學 [地質]

fair weather　晴天 [氣象]

fairchildite　碳鈣鉀石 [地質]

fairfieldite　磷鈣錳石 [地質]

fairy stone　十字石 [地質]

Falkland Current　福克蘭海流 [海洋]

fall wind　瀑風 [氣象]

falling sphere method　落球法 [氣象]

falling temperature method　降溫法 [地質]

falling tide　落潮 [海洋]

fall　秋季，瀑布，落差，墜落 [天文] [地質] [氣象]

fallout　散落 [地質]

false amethyst　假紫晶 [地質]

false bedding　假層理 [地質]

false cleavage　假解理，假劈理 [地質]

false form　假象 [地質]

false galena　閃鋅礦 [地質]

false lapis　天藍石，人工染色瑪瑙 [地質]

false ruby　假紅寶石 [地質]

false warm sector　假暖區 [氣象]

false zodiacal light　假黃道光 [天文]

famatinite　脆硫銻銅礦 [地質]

family of asteroids　小行星族 [天文]

family of comets　彗星族 [天文]

fan delta　扇形三角洲 [地質]

fan fold　扇狀褶皺 [地質]

fan ray　扇狀射線 [天文]

fan structure　扇狀構造 [地質]

fanglomerate　扇礫岩 [地質]

fan-shaped delta　扇形三角洲 [地質]

fan-shaped nebula　扇狀星雲 [天文]

fan-shaped tail　扇狀彗尾 [天文]

fan　扇形地，扇狀物，風扇 [天文] [地質]

far field body wave　遠場體波 [地質]

far field region　遠場區 [地質]

far field surface wave　遠場面波 [地質]

far field　遠場 [地質]

far side of the moon　月球背面 [天文]

Faraday rotation　法拉第旋轉 [天文]

far-infrared astronomy　遠紅外天文學 [天文]

Faringdon sponge bed　法林登海綿層 [地質]

farm pond　農用蓄水池 [地質]

farmer's year　農事年 [氣象]

farringtonite　磷鎂石 [地質]

far-ultraviolet space telescope　遠紫外太空望遠鏡 [天文]

fassaite　深綠輝石 [地質]

fast drift burst　速漂爆發 [天文]

fast ice　岸冰，堅冰 [海洋]

fast ion　快離子 [氣象]

fast nova　快新星 [天文]

fat coal　肥煤，油煤 [地質]

fathom curve　等深線 [海洋]

fathometer　回音測深儀 [海洋]

fathom　噚（6 呎）[海洋]

faujasite　八面沸石 [地質]

fault basin　斷層盆地 [地質]

fault block mountain　斷層塊狀山 [地質]

fault block　斷塊 [地質]

fault breccia　斷層角礫岩 [地質]

fault clay　斷層泥 [地質]

fault cliff　斷層崖 [地質]

F

fault coast 斷層海岸 [地質]	**faunizone** 動物群帶 [地質]
fault displacement survey 斷層位移測量 [地質]	**FAUST: far-ultraviolet space telescope** 遠紫外太空望遠鏡 [天文]
fault displacement 斷層位移 [地質]	**favorable opposition** 大衝 [天文]
fault earthquake 斷層地震 [地質]	**fax chart** 傳真圖 [氣象]
fault escarpment 斷層崖 [地質]	**fax map** 傳真圖 [氣象]
fault gouge 斷層泥 [地質]	**fayalite** 鐵橄欖石 [地質]
fault ledge 斷層崖 [地質]	**FCC lattice** 面心立方晶格 [地質]
fault line scarp 斷層線崖 [地質]	**feather alum** 鐵明礬 [地質]
fault line 斷層線 [地質]	**feather angle** 羽角 [地質]
fault movement 斷層運動 [地質]	**feather joint** 羽狀節理 [地質]
fault of lineament 棋盤格狀斷裂 [地質]	**feather ore** 羽毛礦 [地質]
fault parameter 斷層參數 [地質]	**feathering** 拖纜偏移 [地質]
fault plane 斷層面 [地質]	**feather** 風羽，冰羽 [氣象]
fault rock 斷層岩 [地質]	**feature mode** 特徵模式 [地質]
fault scarp 斷層崖 [地質]	**feature space** 特徵空間 [地質]
fault slickenside 斷層擦痕 [地質]	**fecal pellet** 糞粒 [地質]
fault strike 斷層走向 [地質]	**feeder** 通道，礦脈支脈 [地質]
fault system 斷層系 [地質]	**feldspar mineralogy** 長石礦物學 [地質]
fault terrace 斷層階地 [地質]	**feldspar** 長石 [地質]
fault throw 斷層落差 [地質]	**feldspathic graywacke** 長石雜砂岩 [地質]
fault trace 斷層跡 [地質]	**feldspathic sandstone** 長石砂岩 [地質]
fault trap 斷層封閉 [地質]	**feldspathization** 長石化 [地質]
fault trough 斷層槽 [地質]	**feldspathoid** 似長石 [地質]
fault valley 斷層谷 [地質]	**felsenmeer** 岩海，角礫原 [地質]
fault vein 斷層礦脈 [地質]	**felsic mineral** 長英礦物 [地質]
fault wall 斷層壁 [地質]	**felsic** 長英質的 [地質]
fault zone 斷層帶 [地質]	**felsite** 緻密長石，霏細岩 [地質]
faulting 斷層運動 [地質]	**felsobanyaite** 斜方礬石 [地質]
fault 斷層 [地質]	**felsophyric** 隱晶斑狀的 [地質]
fault-plane solution 斷層面解 [地質]	

F

felstone 緻密長石，霏細岩 [地質]

felt earthquake 有感地震 [地質]

fen peat 沼泥煤 [地質]

Fengho stage 汾河期 [地質]

fenster 構造窗 [地質]

fen 沼澤 [地質]

ferberite 鎢鐵礦 [地質]

ferghanite 水釩鈾礦 [地質]

fergusonite 褐釔鈮礦 [地質]

fermorite 鍶磷灰石 [地質]

fernandinite 纖釩鈣石 [地質]

Fernie Shales 費爾尼頁岩 [地質]

Ferrel cell 佛雷爾胞 [氣象]

ferrierite 鎂鹼沸石 [地質]

ferrihydrite 水鐵礦，六方針鐵礦 [地質]

ferrimolybdite 水鉬鐵礦，鐵鉬華 [地質]

ferrinatrite 針鈉鐵礬 [地質]

ferrisicklerite 鐵磷鋰錳礦 [地質]

ferritremolite 高鐵透閃石 [地質]

ferritungstite 高鐵鎢華 [地質]

ferroactinolite 低鐵陽起石 [地質]

ferrodolomite 鐵白雲石 [地質]

ferroedenite 低鐵淡閃石 [地質]

ferroelectric crystal 鐵電晶體 [地質]

ferrogabbro 鐵輝長岩 [地質]

ferrohastingsite 低鐵鈉閃石 [地質]

ferromagnetic crystal 鐵磁晶體 [地質]

ferromanganese nodule 鐵錳核 [地質]

ferromolybdite 低鐵鉬華 [地質]

ferropseudobrookite 複鐵板鈦礦 [地質]

ferrosilite 鐵輝石 [地質]

ferrospinel 鐵尖晶石 [地質]

ferrotremolite 低鐵透閃石 [地質]

ferrous metal deposit 黑色金屬礦床 [地質]

ferruccite 氟硼鈉石 [地質]

ferruginous clay 含鐵黏土 [地質]

ferruginous deposits 含鐵沉積物 [地質]

ferruginous quartzite 含鐵石英岩 [地質]

ferruginous rock 鐵質岩 [地質]

fersmanite 矽鈦鈣鈉石 [地質]

fersmite 鈮鈣礦 [地質]

fervanite 水釩鐵礦 [地質]

fetch-limited spectrum 有限風區譜 [海洋]

fetch 風浪區 [海洋]

fibratus 纖維狀雲 [氣象]

fibre pattern 纖維圖 [地質]

fibroblastic 纖維變晶狀的 [地質]

fibroferrite 纖鐵礬 [地質]

fibrolite 細矽線石 [地質]

fibrous ice 纖維狀冰 [地質]

fictitious body 假想天體 [天文]

fictitious sun 假太陽 [天文]

fictitious year 假年 [天文]

fiducial temperature 基溫 [氣象]

fiedlerite 水氯鉛礦 [地質]

field change 場變 [地質]

field correction 像場修正，野外修正

F

[天文] [地質]

field galaxy　視野星系 [天文]

field geological map　野外地質圖 [地質]

field geology　野外地質學 [地質]

field line annihilation　場線消失 [天文]

field line reconnection　磁力線重聯 [天文]

field mapping　野外製圖 [地質]

field microclimate　農田小氣候 [氣象]

field of view　視野 [天文]

field reversal　場反轉 [地質]

field star　視野星 [天文]

field theory of earthquake　地震場論 [天文]

field-aligned current　場向電流 [地質]

field-aligned irregularity　場向不規則結構 [地質]

field-compensated Michelson interferometer　視野補償米切耳遜干涉儀 [天文]

field　場 [天文] [地質] [氣象]

figure stone　壽山石 [地質]

filamentary nebula　纖維狀星雲 [地質]

filamentary structure　纖維狀結構 [天文]

filaments of chromosphere　色球暗條 [天文]

filament　暗條，絲 [天文] [地質]

filar micrometer　動絲測微計 [天文]

filiform lapilli　絲狀火山礫 [地質]

fill terrace　填積台地 [地質]

fillet lightning　帶狀閃電 [氣象]

filling of cyclone　氣旋填塞 [氣象]

fillowite　粒磷錳礦 [地質]

film crystal　薄膜晶體 [地質]

filosus　纖維狀雲 [氣象]

filter-press action　濾壓分異作用 [地質]

filtration control agent　過濾控制劑 [地質]

filtration loss　過濾損失 [地質]

final decline　終降 [天文]

final orbit　既定軌道 [天文]

final rise　終升 [天文]

finder　尋星鏡 [天文]

finding chart　證認圖 [天文]

fine admixture　細混和物 [地質]

fine gravel　細礫 [地質]

fine motion screw　微動螺旋 [天文]

fine sand　細沙 [地質]

fine structure　細結構 [地質]

fine weather　好天氣 [氣象]

fine　細料 [地質]

finger　指狀 [地質]

finite closed aquifer　有限閉合含水層 [地質]

finite difference migration　有限差分偏移 [地質]

finite moving source　有限運動源 [地質]

finiteness correction　有限性校正 [地質]

finiteness factor　有限性因數 [地質]

finiteness transform　有限性變換 [地質]

finnemanite　砷氯鉛礦 [地質]

fiord coast　峽灣海岸 [地質]

F

fiord　峽灣 [地質]

fiorite　矽華 [地質]

fire blende　火硫銻銀礦 [地質]

fire fountain　熔岩泉 [地質]

fire opal　火蛋白石 [地質]

fire weather forecast　火災天氣預報 [氣象]

fire weather　火災天氣 [氣象]

fireball　火流星 [天文]

fireclay　耐火黏土 [地質]

firestone　火石 [地質]

fire　火，開火 [地質] [氣象]

firn field　陳年雪場 [地質]

firn ice　陳年冰 [地質]

firn limit　陳年雪限 [地質]

firn snow　陳年雪 [地質]

firnification　陳年雪作用 [地質]

firn　雪 [地質] [氣象]

first contact　初虧 [天文]

first frost　初霜 [氣象]

first gust　初陣風 [氣象]

first Lagrangian point　第一拉格朗日點 [天文]

first lunar meridian　月球本初子午線 [天文]

first meridian　本初子午線 [天文]

first motion　初動 [地質]

first order climatological station　一級氣候站 [氣象]

First Point of Aries　春分點 [天文]

First Point of Cancer　夏至點 [天文]

First Point of Libra　秋分點 [天文]

first quarter　上弦 [天文]

first type surface　主表面 [天文]

firth　河口灣，峽灣 [地質]

fischerite　水磷鋁石 [地質]

fish eye stone　魚眼石 [地質]

fisheries oceanography　漁業海洋學 [海洋]

Fisher-Tropsch type synthesis　費歇爾－特魯普食合成法 [天文]

fishery oceanography　漁業海洋學 [海洋]

fishing rock　魚礁 [海洋]

fishing tool　撈具 [地質]

fission fragment　分裂碎片 [天文]

fission hypothesis　分裂假說 [天文]

fission track dating method　分裂痕跡定年法 [地質]

fission track　分裂痕跡 [地質]

fissure eruption　裂縫噴發 [地質]

fissure vein　裂縫脈 [地質]

fissured water　裂隙水 [地質]

fissure　裂隙 [地質]

fitinhofite　鐵鈮釔礦 [地質]

fitness figure　舒適度圖 [氣象]

fitting condition　擬合條件 [天文]

five minute oscillation　五分鐘振盪 [天文]

five-and-ten system　五計制 [氣象]

five-day forecast　五日預報 [氣象]

fixed crystal　固定晶體 [地質]

fixed dune 固定沙丘 [地質]

fixed electrode method 固定電極法 [地質]

fixed oceanographic station 定點觀測站 [海洋]

fixed phase drift 固定相移 [海洋]

fixed source field 定源場 [地質]

fixed source method 定源法 [地質]

fixed source prospecting 定源法探勘 [地質]

fixed structure 固定式結構 [海洋]

fixed sulfur 固定硫 [地質]

fixed-level chart 等高面圖 [氣象]

fixing solution 定影液 [天文]

fizelyite 輝銻銀鉛礦 [地質]

fjord oceanography 峽灣海洋學 [地質]

fjord valley 峽灣谷 [地質]

fjord 峽灣 [地質]

FK4 catalogue FK4 星表，第四基本星表 [天文]

flaggy 板層狀，薄層的 [地質]

flagstone 板層岩 [地質]

flajolotite 黃銻鐵礦 [地質]

flamboyant structure 散光構造 [地質]

flame fusion method 焰熔法 [地質]

flaming aurora 光焰狀極光 [地質]

Flamsteed's number 弗蘭姆斯蒂數 [天文]

Flanders storm 弗蘭德風暴 [氣象]

Flandrian transgression 弗蘭都利安海進 [海洋]

flank 翼，側 [天文] [地質]

flan 弗蘭風 [氣象]

flare boom 燃氣火炬伸架 [地質]

flare indicator 閃焰指示器 [天文]

flare nuclei 閃焰核 [天文]

flare processes 閃焰過程 [天文]

flare ribbon 閃焰亮條 [天文]

flare star 焰星 [天文]

flare surge 閃焰噴流 [天文]

flare variable 突亮變星 [天文]

flare-related effects 閃焰效應 [天文]

flare-related magnetic field 閃焰磁場 [天文]

flare 閃焰，火苗 [天文] [地質]

flaser gabbro 壓扁輝長岩 [地質]

flaser structure 壓扁構造 [地質]

flaser 凹槽狀包被體 [地質]

flash flood 暴洪 [地質]

flash phase 閃光相 [天文]

flash pot 急驟蒸發罐 [氣象]

flash spectrum 閃光光譜 [天文]

flash star 閃星 [天文]

flat coast 低平海岸 [海洋]

flat space 平坦空間 [天文]

flat spectrum source 平波譜源 [天文]

flat spectrum 平波譜 [天文]

flat spot 平點 [地質]

flat temperature profile 平坦溫度分佈曲線 [氣象]

flattening factor for the earth 地球扁平率 [天文]

F

flattening of ellipsoid 橢球扁平率 [天文]

flattening 扁平率，壓扁作用 [天文] [地質]

flat 平淺，艙內甲板 [地質]

flaw 瑕疵，裂縫，橫推斷層 [地質]

flaxseed ore 斑狀沉積鐵礦 [地質]

flexible sandstone 可彎砂岩 [地質]

flexture 彎曲 [地質]

flexural slip 彎曲滑動 [地質]

flexure crystal 彎曲晶體 [地質]

flexure fold 彎曲褶皺 [地質]

flexure 彎曲，單斜撓曲 [地質]

flickering aurora 光變狀極光 [天文]

flickering meteor 光變不規則流星 [天文]

flickering 光變 [天文]

flight forecast 飛行天氣預報 [氣象]

flight visibility 飛行能見度 [氣象]

flinkite 褐水砷錳礦 [地質]

flint clay 燧石狀黏土 [地質]

flint gravel 燧石礫層 [地質]

flint 燧石 [地質]

Flist 弗利斯脫颮 [氣象]

float coal 浮煤 [地質]

float mineral 浮散礦物 [地質]

float stone 浮石 [地質]

floater 鑽井船 [海洋]

floating hose 浮式軟管 [海洋]

floating ice 浮冰 [海洋]

floating pan 浮皿 [氣象]

floating zenith telescope 浮動天頂儀 [天文]

floating zone method 浮區法 [地質]

float-type rain gage 浮筒式雨量計 [氣象]

float 浮標，漂石 [地質] [海洋]

flocculus 譜斑 [天文]

floccus 絮狀物 [氣象]

floe ice 浮冰 [海洋]

floe till 漂浮冰磧物 [地質] [海洋]

floeberg 小冰山 [海洋]

floe 浮冰塊 [海洋]

flokite 絲光沸石，冰沸石 [地質]

flood basalt 溢出玄武岩 [地質]

flood calculating formula 洪水計算公式 [地質]

flood current 漲潮流 [海洋]

flood damage 洪水災害 [地質]

flood discharge level 洪水位 [氣象]

flood discharge 洪水量 [地質]

flood estimation 洪水估算 [地質]

flood flow 洪流，高壓熱氣流 [地質] [氣象]

flood frequency 洪水頻率 [地質]

flood hydrograph 洪水過程線 [地質]

flood hydrology 洪水水文學 [地質]

flood icing 層凍冰，冰泉 [地質]

flood level 洪水位 [地質]

flood losses 洪水損失 [地質]

flood peak discharge 洪峰流量 [地質]

flood peak 洪峰 [地質]

flood period 洪水期 [地質]

flood plain 氾濫平原 [地質]

flood routing 洪路測定 [地質]

flood sediment 洪水泥積物 [地質]

flood stage 洪水位，洪水期 [地質]

flood tide 漲潮 [海洋]

flood volume 洪水總量 [地質]

flood wave 洪水波 [地質]

flooding ice 層凍 [氣象]

floodplain 氾濫平原 [地質]

flood 洪水，漲潮 [地質]

Flora 花神星（小行星 8 號）[天文]

florencite 磷鋁鈰礦 [地質]

Florentine lapin 佛羅倫斯寶石 [地質]

Florida Current 佛羅里達海流 [海洋]

flos ferri 文石華，霰石華 [地質]

flow banding 流紋 [地質]

flow breccia 流狀角礫岩 [地質]

flow cast 流鑄紋 [地質]

flow cleavage 流劈理 [地質]

flow concentration 匯流 [地質]

flow curve 流量曲線 [地質]

flow direction vane 流向儀 [地質]

flow fold 流褶皺 [地質]

flow line 流線，流紋 [地質]

flow measurement 流量量測 [地質]

flow quantity 流量 [地質]

flow rock 流岩 [地質]

flow routing 流量演算 [地質]

flow structure 流紋構造 [地質]

flow texture 流紋組織 [地質]

flowage 流動 [地質]

flower of tin 錫華 [地質]

flowing area of mud flow 泥石流流通區 [地質]

flowing spring 自流泉 [地質]

flowstone 流岩 [地質]

flow 流，流量，流動 [地質] [海洋]

fluctuation 變動 [天文] [地質] [氣象] [海洋]

fluellite 氟磷鋁石 [地質]

fluid geology 流體地質學 [地質]

fluid inclusion 液色體 [地質]

fluid saturation 流體飽和率 [地質]

fluidal texture 流狀組織 [地質]

fluoborite 氟硼鎂石 [地質]

fluocerite 氟鈰鑭礦 [地質]

fluolite 松脂石 [地質]

fluorapatite 氟磷灰石 [地質]

fluorescence 螢光 [天文] [地質]

fluorescence astronomy 螢光天文學 [天文]

fluorescent radiation 螢光輻射 [天文]

fluorination 氟化作用 [地質]

fluorite deposit 螢石礦床 [地質]

fluorite type structure 螢石型結構 [地質]

fluorite 螢石，氟石 [地質]

fluor-lepidolite 氟鋰雲母 [地質]

fluoro liquid crystals 含氟類液晶 [地質]

fluorocummingtonite 氟鎂鐵閃石 [地質]

fluoromica 氟雲母 [地質]

F

fluoro-muscovite 氟白雲母 [地質]

fluorspar 螢石，氟石 [地質]

fluor 氟石 [地質]

flurry 陣雪 [氣象]

flute cast 凹槽鑄型 [地質]

flute 凹槽 [地質]

fluvial deposit 河流沉積物 [地質]

fluvial facies 河流相 [地質]

fluvial geomorphology 流水地貌學 [地質]

fluvial landform 河流沖積地形 [地質]

fluvial morphology 河流形態學 [地質]

fluvial outwash 河流沖積 [地質]

fluvial process 成河過程 [地質]

fluvial sand 河成砂 [地質]

fluvial sediment 河流沉積物 [地質]

fluvial soil 河成土 [地質]

fluvial terrace 河成階地 [地質]

fluvial topography 河流沖積地形 [地質]

fluviatile deposit 河流堆積 [地質]

fluviatile facies 河流相 [地質]

fluvio-glacial deposit 冰水沉積，冰融堆積 [地質]

fluvio-glacial sediment 冰水沉積，冰融堆積 [地質]

fluviology 河流學 [地質]

fluviomorphology 河流形態學 [地質]

flux density 通量密度 [天文]

flux of radiation 輻射通量 [天文]

flux of solar radiation 日射通量 [天文] [氣象]

flux unit (fu) 通量單位 [天文]

flux-gate magnetometer 磁通門磁力儀 [地質]

flux-gravity diagram 通量－重力圖 [天文]

fluxing ore 助熔礦石 [地質]

flux 通量，流量 [天文] [地質] [氣象] [海洋]

flyer 翼錠 [地質]

flyoff 蒸失 [氣象]

flysch 複理層 [地質]

f-number 光圈數 [天文]

foamed mud 泡沫泥漿 [地質]

foam 泡沫，浪花 [地質]

focal depth 震源深度 [地質]

focal force 震源力 [地質]

focal length 焦距 [天文] [地質]

focal mechanism 震源機制 [地質]

focal process 震源過程 [地質]

focal reducer 縮焦器 [天文]

focal sphere 焦球 [天文]

focus 焦點，震源 [天文] [地質]

foehn air 焚風空氣 [氣象]

foehn cloud 焚風雲 [氣象]

foehn cyclone 焚風氣旋 [氣象]

foehn island 焚風島 [氣象]

foehn nose 焚風鼻 [氣象]

foehn pause 焚風歇 [氣象]

foehn period 焚風相 [氣象]

foehn phase 焚風階段 [氣象]

foehn storm 焚風暴 [氣象]

foehn trough　焚風槽 [氣象]

foehn wall　焚風牆 [氣象]

foehn wind　焚風 [氣象]

foehn　焚風 [氣象]

fog dispersal　消霧 [氣象]

fog dissipation　消霧 [氣象]

fog droplet　小霧滴 [氣象]

fog drop　霧滴 [氣象]

fog horizon　霧地平 [氣象]

fog scale　霧級 [氣象]

fog wind　霧風 [氣象]

fogbank　霧堤 [氣象]

fog　霧 [天文] [氣象]

fold basin　褶皺盆地 [地質]

fold belt　褶皺帶 [地質]

fold system　褶皺體系 [地質]

fold tectonics　褶皺構造學 [地質]

folded chain crystal　折疊鏈晶體 [地質]

folding belt　褶皺帶 [地質]

folding frequency　折疊頻率 [氣象]

folding　褶曲作用 [地質]

fold　褶皺 [地質]

foliaceous　葉片狀的 [地質]

foliated ice　片狀冰 [地質]

foliation　葉理 [地質]

Folkestone beds　福克斯通層 [地質]

following sunspot　後隨黑子 [天文]

Fomalhaut　北落師門 [天文]

Fontainebleau sands　楓丹白露砂層 [地質]

fontology　溫泉學 [地質]

food chain　食物鏈 [海洋]

food web　食物網 [海洋]

fool's gold　愚人金，黃銅礦 [地質]

football mode　足球振型 [地質]

footeite　銅氯礬 [地質]

footwall　下磐 [地質]

foraminiferal ooze　有孔蟲軟泥 [地質]

forbesite　纖砷鈷鎳礦 [地質]

forbidden line　禁線 [天文]

forbidden transition　禁制躍遷 [天文]

Forbush decrease　福布希衰減 [天文]

Forbush effect　福布希效應 [天文]

forced nutation　強迫章動 [天文]

forced transition　強迫躍遷 [天文]

fore-arc basin　弧前盆地 [地質]

fore-arc　弧前 [地質]

forecast accuracy　預報準確率 [氣象]

forecast period　預報期 [氣象]

forecast reversal test　預報正反校驗 [氣象]

forecast score　預報得分 [氣象]

forecast verification　預報校驗 [氣象]

forecast　天氣預報 [氣象]

foredeep　前淵 [地質]

foredune　前丘，前灘沙丘 [地質]

foreground star　前景星 [天文]

Forel scale　福瑞色級 [海洋]

foreland facies　前陸相 [地質]

foreland grits　前陸粗砂岩 [地質]

foreland　前陸，前緣地 [地質]

forellenstein　橄長岩 [地質]

F

Foreman Series 福曼統 [地質]

forerunner 前驅波 [海洋]

forerunning phenomenon 前示現象 [天文] [地質]

foreset bed 前積層 [地質]

foreshock 前震 [地質]

foreshore 前濱 [地質]

foreshortening 縮減 [天文]

forest climate 森林氣候 [氣象]

forest marble 樹景大理岩 [地質]

forest mire 林地沼澤 [地質]

forest steppe climate 森林草原氣候 [氣象]

fork mounting 叉式裝置 [天文]

forked lightning 叉狀閃電 [氣象]

forked mounting 叉式裝置 [天文]

formanite 黃鉭釔礦 [地質]

formation density log tool 地層密度測井儀 [地質]

formation density logging 地層密度測井 [地質]

formation factor 地層因數 [地質]

formation fluid sampler 地層流體取樣器 [地質]

formation geology 建造地質學 [地質]

formation interval tester 電纜地層測試器 [地質]

formation mean direction 建造平均方向 [地質]

formation pressure 地層壓力 [地質]

formation resistivity 岩層電阻率 [地質]

formation tester 地層測試器 [地質]

formational geology 構造地質學 [地質]

formation 層，組，形成 [天文] [地質]

Fornax System 天爐星系 [天文]

Fornax 天爐座 [天文]

Forrel cell 福雷爾環流 [氣象]

forsterite-marble 鎂橄欖大理岩 [地質]

forsterite 鎂橄欖石 [地質]

fortification agate 堡壘瑪瑙 [地質]

Fortin barometer 福丁氣壓計 [氣象]

fortnightly tide 半月潮 [海洋]

Forty Saints' storm 四十聖風暴 [氣象]

forward tilting trough 前傾槽 [氣象]

foshagite 三斜矽鈣石 [地質]

Fossa Magna 大地溝，大海溝帶 [地質]

fossil assemblage 化石群落 [地質]

fossil coenosis 化石生物群落 [地質]

fossil facies 化石相 [地質]

fossil fuel 化石燃料 [地質]

fossil fuel deposit 化石燃料礦床 [地質]

fossil geothermal system 古地熱系統 [地質]

fossil human 化石人類 [地質]

fossil ice 化石冰 [地質]

fossil karst 古喀斯特 [地質]

fossil magnetization 化石磁化 [地質]

fossil meteorite crater 古隕石坑 [地質]

fossil permafrost 殘餘永凍土 [地質]

fossil reef 化石礁 [海洋]

fossil soil 化石土壤 [地質]

fossil succession 化石序列 [地質]

fossil water 化石水 [地質]

fossil zone 化石帶 [地質]

fossil 化石 [地質]

Foucault pendulum 傅科擺 [天文]

foul ground 不良泊地 [海洋]

foundation bed 基床 [海洋]

foundation failure 地基失效 [地質]

foundation marine economics 基礎海洋經濟學 [海洋]

foundation soil science 基礎土質科學 [地質]

foundering 岩漿頂蝕作用 [地質]

fountain model 噴泉模型 [天文]

fountain 噴泉 [地質]

fountology 溫泉學 [地質]

fourchite 無橄鹼煌岩 [地質]

four-circle diffractometer 四圓繞射儀 [地質]

four-color photometry 四色測光 [天文]

four-dimensional universe 四維宇宙 [天文]

fourmarierite 紅鈾礦 [地質]

fourth contact 復圓 [天文]

Fourth Fundamental Catalogue 第四基本星表，FK4 星表 [天文]

fowan 福萬風 [氣象]

fowlerite 鋅錳輝石 [地質]

Fox Hills Sandstone 福克斯山砂岩 [地質]

foyaite 流霞正長岩 [地質]

Fra Mauro basalt 弗拉摩洛玄武岩 [地質]

質]

fractional crystallization 分化結晶作用 [地質]

fracture cleavage 破劈理 [地質]

fracture criterion 破裂準則 [地質]

fracture movement 破裂運動 [地質]

fracture plane inclination 斷裂面傾斜 [地質]

fracture system 破裂系 [地質]

fracture tectonics 斷裂構造學 [地質]

fracture zone 破裂帶 [地質]

fracture 斷口，地裂 [地質]

fractus 碎雲 [氣象]

fragmental deposit 碎屑沉積物 [地質]

fragmentation nucleus 碎核 [地質]

fragmentation 碎裂作用 [地質]

framboid 草莓狀微集晶 [地質]

framboidal texture 微球組織 [地質]

framework silicate 架狀矽酸鹽 [地質]

franckeite 輝銻錫鉛礦 [地質]

francolite 細晶磷灰石 [地質]

Franconian age 弗蘭哥尼期 [地質]

Frank loop 富蘭克回線 [地質]

Frank partial dislocation 富蘭克部分錯位 [地質]

franklinite 鋅鐵尖晶石 [地質]

Fraunhofer corona (F corona) 夫朗和斐日冕（F 日冕）[天文]

Fraunhofer spectral line detector 夫朗和斐譜線檢別器 [天文]

Fraunhofer spectrum 夫朗和斐光譜 [天

F

文]

[氣象]

frazil ice 亂流冰晶，碎冰晶 [氣象]

freezing and thawing 凍融作用 [地質]

frazil 屑冰 [氣象]

freezing damage 凍害 [氣象]

Fredericksburg Series 弗雷德里克斯堡統 [地質]

freezing drizzle 凍毛雨 [氣象]

freezing index 冰凍指數 [氣象]

free air 自由空氣 [氣象]

freezing injury 凍害 [氣象]

free atmosphere 自由大氣 [氣象]

freezing level chart 凍結高度圖 [氣象]

free burning coal 易燃煤 [地質]

freezing level 凍結高度 [氣象]

free convection level 自由對流高度 [氣象]

freezing nuclei 凍結核 [氣象]

freezing precipitation 凍降水 [氣象]

free diving 自由潛水 [海洋]

freezing rain 凍雨 [氣象]

free foehn 自由焚風 [氣象]

freezing temperature 凍結溫度 [氣象]

free meander 自由曲流 [地質]

freibergite 銀黝銅礦 [地質]

free nutation 自由章動 [天文]

freieslebenite 銻銀鉛礦礦 [地質]

free oscillation 自由振盪 [地質]

freirinite 砷鈉銅礦 [地質]

free water content 自由含水量 [地質]

fremontite 葉雙晶石 [地質]

free water elevation 自由水面高度 [地質]

Frenkel defect 法蘭克缺陷 [地質]

free water surface 自由水面 [地質]

frequency shift magnetometer 頻移磁力計 [地質]

free-air anomaly 自由大氣異常 [地質]

frequency sounding instrument 頻率測深儀 [地質]

free-air gravity anomaly 自由大氣重力異常 [地質]

frequency sounding method 頻率測深法 [地質]

free-air temperature 自由大氣溫度 [氣象]

frequency wave number migration 頻率波數偏移 [地質]

free-space anomaly 自由空間異常 [地質]

fresh breeze 清風（五級風）[氣象]

freestone 易切石 [地質]

fresh gale 強風 [氣象]

freeze-thaw cycle 凍融循環 [氣象]

fresh ice 淡水冰，鮮冰 [地質]

freeze-up 封凍 [氣象]

fresh lake 淡水湖 [地質]

freeze 凍結，凝固 [氣象]

fresh water lake 淡水湖 [地質]

freezing 冰凍，凝固，凍結作用 [地質]

fresh water marsh 淡水沼澤 [地質]

F

fresh water pearl　淡水珍珠 [地質]

fresh water sediment　淡水沉積物 [地質]

fresh water　淡水 [地質]

fresh　（河水）暴漲 [地質]

freshet　春汛，暴漲 [地質]

freshwater plume　淡水舌 [地質]

fresnoite　矽鈦鋇石 [地質]

fretum　峽 [天文] [地質]

friagem　弗里阿琴乾冷期 [氣象]

friction crack　摩擦裂隙 [地質]

friction depth　摩擦深度 [海洋]

friction layer　摩擦層 [氣象]

friction slope　摩擦坡度 [海洋]

frictional depth　摩擦深度 [海洋]

friedelite　紅錳鐵礦 [地質]

Friedmann universe　弗裏德曼宇宙 [天文]

frigid belt　寒帶 [地質]

frigid zone meteorology　寒帶氣象學 [氣象]

frigid zone　寒帶 [地質] [氣象]

fringe of the atmosphere　大氣外緣 [氣象] [氣象]

fringe region　邊緣區 [氣象]

fringing reef　裙礁，岸礁 [地質] [海洋]

frohbergite　直方碲鐵礦 [地質]

frondelite　錳綠鐵礦 [地質]

front　鋒 [氣象]

front abutment pressure　鋒支承壓力 [地質]

front pinacoid　前軸面 [地質] [氣象]

front slope　前坡 [地質]

front surface　前表面 [天文]

frontal contour　鋒等高線 [氣象]

frontal cyclone　鋒面氣旋 [氣象]

frontal fog　鋒面霧 [氣象]

frontal inversion　鋒面逆溫 [氣象]

frontal lifting　鋒面抬升 [氣象]

frontal moraine　前磧 [地質]

frontal occlusion　鋒囚錮 [氣象]

frontal plain　前緣平原 [地質]

frontal precipitation　鋒面降水 [氣象]

frontal strip　鋒帶 [氣象]

frontal surface　鋒面 [氣象]

frontal system　鋒系 [氣象]

frontal thunderstorm　鋒面雷暴 [氣象]

frontal wave　鋒面波 [氣象]

frontal zone　鋒區 [氣象]

frontogenesis　鋒生 [氣象]

frontology　鋒面學 [氣象]

frontolysis　鋒消 [氣象]

front　前緣，鋒面 [地質] [氣象]

frost action　凍裂作用 [地質] [氣象]

frost churning　凍攪 [地質]

frost climate　冰凍氣候 [氣象]

frost day　霜日 [氣象]

frost feather　霜羽 [氣象]

frost flake　霜片 [氣象]

frost flower　霜花 [氣象]

frost fog　霜霧 [氣象]

frost hollow　霜坑 [氣象]

frost injury　霜害 [氣象]

F

frost line　永凍線 [地質]

frost mound　凍丘 [地質] [氣象]

frost pocket　霜袋 [氣象]

frost point hygrometer　霜點溼度計 [氣象]

frost point technique　霜點方法 [氣象]

frost point　霜點 [氣象]

frost prevention　防霜 [氣象]

frost riving　凍裂 [氣象]

frost smoke　凍煙 [地質]

frost splitting　凍裂 [地質] [氣象]

frost stirring　冰擾作用 [地質]

frost table　凍面 [地質]

frost weathering　冰凍風化 [地質]

frost wedging　冰潔作用 [地質]

frost zone　冰凍層 [地質]

frostless zone　無霜帶 [地質]

frost　霜，凍 [氣象]

froutogenetic function　鋒生作用 [氣象]

frozen fog　冰霧 [氣象]

frozen ground　凍地 [地質]

frozen magnetic flux　凍結磁通量 [地質]

frozen precipitation　冰降水 [氣象]

frozen rain　凍雨 [氣象]

frozen soil change　凍土變形 [地質]

frozen soil flow　凍土流 [地質]

frozen soil mechanics　凍土力學 [地質]

frozen soil strength　凍土強度 [地質]

frozen soil structure　凍土構造 [地質]

frozen soil　凍土 [地質]

fuchsite　鉻雲母 [地質]

fulgurite　閃電熔岩 [地質]

full hole cementing　全眼下水泥法 [地質]

full moon　滿月 [天文]

full width at half-maximum　半峰全幅值 [天文]

fuller's earth　漂白土 [地質]

full-wave logger　全波測井儀 [地質]

full-wave theory　全波理論 [地質]

fully developed flow　完全發展流 [海洋]

fully developed sea　充分發展波 [海洋]

fulvite　褐鈦石 [地質]

fumarole　噴氣孔 [地質]

fumulus　縞狀雲 [氣象]

fundamental astrometry　基礎天體測量學 [天文]

Fundamental Catalogue　基本星表 [天文]

fundamental circle　基本大圓 [天文]

fundamental complex　基底雜岩 [地質]

fundamental crystal plane　基晶面 [地質]

fundamental geotectonics　基礎大地構造學 [地質]

fundamental jelly　腐值膠質 [地質]

fundamental plane　基面 [天文] [地質]

fundamental star　基本星 [天文]

funnel cloud　漏斗雲 [氣象]

funnel viscosity　漏斗黏度 [地質]

funnelling　狹管效應 [氣象]

funnel-shaped mud viscometer　漏斗式

泥漿黏度計 [地質] [氣象]

funnel 漏斗 [地質]

furiani 富里雅尼風 [氣象]

furongite 芙蓉鈾礦 [地質]

furrow 溝，槽 [地質] [海洋]

further outlook 短期天氣展望 [氣象]

fusain 絲煤 [地質]

fused basalt 熔玄武岩 [地質]

fusinite 絲煤素 [地質]

fusinitic coal 絲質煤 [地質]

fusinization 絲煤化作用 [地質]

fusion crust 熔凝殼 [天文]

fusion zone 熔融帶 [地質]

F-W migration 頻率波數偏移 [地質]

FWHM: full width at half-maximum 半峰全幅值 [天文]

FZT: floating zenith telescope 浮動天頂儀 [天文]

F

G g

G star　G型星 [天文]

gabbro　輝長岩 [地質]

gadolinite　矽鈹釔礦 [地質]

gadolinium gallium garnet　釓鎵石榴石 [地質]

gadolinium iron garnet　釓鐵石榴石 [地質]

gahnite　鋅尖晶石 [地質]

gaign　爬山風 [氣象]

Gala beds　加拉層 [地質]

galactic absorption　銀河吸收 [天文]

galactic anticenter　反銀心 [天文]

galactic astronomy　銀河系天文學 [天文]

galactic bulge　星系核球 [天文]

galactic center　銀河中心 [天文]

galactic circle　銀河圈 [天文]

galactic cluster　銀河星團 [天文]

galactic concentration　銀聚度 [天文]

galactic coordinates system　銀河座標系 [天文]

galactic coordinates　銀河座標 [天文]

galactic corona　銀冕 [天文]

galactic cosmic ray　銀河宇宙線 [天文]

galactic disk　星系盤 [天文]

galactic dynamics　星系動力學 [天文]

galactic equator　銀河赤道 [天文]

galactic field　星系場 [天文]

galactic halo　銀暈 [天文]

galactic latitude　銀緯 [天文]

galactic light　銀河光 [天文]

galactic longitude　銀經 [天文]

galactic magnetic field　銀河磁場 [天文]

galactic nebula　銀河星雲 [天文]

galactic noise　銀河雜訊 [天文]

galactic nova　銀河新星 [天文]

galactic nucleus　星系核 [天文]

galactic orbit　銀心軌道 [天文]

galactic plane　銀河盤面 [天文]

galactic pole　銀極 [天文]

galactic radiation　銀河輻射 [天文]

galactic radio astronomy　星系無線電天文學 [天文]

galactic radio wave　星系無線電波 [天文]

galactic rotation　星系自轉 [天文]

galactic space 星系空間 [天文]

galactic structure 星系結構 [天文]

galactic supernova 銀河超新星 [天文]

galactic system of coordinates 銀河座標系 [天文]

galactic wind 星系風 [天文]

galactic window 星系窗孔 [天文]

galaxite 錳尖晶石 [地質]

galaxoid 星系體 [天文]

galaxy clustering 星系成團 [天文]

galaxy count 星系計數 [天文]

galaxy evolution 星系演化 [天文]

galaxy formation 星系形成 [天文]

galaxy 星系 [天文]

Galaxy 銀河系 [天文]

gale 大風 [氣象]

galeite 氟鈉礬 [地質]

galena 方鉛礦 [地質]

galenite 方鉛礦 [地質]

galerne 加萊耐風 [氣象]

Galilean binoculars 伽利略雙筒望遠鏡 [天文]

Galilean glass 伽利略鏡 [天文]

Galilean satellite 伽利略衛星 [天文]

Galilean telescope 伽利略望遠鏡 [天文]

Galitzin seismograph 加利津地震儀 [地質]

gallery 走廊，煤巷 [地質]

galmei 水矽鋅礦 [地質]

galvanometer system 檢流計系統 [地質]

Gamlan shales 加姆蘭頁岩 [地質]

gamma neutron method γ 中子法 [地質]

gamma process γ 過程 [天文]

gamma-ray absorption method γ 射線吸收法 [天文] [地質]

gamma-ray astronomy γ 射線天文學 [天文]

gamma-ray burst γ 射線爆發 [天文]

gamma-ray pulsar γ 射線脈衝星 [天文]

gamma-ray source γ 射線源 [天文]

gang 成群，成組 [地質]

gangue mineral 脈石礦物 [地質]

gangue 脈石 [地質]

Ganguillet and Kuttter formula 岡貴葉－庫特公式 [地質]

ganister 緻密矽岩 [地質]

gannister 緻密矽岩 [地質]

ganomalite 矽鈣鉛礦 [地質]

ganophyllite 輝葉石 [地質]

Ganymede 甘尼米德（木衛三）[天文]

gap of asteroid 小行星帶隙 [天文]

gap 間斷，山口，峽谷 [天文] [地質]

garbin 嘉賓風 [氣象]

garnet 石榴子石，榴石 [地質]

garnierite 矽鎂鎳礦 [地質]

garronite 鈉鈣沸石 [地質]

Garstang sandstone 加斯唐砂岩 [地質]

Garth grit 加思粗砂岩 [地質]

Garth hill beds 加思丘陵層 [地質]

garua 嘉魯亞霧 [氣象]

gas cloud 氣體雲 [天文]

gas coal　氣煤 [地質]

gas drilling　氣體鑽進法 [地質]

gas dynamics of cosmic cloud　宇宙雲氣體動力學 [天文]

gas fat coal　氣肥煤 [地質]

gas field　氣田 [地質]

gas inclusion　氣包體 [地質]

gas pocket　氣囊 [地質]

gas pressure　氣體壓力 [天文] [地質] [氣象]

gas reservoir　儲氣層 [地質]

gas retention age　氣體保持年代 [天文]

gas spurt　氣苗 [地質]

gas zone　含氣層 [地質]

gas-cap　氣帽 [地質]

gas-condensate reservoir　氣凝聚層 [地質]

gas-dust cloud　氣體塵埃雲 [天文]

gaseogenic anomaly　氣成異常 [地質]

gaseous mass　氣團 [天文]

gaseous nebula　氣體星雲 [天文]

gaseous ring　氣環 [氣象]

gaseous train　氣體餘跡 [天文]

gas-filled porosity　充氣孔隙度 [地質]

gash fracture　割裂 [地質]

gash vein　裂縫脈 [地質]

gaspeite　菱鎳礦 [地質]

gate　閘門 [地質]

gateway　閘道，通路 [地質]

Gault　高爾特 [地質]

Gauss epoch　高斯期 [地質]

Gauss eyepiece　高斯目鏡 [天文]

Gauss　高斯 [天文] [地質]

Gaussian beam　高斯光束 [地質]

Gaussian coefficient　高斯係數 [天文]

Gaussian constant　高斯常數 [天文]

Gaussian distribution　高斯分佈 [天文]

Gaussian gravitational constant　高斯重力常數 [天文]

gaylussite　針碳鈉鈣石 [地質]

GC catalog　GC 星表 [天文]

GCM: general circulation model　大氣環流模型 [氣象]

GCR: group-coded record　成組編碼記錄 [地質]

Gd-Ga garnet: gadolinium gallium garnet　釓鎵石榴石 [地質]

geanticline　大背斜 [地質]

gearksutite　氟鋁鈣石 [地質]

GEBCO: general bathymetric chart of the oceans　通用海洋水深圖 [海洋]

gedanite　脂狀琥珀 [地質]

gedrite　鋁直閃石 [地質]

geg　鬼旋風，吉克旋風 [氣象]

gegenschein　對日照 [天文]

gehlenite　鈣鋁黃長石 [地質]

geikielite　鎂鈦礦 [地質]

GEK: geomagnetic electrokinetograph　電磁海流計 [海洋]

gel growth　凝膠法生長 [地質]

gel mineral　膠質礦物 [地質]

gelinite　凝膠體 [地質]

G

gelocollinite 膠質鏡質體 [地質]

gelose 膠煤質 [地質]

gem cutting 寶石琢磨 [地質]

gem gravel 寶石沖積礦床 [地質]

gem mounting 寶石鑲嵌 [地質]

gem 寶石 [地質]

Geminids 雙子流星群 [天文]

Gemini 雙子座 [天文]

Gemma(α CrB) 貫索四（北冕座 α 星）[天文]

gemmology 寶石學 [地質]

gemstone 寶石 [地質]

gemstone deposit 寶石礦床 [地質]

general astronomy 普通天文學 [天文]

general atmospheric circulation 大氣環流 [氣象]

general bathymetric chart of the oceans 通用海洋水深圖 [海洋]

general chart 通用海圖 [地質]

general circulation model 大氣環流模式 [氣象]

general circulation 大氣環流 [氣象]

general crystallography 普通結晶學 [地質]

general engineering geology 普通工程地質學 [地質]

general geography 普通地理學 [地質]

general geology 普通地質學 [地質]

general geomorphology 普通地貌學 [地質]

general geophysics 普通地球物理學 [地質]

general inference 一般天氣推斷 [氣象]

general meteorology 普通氣象學 [氣象]

general precession 總歲差 [天文]

general rainfall 一般雨量 [氣象]

general seismology 普通地震學 [地質]

general surveying 普通測量學 [地質]

general tectonics 普通大地構造學 [地質]

generalized main sequence 廣義主序帶 [天文]

generalized ray 廣義射線 [地質]

generalized transmission function 廣義透射函數 [地質]

generating area 生成區，起浪區 [氣象] [海洋]

generation of landform 地貌世代 [地質]

genesis rock 創世岩體 [地質]

genetic classification 成因分類 [地質]

genetic connection 生成聯繫 [天文] [地質]

genetic mineralogy 成因礦物學 [地質]

genetic type 成因類型 [地質]

Genoa cyclone 熱那亞氣旋 [氣象]

Genoa low 熱那亞低壓 [氣象]

genthelvite 鋅榴石，鋅日光石 [地質]

gentle breeze 微風（三級風）[氣象]

gentle 微風，緩斜 [氣象]

geoacoustics 地聲學 [地質]

geoastronomy 天體地質學 [天文]

geoastrophysics 地球天文物理學 [天文]

geobarometry　地質壓力計 [天文] [地質]

geobotanical prospecting　地面植物探勘 [地質]

geocentric coordinate system　地心座標系 [地質]

geocentric distance　地心距離 [天文] [地質]

geocentric gravitational constant　地心引力常數 [天文] [地質]

geocentric latitude　地心緯度 [天文]

geocentric longitude　地心經度 [天文]

geocentric orbit　地心軌道 [天文]

geocentric parallax　地心視差 [天文]

geocentric position　地心位置 [天文]

geocentric radiant　地心輻射點 [天文]

geocentric system　地心體系 [天文]

geocentric vertical　地心垂線 [地質]

geocentric zenith　地心天頂 [天文]

geocentric　地心的 [地質]

geochemical analysis　地球化學分析 [地質]

geochemical anomaly　地球化學異常 [地質]

geochemical differentiation　地化分異作用 [地質]

geochemical drainage survey　地球化學水系測量 [地質]

geochemical ecology　地球化學生態學 [地質]

geochemical environment　地球化學環境 [地質]

geochemical evolution　地球化學演化 [地質]

geochemical exploration analysis　地化探勘分析 [地質]

geochemical exploration　地化探勘 [地質]

geochemical facies　地化相 [地質]

geochemical pattern　地球化學模式 [地質]

geochemical prospecting　地化探勘 [地質]

geochemical province　地球化學區域 [地質]

geochemical soil survey　地化土壤調查 [地質]

geochemical survey　地化調查 [地質]

geochemical well logging　地球化學測井 [地質]

geochemistry of biosphere　生物圈地球化學 [地質]

geochemistry of element　元素地球化學 [地質]

geochemistry of humus　腐植質地球化學 [地質]

geochemistry of lithosphere　岩石圈地球化學 [地質]

geochemistry of ore deposit　礦床地球化學 [地質]

geochemistry of organic molecule　有機分子地球化學 [地質]

geochemistry of rare element　稀有元素

G

地球化學 [地質]

geochemistry of solid 固體地球化學 [地質]

geochemistry of trace element 微量元素地球化學 [地質]

geochemistry 地球化學 [地質]

geochronic geology 地史學 [地質]

geochronologic unit 地質年代單位 [地質]

geochronology 地質年代學 [地質]

geochronometry 定年學，地質年代測定法 [地質]

geochrony 地質年代學 [地質]

geocinetics 地殼運動學 [地質]

geocormology 宇宙地質學 [天文] [地質]

geocorona emission 地冕發射 [天文] [地質]

geocosmogony 大地成因學 [地質]

geocronite 硫砷銻鉛礦 [地質]

geode 晶洞 [地質]

geodepression area 地窪區 [地質]

geodepression 地窪，大沉降帶 [地質]

geodesic line 測地線 [地質]

geodesic 測地的 [地質]

geodesy 大地測量學，測地學 [地質]

geodetic astronomy 測地天文學 [天文]

geodetic coordinate system 測地座標系 [地質]

geodetic coordinates 測地座標 [地質]

geodetic gravimeter 大地重力測量 [地質]

geodetic precession 測地歲差 [天文]

geodetic satellite 測地衛星 [地質]

geodetic survey 大地測量 [天文]

geodetic zenith 測地天頂 [地質]

geodetics 大地測量學 [地質]

geodynamic history 地球動力史 [地質]

geodynamics 地球動力學 [地質]

geoecology 地質生態學 [地質]

geoelectric cross section 地電截面 [地質]

geoelectrics 地電學 [地質]

geoelectromagnetism 地球電磁 [地質]

geoevolutionism 地球演化論 [地質]

geogeny 地球成因學 [地質]

geognosy 記錄地質學 [地質]

geographic coordinate system 地理座標系 [地質]

geographic graticule 地理方格網 [地質]

geographic grid 地理方格 [地質]

geographic latitude 地理緯度 [地質]

geographic longitude 地理經度 [地質]

geographic map 地形圖，輿圖 [地質]

geographic mapping 地理製圖 [地質]

geographic meridian 地理子午線 [地質]

geographic parallel 地理平行圈 [地質]

geographic position 地理位置 [地質]

geographic vertical 地理垂線 [地質]

geographical coordinates 地理座標 [地質]

geographical distribution 地理分布 [地質]

geographical geomorphology 地理地貌學 [地質]

geographical history 地理史 [地質]

geographical position 地理位置 [地質]

geographical reference system 地理座標參考系 [地質]

geographical science 地理科學 [地質]

geographical survey 地理考察 [地質]

geographical system 地理學體系 [地質]

geographical terminology 地名學 [地質]

geographical unit 地理單元 [地質]

geography of maritime transport 海洋運輸地理學 [地質]

geography of ocean 海洋地理學 [地質] [海洋]

geography 地理學 [地質]

geoheat 地熱 [地質]

geohistory 地史學 [地質]

geohydrarology 地下水水文學 [地質]

geohydrochemistry 水文地球化學 [地質]

geoid 大地水平面，象地體 [地質]

geoisotherm 等地溫線 [地質]

geokinematics 地球運動學 [地質]

geologic column 地層柱 [地質]

geologic time scale 地質年代表 [地質]

geological aerosurveying 地質航空測量 [地質]

geological age 地質年齡 [地質]

geological chemistry 地質化學 [地質]

geological chronology 地質年代學 [地質]

geological climate 地質氣候 [地質]

geological columnar section 地質柱狀剖面 [地質]

geological condition 地質條件 [地質]

geological cross section 地質截面 [地質]

geological data 地質數據 [地質]

geological deformation 地質變形 [地質]

geological disposal 地質處置 [地質]

geological economics 地質經濟學 [地質]

geological engineering 地質工程學 [地質]

geological environment 地質環境 [地質]

geological erosion 地質侵蝕 [地質]

geological exploration 地質探勘 [地質]

geological fault 地質斷層 [地質]

geological feature 地質特徵 [地質]

geological fold 地質褶皺 [地質]

geological formation 地質層組 [地質]

geological fracture 地質斷裂 [地質]

geological function 地質作用 [地質]

geological geomorphology 地質地貌學 [地質]

geological ground survey 土地地質勘查 [地質]

geological history 地質史 [地質]

geological interpretation 地質解釋 [地質]

geological map 地質圖 [地質]

geological mineralogy 地質礦物學 [地質]

G

geological model　地質模型 [地質]

geological noise　地質雜訊 [地質]

geological oceanography　地質海洋學 [地質]

geological period　地質時代 [地質]

geological petrology　地質岩石學 [地質]

geological photomap　影像地質圖 [地質]

geological point survey　地質點測量 [地質]

geological process　地質作用 [地質]

geological profile survey　地質剖面測量 [地質]

geological prospecting economics　地質探勘經濟學 [地質]

geological prospecting engineering survey　地質探勘工程測量 [地質]

geological prospecting team　地質探勘隊 [地質]

geological prospecting　地質探勘 [地質]

geological province　地質區 [地質]

geological reconnaissance　地質勘測 [地質]

geological report　地質報告 [地質]

geological research ship　地質調查船 [地質]

geological research vessel　地質調查船 [地質]

geological research　地質研究 [地質]

geological sample　地質樣品 [地質]

geological sample chamber　地質樣品庫 [地質]

geological sampling　地質採樣 [地質]

geological scheme　地質略圖 [地質]

geological science　地質科學 [地質]

geological section map　地質剖面圖 [地質]

geological section　地質剖面 [地質]

geological stereometer　地質立體量測儀 [地質]

geological structure　地質構造 [地質]

geological survey　地質測量 [地質]

geological system dynamics　地質系統動力學 [地質]

geological technique　地質技術 [地質]

geological tectonics　地質構造學 [地質]

geological thermometer　地質溫度計 [地質]

geological thermometry　地溫測定法 [地質]

geological time scale　地質年代表 [地質]

geological time unit　地質單位 [地質]

geological time　地質時間 [地質]

geological transportation　地質搬運 [地質]

geological winch　地質絞車 [地質]

geologist　地質學家 [地質]

geolograph reserves　地質儲量 [地質]

geology of argillaceous sediments　泥質沉積物地質學 [地質]

geology of crystallin complexes　晶體複合物地質學 [地質]

geology of ore deposit　礦床地質學 [地

質]

geology of organic matter　有機物質地質學 [地質]

geology of petroleum　石油地質學 [地質]

geology of planetary interior　行星內部地質學 [天文] [地質]

geology of saline deposits　鹽類礦床地質學 [地質]

geology of the moon　月球地質學 [天文] [地質]

geology structural model experiment　地質構造模擬試驗 [地質]

geology　地質學 [地質]

geomagnetic activity index　地磁活動指數 [地質]

geomagnetic activity phenomenon　地磁活動 [地質]

geomagnetic activity ratio　地磁活動率 [地質]

geomagnetic activity　地磁活動 [地質]

geomagnetic annual variation　地磁年變化 [地質]

geomagnetic anomaly　地磁異常 [地質]

geomagnetic axis　地磁軸 [地質]

geomagnetic bay　地磁灣 [地質]

geomagnetic chart　地磁圖 [地質]

geomagnetic chronology　地磁年代學 [地質]

geomagnetic continuous pulsation　地磁連續脈動 [地質]

geomagnetic control　地磁控制 [地質]

geomagnetic coordinate　地磁座標 [地質]

geomagnetic dipole　地磁偶極 [地質]

geomagnetic disturbance　地磁擾動 [地質]

geomagnetic diurnal variation　地磁日變化 [地質]

geomagnetic effect　地磁效應 [地質]

geomagnetic element　地磁要素 [地質]

geomagnetic equator　地磁赤道 [地質]

geomagnetic excursion　地磁漂移 [地質]

geomagnetic field disturbance　地磁場擾動 [地質]

geomagnetic field reversal　地磁場反轉 [地質]

geomagnetic field　地磁場 [地質]

geomagnetic giant pulsation　地磁巨型脈動 [地質]

geomagnetic horizontal intensity　地磁水平強度 [地質]

geomagnetic index　地磁指數 [地質]

geomagnetic instrument　地磁儀器 [地質]

geomagnetic irregular pulsation　不規則地磁脈動 [地質]

geomagnetic latitude　地磁緯度 [地質]

geomagnetic longitude　地磁經度 [地質]

geomagnetic map　地磁圖 [地質]

geomagnetic meridian　地磁子午圈 [地質]

geomagnetic micropulsation　地磁微脈

G

動 [地質]

geomagnetic noise　地磁雜訊 [地質]

geomagnetic non-dipole field　地球非偶極磁場 [地質]

geomagnetic observatory　地磁觀測所 [地質]

geomagnetic pearl type pulsation　珍珠型地磁脈動 [地質]

geomagnetic periodic variation　地磁週期性變化 [地質]

geomagnetic physics　地磁物理學 [地質]

geomagnetic polarity reversal　地磁極逆轉 [地質]

geomagnetic polarity time scale　地磁極性年表 [地質]

geomagnetic pole　地磁極 [地質]

geomagnetic pt type pulsation　Pt 型地磁脈動 [地質]

geomagnetic pulsation　地磁脈動 [地質]

geomagnetic regular pulsation　規則地磁脈動 [地質]

geomagnetic research ship　地磁測量船 [地質]

geomagnetic research vessel　地磁測量船 [地質]

geomagnetic reversal　地磁反轉 [地質]

geomagnetic seasonal variation　地磁季節變化 [地質]

geomagnetic secular variation　地磁長期變化 [地質]

geomagnetic storm　地磁暴 [地質]

geomagnetic survey　地磁測量 [地質]

geomagnetic tail　地磁尾 [地質]

geomagnetic train pulsation　地磁串列脈動 [地質]

geomagnetic variation　地磁變化 [地質]

geomagnetic　地磁的 [地質]

geomagnetics　地磁學 [地質]

geomagnetism　地磁，地磁學 [地質]

geomagnetochronology　地磁年代學 [地質]

geomathematics　地球數學 [地質]

geomechanics　地質力學 [地質]

geometric albedo　幾何反照率 [天文] [氣象]

geometric astronomy　幾何天文學 [天文]

geometric crystallography　幾何晶體學 [地質]

geometric effect　幾何效應 [天文]

geometric geodesy　幾何大地測量學 [地質]

geometric libration　幾何天平動 [天文]

geometric seismology　幾何地震學 [地質]

geometric spreading　幾何擴展 [地質]

geometric variable　幾何變星 [天文]

geometry of position　位置幾何學 [地質]

geomorphic agency　地形作用力 [地質]

geomorphic agent　地形作用力 [地質]

geomorphic cartography　地貌製圖學 [地質]

G

geomorphic cycle 地形發展史 [地質]

geomorphic element 地形要素 [地質]

geomorphic glaciology 地貌冰川學 [地質]

geomorphic surface 地形面 [地質]

geomorphic systematics 地貌分類學 [地質]

geomorphochronology 地貌年代學 [地質]

geomorphogenesis 地貌成因 [地質]

geomorphogeny 地形發生學 [地質]

geomorphography 地形描述學 [地質]

geomorphologic effect 地形效應 [地質]

geomorphological cycle 地貌循環 [地質]

geomorphological map 地貌圖 [地質]

geomorphological process 地貌過程 [地質]

geomorphological remote sensing 地貌遙測 [地質]

geomorphology 地形學，地貌學 [地質]

geomorphometry 地貌量計學 [地質]

geomorphy 地貌 [地質]

geonomy 地球學 [天文] [地質]

geopetal fabric 層序岩組 [地質]

geophone array 受波器陣列 [地質]

geophone 受波器，檢波器 [地質]

geophotogrammetry 大地攝影測量學 [地質]

geophysical and geological measurement 地球物理和地質測量 [地質]

geophysical anomaly 地球物理異常 [地質]

geophysical exploration 地球物理探勘 [地質]

geophysical field 地球物理場 [地質]

geophysical fluid dynamics 地球物理流體動力學 [地質]

geophysical map 地球物理圖 [地質]

geophysical mechanics 地球物理力學 [地質]

geophysical prospecting 地球物理探勘 [地質]

geophysical prospection 地球物理探勘法 [地質]

geophysical survey ship 地球物理探勘船 [地質]

geophysical survey vessel 地球物理探勘船 [地質]

geophysical well-logging 地球物理測井 [地質]

geophysicist 地球物理學家 [地質]

geophysics 地球物理學 [地質]

geophysiography 地球學 [地質]

geoplanetology 行星地質學 [天文] [地質]

geopotential field 重力位場 [地質]

geopotential height 重力位高度 [地質]

geopotential number 重力位數 [地質]

geopotential surface 重力位面 [地質]

geopotential thickness 重力位厚度 [地質]

geopotential topography 重力位圖 [地

質]

geopotential unit　重力位單位 [地質]

geopotential　重力位 [地質]

geopressurized geothermal system　地壓地熱系統 [地質]

georgiadesite　菱氯砷鉛礦 [地質]

georheodynamics　地質流變動力學 [地質]

georheology　地質流變學 [地質]

geoscience　地球科學 [地質]

geosere　地史演替系列 [地質]

geosound of debris flow　泥石流地聲 [地質]

geospherer　地圈 [地質]

geostatic pressure　地靜壓力 [地質]

geostationary meteorological satellite　同步氣象衛星 [氣象]

geostratigraphy　地層學 [地質]

geostrophic adjustment　地轉調整 [氣象]

geostrophic approximation　地轉近似 [氣象]

geostrophic assumption　地轉假定 [氣象]

geostrophic current　地轉流 [氣象] [海洋]

geostrophic departure　地轉偏差 [氣象]

geostrophic deviation　地轉偏差 [氣象]

geostrophic distance　地轉距離 [氣象]

geostrophic equation　地轉方程 [氣象]

geostrophic equilibrium　地轉平衡 [氣象]

geostrophic flow　地轉流 [氣象]

geostrophic flux　地轉通量 [氣象]

geostrophic force　地轉力 [地質] [氣象]

geostrophic motion　地轉運動 [地質] [氣象]

geostrophic vorticity　地轉渦度 [氣象]

geostrophic wind level　地轉風高度 [氣象]

geostrophic wind scale　地轉風風級 [氣象]

geostrophic wind　地轉風 [氣象]

geostrophic　地轉的 [地質] [氣象]

geostrophy　地轉狀態 [氣象] [氣象]

geosuture　地縫合線，地斷裂帶 [地質]

geosynclinal couple　偶地槽 [地質]

geosynclinal cycle　地槽循環 [地質]

geosynclinal deposit　地槽沉積物 [地質]

geosynclinal sediment　地槽沉積物 [地質]

geosynclinal system　地槽系 [地質]

geosynclinal zone　地槽帶 [地質]

geosyncline province　地槽區 [地質]

geosyncline　地槽 [地質]

geotectology　大地構造學 [地質]

geotectonic classification　大地構造分區 [地質]

geotectonic cycle　大地構造循環 [地質]

geotectonic element　大地構造單元 [地質]

geotectonic geology　大地構造地質學 [地

質]

geotectonic　大地構造的 [地質]

geotectonics　大地構造學 [地質]

geotherm　等地溫面 [地質]

geothermal activity　地熱活動 [地質]

geothermal anomaly　地熱異常 [地質]

geothermal area　地熱區 [地質]

geothermal chemistry　地熱化學 [地質]

geothermal energy　地熱能 [地質]

geothermal engineering　地熱工程 [地質]

geothermal exploration　地熱探勘 [地質]

geothermal field　地熱田 [地質]

geothermal fluid　地熱流體 [地質]

geothermal geochemistry　地熱地球化學 [地質]

geothermal gradient　地溫梯度 [地質]

geothermal heat flow　地熱流 [地質]

geothermal history　地球熱史 [地質]

geothermal phenomenon　地熱現象 [地質]

geothermal prospecting　地熱探勘 [地質]

geothermal reservoir　地熱蓄層 [地質]

geothermal resource　地熱資源 [地質]

geothermal survey　地熱調查 [地質]

geothermal system　地熱系統 [地質]

geothermal vapor　地熱蒸汽 [地質]

geothermal water　地熱水 [地質]

geothermal well logging　地熱測井 [地質]

geothermal well　地熱井 [地質]

geothermal　地熱，地溫 [地質]

geothermally anomalous area　地熱異常區 [地質]

geothermics　地熱學 [地質]

geothermodynamics　地熱動力學 [地質]

geothermometer　地溫計，地質溫度計 [地質]

geothermometry　地溫學 [地質]

geothermy　地熱學 [地質]

gerhardtite　銅硝石 [地質]

German lapis　德國青金石 [地質]

germanite　鍺石 [地質]

germanium deposit　鍺礦床 [地質]

gersdorffite　輝砷鎳礦 [地質]

geyser　間歇泉 [地質]

geyserite　矽華 [地質]

geyserland　間歇泉區 [地質]

GHA:Greenwich hour angle　格林尼治時角 [天文]

ghibli　吉勃利風 [氣象]

ghost crystal　幻晶 [地質]

ghost image　鬼影 [地質]

ghost stratigraphy　殘跡地層學 [地質]

ghost　鬼影晶體 [地質]

Giacobinids　賈科賓流星群 [天文]

giant branch　巨星支 [天文]

giant elliptical galaxy　巨橢圓星系 [天文]

giant galaxy　巨星系 [天文]

giant granite　偉晶花崗岩 [地質]

G

giant planet 巨行星 [天文]

giant star 巨星 [天文]

giant void 巨洞 [天文]

giant 巨星，沖礦機 [天文] [地質]

gibbous moon 凸月 [天文]

gibbous 凸月像 [天文]

gibbsite 三水鋁石 [地質]

gibleh 吉勃利風 [氣象]

Gilbert epoch 吉伯特期 [地質]

Gilbert reversed polarity epoch 吉伯特反極性期 [地質]

gill 鰓，溪流 [地質]

gillespite 矽鐵鋇礦 [地質]

Gilsa event 吉爾紹事件 [地質]

ginorite 八水硼鈣石 [地質]

Giraffe 鹿豹座 [天文]

girasol 青蛋白石 [地質]

girdle 環帶 [地質]

GIS: geographic information system 地理資訊系統 [地質]

gismondite 多水高嶺土，水鈣沸石 [地質]

gitology 礦床學 [地質]

Givetian stage 吉維特階 [地質]

glacial ablation 冰川消融 [地質]

glacial abrasion 冰川侵蝕 [地質]

glacial action 冰川作用 [地質]

glacial advance 冰川前進 [地質]

glacial age 冰期 [地質] [氣象]

glacial anticyclone 冰原反氣旋 [氣象]

glacial boulder 冰礫 [地質]

glacial chronology 冰川年代學 [地質]

glacial cosmogony 冰川天體演化學 [地質]

glacial denudation 冰川剝蝕作用 [地質]

glacial deposit 冰川沉積 [地質]

glacial drift 冰磧 [地質]

glacial dynamics 冰川動力學 [地質]

glacial effect 冰川效應 [地質]

glacial epoch 冰期 [地質]

glacial erosion lake 冰蝕湖 [地質]

glacial erosion 冰川侵蝕 [地質]

glacial erratic 冰川漂礫 [地質]

glacial facies 冰川相 [地質]

glacial fluctuation 冰川變動 [地質]

glacial geology 冰川地質學 [地質]

glacial geomorphology 冰川地形學 [地質]

glacial high 冰原高壓 [氣象]

glacial ice 冰川冰 [地質]

glacial lake 冰川湖 [地質]

glacial landform 冰川地形 [地質]

glacial lobe 冰川舌 [地質]

glacial mill 冰川穴 [地質]

glacial outwash 冰川沉積 [地質]

glacial period 冰河時期 [地質]

glacial plucking 冰川挖蝕作用 [地質]

glacial recession 冰川後退，冰退 [地質]

glacial retreat 冰川後退，冰退 [地質]

glacial sands 冰砂 [地質]

glacial scour 冰擦作用 [地質]

glacial sediment 冰川沉積物 [地質]

glacial stage 冰期 [地質] [氣象]

glacial stream 冰融河 [地質]

glacial stria 冰川擦痕 [地質]

glacial striations 冰擦痕 [地質]

glacial till 冰磧物 [地質]

glacial topography 冰川地形學 [地質]

glacial trough 冰川槽 [地質]

glacier variation 冰川變異 [地質]

glacial varve 冰川紋泥，冰川季候季 [地質]

glaciated terrain 冰蝕地面 [地質]

glaciation limit 冰川限 [地質]

glaciation 冰川作用 [地質]

glacier dynamics 冰川動力學 [地質]

glacier flow 冰流 [地質]

glacier geology 冰川地質學 [地質]

glacier geomorphology 冰川地形學 [地質]

glacier hydrology 冰川水文學 [地質]

glacier ice 冰川冰 [地質]

glacier mass-balance 冰川物質平衡 [地質]

glacier mill 冰川穴 [地質]

glacier morphology 冰川形態學 [地質]

glacier pothole 冰川壺穴 [地質]

glacier table 冰桌 [地質]

glacier tongue 冰河舌 [地質]

glacier variation 冰川變異 [地質]

glacier well 冰川穴 [氣象]

glacier wind 冰川風 [地質] [氣象]

glacier 冰川，冰河 [地質]

glacierization 冰川化 [氣象]

glacioclimatology 冰川氣候學 [氣象]

glaciofluvial 冰水的 [地質]

glaciogeology 冰川地質學 [地質]

glaciolacustrine 冰湖的 [地質]

glaciology 冰川學 [地質]

glacon 小浮冰 [海洋]

glare 眩光 [氣象]

glaserite 鉀芒硝 [地質]

glass 玻璃 [地質]

glass porphyry 玻基斑岩 [地質]

glassy 玻璃狀，玻質的 [地質]

glassy feldspar 透長石 [地質]

glauberite 鈣芒硝 [地質]

Glauber's salt 格勞貝爾鹽 [地質]

glaucocerinite 鋁鋅銅礬 [地質]

glaucochroite 綠粒橄欖石 [地質]

glauconite 海綠石 [地質]

glauconitic sandstone 海綠石砂岩 [地質]

glaucophane 藍閃石 [地質]

glaucophane-schist facies 藍閃片岩相 [地質]

glaucophane-schist 藍閃片岩 [地質]

glaves 格萊佛風 [氣象]

glaze ice 雨淞 [氣象]

glaze 釉，光滑 [氣象]

glazed frost 雨淞 [氣象]

Glen Rose limestone 葛蘭羅斯石灰岩 [地質]

Glenkiln shale 葛蘭金頁岩 [地質]

G

glessite 原樹脂石 [地質]

glide fold 滑動褶皺 [地質]

gliding plane 滑移面 [地質]

gliding vector 滑移向量 [地質]

glime 半透明冰，霧淞 [氣象]

glitch 頻率突變（脈衝星）[天文]

global circulation 全球環流 [氣象] [海洋]

global climate system 全球氣候系統 [氣象]

global climate 全球氣候 [氣象]

Global Digital Seismograph Network 全球數位地震網 [地質]

global geology 全球地質學 [地質]

global geomorphology 全球地貌學 [地質]

global kinematics 全球運動學 [地質] [氣象]

global meteorology 全球氣象學 [氣象]

global observing system 全球觀測系統 [氣象]

global petrology 全球岩石學 [地質]

global scale 地球行星尺度 [天文]

global solar radiation 全天空日輻射 [天文] [氣象]

global stratigraphy 全球地層學 [地質]

global tectonics 全球大地構造學 [地質]

global thunderstorm activity 全球雷暴活動性 [氣象]

global wind system 全球風系 [氣象]

global 全球的，球面的 [天文] [地質] [氣象]

globe lightning 球狀閃電 [氣象]

globe 地球儀，地球 [天文] [地質]

globular chain crystal 球狀鏈晶體 [地質]

globular cluster 球狀星團 [天文]

globular star cluster 球狀星團 [天文]

globulite 球雛晶，微球體 [地質]

glockerite 纖水綠礬 [地質]

gloom 陰暗 [氣象]

glory 光環，反日華，反月華 [氣象]

gloup 吹穴 [地質]

glowing avalanche 白熱灰流 [地質]

glowing cloud 火山光雲 [地質]

glyptolith 風稜石，風刻石 [地質]

gmelinite 鈉菱沸石 [地質]

GMS: geostationary meteorological satellite 同步氣象衛星 [氣象]

GMST: Greenwich mean sidereal time 格林威治平恆星時 [天文]

GMT: Greenwich mean time 格林威治平時 [天文]

gneiss 片麻岩 [地質]

gneissic texture 片麻狀結構 [地質]

gneissose texture 片麻狀結構 [地質]

gnomon 日晷 [天文]

gnomonic projection 日晷投影，心射切面投影 [地質]

gnomonogram 心射圖 [天文]

Goat 摩羯座 [地質]

Gobi 戈壁 [地質]

goethite　針鐵礦 [地質]

gold amalgam　金汞齊 [地質]

gold deposit　金礦床 [地質]

gold quartz　含金水晶，金絲水晶 [地質]

gold sapphire　金光藍寶石 [地質]

gold vein　金礦脈 [地質]

gold-bearing quartz vein　含金石英脈 [地質]

gold-silver vein　金銀礦脈 [地質]

Goldberger model　戈德伯格模型 [地質]

goldschmidtine　硫銻銀礦，脆銀礦 [地質]

goldschmidtite　針銀碲金礦 [地質]

Goldschmidt's mineralogical phase rule　戈德施米特礦物相律 [地質]

golfada　高爾法達風 [氣象]

Gondwana old land　岡瓦納古陸 [地質]

Gondwana　岡瓦納古陸 [地質]

Gondwaualand　岡瓦納大陸 [地質]

goniometry　測角學 [地質]

gonnardite　纖沸石 [地質]

Goody random model　古迪隨機模式 [氣象]

gorceixite　磷鋇鋁石 [地質]

gordonite　磷鎂鋁石 [地質]

gorge　峽谷 [地質]

goslarite　皓礬 [地質]

gossan　鐵帽 [地質]

Gotlandian perio　哥特蘭紀 [地質]

gouge　斷層泥 [地質]

Gould Belt　古德帶 [天文]

gowk storm　郭克風暴 [氣象]

goyazite　磷鋁鍶石 [地質]

gozzan　鐵帽 [地質]

GPS receiver　GPS 接收機 [地質]

graben　地塹 [地質]

gradation period　均夷期 [地質]

gradation　均夷作用，粒級作用 [地質]

grade scale　分級標準 [地質]

grade　均夷，粒級，坡度，等級 [地質]

graded bedding　粒級層 [地質]

graded profile　均夷剖面 [地質]

graded stream　均夷河流 [地質]

gradient　梯度，斜率 [天文] [地質] [氣象] [海洋]

gradient current　梯度流 [地質]

gradient electrode system　梯度電極系 [地質]

gradient flow　梯度風氣流 [氣象]

gradient flux-gate magnetometer　磁通門磁力梯度儀 [地質]

gradient freeze method　梯度凝固法 [地質]

gradient proton magnetometer　質子磁力梯度儀 [地質]

gradient superconducting magnetometer　超導磁力梯度儀 [地質]

gradient wind level　梯度風高度 [氣象]

gradient wind　梯度風 [氣象]

gradienter　測斜儀，傾斜計 [地質]

gradiometer　梯度計 [地質]

gradual burst　緩慢爆發 [天文]

G

gradual rise and fall type burst　漸升漸降型爆發 [天文]

graduated arc　刻度弧 [天文]

graduation　刻度 [天文]

graftonite　磷錳鐵礦 [地質]

grahamite　矽質中鐵隕石 [地質]

grain boundary energy　晶界能 [地質]

grain boundary sliding　晶界滑移 [地質]

grain boundary　晶界 [地質]

grain boundary α　晶界 α [地質]

grain flow　晶粒線向 [地質]

grain growth　晶粒生長 [地質]

grain orientation　晶粒取向 [地質]

grain refinement　晶粒細化 [地質]

grain shape　晶粒形狀 [地質]

grain specification　晶粒規格 [地質]

grain　微粒，顆粒，紋理 [天文]

grain-size classification　粒度分類 [地質]

gramenite　草綠蛋白石 [地質]

Grampound grits　格蘭龐德粗砂岩 [地質]

grand canyon　大峽谷 [地質]

grandite　鈣鋁鐵榴石 [地質]

granite wash　花岡岩沖積物 [地質]

granite　花岡岩 [地質]

granite-gneiss　花岡片麻岩 [地質]

granite-pegmatite　花岡偉晶岩 [地質]

granite-porphyry　花岡斑岩 [地質]

granitic batholith　花岡岩岩基 [地質]

granitic layer　花岡岩層 [地質]

granitization　花岡岩化 [地質]

granitoid　花岡岩類 [地質]

granoblastic texture　花岡變晶狀結構 [地質]

granodiorite　花岡閃長岩 [地質]

granogabbro　花岡輝長岩 [地質]

granophyre　花斑岩 [地質]

Granton sandstone　格蘭頓砂岩 [地質]

granular ice　粒狀冰 [氣象]

granular snow　粒雪 [氣象]

granular structure　粒狀結構 [地質]

granulation　成粒作用 [地質] [地質]

granule　細礫，小粒 [地質] [地質]

granulite facies　粒變岩相 [地質]

granulite　粒變岩 [地質]

granulitic texture　等粒組織 [地質]

granulitization　粒化作用 [地質]

granulometric analysis　粒度分析 [地質]

granulometry　粒度測定法 [地質]

grapestone　葡萄灰岩 [地質]

grapevine drainage　格狀水系 [地質]

graph plotter　繪圖儀 [地質]

graphic granite　文象花崗岩 [地質]

graphic texture　文象組織 [地質]

graphics plane　圖形平面 [地質]

graphite boat　石墨舟 [地質]

graphite deposit　石墨礦床 [地質]

graphite structure　石墨型結構 [地質]

graphite whisker　石墨晶鬚 [地質]

graphite　石墨 [地質]

graptolite shale　筆石頁岩 [地質]

graptolithic facies　筆石相 [地質]

grass minimum　最低草溫 [氣象]

grass temperature　草溫 [氣象]

grass thermometer　草溫表 [氣象]

grassland climate　草原氣候 [氣象]

grassland meteorology　草原氣象學 [氣象]

graticule　十字絲 [天文]

grating nephoscope　柵狀測雲器 [氣象]

gratonite　細硫砷鉛礦 [地質]

graupel　霰，軟雹 [氣象]

gravel bank　礫石崖 [地質]

gravel desert　礫漠 [地質]

gravel　礫石 [地質]

gravelly soil　碎石土 [地質]

gravimeter drift correction　重力儀偏流修正 [地質]

gravimeter light sensitivity　重力儀光線靈敏度 [地質]

gravimeter scale value　重力儀標值 [地質]

gravimeter sensing system　重力儀靈敏系統 [地質]

gravimeter zero point　重力儀零點 [地質]

gravimeter zero reading　重力儀零點讀數 [地質]

gravimeter　重力儀 [地質]

gravimetric baseline　重力基線 [地質]

gravimetric geodesy　重力大地測量學 [地質]

gravimetric network　重力網 [地質]

gravimetric point　重力點 [地質]

gravimetric survey　重力測量 [地質]

gravimetry　重力測量學 [地質]

gravisphere　引力層 [天文] [地質]

gravitation effect　引力效應 [天文]

gravitational acceleration　重力加速度 [天文] [地質] [氣象] [海洋]

gravitational astronomy　重力天文學 [天文]

gravitational clustering　重力成團 [天文]

gravitational collapse　重力塌縮 [天文]

gravitational condensation　重力凝聚 [天文]

gravitational contraction　重力收縮 [天文]

gravitational convection　重力對流 [氣象]

gravitational cosmology　重力宇宙學 [天文]

gravitational differentiation　重力分異作用 [地質]

gravitational double　重力雙星 [天文]

gravitational dynamics　重力動力學 [天文]

gravitational energy　重力能 [天文]

gravitational environment　重力環境 [天文]

gravitational equilibrium　重力平衡 [天文]

gravitational field　重力場 [天文] [地質]

gravitational field of space　空間重力場

[天文] [地質]

gravitational instability 重力不穩定度 [天文]

gravitational lens 重力透鏡 [天文]

gravitational paradox 重力弔詭 [天文]

gravitational potential well 重力位井 [天文]

gravitational potential 重力位，重力勢 [天文] [氣象]

gravitational red shift 重力紅移 [天文]

gravitational settling 重力沉降 [地質]

gravitational sliding 重力滑動 [地質]

gravitational synchrotron radiation 重力同步輻射 [天文]

gravitational tensor 重力張量 [天文]

gravitational tide 重力潮 [海洋]

gravitational water 重力水 [地質]

gravitational wave 重力波 [天文]

gravitative differentiation 重力分異 [地質]

gravity anomaly 重力異常 [地質]

gravity base 重力基線 [地質]

gravity collapse structure 重力塌縮構造 [天文]

gravity corer 重力岩芯提取器 [海洋]

gravity correction 重力修正 [地質]

gravity darkening 重力昏暗 [天文]

gravity deflection 重力偏移 [地質]

gravity dependence 重力依存 [地質]

gravity disturbance 重力擾動 [地質]

gravity drainage reservoir 重力排儲層 [地質]

gravity driving clock 重力轉動儀 [天文]

gravity equipotential surface 重力等位面 [地質]

gravity exploration 重力探勘 [地質]

gravity fault 重力斷層 [地質]

gravity field 重力場 [天文] [地質] [氣象] [海洋]

gravity gradient measurement 重力梯度測量 [地質]

gravity gradient survey 重力梯度測量 [地質]

gravity gradient torque 重力梯度力矩 [地質]

gravity gradient zone 重力梯度帶 [地質]

gravity gradient 重力梯度 [地質]

gravity gradiometer 重力梯度儀 [地質]

gravity high 重力高 [地質]

gravity horizontal gradient survey 重力水平梯度測量 [地質]

gravity horizontal gradient 重力水平梯度 [地質]

gravity low 重力低 [地質]

gravity map 重力圖 [地質]

gravity measurement 重力測量 [地質]

gravity meter 重力儀 [地質]

gravity minimum 重力低 [地質]

gravity model 重力模型 [地質]

gravity platform 重力平臺 [地質] [海洋]

gravity potential 重力勢，重力位 [地質]

gravity prospecting 重力探勘 [地質]

gravity reduction 重力修正 [地質]

gravity sliding 重力滑動 [地質]

gravity spring 重力泉 [地質]

gravity standard network 重力基準網 [地質]

gravity station 重力測站 [地質]

gravity survey 重力測量 [地質]

gravity tectonics 重力構造學 [地質]

gravity tide 重力潮 [海洋]

gravity value 重力值 [地質]

gravity vertical gradient survey 重力垂直梯度測量 [地質]

gravity wind 重力風 [氣象]

gravity 重力 [天文] [地質] [氣象] [海洋]

gravity-type structure 重力式結構 [海洋]

gray antimony 輝銻礦 [地質]

gray copper ore 黝銅礦 [地質]

gray hematite 鏡鐵礦 [地質]

grease ice 脂狀冰 [地質]

greasy quartz 乳石英 [地質]

Great Basin high 大盆地高壓 [氣象]

great diurnal range 最大平均日潮差 [海洋]

Great Ice Age 大冰期 [地質]

Great Nebula of Orion 獵戶座大星雲 [天文]

great red spot 大紅斑（木星）[天文]

Great Rift 大裂縫（銀河）[天文]

great sequence 大星序（變星）[天文]

great soil group 大土類 [地質]

great tropic range 大回歸潮 [海洋]

great year 大年 [天文]

Greater Cold 大寒 [氣象]

Greater Dog 大犬星座 [天文]

greater ebb tidal current 大潮落潮流 [海洋]

greater flood tidal current 大潮漲潮流 [海洋]

Greater Heat 大暑 [氣象]

greatest eastern elongation 東大距 [天文]

greatest elongation 大距 [氣象]

greatest western elongation 西大距 [天文]

greco 格里可風 [氣象]

Greek group 希臘群（小行星）[天文]

green belt 綠帶 [氣象]

green chalcedony 綠玉髓 [地質]

green flash 綠閃 [天文]

green lead ore 磷氯鉛礦 [地質]

green mud 綠泥 [地質]

green sand 綠砂 [地質]

green schist 綠片岩 [地質]

green sky 綠天 [氣象]

green snow 綠雪 [氣象]

green sun 綠太陽 [天文]

greenalite 鐵蛇紋石 [地質]

greenhouse effect 溫室效應 [氣象]

G

Greenland anticyclone 格陵蘭反氣旋 [氣象]

Greenland spar 冰晶石 [地質]

greenockite 硫鎘礦 [地質]

greenschist facies 綠色片岩相 [地質]

greenschist 綠色片岩 [地質]

greenstone belts 綠岩帶 [地質]

greenstone belt 綠岩帶 [地質]

greenstone 綠岩 [地質]

Greenwich apparent noon 格林威治視正午 [天文]

Greenwich apparent time 格林威治視時 [天文]

Greenwich civil time 格林威治民用時 [天文]

Greenwich hour angle 格林威治時角 [天文]

Greenwich interval 格林威治時間間隔 [天文]

Greenwich lunar time 格林威治太陰時 [天文]

Greenwich mean noon 格林威治平正午 [天文]

Greenwich mean sidereal time 格林威治平恆星時 [天文]

Greenwich mean time 格林威治平時 [天文]

Greenwich meridian 格林威治子午線 [天文]

Greenwich sidereal date 格林威治恆星日期 [天文]

Greenwich sidereal time 格林威治恆星時 [天文]

gregale 格列風 [氣象]

Gregorian calendar 格里曆 [天文]

Gregorian telescope 格里望遠鏡 [天文]

greisen 雲英岩 [地質]

greisenization 雲英岩化 [地質]

grenatite 十字石 [地質]

Grenville orogeny 格連維造山運動 [地質]

Grenville Series 格連維統 [地質]

grey body radiation 灰體輻射 [天文]

grey hole 灰洞 [天文]

greywacke 混濁砂岩 [地質]

grid 格，網格，柵極 [地質]

griffithite 綠水金雲母，鐵皂石 [地質]

grike 豎溶隙，岩溝 [地質]

grinding mill 磨碎機 [地質]

griphite 磷鋰鹼石 [地質]

griquaite 石榴透輝岩 [地質]

grit 粗砂岩，砂礫 [地質]

groin 海堤，抗流堤 [地質]

groove cast 細槽鑄型 [地質]

groove 細槽，溝 [地質]

grossular 鈣鋁榴石 [地質]

grossularite 鈣鋁榴石 [地質]

grothite 釓鈰榍石 [地質]

grotto 岩洞 [地質]

ground cosmic ray 地面宇宙線 [天文]

ground coverage 地面覆蓋 [地質]

ground discharge 地面放電 [地質]

ground electro-chemical prospecting method　地電化學探勘法 [地質]

ground electromagnetic instrument　地面電磁法儀器 [地質]

ground fog　低霧 [氣象]

ground frost　地面霜 [氣象]

ground generator　地面發生器 [氣象]

ground gravity survey　地面重力測量 [地質]

ground ice mound　地面冰丘 [地質]

ground ice　底土冰 [地質]

ground instrument　地面儀器 [地質]

ground inversion　地面逆溫 [氣象]

ground mass　石基，基質 [地質]

ground measurement　地面測量 [地質]

ground moraine　底磧 [地質]

ground motion analysis　地面運動分析 [地質]

ground motion　地面運動 [地質]

ground observation　地面觀測 [地質]

ground photogrammetry　地面攝影測量學 [地質]

ground plane　地平面，接地平面 [地質]

ground pulse electromagnetic instrument　地面脈衝電磁儀 [地質]

ground sea　巨濤 [海洋]

ground shock wave　地面衝擊波 [地質]

ground stereonhotogrammetry　地面立體攝影測量學 [地質]

ground streamer　地面流 [氣象]

ground stress anomaly　地應力異常 [地質]

質]

ground stress field　地應力場 [地質]

ground stress　地應力 [地質]

ground surface temperature　地球表面溫度 [天文] [氣象]

ground swell　巨湧 [海洋]

ground temperature　地面氣溫 [氣象]

ground visibility　地面能見度 [氣象]

ground water chemistry　地下水化學 [地質]

ground water depletion curve　地下水消退曲線 [地質]

ground water discharge　地下水流量 [地質]

ground water dynamics　地下水動力學 [地質]

ground water flow　地下水流 [地質]

ground water geochemistry　地下水地球化學 [地質]

ground water geology　地下水地質學 [地質]

ground water geophysics　地下水地球物理學 [地質]

ground water hydraulics　地下水水力學 [地質]

ground water hydrology　地下水水文學 [地質]

ground water increment　地下水增量 [地質]

ground water level　地下水位 [地質]

ground water movement　地下水運動

G

[地質]

ground water permeation fluid mechanics
地下水滲流力學 [地質]

ground water recession 地下水降 [地質]

ground water recharge 地下水補注 [地質]

ground water reserve condition 地下水儲存條件 [地質]

ground water resource 地下水資源 [地質]

ground water source 地下水源 [地質]

ground water storage 地下水儲量 [地質]

ground water surface 地下水面 [地質]

ground water table 地下水面 [地質]

ground water 地下水 [地質]

ground wave 地波 [地質]

ground wind indicator 地面風向儀 [氣象]

ground 地，接地，圍岩 [地質]

ground-based observation 地面觀測 [天文]

ground-to-cloud discharge 地雲間放電 [氣象]

grouodmass 基質 [地質]

group number 潮群編號 [海洋]

group of asteroids 小行星群 [天文]

group of comets 彗星群 [天文]

group of galaxies 星系群 [天文]

group of stars 星群 [天文] [地質]

group velocity 群速 [天文] [地質]

group 群，組，界 [地質]

groutite 錳櫚石 [地質]

growler 小冰山 [海洋]

grown diffusion 生長擴散 [地質]

grown junction 生長結 [地質]

growth phase 成長相 [地質]

growth rate 生長速率 [地質]

growth spiral 生長螺線 [地質]

growth step 生長步驟 [地質]

GRT: generalized ray theory 廣義射線理論 [天文]

gruenlingite 硫碲鉍礦 [地質]

grunerite 鐵閃石 [地質]

Grus 天鶴座 [天文]

GSD: Greenwich sidereal date 格林威治恆星日期 [天文]

Guadeloupe group 瓜德普群 [地質]

guanajuatite 硒鉍礦 [地質]

guba 谷巴颮 [氣象]

gudmundite 硫銻鐵礦 [地質]

guest element 痕量元素 [地質]

guest star 客星 [天文]

gugiaite 顧家石 [地質]

Guiana Current 圭亞那海流 [海洋]

guided wave 導波 [地質]

guiding device 導星裝置 [天文]

guiding star 導星 [天文]

guiding telescope 導星鏡 [天文]

guiding 導星 [天文]

guildite 四水銅鐵礬 [地質]

guillotine factor 截斷因子 [天文]

guitermanite　塊硫砷鉛礦 [地質]

gulf science　海灣科學 [海洋]

gulf stream front　灣流鋒 [海洋]

gulf stream system　灣流系統 [海洋]

gulf stream　灣流 [海洋]

gulf　海灣 [地質]

gully-squall　谷來颮 [氣象]

Gum Nebula　甘姆星雲 [天文]

gumbo　強黏土 [地質]

gumbotil　膠冰土 [地質]

gummite　脂鉛鈾礦 [地質]

Gunz glacial stage　貢茲冰期 [地質]

gust influence　陣風影響 [氣象]

gust　陣風 [氣象]

gustiness components　陣風分量 [氣象]

gustiness factor　陣風係數 [氣象]

gustiness　陣風性 [氣象]

Gutenberg discontinuity　古登堡介面 [地質]

guti weather　古蒂天氣 [氣象]

guttra　古特拉風 [氣象]

guxen　古克森風 [氣象]

guyed tower platform　拉索塔平臺 [海洋]

guyot　海底平頂山 [海洋]

guzzle　古茲爾風 [氣象]

Gyffin shales　吉芬頁岩 [地質]

gymnite　水蛇紋石 [地質]

gypsite　土狀石膏 [地質]

gypsum deposit　石膏礦床 [地質]

gypsum horizon　石膏層 [地質]

gypsum karst　石膏喀斯特 [地質]

gypsum ore　石膏礦石 [地質]

gypsum　石膏 [地質]

gyre　環流 [氣象] [海洋]

gyrofrequency　迴轉頻率 [地質]

gyrolite　白矽鈣石 [地質]

gyttja　黑腐泥 [地質]

G

H h

H center　H 心 [地質]

H group chondrite　高鐵群球粒隕石 [天文]

H I region　H I 區 [天文]

H II region　H II 區 [天文]

h Per Cluster　英仙 h 星團 [天文]

Haanel depth rule　哈內耳深度法則 [地質]

haar　哈爾霧 [氣象]

habit plane　晶癖面 [地質]

habit　習性，常態，晶癖 [地質]

habitability　可居住性 [天文]

habitat　生境 [地質] [海洋]

haboob　哈布風 [氣象]

hackmanite　紫方鈉石 [地質]

hadal zone　深淵帶 [海洋]

haddamite　細晶石 [地質]

hade　斷層餘角 [地質]

Hadley cell　哈得萊環流 [氣象]

Hadley regime　哈德里型 [氣象]

hadron era　強子時代 [天文]

haematite　赤鐵礦 [地質]

Haffield breccia　哈菲爾德角礫岩 [地質]

Haffotty shale　哈弗特頁岩 [地質]

Hagley ashes　哈格雷火山灰 [地質]

haidingerite　砷鈣石 [地質]

hail damage　雹害 [氣象]

hail embryo　雹胚 [氣象]

hail impactor　碰撞式測雹器 [氣象]

hail mitigation　消雹 [氣象]

hail rain separator　雹雨分離器 [氣象]

hail stage　成雹階段 [氣象]

hail suppression　抑雹 [氣象]

hail　雹 [氣象]

hailpad　測雹板 [氣象]

hailstone　雹塊 [氣象]

hailstorm　雹暴 [氣象]

hair hygrograph　毛髮溼度計 [氣象]

hair hygrometer　毛髮溼度計 [氣象]

hair pyrit　針鎳礦 [地質]

hair salt　髮鹽，毛礬石 [地質]

halcyon days　冬至風靜期 [氣象]

Hale telescope　海爾望遠鏡 [天文]

half tide　半潮 [海洋]

half-arc angle　半弧角 [氣象]

half-life　半衰期 [地質]

H

half-moon 半月 [天文]

half sine wave 半正弦波 [地質]

half-tide leve 半潮面 [海洋]

halide mineral 鹵化物礦物 [地質]

halite 岩鹽 [地質]

Hall conductivity 霍爾電導率 [地質]

Hall-effect magnetometer 霍爾效應磁力計 [地質]

Hall-effect 霍爾效應 [地質]

Halley's comet 哈雷彗星 [天文]

halloysite 多水高嶺土 [地質]

halmyrolysis 海底換質作用 [地質]

halo of Hevelius 海汶留暈 [氣象]

halo population 銀暈星族 [天文]

halo star 銀暈族星 [天文]

halo 光環，暈 [天文] [氣象]

halobiontic 海洋生物的 [海洋]

halocline 鹽度躍層 [海洋]

halogen cycle 鹵素循環 [地質]

halogen mineral 鹵素礦物 [地質]

haloid deposit 鹵化物沉積 [地質]

haloid mineral 鹵化物礦物 [地質]

halotrichite 鐵明礬 [地質]

Ham hill stone 哈姆丘陵岩 [地質]

Hamal 婁宿三 [天文]

hambergite 硼鈹石 [地質]

Hamilton group 哈密頓群 [地質]

Hamstead bed 哈姆斯特德層 [地質]

hancockite 鍶黝簾石 [地質]

hand specimen 手標本 [地質]

hanging glacier 懸冰川 [地質]

hanging side 上磐 [地質]

hanging valley 懸谷 [地質]

hanging wall 上磐 [地質]

hanksite 碳鉀鈉礬 [地質]

hannayite 水磷銨鎂石 [地質]

Harang discontinuity 哈朗間斷 [地質]

harbor reach 港口河段 [地質]

harbor siltation 港口淤積 [地質]

harbor survey 港灣測量 [地質]

harbor 港，港灣 [地質]

hard freeze 堅凍 [氣象]

hard frost 堅霜 [氣象]

hard rime 霜淞 [氣象]

hard rock geology 硬岩地質學 [地質]

hard rock mine 硬岩礦 [地質]

hard rock 硬岩 [地質]

hard water 硬水 [地質]

Harderian sandstone 哈德格拉夫砂岩 [地質]

hardness number 硬度值 [地質]

hardness 硬度 [地質]

Hardy plankton indicator 哈迪浮游生物指示器 [海洋]

Hardy plankton recorder 哈迪浮游生物記錄器 [海洋]

Hare 天兔座 [天文]

Harker peak 哈克峰 [地質]

harker synthesis 哈克合成法 [地質]

Harlech dome 哈萊奇丘 [地質]

Harlech Series 哈萊奇統 [地質]

harmattan 哈麥丹風 [氣象]

H

harmonic analysis of tide 潮汐調和分析 [海洋]

harmonic constant of tide 潮汐調和常數 [海洋]

harmonic folding 諧和褶皺作用 [地質]

harmonic tide plane 調和潮汐基準面 [海洋]

harmotome 交沸石 [地質]

Harnage shale 哈爾納格頁岩 [地質]

Haro-Herbig object 哈羅一赫比格天體 [天文]

harstigite 矽鈹錳鈣石 [地質]

Hartfell shale 哈特費爾頁岩 [地質]

hartite 晶蠟石 [地質]

Hartmann dispersion formula 哈特曼色散公式 [天文]

Hartmann-Cornu formula 哈特曼一科紐公式 [天文]

Hartshill quartzite 哈特謝爾石英岩 [地質]

Hartwell Clay 哈特韋爾黏土 [地質]

Harvard classification 哈佛分類法 [天文]

Harvard Standard Regions 哈佛標準天區 [天文]

Harvard-Draper sequence 哈佛一德雷伯恆星光譜序 [天文]

harvest moon 穫月 [天文]

harzburgite 正輝橄欖石 [地質]

haster 哈士德風暴 [氣象]

Hastings bed 哈斯丁層 [地質]

Hastings sand group 哈斯丁砂岩層 [地質]

hastingsite 綠鈉鈣閃石 [地質]

HAT: highest astronomical tide 最高天文潮位 [海洋]

hatchettite 偉晶蠟石 [地質]

hatchettolite 鈉燒綠石 [地質]

hatchite 硫砷鉈鉛礦 [地質]

haud 豪德颮 [氣象]

hauerite 褐硫錳礦 [地質]

haughtonite 富鐵黑雲母 [地質]

hausmannite 黑錳礦 [地質]

Hauterivian 歐特里 [地質]

hauynite 藍方石 [地質]

havgul 豪古風 [氣象]

havgula 豪古風 [氣象]

havgull 豪古風 [氣象]

Hawking's theorem 霍金定理 [天文]

hawk's eye 鷹眼石 [地質]

Hayashi limit 林忠四郎極限 [天文]

Hayashi line 林忠四郎線 [天文]

Hayashi phase 林忠四郎階段 [天文]

hazardous weather message 危險天氣通報 [氣象]

haze droplet 霾滴 [氣象]

haze factor 霾因數 [氣象]

haze horizon 霾層頂 [氣象]

haze layer 霾層 [氣象]

haze level 霾界 [氣象]

haze line 霾線 [氣象]

haze 霾 [氣象]

H

hazemeter 測靄計 [氣象]

He abundance 氦豐度 [天文]

head erosion 向源侵蝕 [地質]

head of comet 彗頭 [天文]

head wave 首波 [地質]

head wind 逆風 [氣象]

header 首標 [氣象]

heading side 下磐 [地質]

heading wall 下磐 [地質]

headland 岬 [地質]

Headon bed 赫登層 [地質]

head-on cross-section 正截面 [天文]

headwall 冰斗壁 [地質]

headward deposition 向源堆積 [地質]

headward erosion 向源侵蝕 [地質]

headwaters 水源 [地質]

heap cloud 直展雲 [氣象]

heat balance 熱平衡 [地質] [氣象]

heat budget 熱收支 [地質] [氣象]

heat convection 熱對流 [天文] [地質] [氣象] [海洋]

heat damage 熱害 [氣象]

heat death 熱寂 [天文]

heat equator 熱赤道 [氣象]

heat exchange of ocean 海洋熱交換 [海洋]

heat flow of ocean floor 海底熱流 [海洋]

heat flow province 熱流區 [地質]

heat flow subprovince 熱流亞區 [地質]

heat index 熱指數 [天文]

heat island effect 熱島效應 [氣象]

heat lightning 熱閃 [氣象]

heat low 熱低壓 [氣象]

heat of water body 水體熱學 [地質]

heat resource 熱量資源 [氣象]

heat source 熱源 [天文] [地質] [氣象]

heat storage 熱儲量 [氣象]

heat thunderstorm 熱雷暴 [氣象]

heat wave 熱浪 [氣象]

heat 熱，熱量 [氣象]

heating efficiency 加熱效率 [地質]

heave compensation 波浪補償 [海洋]

heave 橫差，升舉 [地質]

heavenly body 天體 [天文]

heavenly cover cosmology 蓋天說 [天文]

heavily silt-carrying river 多沙河流 [地質]

heaving 浮沉，凍脹 [氣象]

Heaviside layer 海維西特層 [地質]

heavy metal mud 重金屬軟泥 [海洋]

heavy mineral 重礦物 [地質]

heavy rain 大雨 [氣象]

heavy snow 大雪 [氣象]

heavy spar 重晶石 [地質]

heavy weather 惡劣天氣 [氣象]

heavy 重的 [地質] [氣象]

heazlewoodite 黃鎳鐵礦 [地質]

Hebe 青春女神星 [天文]

hecatolite 月長石 [地質]

hectorite 鋰膨潤石 [地質]

hedenbergite 鈣鐵輝石 [地質]

hedleyite 三方碲鉍礦 [地質]

H

hedreocraton　大陸古陸 [地質]

hedyphane　砷鈣鉛礦 [地質]

height above sea level　海拔高度 [地質]

height change chart　高度變化圖 [氣象]

height equation　高度方程 [天文]

height finder　測高儀 [地質]

height indicator　測高儀 [地質]

height of cloud　雲高 [氣象]

height of disappearance　消失點高度 [天文]

height of frictional influence　摩擦高度 [氣象]

height of tide　潮位 [海洋]

height of water　水位 [地質]

height pattern　高度型式 [氣象]

height　高度，標高 [地質]

height-integrated conductivity　高度積分電導率 [地質]

heights　高地 [地質]

heilosphere　氦層 [天文]

Hektor　赫克托小行星 [天文]

heliacal rising　偕日升，晨出 [天文]

heliacal setting　偕日落，夕沒 [天文]

helical symmetry　螺旋對稱性 [天文]

helictite　石枝 [地質]

heliocentric angle　日心角 [天文]

heliocentric coordinates　日心座標 [天文]

heliocentric distance　日心距離 [天文]

heliocentric gravitational constant　日心引力常數 [天文]

heliocentric latitude　日心緯度 [天文]

heliocentric longitude　日心經度 [天文]

heliocentric orbit　日心軌道 [天文]

heliocentric parallax　日心視差 [天文]

heliocentric system of coordinates　日心座標系 [天文]

heliocentric system　日心體系 [天文]

heliocentric theory　日心說 [天文]

heliocentric velocity　日心速度 [天文]

heliocentric　日心的 [天文]

heliodor　金綠柱石 [地質]

heliogeophysics　太陽地球物理學 [天文] [地質]

heliograph　太陽照相儀 [天文]

heliographic chart　日面圖 [天文]

heliographic coordinates　日面座標 [天文]

heliographic latitude　日面緯度 [天文]

heliographic longitude　日面經度 [天文]

heliographic pole　日面極 [天文]

heliographic system of coordinates　日面座標系 [天文]

heliolatitude　日面緯度 [天文]

heliolite　日長石 [天文]

heliology　太陽學 [天文]

heliolongitude　日面經度 [天文]

heliometer　量日儀 [天文]

heliopause　日球頂 [天文]

heliophyllite　日葉石 [地質]

heliophysics　太陽物理學 [天文]

helioscope　太陽目視鏡 [天文]

H

heliosphere 日光層 [氣象]

heliostat 定日鏡 [天文]

heliotrope 血玉髓，雞血石反光鏡 [天文] [地質]

heliotropic wind 向日風 [氣象]

helium abundance 氦豐度 [天文]

helium burn 氦燃燒 [天文]

helium burning 氦燃燒 [天文]

helium flash 氦閃 [天文]

helium star 氦星 [天文]

helium-nitrogen-oxygen saturation diving 氦氮氧飽和潛水 [海洋]

helium-oxygen diving 氦氧潛水 [海洋]

helium-rich core 富氦核 [天文]

helium-rich star 富氦星 [天文]

helium-strong star 強氦星 [天文]

helium-weak star 弱氦星 [天文]

helix dislocation 螺旋錯位 [地質]

Helix Nebula (NGC 7293) 螺旋星雲 [天文]

hellandite 鈣鉺釔礦 [地質]

Hellas 希臘 [地質]

helm wind 山頭風 [氣象]

Helmert's formula 赫爾默特公式 [地質]

helmet 盔狀物（日冕）[天文]

helvine 日光榴石 [地質]

hemafibrite 紅纖維石 [地質]

hematite deposit 赤鐵礦礦床 [地質]

hematite 赤鐵礦 [地質]

hematization 赤鐵礦化 [地質]

hematolite 紅砷鋁錳石 [地質]

hematophanite 紅鐵鉛礦 [地質]

hemicrystalline rocks 半晶質岩 [地質]

hemicrystalline 半晶質的 [地質]

hemihedral form 半面形 [地質]

hemihedral symmetry 半對稱 [地質]

hemiholohedral 半面像 [地質]

hemimorphic crystal 半形晶體 [地質]

hemimorphism 異極像性 [地質]

hemipelagic deposit 半遠洋沉積 [海洋]

hemipelagic region 半遠洋區 [海洋]

hemipelagic sediment 半遠洋沉積 [海洋]

hemiprism 半柱 [地質]

hemisphere 半球 [天文]

hemispheric wave number 半球波數 [氣象]

hemispherical reflectance 半球面反射比 [地質]

hemispherical solar radiation 半球面日射 [天文] [氣象]

Hendre shale 亨德里頁岩 [地質]

Herbig-Haro object 赫比格—哈羅天體 [天文]

Hercules Cluster 武仙星系團 [天文]

Hercules X-1 武仙座 X-1 [天文]

Hercules 武仙座 [天文]

Hercynian geosyncline 海西地槽 [地質]

Hercynian movement 海西運動 [地質]

Hercynian orogeny 海西造山運動 [地質]

Hercynian period 海西期 [地質]

H

hercynite 鐵尖晶石 [地質]

herderite 磷鈹鈣石 [地質]

Hermann-Mauguin symbol 赫曼—摩根符號 [地質]

hermitan 哈麥丹風 [氣象]

herringbone structure 魚骨狀構造 [地質]

Herschel 赫歇爾環形山 [天文]

Herschelian telescope 赫歇爾望遠鏡 [天文]

Hertzsprung gap 赫氏空隙 [天文]

Hertzsprung-Russell diagram 赫羅圖 [天文]

hervidero 泥火山 [地質]

herzenbergit 硫錫礦 [地質]

Hesperus 長庚星（金星）[天文]

hessite 碲銀礦 [地質]

Hessle boulder clay 赫塞爾泥礫 [地質]

hessonite 鈣鋁榴石，貴榴石 [地質]

hetaerolite 鋅黑錳礦 [地質]

heteroblastic 異質變晶的 [地質]

heterochromatic magnitude 混色星等 [天文]

heterocrystal 異質晶體 [地質]

heterodesmic structure 雜鍵結構 [地質]

heterogeneity 不均勻性 [地質]

heterogeneous body 非均質體 [地質]

heterogeneous nucleation 異質成核 [氣象]

heterogenite 水鈷礦 [地質]

heteromorphic rock 異像岩 [地質]

heteromorphite 異硫銻鉛礦 [地質]

heteropic 異相性的 [地質]

heterosite 異磷鐵錳礦 [地質]

heterosphere 不均層 [氣象]

heulandite 片沸石 [地質]

hevelian halo 海維留暈 [氣象]

hewettite 針釩鈣石 [地質]

hexagonal close-packed structure 六方最密堆積結構 [地質]

hexagonal column 六角柱體 [地質]

hexagonal diamond 六角金剛石 [地質]

hexagonal lattice 六方晶格 [地質]

hexagonal platelet 六角板體 [氣象]

hexagonal system 六方晶系 [地質]

hexahedrite 六面體式隕鐵 [地質]

hexahydrite 六水潟鹽 [地質]

hexoctahedron 六八面體 [地質]

hextetrahedron 六四面體 [地質]

HFU: heat flow unit 熱流單位 [地質]

HH object 赫比格-哈羅天體 [天文]

hiatus 間斷，缺層 [地質]

Hibernian orogeny 希伯尼造山運動 [地質]

Hida belt 海達帶 [地質]

Hidaka belt 海達卡帶 [地質]

Hidalgo 希達戈（944 號小行星）[天文]

hidden mass 隱質量 [天文]

hiddenite 翠綠鋰輝石 [地質]

hielmite 鈣鈮鉭石 [地質]

hierarchic model 階式模型 [天文]

hierarchic structure 階式結構 [天文]

H

hierarchical cosmology　階式宇宙論 [天文]

hieratite　方氟矽鉀石 [地質]

high aloft　高空高壓 [氣象]

high cloud　高雲 [氣象]

high foehn　高空焚風 [氣象]

high fog　高霧 [氣象]

high index　高指數 [氣象]

high latitude spot　高緯黑子 [天文]

high luminosity star　高光度恆星 [天文]

high pressure area　高壓區 [氣象]

high pressure crystallography　高壓晶體學 [地質]

high pressure　高壓 [氣象]

high quartz　高溫石英 [地質]

high resolution detector　高解析探測器 [天文] [地質]

high resolution visible image instrument　高解析度圖像儀 [地質]

high sea　狂浪 [海洋]

high seas　公海 [海洋]

high sensitivity seismograph　高靈敏度地震儀 [地質]

high tide　高潮，滿潮 [海洋]

high velocity star　高速星 [天文]

high water full and change　朔望高潮間隔 [海洋]

high water inequality　高潮不等 [海洋]

high water level　高水位 [地質] [海洋]

high water line　高水位線 [地質] [海洋]

high water platform　高潮臺地 [地質]

[海洋]

high water springs　大潮高潮面 [海洋]

high water stand　高潮時間 [海洋]

high water　高潮 [海洋]

high　高的，高壓 [天文] [地質] [氣象] [海洋]

high-altitude balloon　高空氣球 [氣象]

high-altitude observatory　高地觀測台 [氣象]

high-altitude station　高地測站 [氣象]

high-angle fault　高角度斷層 [地質]

high-energy astronomy　高能天文學 [天文]

high-energy astrophysics　高能天文物理 [天文]

high-energy cosmic rays　高能宇宙射線 [天文]

high-energy geophysics　高能地球物理學 [地質]

high-energy marine environment　海洋高能環境 [海洋]

high-water bed　洪水期河床 [地質]

higher high water　高高潮 [海洋]

higher low water　高低潮 [海洋]

highest astronomical tide　最高天文潮位 [海洋]

highest normal high water　理論最高潮面 [海洋]

high-frequency dielectric splitter　高頻介電分離器 [地質]

high-frequency seismic survey　高頻地震

法 [地質]

high-frequency seism 高頻地震 [地質]

high-grade ore 高品質礦 [地質]

high-grade 高品質的 [地質]

highland boundary fault 高地邊界斷層 [地質]

highland climate 高原氣候 [氣象]

highland glacier 高地冰川 [地質]

highland ice 高地冰 [地質]

highland 高地 [地質]

high-level anticyclone 高空反氣旋 [氣象]

high-level cyclone 高空氣旋 [氣象]

high-level jet flow 高空噴流 [氣象]

high-level ridge 高空脊 [氣象]

high-level thunderstorm 高空雷暴 [氣象]

high-level trough 高空槽 [氣象]

high-precision photogrammetry 高精度攝影測量學 [地質]

high-rank coal 高級煤 [地質]

high-rank graywacke 高級雜砂岩 [地質]

high-speed photometry 高速測光 [天文]

high-temperature region 高溫區 [氣象]

Hilda group 希爾達群（小行星）[天文]

hilgardite 水氯硼鈣石 [地質]

Hill stability 希爾穩定性 [天文]

hillebrandite 針矽鈣石 [地質]

hill 丘陵，小山 [地質]

Hiltner-Hall effect 希爾特納—霍耳效應

[天文]

Hilton shale 希爾頓頁岩 [地質]

Hilt's law 希爾特定律 [地質]

Himalia 希默利亞（木衛六）[天文]

Hind's Nebula (NGC 1554-5) 欣德星雲 [天文]

hinge fault 捩轉斷層 [地質]

hinge line 樞紐線 [地質]

hinsdalite 磷鋁鉛鍶礬 [地質]

hinterland 腹地，內地 [地質]

Hipparchus 依巴谷環形山 [天文]

Hipparcos 依巴谷衛星 [天文]

Hirayama family 平山族小行星 [天文]

hisingerite 水矽鐵石 [地質]

histogram 直方圖 [天文] [地質] [氣象] [海洋]

historical astronomical instrument 古天文儀器 [天文]

historical climate 歷史氣候 [氣象]

historical cosmology 古宇宙學 [天文]

historical development of landform 地形發展史 [地質]

historical earthquake 歷史地震 [地質]

historical flood 歷史洪水 [地質]

historical geochemistry 歷史地球化學 [地質]

historical geography 歷史地理學 [地質]

historical geology 地史學 [地質]

historical geomorphology 歷史地貌學 [地質]

historical glaciology 歷史冰川學 [地質]

H

historical observatory 古天文臺 [天文]

historical oceanology 歷史海洋學 [海洋]

historical seismology 歷史地震學 [地質]

historical stratigraphy 歷史地層學 [地質]

historical structure 歷史構造 [地質]

historical tectonics 歷史大地構造學 [地質]

history of astronomy 天文學史 [天文]

history of celestial body 天體史 [天文]

history of earthquake 地震史 [地質]

history of geology 地質學史 [地質]

history of geosynclinal evolution 地槽演化史 [地質]

history of landform 地形發展史 [地質]

history of the earth 地球史 [地質]

histosol 有機土 [地質]

hitch 活結, 繫住, 鉤住 [地質]

H Lα line 氫萊曼 α 線 [天文]

hoar crystal 白霜晶 [氣象]

Hoar Edge Grits 胡爾埃傑粗砂岩 [地質]

hoarfrost 白霜 [氣象]

hodgkinsonite 褐鋅錳礦 [地質]

hodograph 時距曲線, 風徑圖 [地質] [氣象]

hoegbomite 鋁鎂鈦鐵礦 [地質]

hoernesite 砷鎂石 [地質]

hofmannite 晶蠟石 [地質]

hogback mountain 豬背山 [地質]

hogback ridge 豬背脊 [地質]

hogback 豬背嶺 [地質]

hogbomite 黑鋁鎂鐵礦 [地質]

hohmannite 基性水鐵礬 [地質]

holdenite 紅砷鋅錳礦 [地質]

hole deviation 井偏 [地質]

hollandite 錳鋇礦 [地質]

hollow 谷, 凹地 [地質]

Hollybush limestone 霍利布希灰岩 [地質]

Hollybush sandstone 霍利布希砂岩 [地質]

Holmberg radius 霍姆伯格半徑 [天文]

Holme mud sampler 胡爾木泥漿取樣器 [海洋]

holoaxial 全軸的 [地質]

Holocene epoch 全新世 [地質]

Holocene series 全新統 [地質]

Holocene 全新世 [地質]

holoclastic 全碎屑的 [地質]

holocrystalline rock 全晶質岩 [地質]

holocrystalline 全晶質的 [地質]

holographic filter 全像濾波器 [地質]

holographic SDRS 全像地震儀 [地質]

holohedral symmetry 全對稱 [地質]

holohedral 全面的 [地質]

holohedrism 全面像 [地質]

holohedron 全面體 [地質]

holohedry 全面像, 全晶形 [地質]

holohyaline 全玻質 [地質]

holosymmetric 全對稱的 [地質]

holosystemic 全對稱的 [地質]

homeoblastic　等粒變晶狀 [地質]

homeotropic alignment　垂面排列 [地質]

homobront　等雷線 [氣象]

homocline　同斜 [地質]

homocollinite　均質鏡質體 [地質]

homogeneous arc　均勻光弧 [地質]

homogeneous atmosphere　均勻大氣 [氣象]

homogeneous layer　均勻層 [海洋]

homogeneous nucleation　同質成核 [氣象]

homogeneous series　均質序列，均相系列 [天文] [地質]

homologous deformation　同調變形 [天文]

homologous radio burst　同調電波爆發 [天文]

homopause　均勻層頂 [氣象]

homopolar crystal　同極晶體 [地質]

homosphere　均勻層 [氣象]

hooked spit　鉤狀沙嘴 [地質]

hook　鉤 [地質]

hopeite　磷鋅礦 [地質]

Hopkin's bioclimatic law　霍浦金生物氣候律 [氣象]

horizon flattening　層面拉平 [地質]

horizon system of coordinates　水平座標系統 [天文]

horizon　層位，地平，反射層面 [天文] [地質] [氣象] [海洋]

horizontal angle　水平角 [天文]

horizontal branch　水平分支 [天文]

horizontal circle　地平圈 [天文]

horizontal circulation　水平環流 [地質]

horizontal coordinate system　地平座標系 [天文]

horizontal coordinates　地平座標 [天文]

horizontal distance　水平距離 [天文] [地質]

horizontal fault　水平斷層 [地質]

horizontal fold　水平褶皺 [地質]

horizontal gradient of gravity　重力水平梯度 [地質]

horizontal intensity of geomagnetic field　地磁水平強度 [地質]

horizontal intensity　水平強度 [地質]

horizontal mounting　地平式裝置 [天文]

horizontal parallax　地平視差 [天文]

horizontal plane　地平面 [天文] [地質]

horizontal precipitation　平面降水量 [氣象]

horizontal refraction　地平折射 [天文]

horizontal separation　水平分距 [地質]

horizontal stacking　水平疊加 [地質]

horizontal strata　水平岩層 [地質]

horizontal sundial　水平式日晷 [天文]

horizontal telescope　水平式望遠鏡 [天文]

horizontal thread　橫絲 [天文]

horizontal transit circle　水平子午圈 [天文]

horizontal visibility　水平能見度 [氣象]

H

horizontal zone 水平區域 [地質]

horn quicksilver 甘汞，汞膏 [地質]

horn silver 角銀礦 [地質]

hornblende schist 角閃片岩 [地質]

hornblende-gneiss 角閃片麻岩 [地質]

hornblende-granite 角閃花崗岩 [地質]

hornblende 角閃石 [地質]

hornblendite 角閃石岩 [地質]

hornfels facies 角頁岩相 [地質]

hornfels 角頁岩 [地質]

hornstone 角岩 [地質]

horn 角峰 [地質] [地質]

Horologium 時鐘座 [天文]

horoscopes 占星術 [天文]

Horrebow-Talcott method 赫瑞鮑一太爾各特法 [天文]

Horse Head Nebula 馬頭星雲 [天文]

horse latitude high 馬緯高壓 [氣象]

horse latitudes 馬緯無風帶 [氣象]

horse 煤層夾石，夾層 [地質]

Horsehead Nebula 馬頭星雲 [天文]

horseshoe lake 馬蹄湖 [地質]

Horseshoe Nebula 馬蹄星雲 [天文]

horsetail ore 馬尾礦 [地質]

horst fault 地壘斷層 [地質]

horst 地壘 [地質]

hortonolite 鎂鐵橄欖石 [地質]

Hosi structural system 河西構造體系 [地質]

Hosi system 河西系 [地質]

host rock 母岩 [地質]

hot belt 熱帶 [地質]

hot damage 熱害 [氣象]

hot dry rock 乾熱岩體 [地質]

hot plume 熱焰 [地質]

hot season 熱季 [氣象]

hot spot 熱點，熱點 [天文] [地質]

hot spring science 溫泉學 [地質]

hot spring 熱泉 [地質]

hot wave 熱浪 [氣象]

hot wind 熱風 [氣象]

hot-wire anemometer 熱線風速計 [氣象]

hour angle 時角 [天文]

hour circle 時圈 [天文]

hour glass 沙漏 [天文]

hour 小時 [天文]

hours of daylight 日照時數 [天文] [氣象]

Hourglass Nebula 沙漏星雲 [天文]

howardite 古銅鈣長無球粒隕石 [地質]

howieite 矽鐵錳鈉石 [地質]

howlite 軟硼鈣石 [地質]

Hoyle-Narliker theory 霍伊爾一納利卡理論 [天文]

H-R diagram 赫羅圖 [天文]

hrdrophysics 水文物理學 [地質]

hsianghualite 香花石，氟矽鈹鋰鈣石 [地質]

Huaiyang old land 淮陽古陸 [地質]

Huanghai Coastal Current 黃海沿岸流 [海洋]

Huanghai Cold Water Mass　黃海冷水團 [海洋]

Huanghai Sea　黃海 [地質] [海洋]

Huanghai Warm Current　黃海暖流 [海洋]

huanghoite　黃河礦 [地質]

Hubbard glacier　哈巴德冰川 [地質]

Hubble constant　哈伯常數 [天文]

Hubble diagram　哈伯圖 [天文]

Hubble effect　哈伯效應 [天文]

Hubble radius　哈伯半徑 [天文]

Hubble relation　哈伯關係 [天文]

Hubble sequence　哈伯序列 [天文]

Hubble time　哈伯年齡 [天文]

Hubble's law　哈伯定律 [天文]

Hubble's Nebula (NGC 2261)　哈伯星雲 [天文]

Hubble's variable nebula　哈伯變星雲 [天文]

Hubble　哈伯（人名）

hubble　哈伯（天文距離單位）[天文]

huebnerite　鎢錳礦 [地質]

huhnerkobelite　磷錳鈉鐵石 [地質]

hulsite　黑硼錫鐵礦 [地質]

human bioclimatology　人類生物氣候學 [氣象]

Humboldt Current　洪保德海流 [海洋]

Humboldt Glacier　洪保德冰川 [地質]

humboldtilite　黃長石 [地質]

humboldtine　草酸鐵礦 [地質]

humic coal　腐植煤 [地質]

humic-sapropelic coal　腐植腐泥煤 [地質]

humid climate　潮溼氣候 [氣象]

humidification　增溼 [氣象]

humidity coefficient　溼度係數 [氣象]

humidity control　溼度控制 [氣象]

humidity index　溼度指數 [氣象]

humidity indicating card　溼度指示卡 [氣象]

humidity indicator　溼度指示器 [氣象]

humidity mixing ratio　溼度混合比 [氣象]

humidity province　溼度區 [氣象]

humidity recorder　溼度記錄器 [氣象]

humidity　潮溼 [氣象]

humidness　溼度 [氣象]

humidometer　溼度表 [氣象]

humification　腐植化作用 [地質]

humin　腐植質 [地質]

huminite　腐植煤 [地質]

humite　矽鎂石 [地質]

hummocked ice　圓丘冰 [地質]

hummocky　圓丘狀 [地質]

humogelite　棕腐質 [地質]

hump　高峰，隆起 [天文] [地質]

humus　腐植質 [地質]

humus geochemistry　腐植質地球化學 [地質]

Hungarian cat's-eye　匈牙利貓眼石 [地質]

hungchaoite　章氏硼鎂石 [地質]

H

hunter's moon　狩月 [天文]

Hunting Dogs　獵犬座 [天文]

huntite　碳鈣鎂礦 [地質]

hureaulite　紅磷錳礦 [地質]

Huronian System　休倫系 [地質]

Huronian　休倫世 [地質]

hurricane　颶風 [氣象]

hurricane band　颶風雲帶 [氣象]

hurricane beacon　測颶風信標 [氣象]

hurricane radar band　颶風雷達帶 [氣象]

hurricane surge　颶風激浪 [氣象]

hurricane tracking　颶風追蹤 [氣象]

hurricane warning　颶風警報 [氣象]

hurricane watch　颶風監視 [氣象]

hurricane wave　颶風浪 [氣象]

hurricane wind　颶風 [氣象]

hutchinsonite　紅鉈鉛礦 [地質]

Huto group　滹沱群 [地質]

Huto series　滹沱系 [地質]

huttonite　矽釷石 [地質]

HW: high water　高潮 [海洋]

hyacinth　紅鋯石 [地質]

Hyades　畢宿星團 [天文]

hyaline　玻璃質 [地質]

hyalinocrystalline　玻璃晶質 [地質]

hyalite　玻璃蛋白石 [地質]

hyalobasalt　玻質玄武岩 [地質]

hyaloclastite　玻質碎屑岩 [地質]

hyaloophitic　玻璃質輝綠岩的 [地質]

hyalophane　鋇冰長石 [地質]

hyalopilitic texture　玻晶交織結構 [地質]

hyalopsite　黑曜岩 [地質]

hybrid rock　混染岩 [地質]

hybridization　雜化作用 [地質]

hydatogenesis　液成作用 [地質]

hydrargillite　三水鋁石 [地質]

hydrargyrum　水銀，汞 [地質]

hydrated halloysite　水合禾樂石 [地質]

hydraulic discharge　地下水出流量 [地質]

hydraulic filling　水力充填 [地質]

hydraulic jump　水躍 [氣象]

hydraulic piston corer　液壓活塞取樣管 [海洋]

hydraulic profile　水力剖面圖 [地質]

hydraulic ratio　水力比 [地質]

Hydra　長蛇座 [天文]

hydrobasaluminite　水基性礬，水合水鋁礬 [地質]

hydrobiotite　水黑雲母 [地質]

hydroboracite　水合方硼石 [地質]

hydrocalumite　水鋁鈣石 [地質]

hydrocarbon deposit　油氣礦床 [地質]

hydrocerussite　水白鉛礦 [地質]

hydrochemistry　水化學 [地質] [海洋]

hydrochlorborite　七水氯硼鈣石 [地質]

hydroclimatology　水文氣候學 [氣象]

hydroclimograph　水文氣候圖 [氣象]

hydrocyanite　水藍晶石，銅礬 [地質]

hydrodynamics of atmosphere　大氣流

體動力學 [氣象]

hydrodynamics of equatorial ocean 赤道海洋流體動力學 [海洋]

hydrofracturing 高壓液裂 [地質]

hydrogarnet 水榴石類 [地質]

hydrogen burning 氫燃燒 [天文]

hydrogen clock 氫原子鐘 [天文]

hydrogen cloud 氫雲 [天文]

hydrogen cycle 氫循環 [天文]

hydrogen deficient star 貧氫星 [天文]

hydrogen flocculus 氫譜斑 [天文]

hydrogen prominence 氫日珥 [天文]

hydrogen star 氫星 [天文]

hydrogenic rock 水成岩 [地質]

hydrogenous sediment 水生沉積 [地質]

hydrogen-poor star 貧氫恆星 [天文]

hydrogeochemical anomaly 水化學異常 [地質] [海洋]

hydrogeochemical survey 水化學測量 [地質] [海洋]

hydrogeochemistry 水文地球化學 [地質] [海洋]

hydrogeography 水文地理學 [地質]

hydrogeologic condition 水文地質條件 [地質]

hydrogeologic investigation 水文地質調查 [地質]

hydrogeologic map 水文地質圖 [地質]

hydrogeologic mechanics 水文地質力學 [地質]

hydrogeologic prospecting 水文地質探勘 [地質]

hydrogeology 水文地質學 [地質]

hydrographic basin 流域 [地質]

hydrographic condition 水文條件 [地質]

hydrographic observation 水文觀測 [地質]

hydrographic phenomena 水文現象 [地質]

hydrographic net 水道網 [地質]

hydrographic reconnaissance 水道探測 [地質]

hydrographic sextant 海道測量六分儀 [地質]

hydrographic sonar 水道測量聲納 [地質]

hydrographic survey ship 航道測量船 [地質]

hydrographic survey vessel 航道測量船 [地質]

hydrographic table 水文表 [地質]

hydrographic winch 水文絞車 [地質]

hydrography 水文地理學 [地質]

hydrograph 水文過程線 [地質]

hydrogrossular 水鈣鋁榴石 [地質]

hydrohaematite 水赤鐵礦 [地質]

hydrohalite 冰鹽，水石鹽 [地質]

hydrokaolin 水高嶺 [地質]

hydrolaccolith 冰丘堆 [地質]

hydrolapse 水分直減率 [氣象]

hydrolith 水生岩 [地質]

H

hydrologic cartography 水文製圖學 [地質]

hydrologic characteristic analysis 水文特性分析 [地質]

hydrologic cycle 水文循環 [氣象]

hydrologic data 水文資料 [地質]

hydrologic forecast 水文預報 [地質]

hydrologic frequency analysis 水文頻率分析 [地質]

hydrologic geography 水文地理學 [地質]

hydrologic geology 水文地質學 [地質]

hydrologic map 水文圖 [地質]

hydrologic measurement 水文測量 [地質]

hydrologic survey 水文調查 [地質]

hydrological analogy 水文類比 [地質]

hydrological analysis 水文分析 [地質] [海洋]

hydrological cycle 水文循環 [氣象] [海洋]

hydrological element 水文要素 [地質]

hydrological forecast 水文預報 [地質]

hydrological genetic analysis 水文成因分析 [地質]

hydrological investigation 水文調查 [地質]

hydrological model 水文模型 [地質]

hydrological process 水文過程 [地質]

hydrological regime 流況 [地質]

hydrological regional analysis 水文區域分析 [地質]

hydrological science 水文科學 [地質]

hydrological year 水文年 [地質]

hydrology of groundwater 地下水文學 [地質]

hydrology 水文學 [地質]

hydrolyzate 水解產物 [地質]

hydromagnesite 水菱鎂礦 [地質]

hydromagnetic shock wave 磁流體衝擊波 [天文]

hydrometamorphism 水熱變質 [地質]

hydrometeorological forecast 水文氣象預報 [氣象]

hydrometeorological glaciology 水文氣象冰川學 [氣象] [地質]

hydrometeorologlcal station 水文氣象站 [氣象]

hydrometeorology 水文氣象學 [氣象]

hydrometeor 水象 [氣象]

hydrometry 液體比重測定法 [地質]

hydromica 水雲母類 [地質]

hydromorphic anomaly 水文異常 [地質]

hydronasturan 水非晶質鈾礦，水瀝青鈾礦 [地質]

hydrooptics 流體光學 [地質]

hydrophane 水蛋白石 [地質]

hydrophilic mineral 親水性礦物 [地質]

hydrophilite 氯鈣石 [地質]

hydrophobic mineral 疏水性礦物 [地質]

hydrophone 水中受波器 [海洋]

hydropsis 海洋預報學 [海洋]

hydroscience 水科學 [地質] [海洋]

hydro-science 水科學 [地質] [海洋]

hydrosphere 水圈 [地質] [海洋]

hydrospheric geophysics 水圈地球物理學 [地質] [海洋]

hydrostatic adjustment process 靜力適應過程 [氣象]

hydrostatistics 水文統計學 [地質]

hydrotalcite 水滑石 [地質]

hydrothermal alteration 熱液蝕變作用 [地質]

hydrothermal chemistry 熱液化學 [地質]

hydrothermal circulation 熱液循環 [地質]

hydrothermal crystal growth 熱液晶體生長 [地質]

hydrothermal deposit 熱液礦床 [地質]

hydrothermal field 水熱田 [地質]

hydrothermal geochemistry 熱液地球化學 [地質]

hydrothermal metamorphism 熱液換質作用 [地質]

hydrothermal metasomatism 熱液交代作用 [地質]

hydrothermal process 熱液過程 [地質]

hydrothermal solution 熱液 [地質]

hydrothermal synthesis 熱液合成 [地質]

hydrothermal system 熱液系統 [地質]

hydrothermal 熱液的 [地質]

hydrotroilite 膠硫鐵礦，水單硫鐵礦 [地質]

hydrotungstite 水鎢華 [地質]

hydrougrandite 水鈣鐵榴石 [地質]

hydrous mica 水化雲母 [地質]

hydrous mineral 含水礦物 [地質]

hydroxide mineral 氫氧化物礦物 [地質]

hydroxyapatite 氫氧磷灰石 [地質]

hydroxyl maser 羥基邁射 [天文]

hydroxylapatite 氫氧磷灰石 [地質]

hydrozincite 水紅鋅礦 [地質]

Hydrus 水蛇座 [天文]

hyetal coefficient 雨量係數 [氣象]

hyetal equator 雨量赤道 [氣象]

hyetal region 雨量區域 [氣象]

hyetograph 雨量計 [氣象]

hyetography 雨量分佈學 [氣象]

hyetology 降水學 [氣象]

hyetometer 雨量計 [氣象]

hygrodeik 圖示溼度計 [氣象]

hygrogram 溼度曲線 [氣象]

hygrograph 溼度計 [氣象]

hygrokinematics 水物質運動學 [氣象]

hygrology 溼度學 [氣象]

hygrometer 溼度儀 [氣象]

hygrometric deficit 溼度差 [氣象]

hygrometric formula 溼度公式 [氣象]

hygrometry 測溼法 [氣象]

hygroscope 溼度計 [氣象]

H

hygroscopic coefficient 吸溼係數 [氣象]

hygroscopic nuclei 吸水核 [氣象]

hygrostatics 溼度比學 [氣象]

hygrothermograph 溫溼計 [氣象]

hypabyssal rock 半深成岩 [地質]

hypautomorphic 半自形的 [地質]

hyperbolic comet 雙曲線彗星 [天文]

hyperbolic orbit 雙曲線軌道 [天文]

hypergalaxy 超星系 [天文]

hypergene process 表生作用 [地質]

hypergranulation 超米粒組織 [天文]

hypergranule 超米粒 [天文]

Hyperion 土衛七 [天文]

hyperon star 超子星 [天文]

hyperpycnal inflow 超重內流 [地質]

hypersensitization 超增感 [天文]

hyperspace 超空間 [天文]

hypersphere 超球面 [天文]

hypersthene-gabbro 紫蘇輝卡岩 [地質]

hypersthene 紫蘇輝石 [地質]

hypersthenfels 蘇長岩 [地質]

hypersthenic rock series 紫蘇輝石岩石系列 [地質]

hypersthenite 紫蘇岩 [地質]

hypidiomorphic 半自形的 [地質]

hypocenter parameter 震源參數 [地質]

hypocenter 震源 [地質]

hypocentral distance 震源距 [地質]

hypocentral location 震源定位 [地質]

hypocrystalline 半晶質的 [地質]

hypogene ore 深成礦物 [地質]

hypogene rock 深成岩 [地質]

hypogene 深成的 [地質]

hypohyaline 半晶質，半結晶 [地質]

hypolimnion 深水層，底層水 [地質] [海洋]

hypopycnal inflow 稀質內流 [地質]

hypothermal deposit 高溫熱液礦床 [地質]

hypothermal 高溫熱液的 [地質]

hypothesis 假設，假說 [天文] [地質] [氣象] [海洋]

hypsographic map 陸高海深面積圖 [地質]

hypsography 測高學，高度型 [氣象]

hypsometer 測高器 [地質]

hypsometric curve 陸高海深面積曲線，高度面積曲線 [地質]

hypsometric formula 壓高公式，測高公式 [氣象]

hypsometric map 分層設色圖 [地質]

hypsometric method 分層設色法 [地質]

hypsometric tinting 分層設色法 [地質]

hypsometry 測高法 [地質]

hythergraph 溫度雨量圖，溫溼圖 [氣象]

HZ star HZ 星 [天文]

Hα line Hα 譜線 [天文]

I i

I ray　I 射線 [地質]

ianthinite　水鈾礦 [地質]

Iapetus　土衛八 [天文]

IC: Index Catalogue　索引星表，IC 星表 [天文]

Icarus　伊卡若斯（小行星 1566 號）[天文]

ice accretion indicator　積冰指示器 [氣象]

ice accretion　積冰 [氣象]

ice age　冰期 [氣象]

ice apron　冰裙 [地質]

ice band　冰帶 [地質]

ice barrier　冰障 [地質]

ice bay　冰灣 [地質]

ice belt　冰帶 [地質]

ice bight　冰灣 [地質]

ice blink　冰映光 [氣象]

ice cap　冰帽，冰冠 [地質]

ice crust　冰殼 [地質]

ice crystal cloud　冰晶雲 [氣象]

ice crystal fog　冰晶霧 [氣象]

ice crystal haze　冰晶霾 [氣象]

ice crystal theory　冰晶理論 [氣象]

ice crystal　冰晶 [氣象]

ice dam　冰壩 [地質]

ice day　冰日 [氣象]

ice desert　冰漠 [地質]

ice edge　冰緣線 [地質] [海洋]

ice engineering　冰工程學 [地質]

ice fat　脂狀冰 [地質]

ice feathers　冰羽 [地質]

ice field　冰原 [地質] [海洋]

ice floe　浮冰 [海洋]

ice flower　冰花 [地質]

ice fog　冰霧 [氣象]

ice foot　冰腳，山麓冰 [地質]

ice formation　成冰作用 [氣象] [海洋]

ice free harbor　不凍港 [海洋]

ice freeze-up　冰封凍 [海洋]

ice fringe　冰條紋 [海洋]

ice gland　冰柱 [地質]

ice gruel　冰泥 [海洋]

ice island iceberg　島狀冰山 [海洋]

ice island　冰嶼 [海洋]

ice jam　冰塞 [海洋]

I

ice layer　冰層 [地質] [海洋]

ice ledge　冰棚 [地質] [海洋]

ice lens　冰透鏡體 [地質] [海洋]

ice mantle　冰值 [地質]

ice mechanics　冰體力學 [地質]

ice mound　冰丘 [地質]

ice needle　冰針 [氣象]

ice nucleus　冰核 [氣象]

ice pack　堆冰 [氣象] [海洋]

ice particle　冰粒 [氣象]

ice pellets　冰珠 [氣象]

ice period　冰期 [氣象] [海洋]

ice pole　冰極 [地質]

ice push　冰推作用 [地質]

ice rain　冰雨 [氣象]

ice ribbon　冰條紋 [地質]

ice rind　脆冰殼 [地質]

ice run　冰潰 [地質]

ice sheet　冰層 [地質] [海洋]

ice shelf　冰棚 [地質] [海洋]

ice spar　透長石 [地質]

ice stone　冰晶石 [地質]

ice storm　冰暴 [氣象]

ice stream　冰流 [地質] [海洋]

ice strip　冰帶 [地質] [氣象]

ice thickness　冰厚 [地質]

ice tongue　冰舌 [地質]

ice water mixed cloud　冰水混合雲 [氣象]

ice wedge　冰楔 [地質] [海洋]

ice　冰 [天文] [地質] [氣象] [海洋]

iceberg　冰山 [地質] [海洋]

iced firn　凍陳雪 [氣象]

icefall　冰瀑 [地質]

ice-forming nucleus　成冰核 [氣象]

ice-laid drift　冰磧物 [地質]

Iceland crystal　冰洲石 [地質]

Iceland low　冰島低壓 [氣象]

Iceland spar　冰洲石 [地質]

Icelandic low　冰島低壓 [氣象]

ice-rich permafrost　富冰凍土 [地質]

ice-snow physics　冰雪物理學 [地質]

ice-warning indicator　結冰警告指示器 [氣象]

ichor　岩精，殘餘岩漿 [地質]

icicle　冰鐘乳，冰柱 [地質]

icing level　積冰高度 [地質] [氣象]

icing　結冰，積冰 [地質] [氣象]

icing-rate meter　積冰速率表 [地質] [氣象]

icositetrahedron　偏方三八面體 [地質]

icy conglomerate model　冰凍團塊模型 [天文]

iddingsite　伊丁石 [地質]

ideal atmosphere　理想大氣 [氣象]

ideal coordinates　理想座標 [天文]

ideal crystal　理想晶體 [地質]

identification chart　認證圖 [天文]

idiochromatic　自色的 [地質]

idiomorphic　自形的 [地質]

idocrase　符山石 [地質]

idrialite　綠地蠟，辰砂地蠟 [地質]

IFR terminal minimums 儀器飛行終點最低限 [氣象]

IFR weather 儀錶飛行天氣 [氣象]

IGM: intergalactic matter 星系際介質 [天文]

igmerald 人造綠寶石 [地質]

igneous activity 火成活動 [地質]

igneous complex 火成雜岩 [地質]

igneous cycle 火成循環 [地質]

igneous facies 火成相 [地質]

igneous geochemistry 火成地球化學 [地質]

igneous intrusions 火成侵入 [地質]

igneous meteor 火象 [氣象]

igneous mineral 火成礦物 [地質]

igneous petrology 火成岩石學 [地質]

igneous province 火成岩區 [地質]

igneous rock 火成岩 [地質]

igneous 火成的 [地質]

ignimbrite 熔結凝灰岩，火雲岩 [地質]

ihleite 葉綠礬，黃鐵礬 [地質]

iiwaarite 鈦榴石 [地質]

ijolite 霓霞岩 [地質]

ilesite 集晶錳礬 [地質]

Illinoian glacial stage 伊利諾冰期 [地質]

illite 伊利石 [地質]

illuminance 照度 [天文] [氣象]

illumination climate 照明氣候 [氣象]

illuvial horizon 淋積層 [地質]

illuvial 淋積的 [地質]

illuviation 淋積作用 [地質]

illuvium 淋積層 [地質]

ilmenite 鈦鐵礦 [地質]

ilmenorutile 鈮鐵金紅石，黑金紅石 [地質]

ilsemannite 藍鉬礦 [地質]

ilvaite 黑柱石 [地質]

image dissector camera system 影像分析照相系 [天文]

image dissector 析像管 [天文]

image map 影像地圖 [地質]

image tube spectrograph 像管光譜儀 [天文]

imbricate structure 疊瓦構造，覆瓦構造 [地質]

imbrication 疊瓦作用，覆瓦作用 [地質]

Imbrium event 雨海事件 [地質]

Imbrium system 雨海系 [地質]

Imbrium 雨海 [地質]

imerinite 鈉透閃石 [地質]

IMF: interplanetary magnetic field 行星際磁場 [天文]

immature soil 未成熟土 [地質]

immediate offshore area 近岸海域 [地質]

immersion 掩始，浸入 [天文] [地質]

impact crater 撞擊坑 [天文] [地質]

impact hypothesis 撞擊假說 [天文]

impact mark 撞擊痕 [地質]

impact metamorphism 撞擊變質作用 [地質]

I

impact structure　撞擊結構 [地質]

impactite　撞擊坡塊，撞擊岩 [地質]

impedance exploration　阻抗法探勘 [地質]

impedance interface　阻抗介面 [地質]

impedance probe　阻抗探頭 [地質]

impending earthquake prediction　臨震預報 [地質]

imperfect crystal　非完美晶體 [地質]

imperfection　缺陷，不完整 [地質]

impermeable layer　不透水層 [地質]

impetus　衝擊 [地質]

implosion　向內破裂 [天文]

importance value　重要值 [地質]

impregnated deposit　浸染礦床 [地質]

impression　壓印 [地質]

imprint　印痕 [地質]

impsonite　脆瀝青岩 [地質]

impulsive burst　脈衝爆發 [天文]

impulsive force of mud flow　泥石流衝擊力 [地質]

impulsive hard phase　脈衝急速相 [天文]

impulsive injection model　脈衝注入模型 [天文]

impurity center　雜質中心 [地質]

impurity nucleation　雜質成核 [地質]

in situ density　現場密度 [地質]

in situ measurement　現場測定 [地質]

in situ salinometer　現場鹽度計 [海洋]

in situ specific volume　現場比容 [海洋]

in situ temperature　現場溫度 [氣象]

inactive front　不活躍鋒 [氣象]

incandescent tuff flow　白熱灰流 [地質]

incarbonization　碳化作用，煤化作用 [地質]

inceptisol　幼年土 [地質]

incidental prominence　偶現日珥 [天文]

incised meander　穿入曲流 [地質]

inclination of planetary orbit　行星軌道傾角 [天文]

inclination　傾斜，傾角 [天文] [地質]

inclination angle　傾角 [地質]

inclined bedding　傾斜層理 [地質]

inclined contact　傾斜接觸 [地質]

inclinometer　傾斜儀，傾角器 [地質]

inclusion　包裹體 [地質]

incoherent scattering sounding　非相干散射探測 [地質]

incommensurability　不可通約性 [天文]

incompatible element　不相容元素 [地質]

incompetent bed　軟岩層 [地質]

incompetent rock　軟岩 [地質]

incongruous　異向的 [地質]

increment　增量 [地質]

incrustation　結殼 [地質]

incumbent　內曲的 [地質]

incus　砧狀雲 [氣象]

indefinite ceiling　不定雲幕 [氣象]

independent day number　獨立日數 [天文]

inderborite　水硼鎂鈣石 [地質]

inderite　五水硼鎂石 [地質]

index arm　指臂（六分儀）[天文]

index bed　標準層 [地質]

Index Catalogue　索引星表，IC 星表 [天文]

index correction　指標修正 [天文] [地質] [氣象]

index cycle　指數循環，指數週 [地質]

index fossil　標準化石 [地質]

index limestone　指標石灰岩 [地質]

index mineral　指標礦物 [地質]

index mirror　指標鏡（六分儀）[天文]

index of aridity　乾度指數 [氣象]

index of diffraction　繞射指數 [地質]

index of stability　穩定度指數 [氣象]

index plane　標準面 [地質]

indian calendar　印度曆 [天文]

Indian Ocean　印度洋 [海洋]

Indian plate　印度洋板塊 [地質] [海洋]

Indiana limestone　印第安那石灰岩 [地質]

indianaite　印州石 [地質]

indicator element　指示元素 [地質]

indiction　律合，小紀（15 年）[天文]

indifferent equilibrium　中性平衡 [氣象]

indifferent stability　中性穩定（度）[氣象]

indifferent visibility　中常能見度 [氣象]

indigolite　藍電氣石 [地質]

indirect aerology　間接高空學 [氣象]

indirect cell　間接環流胞 [氣象]

indirect circulation　間接環流 [氣象]

indirect stratification　次級層理 [地質]

indochinite　中南玻隕石，印支玻隕石 [地質]

indoor air velocity　室內氣流速度 [氣象]

indoor climate　室內氣候 [氣象]

indoor temperature　室內溫度 [氣象]

induced earthquake　誘發地震 [地質]

induced emission　誘發發射 [天文] [地質]

induced magnetization　感應磁化 [地質]

induced magnetosphere　感應磁層 [天文] [地質]

induced polarization effect　感應極化效應 [地質]

induced polarization method　感應極化法 [地質]

induced pulse transient method　感應脈衝瞬變法 [地質]

induced pulse transient system　感應脈衝瞬變系統 [地質]

induced recombination　誘發複合 [天文]

induced seismicity　誘發地震活動性 [地質]

induced transition　誘發躍遷 [天文]

induction drag　感生阻力 [天文]

induction geography　感應地理學 [地質]

induction heating　感應加熱 [地質]

induction log tool　感應測井儀 [地質]

induction logger　感應測井儀 [地質]

I

induction logging　感應測井 [地質]

induction salinometer　感應鹽度計 [海洋]

induction-electrical survey　感應電法探勘 [地質]

inductive salinometer　感應鹽度計 [海洋]

induration　固結，硬化 [地質] [海洋]

industrial climate　工業氣候 [氣象]

industrial climatology　工業氣候學 [氣象]

industrial crystallization　工業結晶 [地質]

industrial crystallography　工業結晶學 [地質]

industrial diamond　工業金剛石 [地質]

industrial geography　工業地理學 [地質]

industrial geology　工業地質學 [地質]

industrial hydrology　工業水文學 [地質]

industrial jewel　工業寶石 [地質]

industrial meteorology　工業氣象學 [氣象]

industrial reserve　工業儲量 [地質]

Indus　印第安座 [天文]

inert gas crystal　惰性氣體晶體 [地質]

inertia current　慣性流 [海洋]

inertia gravity wave　慣性重力波 [地質]

inertia wave　慣性波 [地質]

inertial circle　慣性圓 [地質]

inertial current　慣性流 [海洋]

inertial flow　慣性流 [海洋]

inertial period　慣性週期 [海洋]

inertial pole　慣性極 [天文]

inertial stability　慣性穩定度 [氣象]

inertial theory　慣性理論 [地質]

inertinite　惰煤素 [地質]

inertite　鏡惰煤岩 [地質]

inesite　紅矽鈣錳礦 [地質]

infall process　沉降過程 [天文]

infancy　幼年期 [地質]

infauna　內棲生物 [地質]

inferior conjunction　下合 [天文]

inferior ecliptic limit　下食限 [天文]

inferior planet　內行星 [天文]

infiltration capacity　入滲容量 [地質] [氣象]

infiltration efficiency　滲漏效率 [地質]

infiltration factor　滲漏因數 [地質]

infiltration ratio　滲漏比 [地質]

infiltration vein　滲成脈 [地質]

infiltration　滲漏 [地質]

infinite conductivity　無限導率 [地質]

inflow　吸入流 [地質]

influence of ground current　地電流影響 [地質]

influent stream　支流，滲入河流 [地質]

influx　流入，注入 [地質]

infrabasal　基部的 [地質] [海洋]

infracambrian　遠寒武紀 [地質]

infrared　紅外線 [天文] [氣象]

infrared astronomical photometer　紅外天文學光度計 [天文]

infrared astronomy　紅外天文學 [天文]

infrared color index　紅外色指數 [天文]

infrared crystal　紅外晶體 [地質]

infrared distance finder　紅外測距儀 [地質]

infrared distance measurement　紅外測距 [地質]

infrared EDM instrument　紅外測距儀 [地質]

infrared excess object　紅外超天體 [天文]

infrared excess　紅外超 [天文]

infrared galaxy　紅外星系 [天文]

infrared magnitude　紅外星等 [天文]

infrared prospecting　紅外線探測 [天文]

infrared range finder　紅外測距儀 [地質] [地質]

infrared sky map　紅外天圖 [天文]

infrared source　紅外光源 [天文]

infrared star tracker system　紅外星體追蹤系統 [天文]

infrared star　紅外星 [天文]

infrared window　紅外窗口 [天文]

infusorial earth　矽藻土 [地質]

ingredient of coal　煤岩成分 [地質]

ingression　海浸 [地質]

ingress　初切 [天文]

ingrown meander　深切河曲 [地質]

inherited meander　遺留曲流 [地質]

initial argon　初始氬 [地質]

initial condition　初始條件 [天文] [地質]

[氣象] [海洋]

initial detention　初期阻滯 [氣象]

initial dip　原始傾斜 [地質]

initial phase　初相位 [天文]

initial ratio　最初比例 [地質]

initial rise　初升 [天文] [地質]

initial zone　零時區 [天文]

injection complex　貫入雜岩 [地質]

injection gneiss　貫入片麻岩 [地質]

injection metamorphism　貫入變質 [地質]

injection　貫入 [地質]

inland ice　內陸冰 [地質]

inland lake　內陸湖 [地質]

inland sea　內陸海 [地質]

inland water　內陸水域 [地質]

inland　內陸 [地質]

inlet　進水道，入口 [地質]

inlier　內露層 [地質]

inline　主測線 [地質]

inner core　內核 [地質]

inner corona　內冕 [天文]

inner harbor　內港 [地質]

inner Lagrangian point　內拉格朗日點 [天文]

inner planet　內行星 [天文]

inner radiation belt　內輻射帶 [天文]

inner solar system　內太陽系 [天文]

inner waters　內陸水域 [地質]

Inner zone of Southwest Japan　日本西南部之內部地帶 [地質]

inoculating crystal　晶種，籽晶 [地質]

inorganic chert　無機燧石 [地質]

inorganic crystal chemistry　無機物晶體化學 [地質]

inorganic crystal material　無機結晶材料 [地質]

inosilicates　鏈狀矽酸鹽 [地質]

in-place　定點，原地 [海洋]

in-plane shear crack　平面剪切裂紋 [地質]

inselberg　島山 [地質]

insequent stream　斜向河 [地質]

insert bit　插式鑽頭 [地質]

inshore current　近岸流 [海洋]

inshore hydrography　近岸水文學 [海洋]

inshore zone　近岸區 [海洋]

inshore　近岸 [地質] [海洋]

insolation　日射，日照 [天文] [地質] [氣象]

insolation intensity　日照強度 [天文] [氣象]

insoluble residue　不溶殘渣 [地質]

inspissation　濃縮 [地質]

instability index　不穩定指數 [氣象] [地質] [氣象] [海洋]

instability line　不穩定線 [氣象]

instability　不穩定 [天文]

installation of oceanographic survey　海洋調查裝備 [海洋]

instantaneous latitude　瞬時緯度 [天文]

instantaneous longitude　瞬時經度 [天文]

instantaneous pole　瞬時極 [天文]

instrument of magneto-telluric method　地磁地電法儀器 [地質]

instrument truck　儀器車 [地質]

instrument weather　儀器飛行天氣 [氣象]

instrumental azimuth　儀器方位角 [天文]

instrumental profile　儀器輪廓 [天文]

instrumental seismology　儀器地震學 [地質]

intaglio　凹雕，凹板印刷 [地質]

intake　灌注量 [地質]

integrated brightness　累積亮度 [天文]

integrated color index　累積色指數 [天文]

integrated drainage　合併水系 [地質]

integrated magnitude　累積星等 [天文]

integrated radiation　累積輻射 [天文]

integrated spectrum　累積光譜 [天文]

intensity distribution　強度分佈 [地質]

intensity of gravity field　重力場強度 [地質]

intensity of rainfall　降雨強度 [氣象]

intensity of spectral line　譜線強度 [天文]

intensity of turbulence　亂流強度 [氣象]

intensity scale　震度分級 [地質]

intensity　強度，震度 [天文] [地質] [氣

象] [海洋]

interacting prominence　互擾日珥 [天文]

interannual variability　年際變率 [氣象]

interaquifer flow　層間流 [地質]

interbedded water　層間水 [地質]

interbedded　互層的 [地質]

intercalary day　閏日 [天文]

intercalary month　閏月 [天文]

intercalary year　閏年 [天文]

intercalary　插入的，添加的 [天文]

intercalation　夾層現象 [地質]

interception　截留，攔截 [地質]

interceptometer　截留計，截雨計 [氣象] [氣象]

intercloud discharge　雲間放電 [氣象]

intercloud gas　（星）雲際氣體 [天文]

intercloud medium　（星）雲際介質 [天文]

inter-combination　相互組合 [天文]

intercontinental geosyncline　陸間地槽 [地質]

intercrystalline nucleation　晶內成核 [地質]

intercrystalline strengthening　晶間強化 [地質]

intercrystalline structure　晶間組織 [地質]

interface exchange process　界面交換過程 [海洋] [地質] [氣象] [海洋]

interface　界面 [天文] [地質] [氣象] [海洋]

interfacial angle　晶面角，界面角 [地質]

interfacial geology　表土地質學 [地質]

interference ripple mark　干涉波痕 [地質]

interferometric binary　干涉雙星 [天文]

interflow　伏流水 [地質]

interfluve　河間地 [地質]

intergalactic absorption　星系際吸收 [天文]

intergalactic cloud　星系際雲 [天文]

intergalactic dust　星系際塵埃 [天文]

intergalactic gas　星系際氣體 [天文]

intergalactic matter　星系際物質 [天文]

intergalactic nebula　星系際星雲 [天文]

intergalactic space　星系際空間 [天文]

intergelisol　陳年凍層 [地質] [氣象]

interglacial period　間冰期 [地質]

intergranular cracking　晶間破裂 [地質]

intergranular crack　晶間裂紋 [地質]

inter-granular fracture　晶間斷裂 [地質]

intergranular texture　粒間組織 [地質]

intergrowth　共生，連晶 [地質]

interior contact　內切 [天文]

interior drainage　內陸水系 [地質]

interior planet　內行星 [天文]

interior solution　內解 [天文]

interior　內部 [地質]

interlobate moraine　間磧 [地質]

interlocking ring structure　連結環形構造 [天文]

interlocking　交錯，連鎖效應 [天文]

I

intermediate corona　居間日冕 [天文]

intermediate coupling　居間耦合 [天文]

intermediate current　中層流 [海洋]

intermediate earthquake　中度地震 [地質]

intermediate group　子夜星組 [天文]

intermediate igneous rock　中性火成岩 [地質]

intermediate layer　中間層 [地質]

intermediate morainemoraine　間磧 [地質]

intermediate orbit　中間軌道 [天文]

intermediate phase　居間相 [地質]

intermediate polarity　中間極性 [地質]

intermediate rock　中性岩 [地質]

intermediate synoptic observation　輔助天氣觀測 [氣象]

intermediate water　中間水體 [地質] [海洋]

intermittence time　間歇時間 [地質]

intermittent lake　間歇湖 [地質]

intermittent rain　間歇雨 [地質]

intermittent region　斷續區 [天文]

Intermittent spring　間歇泉 [地質]

intermittent stream　間歇河 [地質]

intermolecular Stark effect　分子際史塔克效應 [天文]

intermontane basin　山間盆地 [地質]

intermontane glacier　山間冰川 [地質]

intermontane plain　山間平原 [地質]

intermontane trough　山間槽地 [地質]

intermountain basin　山間盆地 [地質]

internal constitution　內部結構 [天文]

internal drift current　內部漂流 [海洋]

internal gravity wave　內重力波 [天文]

internal structure　內部結構 [天文]

internal tide　內潮 [海洋]

international analysis code　國際分析電碼 [氣象]

international atomic time　國際原子時 [天文]

International Brighness Coefficient　國際亮度係數 [天文]

international chart　國際海圖 [海洋]

international date line　國際換日線 [天文]

international ellipsoid　國際橢球體 [天文]

International geomagnetic reference field　國際地磁參考場 [地質]

International Geophysical Year　國際地球物理年 [地質]

international gravity standard network　國際重力標準網 [地質]

International Hydrography Organization　國際海道測量組織 [地質]

international index numbers　國際區站號 [氣象]

international latitude service　國際緯度服務 [地質]

international latitude station　國際緯度站 [地質]

International Polar Motion Service　國際極移服務 [地質]

International Quiet Sun Year　國際寧靜太陽年 [天文]

international reference atmosphere　國際參考大氣 [氣象]

international reference ionosphere　國際參考電離層 [氣象]

international relative sunspot number　國際相對太陽黑子數 [天文]

International Seismological Summary　國際地震彙編 [地質]

international standard atmosphere　國際標準大氣 [氣象]

international synoptic code　國際天氣電碼 [氣象]

international waters　國際海域 [海洋]

interpenetration twin　貫入雙晶 [地質]

interplanar spacing　晶面間距 [地質]

interplanetary astronomy　行星際天文學 [天文]

interplanetary current sheet　行星際電流片 [天文]

interplanetary dust　行星際塵埃 [天文]

interplanetary filament　行星際纖維 [天文]

interplanetary magnetic field　行星際磁場 [天文]

interplanetary matter　行星際物質 [天文]

interplanetary medium　行星際介質 [天文]

interplanetary meteor　行星際流星 [天文]

interplanetary physics　行星際物理學 [天文]

interplanetary scintillation　行星際閃爍 [天文]

interplanetary sector　行星際扇形區 [天文]

interplanetary shock　行星際衝擊波 [天文]

interplanetary space physics　行星際空間物理學 [天文]

interplanetary space　行星際空間 [天文]

interplanetary　行星際的 [天文]

interplate earthquake　板塊間地震 [地質]

interplate geothermal belt　板塊間地熱帶 [地質]

interpluvial　間雨期的 [氣象]

interpretative petrology　解釋岩石學 [地質]

interpretative stratigraphy　解釋地層學 [地質]

interrelated disturbance　相關干擾 [氣象]

intersertal texture　充填組織 [地質]

interspace　間隙，星際 [天文] [地質]

interstadial period　次冰期 [氣象]

interstellar absorption　星際吸收 [天文]

interstellar carbon monoxide　星際一氧

I

化碳 [天文]

interstellar cloud 星際雲 [天文]

interstellar diffuse matter 星際彌漫物質 [天文]

interstellar dust 星際塵埃 [天文]

interstellar extinction 星際消光 [天文]

interstellar formaldehyde 星際甲醛 [天文]

interstellar gas 星際氣體 [天文]

interstellar grain 星際塵粒 [天文]

interstellar hydrogen 星際氫 [天文]

interstellar hydroxyl 星際羥基 [天文]

interstellar line 星際譜線 [天文]

interstellar magnetic field 星際磁場 [天文]

interstellar matter 星際物質 [天文]

interstellar medium 星際介質 [天文]

interstellar meteor 恆星際流星 [天文]

interstellar molecule 星際分子 [天文]

interstellar parallax 星際視差 [天文]

interstellar particle 星際質點 [天文]

interstellar polarization 星際偏振 [天文]

interstellar propagation of cosmic ray 宇宙線星際傳播 [天文]

interstellar radiation 星際輻射 [天文]

interstellar reddening 星際紅化 [天文]

interstellar rubidium 星際銣元素 [天文]

interstellar scintillation 星際閃爍 [天文]

interstellar space 星際空間 [天文]

interstellar stream 恆星際流星雨 [天文]

interstellar wind 星際風 [天文]

interstellar 星際的 [天文]

interstitial solid solution 填隙固溶體 [地質]

interstitial structure 間填構造 [地質]

interstitial water saturation 飽和間隙水量 [地質]

interstitial water 間隙水 [地質]

interstitial 間隙的 [天文]

interstratified clay mineral 間層黏土礦物 [地質]

interstratified mineral 層間礦物 [地質]

intertidal zone 潮間帶 [海洋]

intertropical convergence zone 間熱帶輻合區 [氣象]

intertropical front 間熱帶鋒 [氣象]

interval 間隔 [天文] [地質] [氣象] [海洋]

intracell 晶格內的 [地質]

intraclast 內碎屑物 [地質]

intracloud discharge 雲內放電 [氣象]

intra-cloud discharge 雲層內放電 [氣象]

intracloud 雲層內的 [氣象]

intracratonic basin 古陸盆地 [地質]

intracrustal 地殼內的 [地質]

intraformational breccia 層間角礫岩 [地質]

intraformational conglomerate 層間礫岩 [地質]

intraplate earthquake　板塊內地震 [地質]

intraplate geothermal system　板塊內地熱系統 [地質]

intraplate volcanism　板塊內火山活動 [地質]

intraplate volcano　板塊內火山 [地質]

intraplicate　內褶緣型 [地質]

intrastratal solution　層間溶液 [地質]

intratelluric　地內的 [地質]

intrazonal soil　隱域土，帶間土 [地質]

intrinsic brightness　本身亮度 [天文]

intrinsic luminosity　本身光度 [天文]

intrinsic magnitude　本身星等 [天文]

intrinsic reproducibility　固有重現性 [天文]

intrinsic variable star　內因變星 [天文]

intrusion of magma　岩漿侵入 [地質]

intrusion　侵入作用，入侵 [地質] [氣象]

intrusive body　侵入岩體 [地質]

intrusive rock　侵入岩 [地質]

intrusive　侵入的 [地質]

inundated area　氾濫區 [地質]

inundation　氾濫，洪水 [地質]

invariant latitude　不變緯度 [地質]

invasion　侵入 [地質] [氣象]

inverarite　鎳硫鐵礦 [地質]

Inverna　印佛那風 [氣象]

invernite　正斑花岡岩 [地質]

inverse dispersion　逆頻散 [地質]

inversion axis　倒轉軸 [地質]

inversion effect　逆轉效應 [地質]

inversion layer　逆溫層 [氣象]

inversion of relief　地形倒轉 [地質]

inversion　倒轉，倒置 [天文] [地質] [氣象] [海洋]

inverted plunge　倒轉傾沒 [地質]

inverted trough　倒槽，低壓槽 [氣象]

inverted-V event　倒 V 事件 [地質]

inverted　倒轉的 [地質]

inverting eyepiece　倒像目鏡 [天文]

investigation　調查，勘查 [地質] [海洋]

invisible companion　隱伴星 [天文]

invisible matter　不可見物質 [天文]

inwelling　海水倒灌 [地質]

inyoite　板棚鈣石 [地質]

iodargyrite　碘銀礦 [地質]

iodcarnallite　碘光鹵石 [地質]

iodchromate　碘鋁鈣石 [地質]

iodembolite　氯碘銀礦，鹵銀礦 [地質]

Iodine-Xenon dating method　碘氙法 [地質]

iodite　碘銀礦 [地質]

iodobromite　鹵銀礦，碘溴銀礦 [地質]

iodolaurionite　碘水鉛礦 [地質]

iodyrite　碘銀礦 [地質]

ioguneite　臭蔥石 [地質]

iolite　菫青石 [地質]

ion　離子 [天文] [地質] [氣象] [海洋]

ion chemistry　離子化學 [地質]

ion composition　離子成分 [地質]

ion cloud　離子雲 [天文]

I

ion column　離子柱 [天文]

ion crystal radiophysics　離子晶體放射物理學 [地質]

ion drag force　離子阻力 [地質]

ionic bond　離子鍵 [地質]

ionic crystal　離子晶體 [地質]

ionic lattice　離子晶格 [地質]

ionized layer　電離層 [氣象]

ionogram　電離圖解 [氣象]

ionopause　電離層頂 [氣象]

ionosonde　電離層探測器 [氣象]

ionosphere storm　電離層暴 [氣象]

ionosphere wave　電離層波 [氣象]

ionosphere　電離層 [氣象]

ionospheric absorption　電離層吸收 [氣象]

ionospheric current　電離層電流 [氣象]

ionospheric disturbance　電離層擾動，電離層干擾 [氣象]

ionospheric drift　電離層漂移，電離層飄遊 [氣象]

ionospheric dynamics　電離層動力學 [氣象]

ionospheric dynamo　電離層發電機 [氣象]

ionospheric eclipse　電離層食 [天文] [氣象]

ionospheric electric current　電離層電流 [氣象]

ionospheric electric field　電離層電場 [氣象]

ionospheric error　電離層誤差 [氣象]

ionospheric Faraday effect　電離層法拉第效應 [氣象]

ionospheric Faraday rotation　電離層法拉第旋轉 [氣象]

ionospheric focussing　電離層聚焦 [氣象]

ionospheric forecast　電離層預報 [氣象]

ionospheric heating　電離層加熱 [氣象]

ionospheric hole　電離層空洞 [氣象]

ionospheric index　電離層指數 [氣象]

ionospheric inhomogeneity　電離層不均勻性 [氣象]

ionospheric irregularity　電離層不規則率 [氣象]

ionospheric layer　電離層 [氣象]

ionospheric map　電離層圖 [氣象]

ionospheric modification　電離層改造 [氣象]

ionospheric morphology　電離層形態學 [氣象]

ionospheric path　電離層傳播途徑 [氣象]

ionospheric physics of equator　赤道電離層物理學 [氣象]

ionospheric physics　電離層物理學 [氣象]

ionospheric polarimeter　電離層偏振儀 [氣象]

ionospheric prediction　電離層預報 [氣象]

ionospheric probe　電離層探針 [氣象]

ionospheric probing instrument　電離層探測儀器 [氣象]

ionospheric probing　電離層探測 [氣象]

ionospheric recorder　電離層記錄器 [氣象]

ionospheric reflection　電離層反射 [氣象]

ionospheric refraction　電離層折射 [氣象]

ionospheric region　電離層區 [氣象]

ionospheric satellite observation　電離層衛星觀測 [氣象]

ionospheric satellite　電離層衛星 [氣象]

ionospheric scattering　電離層散射 [氣象]

ionospheric scatter　電離層散射 [氣象]

ionospheric scintillation　電離層閃光 [氣象]

ionospheric sounding　電離層探測 [氣象]

ionospheric storm　電離層暴 [氣象]

ionospheric structure　電離層結構 [氣象]

ionospheric substorm　電離層亞暴 [氣象]

ionospheric tide　電離層潮 [氣象]

ionospheric wave　電離層波 [氣象]

ionospheric　電離層的 [氣象]

iosene　晶蠟石 [地質]

iosiderite　方鐵礦 [地質]

iozite　方鐵礦 [地質]

Io　埃歐，木衛一 [天文]

IP method　感應極化法 [地質]

IRC source　IRC 源 [天文]

iridescent cloud　彩雲 [氣象]

iridosmine　銥鋨礦 [地質]

iriginite　黃鉬鈾礦 [地質]

irinite　鈰釷鈉鈦礦 [地質]

iris microphotometer　光瞳測微光度計 [天文]

iris photometer　光瞳光度計 [天文]

irisation　雲彩 [氣象]

irising　生暈 [氣象]

iris　虹膜，光圈，暈色 [天文] [地質] [氣象]

irite　雜銥鉻礦 [地質]

IRM: isothermal remanent magnetization　等溫剩磁 [地質]

Irminger Current　伊明格海流 [海洋]

iron alum　鐵明礬 [地質]

iron deposit　鐵礦床 [地質]

iron glance　鏡鐵礦 [地質]

iron hat　鐵帽 [地質]

iron meteorite　鐵隕石 [天文] [地質]

iron mica　鐵雲母 [地質]

iron mineral　鐵礦物 [地質]

iron ore　鐵礦 [地質]

iron pan　鐵盤 [地質]

iron pyrite　黃鐵礦 [地質]

iron sand　鐵砂 [地質]

iron spar　菱鐵礦 [地質]

I

iron sulfide deposit 硫化鐵礦床 [地質]

iron wind 鐵風 [氣象]

ironbound 崎嶇 [地質]

ironstone 含鐵礦石 [地質]

iron-stony meteorite 鐵石隕石 [地質]

irosita 銥銥礦 [地質]

irradiation 照射，輻射 [天文] [地質] [氣象]

irregular galaxy 不規則星系 [天文]

irregular iceberg 不規則冰山 [海洋]

irregular nebulae 不規則星雲 [天文]

irregular nebula 不規則星雲 [天文]

irregular pulsation 不規則脈動 [天文] [地質]

irregular satellite 不規則衛星 [天文]

irregular variable star 不規則變星 [天文]

irrotational strain 無旋應變 [地質]

irruption vein 侵入脈 [地質]

irvingite 鈉鋰雲母 [地質]

isabellite 鹼錳閃石 [地質]

isallobaric high 正變壓中心 [氣象]

isallobaric low 負變壓中心 [氣象]

isallobaric maximum 最大正變壓 [氣象]

isallobaric minimum 最小正變壓 [氣象]

isallobaric wind 等變壓風 [氣象]

isallobaric 等變壓的 [氣象]

isallobar 等變壓線 [氣象]

isallohypsic wind 等變高風 [氣象]

isallotherm 等變溫線 [氣象]

isanabation 等上升速度 [氣象]

isanabat 等垂直風速線 [氣象]

isanakatabar 等氣壓變差線 [氣象]

isanemone 等風速線 [氣象]

isanomalous line 等距平線 [氣象]

isanomaly 等距平線 [氣象]

isanomal 等距平 [氣象]

isarithm 等值線 [天文] [地質] [氣象] [海洋]

isaurore 極光等頻線 [地質]

ischelite 雜鹵石 [地質]

isenite 霞閃粗安岩 [地質]

isentropic chart 等熵圖 [氣象]

isentropic condensation level 等熵凝結高度 [氣象]

isentropic mixing 等熵混合 [氣象]

isentropic thickness chart 等熵厚度圖 [氣象]

isentropic weight chart 等熵重量圖 [氣象]

isepire 等降水陸性率 [氣象]

iserine 低鐵金紅石 [氣象]

ishikawaite 鈦鐵砂 [地質]

ishkyldite 絹蛇紋石 [地質]

isinglass 雲母片 [地質]

island arc geothermal zone 島弧地熱帶 [地質] [海洋]

island arc 島弧 [地質] [海洋]

island chain 島鏈 [地質] [海洋]

island chart 島嶼圖 [地質] [海洋]

island mountain 島山 [地質] [海洋]

island mount　島山 [地質] [海洋]

island shelf　島棚 [地質] [海洋]

island slope　島坡 [地質] [海洋]

island universe　島宇宙 [天文]

islandology　島嶼學 [地質] [海洋]

island　島 [地質] [海洋]

isle　島 [地質] [海洋]

isoanakatabar　等氣壓較差線 [氣象]

isobaric chart　等壓線圖，等壓面圖 [氣象]

isobaric contour chart　等壓高度圖 [氣象]

isobaric divergence　等壓輻散 [氣象]

isobaric equivalent temperature　等壓相當溫度 [氣象]

isobaric map　等壓線圖 [氣象]

isobaric surface　等壓面 [氣象]

isobaric topography　等壓高度型 [氣象]

isobaric vorticity　等壓渦度 [氣象]

isobaric　等壓的 [氣象]

isobar　等壓線 [氣象]

isobases　等基線 [地質]

isobathytherm　等溫深度線 [海洋]

isobath　等深線 [海洋]

isobront　等雷線 [氣象]

isocarb　等碳線 [地質]

isoceraunic line　等雷頻線 [氣象]

isochasm　極光等頻線 [地質] [氣象]

isochemical metamorphism　等化學變質 [地質]

isochemical series　等化學岩系 [地質]

isochion　等雪線 [氣象]

isochron method　等時線法 [天文]

isochronal method　等流時法 [地質] [海洋]

isochrone line　等齡線 [天文]

isochrone plane　等時面 [天文]

isoclase　水磷鈣石 [地質]

isoclinal chart　等傾圖 [地質]

isoclinal fold　等斜褶皺 [地質]

isoclinal line　等傾線 [地質]

isoclinal　等傾的 [地質]

isocline plane　等斜平面 [地質]

isocline　等傾線 [地質]

isoclinic chart　等傾線圖 [地質]

isoclinic line　等磁傾線 [地質]

isoclinic　等傾的，等斜的 [地質]

isocryme　最冷期等水溫線 [氣象]

isodesmic structure　等鍵型構造 [地質]

isodrosotherm　等露點線 [氣象]

isodynam　等力線 [地質]

isoeral　等春溫線 [氣象]

isofacies map　等相圖 [地質]

isogeotherm　等地溫線 [地質]

isogonal　等磁偏線的 [地質]

isogonic chart　等磁偏線圖 [地質]

isogonic line　等磁偏線 [天文] [地質]

isogon　等磁偏線 [地質] [氣象]

isograd　等變質線 [地質]

isogram　等值圖，等值線 [天文] [地質] [氣象] [海洋]

isogrid　等網格差線 [地質]

I

isohaline　等鹽度線 [海洋]

isoheight　等高線 [地質]

isohel　等日照線 [氣象]

isohion　等雪深線，等雪日線 [氣象]

isohume　等溼度線 [氣象]

isohyetal line　等雨量線 [氣象]

isohyetal　等雨量的 [氣象]

isohyet　等雨量線 [氣象]

isohypse　等高線 [地質]

isohypsic chart　等高面圖 [氣象]

isohypsic surface　等高面 [地質] [氣象]

isokatanabar　等氣壓較差線 [氣象]

iso-keraunic line　等雷頻線 [氣象]

isokeraunic　等雷頻 [氣象]

isokinetic　等風速線 [氣象]

isolated peak-plain　孤峰平原 [地質]

isolated peak　孤峰 [地質]

isoline map　等值線圖 [地質]

isoline　等值線 [氣象]

isolith map　等岩圖 [地質]

isolith　等岩線 [地質]

isomagnetic chart　等磁圖 [天文] [地質]

isomagnetic line　等磁線 [地質]

isomagnetic　等磁的 [地質]

isomer　同分異構物 [地質] [氣象]

isomeric value　降水百分率 [氣象]

isomerism　同分異構性 [地質]

isometabole　等逐日變差線 [氣象]

isometeorograde　等氣象級值線 [氣象]

isometric drawing　等距畫法 [地質]

isometric system　等軸晶系 [地質]

isometrical drawing　等距畫法 [地質]

isometropal　等秋溫線 [氣象]

isomorphism　同形現象 [地質]

isomorphous　同形的 [地質]

isomorphous substitution　同形代替 [地質]

isoneph　等雲量線 [氣象]

isonif　等雪量線 [氣象]

isoombre　等蒸發線 [氣象]

isopach map　等厚圖 [地質]

isopachic　等厚的 [地質]

isopachous line　等厚線 [地質]

isopachyte　等厚線 [地質]

isopach　等厚線 [地質]

isopague　等凍期線 [氣象]

isopectics　同源線 [氣象]

isopics　同相的 [地質]

isopiestic surface　等壓面 [氣象]

isopiestics　等壓線 [氣象]

isopiestic　等壓的 [氣象]

isopleth of thickness　等厚度線 [氣象]

isopluvial　等雨量線 [氣象]

isopore　地磁等年變線 [地質]

isoporic line　地磁等年變線 [地質]

isoporic　地磁等年變線 [地質]

isopor　地磁等年變線 [地質]

isopotential level　等位面 [地質]

isopycnic level　等密高度 [氣象]

isopycnic　等密度的 [氣象]

isorotation　共轉 [天文]

isoseismal curve　等震曲線 [地質]

isoseismal line 等震線 [地質]

isoseismal 等震的 [地質]

isoseismic 等震的 [地質]

isoseisms 等震線 [地質]

isostasy gravity anomaly 均衡重力異常 [地質]

isostasy hypothesis 地殼均衡說 [地質]

isostasy 地殼均衡 [地質]

isostath 等密度線 [氣象]

isostatic adjustment 地殼均衡調整 [地質]

isostatic anomaly 地殼均衡異常 [地質]

isostatic compensation 均衡補償 [地質]

isostatic correction 地殼均衡修正 [地質]

isostatic geoid 均衡大地水平面 [地質]

isostatic gravity anomaly 均衡重力異常 [地質]

isostatic hypothesis 均衡假說 [地質]

isostatic theory 地殼均衡理論 [地質]

isostatics 均衡學 [地質] [氣象]

isostatic 地殼均衡的 [地質]

isostructural 等構造的 [地質]

isotach chart 等風速線圖 [氣象]

isotach 等風速線 [氣象]

isotac 等解凍線 [氣象]

isothene 等氣壓平衡線 [氣象]

isothere 等夏溫線 [氣象]

isotherm 等溫線 [天文] [地質] [氣象] [海洋]

isotherm ribbon 等溫線密集帶 [氣象]

isothermal asymptotic surface 等溫漸近曲面 [氣象]

isothermal atmosphere 等溫大氣 [氣象]

isothermal change 等溫變化 [氣象]

isothermal chart 等溫圖 [氣象]

isothermal core 等溫核心 [天文]

isothermal equilibrium 等溫平衡 [氣象]

isothermal jump 等溫跳變 [天文]

isothermal layer 等溫層 [氣象]

isothermal line 等溫線 [氣象]

isothermal remanent magnetization 等溫剩磁 [地質]

isothermal surface 等溫面 [氣象]

isothermal transformation 等溫變換 [氣象]

isothermality 等溫性 [氣象]

isothermal 等溫的 [氣象]

isothermic surface coordinates 等溫面座標 [氣象]

isothermobath 等水溫線 [海洋]

isothermobrose 平均夏雨等值線 [氣象]

isothermosphere 等溫層 [氣象]

isotherm 等溫線 [氣象]

isothyme 等蒸發線 [氣象]

isotimic line 等值線 [氣象]

isotimic surface 等值面 [氣象]

isotonicity 等滲性，等張性 [海洋]

isotope 同位素 [天文] [地質]

isotope chronology 同位素年代學 [地質]

isotope fractionation 同位素分化作用

[地質]

isotope geochemical anomaly　同位素地球化學異常 [地質]

isotope geochemistry　同位素地球化學 [地質]

isotope geochronology　同位素地質年代學 [地質]

isotope geology　同位素地質學 [地質]

isotope hydrology　同位素水文學 [地質]

isotope marine chemistry　同位素海洋化學 [海洋]

isotopes of cosmic ray heavy nuclei　宇宙線重核同位素 [天文]

isotopic age determination　同位素地質年齡測定 [地質]

isotopic evolution　同位素演變 [地質]

isotopic geochronology　同位素地質年代學 [地質]

isotopic geological age　同位素地質年齡 [地質]

isotopic geology　同位素地質學 [地質]

isotopic geoscience　同位素地球科學 [地質]

isotopic geothermometer　同位素地球溫度計 [地質]

isotopic hydrology　同位素水文學 [地質]

isotrimorphism　同三晶形 [地質]

isotrope　各向同性，均向性，均質 [地質]

isotropic fabric　均質岩組 [地質]

isotropic universe　各向同性宇宙 [天文]

isotype　代表統計數字的圖表或計號 [地質]

isotypic　同型的，構造同型 [地質]

isovelocity　等速 [氣象]

ISS: Inertial surveying system　慣性測量系統 [地質]

ISS: International Seismological Summary　國際地震彙編 [地質]

issite　暗閃輝長岩 [地質]

issue　出口，論點 [地質]

isthmian　地峽的 [地質]

isthmic　地峽的 [地質]

isthmus　地峽 [地質]

istisuite　鈣閃石 [地質]

itabirite　鐵英岩 [地質]

itacolumite　可彎砂岩 [地質]

italite　粗白榴岩 [地質]

iterative method　疊代漸近法 [天文]

ittnerite　變藍方石 [地質]

ivaarite　鈦榴石 [地質]

ivanovite　水硼氯鈣石 [地質]

ivernite　二長斑岩 [地質]

ivigtite　絲雲母 [地質]

Ivory coast tektite　象牙海岸玻隕石 [地質]

ixiolite　錫鐵鉭礦 [地質]

ixolyte　紅蠟石 [地質]

J j

jacinth　紅鋯石 [地質]

jack　插口，千斤頂 [地質]

jacobsite　錳鐵礦 [地質]

jacupirangite　鈦鐵霞輝岩 [地質]

jadeite　輝玉，硬玉，翡翠 [地質]

jadeolite　含鉻正長岩 [地質]

jadestone　硬玉，翡翠 [地質]

jade　玉 [地質]

jadite　硬玉，翡翠 [地質]

jalpaite　輝銅銀礦 [地質]

jamesonite　脆硫銻鉛礦，羽毛礦 [地質]

janite　紅軟綠脫石 [地質]

janosite　葉綠礬 [地質]

janowaite　紅軟綠脫石 [地質]

January thaw　一月解凍 [氣象]

Janus　傑納斯，土衛十 [天文]

Japan current　日本洋流 [海洋]

Japan Trench　日本海溝 [地質]

jargon　黃鋯石 [地質]

jargoon　黃鋯石 [地質]

jarlite　氟鋁鈉鍶石 [地質]

jarosite　黃鉀鐵礬 [地質]

jaspagate　瑪瑙碧玉 [地質]

jasperite　碧玉 [地質]

jasperoid　碧玉狀 [地質]

jasper　碧玉 [地質]

jasper opal　碧玉蛋白石 [地質]

jaspilite　碧玉鐵質岩 [地質]

jaspis　碧玉 [地質]

jaspoid　似碧玉，碧石類 [地質]

jauch　焦克風 [氣象]

jauk　焦克風 [氣象]

javaite　爪哇玻璃石 [地質]

JD: Julian date　儒略日期 [天文]

Jeans length　金斯長度 [天文]

Jeans mass　金斯質量 [天文]

Jeans wavelength　金斯波長 [天文]

JED: Julian ephemeris date　儒略曆書日
　期 [天文]

jefferisite　水蛭石 [地質]

jeffersonite　錳鋅輝石 [地質]

Jeffreys-Bullen travel time table　傑佛瑞
　斯-布倫走時表 [地質]

jelly　凝膠 [地質]

jentschite　輝砷銀鉛礦 [地質]

jeremejevite　硼鋁石 [地質]

jet bit 噴射式鑽頭 [地質]

jet effect wind 噴流效應風 [氣象]

jet galaxy 噴射星系 [天文]

jet shale 煤玉頁岩 [地質]

jet stream 噴流 [天文] [氣象]

jetty 防波堤，碼頭 [地質] [海洋]

jet 黑玉，噴流 [地質] [氣象]

Jevons effect 吉文思效應 [氣象]

Jew stone 猶太石層 [地質]

jewel 寶石 [地質]

jewstone 白鐵礦 [地質]

jezekite 氟磷鈉石 [地質]

Jilin meteorite 吉林隕石 [地質]

Jinning movement 晉寧運動 [地質]

Jixian group 薊縣群 [地質]

Jixian movement 薊縣運動 [地質]

jixianite 薊縣礦，水鐵鎢鉛礦 [地質]

jj-coupling! jj 耦合 [天文]

joaquinite 矽鈉鋇鈦石 [地質]

Johann crystal geometry 約翰晶體幾何學 [地質]

johannite 鈾銅礬 [地質]

johannsenite 錳鈣輝石 [地質]

Johannson crystal geometry 詹森晶體幾何學 [地質]

John O'Groats sandstone 約翰歐格羅斯砂岩 [地質]

johnite 綠松石 [地質]

johnstrupite 氟矽鈰鈦礦 [地質]

joint set 節理組 [地質]

joint system 節理系 [地質]

joint vein 節理岩脈 [地質]

jointor plano 節理面 [地質]

jointing 節理作用 [地質]

joint 節理 [地質]

joran 喬蘭風 [氣象]

Jordan sunshine recorder 約旦日照計 [天文]

jordanite 銻硫砷鉛礦 [地質]

jordisite 膠硫鉬礦 [地質]

joseite 碲鉍礦 [地質]

josen 晶蠟石 [地質]

josephinite 鎳鐵礦 [地質]

Jovian atmosphere 木星大氣 [天文]

Jovian bow shock 木星弓形震波 [天文]

Jovian cloud layer 木星雲層 [天文]

Jovian current sheet 木星電流片 [天文]

Jovian low-energy plasmas 木星低能電漿 [天文]

Jovian magnetopause 木星磁層頂 [天文]

Jovian magnetosphere 木星磁層 [天文]

Jovian magnetotail 木星磁尾 [天文]

Jovian planet 類木行星 [天文]

Jovian plasma sheet 木星電漿片 [天文]

Jovian plasma trough 木星電漿槽 [天文]

Jovian plasmasphere 木星電漿層 [天文]

Jovian ring current region 木星環電流區 [天文]

Jovian ring 木星環 [天文]

Jovian satellite 木星衛星 [天文]

J

Jovian Van Allen belt 木星范艾倫帶 [天文]

Jovian 木星的 [天文]

juanite 水黃長石 [地質]

juddite 富錳閃石 [地質]

juicy 多肉的，多汁的 [地質]

jujuite 蛋白銻鐵礦 [地質]

Julian calendar 儒略曆 [天文]

Julian century 儒略世紀 [天文]

Julian date 儒略日期 [天文]

Julian day number 儒略日數 [天文]

Julian day 儒略日 [天文]

Julian ephemeris century 儒略曆書世紀 [天文]

Julian ephemeris date 儒略曆書日期 [天文]

Julian epoch 儒略紀元 [天文]

Julian era 儒略紀元 [天文]

Julian period 儒略週期 [天文]

Julian year 儒略年 [天文]

julianite 砷黝銅礦 [地質]

julienite 硫氰鈉鈷石，毛氰鈷礦 [地質]

jumillite 透長金雲鹼斑岩 [地質]

junction streamer 接合閃流 [氣象]

junction 連接，合流點 [地質]

June solstice 夏至 [天文]

junk wind 利舶風 [氣象]

Juno 婚神星（3 號小行星）[天文]

junta 瓊塔風 [氣象]

Jupiter III 木衛三 [天文]

Jupiter's atmospheric circulation 木星大氣環流 [天文]

Jupiter's exploration 木星探測 [天文]

Jupiter's family of comets 木星族彗星 [天文]

Jupiter's halo 木星暈 [天文]

Jupiter's inner magnetosphere 木星內磁層 [天文]

Jupiter's irregular satellites 不規則木衛系統 [天文]

Jupiter's plasma wave 木星電漿波 [天文]

Jupiter's primary ring 木星主環 [天文]

Jupiter's radiation belt 木星輻射帶 [天文]

Jupiter's radio emission 木星無線電發射 [天文]

Jupiter's regular satellites 規則木衛系統 [天文]

Jupiter's ring 木星環 [天文]

Jupiter 木星 [天文]

juran 侏羅風 [氣象]

Jurassic period 侏儸紀 [地質]

Jurassic system 侏儸系 [地質]

Jura 侏儸紀 [地質]

jurupaite 鎂硬矽鈣石 [地質]

justite 鋅鐵黃長石 [地質]

juvenile gas 初生氣，岩漿氣體 [地質]

juvenile water 原生水 [地質]

juxtaposition twins 接觸雙晶 [地質]

J

K k

K corona　K 日冕 [天文]

K coronameter　K 冕光度計 [天文]

K-effect　K 效應 [天文]

K index　K 指數 [地質]

K parameter　K 參數 [地質]

K precision parameter　K 精度參數 [地質]

K star　K 型星 [天文]

K theory of turbulence　亂流 K 理論 [氣象]

K-Ar dating　鉀—氬定年 [地質]

K-bentonite　鉀膨土，鉀膨潤石 [地質]

K-correction　K 修正 [天文]

kaavie　卡偉雪 [氣象]

kaemmererite　鉻綠泥石 [地質]

kaersutite　鈦閃石，鈦角閃石 [地質]

kainite　鉀鹽鎂礬 [地質]

kainosite　鈣釔鈰礦 [地質]

kainotype　新相 [地質]

Kainozoic era　新生代 [地質]

Kainozoic　新生代 [地質]

kaiwekite　閃輝粗面岩 [地質]

kakirite　角礫破碎岩 [地質]

kakochlor　鈷錳土 [地質]

kal Baisakhi　卡白沙幾颮 [氣象]

kalgoorlite　碲金銀汞礦 [地質]

kali saltpeter　鉀硝石 [地質]

kaliakerite　鉀英輝正長岩 [地質]

kalialaskite　鉀質白崗岩 [地質]

kaliborite　硼鉀鎂石 [地質]

kalicinite　重碳鉀石，重碳鉀鹽 [地質]

kalinite　纖鉀明礬 [地質]

kaliophilite　鉀霞石 [地質]

kalkowskite　鈰鈦鐵礦 [地質]

kalsilite　六方鉀霞石 [地質]

kalunite　鉀明礬石 [地質]

kamacite　鐵紋石，鎳鐵礦 [地質]

kamarezite　水銅礬 [地質]

kambaraite　蒲原酸性黏土 [地質]

kame terrace　冰礫階地，冰礫台地 [地質]

kame　冰礫阜，冰磧阜 [地質]

kampylite　砷鉛礦 [地質]

Kamuikotan belt　卡莫口田帶 [地質]

kandite　高嶺土類，高嶺石群 [地質]

Kansan glaciation　堪薩冰川作用 [地質]

K

Kanto loam 岃圖壤土 [地質]

Kant-Laplace nebular theory 康得一拉普拉斯星雲說 [天文]

kaolinite 高嶺土，高嶺石 [地質]

kaolinization 高嶺石化，高嶺土化 [地質]

kapnicite 銀星石 [地質]

kapnite 鐵菱鋅礦 [地質]

karaburan 黑風暴 [氣象]

karachaite 絲蛇紋石 [地質]

karajol 卡拉喬爾風 [氣象]

karamsinite 透閃石 [地質]

kararfveite 獨居石 [地質]

karema wind 卡瑞瑪風 [氣象]

karif 卡立夫風 [氣象]

karlsteinite 高鉀花岡岩，富鉀花岡岩 [地質]

Karnian 卡尼階 [地質]

karphostilbite 桿沸石 [地質]

karpinskyite 雜針柱蒙脫石 [地質]

karren 岩溝 [地質]

karrooite 板鈦鎂礦 [地質]

karst aquifer 喀斯特含水層 [地質]

karst base level 喀斯特侵蝕基準 [地質]

karst basin 喀斯特盆地 [地質]

karst breccia 喀斯特角礫岩 [地質]

karst collapse 喀斯特塌陷 [地質]

karst depression 喀斯特窪地 [地質]

karst engineering geology 喀斯特工程地質學 [地質]

karst environment 喀斯特環境 [地質]

karst fenster 喀斯特窗

karst geology 喀斯特地質學 [地質]

karst geomorphology 喀斯特地貌學 [地質]

karst geomorphy 喀斯特地貌 [地質]

karst hills 喀斯特丘陵 [地質]

karst hydrogeology 喀斯特水文地質學 [地質]

karst hydrologic system 喀斯特水文系統 [地質]

karst hydrology 喀斯特水文學 [地質]

karst lake 喀斯特湖 [地質]

karst landform 喀斯特地形 [地質]

karst landscape 喀斯特景觀 [地質]

karst phenomena 喀斯特現象 [地質]

karst plain 喀斯特平原 [地質]

karst ponds 喀斯特池沼

karst process 喀斯特作用 [地質]

karst spring 喀斯特泉 [地質]

karst topography 喀斯特地形 [地質]

karst valley 喀斯特河谷 [地質]

karst water table 喀斯特地下水面 [地質]

karst water 喀斯特水 [地質]

karst window 喀斯特窗

karstification 喀斯特作用 [地質]

karstin 錳硬綠泥石 [地質]

karstology 喀斯特學 [地質]

karst 喀斯特 [地質]

kar 冰斗 [地質]

kasoite 鉀鋇長石 [地質]

K

kasolite　矽鉛鈾礦 [地質]

kasparite　鈷鎂明礬 [地質]

kassaite　藍方閃輝長斑岩 [地質]

katabaric　降壓的，減壓 [地質]

katabatic wind　下坡風 [地質]

katabugite　紫蘇閃長岩 [地質]

katafront　下滑鋒 [地質]

katagneiss　深變片麻岩 [地質]

katallobaric center　降壓中心 [氣象]

katallobaric　降壓的 [氣象]

katallobar　降壓線 [地質]

katamorphism　破碎變質作用，分化變質 [地質]

kataphalanx　冷鋒面 [氣象]

kataseism　向源振動 [地質]

katophorite　紅鈉閃石 [地質] [地質]

katoptrite　黑矽銻錳礦，矽鋁鐵錳礦 [地質]

katungite　黃長白榴斑岩 [地質]

kauaiite　鹼明礬，橄輝閃長岩 [地質]

kaukasite　閃長花岡質岩 [地質]

kaustobiolite　可燃性生物岩 [地質]

kaus　考斯風 [氣象]

kayserite　片鋁石，硬水鋁石 [地質]

Kazanian　喀山，喀山階 [地質]

kazanskite　斜長橄欖岩，純欖岩 [地質]

keatingine　鋅錳輝石，鋅薔薇輝石 [地質]

keckle-meckle　貧鉛礦石 [地質]

kedabekite　榴鈣輝長岩 [地質]

keeleyite　輝銻鉛礦 [地質]

keel　脊，脊稜 [地質]

Keewatin age　基威丁期，基瓦丁期 [地質]

kehoeite　水磷鋅鋁礦，瑿磷鋅鋁石 [地質]

keilhauite　釔鈰橺石 [地質]

kellerite　銅鎂礬 [地質]

Kellner ocular　凱爾納目鏡，K型目鏡 [天文]

kelsher　開秀雨，開爾肖雨 [氣象]

Kelvin wave　克耳文波 [氣象] [海洋]

Kelvin-Helmholtz wave　克赫波 [氣象]

kemahlite　白榴二長斑岩 [地質]

kempite　水氯錳礦，氯氧錳礦 [地質]

Kennack gneiss　峇奈克片麻岩 [地質]

kennedyite　黑鎂鐵鈦礦 [地質]

Kennelly-Heaviside layer　甘赫層 [氣象]

Kenoran orogeny　峇諾朗造山運動 [地質]

kentallenite　橄欖二長岩 [地質]

kentrolite　矽鉛錳礦 [地質]

kentsmithite　黑釩砂岩 [地質]

kenyte　霞橄粗面岩，霞橄響斑岩 [地質]

Kepler motion　克卜勒運動 [天文]

Keplerian ellipse　克卜勒橢圓 [天文]

Keplerian motion　克卜勒運動 [天文]

Keplerian orbit　克卜勒軌道 [天文]

Keplerian rotation　克卜勒（式）轉動 [天文]

Keplerian telescope　克卜勒（式折射）望遠鏡 [天文]

K

Kepler's equations　克卜勒方程 [天文]

Kepler's laws of planetary motion　克卜勒行星運動定律 [天文]

Kepler's laws　克卜勒定律 [天文]

Kepler's nova　克卜勒新星 [天文]

Kepler's supernova　克卜勒超新星 [天文]

kerabitumen　油瀝青質，油母瀝青 [地質]

keramikite　菫青流紋岩 [地質]

keramite　多鋁紅柱石 [地質]

kerargyrite　角銀礦 [地質]

kerasine　角鉛礦 [地質]

keratite　角銀礦 [地質]

keratophyre　角斑岩 [地質]

keraunograph　天電儀，雷電儀 [氣象]

kerchenite　纖磷鐵礦 [地質]

kermes (kermesite)　紅銻礦 [地質]

kernbut　斷層（外）側丘 [地質]

kernel ice　殼粒冰 [地質]

kernite　四水硼砂，斜方硼砂，單斜硼砂 [地質]

kerogen shale　油頁岩 [地質]

kerogen　油母質 [地質]

kerolite　蠟蛇紋石，無序滑石 [地質]

kerosene shale　油頁岩，煤油頁岩 [地質]

Kerr black hole　克爾黑洞 [天文]

kerrite　黃綠雲母 [地質]

kersantite　雲斜煌岩 [地質]

kersanton　雲斜煌岩 [地質]

kerstenine　褐砷鐵礦 [地質]

kerstenite　黃硒鉛礦 [地質]

kesterite　鋅黃錫礦，硫銅錫鋅礦 [地質]

kettle fault　鍋狀斷層 [地質]

kettle hole　冰壺洞，鍋穴 [地質]

kettle moraine　冰壺磧，冰穴磧 [地質]

kettle　鍋穴，壺穴，冰壺 [地質]

kettnerite　氟碳鉍鈣石 [地質]

Keuper marl　考依波泥灰岩 [地質]

Keuper　考依波 [地質]

Kew pattern barometer　寇烏（式）氣壓計 [氣象]

Keweenawan　克維諾，基維諾 [地質]

keweenawite　砷銅鎳礦 [地質]

key bed　指標層，標準層，鍵層 [地質]

key day　徵兆日 [氣象]

key horizon　指標層，指示層，鍵層準 [地質]

key　礁灘 [地質]

khakassite　水鋁方解石 [地質]

khamsin　喀新風 [氣象]

khibinite　鈉閃異性正長岩 [地質]

khodnevite　錐冰晶石 [地質]

kibli　吉勃利風 [氣象]

kidney ore　腎狀礦石，腎鐵礦 [地質]

kidney stone　閃玉，腎鐵礦 [地質]

kiesel　矽質，石英 [地質]

kieserite　水鎂礬，硫鎂礬 [地質]

kieseritite　石鹽鎂礬 [地質]

kievite　鎂鐵閃石 [地質]

Kikuchi lines　菊池線 [地質]

K

kilaueite 玄閃斑岩 [地質]

kilbrickenite 塊輝銻鉛礦 [地質]

kilchoanite 直矽鈣石 [地質]

kilkenny coal 無煙煤 [地質]

killas 片板岩 [地質]

killinite 雜鋰輝塊雲母 [地質]

kilohertz 千赫 [天文] [地質] [氣象] [海洋]

kiloparsec 千秒差距 [天文]

kimberlite 角礫雲母橄欖岩，金伯利岩 [地質]

Kimmeridgian 啟莫里統 [地質]

Kimura term 木村項 [天文]

kimzeyite 鈣鋯榴石 [地質]

kinetics of crystallization 結晶動力學 [地質]

kingite 白水磷鋁石 [地質]

kink band 急折帶 [地質]

kinzigite 榴雲岩 [地質]

Kiowa shale 基奧瓦頁岩 [地質]

Kirchhoff's law 克希荷夫定律 [地質]

Kirkwood gaps 柯克伍德空隙 [天文]

kirovite 七水鎂鐵礬 [地質]

kirunavaarite 磁鐵岩 [地質]

kirwanite 纖綠閃石 [地質]

kir 含瀝青岩，硬化石油 [地質]

kite observation 風箏觀測 [氣象]

kite 輕型飛機，風箏，空飄雷達反射器 [氣象]

kjelsasite 正長閃長岩，英輝二長岩 [地質]

kjerulfine 氟磷鎂石 [地質]

kladnoite 銨基苯石 [地質]

klebelsbergite 黃銻礬 [地質]

kleinite 氯氫汞礦 [地質]

kliachite 膠鋁礦 [地質]

klintite 生物礁石灰岩 [地質]

klint 生物岩礁，鈣質岩礁 [海洋]

klippe 飛來峰，飛來層，孤殘層 [地質]

klockmannite 硒銅藍，硒銅礦 [地質]

kloof wind 克洛夫風 [氣象]

knauffite 釩銅礦 [地質]

knebelite 錳鐵橄欖石 [地質]

knick band 裂帶 [地質]

knick point 裂點，泥克點，遷急點 [地質]

knick zone 裂帶 [地質]

knife-edge test 刀口測試 [天文]

knik wind 尼克風 [氣象]

knollite 沸葉石 [地質]

knoll 圓丘，丘頂 [海洋]

knopite 鈰鈣鈦礦 [地質]

knot 海里，浬，節，結 [天文] [海洋]

knoxvillite （鉻）葉綠礬 [地質]

kobellite 硫銻鉍鉛礦 [地質]

Kochab 北極二 [天文]

kodurite 鉀長榴岩 [地質]

koechlinite 鉬鉍礦 [地質]

koellite 橄雲閃鹼脈岩 [地質]

koembang 孔邦風 [氣象]

koenenite 氯鋁鎂鈉石 [地質]

koettigite 水紅砷鋅石 [地質]

K

kohalaite　奧長安山岩 [地質]

Kohoutek comet　科胡特克彗星 [天文]

koivinite　磷鋁鈰礦 [地質]

koksharovite　鋁閃石 [地質]

koktaite　銨石膏 [地質]

kolbeckite　水磷鈧石 [地質]

kolovratite　釩鎳礦 [地質]

kolskite　雜鱗蛇紋石 [地質]

komatiite　科馬提岩 [地質]

kona cyclone　可那氣旋 [氣象]

kona storm　可那風暴 [氣象]

kona　可那風 [氣象]

kondrikite　鈰鈦鈉沸石 [地質]

kongsbergite　汞銀礦 [地質]

koninckite　磷鐵礦 [地質]

konisphere　塵層 [氣象]

konite　鎂白雲石 [地質]

konnarite　矽鎳礦 [地質]

Kootenai series　庫特內統 [地質]

Koppen-Supan line　柯本－蘇潘等溫線 [氣象]

koppite　重燒綠石 [地質]

kornelite　斜紅鐵礬 [地質]

kornerupine　柱晶石，綠硼鎂石 [地質]

kossava　可沙瓦風 [氣象]

kossmatite　軟脆雲母 [地質]

kotoite　粒鎂硼石，小藤石 [地質]

koutekite　六方砷銅礦 [地質]

Kp index　Kp 指數 [地質]

Krakatao wind　克拉卡托風 [氣象]

Kramer law　克拉茂定律 [天文]

kramerite　硼鈉鈣石 [地質]

krausite　鉀鐵礬 [地質]

kreittonite　富鐵鋅尖晶石 [地質]

krementschugite　鐵鱗綠泥石 [地質]

kremersite　鉀銨鐵鹽 [地質]

krennerite　直碲金礦 [地質]

kribergite　硫磷鋁石 [地質]

kroeberite　磁黃鐵礦 [地質]

krokidolite　纖鐵鈉閃石 [地質]

kroykonite　天體塵 [天文]

kryolithionite　鋰冰晶石 [地質]

kryptoclimate　室內氣候 [氣象]

kryptoclimatology　室內氣候學 [氣象]

kryptolith　獨居石 [地質]

kryptomere　隱晶岩 [地質]

kryptomerous　隱晶的 [地質]

kryptotilite　綠纖雲母 [地質]

kryptotil　綠柱晶石 [地質]

krystic geology　冰雪地質學 [地質] [氣象]

krystic　冰雪的 [地質] [氣象]

kryzhanovskite　水磷鐵錳石 [地質]

ktenasite　基性銅鋅礬 [地質]

K-term　K 項 [天文]

kubeite　方赤鐵礬 [地質]

Kuiper Belt　柯伊伯帶

Kuiper's star　柯伊伯星 [天文]

kukersite　庫克油頁岩 [地質]

kulaite　閃霞粒玄岩 [地質]

kullaite　斑狀閃長岩，微斜輝綠岩 [地質]

K

Kungurian stage　空谷爾階 [地質]

Kungurian　空谷爾期 [地質]

Kunming quasi-stationary front　昆明準滯留鋒 [氣象]

Kunyang group　昆陽群 [地質]

Kunyang series　昆陽系 [地質]

kunzite　紫鋰輝石 [地質]

kupfernickel　紅砷鎳礦 [地質]

Kupferschiefer　銅頁岩 [地質]

kupfferite　鎂角閃石 [地質]

kupletskite　錳星葉石 [地質]

kurgantaite　水硼鈣鍶石 [地質]

Kurile current　千島海流，親潮 [海洋]

kurnakite　雙錳礦 [地質]

kurnakovite　五水硼鎂石 [地質]

kuroko deposit　日本黑礦 [地質]

Kuroshio countercurrent　黑潮反流 [海洋]

Kuroshio Current　黑潮 [海洋]

Kuroshio extension　黑潮尾 [海洋]

Kuroshio system　黑潮系 [海洋]

Kuroshio　黑潮 [海洋]

kurskite　碳氟磷灰石 [地質]

kurumsakite　水釩鋁鋅石 [地質]

kuskite　方柱石英二長斑岩 [地質]

kustelite　金銀礦 [地質]

kutnahorite　錳白雲石 [地質]

kuttenbergite　鎂菱錳礦 [地質]

kvellite　橄閃正長煌斑岩 [地質]

kyanite　藍晶石 [地質]

kyanophilite　雜鈉白雲母，藍鋁石 [地質]

kyanotrichite　絨銅礦 [地質]

kyle　海峽 [地質]

kylindrite　圓柱錫礦 [地質]

kylite　橄欖鹼輝岩 [地質]

kyrosite　砷白鐵礦 [地質]

K

L

L group chondrite　低鐵群球粒隕石 [地質]

L wave　L 波 [地質]

La Plata sandstone　拉布拉他砂岩 [地質]

labbe　拉貝風 [氣象]

labite　鎂山軟木，溫石棉 [地質]

labradite　拉長岩 [地質]

Labrador current　拉布拉多海流 [海洋]

labrador spar　中鈣長石 [地質]

labradorescence　閃光變彩 [地質]

labradorite　中鈣長石，拉長石 [地質]

labradoritite　拉長岩 [地質]

Lacaille's constellation　拉凱勒星座 [天文]

laccolite　岩蓋 [地質]

Lacerta　蠍虎座 [天文]

lacroixite　錐晶石 [地質]

lacunaris　網狀雲 [氣象]

Lacus Somniorum　夢湖 [地質]

lacustrine deposit　湖沉積物 [地質]

lacustrine facies　湖相 [地質]

lacustrine sediment　湖成沉積物 [地質]

lacustrine soil　湖積土 [地質]

lacustrine　湖成的 [地質]

Lacus　月面湖 [天文] [地質]

Ladinian　拉丁尼階 [地質]

Lafond's tables　賴芳德表 [氣象]

lag deposit　滯留沉積 [地質]

lag fault　滯後斷層 [地質]

lag gravel　滯留礫石 [地質]

lagging of tides　落後潮 [海洋]

lagoon facies　潟湖相 [地質]

Lagoon Nebula (M8)　礁湖星雲 [天文]

lagoonal deposition　潟湖沉積 [地質]

lagoon　潟湖 [地質]

Lagrange's planetary equation　拉格朗日行星運動方程 [天文]

Lagrange　拉格朗日環形山 [天文]

Lagrangian current measurement　拉格朗日測流法 [海洋]

Lagrangian point　拉格朗日點 [天文]

lahar　火山泥流 [地質]

lake basin　湖盆 [地質]

lake breeze　湖風 [氣象]

lake circulation　湖水環流 [地質]

L

lake current　湖泊水流 [地質]

lake effect　湖泊效應 [氣象]

lake eutrophication　湖泊優氧化 [地質]

lake facies　湖相 [地質]

lake geography　湖泊地理學 [地質]

lake geological geomorphology　湖泊地質地貌學 [地質]

lake geomorphology　湖泊地貌學 [地質]

lake geomorphy　湖泊地貌 [地質]

lake hydrochemistry　湖泊水文化學 [地質]

lake hydrology　湖泊水文學 [地質]

lake ice　湖冰 [地質]

lake morphology　湖泊形態學 [地質]

lake of cold air　冷空氣湖 [氣象]

lake ore　湖成礦 [地質]

lake peat　湖泥炭 [地質]

lake plain　湖平原 [地質]

lake sediment　湖泊沉積物 [地質]

lake shoreline　湖岸線 [地質]

lake storage　湖泊蓄水量 [地質]

lake survey　湖泊測量 [地質]

lake typology　湖泊類型學 [地質]

lake water　湖水 [地質]

lake　湖泊 [地質]

LAM: limited area model　有限區域模型 [氣象]

lamb-blast　小春雪 [氣象]

lambda-type structure　λ字型構造 [地質]

Lambert albedo　朗伯反照率 [天文]

Lambert's projection　朗伯投影 [天文] [地質]

lambing storm　小春雪 [氣象]

lamb-shower　小春雪 [氣象]

lamb-storm　小春雪 [氣象]

lamellae　片晶，殼層，薄片 [地質]

lamellae　葉片狀，紋層狀 [地質]

lamellar crystal　片狀晶體 [地質]

lamellar growth　片狀生長 [地質]

lamellar lattice　片狀晶格 [地質]

lamellar structure　片狀結構 [地質]

laminated clay　紋泥 [地質]

lamina　疊層，薄片 [地質]

laminar flow　層流，片流 [天文] [氣象] [海洋]

lampadite　銅錳土 [地質]

lamprobolite　玄閃石 [地質]

lamprophyllite　閃葉石 [地質]

lamprophyre　煌斑岩 [地質]

lanarkite　黃鉛礦 [地質]

land and sea breeze　海陸風 [氣象]

land boundary survey　地界測量 [地質]

land breeze　陸風 [氣象]

land bridge　陸橋 [地質]

land evaporation　陸面蒸發 [地質]

land facet　土地刻面 [地質]

land form　地貌，地形 [地質]

land geomorphology　陸地地貌學 [地質]

land hemisphere　陸半球 [地質]

land hydrology　陸地水文學 [地質]

land ice　陸冰 [地質]

land mark　地標 [地質]

land pebble phosphate　陸地卵磷礦石 [地質]

land pebble　卵石土 [地質]

land sky　陸映空 [氣象]

land subsidence　地面沉降 [地質]

Landenian　藍登 [地質]

landerite　薔薇鈣鋁榴石 [地質]

landesite　褐磷錳鐵礦 [地質]

landfall　初見陸地 [地質]

landfast ice　岸冰 [地質]

landform assemblage　地貌組合 [地質]

landform forming process　地貌形成作用 [地質]

landform genesis　地貌成因 [地質]

landform series　地貌序列 [地質]

landform　地貌 [地質]

landlocked　陸圍的 [地質]

landmark　地標 [地質]

land-origin ice　岸源冰 [海洋]

landscape agate　風景瑪瑙 [地質]

landscape climatology　景觀氣候學 [氣象]

landscape geochemistry　景觀地球化學 [地質]

landscape geography　景觀地理學 [地質]

landscape map　地景圖 [地質]

landscape marble　風景大理岩 [地質]

landscape science　景觀學 [地質]

landscape sphere　景觀圈 [地質]

landscape　景觀，地景 [地質]

landslide recorder　滑坡記錄器 [地質]

landslide　山崩，地滑，滑坡，崩坍 [地質]

landslip　山崩 [地質]

land　陸地 [地質]

Lane-Emden equation　萊恩－埃姆登方程 [天文]

Lane-Emden function　萊恩－埃姆登函數 [天文]

Lane's law　萊恩定律 [天文]

lane　冰巷，航道 [氣象] [海洋]

langbanite　矽銻錳礦 [地質]

langbeinite　無水鉀鎂礬 [地質]

Langevin ion　朗日凡離子 [氣象]

langite　藍銅礬 [地質]

Langport bed　朗波特層 [地質]

lansan　蘭珊風 [氣象]

lansfordite　五水菱鎂礦 [地質]

lanthanite　鑭石 [地質]

lapidary　寶石的 [地質]

lapies　岩溝 [地質]

lapilli-tuff　火山礫凝灰岩 [地質]

lapilli　火山礫 [地質]

lapis lazuli　青金石 [地質]

lapse line　遞減線 [氣象]

lapse period　氣溫遞減時期 [氣象]

lapse rate　遞減率 [氣象]

lapse　遞減 [氣象]

Laramian sand　拉臘米砂層 [地質]

Laramide orogeny　拉臘米造山運動 [地質]

L

Laramide revolution 拉臘米變革 [地質]

Laramidian orogeny 拉臘米造山運動 [地質]

lardalite 歪霞正長岩 [地質]

larderillite 硼銨石 [地質]

lardite 凍石，塊滑石 [地質]

large coal 大塊煤 [地質]

large destructive earthquake 大破壞性地震 [地質]

large earthquake 大地震，強度地震 [地質]

Large Magellanic Cloud 大麥哲倫雲 [天文]

large scale disturbance 大尺度擾動 [地質]

large nuclei 凝結核 [海洋]

large watershed 大流域 [地質]

large-scale convection 大尺度對流 [氣象]

large-scale homogeneous surface 大尺度均勻光面 [地質]

large-scale magnetic field 大尺度磁場 [天文]

large-scale structure of universe 宇宙大尺度結構 [天文]

large-scale topographical map 大比例尺地形圖 [地質]

large-scale 大比例尺 [天文] [氣象]

larnite 斜矽鈣石 [地質]

larsenite 矽鉛鋅礦 [地質]

larvikite 鹼性正長岩 [地質]

Laschamp excursion 拉尚漂移 [地質]

laser absolute gravimeter 雷射絕對重力儀 [氣象]

laser alignment 雷射指向 [地質]

laser anemometer 雷射風速計 [氣象]

laser bathymetric survey 雷射水深測量 [地質]

laser ceilometer 雷射雲幕計 [氣象]

laser continuous-wave ranging 雷射連續波測距 [地質]

laser distance measuring instrument 雷射測距儀 [地質]

laser distance meter 雷射測距儀 [地質]

laser earthquake alarm 雷射地震警報器 [地質]

laser gravimeter 雷射重力儀 [地質]

laser gravitometer 雷射比重計 [地質]

laser infrared radar 雷射紅外線雷達 [地質]

laser radar 雷射雷達 [地質]

laser lunar ranging 雷射月球測距 [天文]

laser pulse ranging 雷射脈衝測距 [地質]

laser range finder 雷射測距儀 [地質]

laser ranger 雷射測距儀 [地質]

laser sounder 雷射測深儀 [海洋]

laser wave gauge 雷射測波儀 [海洋]

laser zenith telescope 雷射天頂儀 [天文]

last contact 複圓 [天文]

last quarter 下弦 [天文]

last snow　終雪 [氣象]

Late Cambrian Period　晚寒武紀 [地質]

Late Carboniferous Period　晚石炭紀 [地質]

Late Cretaceous Period　晚白堊紀 [地質]

Late Devonian Period　晚泥盆紀 [地質]

late frost　晚霜 [氣象]

Late Jurassic Period　晚侏儸紀 [地質]

Late Ordovician Period　晚奧陶紀 [地質]

Late Permian Period　晚二疊紀 [地質]

Late Silurian Period　晚志留紀 [地質]

Late Triassic Period　晚三疊紀 [地質]

latent heat　潛熱 [氣象]

lateral accretion　側向加積作用 [地質]

lateral canal　支渠 [地質]

lateral chromatic aberration　側向色差 [天文]

lateral cone　側火山錐 [地質]

lateral erosion　側蝕 [地質]

lateral flexure　側彎曲 [天文]

lateral moraine　側磧 [地質]

lateral planation　側夷作用 [地質]

lateral reflection　側反射 [地質]

lateral refraction　側折射 [地質]

lateral secretion　側分泌 [地質]

lateral shift　橫向偏移 [地質]

lateral wave　側向波 [地質]

lateral wind　側風 [氣象]

latest frost　終霜 [地質]

late-type galaxy　晚型星系 [天文]

late-type star　晚型星 [天文]

latite　二長安山岩，安粗岩 [地質]

latitude and longitude　經緯度 [天文] [地質] [氣象] [海洋]

latitude effect　緯度效應 [地質] [氣象]

latitude line　緯度線 [地質]

latitude service　緯度服務 [天文] [地質]

latitude station　緯度站 [天文] [地質]

latitude variation　緯度變化 [天文]

latitude　緯度 [天文] [地質] [氣象] [海洋]

latitudinal structural system　緯向構造體系 [地質]

latrappite　鈮鈣鈦礦 [地質]

latrobite　淡紅鈣長石 [地質]

lattice constant　晶格常數 [地質]

lattice defect　晶格缺陷 [地質]

lattice deformation　晶格變形 [地質]

lattice displacement　晶格位移 [地質]

lattice distortion　晶格變形 [地質]

lattice drainage pattern　格狀水系型 [地質]

lattice dynamics of crystal surface　晶體表面晶格動力學 [地質]

lattice dynamics of metal　金屬晶格動力學 [地質]

lattice dynamics of molecucrystals　分子結晶晶格動力學 [地質]

lattice dynamics　晶格動力學 [地質]

lattice imperfection　晶格缺陷 [地質]

lattice irregularity　晶格不規則性 [地質]

L

lattice mechanics　晶格力學 [地質]

lattice optics　晶格光學 [地質]

lattice orientation　晶格排列 [地質]

lattice parameter　晶格參數 [地質]

lattice plane　晶格面 [地質]

lattice point　晶格點 [地質]

lattice site　晶格點 [地質]

lattice specific heat　晶格比熱 [地質]

lattice stability　晶格穩定性 [地質]

lattice structure　晶格結構 [地質]

lattice theory　晶格學說 [地質]

lattice translation vector　晶格平移向量 [地質]

lattice vacancy　晶格空位 [地質]

lattice vibration　晶格振動 [地質]

lattice　晶格，格子 [地質]

latus rectum　正焦弦 [天文]

laubmannite　雜磷鐵礦 [地質]

Laue asterism　勞厄星芒 [地質]

Laue condition　勞厄條件 [地質]

Laue equation　勞厄方程 [地質]

Laue method　勞厄法 [地質]

Laue pattern　勞厄圖 [地質]

Laue plane　勞厄平面 [地質]

Laue theory　勞厄理論 [地質]

laueite　黃磷鐵錳石 [地質]

laumonite　濁沸石 [地質]

Laurasia old land　勞亞古陸 [地質]

Laurasia　勞亞古陸 [地質]

laurdalite　歪霞正長岩 [地質]

Laurentian granite　勞倫花岡岩 [地質]

Laurentian plateau　勞倫高原 [地質]

Laurentian shield　勞倫地盾 [地質]

laurionite　直徑氯鉛礦 [地質]

laurite　硫釕鋨礦 [地質]

laurvikite　歪鹼正長岩 [地質]

lautarite　碘鈣石 [地質]

lautite　輝砷銅礦 [地質]

lava blister　熔岩泡 [地質]

lava cone　熔岩錐 [地質]

lava dome　熔岩丘 [地質]

lava field　熔岩原 [地質]

lava flow　熔岩流 [地質]

lava fountain　熔岩泉 [地質]

lava lake　熔岩湖 [地質]

lava plateau　熔岩高原，熔岩台地 [地質]

lava stream　熔岩流 [地質]

lava tube　熔岩管 [地質]

lava　熔岩 [地質]

lavenite　鋯鈉石 [地質]

Laves phase　萊夫斯相 [地質]

law of conservation of angular

law of constant angle　定角定律 [地質]

law of planetary distance　行星距離定律 [天文]

law of rational indices　有理指數定律 [地質]

law of rational intercept　有理截距定律 [地質]

law of sea　海洋法 [海洋]

law of storm　風暴運行定律 [氣象]

law of superposition　疊置定律 [地質]

lawrencite　隕氯鐵 [地質]

lawsonite　硬柱石 [地質]

layer cloud　層狀雲 [氣象]

layer depth　層厚 [海洋]

layer height　氣層高度 [氣象]

layer lattice　層狀晶格 [地質]

layer line　層線 [地質]

layer of no motion　無運動層 [氣象]

layer silicate mineral　層狀矽酸鹽礦物 [地質]

layer silicate　層狀矽酸鹽 [地質]

layer structure　層狀結構 [地質]

layered basic intrusion　層狀基性分入岩體 [地質]

layered half-space　層狀半空間 [地質]

layered intrusion　層狀侵入體 [地質]

layering　成層 [地質]

layout　布置，配置 [地質]

lazulite　天藍石 [地質]

lazuli　青金岩 [地質]

lazurite　青金石 [地質]

L-B coordinate　L-B 座標 [地質]

LCL: lifting condensation level　抬升凝結高度 [氣象]

leached zone　淋溶帶 [地質]

leaching deposit　淋溶礦床 [地質]

leaching erosion　淋溶侵蝕 [地質]

lead　鉛，探勘指引區，超前，引水渠 [地質]

lead age　鉛齡 [地質]

lead deposit　鉛礦床 [地質]

lead glance　方鉛礦 [地質]

lead lane　冰間水道 [海洋]

lead ocher　鉛礬 [地質]

lead spar　白鉛礦 [地質]

lead vitriol　硫酸鉛礦 [地質]

lead zinc deposit　鉛鋅礦床 [地質]

lead-lead dating　鉛一鉛定年 [地質]

lead-zinc deposit　鉛一鋅礦床 [地質]

leader stroke　導閃擊 [氣象]

leadhillite　硫碳鉛礦 [地質]

leading beacon　定向標 [海洋]

leading stone　磁石 [地質]

leading sunspot　前導黑子 [天文]

leaf mold　腐葉土 [地質]

leaf temperature　葉溫 [氣象]

leakage halo　滲漏暈 [地質]

leaking mode　漏溢模態 [地質]

leaky mode　漏溢模態 [地質]

lean coal　貧煤 [地質]

leap day　閏日 [天文]

leap month　閏月 [天文]

leap second　閏秒 [天文]

leap year computation　閏年計算 [天文]

leap year　閏年 [天文]

lechatelierite　焦石英 [地質]

lecontite　鈉銨礬 [地質]

Leda　勒達，木衛十三 [天文]

Ledbury Shales　萊德伯裏頁岩 [地質]

ledge　礦脈，含礦岩層 [地質]

Ledian　列德期 [地質]

L

lee dune   背風沙丘 [地質]

lee side   背風面 [氣象]

lee tide   順風潮 [海洋]

lee trough   背風槽 [氣象]

lee wave   背風波 [氣象]

leeward tidal current   順風潮流 [海洋]

leeward tide   順風潮 [海洋]

leeway angle   風壓差角 [氣象]

lee   背風處 [地質] [氣象]

left bank   左岸 [地質]

left-handed crystal   左旋晶體 [地質]

legal geology   法律地質學 [地質]

legal time   法定時 [天文]

legal year   法定年 [天文]

legrandite   基性砷鋅石 [地質]

leg   底腳，邊，分支，航段 [地質]

lehiite   磷鈣鹼鋁石石 [地質]

leifite   白針柱石 [地質]

leightonite   鉀鈣銅礬 [地質]

Lemaitre cosmological model   勒梅特宇宙模型 [天文]

Lemaitre universe   勒梅特宇宙 [天文]

lengenbachite   輝砷銀鉛礦 [地質]

length of day   日照長度 [天文]

Lenham bed   倫哈姆層 [地質]

lens   透鏡，扁豆狀礦體 [地質]

lenticle   扁豆體，透鏡狀體 [地質]

lenticular cloud   莢狀雲 [氣象]

lenticular galaxy   透鏡狀星系 [天文]

lenticularis   莢狀雲 [氣象]

lentil   透鏡層，片 [地質]

Leo Minor   小獅座 [天文]

Leo Systems   獅子雙重星系 [天文]

Leonardian   累納德統 [地質]

leonhardite   黃濁沸石 [地質]

Leonids   獅子座流星群 [天文]

leonite   鉀鎂礬 [地質]

leopoldite   鉀鹽 [地質]

Leo   獅子座 [天文]

lepidoblastic   鱗片變晶狀的 [地質]

lepidocrocite   纖鐵礦 [地質]

lepidolite   鋰雲母 [地質]

lepidomelane   鐵鋰雲母 [地質]

leptite   長英麻粒岩 [地質]

leptogeosyncline   薄地槽 [地質]

lepton era   輕子時代 [天文]

Lepus   天兔座 [天文]

Lesser Cold   小寒 [天文]

Lesser dog   小犬座 [天文]

lesser ebb   小落潮流 [海洋]

lesser flood   小漲潮流 [海洋]

Lesser Fullness   小滿 [天文]

Lesser Heat   小暑 [天文]

Lesser Lion   小獅座 [天文]

leste   利斯泰風 [氣象]

letovicite   氫銨礬 [地質]

lettering of chart   海圖註記 [海洋]

leucite phonolite   白榴響岩 [地質]

leucite   白榴石 [地質]

leucitite   白榴岩 [地質]

leucitohedron   白榴石體 [地質]

leucitophyre   白榴斑岩 [地質]

L

leucochalcite　橄欖毛銅礦 [地質]

leucocrate　淡色岩 [地質]

leucophanite　白鈹石 [地質]

leucophosphite　淡磷鉀鐵礦 [地質]

leucophyre　淡色斑岩，槽化輝綠岩 [地質]

leucopyrite　斜方砷鐵礦 [地質]

leucosphenite　淡鋇鈦石 [地質]

leucoxene　白橍石，白鈦石 [地質]

levantera　利凡脫拉風 [氣象]

levante　利凡風 [氣象]

leveche　拉維奇風 [氣象]

level error　水準誤差 [天文]

level fold　水平褶皺 [地質]

level gauge　水平器 [地質]

level ice　平整冰 [海洋]

level instrument　水平儀 [地質]

level of free convection　自由對流高度 [氣象]

level of nondivergence　無輻散高度 [氣象]

level of saturation　飽和水平面 [地質]

level plane　水平面，水準面 [地質]

level surface　水平面，水準面 [地質]

leveling　水平儀測量 [地質]

level　水準儀，面，層，高度，準面 [地質]

levigelinite　均勻凝膠體 [地質]

levogyrate component　左旋子線 [天文]

levyne　插晶沸石 [地質]

levynite　插晶沸石 [地質]

Lewisian gneiss　路易士片麻岩 [地質]

lewisite　鈦銻鐵鈣石 [地質]

lewistonite　碳氟磷灰石 [地質]

Lexell's Comet　萊克塞爾彗星 [天文]

LHA: local hour angle　地方時角 [天文]

Li abundance　鋰豐度 [天文]

Liaoho group　遼河群 [地質]

Liaoning talc　遼寧滑石 [地質]

Lias　里阿斯 [地質]

lias　泥質灰岩 [地質]

libeccio　立貝久風 [氣象]

liberite　鋰鈹石 [地質]

libethenite　磷銅礦 [地質]

libration damping　天平動阻尼 [天文]

libration deviation　天平動偏異 [天文]

libration effect　天平動效應 [天文]

libration ellipse　天平動橢圓 [天文]

libration in latitude　緯度天平動 [天文]

libration in longitude　經度天平動 [天文]

libration point　天平動點 [天文]

libration　天平動 [天文]

Libra　天秤座 [天文]

lidar meteorology　光達氣象學 [氣象]

lid　大氣溫度逆增 [氣象]

LIDAR　雷射紅外線雷達 [地質]

liebigite　鈾鈣石 [地質]

life carrying capacity　生命承載能力 [天文] [地質]

lifelike earthquake engineering　救生地震工程 [地質]

L

lifting condensation level　抬升凝結高度 [氣象]

lifting　提升，抬升 [地質]

light air　軟風，一級風 [氣象]

light breeze　輕風，二級風 [氣象]

light bridge　亮橋 [天文]

light climate　光照氣候 [氣象]

light cross　光柱 [天文]

light curve　光變曲線 [天文]

light equation　光變方程 [天文]

light flash sensor　閃光式微流星探測器 [天文]

light freeze　輕凍 [氣象]

light frost　輕霜 [氣象]

light ion　輕離子 [氣象]

light mineral　輕礦物 [地質]

light of night sky　夜光 [天文]

light pillar　光柱 [氣象]

light rain　小雨 [氣象]

light ratio　光比 [天文]

Light Snow　小雪 [氣象]

light spot seismograph　光點地震儀 [地質]

light time　光時 [天文]

light year　光年 [天文]

lightning channel　閃道 [氣象]

lightning detection system　自動雷電探測系統 [氣象]

lightning discharge　閃電放電

lightning flash　閃光 [氣象]

lightning recorder　雷擊記錄器 [氣象]

lightning stroke　雷擊 [氣象]

lightning　閃電 [氣象]

light-red silver ore　淡紅銀礦 [地質]

light-ruby silver　淡紅銀礦 [地質]

lignite　褐煤 [地質]

lillianite　硫鉍鉛礦 [地質]

limb brightening　臨邊增亮 [天文]

limb darkening coefficient　臨邊昏暗係數 [天文]

limb darkening　臨邊昏暗 [天文]

limburgite　玻基輝橄岩 [地質]

limb　邊緣 [天文]

lime-silicatehornfels　鈣矽岩角頁岩 [地質]

limestone cave　灰岩洞 [地質]

limestone deposit　石灰岩沉積 [地質]

limestone pebble conglomerate　石灰質卵石礫岩 [地質]

limestone　石灰岩 [地質]

limit of atmosphere　大氣極限 [氣象]

limited area model　有限區域模式 [氣象]

limiting danger line　危險界線 [海洋]

limiting exposure　極限曝光時間 [天文]

limiting magnitude　極限星等 [天文]

limiting resolution　極限解析度 [天文]

limiting sphere　界限球 [地質]

limnimeter　水位計 [地質] [海洋]

limnogeology　湖沼地質學 [地質]

limnograph　自計水位計 [海洋]

limnological meteorology　湖沼生物氣象學 [氣象]

L

limnological survey　湖沼測量 [地質]

limnology　湖沼學 [地質]

limonite deposit　褐鐵礦礦床 [地質]

limonite　褐鐵礦 [地質]

linarite　青鉛礦 [地質]

Lincolnshire limestone　林肯郡灰岩 [地質]

lindackerite　水砷氫銅礦 [地質]

lindgrenite　鉬銅礦 [地質]

line absorption coefficient　譜線吸收係數 [天文]

line blanketing　譜線覆蓋 [天文]

line blow　強風 [氣象]

line broadening　譜線致寬 [天文]

line center　譜線中心 [天文]

line contour　譜線輪廓 [天文]

line core　譜線心 [天文]

line defect　線缺陷 [地質]

line displacement　譜線位移 [天文]

line formation　譜線形成 [天文]

line gale　二分點風暴 [氣象]

line identification　譜線識別 [天文]

line of apsides　拱線，遠近線 [天文]

line of collimation　準直線 [天文]

line of force　力線 [天文]

line of node　交點線 [天文]

line of strike　走向線 [地質]

line of vision　視線 [天文]

line profile　譜線輪廓 [天文]

line scattering coefficient　線散射係數 [天文]

line shift　譜線位移 [天文]

line spectrum　線光譜 [天文]

line splitting　譜線分裂 [天文]

line squall　線颮 [氣象]

line storm　二分點風暴 [氣象]

line wing　譜線翼 [天文]

lineage structure　線狀構造 [天文] [地質]

lineament　線狀構造 [天文] [地質]

linear cleavage　線狀劈理 [地質]

linear diameter　線直徑 [天文]

linear distance　線距 [天文]

linear feature　線性特徵 [地質]

linear flow structure　流線構造 [地質]

linear magnification　線性放大，單向放大率 [天文]

linear measurement　線性測量 [地質]

linear Stark effect　線性斯塔克效應 [天文]

linear structure　線性構造 [地質]

linearly polarized radiation　線偏振輻射 [天文]

linear　線性，線狀的 [天文] [地質] [氣象] [海洋]

lineation　線理，線狀構造 [地質]

line-of-sight velocity　視線速度 [天文]

line-of-sight　視線 [天文]

line　測線，線 [天文] [地質]

linguoid ripple mark　舌狀波痕 [地質]

Linke scale　林克標 [氣象]

linnaeite　硫鈷礦 [地質]

L

linneite 硫鈷礦 [地質]

Lion 獅子座 [天文]

Lipalian age 里帕利期 [地質]

liparite 石英流紋岩 [地質]

liptinite 類脂質，殼質組 [地質]

liptite 雜微殼素 [地質]

liptobiolite 殘植煤，殘留生物岩 [地質]

liptodetrinite 碎屑殼質體 [地質]

liquation 分熔作用 [地質]

liquefaction 液化 [地質] [氣象]

liquid crystal 液晶 [地質]

liquid encapsulation method 液體覆蓋法 [地質]

liquid filled porosity 充液孔隙性 [地質]

liquid immiscibility 液體不混合性 [地質]

liquid seal method 液封法 [地質]

liquid water content 液態水含量 [地質]

liroconite 水砷鋁銅礦，豆銅礦 [地質]

liskeardite 砷鐵鋁礦 [地質]

listwanite 滑石菱鎂片岩 [地質]

litharge 一氧化鉛，密陀僧 [地質]

lithian muscovite 鋰白雲母 [地質]

lithic graywacke 石質雜砂岩 [地質]

lithic sandstone 岩屑砂岩 [地質]

lithic tuff 石質凝灰岩 [地質]

lithic 岩屑的，石質的 [地質]

lithification 岩化作用 [地質]

lithionite 黑鱗雲母，鉀鐵雲母 [地質]

lithiophilite 磷錳鋰礦 [地質]

lithiophorite 鋰硬錳礦 [地質]

lithium deposit 鋰礦床 [地質]

lithium mica 鋰雲母 [地質]

lithium mineral 鋰礦物 [地質]

lithochemistry 岩石化學 [地質]

lithoclase 岩裂面 [地質]

lithofacies analysis 岩相分析 [地質]

lithofacies map 岩相圖 [地質]

lithofacies 岩相 [地質]

lithogenesy 岩石生成學 [地質]

lithogeochemigal survey 岩石地球化學探勘 [地質]

lithogeochemistry 岩石地球化學 [地質]

lithographic limestone 石印石灰岩 [地質]

lithographic texture 石印石組織 [地質]

lithologic unit 岩層單位 [地質]

lithology 岩石學 [地質]

lithomechanics 岩石力學 [地質]

lithophile element 親岩元素 [地質]

lithophile 親岩的，親石的 [地質]

lithophysa 石核桃，岩泡 [地質]

lithosiderite 石鐵隕石 [天文] [地質]

lithosol 石質土 [地質]

lithosphere 岩石圈 [地質]

lithostatic pressure 靜岩壓 [地質]

lithostratic unit 岩層單位 [地質]

lithostratigraphic unit 岩層單位 [地質]

lithostratigraphy 岩石地層學 [地質]

lithotope 沉積場所 [地質]

lithotype 岩型 [地質]

lit-par-lit 間層的 [地質]

L

Little Bear 小熊座 [天文]

little brother 小弟氣旋 [氣象]

Little Dipper 小熊座 [天文]

Little Fox 狐狸座 [天文]

Little Horse 小馬座 [天文]

little ice age 小冰河期 [地質]

littoral area 潮間區，沿岸區 [地質] [海洋]

littoral climate 海岸氣候 [氣象]

littoral condition 沿岸條件 [地質]

littoral current 沿岸流 [海洋]

littoral deposit 沿岸沉積物 [地質] [海洋]

littoral drift 沿岸泥沙流 [海洋]

littoral facies 濱海相 [地質]

littoral sediment 沿岸沉積 [地質]

littoral transport 沿岸搬運 [地質]

littoral zone 沿岸帶 [地質]

littoral 沿岸的，潮間的 [地質] [海洋]

living trace 生痕 [地質]

livingstonite 硫銻汞礦 [地質]

lizardite 蜥蛇紋石 [地質]

Llandoverian age 蘭多維列期 [地質]

llebetjado 李勃雅多風 [氣象]

LLR: laser lunar ranging 雷射月球測距 [天文]

load cast 荷重鑄型 [地質]

load metamorphism 荷重變質作用，深埋變質作用 [地質]

load regulation 負載調整 [地質]

loadstone 極磁鐵礦，磁石 [地質]

lobate rill mark 舌狀流痕 [地質]

lobe 瓣，舌形體，葉 [天文] [地質] [氣象] [海洋]

local apparent noon 地方視正午 [天文]

local apparent time 地方視時 [天文]

local base level 局部基準面 [地質]

local circulation 局部環流 [氣象]

local civil time 地方民用時 [天文]

local climate 局部氣候 [氣象]

local climatology 局地氣候學 [氣象]

local cluster of galaxies 本星系團 [天文]

local earthquaket 局部地震 [地質]

local effect 局部效應 [氣象]

local extra observation 當地另加觀測 [氣象]

local forecast 當地預報 [氣象]

local geology 地區地質學 [地質]

local gravity anomaly 局部重力異常 [地質]

local group of galaxies 本星系群 [天文]

local hour angle 地方時角 [天文]

local inflow 區間入流 [地質]

local lunar time 地方太陰時 [天文]

local magnetic disturbance 局部磁擾動 [天文] [地質]

local magnitude 地方震級 [地質]

local mean noon 地方平均正午 [天文]

local mean sea level 當地平均海面 [海洋]

local mean time 地方平時 [天文]

local meridian 地方子午圈 [天文]

L

local noon　地方正午 [天文]

local shock　局部地震 [地質]

local sidereal noon　地方恆星時正午 [天文]

local sidereal time　地方恆星時 [天文]

local standard of rest　本地靜止標準 [天文]

local star cloud　本星雲 [天文]

local star stream　本星流 [天文]

local storm　局部性風暴 [氣象]

local supercluster　本超星系團 [天文]

local supergalaxy　本超星系 [天文]

local temperature　局部溫度 [天文]

local thermodynamic equilibrium　局部熱力學平衡 [天文]

local time　地方時 [天文]

local true time　地方真時 [天文]

local weather forecasting　局部天氣預報 [氣象]

local wind　局部風 [氣象]

localized convective lifting　局部對流抬升 [氣象]

localized source　局部源 [天文]

locked fault　閉鎖斷層 [地質]

lodestone　磁鐵礦，天然磁石 [地質]

lode　礦脈 [地質]

lodos　洛多斯風 [氣象]

lodranite　橄欖古銅隕鐵 [地質]

loellingite　直砷鐵礦 [地質]

loess geomorphology　黃土地貌學 [地質]

loess geomorphy　黃土地貌 [地質]

loess kindchen　黃土結核 [地質]

loess landform　黃土地貌 [地質]

loess region　黃土區 [地質]

loess　黃土 [地質]

loewite　鈉鎂礬 [地質]

logarithmic velocity profile　對數風速剖線 [氣象]

logger　測井儀，記錄器 [地質]

logging cable linker　電纜連接器 [地質]

logging cable　測井電纜 [地質]

logging calibration　測井刻度 [地質]

logging calibrator　測井刻度器 [地質]

logging instrument　測井儀 [地質]

logging recorder　測井記錄儀 [地質]

logging record　測井記錄 [地質]

logging speed　測井速度 [地質]

log　測錄，測速器 [地質]

lolly ice　鹽水碎冰 [海洋]

Lombarde　隆巴德風 [氣象]

lomonite　濁沸石 [地質]

Lomonosov current　羅蒙諾索夫海流 [海洋]

Lomonosov ridge　羅蒙諾索夫海脊 [海洋]

lomonosovite　磷矽鈦鈉石 [地質]

Lomonosov　羅蒙諾索夫環形山 [天文]

London basin　倫敦盆地 [地質]

London clay　倫敦黏土 [地質]

long baseline interferometry　長基線干涉法測量 [天文]

long flame coal　長焰煤 [地質]

L

long lead　長引線 [地質]

long low swell　長輕湧 [海洋]

long moderate swell　長中湧 [海洋]

long period comet　長週期彗星 [天文]

long period perturbation　長週期攝動 [天文]

long period seismograph　長週期地震儀 [地質]

long period tide　長週期潮 [海洋]

long period variable star　長週期變星 [天文]

long periodic perturbation　長週期攝動 [天文]

long sea　長浪 [海洋]

long range forecast　長期預報 [氣象]

long shore wind　長岸風 [氣象]

long whistler　長哨 [地質]

long-crested wave　長峰波 [海洋]

Longhurst-Hardy plankton recorder　朗-哈浮游生物記錄器 [海洋]

Longhurst-Hardy plankton sampler　朗-哈浮游生物取樣器 [海洋]

longitude line　經線 [天文] [地質]

longitude of ascending node　升交點經度 [天文]

longitude of perihelion　近日點黃經 [天文]

longitude　經度 [天文] [地質]

longitudinal chromatic aberration　縱向色差 [天文]

longitudinal conductance　縱向電導 [地質]

longitudinal dune　縱沙丘 [地質]

longitudinal fault　縱斷層 [地質]

longitudinal spherical aberration　縱向球面像差 [天文]

longitudinal wave　縱波 [天文]

long-range forecast　長期預報 [氣象]

long-range weather forecasting　長期天氣預報 [氣象]

long-range weather forecast　長期天氣預報 [氣象]

longshore bar　沿岸沙洲 [海洋]

longshore current　沿岸流 [海洋]

longshore drift　沿岸漂移 [海洋]

longshore trough　沿岸溝 [地質] [海洋]

long-term earthquake prediction　地震長期預報 [地質]

long-term forecast　長期預報 [氣象]

long-wave radiation　長波輻射 [氣象]

long-wave radio astronomy　長波無線電天文學 [天文]

long-wave trough　長波槽 [氣象]

lonsdaleite　六方白碳石 [地質]

looming　浮景，蜃景 [氣象]

loom　漿 [海洋]

Loop Nebula　圈狀星雲 [天文]

loop of retrogression　逆行圈 [天文]

loop prominence　環狀日珥 [天文]

loop-shaped sounding　環形測深 [地質]

loose ground　鬆軟地層 [地質]

loo　魯風 [氣象]

L

loparite　鈰鈮鈣鈦礦 [地質]

lopezite　鉻鉀礦 [地質]

lopolith　岩盆 [地質]

Loran chart　羅蘭海圖 [海洋]

lorandite　紅鉈礦 [地質]

loranskite　鉭鋯釔石 [地質]

Lorentz contraction　勞侖茲收縮 [天文]

Lorentz transformation　勞侖茲變換 [天文]

lorettoite　黃氯鉛礦 [地質]

loseyite　藍鋅錳礦 [地質]

lost circulation　逸水，井漏 [地質]

lotalite　鈣鐵輝石 [地質]

lotrite　綠纖石 [地質]

lotus-form structure　蓮花狀構造 [地質]

loughlinite　鈉海泡石 [地質]

lovchorrite　氟矽鈦鈰礦 [地質]

Love wave　洛夫波 [地質]

Love's number　洛夫數 [地質]

lovozerite　基性異性石 [地質]

low air pressure testing chamber　低氣壓試驗箱 [氣象]

low aloft　高空低壓 [氣象]

low area storm　低壓區風暴 [氣象]

low atmospheric physics　低層大氣物理學 [氣象]

low clouds　低雲 [氣象]

low coast　低海岸 [地質] [海洋]

low dispersion spectrum　低色散光譜 [天文]

low index　低指數 [氣象]

low pressure area　低壓區 [氣象]

low pressure　低氣壓 [氣象]

low quartz　低溫石英 [地質]

low temperature aqueous geochemistry　低溫水溶液地球化學 [地質]

low temperature crystallography　低溫晶體學 [地質]

low temperature hygrometry　低溫測溼法 [氣象]

low temperature liquid crystal　低溫液晶 [地質]

low tide terrace　低潮階地 [地質] [海洋]

low tide　低潮 [海洋]

low velocity layer　低速層 [地質]

low water inequality　低潮差 [海洋]

low water interval　低潮間隔 [海洋]

low water level　低潮面 [海洋]

low water line　低潮線 [海洋]

low water lunitidal interval　月潮低潮間隔 [海洋]

low water springs　大潮低潮位 [海洋]

low water　低潮 [海洋]

low-angle fault　低角斷層 [地質]

low-angle thrust　低角斷層 [地質]

lower atmosphere　低層大氣 [氣象]

lower branch　下半圈 [天文]

lower chromosphere　低層色球 [天文]

lower critical velocity　下限臨界流速 [地質]

lower culmination　下中天 [天文]

lower edge　下邊緣 [地質]

lower high water 低高潮 [海洋]

lower ionosphere 下部電離層 [氣象]

lower layer 下層 [地質]

lower level jet stream 低空噴流 [氣象]

lower low water 低低潮 [海洋]

lower mantle 下部地函 [地質]

lower reach 下游 [地質]

lower transit 下中天 [天文]

lowest astronomical tide 最低天文潮位 [海洋]

lowest normal low water 理論最低低潮面 [海洋]

lowest water level 最低水位 [海洋]

low-frequency exploration 低頻法探測 [地質]

lowland 低地 [地質]

low-level jet stream 低空噴流 [氣象]

low-level wind shear 低層風切 [氣象]

low-rank graywacke 低級雜砂岩 [地質]

low-rank metamorphism 低度變質作用 [地質]

low-velocity layer 低速層 [地質]

low-velocity star 低速星 [天文]

low-velocity zone 低速區 [地質]

low-volatile coal 低揮發分煤 [地質]

low 低，低壓 [氣象]

LSR: local standard of rest 本地靜止標準 [天文]

ludlamite 綠磷鐵礦 [地質]

Ludlovian 盧德洛階 [地質]

Ludlow bed 盧德洛層 [地質]

ludwigite 硼鎂鐵礦 [地質]

lueneburgite 硼磷鎂石 [地質]

lueshite 鈉鈮礦 [地質]

luganot 盧干諾風 [氣象]

lugarite 沸基鈦輝棕閃斑岩 [地質]

Luisian 路易士階 [地質]

Luliang movement 呂梁運動 [地質]

luminescence of sea 海發光 [海洋]

luminescent petrography 發光岩相學 [地質]

luminosity 光度 [天文]

luminosity class 光度級 [天文]

luminosity curve 光度曲線 [天文]

luminosity evolution 光度演化 [天文]

luminous cloud 片狀閃電，夜光雲 [氣象]

luminous diffuse nebula 亮彌漫星雲 [天文]

luminous dust nebula 亮塵埃星雲 [天文]

luminous efficacy 發光效率 [天文]

luminous efficiency 發光效率 [天文]

luminous galactic nebula 亮銀河星雲 [天文]

luminous giant 亮巨星 [天文]

luminous meteor 光象 [氣象]

luminous nebula 亮星雲 [天文]

luminous star 高光度恆星 [天文]

lump coal 塊煤 [地質]

lump pyrite 黃鐵礦塊 [地質]

lumpy anhydrite 塊狀硬石膏 [地質]

L

lunabase 月海 [天文]

lunar appulse 半影月食 [天文]

lunar atmosphere 月球大氣 [天文]

lunar atmospheric tide 太陰大氣潮 [天文] [氣象]

lunar aureole 月暈 [天文]

lunar bar 新月沙壩 [地質]

lunar bows 月虹 [氣象]

lunar calendar 陰曆 [天文]

lunar carbon chemistry 月球碳化學 [天文] [地質]

lunar cartography 月球製圖學 [天文]

lunar chronology 月球年代學 [天文] [地質]

lunar circus 月面圓谷 [天文]

lunar core 月核 [天文] [地質]

lunar crater 月面環形山 [天文]

lunar crust 月殼 [天文] [地質]

lunar cycle 太陰周，默冬章 [天文]

lunar day 太陰日 [天文]

lunar dust 月塵 [天文] [地質]

lunar eclipse 月食 [天文]

lunar ecliptic limit 月食限 [天文]

lunar elemental analysis 月亮元素分析 [天文]

lunar ephemeris 太陰曆 [天文]

lunar equation 月行差 [天文]

lunar exploration 月球探測 [天文]

lunar geodesy 月面測量學 [天文]

lunar geology 月質學 [天文] [地質]

lunar gravimetry field 月球重力場 [天文]

lunar grid 月面格子構造 [天文]

lunar highland 月球高地 [天文]

lunar history 月史 [天文]

lunar inequality 月行差 [天文]

lunar interior 月球內部 [天文]

lunar interval 月球間隔 [天文]

lunar laser ranging 雷射測月 [天文]

lunar libration 月球天平動 [天文]

lunar luminescence 月球發光 [天文]

lunar magnetic field 月球磁場 [天文]

lunar map 月面圖 [天文]

lunar mare geology 月海地質學 [天文] [地質]

lunar material 月球物質 [天文]

lunar meteoroid 月球流星體 [天文]

lunar mineral 月球礦物 [天文]

lunar month 朔望月，太陰月 [天文]

lunar mountain 月球山系 [天文]

lunar name 月球地名 [天文]

lunar nodule 月岩球 [天文]

lunar nomenclature 月面命名法 [天文]

lunar noon 月球正午 [天文]

lunar nutation 月球章動 [天文]

lunar occultation 月掩星 [天文]

lunar orbit 月球軌道 [天文]

lunar origin 月球起源 [天文]

lunar petrology 月球岩石學 [天文] [地質]

lunar phase 月相 [天文]

lunar polarization 月球偏振 [天文]

lunar pole　月極 [天文]

lunar radioactive chronology　月球放射性年代學 [天文]

lunar rays　輻射紋（月面）[天文]

lunar regolith　月土，月壤 [天文] [地質]

lunar ring-structure　月環形構造 [天文]

lunar rock　月岩 [天文]

lunar satellite　探月衛星 [天文]

lunar science　月球科學 [天文]

lunar seismogram　月震圖 [天文]

lunar seismograph　月球地震儀 [天文] [地質]

lunar seismology　月震學 [天文] [地質]

lunar soil　月土，月壤 [天文] [地質]

lunar stratigraphy　月球地層學 [天文] [地質]

lunar structure　月球結構 [天文]

lunar surface material　月面物質 [天文]

lunar tectonics　月球構造學 [天文]

lunar theory　月球運動說 [天文]

lunar tide　月潮 [天文]

lunar time　太陰時 [天文]

lunar topography　月形學 [天文]

lunar topology　月球地志學 [天文]

lunar year　太陰年 [天文]

lunarite　月酸性岩 [天文] [地質]

lunar　月球的 [天文]

lunation　朔望月，太陰月 [天文]

luneburgite　硼磷鎂石 [地質]

lunik　探月衛星 [天文]

luniology　月質學 [天文] [地質]

lunisolar calendar　陰陽合曆 [天文]

luni-solar calendar　陰陽合曆 [天文]

lunisolar gravitational perturbation　日月引力攝動 [天文]

luni-solar nutatiou　日月章動 [天文]

lunisolar precession　日月歲差 [天文]

luni-solar precession　日月歲差 [天文]

luni-solar year　陰陽年 [天文]

lunitidal interval　月潮間隙，滿潮時距 [天文] [海洋]

Lupus　天狼星 [天文]

Lusitanian　盧西塔尼亞 [地質]

luster　光澤 [地質]

lutaceous anhydrite　泥質硬石膏 [地質]

lutaceous gypsum　泥質石膏 [地質]

lutecite　水玉髓，纖玉髓 [地質]

lutite　泥質岩 [地質]

Luxemburg effect　盧森堡效應 [地質]

luxullianite　電氣花岡岩 [地質]

luzonite　塊硫砷銅礦，呂宋礦 [地質]

LVL: low-velocity layer　低速層 [地質]

LVZ: low-velocity zone　低速區 [地質]

LW: low water　低潮 [海洋]

lydian stone　燧石板岩，試金石 [地質]

lydite　燧石板岩，試金石 [地質]

lyear: light year　光年 [天文]

Lyman continuum　來曼連續區 [天文]

Lyman limit　來曼系限 [天文]

Lyman series　來曼系 [天文]

Lyman-α line　來曼 α 線 [天文]

Lynx　天貓座 [天文]

L

Lyra 天琴座 [天文]

Lyrids 天琴座流星雨 [天文]

Lysithea 麗西提亞，木衛十 [天文]

lysocline 溶躍層 [海洋]

L

M m

M arc　M 弧 [天文]

M curve　M 曲線 [氣象]

M discontinuity　M 界面 [地質]

M region　M 區 [天文]

M star　M 型星 [天文]

maar　平火山口 [地質]

macaluba　泥火山 [地質]

macedonite　鉛鈦礦，雲橄粗面岩 [地質]

maceral group　煤素質群 [地質]

maceral　煤素質 [地質]

macgovernite　粒砷錳鋅礦 [地質]

mackayite　水碲鐵礦 [地質]

mackerel sky　魚鱗天 [氣象]

mackinawite　四方硫鐵鎳，黑煙硫鐵礦 [地質]

Macky effect　麥基效應 [地質]

macle　八面體雙晶 [地質]

macrinite　短空晶石，暗色斑點，雙晶 [地質]

macro-axis　大軸 [地質]

macroclastic　粗屑質 [地質]

macroclimate　大氣候 [氣象]

macroclimatology　大氣候學 [氣象]

macrocrystalline　粗晶質的 [地質]

macrodome　長軸坡面 [地質]

macrofacies　巨相 [地質]

macrogeochemistry　宏觀地球化學 [地質]

macrogeography　宏觀地理學 [地質]

macrolithology　宏觀岩性學 [地質]

macrometeorology　大尺度氣象學 [氣象]

macrophyric　大斑晶狀 [地質]

macropinacoid　長軸軸面 [地質]

macropore　大孔隙 [地質]

macroporphyritic　大斑晶狀 [地質]

macroquake　巨大地震 [地質]

macroscopic anisotropy　宏觀各向異性 [地質]

macroseismic data　宏觀地震資料 [地質]

macrostratigraphy　宏觀地層學 [地質]

macrotectonics　宏觀構造學 [地質]

macula　斑點，黑子 [天文] [地質]

maculose　斑結狀 [地質]

maelstrom　大漩渦 [海洋]

Maentwrogian　特羅格階 [地質]

M

Maestrichtian 麥斯特里希特 [地質]

maestro 麥斯楚風 [氣象]

Maffei l 馬伐 1 [天文]

mafic mineral 鐵鎂礦物 [地質]

Magellanic clouds 麥哲倫雲 [天文]

maghemite 磁赤鐵礦 [地質]

magma chamber 岩漿庫 [地質]

magma geothermal system 岩漿地熱系統 [地質]

magma igneous 火成岩漿 [地質]

magma province 岩漿區 [地質]

magmatic chamber 岩漿庫 [地質]

magmatic circulation 岩漿環流 [地質]

magmatic crystallization 岩漿結晶 [地質]

magmatic cycle 岩漿循環 [地質]

magmatic deposit 岩漿礦床 [地質]

magmatic development 岩漿發育 [地質]

magmatic differentiation 岩漿分異 [地質]

magmatic evolution 岩漿演化 [地質]

magmatic rock 岩漿岩 [地質]

magmatic segregation 岩漿分凝作用 [地質]

magmatic stoping 岩漿頂蝕 [地質]

magmatic water 岩漿水 [地質]

magmation 岩漿活動 [地質]

magmatism 岩漿作用 [地質]

magmatology 岩漿學 [地質]

magma 岩漿 [地質]

magnafacies 巨相 [地質]

magnesia mica 鎂雲母 [地質]

magnesian calcite 鎂方解石 [地質]

magnesian limestone 鎂質灰岩 [地質]

magnesian marble 鎂質大理岩 [地質]

magnesiochromite 鎂鉻鐵礦 [地質]

magnesiocopiapite 鎂葉綠礬 [地質]

magnesioferrite 鎂鐵礦 [地質]

magnesite deposit 菱鎂礦礦床 [地質]

magnesite 菱鎂礦 [地質]

magnesium calcite 鎂方解石 [地質]

magnesium deposit 鎂礦床 [地質]

magnesium mineral 鎂礦物 [地質]

magnetic activity 磁場活動 [天文]

magnetic annual change 磁年變 [地質]

magnetic annual variation 磁年差 [地質]

magnetic anomaly area 磁力異常區 [地質]

magnetic anomaly detection 磁異探測 [地質]

magnetic anomaly detector 磁異探測器 [地質]

magnetic anomaly 磁異常 [地質]

magnetic bay 磁灣 [天文] [地質]

magnetic biasmeter 磁偏計 [地質]

magnetic boundary 磁場邊界 [地質]

magnetic braking 磁制動 [天文]

magnetic character figure 磁性數 [地質]

magnetic chart 地磁圖 [地質]

magnetic cleaning 洗磁 [地質]

magnetic cooling 磁冷卻 [天文] [地質]

magnetic coordinates　磁座標 [地質]

magnetic cumulation　磁累積 [地質]

magnetic daily variation　磁日變化 [天文] [地質]

magnetic declination angle　磁偏角 [地質]

magnetic dip angle　磁傾角 [地質]

magnetic dipole time　磁偶極時 [天文] [地質]

magnetic disturbance　磁擾 [地質]

magnetic diurnal variation　磁周日變化 [地質]

magnetic dot　磁點 [地質]

magnetic element　地磁要素 [地質]

magnetic equator　磁赤道 [地質]

magnetic field aligned　磁場排列 [地質]

magnetic field of active region　活動區磁場 [地質]

magnetic field-free space　無磁場空間 [天文] [地質]

magnetic gradient　磁力梯度 [天文] [地質]

magnetic gradiometer　磁力梯度儀 [天文] [地質]

magnetic hill　磁峰 [地質]

magnetic inclination angle　磁傾角 [地質]

magnetic induced polarization method　磁激發極化法 [地質]

magnetic iron ore　磁鐵礦 [地質]

magnetic isoanomalous line　等磁異常線 [地質]

magnetic isoclinic line　等磁傾線 [地質]

magnetic latitude　磁緯度 [地質]

magnetic lattice　磁晶格 [地質]

magnetic lineation　磁條帶 [地質] [海洋]

magnetic local anomaly　磁局部異常 [地質]

magnetic local time　磁地方時 [天文] [地質]

magnetic locator　磁定位器 [地質]

magnetic logger　磁測井儀 [地質]

magnetic map　地磁圖 [地質]

magnetic measurement apparatus　測磁儀器 [地質]

magnetic merging　磁力線合併 [天文]

magnetic meridian plane　磁子午面 [天文]

magnetic meridian　磁子午線 [天文]

magnetic mirror　磁鏡 [天文]

magnetic neutral line　磁中性線 [天文]

magnetic north　磁北極 [地質]

magnetic observation　磁力觀測 [地質]

magnetic overprinting　磁疊印 [地質]

magnetic point　磁力點 [天文] [地質]

magnetic polar wander　磁極移動 [地質]

magnetic pole movement　磁極移動 [天文] [地質]

magnetic pole　磁極 [天文] [地質]

magnetic prime vertical　磁主垂面，磁卯酉圈 [地質] [地質]

magnetic profile　磁剖面圖 [地質]

M

magnetic profiling method 磁剖面法 [地質]

magnetic prospecting instrument 磁力探勘儀 [地質]

magnetic prospecting 磁力探勘，地磁探測 [地質]

magnetic quantum number 磁量子數 [天文]

magnetic quiet zone 磁場平靜帶 [天文]

magnetic quiet-day solar daily variation 磁靜日太陽變化 [天文]

magnetic region 磁區 [天文] [地質]

magnetic resistivity instrument 磁電阻率儀 [地質]

magnetic reversal 磁反向 [地質]

magnetic secular change 磁長期變化 [地質]

magnetic shell 磁殼 [地質]

magnetic sounder 磁測深儀 [地質]

magnetic star 磁星 [天文]

magnetic station 磁站 [地質]

magnetic storm field 磁暴場 [天文] [地質] [氣象]

magnetic storm monitor 磁暴記錄器 [天文] [地質] [氣象]

magnetic storm 磁暴 [天文] [地質] [氣象]

magnetic stratigraphy of sediment 沉積物磁性地層學 [地質]

magnetic stratigraphy 磁性地層學 [地質]

magnetic substorm 磁亞暴 [天文] [地質] [氣象]

magnetic survey 地磁測量 [地質]

magnetic susceptibility logger 磁化率測井儀 [地質]

magnetic susceptibility logging 磁化率測井 [地質]

magnetic susceptibility meter 磁化率計 [地質]

magnetic symmetry 磁對稱 [地質]

magnetic tape recording current-meter 磁帶記錄式海流計 [海洋]

magnetic temporal variation 暫時性磁差 [地質]

magnetic trap 磁阱 [天文]

magnetic variable 磁變星 [天文]

magnetic variation 磁性變化 [地質]

magnetic wind direction 磁風向 [天文] [地質] [氣象]

magnetic zenith 磁天頂 [地質]

magnetically disturbed day 磁擾日 [天文] [地質] [氣象]

magnetism theodolite 地磁經緯儀 [地質]

magnetite deposit 磁鐵礦礦床 [地質]

magnetite 磁鐵礦 [地質]

magnetizing magnetic field 磁化磁場 [地質]

magnetoacoustic wave 磁音波 [天文] [地質]

magnetogram 磁場強度圖 [天文] [地質]

M

magnetograph 磁場強度計 [地質]

magnetoionic duct 磁離子波導 [地質]

magneto-ionic medium 磁離子介質 [地質]

magnetoionic theory 磁離子理論 [地質]

magneto-ionic theory 磁離子理論 [地質]

magnetometer 磁場強度計 [地質]

magneto-optical crystal 磁光晶體 [地質]

magnetopause 磁層頂 [地質]

magnetoplumbite 磁鐵鉛礦 [地質]

magnetoresistive magnetometer 磁阻效應磁力儀 [地質]

magnetosheath 磁層鞘 [地質]

magnetosphere 磁層 [地質]

magnetospheric plasma 磁層電漿 [地質]

magnetospheric ring current 磁層環流 [地質]

magnetospheric storm 磁層暴 [地質]

magnetospheric substorm 磁層亞暴 [地質]

magnetostratigraphy 磁層學 [地質]

magnetotail 磁層尾 [地質]

magnetotelluric field 大地電磁場 [地質]

magnetotelluric method 大地電磁法 [地質]

magnetotelluric sounding method 大地電磁測深法 [地質]

magnetotelluric survey 磁電探勘 [地質]

magnetotellurics 大地電磁學 [地質]

magnitude difference 星等差 [天文]

magnitude equation 星等差方程 [天文]

magnitude of degradation 沖刷程度 [地質]

magnitude of earthquake 地震規模 [地質]

magnitude of eclipse 食分 [天文]

magnitude of star 星等 [天文]

magnitude ratio 星等比 [天文]

magnitude scale 星等標度 [天文]

magnitude system 星等系統 [天文]

magnitude-colour index diagram 星等色指數圖 [天文]

magnitude-frequency relation 震級一頻度關係 [地質]

magnitude-spectral type diagram 星等光譜型圖（即赫羅圖）[天文]

magnitude 規模，量值，星等 [天文] [地質]

magnochromite 鎂鉻鐵礦 [地質]

magnoferrite 鎂鐵礦 [地質]

magnophorite 鎂紅鈉閃石 [地質]

Maia(20 Tau) 昴宿四（金牛座 20）[天文]

main field 主磁場 [地質]

main phase 主相 [地質]

main precipitation core 主要降水中心 [氣象]

main sequence star 主序星 [天文]

main sequence 主序 [天文]

M

main shock 主震 [地質]

main spot 土黑子 [天文]

main station 主站 [地質]

main stream 主流 [地質]

main tail 主彗尾 [天文]

main thermocline 主斜溫層 [海洋]

main vein 主脈 [地質]

major axis 長徑 [天文]

major constituents of sea water 海水主要成分 [海洋]

major earthquake 大震 [地質]

major element 主要成分 [天文] [地質] [氣象] [海洋]

major fold 主褶皺 [地質]

major intrusion 主侵入體 [地質]

major planet 大行星 [天文]

major shock 主震 [地質]

major trough 主槽 [氣象]

major wave 長波 [氣象]

malachite 孔雀石 [地質]

malacolite 淡透輝石 [地質]

malacon 變水鋯石 [地質]

malchite 微晶閃長煌斑岩 [地質]

maldonite 黑鉍金礦 [地質]

malladrite 氟矽鈉石 [地質]

mallardite 白錳礬 [地質]

Malm 麻姆統 [地質]

malm 白堊土，泥灰岩 [地質]

Malvern quartzite 馬爾文石英岩 [地質]

Malvernian direction 馬爾文向 [地質]

mammillary structure 乳房狀構造 [地質]

質]

mammillary 乳房狀 [地質]

Mammoth 猛獁象，長毛象 [地質]

manandonite 硼鋰蛇紋石 [地質]

manasseite 水碳鉛鎂石 [地質]

mandatory layer 基準層 [地質]

mandatory level 標準等壓面 [氣象]

mangan spar 菱錳礦，薔薇輝石 [地質]

manganese blende 硫錳礦 [地質]

manganese epidote 紅簾石 [地質]

manganese minerals 錳礦 [地質]

manganese nodule 錳結核 [地質]

manganese ore deposit 錳礦床 [地質]

Manganese Shale Group 曼加內斯頁岩群 [地質]

manganese spar 菱錳礦 [地質]

manganese star 錳星 [天文]

manganese-bearing mineral 含錳礦物 [地質]

manganic rock 錳質岩 [地質]

manganite 水錳礦 [地質]

manganolangbeinite 無水鉀錳礬 [地質]

manganophyllite 錳黑雲母 [地質]

manganosite 方錳礦 [地質]

mangerite 紋長二長岩 [地質]

Manger 馬槽星團 [天文]

mankato stone 曼卡托石 [地質]

man-machine weather forecast 人機結合天氣預報 [氣象]

manmade climate room 人工氣候室 [氣象]

man-made earthquake 人工地震 [地質]

manned ocean experimentation station 載人海洋實驗站 [海洋]

Manning's formula 曼寧公式 [地質]

manometer 測壓計 [地質] [氣象]

Mansfield Sandstone 曼斯菲砂岩 [地質]

mansfieldite 砷鋁石 [地質]

mantle bulge 地函隆起 [地質]

mantle convection cell 地函對流環 [地質]

mantle convection 地函對流 [地質]

mantle current 地函流 [地質]

mantle heat flow 地函熱流 [地質]

mantle petrology 地函岩石學 [地質]

mantle plume 地函柱 [地質]

mantle rheology 地函流變學 [地質]

mantle rock 風化層，表岩層 [地質]

mantle 地函 [地質]

manual polarization compensator 手動極化補償器 [地質]

Manx Slates 曼克斯板岩層 [地質]

map graticule 地圖座標網 [地質]

map measure 地圖量測 [地質]

map of mineral deposit 礦產分佈圖 [地質]

map of natural resources 自然資源圖 [地質]

map plotting 填圖 [氣象]

map projection 地圖投影 [地質]

map scale 地圖比例尺 [地質]

map spotting 填圖 [氣象]

map symbol 地圖符號 [地質]

map with fluorescent coloring 螢光地圖 [地質]

map-making satellite 測繪地圖衛星 [地質]

mapping scale 製圖比例尺 [地質]

mapping science 製圖科學 [地質]

mapping 製圖 [地質]

map 地圖 [天文] [地質] [海洋]

marble 大理岩 [地質]

marcasite 白鐵礦 [地質]

Marcellus shale 瑪西拉頁岩 [地質]

March equinox 春分點 [天文]

marchite 頑火透輝石 [地質]

march 境界線 [地質]

Mare basalt 月海玄武岩 [天文] [地質]

Mare Crisium 危海（月面）[天文] [地質]

Mare Foecunditatis basalt 豐海玄武岩 [天文] [地質]

Mare Foecunditatis 豐海（月面）[天文] [地質]

Mare Frigoris 冷海（月面）[天文] [地質]

Mare Humorum 溼海（月面）[天文] [地質]

Mare Imbrium basalt 雨海玄武岩 [天文] [地質]

Mare Imbrium 雨海（月面）[天文] [地質]

Mare Nectaris 酒海（月面）[天文] [地質]

M

質]

Mare Nubium 雲海（月面）[天文] [地質]

Mare Serenitatis 澄海（月面）[天文] [地質]

Mare Tranquillitatis basalt 靜海玄武岩 [天文] [地質]

Mare Tranquillitatis 靜海（月面）[天文] [地質]

Mare Undarum 浪海（月面）[天文] [地質]

Mare Vaporum 汽海（月面）[天文] [地質]

marekanite 珍珠狀流紋玻璃 [地質]

mare 月海 [天文] [地質]

margarite 串珠雛晶，珍珠雲母 [地質]

margarosanite 針矽鈣鉛礦 [地質]

marginal basin 邊緣盆地 [地質] [海洋]

marginal depression 邊緣凹陷 [地質]

marginal effect 邊際效應 [氣象]

marginal escarpment 陸緣陡坡 [地質]

marginal fissure 邊緣裂縫 [地質]

marginal moraine 邊緣冰磧 [地質]

marginal plain 邊緣平原 [地質]

marginal plateau 邊緣臺地 [地質]

marginal salt pan 海邊鹽地 [地質]

marginal sea 邊緣海，陸緣海 [海洋]

marginal seismicity 地震活動界限 [地質]

marginal thrust 邊緣逆斷層 [地質]

marginal upthrust 邊緣上衝斷層 [地質]

Margules equation 馬古烈斯方程 [氣象]

maria 月海（複數）[天文] [地質]

marialite 鈉柱石 [地質]

marigram 海潮圖，潮汐圖 [海洋]

marigraph 測潮儀 [海洋]

marine abrasion 海蝕 [地質] [海洋]

marine accumulation coast 海積海岸 [地質] [海洋]

marine accumulation geomorphy 海積地貌 [地質] [海洋]

marine acoustics 海洋聲學 [地質]

marine advection 海洋平流 [地質]

marine aerosol 海洋氣懸膠 [地質]

marine air mass 海洋氣團 [氣象]

marine atlas 海圖 [海洋]

marine atmosphere 海洋大氣 [氣象] [海洋]

marine atmospheric effect 海洋大氣影響 [海洋]

marine attaching organism 海洋附著生物 [海洋]

marine bacteria 海洋細菌 [海洋]

marine bacteriology 海洋細菌學 [海洋]

marine bed 海相層 [海洋]

marine bench 海蝕平台 [海洋]

marine benthos 海洋底棲生物 [海洋]

marine biochemistry 海洋生物化學 [海洋]

marine biocycle 海洋生物循環 [海洋]

marine bioecology 海洋生物生態學 [海

洋]

marine biogeochemistry　海洋生物地球化學 [海洋]

marine biological pollution　海洋生物污染 [海洋]

marine biological resource　海洋生物資源 [海洋]

marine biology　海洋生物學 [海洋]

marine blochemical resource　海洋生化資源 [海洋]

marine cave　海蝕洞 [地質] [海洋]

marine chemical laboratory　海洋化學實驗室 [海洋]

marine chemical resource　海洋化學資源 [海洋]

marine chemistry in coastal environment　沿海環境海洋化學 [海洋]

marine chemistry　海洋化學 [海洋]

marine climate　海洋氣候 [氣象] [海洋]

marine climatology　海洋氣候學 [氣象] [海洋]

marine contamination　海洋污染 [海洋]

marine corrosion　海水腐蝕 [地質] [海洋]

marine cut terrace　海蝕階地 [地質] [海洋]

marine denudation　海水剝蝕 [地質] [海洋]

marine deposit　海相沉積 [地質] [海洋]

marine detritus　海洋碎屑 [地質] [海洋]

marine digital seismic apparatus　海洋數位地震儀 [地質] [海洋]

marine dynamics　海洋動力學 [海洋]

marine ecology　海洋生態學 [海洋]

marine ecosystem　海洋生態系 [海洋]

marine electrochemistry　海洋電化學 [海洋]

marine electromagnetism　海洋電磁學 [海洋]

marine electronic engineering　海洋電子工程學 [海洋]

marine electronics　海洋電子學 [海洋]

marine element geochemistry　海洋元素地球化學 [海洋]

marine energy　海洋能源 [海洋]

marine engineering geology　海洋工程地質 [海洋]

marine engineering mechanics　海洋工程力學 [海洋]

marine engineering survey　海洋工程測量 [海洋]

marine environmental chemistry　海洋環境化學 [海洋]

marine environmental monitoring　海洋環境監測 [海洋]

marine environmental protection　海洋環境保護 [海洋]

marine environmental science　海洋環境科學 [海洋]

marine environment　海洋環境 [海洋]

marine erosion　海蝕 [地質] [海洋]

marine facies　海相 [海洋]

M

marine fluid dynamics 海洋流體動力學 [海洋]

marine flux-gate magnetometer 海洋磁通門磁力儀 [海洋]

marine geochemical prospecting 海洋地球化學探勘 [海洋]

marine geochemistry 海洋地球化學 [海洋]

marine geodesy 海洋測地學 [地質] [海洋]

marine geodetic survey 海洋大地測量 [地質] [海洋]

marine geological laboratory 海洋地質實驗室 [地質] [海洋]

marine geology and geomorphology laboratory 海洋地質地貌實驗室 [地質] [海洋]

marine geology 海洋地質學 [地質] [海洋]

marine geomagnetic anomaly 海洋地磁異常 [地質] [海洋]

marine geomagnetic survey 海洋地磁調查 [地質] [海洋]

marine geomorphology 海洋地貌學 [地質] [海洋]

marine geomorphy 海洋地貌 [地質] [海洋]

marine geophysical prospecting 海洋地球物理探勘 [地質] [海洋]

marine geophysics 海洋地球物理學 [地質] [海洋]

marine gravimeter 海洋重力儀 [地質] [海洋]

marine gravimetric survey 海洋重力測量 [地質] [海洋]

marine gravimetry 海洋重力測量法 [地質] [海洋]

marine gravity anomaly 海洋重力異常 [地質] [海洋]

marine gravity survey 海洋重力調查 [地質] [海洋]

marine heat flow survey 海洋熱流調查 [地質] [海洋]

marine humus 海洋腐植質 [海洋]

marine hydrochemistry 海洋水文化學 [海洋]

marine hydrodynamics 海洋水動力學 [海洋]

marine hydrography 海洋水文學 [海洋]

marine hydrologic forecasting 海洋水文預報 [海洋]

marine hydrological chart 海洋水文圖 [海洋]

marine hydrology 海洋水文學 [海洋]

marine hydrometeorology 海洋水文氣象學 [氣象] [海洋]

marine indicator species 海洋指標種 [海洋]

marine investigation platform 海上調查平臺 [海洋]

marine isotope chemistry 海洋同位素化學 [海洋]

M

marine law　海商法 [海洋]

marine magnetic anomaly　海洋磁力異常 [海洋]

marine magnetic chart　海洋磁力圖 [海洋]

marine magnetic prospecting　海洋磁力探勘 [海洋]

marine magnetic survey room　海洋磁力測量室 [海洋]

marine magnetic survey　海洋磁力測量 [海洋]

marine magnetometer　海洋磁力儀 [海洋]

marine map　海圖 [海洋]

marine meteorological buoy　海洋氣象浮標 [氣象] [海洋]

marine meteorological chart　海洋氣象圖 [氣象] [海洋]

marine meteorology　海洋氣象學 [氣象] [海洋]

marine microbial biochemistry　海洋微生物生物化學 [海洋]

marine microbial ecology　海洋微生物生態學 [海洋]

marine microbial systematics　海洋微生物分類學 [海洋]

marine microbiology　海洋微生物學 [海洋]

marine microorganism　海洋微生物 [海洋]

marine molysmology　海洋污染學 [海洋]

marine monitoring　海洋監測 [海洋]

marine morphology　海洋形態學 [海洋]

marine natural hydrocarbon　海洋天然烴 [海洋]

marine natural product chemistry　海洋天然產物化學 [海洋]

marine natural product　海洋天然產物 [海洋]

marine necton　海洋自游生物 [海洋]

marine neuston　海洋漂浮生物 [海洋]

marine optical pumping magnetometer　海洋光泵磁力儀 [海洋]

marine optics　海洋光學 [海洋]

marine organic chemistry　海洋有機化學 [海洋]

marine organic geochemistry　海洋有機地球化學 [海洋]

marine organism corrosion　海洋生物腐蝕 [海洋]

marine organism　海洋生物 [海洋]

marine photochemistry　海洋光化學 [海洋]

marine physical chemistry　海洋物理化學 [海洋]

marine physics　海洋物理學 [海洋]

marine physiology　海洋生理學 [海洋]

marine phytobiochemistry　海洋植物生物化學 [海洋]

marine phytobiology　海洋植物生物學 [海洋]

marine plankton　海洋浮游生物 [海洋]

M

marine pollutant　海洋污染物 [海洋]

marine pollution monitoring　海洋污染監測 [海洋]

marine pollution　海洋污染 [海洋]

marine power resource　海洋動力資源 [海洋]

marine pressure hydrophone　海洋壓力水聽器 [海洋]

marine proton gradiometer　海洋質子梯度儀 [海洋]

marine proton magnetometer　海洋質子磁力儀 [海洋]

marine protozoan ecology　海洋原生動物生態學 [海洋]

marine protozoology　海洋原生動物學 [海洋]

marine radioecology　海洋放射生態學 [海洋]

marine reflection seismic survey　海洋反射地震調查 [地質] [海洋]

marine refraction seismic survey　海洋折射地震調查 [地質] [海洋]

marine resources chart　海洋資源圖 [海洋]

marine resources chemistry　海洋資源化學 [海洋]

marine resources　海洋資源 [海洋]

marine satellite　海洋觀測衛星 [海洋]

marine science　海洋科學 [海洋]

marine sedimentary geochemistry　海洋沉積地球化學 [地質] [海洋]

marine sedimentology　海洋沉積學 [地質] [海洋]

marine sediment　海洋沉積物 [海洋]

marine seismic profiler　海洋地震剖面儀 [地質] [海洋]

marine seismic prospecting　海洋地震探勘 [地質] [海洋]

marine seismic record　海洋地震記錄 [地質] [海洋]

marine seismic refraction method　海洋地震折射法 [地質] [海洋]

marine seismic streamer　海上震測拖纜 [地質] [海洋]

marine seismic survey　海洋地震調查 [地質] [海洋]

marine seismograph　海洋地震儀 [地質] [海洋]

marine seismometer　海洋地震儀 [地質] [海洋]

marine sessile organism　海洋固著生物 [海洋]

marine soil mechanics　海洋土壤力學 [海洋]

marine stack　海蝕柱 [地質] [海洋]

marine stratigraphy　海洋地層學 [地質] [海洋]

marine structural dynamics　海洋結構動力學 [海洋]

marine survey positioning　海洋測量定位 [海洋]

marine survey　海洋測量 [海洋]

M

marine swamp　海濱林澤 [地質] [海洋]

marine tectonics　海洋構造學 [海洋]

marine terrace　海洋階地 [地質] [海洋]

marine thermodynamics　海洋熱力學 [海洋]

marine thermoenergy　海洋熱能 [海洋]

marine thermology　海洋熱學 [海洋]

marine transgression　海侵 [海洋]

marine vibrating-string gravimeter　海洋振弦重力儀 [地質] [海洋]

marine weather forecasting　海洋天氣預報 [氣象]

marine weather observation　海洋天氣觀測 [氣象]

marine wide-angle reflection seismic survey　海洋廣角反射地震調查 [地質]

marine zooecology　海洋動物生態學 [海洋]

marine zoology　海洋動物學 [海洋]

marine zoophytology　海洋動物植物學 [海洋]

marine zooplankter　海洋浮游動物 [海洋]

maritime air mass　海洋氣團 [海洋]

maritime climate　海洋氣候 [氣象]

maritime climatology　海洋氣候學 [氣象]

maritime engineering　海洋工程 [海洋]

maritime international law　國際海商法 [海洋]

maritime meteorology　海洋氣象學 [氣象]

maritime polar air　極地海洋氣團 [海洋]

maritime tropical air　熱帶海洋氣團 [海洋]

maritime　海的 [海洋]

Markab(α Peg)　室宿一（飛馬座 α 星）[天文]

marker bed　指標層 [地質]

Markowitz moon camera　馬科維茨月球照相儀 [天文]

mark　標記，痕跡 [地質] [海洋]

marlite　泥灰岩 [地質]

marlstone　泥灰岩 [地質]

marly slate　泥灰板岩層 [地質]

marly　泥灰質的 [地質]

marl　泥灰岩 [地質]

marmatite　鐵閃鋅礦 [地質]

marmolite　白纖蛇紋石 [地質]

marrite　硫砷銀鉛礦 [地質]

Mars atmosphere　火星大氣層 [天文]

Mars cartography　火星製圖學 [天文]

Mars environment　火星環境 [天文]

Mars exploration　火星探測 [天文]

Mars geology　火星地質學 [天文] [地質]

Mars photochemistry　火星光化學 [天文]

Mars sedimentology　火星沉積學 [天文] [地質]

Marsden chart　馬斯頓圖 [氣象]

marsh ore　沼鐵礦 [地質]

marsh science　沼澤學 [地質]

M

Marshall-Palmer distribution　馬歇爾一帕爾默分佈 [氣象]

marshite　碘銅礦 [地質]

marshy land　沼澤地 [地質]

marsh　溼地，沼澤 [地質]

Marsquake　火星震 [天文]

Mars　火星 [天文]

Martian atmosphere　火星大氣 [天文]

Martian channel　火星河床 [天文]

Martian cloud type　火星雲型 [天文]

Martian dust storm　火星塵暴 [天文]

Martian ice cap　火星冰冠 [天文]

Martian magnetosphere　火星磁層 [天文]

Martian satellite　火星衛星 [天文]

Martian soil　火星土壤 [天文]

Martian surface　火星表面 [天文]

Martian wind system　火星風系 [天文]

martianology　火星學 [天文]

Martinez formation　馬提內組 [地質]

martite　假像赤鐵礦 [地質]

Martyn's equivalent path theorem　馬丁等效路徑定理 [地質]

Marvin sunshine recorder　馬爾文日照計 [天文]

Marwood bed　馬爾伍德層 [地質]

mascagnite　銨礬 [地質]

mascaret　怒潮 [海洋]

mascon　重力異常區 [天文]

maser source　邁射源 [天文]

maskelynite　隕玻長石 [地質]

mass attraction　質量引力 [地質]

mass equation　質量方程 [天文]

mass function　質量函數 [天文]

mass horizon　質量水平線 [天文]

mass loss　質量損失 [天文]

mass movement　塊體運動 [地質]

mass number　質量數 [天文] [地質]

mass of atmosphere　大氣質量 [氣象]

mass of ore　礦體 [地質]

mass of roc　岩體 [地質]

mass of water　水體 [地質] [海洋]

mass scattering coefficient　質量散射係數 [天文]

mass transfer　質量轉移 [天文]

mass wasting　塊體坡移 [地質]

massicot　鉛黃 [地質]

massif　地塊，斷塊 [地質]

massive deposit　塊狀礦床 [地質]

massive star　大質量恆星 [天文]

massive　塊狀的，整層的 [地質]

mass-luminosity curve　質光曲線 [天文]

mass-luminosity law　質光定律 [天文]

mass-luminosity ratio　質光比 [天文]

mass-luminosity relation　質光關係 [天文]

mass-luminosity-radius relation　質量一光度一半徑關係 [天文]

mass-radius relation　質量一半徑關係 [天文]

mass-to-light ratio　質光比 [天文]

master earthquake　主導地震 [地質]

master seismic data acquisition unit 主地震資料獲取單元 [地質]

master stream 主流 [地質]

Matanuska wind 馬塔奴斯加風 [氣象]

material arm 物質臂 [天文]

mathematical astronomy 數學天文學 [天文]

mathematical climatology 數學氣候學 [氣象]

mathematical crystallography 數學結晶學 [地質]

mathematical forecasting 數值預報 [氣象]

mathematical geology 數學地質學 [地質]

mathematical geophysics 數學地球物理學 [地質]

mathematical horizon 理想地平 [天文] [地質] [氣象]

mathematical meteorology 數學氣象學 [氣象]

mathematical pendulum 數學單擺 [天文]

mathematical sedimentology 數學沉積學 [地質]

matildite 硫鉍銀礦 [地質]

matinal 晨風 [氣象]

matlockite 氟氯鉛礦 [地質]

matrix porosity 基質孔隙度 [地質]

matrix rock 基質，充填岩 [地質]

matrix velocity 基質速度 [地質]

matrix 填充物，基質，矩陣 [地質]

matter era 物質時代 [天文]

matter tensor 物質張量 [天文]

matter-antimatter cosmology 物質反物質宇宙論 [天文]

mature 成熟，壯年 [地質]

maturity index 成熟度指數 [地質]

maturity 成熟度，壯年期 [地質]

Matuyama epoch 松山期 [地質]

Mauch Chunkbeds 毛莊克層 [地質]

maucherite 砷鎳礦 [地質]

Mauchime lavas 莫克林熔岩 [地質]

Maunder minimum 芒得極小期 [天文]

maximum and minimum thermometer 最高最低溫度計 [氣象]

maximum corona 最大日冕 [天文]

maximum discharge 最大流量 [地質]

maximum hygroscopicity 最大吸溼量 [地質] [氣象]

maximum instantaneous wind speed 最大暫態風速 [氣象]

maximum precipitation 最大降水量 [氣象]

maximum probable flood 最大可能洪水 [氣象]

maximum reflectance of vitrinite 鏡質體最大反射率 [地質]

maximum runoff rate 最大徑流速度 [地質]

maximum shelter distance 最大防護距離 [氣象]

M

maximum subsidence 最大沉陷 [地質]

maximum thirty-minute rainfall intensity 最大三十分鐘雨強 [氣象]

maximum wave 最大波浪 [海洋]

maximum wind speed 最大風速 [氣象]

maximum zonal westerlies 最大緯向西風帶 [氣象]

Maxwell Montes 馬克士威山脈 [地質]

Mayan astronomy 馬雅天文學 [天文]

MCC: mesoscale convective complex 中尺度對流複合體 [氣象]

Meadfoot bed 米德富特層 [地質]

meadow ore 沼鐵礦 [地質]

Meadowtown bed 麥多鎮層 [地質]

meagre coal 貧煤 [地質]

mean absorption coefficient 平均吸收係數 [天文]

mean air temperature 平均氣溫 [氣象]

mean annual runoff 年平均徑流 [地質]

mean anomaly 平近點角 [天文]

mean center of the Moon 平均月心 [天文]

mean chart 平均圖 [氣象]

mean daily motion 平均日運動 [天文]

mean day 平日 [天文]

mean depth 平均水深 [地質]

mean diurnal high-water inequality 平均日潮高潮不等 [海洋]

mean diurnal low-water inequality 平均日潮低潮不等 [海洋]

mean diurnal motion 平均日運動 [天文]

mean dry year 平均乾年 [氣象]

mean Earth-Sun distance 日地平均距離 [天文]

mean ecliptic sun 黃道平太陽 [天文]

mean ecliptic 平黃道 [天文]

mean epoch 平均曆元 [天文]

mean equatorial sun 赤道平太陽 [天文]

mean equator 平赤道 [天文]

mean equinox 平春分點 [天文]

mean grain size 平均晶粒度 [地質]

mean gravity anomaly 平均重力異常 [地質]

mean high water 平均高潮面 [海洋]

mean higher high water 平均高高潮 [海洋]

mean high-water lunitidal interval 平均月潮高潮間隙 [海洋]

mean high-water neap 平均小潮高潮面 [海洋]

mean latitude 平緯，平黃緯 [天文]

mean light curve 平均光變曲線 [天文]

mean longitude 平經，平黃經 [天文]

mean low water 平均低潮 [海洋]

mean lower low-water spring 平均大潮低低潮面 [海洋]

mean lower low-water 平均低低潮面 [海洋]

mean low-water lunitidal interval 平均月潮低潮時距 [海洋]

mean low-water neap 平均小潮低潮面 [海洋]

M

mean low-water spring　平均大潮低潮面 [海洋]

mean map　平均圖 [氣象]

mean midnight　平子夜 [天文]

mean molecular weight　平均分子量 [天文]

mean motion　平均運動 [天文]

mean neap range　平均小潮潮差 [海洋]

mean neap rise　平均小潮升 [海洋]

mean noon　平正午 [天文]

mean obliquity　平均黃赤道交角 [天文]

mean ocean floor　平均海底 [海洋]

mean opposition distance　平均衝距 [天文]

mean orbit　平均軌道 [天文]

mean parallax　平均視差 [天文]

mean place　平位置 [天文]

mean pole motion　平極移動 [天文]

mean pole of epoch　曆元平極 [天文]

mean pole　平極 [天文]

mean position　平均位置 [天文]

mean radius of the earth　地球平均半徑 [地質]

mean range　平均潮差 [地質]

mean reflectance of vitrinite　鏡煤素平均反射率 [天文] [氣象]

mean refraction　平均折射 [天文]

mean rise of tide　平均潮升 [海洋]

mean river level　平均河水位 [地質]

mean sea level　平均海平面 [海洋]

mean sidereal day　平恆星日 [天文]

mean sidereal time　平恆星時 [天文]

mean solar day　平太陽日 [天文]

mean solar second　平太陽秒 [天文]

mean solar time　平太陽時 [天文]

mean spring range　平均大潮潮差 [海洋]

mean spring rise　平均大潮升 [海洋]

mean square error　均方誤差 [天文] [地質] [氣象] [海洋]

mean sun　平太陽 [天文]

mean synodic month　平朔望月 [天文]

mean temperature　平均溫度 [氣象]

mean tide level　平均潮位 [海洋]

mean time clock　平時鐘 [天文]

mean time type time signal　平時式時號 [天文]

mean time　平太陽時 [天文]

mean water level　平均水平面 [地質] [海洋]

meander　曲流 [地質]

meander bar　曲流沙洲 [地質]

meander belt　曲流帶 [地質]

meander core　離堆丘，離堆山 [地質]

meander plain　曲流平原 [地質]

meander scar　曲流痕 [地質]

meander spur　曲流山嘴 [地質]

measured coordinates　量度座標 [天文]

measuring and reading mechanism of gravimeter　重力儀測讀機構 [地質]

measuring bar　量測棒 [地質] [海洋]

measuring by sight　目測 [天文] [地質]

mechamical remanence　機械剩磁 [地

M

質]

mechanical bathythermograph 機械式溫深儀 [海洋]

mechanical deposit 機械沉積 [地質]

mechanical dispersion halo 機械分散量 [地質]

mechanical erosion 機械侵蝕 [地質]

mechanical sediment 機械沉積物 [地質]

mechanical weathering 機械風化作用 [地質]

mechanism of magma ascent 岩漿上昇動力 [地質]

media moraine 中磧 [地質]

medial moraine 中磧 [地質]

median mass 中間地塊 [地質]

median particle diameter 中數粒徑 [地質]

medina quartz 中溫石英 [地質]

Mediterranean belt 地中海帶 [地質]

Mediterranean climate 地中海型氣候 [氣象]

mediterranean 地中海型地槽 [地質]

medium-range forecast 中期預報 [氣象]

medium-range weather forecast 中期天氣預報 [氣象]

medium-term earthquake prediction 地震中期預報 [地質]

medium-volatile bituminous coal 中度揮發煙煤 [地質]

Medvedev-Sponheuer-Karnik scale 麥德維捷夫－施蓬霍伊爾－卡爾尼克表

[地質]

meeting pool 閘門立柱 [地質]

megacryst 大晶 [地質]

megacyclothem 大週期沉積 [地質]

megaparsec 百萬秒差距 [天文]

megaripple 大波痕 [地質]

megatectonics 宏觀構造學，巨型構造 [地質]

megatectonic 巨型構造 [地質]

Megrez 北斗四，天權 [天文]

meionite 鈣柱石 [地質]

Meiyu front 梅雨鋒 [氣象]

Meiyu period 梅雨期 [氣象]

Meiyu 梅雨 [氣象]

meizoseismal area 強震區 [地質]

mekometer 光學測距儀 [地質]

melaconite 土狀黑銅礦 [地質]

melange 混同層，混雜岩 [地質]

melanite 鈦鈣鐵榴石，黑榴石 [地質]

melanocerite 黑稀土礦 [地質]

melanochroite 紅鉻鉛礦 [地質]

melanocratic mineral 暗色鐵鎂礦物 [地質]

melanophlogite 黑方矽石 [地質]

melanostibian 鐵銻錳礦 [地質]

melanotekite 矽鐵鉛礦 [地質]

melanterite 水綠礬 [地質]

melaphyre 暗玢岩 [地質]

Melbourn rock 墨爾本岩 [地質]

melilite 黃長石 [地質]

meliphanite 蜜黃長石 [地質]

mellite　蜜蠟石 [地質]

melonite　碲鎳礦 [地質]

melting band　融化帶 [氣象]

melting level　融化高度 [氣象]

member galaxy　成員星系 [天文]

menaccanite　鈦鐵礦 [地質]

Mendez shales　門德斯頁岩層 [地質]

mendipite　白氯鉛礦 [地質]

mendip　沿海平原丘 [地質]

mendozite　鈉明礬，水鈉鋁礬 [地質]

meneghinite　直輝銻鉛礦 [地質]

Menevian beds　默內夫層 [地質]

menilite　矽乳石 [地質]

meniscal len　彎月形透鏡 [天文]

meniscus telescope　彎月形透鏡望遠鏡 [天文]

Mensa　山案座 [天文]

Merak　北斗二，天璇 [天文]

Meramec group　梅拉梅克群 [地質]

Meramecian　梅拉梅克群 [地質]

Mercalli scale　麥卡里震度分級 [地質]

mercallite　重鉀礬 [地質]

Mercator chart　墨卡托海圖 [海洋]

mercurial horn ore　角汞礦 [地質]

mercury barometer　水銀氣壓計 [氣象]

Mercury geomorphology　水星地貌學 [天文] [地質]

mercury horizon　水銀地平 [天文]

mercury mineral　汞礦物 [地質]

mercury ore deposit　汞礦床 [地質]

Mercury's magnetosphere　水星磁層 [天文]

Mercury　水星 [天文]

Merevale shale　梅雷瓦爾頁岩層 [地質]

merge of galaxy　星系合併 [天文]

Merian's formula　梅立恩公式 [海洋]

meridian altitude　子午線高度 [天文]

meridian angle　子午角 [天文]

meridian astronomy　子午天文學 [天文]

meridian circle　子午圈 [天文]

meridian instrument　子午儀 [天文]

meridian line　子午線 [天文]

meridian mark　子午線標 [天文]

meridian observation　子午觀測，中天觀測 [天文]

meridian passage　中天 [天文]

meridian photometer　子午光度計 [天文]

meridian plane　子午面 [天文]

meridian quadrant　子午線四分儀 [天文]

meridian transit　中天 [天文]

meridian zenith distance　子午圈天頂距 [天文]

meridian　子午線 [天文]

meridional cell　經向環流胞 [氣象] [海洋]

meridional circulation　經向環流 [氣象] [海洋]

meridional extension　經向擴展 [氣象] [海洋]

meridional flow　經向流 [氣象] [海洋]

M

meridional front　經圈鋒 [氣象]

meridional index　經向指數 [氣象]

meridional tectonic system　經向構造體系 [地質]

meridional wind　經向風 [氣象]

meridional　經向的 [天文] [地質] [氣象] [海洋]

merismite　斑雜混合岩 [地質]

merocrystalline　半晶質 [地質]

merohedral　缺面的 [地質]

Merope　昴宿五 [天文]

merosymmetric　部分對稱性的 [地質]

meroxene　黑雲母 [地質]

merrihueite　隕鐵鉀隕石 [地質]

merrillite　磷鈣鈉石 [地質]

Mersey yellow coal　梅西黃煤 [地質]

merwinite　斜矽鎂鈣石 [地質]

mesa　方山，平頂山 [地質]

mesh structure　網狀構造 [地質]

mesitine　菱鐵鎂礦 [地質]

mesitite　菱鐵鎂礦 [地質]

meso-analysis　中尺度分析 [氣象]

mesobenthos　中深海底生物 [海洋]

mesoclimate　中尺度氣候 [氣象]

mesoclimatology　中尺度氣候學 [氣象]

mesocrystalline　中晶質的 [地質]

mesocyclone　中尺度氣旋 [氣象]

mesogeosyncline　陸間地槽 [地質]

mesolite　中沸石 [地質]

mesometeorology　中尺度氣象學 [氣象]

meson telescope　介子望遠鏡 [天文]

mesopause　中氣層頂 [氣象]

mesopeak　中氣層高溫峰 [氣象]

mesopelagic zone　中遠洋帶 [海洋]

mesoscale analysis　中尺度分析 [氣象]

mesoscale convective complex　中尺度對流複合體 [氣象]

mesoscale eddy　中尺度渦流 [氣象]

mesoscale low　中尺度低壓 [氣象]

mesosiderite　中隕鐵 [地質]

mesosphere　中氣層 [氣象]

mesothermal　中溫的 [地質]

mesotil　中磧土 [地質]

mesotype　中型 [地質]

Mesozoic era　中生代 [地質]

Mesozoic group　中生界 [地質]

mesozone　中帶，中樂質帶 [地質]

Messier number　梅西耳數 [天文]

Messier's catalog　梅西耳星表 [天文]

Messier　梅西耳環形山 [天文]

metabasite　變基性岩 [地質]

metabentonite　變膨土，變斑脫石 [地質]

metacinnabarite　黑辰砂礦 [地質]

metacinnabar　黑辰砂 [地質]

metacryst　變晶 [地質]

metacrystal　變晶的 [地質]

metagalaxy　總星系 [天文]

metagenesis　沉積變質作用 [地質]

metahalloysite　變禾樂石 [地質]

metaharmosis　晚期成岩作用 [地質]

metahewettite　變針釩鈣石 [地質]

M

metahohmannite 變水鐵礬 [地質]

metal spring gravimeter 金屬彈簧重力儀 [地質]

metal-deficient star 貧金屬星 [天文]

metalimnion 變水層 [海洋]

metalized chaff 金屬箔 [氣象]

metalized parachute 金屬化降落傘 [氣象]

metallic atomic radius 金屬原子半徑 [地質]

metallic barometer 金屬氣壓計 [氣象]

metallic bond 金屬鍵 [地質]

metallic crystal 金屬晶體 [地質]

metallic line star 金屬線星 [天文]

metallic lustre 金屬光澤 [地質]

metallic mineral deposit 金屬礦床 [地質]

metallic mineral 金屬礦物 [地質]

metallic phase 金屬相 [地質]

metallic prominence 金屬譜線日珥 [天文]

metallic radius 金屬半徑 [地質]

metallic spring gravimeter 金屬彈簧重力儀 [地質]

metallic star 金屬星 [天文]

metalliferous deposit 含金屬礦床 [地質]

metalliferous vein 金屬礦脈 [地質]

metalliferous 含金屬的 [地質]

metallogenetic epoch 成礦時代 [地質]

metallogenetic map 成礦圖 [地質]

metallogenic belt 成礦帶 [地質]

metallogenic period 成礦期 [地質]

metallogenic province 成礦區 [地質]

metallogenic theory 成礦理論 [地質]

metallogeny 礦床成因學 [地質]

metalloidal crystal 類金屬晶體 [地質]

metallometric survey 金屬量測量 [地質]

metal-poor star 貧金屬星 [天文]

metal-rich star 富金屬星 [天文]

metamict mineral 輻射變晶礦物，蛻變礦物 [地質]

metamict 輻射變晶的，蛻變 [地質]

metamorphic aureole 變質圈 [地質]

metamorphic belt 變質帶 [地質]

metamorphic breccia 變質角礫岩 [地質]

metamorphic conglomerate 變質礫岩 [地質]

metamorphic deposit 變質礦床 [地質]

metamorphic differentiation 變質分異作用 [地質]

metamorphic facies series 變質相系列 [地質]

metamorphic facies 變質相 [地質]

metamorphic geology 變質地質學 [地質]

metamorphic grade 變質度 [地質]

metamorphic mineral 變質礦物 [地質]

metamorphic petrology 變質岩石學 [地質]

metamorphic reaction 變質反應 [地質]

M

metamorphic rock reservoir 變質岩儲集層 [地質]

metamorphic rock 變質岩 [地質]

metamorphic water 變質水 [地質]

metamorphic zone 變質帶 [地質]

metamorphic zoning 變質分帶 [地質]

metamorphism 變質作用 [地質]

metaquartzite 變質石英岩 [地質]

metaripple 變形波痕 [地質]

metarossite 變水釩鈣石 [地質]

metasediment 變質沉積物 [地質]

metasedimentary rock 變質沉積岩 [地質]

metasideronatrite 變纖鈉鐵礬 [地質]

metasomatic rock 交代變質岩 [地質]

metasomatism 換質作用 [地質]

metasomatite 換質岩 [地質]

metasome 換質礦物 [地質]

metasphere 上氣層 [地質]

metastable level 暫穩能階 [天文]

metastasis 側向均衡調整，同質蛻變 [地質]

metavariscite 變磷鋁石 [地質]

metavauxite 變磷鋁鐵礦 [地質]

metavoltine 變綠鉀鐵礬 [地質]

metazeunerite 變翠砷銅鈾礦 [地質]

meteor astronomy 流星天文學 [天文]

meteor camera 流星照相機 [天文]

meteor flare 流星爆發 [天文]

meteor geomagnetic effect 流星地磁效應 [天文]

meteor patrol 流星巡天 [天文]

meteor radioastronomy 流星無線電天文學 [天文]

meteor shock 流星撞擊 [天文]

meteor shower 流星雨 [天文]

meteor station 流星觀測站 [天文]

meteor stream 流星群 [天文]

meteor trail 流星餘跡 [天文]

meteor trajectory 流星軌跡 [天文]

meteoric apex 流星向點 [天文]

meteoric body 流星體 [天文]

meteoric dust 流星塵 [天文]

meteoric effect 流星效應 [天文]

meteoric ionization 流星電離 [天文]

meteoric iron 鐵隕石，隕鐵 [天文]

meteoric matter 流星物質 [天文]

meteoric seism 隕石致地震 [天文] [地質]

meteoric shower 流星雨 [天文]

meteoric stone 隕石 [天文] [地質]

meteoric stream 流星群 [天文]

meteoric swarm 流星雨 [天文]

meteoric water 雨水，天水 [天文]

meteorid 隕星群 [天文]

meteorite crater 隕石坑 [天文] [地質]

meteorite dust 隕石塵 [天文]

meteorite hypothesis 隕石假說 [天文]

meteorite matter 隕石物質 [天文] [地質]

meteorite parent body 隕石母體 [天文] [地質]

meteorite shower　隕石雨 [天文]

meteorite　隕石 [天文]

meteoritic astronomy　隕石天文學 [天文]

meteoritic body　隕石體 [天文] [地質]

meteoritic chondrule　隕石球粒 [天文] [地質]

meteoritic dust　隕石塵 [天文] [地質]

meteoritic impact theory　隕石撞擊說 [天文] [地質]

meteoritic mineral　隕石礦物 [天文] [地質]

meteoritics　隕石學 [天文]

meteorogram　氣象紀錄圖 [氣象]

meteorography　氣象儀器學 [氣象]

meteorograph　氣象儀 [氣象]

meteoroid taxonomy　流星體分類學 [天文]

meteoroid　流星體 [天文]

meteorolite　隕石 [天文] [地質]

meteorologic observation ship　氣象觀測船 [氣象]

meteorologic observation vessel　氣象觀測船 [氣象]

meteorological acoustics　氣象聲學 [氣象]

meteorological aids service　氣象輔助業務 [氣象]

meteorological aircraft　氣象飛機 [氣象]

meteorological anomaly　氣象異常 [氣象]

meteorological balloon　氣象探測氣球，氣象氣球 [氣象]

meteorological chart　氣象圖 [氣象]

meteorological condition　氣象條件 [氣象]

meteorological data　氣象資料 [氣象]

meteorological detection　氣象探測 [氣象]

meteorological disaster　氣象災害 [氣象]

meteorological district　氣象區 [氣象]

meteorological dynamics　氣象動力學 [氣象]

meteorological element　氣象要素 [氣象]

meteorological equator　氣象赤道 [氣象]

meteorological experiment　氣象試驗 [氣象]

meteorological forecasting　氣象預報 [氣象]

meteorological frequency band　氣象頻帶 [氣象]

meteorological information　氣象情報 [氣象]

meteorological instrumentation　氣象測量儀錶 [氣象]

meteorological instrument　氣象儀器 [氣象]

meteorological kinematics　氣象運動學 [氣象]

meteorological network　氣象網 [氣象]

meteorological noise　氣象雜訊 [氣象]

meteorological observation　氣象觀測

M

[氣象]

meteorological observatory 氣象臺 [氣象]

meteorological optical range 氣象光程 [氣象]

meteorological optics 氣象光學 [氣象]

meteorological phenomenon 氣象現象 [氣象]

meteorological post 氣象站 [氣象]

meteorological radar observation room 氣象雷達觀測室 [氣象]

meteorological radar station 氣象雷達站 [氣象]

meteorological radar 氣象雷達 [氣象]

meteorological range 氣象規程 [氣象]

meteorological region 氣象區 [氣象]

meteorological rocket network 氣象火箭網 [氣象]

meteorological rocket room 氣象火箭室 [氣象]

meteorological rocket 氣象火箭 [氣象]

meteorological satellite ground station 氣象衛星地面站 [氣象]

meteorological satellite service 氣象衛星服務 [氣象]

meteorological satellite 氣象衛星 [氣象]

meteorological service 氣象服務 [氣象]

meteorological sounding rocket 氣象探測火箭 [氣象]

meteorological statics 氣象靜力學 [氣象]

meteorological station 氣象站 [氣象]

meteorological statistics 氣象統計學 [氣象]

meteorological telecommunication 氣象電傳通信 [氣象]

meteorological thermodynamics 氣象熱力學 [氣象]

meteorological tide 氣象潮 [氣象]

meteorology of coastal zone 海岸帶氣象學 [氣象]

meteorology 氣象學 [氣象]

meteorometry 氣象測定學 [氣象]

meteor 流星 [天文]

metering error 測量誤差 [天文] [地質] [氣象] [海洋]

metering system 測量系統 [天文] [地質] [氣象] [海洋]

metering 測量 [天文] [地質] [氣象] [海洋]

method of coincidence 切拍法 [天文]

method of dependence 倚數法 [天文]

method of measurement 測量方法 [天文] [地質] [氣象] [海洋]

method of scale 尺度法 [天文]

method of seismic exploration 地震探勘法 [地質]

method of time determination by star transit 恆星中天測時法 [天文]

Metis 墨提斯，木衛十六 [天文]

Metonic cycle 默冬章 [天文]

metric carat 公制克拉 [地質]

M

metrophotography　攝影測量學 [地質]

miagite　球狀輝長岩 [地質]

miargyrite　單斜輝銻銀礦 [地質]

miarolithite　富晶洞混合岩 [地質]

miarolitic structure　晶洞構造 [地質]

miarolitic　晶洞狀，洞隙 [地質]

mica book　雲母片 [地質]

mica deposit　雲母礦床 [地質]

mica schist　雲母片岩 [地質]

mica synthesis　雲母合成法 [地質]

micaceous iron-ore　雲母鐵礦 [地質]

micaceous sandstone　雲母砂岩 [地質]

micacization　雲母化作用 [地質]

mica　雲母 [地質]

Michaelson actinograph　邁克遜日射儀 [天文] [氣象]

micrinite　微晶粒 [地質]

micrite　泥晶灰岩 [地質]

microbarm　微壓震 [氣象]

microbarometric wave　微氣壓波 [氣象]

microbarogram　微壓圖 [氣象]

microbarograph　微壓計 [氣象]

microbiostratigraphy　微化石地層學 [地質]

microbreccia　微角礫岩 [地質]

micro-chronometer　測微天文鐘 [天文]

microclimate　微氣候 [氣象]

microclimatology　微氣候學 [氣象]

microcline　微斜長石 [地質]

micro-computer field measuring system　微電腦野外檢測系統 [地質]

microcontinent　小陸塊 [地質]

microcoquina　微殼灰岩 [地質]

microcrystalline texture　微晶結構 [地質]

microcrystalline　微晶質的 [地質]

microcrystal　微晶 [地質]

micro-crystal　微晶 [地質]

microdiorite　微閃長岩 [地質]

microearthquake　微震 [地質]

microelement geology　微量元素地質學 [地質]

microfacies　微相 [地質]

microfossil　微體化石 [地質]

microgal　微伽（重力單位）[地質]

microgeology　微地質學 [地質]

micro-geomorphology　微地形學 [地質]

microgeomorphology　微地貌 [地質]

microgranite　細花崗岩 [地質]

micrographic texture　微文象組織 [地質]

microgravimeter　微重力儀 [地質]

microgravimetry　微重力測量 [地質]

microhydrology　微水文學 [地質]

microlaterolog equipment　微焦點電測儀 [地質]

microlaterolog　微焦點電測 [地質]

microline　微斜長石 [地質]

microlite　微晶，鉭燒綠石 [地質]

microlithology　微岩性學 [地質]

microlithotype of coal　微煤岩型 [地質]

microlitic　微晶的 [地質]

M

micrologging 微測井 [地質]

micromanometer 微氣壓計 [地質]

micromeritics 微晶學 [地質]

micrometeorite 微隕石 [天文]

micrometeoroid 微流星體 [天文]

micrometeorological phenomena 微氣象現象 [地質]

micrometeorology 微氣象學 [氣象]

micrometeor 微流星 [天文]

micromineralogy 微礦物學 [地質]

micronized mica 微粉化雲母 [地質]

micro-optical crystallography 顯微光學結晶學 [地質]

micropegmatite 微文象岩 [地質]

microperthite 微紋長石 [地質]

microphonic detector 微流星微音探測器 [天文]

microphyric 微斑狀 [地質]

microphysiography 顯微地文學 [地質]

micropoikilitic 微嵌晶狀 [地質]

micropore 微孔 [地質]

microporphyritic 微斑狀 [地質]

micropulsation 微脈動 [地質]

microquake 微震 [地質]

microrelief 微起伏，微地形 [地質]

microscale weather system 微尺度天氣系統 [地質]

microscopic petrography 顯微岩石學 [地質]

microscopic structure analysis 顯微構造分析 [地質]

Microscopium 顯微鏡座 [天文]

micro-seismic method 微震法 [地質]

microseismology 微震學 [地質]

microseismometer 微震計 [地質]

microseism 微震 [地質]

microspherulitic texture 微球粒結構 [地質]

microspherulitic 微球粒狀 [地質]

microspot 微黑子 [天文]

microstratigraphy 微觀地層學 [地質]

microstructure 顯微構造 [地質]

microstylolite 微縫合構造 [地質]

microtectonics 結構岩石學，微構造學 [地質]

micro-tektite 微玻隕石 [天文] [地質]

microthermal climate 低溫氣候 [氣象]

microtopography 微地形學 [地質]

microtremor 微顫動 [地質]

microvibrograph 微震儀 [地質]

microwave astronomy 微波天文學 [天文]

microwave background radiation 微波背景輻射 [天文]

microwave distance measurement 微波測距 [地質]

microwave distance measuring instrument 微波測距儀 [地質]

microwave meteorology 微波氣象學 [氣象]

microwave outburst 微波大爆發 [天文]

microwave pulsation 太陽微波脈動 [天

文]

microwave radio astronomy radiometer
微波無線電天文輻射計 [天文]

microwave radiometry 微波輻射學 [地
質]

microwave range finder 微波測距儀 [地
質]

Mid-Atlantic Ridge 大西洋中洋脊 [地
質]

middle atmosphere 中層大氣 [氣象]

middle atmospheric physics 中層大氣物
理學 [氣象]

middle atmospheric radiation budget 中
層大氣輻射收支 [氣象]

Middle Cambrian 中寒武紀 [地質]

Middle Carboniferous 中石炭紀 [地質]

middle clouds 中雲 [氣象]

middle corona 中日冕 [天文]

Middle Cretaceous 中白堊紀 [地質]

Middle Devonian 中泥盆紀 [地質]

Middle Jurassic 中侏儸紀 [地質]

middle latitude air mass 中緯度氣團 [氣
象]

middle latitude 中緯度 [地質]

Middle Mississippian 中密西西比世 [地
質]

middle of eclipse 食甚 [天文]

Middle Ordovician 中奧陶紀 [地質]

Middle Permian 中二疊紀 [地質]

middle reach 中游 [地質]

middle ring 中環 [地質]

Middle Silurian 中誌留紀 [地質]

Middle Triassic 中三疊紀 [地質]

middle-latitude cyclone 中緯度氣旋 [氣
象]

middle-latitude westerlies 中緯度西風
帶 [氣象]

mid-extreme tide 極點半潮 [海洋]

midfan 中扇區 [地質]

midget tropical storm 小型熱帶風暴 [氣
象]

midlatitude sporadic E layer 中緯度散
亂 E 層 [氣象]

mid-latitude westerlies 中緯度西風帶
[氣象]

mid-latitude 中緯度 [地質]

midnight auroral ionosphere 子夜極光
帶電離層 [天文] [氣象]

midnight sun 子夜太陽 [天文] [氣象]

midnight 子夜 [天文]

mid-ocean ridge basalt 中洋脊玄武岩
[海洋]

mid-ocean ridge-rift system 中洋脊裂谷
系 [海洋]

mid-ocean ridge 中洋脊 [海洋]

midocean rift valley 中洋裂谷 [地質]

mid-ocean rift 中洋裂谷 [海洋]

mid-oceanic ridge 中洋脊 [海洋]

mid-oceanic rift 中洋裂谷 [海洋]

midst distance meter 中程測距儀 [地質]

miersite 黃碘銀礦 [地質]

migmatite 混合岩，混成岩 [地質]

M

migmatization 混合作用，混成作用 [地質]

migma 混合岩漿 [地質]

migration stack 偏移疊加 [天文] [地質]

migration velocity analysis 偏移速度分析 [天文] [地質]

migration velocity 偏移速度 [天文] [地質]

migration 偏移，移位，遷徙 [天文] [地質]

migratory dune 移動沙丘 [地質]

mikropoikititic texture 微嵌晶結構 [地質]

milarite 整柱石，鈹鈣隅石 [地質]

military oceanography 軍事海洋學 [海洋]

milky quartz 乳石英 [地質]

Milky Way Galaxy 銀河系 [天文]

Milky Way 銀河 [天文]

milky weather 乳白天空 [氣象]

Miller index 米勒指數 [地質]

Miller law 米勒定律 [地質]

millerite 針硫鎳礦 [地質]

Miller-Urey experiment 米勒一尤裏實驗 [天文]

millimeter astronomy 毫米波天文學 [天文]

millisite 水磷鹼石 [地質]

Mills cross 密耳式十字天線陣 [天文]

millstone 磨石 [地質]

Mimas 麥馬斯，土衛一 [天文]

mimetene 砷鉛礦 [地質]

mimetesite 砷鉛礦 [地質]

mimetic crystallization 似晶結晶 [地質]

mimetic 擬晶的，假對稱的 [地質]

mimetite 砷鉛礦 [地質]

Mimosa 十字架三 [天文]

minasragrite 釩礬 [地質]

Mindel glacial stage 民德冰期 [地質]

Mindel glaciation 民德冰期 [地質]

Mindel-Riss interglacial 民德一里斯間冰期 [地質]

mine field structure 礦田構造 [地質]

minerageny 成因礦物學 [地質]

mineragraphy 礦相學 [地質]

mineral aggregate 礦物集合體 [地質]

mineral analytical chemistry 礦物分析化學 [地質]

mineral assemblage 礦物組 [地質]

mineral association 礦物組合，礦物共生 [地質]

mineral bitumen 礦物瀝青 [地質]

mineral caoutchouc 彈性瀝青 [地質]

mineral charcoal 絲炭 [地質]

mineral chemistry of metal sulphides 金屬硫化物礦物化學 [地質]

mineral chemistry 礦物化學 [地質]

mineral crystal structure 礦物晶體結構 [地質]

mineral crystallochemistry 礦物晶體化學 [地質]

mineral crystallography 礦物結晶學 [地

質]

mineral deposit bearing karst water　喀斯特充水礦床 [地質]

mineral deposit geochemistry of thermal liquid　熱液礦床地球化學 [地質]

mineral deposit geochemistry　礦床地球化學 [地質]

mineral deposit geometry　礦床幾何學 [地質]

mineral deposit hydrogeochemistry　礦床水文地球化學 [地質]

mineral deposit hydrogeology　礦床水文地質學 [地質]

mineral deposit　礦床 [地質]

mineral description　礦物描述 [地質]

mineral diagnostics　礦物診斷學 [地質]

mineral economics　礦物經濟學 [地質]

mineral exploration　礦產探勘 [地質]

mineral facies　礦物相 [地質]

mineral geochemistry　礦物地球化學 [地質]

mineral geology　礦物地質學 [地質]

mineral inclusion　礦物包裹體 [地質]

mineral kingdom　礦物界 [地質]

mineral law　礦物法學 [地質]

mineral matter　礦物質 [地質]

mineral micrology　礦物顯微學 [地質]

mineral paragenesis　礦物共生 [地質]

mineral physics　礦物物理學 [地質]

mineral process engineering　礦物加工工程 [地質]

mineral rock geochemistry　礦物岩石地球化學 [地質]

mineral rubber　礦物橡膠 [地質]

mineral saturation indices　礦物飽和指數 [地質]

mineral science　礦物科學 [地質]

mineral sequence　成礦順序 [地質]

mineral spring　礦泉 [地質]

mineral suite　礦物系列 [地質]

mineral sulfur　無機硫 [地質]

mineral synthesis　礦物合成 [地質]

mineral systematics　礦物分類學 [地質]

mineral tanning agent　礦物鞣劑 [地質]

mineral water　礦水 [地質]

mineral wax　地臘 [地質]

mineral zoning　礦物帶化 [地質]

mineralization　礦化作用 [地質]

mineralized water　礦化水 [地質]

mineralized zone　礦化帶 [地質]

mineralizer　礦化劑 [地質]

mineralizing solution　礦液 [地質]

mineralogenetic epoch　成礦時代 [地質]

mineralogenetic province　成礦區 [地質]

mineralogical chemistry　礦物化學 [地質]

mineralogical phase rule　礦物相律 [地質]

mineralogical satellite　礦物探測衛星 [地質]

Mineralogical Society of America　美國礦物學會 [地質]

M

mineralography　礦相學 [地質]

mineralogy of fossils　化石礦物學 [地質]

mineralogy　礦物學 [地質]

mineraloid　似礦物 [地質]

mineral-rich coal　礦化煤 [地質]

mineral　礦物 [地質]

minerocoenology　礦物共生學 [地質]

minerogenetic condition　成礦條件 [地質]

minette　雲煌岩 [地質]

minicrystal diffusion method　微晶擴散法 [地質]

minicrystal diffusion　微晶擴散 [地質]

minicrystal　微晶 [地質]

minimum air temperature　最低氣溫 [氣象]

minimum corona　極小日冕 [天文]

minimum detectable temperature　最小可檢測溫度 [天文]

minimum discharge　最小流量 [地質]

minimum duration　最小期間 [海洋]

minimum ebb　最小落潮流 [海洋]

minimum fetch　最小風區 [海洋]

minimum flood　最小漲潮流 [地質]

minimum reflectance of vitrinite　鏡質體最小反射率 [地質]

mining geology　礦業地質學，採礦地質學 [地質]

minium　鉛丹 [地質]

minnesotaite　鐵滑石 [地質]

minor axis　短軸 [地質]

minor component　微量成分，次要組分 [天文] [地質] [海洋]

minor constituent　微量成分，次要組分 [天文] [地質] [海洋]

minor element of sea water　海水微量元素 [海洋]

minor intrusion　小型侵入體 [地質]

minor planet　小行星 [天文]

minor structure　小型構造 [地質]

minor trough　小槽 [氣象]

minuano　密奴愛諾風 [氣象]

minus-cement porosity　無膠結孔隙度 [地質]

minute of time　時分 [天文]

minverite　鈉長角閃輝綠岩 [地質]

minyulite　水磷鋁鉀石 [地質]

Miocene Epoch　中新世 [地質]

Miocene Period　中新世 [地質]

Miocene　中新世 [地質]

miogeosyncline　次地槽 [地質]

MIP method　磁激發極化法 [地質]

mirabilite　芒硝 [地質]

Mirach(β And)　奎宿九（仙女座 β 星）[天文]

mirage　蜃景 [氣象]

Miranda　米蘭達，天王衛五 [天文]

mire hydrology　沼澤水文 [地質]

mire science　沼澤學 [地質]

mire　沼澤 [天文] [地質]

Mirfak(α Per)　天船三（英仙座 α 星）[天文]

mirowave radar range system 微波雷達測距系統 [地質]

mirror grating 鏡柵 [天文]

mirror instability 反射鏡不穩定性 [天文]

mirror interferometer 鏡式干涉儀 [天文]

mirror nephoscope 測雲鏡 [氣象]

mirror sextant 反射鏡六分儀 [天文]

mirror stone 鏡石，白雲母 [地質]

mirror telescope 反射式望遠鏡 [天文]

mirror transit circle 鏡式子午儀 [天文]

mirror transit instrument 地平式中星儀 [天文]

Mirzam(β CMa) 軍市一（大犬座 β 星）[天文]

misenite 纖重鉀礬 [地質]

misering 鑽探 [地質]

mispickel 毒砂 [地質]

missing mass 無蹤質量 [天文]

Mississippian 密西西比紀 [地質]

Missourian 密蘇里統 [地質]

mist droplet 靄滴 [氣象]

Mistral 密史脫拉風 [氣象]

mist 靄，輕霧 [氣象]

mixed cloud 混合雲 [氣象]

mixed coal 混煤 [地質]

mixed compensating mode 混合補償式 [地質]

mixed crystal 混晶 [地質]

mixed current 混合潮流 [海洋]

mixed gravity anomaly 混合重力異常 [地質]

mixed gypsum 混合石膏 [地質]

mixed layer 混合層 [海洋]

mixed layer mineral 混層礦物 [地質]

mixed lump coal 混塊煤 [地質]

mixed nucleus 混合核 [氣象]

mixed ore 混合礦石 [地質]

mixed perturbation 混合攝動 [天文]

mixed propagation 混合傳播 [地質]

mixed Rossby-gravity wave 混合羅斯貝重力波 [地質]

mixed tide 混合潮 [海洋]

mixer crystal 混頻晶體 [地質]

mixer 攪拌器，混頻器 [天文] [地質]

mixing depth 混合深度 [氣象]

mixing fog 混合霧 [氣象]

mixing layer 混合層 [海洋]

mixing length 混合長度 [天文]

mixing ratio 混合比 [氣象]

mixite 砷鉍銅礦 [地質]

mixolimnion 混合層 [地質]

mixtite 混雜沉積岩 [地質]

mixture corrosion 混合溶蝕 [地質]

Mizar 北斗六，開陽 [天文]

mizzonite 中柱石 [地質]

MK system! MK 系統 [天文]

mobile atmosphere 流動大氣層 [氣象]

mobile belt 活動帶 [地質]

mobile component 可移動成分 [地質] [氣象] [海洋]

M

mobile platform 移動式平臺 [海洋]

mobile zone 活動帶 [地質]

mobility 流動度，活動性，遷移率 [天文] [地質] [氣象] [海洋]

mobilization 活化作用 [地質]

mock fog 假霧 [氣象]

mock lead 閃鋅礦 [地質]

mock moon 幻月 [天文]

mock ore 閃鋅礦 [地質]

mock sun 幻日 [天文]

model 模型，模式 [天文] [地質] [氣象] [海洋]

model atmosphere 大氣模型，模式大氣 [天文]

model chromosphere 色球模型 [天文]

model of geologic process 地質過程模型 [天文]

model output statistic prediction 模式輸出統計預報 [氣象]

model photosphere 光球模型 [天文]

model seismology 模型地震學 [地質]

model tectonics 模型大地構造學 [地質]

moderate breeze 和風（四級風）[氣象]

moderate gale 疾風（七級風）[氣象]

moderate rain 中雨 [氣象]

moderate sea 中浪 [海洋]

moderate visibility 中等能見度 [氣象]

mode-ray duality 振型射線雙重性 [地質]

modern astronomy 近代天文學 [天文]

modern astrophysics 近代天體物理學 [天文]

modern cosmology 近代宇宙學 [天文]

modern crystallography 近代結晶學 [地質]

modern geology 近代地質學 [地質]

modern igneous petrology 近代火成岩學 [地質]

modern marine sedimentary geochemistry 近代海洋沉積地球化學 [地質]

modern marine sedimentology 近代海洋沉積學 [海洋]

modern natural geography 近代自然地理學 [地質]

modern sedimentology 近代沉積學 [地質]

modified index of refraction 修正折射指數 [氣象]

modified Julian date 約簡儒略日 [天文]

modified Mercalli intensity scale 修正麥卡里震度分級 [地質]

modified refractive index 修正折射指數 [氣象]

modulated time signal 調變時號 [天文]

modulation of cosmic-ray intensity 宇宙線強度調變 [天文]

modulator crystal 調變器晶體 [地質]

modulus of distance 距離模數 [天文]

Mogel-Dellinger effect 摩地效應格效應 [氣象]

Mohammedan calendar 回曆 [天文]

mohavite 八面硼砂 [地質]

M

Mohnian 莫恩 [地質]

Mohorovicic discontinuity 莫荷不連續面，莫氏不連續面 [地質]

Mohs scale 莫氏硬度表 [地質]

mohsite 鉛尖鈦鐵礦 [地質]

Moine schist 莫伊內片岩 [地質]

Moine series 莫伊內統 [地質]

moissanite 碳矽石 [地質]

moist adiabatic lapse rate 溼絕熱直減率 [氣象]

moist adiabatic process 溼絕熱過程 [氣象]

moist air mass 溼氣團 [氣象]

moist air 溼空氣 [氣象]

moist atmosphere 潮溼空氣 [氣象]

moist climate 潮濕氣候 [氣象]

moist index 溼潤指數 [氣象]

moist mineral-matter-free basis 恆溼無礦物質基 [地質]

moisture adjustment 水分調整 [氣象]

moisture content 水分含量 [地質] [氣象]

moisture control 溼度控制 [氣象]

moisture factor 水分因子 [氣象]

moisture index 水分指數 [氣象]

moisture inversion 溼度逆增 [氣象]

moisture measurement technology 溼度測量技術 [氣象]

moisture measurement 溼度測量 [氣象]

moisture meter 溼度計 [氣象]

moisture register 溼度計 [氣象]

moisture-adiabatic lapse rate 溼絕熱直減率 [氣象]

moisture-temperature index 溫溼指數 [氣象]

moisture 水分，潮溼，溼度 [氣象]

molasse 磨礫層 [地質]

mold rain 霉雨 [氣象]

moldavite 黑地蠟，莫爾道玻隕石 [地質]

molecular arrangement 分子排列 [地質]

molecular astronomy 分子天文學 [天文]

molecular band 分子譜帶 [地質]

molecular cloud 分子雲 [天文]

molecular crystal 分子晶體 [地質]

molecular line 分子譜線 [天文]

molecular oxygen infrared atmospheric band 氧分子紅外大氣帶 [天文] [氣象]

molecular replacement technique 分子置換法 [地質]

molecular stratigraphy 分子地層學 [地質]

molten mass 熔融體 [地質]

molybdenite 輝鉬礦 [地質]

molybdenum deposit 鉬礦床 [地質]

molybdenum mineral 鉬礦 [地質]

molybdenum-bearing mineral 含鉬礦物 [地質]

molybdic ocher 鉬華 [地質]

M

molybdine　鉬華 [地質]

molybdite　鉬華 [地質]

molysite　鐵鹽 [地質]

moment tensor　矩張量 [地質]

momentum　角動量守恆定律 [天文] [氣象]

Mona complex　莫納雜岩 [地質]

monalbite　斜鈉長石 [地質]

monazite sand　獨居石砂 [地質]

monazite　獨居石 [地質]

monchiquite　沸煌岩 [地質]

monetite　三斜磷鈣石 [地質]

monimolite　綠銻鉛礦 [地質]

monitor record　監控記錄 [地質] [海洋]

Mono Lake excursion　莫諾湖漂移 [地質]

Monocerids　麒麟座流星群 [天文]

Monoceros Loop　麒麟圈 [天文]

Monoceros　麒麟座 [天文]

monochromatic absorption　單色吸收 [天文]

monochromatic photograph of the sun　太陽單色光照片 [天文]

monochromatic radiative equilibrium　單色輻射平衡 [天文]

monoclinal stratum　單斜層 [地質]

monocline　單斜褶皺，單斜層 [地質]

monoclinic system　單斜晶系 [地質]

monogeosyncline　單地槽，單向斜 [地質]

monomineralic rock　單礦岩 [地質]

Monongahelan　蒙嫩格希拉統 [地質]

monophagous　單食性的 [地質]

monophasic orogenic cycle　單相造山循環 [地質]

monophyletical evolution　單系列演化 [地質]

monopyroxene　斜輝石 [地質]

monotectic reaction　偏晶反應 [地質]

monotectic temperature　偏晶溫度 [地質]

monotonic model　單調宇宙模型 [天文]

monotropic liquid crystal　單變性液晶 [地質]

monsoon break　季風中斷 [氣象]

monsoon burst　季風爆發 [氣象]

monsoon circulation　季風環流 [氣象]

monsoon climate　季風氣候 [氣象]

monsoon cluster　季風雲簇 [氣象]

monsoon current　季風海流 [氣象] [海洋]

monsoon cyclone　季風氣旋 [氣象]

monsoon depression　季風低壓 [氣象]

monsoon drift　季風漂流 [海洋]

monsoon experiment　季風試驗 [氣象]

monsoon fog　季風霧 [氣象]

monsoon index　季風指數 [氣象]

monsoon low　季風低壓 [氣象]

monsoon region　季風區 [氣象]

monsoon trough　季風槽 [氣象]

monsoon　季風 [氣象]

Montanan　蒙塔納統 [地質]

M

montanite　碲鉍華 [地質]

montasite　纖石棉 [地質]

montebrasite　水磷鋁鈣石，葉雙晶石 [地質]

Monterey shale　蒙特雷頁岩 [地質]

Montes Alps　阿爾卑斯山脈（月面）[天文] [地質]

Montes Altai　阿爾泰山脈（月面）[天文] [地質]

Montes Apenninae　亞平寧山脈（月面）[天文] [地質]

Montes Carpates　喀爾巴阡山脈（月面）[天文] [地質]

Montes Caucasus　高加索山脈 [天文] [地質]

Montes Pyrenaee　庇里尼山脈（月面）[天文] [地質]

Montes Taurus　金牛山脈（月面）[天文] [地質]

montes　山脈（月面）[天文] [地質]

montgomeryite　蒙哥馬利石，磷鋁鎂鈣石 [地質]

monthly agrometeorological bulletin　農業氣象月報 [氣象]

monthly maximum temperature　月最高溫度 [氣象]

monthly mean of daily maximum temperature　月平均最高溫度 [氣象]

monthly mean of daily minimum temperature　月平均最低溫度 [氣象]

monthly mean sea level　月平均海面 [海洋]

monthly mean temperature　月平均溫度 [氣象]

monthly minimum temperature　月最低溫度 [氣象]

monthly nutation　周月章動 [天文]

monthly total rainfall　總月降水量 [氣象]

month　月 [天文]

Montian　蒙丁階 [地質]

monticellite　鈣鎂橄欖石 [地質]

montmorillonite　蒙脫石 [地質]

montroydite　辰汞礦 [地質]

monzonite　二長岩 [地質]

moon enters penumbra　月半影食始 [天文]

moon enters umbra　月偏食始 [天文]

moon geology　月球地質學 [天文] [地質]

moon leaves penumbra　月半影食終 [天文]

moon leaves umbra　月偏食終 [天文]

moon pillar　月柱 [天文] [氣象]

moon seismograph　月震儀 [地質]

moonquake　月震 [天文] [地質]

moonrise　月出 [天文]

moon's age　月齡 [天文]

moon's path　白道 [天文]

moon's variation　二均差（月球運動）[天文]

moonset　月沒 [天文]

moonstone　月長石 [天文]

M

moon 月球，太陰 [天文]

moor coal 沼煤 [地質]

mooreite 錳鎂鋅礬 [地質]

moor 沼澤 [地質]

morainal apron 冰磧裙地 [地質]

morainal delta 冰磧三角洲 [地質]

morainal lake 冰磧湖 [地質]

morainal plain 冰磧平原 [地質]

moraine bar 冰磧砂洲 [地質]

moraine kame 冰磧阜 [地質]

moraine lake 冰磧湖 [地質]

moraine 冰磧石 [地質]

morass ore 沼鐵礦 [地質]

moravite 鐵鱗綠泥石 [地質]

mordenite 絲光沸石 [地質]

morencite 褐綠脫石 [地質]

morenosite 碧礬 [地質]

Moreton waves 莫爾頓波 [天文]

morganite 紅綠柱石 [地質]

morinite 紅磷鈉石，水氟磷鹼石 [地質]

morion 黑晶 [地質]

Mormon sandstone 莫爾蒙砂岩 [地質]

morning group 早晨星組 [天文]

morning star 晨星 [天文]

morning twilight 曙光 [天文]

morphogenesis 地貌成因 [地質]

morphogenetic region 地貌成因區 [地質]

morphological analysis 地貌分析 [地質]

morphological astronomy 形態天文學 [天文]

morphological crystallography 形態晶體學 [地質]

morphological geotectonics 形態大地構造學 [地質]

morphological tectonics 形態構造學 [地質]

morphology of auroral display 極光形態學 [天文] [氣象]

morphology of crystallization 結晶形態學 [地質]

morphology of crystals 晶體形態學 [地質]

morphology of geomagnetic storms 地磁暴形態學 [地質]

morphology of minerals 礦物形態學 [地質]

morphology of visual aurora 目視極光形態學 [天文] [氣象]

morphotectonics 構造地形學 [地質]

Morte slate 莫特板岩 [地質]

morvan 交切侵蝕面 [地質]

mosaic crystal 鑲嵌晶體 [地質]

mosaic mirror telescope 鑲嵌鏡面望遠鏡 [天文]

mosaic structure 鑲嵌構造 [地質]

mosaic texture 鑲嵌構造 [地質]

mosandrite 氟矽鈦鈰礦 [地質]

moschellandsbergite 銀汞礦 [地質]

mosesite 黃氮汞礦 [地質]

MOSP: model output statistic prediction 模式輸出統計預報 [氣象]

M

moss agate   苔紋瑪瑙 [地質]

moss opal   苔紋蛋白石 [地質]

mossite   鉭鈮鐵礦 [地質]

mother lode   主礦脈 [地質]

mother rock   母岩 [地質]

mother-of-pearl cloud   貝母雲 [氣象]

motion of earth's pole   地極移動 [天文]

mottled clay   斑狀黏土 [地質]

mottled sandstone   雜色砂岩 [地質]

mottle   日芒，日斑 [天文]

mottramite   釩銅鉛礦 [地質]

moulin   冰河壼穴 [地質]

mound   岡陵，小丘，小山 [地質]

Mount Rose snow sampler   蒙特羅斯型雪取樣器 [氣象]

mountain and valley winds   山谷風 [氣象]

mountain breeze   山風 [氣象]

mountain brown ore   山褐鐵礦 [地質]

mountain butter   鐵明礬 [地質]

mountain chain   山脈 [地質]

mountain climate   山地氣候 [氣象]

mountain climatology   山地氣候學 [氣象]

mountain cork   山軟木，脂狀石棉 [地質]

mountain crystal   水晶 [地質]

mountain form   山形 [地質]

mountain gap wind   山峽風 [氣象]

mountain geology   山嶽地質學 [地質]

mountain geomorphology   山區地貌學

[地質]

mountain glacier   山嶽冰川 [地質]

mountain glaciology   山嶽冰川學 [地質]

mountain land   山地 [地質]

mountain leather   （皮狀）石棉 [地質]

mountain meteorology   山地氣象學 [氣象]

mountain mire   山地沼澤 [地質]

mountain peak   山峰 [地質]

mountain pediment   山麓侵蝕平原 [地質]

mountain range   山脈 [地質]

mountain ridge   山脊 [地質]

mountain slope   山坡 [地質]

mountain soap   山石鹼 [地質]

mountain stream   山區河流 [地質]

mountain system   山系 [地質]

mountain tallow   偉晶蠟石 [地質]

mountain valley breeze   山谷風 [氣象]

mountain wood   石棉木，羽狀石棉 [地質]

mountains   山脈 [地質]

mountain   山，山岳 [地質]

mount   山，丘 [地質]

mouth   河口，出口 [地質]

moveut   時差 [天文]

moving cluster   移動星團 [天文]

moving prominence flare   活動日珥型閃焰 [天文]

moving source method   動源法 [地質]

moving source prospecting   動源法探勘

M

[地質]

Mozambique Current 莫三比克海流 [海洋]

MSI: multispectral imagery 多光譜雲圖 [氣象]

MSK scale MSK 表 [地質]

MSL: mean sea level 平均海平面 [海洋]

mud accumulation 淤泥 [地質]

mud agitator 泥漿攪拌機 [地質]

mud ball 泥球 [地質]

mud cleaner 泥漿淨化器 [地質]

mud cone 泥丘，泥火山 [地質]

mud crack polygon 泥裂多邊形土 [地質]

mud crack 泥裂 [地質]

mud desander 泥漿除砂器 [地質]

mud ditch 泥漿流槽 [地質]

mud flat 泥灘 [地質]

mud flow meter 泥漿流量計 [地質]

mud hydrometer 泥漿比重計 [地質]

mud logging 泥漿測井 [地質]

mud lubrification meter 泥漿潤滑性測定儀 [地質]

mud materials 泥漿材料 [地質]

mud mixing device 泥漿製備裝置 [地質]

mud pit 泥漿池 [地質]

mud polygon 泥多邊形土 [地質]

mud pot 泥塘，泥溫泉 [地質]

mud pump 泥漿泵 [地質]

mud purifying device 泥漿淨化裝置 [地質]

質]

mud resistance meter 泥漿電阻儀 [地質]

mud rheology 泥漿流變學 [地質]

mud rock 泥岩 [地質]

mud sand content meter 泥漿含砂量測定儀 [地質]

mud setting sump 泥漿沉澱池 [地質]

mud spring 泥泉 [地質]

mud viscosimeter 泥漿黏度計 [地質]

mud volcano 泥火山 [地質]

mud water loss meter 泥漿失水量測定儀 [地質]

muddy coast 泥質海岸 [地質]

mudflow 泥流 [地質]

mudflow deposit 泥流堆積物 [地質]

mudlump 泥丘 [地質]

mudstone 泥岩 [地質]

mud 泥，泥漿 [地質]

mugearite 橄欖粗安岩 [地質]

muggy 悶熱的 [氣象]

mullion structure 柵狀構造 [地質]

mullite 富鋁紅柱石，莫來石 [地質]

multiband seismograph 多頻帶地震儀 [地質]

multibeam echosounder 多波束測深儀 [海洋]

multi-cell storm 多胞風暴 [氣象]

multi-channel logging truck 多道式測井儀 [地質]

multichannel magnetograph 多頻磁象

儀 [天文]

multi-channel photo-recorder 多道照相記錄儀 [地質]

multichannel seismic instrument 多頻地震儀 [地質]

multi-channel seismograph 多道地震儀 [地質]

multicolor photometry 多色光度學 [天文]

multicomponent system 多成分系統 [地質]

multidomain thermal remanence 多域熱剩磁 [地質]

multi-element interferometer 多天線干涉儀 [天文]

multi-frequency channel ground detector 多頻道地電儀 [地質]

multifrequency electromagnetic method 多頻電磁法 [地質]

multimetal mud 多金屬軟泥 [海洋]

multi-mirror telescope 多鏡面望遠鏡 [天文]

multi-object spectrograph 多目標光譜儀 [天文]

multi-phase interferometer 多相干涉儀 [天文]

multiple coverage 多次覆蓋 [地質]

multiple earthquake 多發性地震 [地質]

multiple effect evaporator 多效蒸發器 [海洋]

multiple fault 複斷層 [地質]

multiple frequency amplitude-phase method 多頻振幅相位法 [地質]

multiple galaxy 多重星系 [天文]

multiple intrusion 重複侵入 [地質]

multiple meteor 多重流星 [天文]

multiple radio source 多重無線電源 [天文]

multiple redshift 多重紅移 [天文]

multiple reflection 多次反射 [地質]

multiple star of Trapezium type （獵戶座）四邊型聚星 [天文]

multiple star 聚星 [天文]

multiple tail 多重彗尾 [天文]

multiple tropopause 複式對流層頂 [氣象]

multiring structure 多環構造 [天文]

multi-spectral bathymetry 多譜段測深學 [海洋]

multi-year mean sea level 多年平均海平面 [海洋]

mundic 黃鐵礦 [地質]

Mungo Lake excursion 蒙戈湖偏移 [地質]

Muphrid(η Boo) 右攝提一（牧夫座 η 星）[天文]

mural circle 牆儀 [天文]

mural quadrant 牆象限儀 [天文]

murbruk structure 碎斑構造 [地質]

Murchison meteorite 默奇森隕石 [地質]

muromontite 釔褐簾石 [地質]

M

Musca 蒼蠅座 [天文]

Muschelkalk series 殼灰岩統 [地質]

muscovite-granite 白雲母花岡岩 [地質]

muscovite 白雲母 [地質]

muskey 沼澤 [地質]

muthmannite 板碲金銀礦 [地質]

mutual visibility 互視能見性 [氣象]

Mydrim limestone 米德里姆灰岩 [地質]

Mydrim shales 米德里姆頁岩 [地質]

mylonite gneiss 糜稜片麻岩 [地質]

mylonite 糜稜岩，壓碎岩 [地質]

mylonitic structure 糜稜構造 [地質]

mylonitization 糜稜化 [地質]

Mylor series 麥羅統 [地質]

myrmekite 蠕狀石 [地質]

M

N n

N galaxy　N 星系 [天文]

N star　N 型星 [天文]

nacreous cloud　貝母雲 [氣象]

nacrite　珍珠陶土，珍珠石 [地質]

nadir distance　天底距 [天文]

nadir reading　天底讀數 [天文]

nadir　天底 [天文]

nadorite　氯氧銻鉛礦，鮮黃石 [地質]

NADW: North Atlantic Deep Water　北大西洋深層水 [海洋]

nagatelite　磷褐簾石，長手石 [地質]

nagyagite　葉碲礦 [地質]

nahcolite　蘇打石 [地質]

naked eye observation　肉眼觀測 [天文]

naked singularity　裸奇點 [天文] [地質]

nakhlite　透輝橄無球粒隕石 [地質]

Namurian　納穆爾階 [地質]

Nanhai Coastal Current　南海沿岸流 [海洋]

Nanhai Sea　南海 [海洋]

Nanhai Warm Current　南海暖流 [海洋]

Nansen bottle　南森瓶 [海洋]

Nansen cast　南森錘測 [海洋]

napoleonite　球狀閃長岩 [地質]

nappe outlier　飛來峰 [地質]

nappe structure　推覆構造 [地質]

nappe　推覆體，岩蓋 [地質]

narbonnais　挪朋尼風 [氣象]

nari　鈣積層 [地質]

narrow-band　窄帶 [天文]

narsarsukite　短柱石 [地質]

nasinite　硼鈉石 [地質]

nasledovite　錳鉛礬 [地質]

Nasmyth focus　內氏焦點 [天文]

nasonite　氯矽鈣鋁礦 [地質]

nasturan　方鈾礦 [地質]

national satellite　國土衛星 [地質] [氣象]

national standard barometer　國家標準氣壓錶 [氣象]

native arsenic　自然砷 [地質]

native bismuth　自然鉍 [地質]

native copper　自然銅 [地質]

native element　自然元素 [地質]

native gold　自然金 [地質]

native mercury　自然汞 [地質]

native metal　自然金屬 [地質]

native nickel　自然鎳 [地質]

native paraffin　天然石蠟 [地質]

native platinum　自然鉑 [地質]

native silver　自然銀 [地質]

native sulphur　自然硫 [地質]

native uranium　自然鈾 [地質]

natramblygonite　鈉磷鋁石，葉雙晶石 [地質]

natroalunite　鈉明礬石 [地質]

natroautunite　鈉鈣鈾雲母 [地質]

natroborocalcite　鈉硼鈣石 [地質]

natrochalcite　鈉銅礬 [地質]

natrojarosite　鈉鐵礬 [地質]

natrolite　鈉沸石 [地質]

natromontebrasite　水磷鋁鈣石，葉雙晶石 [地質]

natron saltpeter　鈉硝石 [地質]

natron　泡鹼 [地質]

natrophilite　磷鈉錳礦 [地質]

natural alloy　天然合金 [地質]

natural arch　天然拱 [地質]

natural belt　自然帶 [地質]

natural calendar　自然曆 [天文]

natural crystal　天然晶體 [地質]

natural differentiation　自然分化 [地質]

natural division method　自然區劃法 [地質]

natural electric current　自然電流 [地質]

natural electric-field method instrument　自然電場法儀器 [地質]

natural evaporation　自然蒸發 [氣象]

natural feature　自然要素 [地質]

natural field electro-detector　天然場電測儀 [地質]

natural gamma spectrometer of logger　天然伽瑪光譜測井儀 [地質]

natural gemstone　天然寶石 [地質]

natural geochemistry　天然地球化學 [地質]

natural glass　自然玻璃 [地質]

natural harbor　天然港灣 [地質]

natural hydrated kaolin　天然水合高嶺土 [地質]

natural landscape　自然景觀 [地質]

natural levee　天然堤 [地質]

natural potential　自然電位 [地質]

natural radio-frequency interference　自然無線電頻率干涉 [天文]

natural remanence　天然剩磁 [天文]

natural remanent magnetization　自然殘磁強度，天然剩磁 [地質]

natural satellite　天然衛星 [天文]

natural steam　天然蒸汽 [地質]

natural synoptic period　自然天氣週期 [氣象]

natural synoptic region　自然天氣區 [氣象]

natural synoptic season　自然天氣季節 [氣象]

natural uranium　天然鈾 [地質]

natural water　天然水 [地質]

natural well　天然井 [地質]

naujakasite 水瑙雲母，矽鋁鐵鈉石 [地質]

naumannite 硒銀礦 [地質]

naurodite 似藍閃石鹼性閃石 [地質]

nauruite 細晶磷灰石，膠磷礦 [地質]

nautical almanac 航海曆 [天文]

nautical astronomy 航海天文學 [天文]

nautical ephemeris 航海曆 [天文]

nautical meteorology 航海氣象學 [氣象]

nautical twilight 航海曙暮光 [天文]

Navajo sandstone 納瓦霍砂岩 [地質]

navajoite 纖水釩石 [地質]

naval air environment 海洋大氣環境 [氣象] [海洋]

naval meteorology 海洋氣象學 [氣象] [海洋]

navigable semicircle 可航半圓 [海洋]

navigation astronomy 導航天文學 [天文]

navigation clock 航海鐘 [天文]

navigation wind 航行風 [氣象]

navigational astronomy 航海天文學 [天文]

navigational datum 航行基準面 [海洋]

navite 斑狀蛇紋粗玄岩 [地質]

navstar 全球定位系統 [氣象]

N-axis! N軸 [地質]

naze 岬角，海角 [地質]

n-body problem! n體問題 [天文]

n-body simulation! n體模擬 [天文]

neap high water 小潮高潮面 [海洋]

neap low water 小潮低潮面 [海洋]

neap range 小潮潮差 [海洋]

neap rate 小潮流速 [海洋]

neap rise 小潮升 [海洋]

neap season 小潮期 [海洋]

neap tidal currents 小潮潮流 [海洋]

neap tide 小潮 [海洋]

near earthquake 近震 [地質]

near gale 疾風 [氣象]

near side of the moon 月球正面 [天文]

near stars 鄰近星 [天文]

nearby galaxy 鄰近星系 [天文]

near-field region 近場區 [地質]

near-field seismology 近場地震學 [地質]

near-field 近場 [地質]

nearly parabolic orbit 近拋物線軌道 [天文]

nearshore circulation 近岸環流 [海洋]

nearshore current 沿岸流 [地質]

nearshore oceanography 近岸海洋學 [海洋]

nearshore zone 近濱帶 [地質] [海洋]

Nebraska beds 內布拉斯加層 [地質]

Nebraskan drift 內布拉斯加冰磧 [地質]

Nebraskan glaciation 內布拉斯加冰川作用 [地質]

nebular envelope 星雲狀外殼 [天文]

nebular hypothesis 星雲假說 [天文]

nebular line 星雲譜線 [天文]

nebular physics 星雲物理 [天文]

N

nebular red shift 星雲紅移 [天文]

nebular spectrograph 星雲光譜儀 [天文]

nebular stage 星雲階段 [天文]

nebular transition 星雲躍遷 [天文]

nebular variable 星雲變星 [天文]

nebular 星雲狀的 [天文]

nebula 星雲 [天文]

nebulite 雲霧岩 [地質]

nebulosity 星雲狀物質 [天文]

nebulosus 霧狀雲 [氣象]

nebulous ring 星雲環 [天文]

necking down 縮頸 [地質]

necking technique 縮頸法 [地質]

neck 頸，岩頸，火山頸 [地質]

needle ice 針冰 [地質]

needle ore 針硫鉍鉛礦 [地質]

needle stone 金紅針水晶，鈉沸石 [地質]

needle 針，針狀峰 [地質]

negative accumulated temperature 負積溫 [氣象]

negative anomaly 負異常 [地質]

negative area 負區，低陷地區 [地質]

negative crystal 負晶體 [地質]

negative element 凹下部分，負向構造單元 [地質]

negative energy 負能量 [天文]

negative eyepiece 負目鏡 [天文]

negative feedback mechanism 負回饋機制 [海洋]

negative hydrogen ion 負氫離子 [天文]

negative ion vacancy 負離子空位 [地質]

negative leap second 負閏秒 [天文]

negative lens 負透鏡 [天文]

negative rain 負電荷雨 [氣象]

negative shoreline 負海岸線 [地質]

neighborite 氟鎂鈉石 [地質]

nekoite 新矽鈣石 [地質]

nekton 游泳生物；自游生物 [海洋]

nelsonite 鈦鐵磷灰岩 [地質]

nemalite 纖鐵水鎂石 [地質]

nemaphyllite 綠鈉蛇紋石 [地質]

nematic liquid crystal 絲狀液晶 [地質]

nematic 有流狀晶的，絲狀的 [地質]

nematoblastic 纖狀變晶質的 [地質]

nemecite 矽鐵石 [地質]

nemere 尼米利風 [氣象]

nemite 暗白榴石 [地質]

Neocathaysian structural system 新華夏構造體系 [地質]

Neocathaysian 新華夏式 [地質]

Neocene 晚第三紀 [地質]

neoclimatology 現代氣候學 [氣象]

Neocomian 紐康姆 [地質]

Neogene period 晚第三紀 [地質]

Neogene 晚第三紀 [地質]

neoglaciation 新冰川作用 [地質]

neolithic age 新石器時代 [地質]

neotectonic movement 新構造運動 [地質]

neotectonics 新構造運動 [地質]

neovolcanic rock　新火山岩 [地質]

neovolcanite　新火山岩 [地質]

Neozoic era　新生代 [地質]

nepaulite　黝銅礦 [地質]

nephanalysis　雲分析 [氣象]

nephcurve　雲系分界線 [氣象]

nepheline basalt　霞石玄武岩 [地質]

nepheline monzonite　霞石二長岩 [地質]

nepheline phonolite　霞石響岩 [地質]

nepheline syenite　霞石正長岩 [地質]

nepheline　霞石 [地質]

nephelinite　霞石岩 [地質]

nephelinization　霞石化 [地質]

nephelinolite　霞石岩 [地質]

nephelite　霞石 [地質]

nepheloid layer　霧狀層 [氣象] [海洋]

nepheloid　霧狀層 [氣象] [海洋]

nephelometer　濁度計，雲量計 [氣象]

nephelometry　濁度測定術，測雲術 [氣象]

nepheloscope　測雲器 [氣象]

nephogram　雲圖 [氣象]

nephology　雲學 [氣象]

nephometer　雲量計 [氣象]

nephoscope　測雲器 [氣象]

nephrite　閃玉，軟玉 [地質]

nephsystem　雲系 [氣象]

nepouite　鎳綠泥石 [地質]

Neptune's rings　海王星環 [天文]

Neptune　海王星 [天文]

Neptunian satellites　海衛 [天文]

neptunian theory　水成論 [地質]

neptunianism　水成論 [地質]

neptunian　海王星的 [天文] [地質]

neptunism　水成論 [地質]

neptunist　水成論者 [地質]

neptunite　柱星葉石 [地質]

nerchinskite　埃洛石 [地質]

Nereid　妮瑞德，海衛二 [天文]

neritic facies　淺海相 [地質]

neritic organism　淺海生物 [海洋]

neritic sediment　淺海沉積 [地質]

neritic zone　淺海帶 [海洋]

neritic　淺海的 [海洋]

nesosilicate mineral　島狀矽酸鹽礦物 [地質]

nesosilicate　島狀矽酸鹽 [地質]

nesquehonite　三水碳鎂石 [地質]

ness　岬 [地質]

nestantalite　黃鉬鐵礦 [地質]

nested crater　巢狀火山口 [地質]

nested leaky-box model　套式漏盒模型 [地質]

net outgoing radiation　淨射出輻射 [氣象]

net pyranometer　淨全天空輻射計 [氣象]

net pyrgeometer　淨地面輻射計 [氣象]

net pyrradiometer　淨全輻射計 [氣象]

net radiation　淨輻射 [氣象]

net radiometer　淨輻射計 [氣象]

net rainfall　淨雨 [氣象]

N

N

net shortwave irradiance 淨短波輻照度 [氣象]

net slip 總滑距 [地質]

netted structure 網狀構造 [地質]

Nettlestone bed 內特斯通層 [地質]

network diaphragm 網狀光欄 [天文]

network nebula 網狀星雲 [天文]

network 網路，測網，網狀物 [天文] [地質] [氣象] [海洋]

Neumann band 諾以曼條紋，諾以曼帶 [天文] [地質]

Neumann line 諾以曼線 [天文] [地質]

Neumann principle 諾以曼原理 [天文] [地質]

Neumann's principle 諾以曼原理 [天文] [地質]

neutercane 溫熱帶氣旋 [氣象]

neutral atmosphere 中性大氣層 [氣象]

neutral atmospheric wind 中性大氣風 [氣象]

neutral hydrogen ring 中性氫環 [天文]

neutral occluded front 中性囚錮鋒 [氣象]

neutral pressure 中性壓力 [地質]

neutral sheet 中性片 [地質]

neutral spring 中性泉 [地質]

neutral stability 中性穩定 [氣象]

neutral stress 中性壓力 [地質]

neutrino astronomy 微中子天文學 [天文]

neutron 中子 [天文] [地質] [氣象] [海洋]

neutron absorption method 中子吸收法 [地質]

neutron activation method 中子活化法 [地質]

neutron crystallography 中子結晶學 [地質]

neutron logging instrument 中子測井儀 [地質]

neutron logging 中子測井 [地質]

neutron star 中子星 [天文]

neutron-epithermal neutron logging 中子－超熱中子測井 [地質]

neutron-gamma method 中子 γ 法 [地質]

neutron-neutron logging 中子－中子測井 [地質]

neutron-thermal neutron logging 中子－熱中子測井 [地質]

neutron-γ logging 中子 γ 測井 [地質]

neutropause 中性層頂 [氣象]

neutrosphere 中性層 [氣象]

Nevadan orogeny 內華達造山運動 [地質]

nevada 涅瓦達風 [氣象]

nevadite 斑流岩 [地質]

neve 粒雪，冰原，陳年雪 [地質] [氣象]

New General Catalogue of Nebulae and Clusters of Stars 星雲星團新總表 [天文]

new global tectonics 新全球構造地質學

[地質]

new mineral 新礦物 [地質]

new moon 新月（朔）[天文]

new red sandstone 新紅砂岩 [地質]

new star 新見星 [天文]

New Style 新曆 [天文]

Newark Series 紐瓦克統 [地質]

newberyite 鎂磷石 [地質]

newboldite 鐵閃鋅礦 [地質]

Newcastle bed 紐塞層 [地質]

newjanskite 銥鋨礦 [地質]

newkirkite 水錳礦 [地質]

newly formed ice 新成冰 [地質] [海洋]

newly formed star 新生星 [天文]

Newman limestone 紐曼灰岩 [地質]

Newtonian cosmology 牛頓宇宙論 [天文]

Newtonian reflector 牛頓式反射望遠鏡 [天文]

Newtonian telescope 牛頓望遠鏡 [天文]

Niagara limestone 尼亞加拉灰岩 [地質]

Niagaran 尼加拉統 [地質]

niccochromite 鎳鉻礦 [地質]

niccolite 紅砷鎳礦 [地質]

niche 凹壁 [地質]

nickel bloom 鎳華 [地質]

nickel deposit 鎳礦床 [地質]

nickel glance 輝砷鎳礦 [地質]

nickel green 水砷鎳礦（鎳華）[地質]

nickel mineral 鎳礦物 [地質]

nickel ocher 鎳華 [地質]

nickel ore deposit 鎳礦床 [地質]

nickel pyrite 針鎳礦 [地質]

nickeline 紅砷鎳礦 [地質]

nickpoint 裂點 [地質]

nick 刻痕 [地質]

nicolayite 水矽鉛釷鈾礦 [地質]

Nicolet's model 尼古萊模式 [地質]

nicomelane 黑鎳礦 [地質]

nieve penitente 融凝冰柱 [地質]

nifontovite 粒水硼鈣石 [地質]

nigerite 尼日錫鋅礦 [地質]

niggliit 六方錫鉑礦 [地質]

night airglow 夜氣暉，夜光 [天文] [氣象]

night arc 夜弧 [天文]

night glow emission 夜光 [天文] [氣象]

night glow 夜光 [天文] [氣象]

night sky light 夜光 [地質]

night sky radiation 夜間天空輻射 [天文]

night transparency 夜間天空透明 [天文]

night wind 夜風 [氣象]

nightglow 夜輝 [天文] [氣象]

night-sky light 夜光 [天文]

night-sky luminescence 夜光 [天文] [地質] [氣象]

night 夜 [天文]

niklesite 三輝岩，透頑剝輝岩 [地質]

Nile R. 尼羅河 [地質]

niligongite 白榴霓霞岩 [地質]

Nilometer 水位計 [地質]

nimbostratus 雨層雲 [氣象]

nimbus data handling system 雨雲資料處理系統 [氣象]

Nimbus satellite 寧白斯氣象衛星 [氣象]

nimbus-cumuliformis 積狀雨雲 [氣象]

nimbus 雨雲 [氣象]

ningyoite 水磷鈾鈣礦 [地質]

niningerite 硫鎂礦，尼寧格礦 [地質]

niobite 鈮鐵礦 [地質]

niobium deposit 鈮礦床 [地質]

niobium-tantalum deposit 鈮鉭礦床 [地質]

niobium-tantalum mineral 鈮鉭礦物 [地質]

niobpyrochlore 燒綠石 [地質]

Niobrara limestone 奈布雷拉灰岩 [地質]

niobtantalpyrochlore 鈮鉭燒綠石 [地質]

niocalite 黃矽鈮鈣石 [地質]

nip 浪蝕洞，小崖 [地質]

Niskin water sampler 尼斯金採水器 [海洋]

niter 硝石 [地質]

nitrate mineral 硝酸鹽礦物 [地質]

nitratine 鈉硝石 [地質]

nitrogen oxygen diving 氮氧潛水 [海洋]

nitrogen sequence 氮分支 [天文]

nitrogen star 氮星 [天文]

nitrokalite 硝石 [地質]

nitromagnesite 鎂硝石 [地質]

nival belt 雪帶 [地質] [氣象]

nival climate 冰雪氣候 [氣象]

nival surface 雪面 [地質]

nivation cirque 雪斗 [地質]

nivation glacier 雪蝕冰川 [地質]

nivation hollow 雪蝕凹地 [地質]

nivation ridge 雪蝕嶺 [地質]

nivation 雪融作用，雪蝕 [地質]

niveau surface 等位面 [天文] [地質] [氣象]

niveite 葉綠礬 [地質]

nivenite 黑富鈾礦 [地質]

nivometer 雪量計 [氣象]

NML object! NML 天體 [天文]

NOAA(National Oceanic and Atmospheric Administration) 國家海洋及大氣總署 [氣象]

noalite 鈮釔鈾礦 [地質]

noble serpentine 貴蛇紋石 [地質]

nobleite 四水硼鈣石 [地質]

nocerite 氟鎂鈣石，針六方石 [地質]

noctilucent cloud 夜光雲 [氣象]

noctiluceut train 夜光餘跡 [天文]

nocturnal arc 夜間弧 [天文]

nocturnal inversion 夜間逆溫 [氣象]

nocturnal radiation 夜間輻射 [氣象]

nodal line 節線，交點線 [天文] [地質]

nodal plane 節面 [地質]

nodal point 節點，交點 [天文]

node 節點 [天文]

nodical month　交點月 [天文]

nodular chert　燧石結核 [地質]

nodular graphite　球狀石墨 [地質]

nodular structure　球粒結構 [地質]

nodule　小球，結，團塊，結核 [地質]

nodulous limonite　結核狀褐鐵礦 [地質]

noise storm　雜訊暴 [天文]

nolanite　鐵釩礦 [地質]

nolascite　砷方鉛礦 [地質]

nomenclature of asteroids　小行星命名 [天文]

nomenclature of comets　彗星命名 [天文]

nominal time　標稱時刻 [天文]

nonartesian aquifer　自由水面含水層 [地質]

non compensation type analog recorder　非補償法類比記錄儀 [地質]

non return magnetometer　無定向磁力儀 [地質]

non-adiabatic pulsation　非絕熱脈動 [天文]

non-axisymmetrical configuration　非軸對稱組態 [天文]

non-baking coal　不黏結煤，非焦性煤 [地質]

nonbanded coal　非帶狀煤 [地質]

noncaking coal　不黏結煤，不結焦煤 [地質]

non-caking coal　不黏結煤，非焦性煤 [地質]

non-centrosymmetry　非中心對稱 [地質]

non-chondritic material　非球粒物質 [地質]

nonclastic　非碎屑的 [地質]

nonclay flush fluid　無黏土沖洗液 [地質]

non-coherent reemission　非相干再發射 [天文]

non-coherent scattering　非相干散射 [天文]

noncohesive　無黏聚力的，無黏性的 [地質]

non-coking coal　不黏結煤，非焦性煤 [地質]

non-color geological mass　消色地質體 [地質]

nonconformity　非整合 [地質]

non-conservative constituents of sea water　海水非保守成分 [海洋]

non-core drilling　不取心鑽進 [天文]

non-cosmological red-shift　非宇宙學紅移 [天文]

non-crystal chemistry　非晶體化學 [地質]

nondepositional unconformity　非沉積不整合 [地質]

non-deviative absorption　非偏移吸收 [地質]

nondivergent flow　非輻散流 [海洋]

non-divergent level　無輻散層 [氣象]

non-divergent motion　無輻散運動 [氣象]

N

non-duct propagation　非導管傳播 [地質]

nonfoliated　無葉理的 [地質]

non-Fraunhofer component　非夫朗和斐部分 [天文]

nonfrontal squall line　無鋒颮線 [氣象]

non-gravitational effect　非引力效應 [天文]

non-grey atmosphere　非灰大氣 [天文]

nonharmonic constant of tide　潮汐非調和常數 [海洋]

nonhelium quantum crystal　非氦量子晶體 [地質]

non-homogeneous universe　非均勻宇宙 [天文]

nonlinear crystal　非線性晶體 [地質]

nonlinear geostatistics　非線性地質統計學 [地質]

non-linear optic crystal　非線性光學晶體 [地質]

nonlinear optical crystal　非線性光學晶體 [地質]

non-linear sweep　非線性掃描 [地質]

non-local thermodynamic equilibrium　非局部熱力平衡 [天文]

nonmagnetic taconite　非磁性鐵燧岩 [地質]

non-marine　非海成的 [地質]

nonmechanical　非機械的 [地質]

non-metal deposit　非金屬礦床 [地質]

non-metal gitology　非金屬礦床學 [地質]

non-metal transition　非金屬轉變 [地質]

non-metallic mineral　非金屬礦物 [地質]

non-ore anomaly　非礦異常 [地質]

nonparametric geostatistics　非參數地質統計學 [地質]

nonpenetrative　非貫穿的 [地質]

non-periodic comet　非週期性彗星 [天文]

non-perspective azimuthal projection　非透視方位投影 [天文]

non-planar condensed ring structure　非平面密集環狀結構 [地質]

nonplunging fold　非傾沒褶皺 [地質]

non-polar variation of latitude　非極性緯度變化 [天文]

nonpolarization electrode　非極化電極 [地質]

non-proton flare　非質子閃焰 [天文]

nonradial pulsation　非徑向脈動 [天文]

non-radial pulsation　非徑向脈動 [天文]

nonrecording rain gage　非自記式雨量計 [氣象]

non-relativistic cosmology　非相對論性宇宙論 [天文]

non-relativistic degeneracy　非相對論簡併性 [天文]

nonrenewable resource　非再生性資源 [地質]

nonrotational strain　非旋轉應變 [地質]

non-saturation diving　非飽和潛水 [海洋]

non-seismic region 非地震區 [地質]

non-selective radiator 非選擇性輻射體 [天文]

nonsequence 非連續現象 [地質]

nonsorted polygon 非分選多邊形土 [地質]

non-stable star 不穩定星 [天文]

non-static model 非靜止（宇宙）模型 [天文]

non-stationary flow 不穩定流 [地質]

non-stationary model 非穩定（宇宙）模型 [天文]

nonsteady state water flow 非穩態水流 [地質]

non-stoichiometric crystal 非化學計量晶體 [地質]

non-stratified rock 非成層岩 [地質]

non-tectonic fault 非構造斷層 [地質]

non-tectonite 非構造岩 [地質]

non-thermal radiation 非熱輻射 [天文]

nontidal current 非潮性洋流 [海洋]

nontronite 鐵膨潤石，綠脫石 [地質]

non-volcanic earthquake 非火山性地震 [地質]

nonvolcanic geothermal region 非火山地熱區 [地質]

noon interval 正午間隔 [天文]

noon-mark 正午線，正午標 [天文]

noon-midnight meridian plane 正午子夜子午面 [天文]

noon 中午，正午 [天文]

noralite 無鎂黑閃石 [地質]

norbergite 塊矽鎂石 [地質]

Nordenskjold line 諾登許爾德線 [氣象]

nordite 矽鈉鍶鑭石 [地質]

nordmarkite 英鹼正長岩，錳十字石 [地質]

nordsjoite 正霞正長岩 [地質]

nordstrandite 三斜三水鋁石 [地質]

norite 蘇長岩 [地質]

norm 基準 [地質]

norm system 標準礦物分類系統 [地質]

normal aeration 常態通氣 [地質]

normal astrograph 標準天體照相儀 [天文]

normal atmosphere 標準大氣 [氣象]

normal barometer 標準氣壓計 [氣象]

normal chart 標準圖 [氣象]

normal cut X 切割 [地質]

normal cycle 正常週期，正常循環 [天文] [地質] [氣象] [海洋]

normal dip 區域性傾斜 [地質]

normal dispersion 正常頻散，正常色散 [天文] [地質]

normal displacement 正移位 [地質]

normal E layer 正常 E 電離層 [氣象]

normal earthquake 正常地震 [地質]

normal ellipsoid 標準橢球 [天文]

normal equation 正規方程 [天文]

normal erosion 正常侵蝕 [地質]

normal fault 正斷層 [地質]

normal flow 正常流量 [地質]

N

normal focus earthquake 正常震源地震 [地質]

normal fold 正褶皺，對稱褶皺 [地質]

normal galaxy 正常星系 [天文]

normal geomagnetic porality epoch 正常地磁極期 [地質]

normal gravitational field correction 正常重力場校正 [地質]

normal gravity field 正常重力場 [地質]

normal gravity formula 正常重力公式 [地質]

normal gravity line 正常重力線 [地質]

normal gravity potential 正常重力位 [地質]

normal gravity value 正常重力值 [地質]

normal hydrostatic pressure 正常靜水壓力

normal incidence pyrheliometer 直射日射強度計 [天文] [氣象]

normal landform 正常地貌 [地質]

normal latitude 標準緯度 [天文]

normal low water level 正常低潮面 [海洋]

normal map 標準圖 [氣象]

normal mode 標準模式 [氣象]

normal north 正北 [天文] [地質]

normal order of crystallization 正常結晶順序 [地質]

normal plate anemometer 垂直壓板風速計 [氣象]

normal point 標準點 [天文]

normal pressure 正向壓力，正常壓力 [地質] [氣象]

normal projection 垂直投影 [天文]

normal section 垂直剖面 [天文]

normal shock diffusion 正震波擴散 [地質]

normal shock wave 正向衝擊波 [地質]

normal soil 正常土 [地質]

normal spectrum 正常光譜 [天文]

normal spiral galaxy 正常漩渦星系 [天文]

normal water level 正常水位 [地質] [海洋]

normal water 標準海水 [海洋]

normal Zeeman effect 正常黎曼效應 [天文]

normalized total gravity gradient 歸一化總重力梯度 [天文]

normal 法線，標準的，常態的 [天文]

normannite 球泡鉍礦 [地質]

normative mineral 標準礦物 [地質]

Norma 矩尺座 [天文]

norm 標準值，常模，範數 [地質]

norsethite 菱鋇鎂石 [地質]

norte 諾特風 [氣象]

North American anticyclone 北美反氣旋 [氣象]

North American high 北美高壓 [氣象]

North American Nebula(NGC 7000) 北美洲星雲 [天文]

North American plate 北美洲板塊 [地

N

質]

North Atlantic Current 北大西洋海流 [海洋]

North Atlantic Deep Water 北大西洋深層水 [海洋]

North Cape Current 北角海流 [海洋]

north component 北向分量 [地質]

north equatorial current 北赤道海流 [海洋]

north foehn 北焚風 [氣象]

north frigid zone 北寒帶 [地質]

north geomagnetic pole 磁北極 [地質]

north hemisphere 北半球 [地質]

north latitude 北緯 [地質]

north magnetic pole 磁北極 [地質]

North Pacific Current 北太平洋海流 [海洋]

north point 北點 [天文] [地質]

north polar circle 北極圈 [地質]

north polar distance 北極距 [地質]

north polar region 北極區 [地質]

north polar sequence 北極星序 [天文]

north polar spur 北銀極電波支 [天文]

north polar water 北極水 [海洋]

north pole 北極 [天文] [地質]

North star 北極星 [天文]

north temperate zone 北溫帶 [氣象]

north tropic zone 北熱帶 [地質]

Northampton sands 諾森頓砂岩 [地質]

northbound node 北交點 [天文]

northeast drift current 東北漂流 [海洋]

Northeast Japan province 日本東北省份 [地質]

northeast storm 東北風暴 [氣象]

northeast trades 東北信風 [氣象]

northeaster 東北大風 [氣象]

northern area 北方地區 [地質]

northern continent 北方大陸 [地質]

Northern Cross 北十字 [天文]

Northern Crown 北冕座 [天文]

northern glance 北極光 [天文] [氣象]

northern hemisphere 北半球 [地質]

northern latitude 北緯 [地質]

northern lights 北極光 [天文] [氣象]

norther 北大風，諾色風 [氣象]

northing 北距 [天文]

north-south asymmetry 南北不對稱性 [天文]

north-south seismic belt 南北地震帶 [地質]

north-south structural system 南北向構造體系 [地質]

north-south structural zone 南北向構造帶 [地質]

northupite 氯碳鈉鎂石 [地質]

northwester 西北大風 [氣象]

north 北，北方的 [地質]

Norway current 挪威海流 [海洋]

Norwegian Current 挪威海流 [海洋]

nose frequency 鼻頻 [地質]

nose structure 鼻狀構造 [地質]

nose whistlers 鼻型雷嘯 [地質] [氣象]

nosean 黝方石 [地質]

noselite 黝方岩 [地質]

nose 鼻部，突出部 [地質]

nosin 黝方石 [地質]

nosite 黝方石 [地質]

NOSS: Navy Ocean Surveillance Satellite 海軍海洋監視衛星 [海洋]

nosykombite 細霞正長岩 [地質]

notch 隘口，切口 [地質]

noumeite 滑矽鎳礦 [地質]

nova outburst 新星爆發 [天文]

novacekite 水砷鎂鈾礦 [地質]

novaculite 燧石岩 [地質]

novaculitic chert 粗燧石 [地質]

novakite 砷銅銀礦 [地質]

nova-like variable star 類新星變星 [天文]

nova 新星 [天文]

November-meteors 十一月流星群 [天文]

nowcasting 即時預報 [氣象]

nowcast 即時預報 [氣象]

NPS: north polar sequence 北極星序 [天文]

NRM: natural remanent magnetization 天然剩磁 [地質]

Ns: nimbostratus 雨層雲 [氣象]

N-type galaxy N型星系 [天文]

Nubecula Major 大麥哲倫雲 [天文]

Nubecula Minor 小麥哲倫雲 [天文]

Nubecula 麥哲倫雲 [天文]

Nubian Sandstone 奴比安砂岩 [地質]

nuclear astrophysics of the sun 太陽核天文物理學 [天文]

nuclear cosmochemistry 核宇宙化學 [天文]

nuclear explosion earthquake 核爆地震 [地質]

nuclear explosion seismology 核爆炸地震學 [地質]

nuclear fuel deposit 核燃料礦物礦床 [地質]

nuclear geochemistry 核地球化學 [地質]

nuclear geology 核地質學 [地質]

nuclear geophysics 核地球物理學 [地質]

nuclear meteorology 核氣象學 [氣象]

nuclear shell 核殼 [天文] [地質]

nuclear transmutation energy 核轉變能 [地質]

nucleating agent 成核劑 [地質]

nucleation centre 成核中心 [地質]

nucleation kinetics 成核動力學 [地質]

nucleation process 成核過程 [地質]

nucleation rate 成核速度 [地質]

nucleation 成核 [地質]

nucleo cosmochronology 核子宇宙年代學 [天文]

nucleogenesis 原子核起源 [天文]

nucleostratigraphy 核子地層學 [地質]

nucleosynthesis 核合成，成核作用 [天

文] [地質]

nucleus of condensation　凝結核 [氣象]

nucleus of galaxy　星系核 [天文]

nucleus　核，原子核 [天文]

nuee ardente　熾熱火山雲 [地質]

nuevite　鈮釔礦 [地質]

nugget　熔核，塊金 [地質]

number of channels　通道數 [地質]

numerical cosmology　數值宇宙學 [天文]

numerical forecasting　數值天氣預報 [氣象]

numerical modelling　數值模擬 [氣象]

numerical petrology　數值岩石學 [氣象]

numerical weather prediction for limited area　有限區域的數值天氣預報 [氣象]

numerical weather prediction　數值天氣預報 [氣象]

Nummulitic limestone　貨幣蟲石灰岩 [地質]

nunatak　冰原島峰 [地質]

Nunivak event　奴尼瓦克事件 [地質]

nutation in longitude　黃經章動 [天文]

nutation in obliquity　傾角章動 [天文]

nutational constant　章動常數 [天文]

nutational ellipse　章動橢圓 [天文]

nutation　章動 [天文]

nutrient depletion　營養鹽耗竭 [地質] [海洋]

nutrient salts　營養鹽類 [海洋]

nutrients in sea water　海水營養鹽 [海洋]

NWP: numerical weather prediction　數值天氣預報 [氣象]

N

O o

O Aquarids 寶瓶座 O 流星群 [天文]

O star O 型星 [天文]

OAO: Orbiting Astronomical Observatory 軌道天文臺 [天文]

oasis 綠洲 [地質]

OB association OB 星協 [天文]

OB star OB 型星 [天文]

obduction orogen belt 逆衝造山帶 [地質]

obduction plate 逆衝板塊 [地質]

obduction zone 逆衝帶 [地質]

obduction 逆衝作用 [地質]

obelisk 火山柱 [地質]

Oberon 奧伯朗，天衛四 [天文]

oberwind 奧勃風 [氣象]

objective lens 物鏡 [天文] [地質]

object space coordinates system 物空間座標系 [天文]

object space 物空間，物方域 [天文]

objective forecast 客觀預報 [氣象]

objective weather forecasting 客觀天氣預報 [氣象]

oblate spheroid 扁球體，扁球面 [天文]

oblateness 扁率 [天文]

oblique ascension 斜赤經 [天文]

oblique compartment 傾斜地形 [地質]

oblique drawing 斜視圖 [地質]

oblique fault 斜斷層 [地質]

oblique joint 斜接頭，斜節理 [地質]

oblique perspective 傾斜透視 [地質]

oblique projection 斜交投影 [地質] [氣象]

oblique section 斜斷面 [地質]

oblique slip fault 斜滑斷層 [地質]

oblique sounding 斜向探測 [地質]

oblique sphere 傾斜球 [天文]

oblique traces 斜截面法 [地質]

oblique wave 斜浪 [海洋]

oblique 斜的，斜軸的 [地質]

obliquity of ecliptic 黃赤交角 [天文]

obliquity 斜向 [天文]

obruchevite 釔鈾燒綠石 [地質]

obscuration 朦朧，天空不明，視障 [氣象]

obscured sky cover 朦朧天空覆蓋 [氣象]

obscured variable　屏蔽變星 [天文]

obscuring phenomenon　矇朧現象 [氣象]

obsequent fault-line scarp　逆斷層線崖 [地質]

obsequent　逆向的 [地質]

observation desk　觀測台 [天文] [氣象] [海洋]

observation error　測量誤差 [天文] [地質]

observation of slope stability　邊坡穩定性觀測 [地質]

observation of volcano　火山觀察 [地質]

observation platform　觀測平臺 [海洋]

observation station of surface movement　地表移動觀測站 [地質]

observation station　觀測站 [天文] [地質] [氣象] [海洋]

observation system　觀測系統 [天文] [地質] [氣象] [海洋]

observation well　觀測井 [地質]

observational astronomy　觀測天文學 [天文]

observational astrophysics　觀測天文物理學 [天文]

observational cosmology　觀測宇宙學 [天文]

observational day　觀測日 [天文] [地質] [氣象] [海洋]

observational network　測站網 [天文] [氣象]

observatory　觀測台，天文台 [天文] [地質] [氣象] [海洋]

observed value　觀測值 [天文] [地質] [氣象] [海洋]

observer's meridian circle　觀測者子午圈 [天文]

observer　觀測者，觀測員 [天文] [地質] [氣象] [海洋]

observing station　觀測站 [天文] [地質] [氣象] [海洋]

obsidianite　似曜岩 [地質]

obsidian　黑曜岩 [地質]

ocanographic element　海洋水文要素 [海洋]

occluded cyclone　囚錮氣旋 [氣象]

occluded front　囚錮鋒 [氣象]

occlusion　包藏，吸著，囚錮 [氣象]

occult mineral　隱蔽礦物 [地質]

occultation　掩星 [天文]

occultation method　掩星法 [天文]

occultation of satellite　掩衛星 [天文]

occultation of star　掩星 [天文]

occultation variable　掩食變星 [天文]

occulting bar　擋條 [天文]

occulting disk　擋板 [天文]

occurrence　產狀，出現，分布 [地質]

occurrence horizon　賦生層位 [地質]

occurrence of fossil　化石產狀 [地質]

ocean acoustic field　海洋雜訊場 [海洋]

ocean acoustics　海洋聲學 [海洋]

ocean analytic chemistry　海洋分析化學 [海洋]

ocean basin　海洋盆地 [海洋]

ocean bottom current　洋底流 [海洋]

ocean bottom seismograph　海底地震儀 [海洋]

ocean chemistry　海洋化學 [海洋]

ocean circulation　海洋環流 [海洋]

ocean climate　海洋性氣候 [氣象]

ocean colloid chemistry　海洋膠體化學 [海洋]

ocean color scanner　海色掃描器 [海洋]

ocean current dynamics　海流動力學 [海洋]

ocean current energy　海流能 [海洋]

ocean current measurement　海流測量 [海洋]

ocean current　海流 [海洋]

ocean depth　海洋深度 [海洋]

ocean development　海洋開發 [海洋]

ocean dynamics satellite　海洋動力學衛星 [海洋]

ocean dynamics　海洋動力學 [海洋]

ocean economics　海洋經濟學 [海洋]

ocean energy conversion　海洋能轉換 [海洋]

ocean energy resource　海洋能源 [海洋]

ocean engineering mechanics　海洋工程力學 [海洋]

ocean engineering survey　海洋工程測量 [海洋]

ocean engineering　海洋工程 [海洋]

ocean environment　海洋環境 [海洋]

ocean exploitation　海洋開發 [海洋]

ocean fishery research ship　海洋漁業調查船 [海洋]

ocean fishery research vessel　海洋漁業調查船 [海洋]

ocean floor map　海底圖 [海洋]

ocean floor spreading　海底擴張 [海洋]

ocean floor　海床，洋底 [海洋]

ocean geography　海洋地理學 [海洋]

ocean geoid　海洋大地水準面 [海洋]

ocean geotechnique　海洋地工學 [海洋]

ocean geotectonics　海洋大地構造學 [海洋]

ocean hydrodynamics　海洋流體動力學 [海洋]

ocean magnetic field　海洋磁場 [海洋]

ocean management　海洋管理 [海洋]

ocean meteorology　海洋氣象學 [氣象]

ocean mining ship　海底採礦船 [海洋]

ocean model　海洋模型 [海洋]

ocean monitoring　海洋監測 [海洋]

ocean observation technology　海洋觀測技術 [海洋]

ocean optics　海洋光學 [海洋]

ocean organic chemistry　海洋有機化學 [海洋]

ocean plateau　海洋高原 [地質] [海洋]

ocean physicochemistry　海洋物理化學 [海洋]

ocean physics　海洋物理學 [海洋]

ocean phytochemistry　海洋植物化學

[海洋]

ocean power generation　海洋能發電 [海洋]

ocean pressure field　海洋壓力場 [海洋]

ocean remote sensing　海洋遙感 [海洋]

ocean ridge heat flow　洋脊熱流 [海洋]

ocean ridge seismic belt　洋脊地震帶 [海洋]

ocean ridge　洋脊 [海洋]

ocean salinity energy　海洋鹽差能 [海洋]

ocean science　海洋科學 [海洋]

ocean sounding chart　海洋水深圖 [海洋]

ocean station vessel　海洋定點觀測船 [海洋]

ocean station　海洋測站 [海洋]

ocean stream　洋流 [海洋]

ocean surface chemistry　海表化學 [海洋]

ocean surveillance satellite　海洋監視衛星 [海洋]

ocean surveillance ship　海洋警戒船 [海洋]

ocean survey　海洋測量 [海洋]

ocean technology　海洋技術 [海洋]

ocean temperature differential power generation　海水溫差發電 [海洋]

ocean temperature　海洋溫度 [海洋]

ocean thermal energy　海洋溫差能 [海洋]

ocean thermology　海洋熱學 [海洋]

ocean tide　海潮 [海洋]

ocean trench　海溝 [地質] [海洋]

ocean trough　海槽 [地質] [海洋]

ocean wave decay　海浪衰減 [海洋]

ocean wave diffraction　海浪繞射 [海洋]

ocean wave forecast　海浪預報 [海洋]

ocean wave measurement　海浪測量 [海洋]

ocean wave refraction　海浪折射 [海洋]

ocean wave scattering　海浪散射 [海洋]

ocean wave spectrum　海浪譜 [海洋]

ocean wave　海浪 [海洋]

ocean weather ship　海洋氣象船 [海洋]

ocean weather station　海洋氣象站 [海洋]

ocean weather vessel　海洋天氣船 [海洋]

ocean-atmosphere heat exchange　海氣熱交換 [海洋]

oceaneering　海洋工程 [海洋]

oceanfloor spreading　海底擴張 [地質] [海洋]

oceangoing biology　遠洋生物學 [海洋]

Oceanian　大洋洲 [地質]

oceanic acoustics　海洋聲學 [海洋]

oceanic anticyclone　海洋性反氣旋 [氣象]

oceanic basalt　海洋玄武岩 [海洋]

oceanic basin　海洋盆地 [海洋]

oceanic cartography　海洋製圖學 [海洋]

oceanic circulation　海洋循環 [海洋]

oceanic climate　海洋性氣候 [海洋]

oceanic crust　海洋地殼 [海洋]

oceanic deposit　海洋沉積 [海洋]

oceanic earthquake　海洋地震 [海洋]

oceanic evolution　海洋演化 [海洋]

oceanic front　海洋鋒 [海洋]

oceanic geology　海洋地質學 [海洋]

oceanic geomorphology　海洋地貌學 [海洋]

oceanic heat flow　海洋熱流 [海洋]

oceanic high　海洋高壓 [海洋]

oceanic hydrology　海洋水文學 [海洋]

oceanic meteorology　海洋氣象學 [氣象]

oceanic motion　海洋運動 [海洋]

oceanic noise　海鳴，海洋噪音 [海洋]

oceanic optical remote sensing　海洋光學遙感 [海洋]

oceanic physics　海洋物理學 [海洋]

oceanic plate　海洋板塊 [海洋]

oceanic plateau　海洋高原 [地質] [海洋]

oceanic prediction　海況預報 [海洋]

oceanic region　海洋區 [海洋]

oceanic ridge　洋脊 [海洋]

oceanic rise　海洋隆起，海隆 [海洋]

oceanic rock　海洋岩石 [地質] [海洋]

oceanic sound scatterer　海洋聲散射體 [海洋]

oceanic stratigraphy　海洋地層學 [地質] [海洋]

oceanic structure　海洋結構 [海洋]

oceanic tholeiite　海洋性拉斑玄武岩 [地質] [海洋]

oceanic tide　海洋潮 [海洋]

oceanic troposphere　海洋對流層 [海洋]

oceanic turbulence　海洋擾流 [海洋]

oceanic zone　海洋帶 [海洋]

oceanicity　海洋率，海洋性 [海洋]

oceanic　海洋的 [海洋]

oceanite　大洋岩 [地質] [海洋]

oceanity　海洋度 [氣象] [海洋]

oceanization　海洋化作用 [地質] [海洋]

oceanodromous migration　海洋洄游 [海洋]

oceanogenic sedimentation　海洋沉積 [海洋]

oceanographer　海洋學家 [海洋]

oceanographic cartography　海洋製圖學 [海洋]

oceanographic catching　海洋捕撈 [海洋]

oceanographic chart　海洋圖 [海洋]

oceanographic data interrogating station　海洋資料詢問站 [海洋]

oceanographic data station　海洋資料站 [海洋]

oceanographic data　海洋學資料 [海洋]

oceanographic geological instrument　海洋地質儀器 [地質] [海洋]

oceanographic hydrological element　海洋水文要素 [海洋]

oceanographic investigation　海洋調查 [海洋]

oceanographic medicine　海洋醫學 [海

洋]

oceanographic model 海洋學模型 [海洋]

oceanographic observation 海洋觀測 [海洋]

oceanographic phenomena 海洋現象 [海洋]

oceanographic physics 海洋物理學 [海洋]

oceanographic platform 海洋平臺 [海洋]

oceanographic remote sensing 海洋遙感 [海洋]

oceanographic research equipment 海洋研究設備 [海洋]

oceanographic research ship 海洋調查船 [海洋]

oceanographic research vessel 海洋調查船 [海洋]

oceanographic ship 海洋研究船 [海洋]

oceanographic station 海洋觀測站 [海洋]

oceanographic submersible 海洋科學用潛水器 [海洋]

oceanographic survey 海洋調查 [海洋]

oceanographic vessel 海洋調查船 [海洋]

oceanography engineering 海洋工程 [海洋]

oceanography 海洋學 [海洋]

oceanology 海洋學 [海洋]

oceanophysics 海洋物理學 [海洋]

Oceanus Procellarum 風暴洋（月面的）[天文] [地質]

oceanus 洋（月面的）[天文] [地質]

ocean 海洋 [海洋]

ocellar structure 眼斑狀構造 [地質]

ocellar 眼斑的 [地質]

ocher 赭石 [地質]

ochreous 赭石的 [地質]

ochre 赭石，赭土 [地質]

ochroite 矽鈰石 [地質]

ochrolite 鮮黃石 [地質]

octahedral borax 三方硼砂 [地質]

octahedral cleavage 八面體解理 [地質]

octahedral copper ore 赤銅礦 [地質]

octahedral iron ore 磁鐵礦 [地質]

octahedral plane 八面體面 [地質]

octahedrite 八面石，銳鈦礦，八面鐵隕石 [天文] [地質]

Octans 南極座 [天文]

October 十月 [天文]

ocular measurement 目測 [天文] [地質] [氣象] [海洋]

odd hydrogen 奇氫 [地質]

odd nitrogen 奇氮 [地質]

odd oxygen 奇氧 [地質]

odenite 鈦雲母 [地質]

odinite 奧汀綠泥石，拉輝煌岩 [地質]

odontolite 齒綠松石，齒膠磷礦 [地質]

oecostratigraphy 生態地層學 [地質]

oellacherite 鋇白雲母 [地質]

offertite 鈰鈾鈦磁鐵礦 [地質]

offing 遠海 [海洋]

offlap 退覆，分錯距 [地質]

off-reef facies 礁外相 [地質]

offretite 矽鉀鋁石，鉀沸石 [地質]

offset coordinated time 補償協調時（原子時）[天文]

offset guiding device 偏置導星裝置 [天文]

offset guiding 偏置導星 [天文]

offset local time 補償地方時（原子時）[天文]

offset ridge 斷錯山脊 [地質]

offset 水平錯斷，支距，偏移距 [地質]

offshore bar 濱外沙洲 [地質] [海洋]

offshore beach 濱外灘，離岸沙灘 [地質] [海洋]

off-shore coal measures 近海型煤系 [地質]

offshore current 離岸流，濱外流 [海洋]

offshore engineering 近海工程 [海洋]

offshore soil mechanics 近海土壤力學 [海洋]

offshore structure engineering 近海結構工程 [海洋]

offshore survey 近海測量 [海洋]

off-shore survey 近海測量 [海洋]

offshore waters 近海水域 [海洋]

offshore wind 離岸風 [氣象]

offshore 離岸的 [海洋]

ogcoite 鐵蠕綠泥石 [地質]

ogive 尖型冰拱，冰川污線帶 [地質]

Ohio shale 俄亥俄頁岩 [地質]

oil field structure 油田構造 [地質]

oil migration and accumulation process 石油移棲過程 [地質]

oil trap 石油捕集構造 [地質]

oil-forming process 成油過程 [地質]

oil sand 油砂 [地質]

oisanite 銳鈦礦，透綠簾石 [地質]

oje-diabase 斑狀輝綠岩 [地質]

okaite 黃霞藍方岩，藍方黃長岩 [地質]

okawaite 霓輝松脂斑岩 [地質]

okenite 水矽鈣石 [地質]

Okhotsk high 鄂霍次克海高壓 [氣象]

Okhotsk sea air mass 鄂霍次克海氣團 [氣象]

olafite 鈉長石 [地質]

Olbers paradox 奧伯斯佯謬 [天文]

old age 老年期 [地質]

old land 古陸 [地質]

old red sandstone 老紅砂岩 [地質]

old snow 陳雪 [地質] [氣象]

Old Style 舊曆（儒略曆）[天文]

old volcanic rock 古火山岩 [地質]

Old Wives' summer 秋老虎 [氣象]

oldbury stone 老墳砂岩 [地質]

oldhamite 隕硫鈣石，褐硫鈣石 [地質]

Oldhaven beds 奧德赫溫層 [地質]

oldland 古陸 [地質]

Olduvai event 奧杜瓦地磁事件 [地質]

oligist iron 赤鐵礦 [地質]

Oligocene epoch 漸新世 [地質]

O

Oligocene series   漸新統 [地質]

Oligocene   漸新世 [地質]

oligoclase andesite   奧長安山岩 [地質]

oligoclase   富鈉長石，奧長石 [地質]

oligomictic sediment   陸海沉積 [海洋]

oligonite   菱錳鐵礦 [地質]

oligotaxic ocean   貧屬種型海洋 [海洋]

oligotrophic water   貧營養水 [海洋]

olistolith   傾瀉岩塊 [地質]

olistostrome   傾瀉層，滑塌沉積 [地質]

oliveiraite   水鈦鋯礦 [地質]

olivenite   橄欖銅礦 [地質]

olivine basalt   橄欖玄武岩 [地質]

olivine diabase   橄欖輝綠岩 [地質]

olivine nephelinite   橄欖霞岩 [地質]

olivine-nodule   橄欖石結核 [地質]

olivine   橄欖石 [地質]

olivinite   橄欖岩 [地質]

ollacherite   鋇白雲母 [地質]

OLR: outgoing long-wave radiation   向外長波輻射 [氣象]

Olympus Mons   奧林帕斯山（月面）[天文] [地質]

ombrography   雨量測定法 [氣象]

ombrology   測雨學 [氣象]

ombrometer   微雨量計 [氣象]

ombrometry   雨量測定法 [氣象]

ombroscope   測雨器 [氣象]

Omega chart   亞米茄海圖 [海洋]

omeiite   砷釕銥礦，峨嵋礦 [地質]

omission solid solution   缺陷型固溶體 [地質]

omnidirectional geophone pattern   全方位檢波器組合 [地質]

omphacite   綠輝石 [地質]

oncoite   鐵蠕綠泥石 [地質]

one-dimensional lattice   一維晶格 [地質]

one-year ice   一齡冰 [海洋]

onkilonite   橄欖霞玄岩 [地質]

onlap sequence   超覆層序 [地質]

onlap   超覆，進覆，上超 [地質]

onofrite   硒汞礦，輝汞礦 [地質]

Onondaga limestone   俄濃達格石灰岩 [地質]

onset of Meiyu   入梅 [氣象]

onshore wind   向岸風 [氣象]

ontariolite   中柱石 [地質]

onychite   縞石膏，花紋石膏 [地質]

onyx marble   條紋狀大理石 [地質]

onyx   石華，彩紋，平行條帶狀 [地質]

oolite   鮞狀岩 [地質]

oolith   鮞狀，魚卵石 [地質]

oolitic limestone   鮞狀石灰岩 [地質]

oolitic texture   鮞狀結構 [地質]

oolitic   鮞狀的 [地質]

Oort cloud   歐特雲 [天文]

Oort constant   歐特常數 [天文]

Oosterhoff Group   奧斯特霍夫星群 [天文]

ooze   軟泥 [地質]

opacity coefficient   不透明係數 [天文]

opacity   不透明度 [天文] [氣象]

opacus　蔽光雲 [氣象]

opal agate　蛋白瑪瑙 [地質]

opal jasper　蛋白碧玉 [地質]

opal-CT　蛋白石 CT [地質]

opalization　蛋白石化 [地質]

opalized wood　蛋白石化木 [地質]

opal　蛋白石 [地質]

opaque attritus　不透明雜質煤 [地質]

opaque mineral　不透明礦物 [地質]

opaque sky cover　蔽光天空遮蔽 [氣象]

opdalite　蘇雲石英閃長岩 [地質]

open arc　開弧 [天文] [地質]

open chain　開鏈 [地質]

open cluster　疏散星團 [天文]

open coast　開闊海岸 [地質]

open cube display　展開立體圖 [地質]

open drift orbit　開漂移軌道 [地質]

open field line　開磁力線 [地質]

open fold　敞開褶皺，寬展褶皺 [地質]

open form　開形 [地質]

open hole caliper　井徑儀 [地質]

open ice　稀疏冰 [海洋]

open magnetosphere model　開磁層模式 [地質]

open ocean　開闊洋 [海洋]

open pack ice　稀疏塊冰，開裂浮冰 [海洋]

open sea　開闊洋 [海洋]

open system　開放系統 [地質]

open universe　開放宇宙 [天文]

open water　開闊水域 [海洋]

opencast survey　露天礦測量 [地質]

open-grain structure　粗晶組織 [地質]

opening　開口，通路 [地質] [海洋]

open-tube epitaxial growth　開管式外延生長 [地質]

open-tube vapor growth　開管法汽相生長 [地質]

operational forecast　作業預報 [氣象]

operational hydrology　運行水文學 [地質] [海洋]

operational meteorological system　實用氣象系統 [氣象]

operational weather limit　飛行天氣限度 [氣象]

ophimottling　輝綠斑狀結構 [地質]

ophiolite　蛇綠岩 [地質]

ophiolitic eclogite　蛇綠榴輝岩 [地質]

ophiolitic suite　蛇綠岩系 [地質]

ophite　纖閃輝綠岩 [地質]

ophitic texture　輝綠組織 [地質]

Ophiuchus　蛇夫座 [天文]

Oppenheimer-Volkoff limit　歐本海默－沃科夫極限 [天文]

opposition　衝 [天文]

optic angle　光軸角 [地質]

optic axial angle　光軸角 [地質]

optic sign　光性符號 [地質]

optical air mass　光學空氣質量 [地質]

optical amplification system　光學放大系統 [地質]

optical astronomical measurement　光學

O

天文測量 [天文]

optical astronomy 光學天文學 [天文]

optical aurora 光學極光 [天文] [氣象]

optical calcite 光學方解石 [地質]

optical counterpart 光學對應體 [天文]

optical crystallography 光學結晶學 [地質]

optical crystal 光學晶體 [地質]

optical depth 光學深度 [天文] [地質] [氣象] [海洋]

optical double star 視雙星，光學雙星 [天文]

optical double 視雙星，光學雙星 [天文]

optical flare 光學閃焰 [天文]

optical galaxy 光學星系 [天文]

optical identification 光學認證 [天文]

optical isotropic crystal 光學均向晶體 [地質]

optical libration 光學天平動 [天文]

optical mineralogy 光性礦物學 [地質]

optical oceanography 光學海洋學 [海洋]

optical pair 光學雙星 [天文]

optical path difference 光程差 [天文] [地質] [氣象]

optical path 光程，光徑 [天文] [地質] [氣象]

optical pulsar 光學脈衝星 [天文]

optical pump magnetometer 光泵磁力儀 [地質]

optical thickness 光學厚度 [天文] [氣象]

optical twinning 光學雙晶 [地質]

optical variable 光學變星（即幾何變星）[天文]

optical visual binary 光學視雙星 [天文]

optically effective atmosphere 光學有效大氣 [氣象]

optically thick medium 光厚介質 [天文]

optics of crystalline lattice 晶格光學 [地質]

optics of sea 海洋光學 [海洋]

optimum climate 最佳氣候 [氣象]

opto-electric ratio 光電比 [地質]

orange sapphire 橙剛玉 [地質]

orangite 橙黃石 [地質]

ora 奧拉風 [氣象]

orbicular structure 球狀構造 [地質]

orbicule 球狀體，球體 [地質]

orbiculite 球形岩類 [地質]

orbit determination 定軌，軌道決定 [天文]

orbit effect 軌道效應 [天文]

orbit improvement 軌道改進 [天文]

orbit resonance 軌道共振 [天文]

orbital angular momentum 軌道角動量 [天文]

orbital element 軌道要素 [天文]

orbital mechanics 軌道力學 [天文]

orbital motion 軌道運動 [天文]

orbital node 軌道交點 [天文]

orbital period　軌道週期 [天文]

orbital plane　軌道面 [天文]

orbital quantum number　軌道量子數 [天文]

orbital velocity　軌道速度 [天文]

orbiting astronomical observatory　軌道天文台 [天文]

orbit-transfer　軌道轉換 [天文]

orbit　軌道 [天文] [地質] [氣象] [海洋]

Orcadian series　奧爾卡德統 [地質]

ordanchite　橄欖藍方鹼玄岩 [地質]

order of crystallization　結晶次序，結晶順序 [地質]

order of magnitude　數量級 [天文]

order of perturbation　攝動階 [天文]

ordinary chondrite　普通球粒隕石 [地質]

ordinary water level　常水位 [地質]

ordinary water　普通水 [地質]

ordinary wave component　正常波分量 [地質]

ordinary year　平年 [天文]

ordonezite　褐銻鋅礦 [地質]

Ordovician period　奧陶紀 [地質]

Ordovician system　奧陶系 [地質]

Ordovician　奧陶紀 [地質]

ore anomaly　礦異常 [地質]

ore assay　礦石分析 [地質]

ore bearing　含礦的 [地質]

ore bedding　礦層 [地質]

ore bed　礦層 [地質]

ore carrier　礦砂船 [地質]

ore chimney　礦筒 [地質]

ore cluster　礦群 [地質]

ore controlling structure　礦控構造 [地質]

ore control　礦控制 [地質]

ore deposit　礦床 [地質]

ore district　礦區 [地質]

ore formation　礦石形成 [地質]

ore geochemistry　礦石地球化學 [地質]

ore lead age　礦鉛年齡 [地質]

ore microscopy　礦相學 [地質]

ore mineralogy　礦石礦物學 [地質]

ore petrology　礦石岩石學 [地質]

ore pipe　礦筒 [地質]

ore pocket　礦袋，礦囊 [地質]

ore reserves　礦藏量 [地質]

ore shoot　富礦體 [地質]

ore terminal　礦石碼頭 [地質]

ore vein　礦脈 [地質]

ore zone　礦區 [地質]

ore-bearing coefficient　含礦係數 [地質]

ore-bearing rate　含礦率 [地質]

orebody geometry　礦體幾何學 [地質]

orebody　礦體 [地質]

ore-forming element　成礦元素 [地質]

ore-forming fluid　成礦溶液 [地質]

ore-forming structure　成礦構造 [地質]

ore　礦，礦石 [地質]

organic carbon　有機碳 [地質] [海洋]

organic coating layer　有機覆蓋層 [地質]

O

O

[海洋]

organic compound in meteorites 隕石有機質 [天文]

organic compound of catalytic origin 有機物的催化起源 [天文]

organic compounds of electric discharge origin 有機物的閃電起源 [天文]

organic crystal chemistry 有機晶體化學 [地質]

organic crystal 有機晶體 [地質]

organic geochemistry 有機地球化學 [地質]

organic geology 有機地質學 [地質]

organic mineral 有機礦物 [地質]

organic mound 有機物岩丘 [地質]

organic nitrogen 有機氮 [地質] [海洋]

organic petrography 有機岩相學 [地質]

organic reef 生物礁 [地質]

organic rock 有機岩 [地質]

organolite 有機岩 [地質]

organ-pipe mode 風琴管振型 [地質]

orguillites 石灰質隕石 [天文] [地質]

orichalcite 綠銅鋅礦 [地質]

orichalc 銅鋅合金，黃銅 [地質]

oriental alabaster 條紋大理岩 [地質]

oriental amethyst 紫剛玉 [地質]

oriental aquamarine 青綠剛玉，藍寶石 [地質]

Oriental basin 東海盆地 [地質]

oriental chrysolite 東方貴橄欖石 [地質]

oriental emerald 綠剛玉 [地質]

oriental jasper 東方碧玉，雞血石 [地質]

oriental topaz 黃剛玉，黃寶石 [地質]

orientation diagram 方位圖 [地質]

orientation disorder 取向無序 [地質]

orientation of crystal 晶體取向 [地質]

orientation of growth 生長取向 [地質]

orientation of orbit 軌道定向 [天文]

orientation projection 定向投影 [地質]

orientation survey 定向測量 [地質]

orientation 定位，定向，取向，方位 [地質]

oriented core data 定向岩心數據 [地質]

oriented crystallization 定向結晶 [地質]

orientite 錳柱石 [地質]

origerfvite 水矽鐵礦 [地質]

origin hypothesis of earth 地球起源假說 [天文] [地質]

origin of atmosphere 大氣起源 [天文] [氣象]

origin of coordinates of earth poles 地極座標原點 [天文]

origin of cosmic rays 宇宙線起源 [天文]

origin of earth 地球起源 [天文] [地質]

origin of longitude 經度起點 [天文]

origin of lunar surface 月表成因 [天文] [地質]

origin of mountain 山脈起源 [地質]

origin of the solar system material 太陽系物質起源

origin of the solar system 太陽系起源

[天文]

original dip 原生傾斜 [地質]

original gas hypothesis 原始氣體假說 [天文] [地質] [氣象]

original horizontality 原始水平狀態 [地質]

original mineral 原生礦物 [地質]

original rock 源岩 [地質]

origin 起源，原點，出發點，成因，來源 [天文] [地質] [氣象] [海洋]

orileyite 砷銅鐵礦 [地質]

Orion Aggregate 獵戶星集 [天文]

Orion arm 獵戶臂 [天文]

Orion Molecular Cloud 獵戶座分子雲 [天文]

Orion Nebula (M42) 獵戶座星雲 [天文]

Orionids 獵戶座流星群 [天文]

Orion 獵戶座 [天文]

Oriskanian 奧里斯坎尼階 [地質]

Oriskany stage 奧里斯坎尼階 [地質]

Orizaba limestone 奧利札巴石灰岩 [地質]

orlite 水矽鈾鉛礦 [地質]

orogenesis 造山運動 [地質]

orogenetic process 造山過程 [地質]

orogenic belt 造山帶 [地質]

orogenic cycle 造山循環 [地質]

orogenic geology 造山地質學 [地質]

orogenic geothermal belt 造山地熱帶 [地質]

orogenic movement 造山運動 [地質]

orogenic period 造山期 [地質]

orogenic phase 造山期，造山相 [地質]

orogenic zone 造山帶 [地質]

orogeny 造山運動 [地質]

orogen 造山帶 [地質]

orographic cloud 地形雲 [氣象]

orographic depression 地形低壓 [氣象]

orographic lifting 地形抬升 [氣象]

orographic occluded front 地形囚錮鋒 [氣象]

orographic precipitation 地形性降水 [氣象]

orographic rain 地形雨 [地質] [氣象]

orographic stationary front 地形靜止鋒 [氣象]

orohydrography 高山水文地理學 [地質]

orology 山理學，山嶽成因學 [地質]

orometer 山嶽高度計，高山氣壓計 [地質] [氣象]

oroseite 伊丁石 [地質]

orpiment 雌黃 [地質]

orpine 紫景天 [天文]

orrery 太陽系儀 [天文]

orthite 鈰褐簾石 [地質]

orthoaxis 正軸 [地質]

orthobrannerite 正鈦鈾礦 [地質]

orthochemical rock 化學沉積岩，正化學岩 [地質]

orthochronology 標準地質年代學正古生物定年學 [地質]

orthoclase 正長石 [地質]

orthoconglomerate 正礫岩 [地質]

orthoferrosilite 直鐵輝石 [地質]

orthogeosyncline 正地槽 [地質]

orthogneiss 正片麻岩 [地質]

orthogonal space-time 正交時空 [天文]

orthomagmatic deposit 正岩漿礦床 [地質]

orthomagmatic stage 正岩漿期 [地質]

orthophyre 正長斑岩 [地質]

orthophyric texture 正斑組織 [地質]

orthophyric 正長斑岩狀 [地質]

orthopinacoid 正軸軸面（單斜晶系）[地質]

orthopyroxene 直輝石 [地質]

orthoquartzite 正石英岩 [地質]

orthoquartzitic conglomerate 正石英礫岩 [地質]

orthoquartzitic sandstone 正石英砂岩 [地質]

orthorhombic lattice 正交晶格 [地質]

orthorhombic pyroxene 直輝石類 [地質]

orthorhombic system 正交晶系 [地質]

orthoschist 正片岩 [地質]

orthose 正長石 [地質]

orthostratigraphy 標準地層學 [地質]

orthotectic stage 正岩漿期 [地質]

orthox 正常氧化土 [地質]

ortlerite 正長閃長斑岩，閃斑玢岩 [地質]

oruetite 雜硫碲鉍礦 [地質]

orvietite 霞輝透長斜長岩，透長斜長霞輝岩 [地質]

orvillite 水鋯石 [地質]

oryctology 化石學 [地質]

oryzite 針片沸石 [地質]

osannite 鈉閃石，鐵鈉閃石 [地質]

osarizawaite 鋁銅鉛礬，尾去澤石 [地質]

osar 蛇形丘 [地質]

Osborne beds 奧斯博恩層 [地質]

osbornite 隕氮鈦石 [地質]

oscillating model 振動模型 [天文]

oscillating universe 振盪宇宙 [天文]

oscillation ripple mark 振盪波痕 [地質]

oscillation ripple 振盪波 [地質]

oscillation screen 振動篩 [地質]

oscillatory ripple mark 振盪波痕 [地質]

oscillatory twinning 振盪雙晶，反覆雙晶 [地質]

osculating element 密切要素，密切軌道要素 [天文]

osculating ellipse 密切橢圓 [天文]

osculating epoch 密切曆元 [天文]

osculating plane 密切平面 [天文]

osculating point 密切點 [天文]

oserskite 柱文石，柱霰石 [地質]

osloporphyry 奧斯陸斑岩，奧長斑岩 [地質]

osmelite 針鈉鈣石 [地質]

osmiridium 鋨銥礦 [地質]

OSO:Orbiting Solar Observatory 軌道太陽觀測台 [天文]

Osos wind 屋索斯風 [氣象]

ostraite 鈦磁尖晶霞輝岩 [地質]

ostranite 鋯石 [地質]

ostria 奧斯特風 [氣象]

ostwaldite 氯銀礦 [地質]

osumilite 大隅石 [地質]

otavite 菱鎘礦，碳酸鎘礦 [地質]

ottajanite 白榴鹼玄岩 [地質]

ottrelite-slate 硬綠泥石板岩 [地質]

ottrelite 錳硬綠泥石 [地質]

O-type star O 型星 [天文]

ouachitite 沸雲煌岩，無橄雲鹼煌岩 [地質]

ouari 烏里風 [氣象]

ouenite 細鈣長輝長岩 [地質]

ousbeckite 水釩銅礦 [地質]

outburst 爆發 [天文] [地質] [氣象]

outcrop 露頭 [地質]

outer atmosphere 外大氣層 [氣象]

outer continental shelf 大陸棚外緣 [地質] [海洋]

outer core 外核 [地質]

outer corona 外日冕 [天文]

outer Lagrangian point 外拉格朗日點 [天文]

outer mantle 外地函 [地質]

outer planet 外行星 [天文]

outer radiation belt 外輻射帶 [天文] [地質]

outer ring 外環 [天文]

outer solar system 外太陽系 [天文]

outer space physics 外太空物理學 [天文]

outer space 外太空 [天文]

outfall 出水口，瀉口 [地質]

outflow lake 外流湖 [地質]

outgoing long-wave radiation 向外長波輻射 [氣象]

outlet 出口，排水口 [地質]

outlier 外露層，異常值，離群值 [地質]

outside air temperature 外面空氣溫度 [氣象]

outside temperature 室外溫度 [氣象]

outward winding 旋開 [天文]

outwash apron 冰川沉積扇 [地質]

outwash cone 冰川沉積錐 [地質]

outwash drift 冰川沉積 [地質]

outwash fan 冰川沉積扇 [地質]

outwash plain 冰川沉積平原 [地質]

outwash train 冰川沉積磧 [地質]

outwash 冰川沉積 [地質]

outwork 野外工作，戶外工作 [地質]

ouvala 灰岩盆 [地質]

ouvarovite 鈣鉻榴石 [地質]

oval nebula 蛋形星雲 [天文]

ovaroit 流安凝灰岩 [地質]

overbearing heat 酷熱 [氣象]

overburden pressure 自荷重壓，超載壓力 [地質]

overburden 表土層 [地質]

O

overcast day　陰日 [氣象]

overcast sky　陰天 [氣象]

overcasting　剝土反投露天開採法 [地質]

overcast　密雲，陰天 [氣象]

overdeepening　過量下蝕 [地質]

over-exposure　曝光過度 [天文]

overfall dam　滾水壩 [地質] [海洋]

overflow capacity　溢流容量 [地質]

overfold　倒轉褶皺 [地質]

overgrowth　附晶生長，過度生長 [地質]

overhang echo　懸垂回波 [氣象]

overhauser magnetometer　雙重核共振磁力儀 [地質]

overhead irrigation　人工降雨 [氣象]

overhead spray　人工降雨 [氣象]

overite　水磷鈣鎂石 [地質]

overland flow　地面逕流，漫地流 [地質]

overlap of spectral lines　譜線重疊 [天文]

overlap　超覆，重疊 [天文] [地質]

overlay interpretation　疊合解釋 [地質]

overluminous star　特強光度恆星 [天文]

overlying water　上覆水 [海洋]

overrunning cold front　上滑冷鋒 [氣象]

overrunning　上滑 [氣象]

oversteepening　削峭作用 [地質]

overstep　橫越，跨覆 [地質]

overthrust block　逆衝斷層地塊 [地質]

overthrust fault　逆掩斷層，逆衝斷層 [地質]

overthrust nappe　逆衝體 [地質]

overthrust sheet　逆衝層 [地質]

overthrust　逆掩斷層，逆衝斷層 [地質]

overtide　倍潮 [海洋]

overtone normal mode　諧波正振型 [地質]

overtopped water stage　漫頂水位 [地質]

overtrades　高空信風 [氣象]

overturn　傾覆，倒轉，翻轉 [地質] [海洋]

overvoltage method　超電壓法 [地質]

overwash mark　越流痕 [地質]

overwash pool　越流池 [地質]

overwash　越流 [地質]

overweather flight　超天氣層飛行 [氣象]

owenite　鱗綠泥石 [地質]

Owl Nebula (M97)　貓頭鷹星雲 [天文]

owyheeite　銀毛礦，脆硫銻銀鉛礦 [地質]

oxalite　草酸鐵礦 [地質]

oxbow lake　牛軛湖 [地質]

Oxford clay　牛津黏土 [地質]

Oxfordian　牛津階 [地質]

oxiacalcite　草酸方解石 [地質]

oxidapatite　氧磷灰石 [地質]

oxidate　氧化，氧化物 [地質]

oxidation environment　氧化環境 [地質]

oxide mineral　氧化物礦物 [地質]

oxidized zone　氧化帶 [地質]

oxybasiophitic　酸基輝綠組織 [地質]

oxybiotite　氧黑雲母 [地質]

oxygen consumption　氧消耗 [海洋]

oxygen demand 耗氧量 [海洋]

oxygen depletion 氧耗盡 [海洋]

oxygen distribution 氧分佈 [海洋]

oxygen isotope geochemistry 氧同位素地球化學 [海洋]

oxygen maximum layer 氧最大層 [海洋]

oxygen minimum layer 氧最小層 [海洋]

oxygen partial pressure 氧分壓 [海洋]

oxygen ratio 氧比 [海洋]

oxygenation 充氧，加氧作用 [海洋]

oxygen-deficient environment 缺氧環境 [海洋]

oxygenisotope cosmothermometer 氧同位素宇宙溫度計 [天文]

oxygenisotope stratigraphy 氧同位素地層學 [地質]

oxygen-poor layer 貧氧層 [海洋]

oxyhornblende 玄武角閃石，氧角閃石 [地質]

oxymagnite 磁赤鐵礦 [地質]

oxyophitic 酸性輝綠結構的 [地質]

oxyphyre 淡色斑岩，酸性斑岩 [地質]

oxysphere 氧圈，岩石圈 [地質]

Oyashio 親潮 [海洋]

oyster reef 牡蠣礁 [海洋]

Ozarkian 奧札克統 [地質]

ozocerite 地蠟 [地質]

ozokerite 地蠟 [地質]

ozone 臭氧 [氣象]

ozone cloud 臭氧雲 [氣象]

ozone content 臭氧含量 [氣象]

ozone layer 臭氧層 [氣象]

ozone profile 臭氧剖面 [氣象]

ozone sonde 臭氧探空儀 [氣象]

ozone unit 臭氧含量單位 [氣象]

ozonopause 臭氧層頂 [氣象]

ozonosphere 臭氧層 [氣象]

O

P p

P Cyg star　天鵝座 P 型星 [天文]

P Cygni star　天鵝座 P 型星 [天文]

pachnolite　霜晶石 [地質]

pachoidal structure　皺扁豆構造 [地質]

Pacific anticyclone　太平洋反氣旋 [氣象]

Pacific equatorial countercurrent　太平洋赤道逆流 [海洋]

Pacific equatorial undercurrent　太平洋赤道潛流 [海洋]

Pacific high　太平洋高壓 [氣象]

Pacific North Equatorial Current　太平洋北赤道流 [海洋]

Pacific Ocean　太平洋 [地質]

Pacific Plate　太平洋板塊 [地質]

Pacific Province　太平洋區 [地質]

Pacific Rim　太平洋地區 [地質]

Pacific South Equatorial Current　太平洋南赤道流 [海洋]

Pacific standard time　太平洋標準時間 [天文]

Pacific suite　太平洋套 [地質]

Pacific time　太平洋時間 [天文]

Pacific-type coastline　太平洋型海岸線

[地質]

pack ice　浮冰群，漂冰 [海洋]

packing index　堆積指數 [地質]

packing radius　堆積半徑 [地質]

packing　堆積，存儲，壓縮 [地質]

padparadsha　橙剛玉 [地質]

Paesano　佩莎諾風 [氣象]

Paesa　佩莎風 [氣象]

Paetzold's model　佩佐爾特模型 [地質]

pagodite　壽山石，凍石 [地質]

pagoscope　測霜儀 [氣象]

pahoehoe lava　繩狀熔岩 [地質]

paigeite　硼鐵錫礦 [地質]

paint pot　多色熱泥噴泉，帶火泥 [地質]

painted desert beds　漆漠層 [地質]

painter　色霧 [氣象]

pair of compasses　圓規 [地質]

pair of galaxies　星系對 [天文]

paisanite　鈉閃微岡岩 [地質]

palaeobasement geology　古基底地質學

[地質]

Palaeocene System　老第三系 [地質]

palaeoclimate　古氣候 [氣象]

palaeoclimatology　古氣候學 [氣象]

palaeo-climatology　古氣候學 [氣象]

palaeocurrent　古洋流 [海洋]

palaeofluminology　古河系學 [地質]

palaeogeography　古地理學 [地質]

palaeogeology　古地質學 [地質]

palaeogeomagnetic equator　古地磁赤道 [地質]

palaeogeomagnetic intensity　古地磁強度 [地質]

Palaeogeomorphology　古地貌學 [地質]

palaeogeophysics　古地球物理學 [地質]

palaeogeothermics　古地熱學 [地質]

palaeoglaciology　古冰川學 [地質]

palaeohydrogeology　古水文地質學 [地質]

palaeohydrology　古水文學 [地質]

palaeolatitude　古緯度 [地質]

Palaeolithic period　舊石器時期 [地質]

palaeolongitude　古經度 [地質]

palaeomagnetic direction　古地磁方向 [地質]

palaeomagnetic field　古地磁場 [地質]

palaeomagnetic pole　古地磁極 [地質]

palaeomagnetic stratigraphy　古地磁地層學 [地質]

palaeomagnetism　古地磁學 [地質]

palaeometeoritics　古隕石學 [地質]

palaeophysiography　古自然地理學 [地質]

palaeoplatform　古地台 [地質]

palaeosedimentology　古沉積學 [地質]

palaeoseismology　古地震學 [地質]

palaeotectonics　古地質構造學 [地質]

palaeotopography　古地形學 [地質]

palaeovolcanology　古火山學 [地質]

palaetiology　古地球演變學 [地質]

palagonite　橙玄玻璃 [地質]

palagonite tuff　玄玻凝灰岩 [地質]

palasite　橄欖石鐵隕石 [地質]

palattes　石盾 [地質]

paleobiogeographic province　古生物地理區 [地質]

paleobiology　古生物學 [地質]

paleoceanography　古海洋學 [海洋]

Paleocene　古新世 [地質]

Paleocene epoch　古新世 [地質]

Paleocene series　古新統 [地質]

paleoclimate　古氣候 [氣象]

paleoclimatology　古氣候學 [氣象]

paleocoast line　古海岸線 [海洋]

paleoecology　古生態學 [地質]

paleocrystic ice　古結晶冰 [地質]

paleocurrent　古水流 [海洋]

paleodepth　古深度 [海洋]

paleoenvironment　古環境 [地質]

Paleogene　早第三紀 [氣象]

Paleogene period　早第三紀 [地質]

Paleogene system　早第三系 [地質]

paleogeography　古地理學 [地質]

paleogeologic map　古地質圖 [地質]

paleogeology　古地質學 [地質]

paleogeomorphology　古地形學 [地質]

paleogeothermometry　古地溫學 [地質]

paleohydrology　古水文學 [地質]

paleoichnology　古遺跡學 [地質]

paleokarst　古喀斯特 [地質]

paleolimatic sequence　古氣候序列 [氣象]

paleolimnology　古湖沼學 [地質]

paleolithologic map　古岩性圖 [地質]

paleomagnetic pole　古地磁極 [地質]

paleomagnetic stratigraphy　古地磁地層學 [地質]

paleomagnetics　古地磁學 [地質]

paleomagnetism　古地磁 [地質]

paleontology　古生物學 [地質]

paleophytogeographic province　古植物地理區 [地質]

paleozoogeographic province　古動物地理區 [地質]

paleosalinity　古鹽度 [地質]

paleosedimentology　古沉積學 [地質]

paleoslope　古坡向 [地質]

paleosoil　古土壤 [地質]

paleostructure　古構造 [地質]

paleotectonic map　古構造圖 [地質]

paleotectonics　古大地構造學 [地質]

paleotemperature　古溫度 [地質]

paleotemperature　古溫度 [地質] [氣象]

paleotopogrsphy　古地形學 [地質]

paleovolcano　古火山 [地質]

Paleozoic　古生代 [地質]

Paleozoic era　古生代 [地質]

palette　調色板 [地質]

palimpsest structure　變餘構造，變質殘留構造 [地質]

palinspastic map　復原地圖 [地質]

Palisade disturbance　巴里薩得變動 [地質]

Palisades sill　帕利塞德岩床 [地質]

palisade　絕壁，陡崖 [地質]

palladium amalgam　鈀汞膏 [地質]

Pallas　智神星（小行星 2 號）[天文]

pallasite　橄欖隕鐵，富鐵橄欖岩 [地質]

pallet jewel　棘爪寶石 [地質]

palmierite　鉀鈉鉛礬，硫鉀鈉鉛礦 [地質]

Palomar Sky Survey　帕洛瑪天圖 [天文]

palouser　派羅塞塵暴 [氣象]

paludification　泥炭化 [地質]

Palus Nebularum　霧沼（月面）[天文]

Palus Putredinis　凋沼（月面）[天文]

palus　沼澤 [天文] [地質]

Palygorskite　鎂鋁皮石，軟纖石類 [地質]

Pampero sucio　塵沙潘派洛風 [氣象]

Pamunkey formation　帕門基層 [地質]

pan coefficient　蒸發皿係數 [氣象]

pan ice　浮冰，塊冰 [海洋]

panabase　黝銅礦 [地質]

panasoetara　帕納素塔拉風 [氣象]

pancake ice　餅狀冰，荷葉冰 [氣象] [海洋]

pancake model 煎餅模型 [天文]

Panchi group 板溪群 [地質]

Panchi system 板溪系 [地質]

Pandermite 水白硼鈣石 [地質]

Pandora 潘朵拉，土衛十七 [天文]

panethite 隕磷鎂鈉石 [地質]

Pangea 盤古大陸 [地質]

pannus 碎片雲 [氣象]

panplane 聯接氾濫平原 [地質]

pantellerite 鹼性流紋岩 [地質]

Panthalassa 原始大洋 [地質] [海洋]

pan 凹地，硬地層，淺盆地 [地質] [海洋]

paotite 包頭礦，錫鋇鈦鈮礦 [地質]

papagayo 帕帕加屋風 [氣象]

paper clock 紙鐘（平均假鐘）[天文]

PAR: photosynthetic active radiation 光合有效輻射 [氣象]

parabolic comet 拋物線軌道彗星 [天文]

parabolic dune 拋物線形沙丘 [地質]

parabolic mirror control 拋物面鏡控制 [天文]

parabolic mirror 拋物面鏡 [天文]

parabolic space 拋物空間 [天文]

parachute radiosonde 降落傘無線電探空儀 [氣象]

parachute weather buoy 空投氣象浮標 [氣象]

paraconformity 準整合，平行不整合 [地質]

paracoquimbite 副針綠礬 [地質]

paradigm 典範 [天文] [地質] [氣象] [海洋]

paraffinum liquidum 石蠟油 [地質]

paragenesis 共生，共生次序 [地質]

paragenetic mineral 共生礦物 [地質]

paragenetic mineralogy 共生礦物學 [地質]

paragenetic sequence 共生次序 [地質]

parageosyncline 副地槽 [地質]

paraglomerate 類礫岩 [地質]

paragneiss 副片麻岩 [地質]

parahilgardite 副氯硼鈣石 [地質]

parahopeite 副磷鋅礦 [地質]

paralaurionite 斜水氯鉛石 [地質]

paralic 近海的 [地質] [海洋]

paralic coal basin 近海煤盆地 [地質]

paralic sedimentation 近海沉積 [地質] [海洋]

paralic swamp 近海沼澤 [地質]

parallactic angle 視差角 [天文]

parallactic base 視差基線 [天文]

parallactic displacement 視差位移 [天文]

parallactic ellipse 視差橢圓 [天文]

parallactic equation 視差方程 [天文]

parallactic inequality 月角差 [天文]

parallactic libration 視差天平動 [天文]

parallactic motion 視差移動 [天文]

parallactic mounting 赤道式裝置 [天文]

parallactic orbit 視差軌道 [天文]

parallactic shift 視差位移 [天文]

parallactic triangle 視差三角形 [天文]

parallageosyncline 海濱地槽 [地質]

parallax 視差 [天文]

parallax factor 視差因數 [天文]

parallax inequality 視差差異 [天文] [海洋]

parallel circle 平行圈，緯圈 [天文]

parallel conductivity 平行電導率 [地質]

parallel dike swarm 平行岩脈群 [海洋]

parallel drainage pattern 平行水系 [地質]

parallel electric field 平行電場 [地質]

parallel evolution 平行演化 [地質]

parallel field 平行場 [地質]

parallel fold 平行褶皺 [地質]

parallel growth 平行生長，平行連晶 [地質]

parallel intergrowth 平行交互生長，平行連晶 [地質]

parallel of altitude 地平緯圈，等高圈 [天文]

parallel of declination 赤緯圈 [天文]

parallel of latitude 黃經圈，經度平行圈 [天文]

parallel of longitude 黃緯圈，緯度平行圈 [天文]

parallel perspective 平行透視 [天文]

parallel projection 平行投影 [天文] [地質]

parallel ripple mark 平行波痕 [地質]

parallel roads 平行灘列 [地質]

parallel sphere 平行球 [天文]

parallel 平行的，平行圈，緯圈 [天文]

paramagnetic mineral 順磁礦物 [地質]

paramelaconite 副黑銅礦 [地質]

parameteorology 參數氣象學 [氣象]

parameter of earthquake 地震參數 [地質]

parameter 參數 [天文] [地質] [氣象] [海洋]

parametric hydrology 參數水文學 [地質] [海洋]

paramorph 同質異形體 [地質]

paramudras 巨燧石結核 [地質]

paranthelion 遠幻日 [天文] [氣象]

parantiselena 遠幻月 [天文] [氣象]

paraplatform 地台，副地台 [地質]

pararammelsbergite 副斜方砷鎳礦 [地質]

para-ripple 對稱連痕 [天文]

para-rock 水成變質岩 [地質]

paraschist 副片岩 [地質]

paraselene 幻月 [天文] [氣象]

paraselenic circle 幻月環 [天文] [海洋]

parasite 毛硼石，寄生物，寄生蟲 [地質]

parasitic cone 寄生火山錐 [地質]

parasol radiometer 傘式輻射計 [地質]

parastratigraphy 副地層學 [地質]

paratacamite 副氯銅礦 [地質]

para-unconformity 副不整合，假整合 [地質]

Paravauxite 副藍磷鋁鐵礦 [地質]

parawollastonite 副矽灰石 [地質]

parcel 氣塊 [氣象]

parcel method 氣塊法 [氣象]

parent body 母體 [天文]

parent comet 母彗星 [天文]

parent galaxy 母星系 [天文]

parent material 母質 [地質]

parent rock 母岩 [地質]

parental magma 母岩漿 [地質]

pargasite 韭閃石，鈣鎂閃石 [地質]

parhelic circle mock sun ring 近幻日環 [天文] [氣象]

parhelion 幻日 [天文] [氣象]

parisite 氟碳鈣鈰石 [地質]

parkerite 硫鉍鉛鎳礦 [地質]

PARM: partial ARM 部分無滯剩磁 [地質]

paropnite 鈉雲母 [地質]

paroxysmal eruption 陣發性噴發 [地質]

parpmorphism 同質異形現象 [地質]

parsec 秒差距 [天文]

parsettensite 紅錳變雲母 [地質]

parsonsite 斜磷鉛鈾礦 [地質]

partial ARM 部分無滯剩磁 [地質]

partial degeneracy 部分簡併 [天文]

partial density 部分密度 [天文]

partial dislocation 部分錯位 [地質]

partial duration series 部分期間序列 [地質]

partial eclipse 偏食 [天文]

partial eclipse end 偏食終 [天文]

partial extraction 部分萃取 [地質]

partial lunar eclipse 月偏食 [天文]

partial melting 部分熔融 [地質]

partial obscuration 部分天空不明 [氣象]

partial potential temperature 部分位溫 [氣象]

partial radiation pyrometer 部分輻射溫度計 [氣象]

partial reflection 部分反射 [氣象]

partial solar eclipse 日偏食 [天文]

partial thermoremanent magnetization 部分熱剩磁 [地質]

partial tide 分潮 [氣象] [海洋]

partially polarized radiation 部分偏振輻射 [天文]

particle astronomy 粒子天文學 [天文]

particle cosmology 粒子宇宙學 [天文]

particle diameter 粒子直徑 [天文] [地質]

particle flux 粒子通量 [天文] [地質]

particle island 粒子島 [天文] [地質]

particle precipitation 粒子沉降 [地質] [氣象]

particle size analysis 粒徑分析 [地質]

particle spectrum 粒子譜 [天文] [地質]

particles in Saturn's rings 土星環質點 [天文]

particulate inorganic carbon 顆粒無機碳 [海洋]

particulate matter in sea water　海水顆
粒物 [海洋]

particulate organic carbon　顆粒有機碳
[海洋]

particulate organic matter　顆粒有機物
[海洋]

particulate organic nitrogen　顆粒有機
氮 [海洋]

particulate organic phosphorus　顆粒有
機磷 [海洋]

parting　裂理，裂開，夾層 [地質]

parting lineation　裂理線 [地質]

parting plane　分離面，裂開面 [地質]

partiversal　半錐背斜 [地質]

partly cloudy　少雲 [氣象]

partridgeite　方鐵錳礦 [地質]

parvafacies　分相 [地質]

pascoite　橙釩鈣石 [地質]

Pasiphae　帕西法爾木衛八 [天文]

passage beds　過渡層 [地質]

passive continental margin　被動大陸邊
緣 [海洋]

passive front　被動鋒 [氣象]

passive infrared range finder　被動紅外
測距儀 [地質]

passive permafrost　不活躍永凍層 [地
質] [氣象]

passive source method　被動源法 [地質]

past weather　過去天氣 [氣象]

Patapsco formation　帕塔普斯哥層 [地
質]

patch reef　斑礁 [地質]

patch　塊斑，小浮冰 [天文] [地質]

Paterson reversal　派特森反向 [地質]

path difference　光程差 [天文]

path length　軌跡長度，路徑長 [天文]
[地質]

path of eclipse　食帶 [天文]

path of total eclipse　全食帶 [天文]

Patientia　佩興提亞星 [天文]

patina　銅綠，銅銹 [地質]

Patroclus group　普特洛克勒斯群（小行
星）[天文]

patrol camera　巡天照相機 [天文]

patronite　綠硫釩石 [地質]

pattern shooting　模式引炸 [地質]

Patterson peak　派特森峰 [地質]

Patterson synthesis　派特森綜合 [地質]

patuxent bed　帕圖克森特層 [地質]

paulingite　鮑林沸石，方複沸石 [地質]

pavilion facet　亭面（鑽石切割面）[地
質]

Pavo　孔雀座 [天文]

pavonite　塊硫鉍銀礦 [地質]

P-axis　P軸 [地質]

PBL: planetary boundary layer　行星邊
界層 [天文]

pc: parsec　秒差距（天體距離的單位）
[天文]

p-coordinate　p座標 [氣象]

PDS: photo-digitizing system　圖像數位
儀 [天文]

P

P

pea coal 粒煤 [地質]

pea grit 豆狀柤砂岩 [地質]

pea ore 豆鐵礦 [地質]

peach blossom ore 鈷華 [地質]

Peacock 孔雀星座 [天文]

peacock copper 孔雀銅礦 [地質]

peacock ore 孔雀銅礦 [地質]

peak acceleration 峰值加速度 [天文] [地質] [氣象] [海洋]

peak cluster 峰叢 [地質]

peak cluster depression 峰叢窪地 [地質]

peak discharge 洪峰流量 [地質]

peak displacement 峰值位移 [地質]

peak forest 峰林 [地質]

peak forest plain 峰林平原 [地質]

peak gust 尖峰陣風 [氣象]

peak of flood 洪峰 [地質]

peak of flow 洪峰 [地質]

peak runoff 洪峰徑流 [地質]

peak velocity 峰值速度 [天文] [地質] [氣象] [海洋]

peak 山頂，峰，極大值 [天文] [地質] [氣象] [海洋]

pearceite 硫砷銅銀礦 [地質]

pearl lightning 珠狀閃電 [氣象]

pearl necklace lightning 串珠狀閃電 [氣象]

pearl spar 白雲石，珍珠石 [地質]

pearl stone 珍珠岩 [地質]

pearlife 珠光砂 [地質]

pearlite 珍珠岩 [地質]

pea-soup fog 豌豆湯霧（濃霧）[氣象]

peat bed 泥炭層 [地質]

peat bog 泥炭沼 [地質]

peat deposit 泥炭沉積 [地質]

peat moor 泥炭沼 [地質]

peat 泥炭 [地質]

peat bed 泥炭層 [地質]

peat formation process 泥炭形成過程 [地質]

peatification 泥炭化作用 [地質]

peatland hydrology 沼澤水文 [地質]

peat-sapropel 泥炭質腐泥 [地質]

pebble armor 漠礫礫舖石，舖礫 [地質]

pebble bed 卵石層 [地質]

pebble coal 礫煤 [地質]

pebble dike 礫脈 [地質]

pebble gravel 小礫石 [地質]

pebble stone 卵石礫 [地質]

pebble 小礫，卵石 [地質]

pebbly mud stone 卵石泥岩 [地質]

pebbly sand 卵砂石 [地質]

Pebidian 貝比迪亞若系 [地質]

pectolite 針鈉鈣石 [地質]

peculiar galaxy 特殊星系 [天文]

peculiar motion 本動 [天文]

peculiar star 特殊恆星 [天文]

peculiar velocity 本動速度 [天文]

pedalfer 淋餘土，鐵鋁土 [地質]

Pederson conductivity 彼得森電導率 [地質]

pedestal 支座，支柱 [天文] [地質]

pediment pass 山麓侵蝕平原間通道 [地質]

pedimentation 山麓夷平作用 [地質]

pediment 麓原，岩原 [地質]

pedion 單面，端面 [地質]

pediplain 山麓蝕原 [地質]

pediplanation 山麓蝕原化作用 [地質]

pediplane 山麓蝕面，岩蝕原 [地質]

pedogeochemical prospecting 土壤地球化學探勘 [地質]

peep-sight alidade 測斜照準儀 [地質]

peesweep storm 庇斯威普風暴 [氣象]

peg model 立體模型 [地質]

Pegasus 飛馬座 [天文]

pegmatite deposit 偉晶岩礦床 [地質]

pegmatite mineral 偉晶礦物 [地質]

pegmatite phase 偉晶岩階段 [地質]

pegmatite 偉晶岩 [地質]

pegmatitization 偉晶岩化 [地質]

pegmatolite 正長石 [地質]

pegoloyy 礦泉學 [地質]

Peking jade 京粉翠 [地質]

Peking shodonite 京粉翠 [地質]

Peking silicite 京白玉 [地質]

pelagic community 海洋集 [海洋]

Pelagic deposit 遠洋沉積 [海洋]

pelagic division 遠洋地區 [海洋]

pelagic limestone 遠洋石灰岩 [海洋]

pelagic sediment 遠洋沉積物 [地質] [海洋]

pelagic survey 遠洋測量 [海洋]

pelagic 遠洋的 [海洋]

Pelean cloud 火山雲 [地質] [氣象]

pelelith 火山石 [地質]

Pele's hair 火山毛 [地質]

Pele's tears 火山淚（玄武玻璃淚）[地質]

Pelican Nebula (IC 5067/68/70) 鵜鶘星雲 [天文]

pelitic rock 泥質岩石 [地質]

pellet 丸，泥團 [地質]

pellicular water 薄膜水 [地質]

pelmicrite 微晶石灰岩 [地質]

pelogloea 膠體有機質 [地質] [海洋]

pelsparite 丸粒亮晶灰岩 [地質]

pen error 筆尖誤差 [天文]

pencatite 水滑大理岩 [地質]

pencil gneiss 鉛筆狀片麻岩 [地質]

pencil ore 筆鐵礦，纖維狀赤鐵礦 [地質]

pencil stone 石筆石 [地質]

pendant cloud 漏斗雲 [氣象]

pendant 岩垂 [地質]

Pendleside series 彭德爾塞德統 [地質]

pendulum anemometer 擺式風速計 [氣象]

pendulum apparatus 擺設備 [地質]

pendulum magnetometer 擺式磁力計 [地質]

pendulum meter 擺儀 [地質]

pendulum seismograph 擺式地震儀 [地質]

pendulum 擺（地震儀）[天文] [地質] [氣象]

penecontemporaneous deformation 準同時變形 [地質]

penegeosyncline 準地槽 [地質]

peneplain 準平原 [地質]

peneplanation 準平原作用 [地質]

penetrating power 穿透能力 [天文]

penetration frequency 穿透頻率 [天文] [氣象]

penetration test 穿透試驗 [天文] [地質] [氣象] [海洋]

penetration twin 貫入雙晶 [地質]

penetration wave method 穿透波法 [地質]

penfieldite 六方氯鉛礦 [地質]

peninsula 半島 [地質]

penitent ice 融凝冰柱 [地質] [氣象]

penitent snow 殘餘雪 [地質]

Penmorfa Beds 彭莫法層 [地質]

pennaite 氯鋯鈦鈉石 [地質]

pennant line 浮標垂索 [地質]

Pennant series 彭南統 [地質]

Pennantite 錳鋁綠泥石 [地質]

pennate drainage 羽狀水系 [地質]

pennine 葉綠泥石，斜綠泥石 [地質]

penninite 葉綠泥石，斜綠泥石 [地質]

Pennsylvanian Period 賓夕法尼亞紀 [地質]

Pennsylvanian 賓夕法尼亞的 [地質]

Pennsylvaniau System 賓夕法尼亞系 [地質]

penny shaped crack 幣形裂紋 [地質]

penocontemporaneous 沉積後到固結前的 [地質]

Penrhiw Series 彭爾希統 [地質]

Penrose process 彭羅斯過程 [天文]

penroseite 硒銅鎳礦 [地質]

pentad 候（五日為一候）[天文]

pentagonal dodecahedron 五角十二面體 [地質]

pentahydrite 五水瀉鹽 [地質]

pentlandite 鎳黃鐵礦 [地質]

penumbra cone 半影錐 [天文]

penumbra of sunspot 黑子半影 [天文]

penumbra 半影 [天文]

penumbral eclipse 半影食 [天文]

penumbral lunar eclipse 半影月食 [天文]

Penusylvanian Era 賓夕法尼亞紀 [地質]

Penutian 佩納德階 [地質]

peperite 混溶沉積岩 [地質]

peralkaline 過鹼性的 [地質]

peraluminous 過鋁質的 [地質]

percent frequency effect 百分頻率效應 [地質]

percentage relative humidity 百分相對溼度 [氣象]

percentage sunshine 日照百分率 [氣象]

perched block 坡棲石塊 [地質]

perched boulder 坡棲礫石 [地質]

perched rock　棲止岩 [地質]

perched spring　棲止泉 [地質]

perched stream　棲止河 [地質]

perched water table　棲止水位 [地質]

perched water　棲止水 [地質]

percussion bit　衝擊鑽頭 [地質]

percussion boring　衝擊鑽 [地質]

percussion drill　衝擊鑽 [地質]

percussion drilling　衝擊鑽井 [地質]

percussion figure　擊像 [地質]

percussion mark　擊痕 [地質]

percylite　氯銅鉛礦 [地質]

perezone　前濱帶 [地質]

perfect cosmological principle　完全宇宙論原則 [天文]

perfect crystal　完美晶體 [地質]

perfect prediction　理想預報 [氣象]

perfect prognostic　理想預報 [氣象]

perfect radiator　完全輻射體 [天文]

perfect recrystallization　完全再結晶 [地質]

pergelation　永凍 [地質]

pergelisol table　永凍土面 [地質]

perhumid climate　常溼氣候 [氣象]

perhydrous coal　高含氫煤高氫煤 [地質]

periapsis　近點 [天文]

periareon　近火點 [天文]

periastron effect　近星點效應 [天文]

periastron　近星點 [天文]

pericenter　近心點 [天文]

periclase　方鎂石 [地質]

periclasite　方鎂石 [地質]

pericline twin law　肖鈉長石式雙晶律 [地質]

pericline　肖鈉長石 [地質]

pericronus　近土星點 [天文]

pericynthion　近月點 [天文]

peridot　貴橄欖石 [地質]

peridotite shell　橄欖岩殼 [地質]

peridotite　橄欖岩 [地質]

perigalactica　近銀心點 [天文]

perigalacticum　近銀心點 [天文]

perigean range　近地點潮差 [海洋]

perigean tidal currents　近地點潮流 [海洋]

perigean tide　近地點潮 [海洋]

perigee　近地點 [天文]

perigee-to-perigee period　近星點至近星點週期 [天文]

periglacial climate　冰緣氣候 [氣象]

periglacial geomorphology　冰緣地形學 [地質]

periglacial landform　冰緣地形 [地質]

periglacial phenomena　冰緣現象 [地質]

periglacial　冰緣的 [地質]

perihelic conjunction　近日點合 [天文]

perihelic opposition　近日點衝 [天文]

perihelion distance　近日距 [天文]

perihelion motion　近日點移動 [天文]

perihelion　近日點 [天文]

perijove　近木星點 [天文]

perilune　近月點 [天文]

period dial　週期撥盤 [地質]

period luminosity relation　周光關係 [天文]

period of light variation　光變週期 [天文]

period of revolution　公轉週期 [天文]

period of variable star　變星週期 [天文]

period　週期 [天文] [地質] [氣象] [海洋]

periodic comet　週期彗星 [天文]

periodic current　週期性流 [海洋]

periodic emission　週期發射 [天文]

periodic error　週期誤差 [天文]

periodic inequality　週期差 [天文]

periodic motion　週期動作 [天文]

periodic network of 3-connected points　三接點週期網路 [地質]

periodic orbit　週期軌道 [天文]

periodic perturbation　週期攝動 [天文]

periodic process　週期性過程 [天文]

periodic table　週期表 [天文] [地質] [氣象] [海洋]

periodic stream　週期性流星雨 [天文]

periodic term　週期項 [天文]

periodic variable　週期變星 [天文]

periodic volcano　週期性火山，間歇火山 [地質]

period-spectrum relation　周一譜關係 [天文]

peripherization　邊緣化 [地質]

periphery inclusion　邊緣包體 [地質]

periphery　邊界，周邊 [地質]

perisaturnium　近土星點 [天文]

peristerite　暈長石 [地質]

peritectic reaction　包晶反應 [地質]

peritectic structure　包晶組織 [地質]

peritectoid reaction　包析反應 [地質]

peritectoid transformation　包析轉變 [地質]

periuranium　近天王點 [天文]

perknite　輝閃岩類 [地質]

perlite　珍珠岩 [地質]

perlitic structure　珍珠構造 [地質]

perlitic　珍珠岩的 [地質]

perlucidus　漏光雲 [地質]

permafrost aggradation　凍土加積 [地質]

permafrost degradation　凍土退化 [地質]

permafrost drilling　永凍土鑽孔 [地質]

permafrost dynamics　凍土動力學 [地質]

permafrost hydrology　永凍土水文學 [地質]

permafrost phase-analysis　凍土相分析 [地質]

permafrost table　永凍土面 [地質]

permafrost　永凍土 [地質]

permafrostology　凍土學 [地質]

permanent aurora　恆定極光 [天文] [氣象]

permanent current　永久性海流 [海洋]

permanent depression　永久低壓 [氣象]

permanent ice foot　永久冰腳 [地質]

permanent ice　永久冰 [地質]

permanent thermoline　恆定斜溫層 [海洋]

permeability　滲透性，磁導率，透氣性 [天文] [地質]

permeable bed　透水層 [地質]

Permian period　二疊紀 [地質]

Permian system　二疊系 [地質]

Permian　二疊紀 [地質]

Permic　波爾姆系 [地質]

permineralition　完全礦化 [地質]

permitted line　容許譜線 [天文]

permitted transition　容許躍遷 [天文]

Permo-Carboniferous　石炭－二疊過渡期 [地質]

permselectivity　選擇透過性 [海洋]

perotectonics　岩石構造學 [地質]

perovskite type structure　鈣鈦礦型結構 [地質]

Perovskite　鈣鈦礦 [地質]

perpendicular hydromagnetic shock wave　正交磁流體衝擊波 [天文]

perpendicular slip　垂直滑距 [地質]

perpendicular throw　垂直落差 [地質]

perpetual calendar　萬年曆 [天文]

perpetual frost climate　永凍氣候 [氣象]

perpetual snow　恆久雪，永久積雪 [氣象]

perry　霹瀝颮 [氣象]

perryite　隕矽鐵鎳石 [地質]

Pers sunshine recorder　泊爾斯日照記錄器 [天文]

Perseids　英仙座流星群 [天文]

perseus arm　英仙臂 [天文]

Perseus　英仙座 [天文]

persilicic　過矽酸質 [地質]

persistence forecast　持續性預報 [氣象]

personal equation　人差方程 [天文] [地質] [氣象] [海洋]

personal error perspective science　[天文] [地質] [氣象] [海洋]

perspective science　透視學 [天文] [地質]

perspective view　透視圖 [地質]

perthite　紋長石 [地質]

perthosite　淡鈉二長岩 [地質]

perturbance　擾動 [天文]

perturbation analysis　攝動分析 [天文]

perturbation coefficient　攝動係數 [天文]

perturbation of continuous spectrum　連續譜攝動 [天文]

perturbation term　攝動項 [天文]

perturbation　攝動，微擾 [天文] [地質] [氣象] [海洋]

perturbative acceleration of gravity　重力擾動加速度 [天文]

perturbative force　攝動力 [天文]

perturbative function　攝動函數 [天文]

perturbed element　受攝要素 [天文]

perturbing term　攝動項 [天文]

P

Peru Current 秘魯海流 [海洋]

pervious blanket 透水層 [地質]

perviousness 透水性，滲透性 [地質]

petalite 透鋰長石 [地質]

petrifaction 石化作用 [地質]

petrified rhodonite 紅白花京粉翠 [地質]

petrofabric analysis 岩組分析 [地質]

petrofabric diagram 岩組圖 [地質]

petrofabric 岩組學 [地質]

petrofabrics 岩組學 [地質]

petrofacies 岩相 [地質]

petrogency 岩石成因學 [地質]

petrogenesis 岩石成因 [地質]

petrogenetic element 造岩元素 [地質]

petrogenic grid 岩源壓力溫度圖 [地質]

petrogeny 岩石成因學 [地質]

petrogeochemistry 岩石地球化學 [地質]

petrogeometry 岩石幾何學 [地質]

petrographer 岩相學家 [地質]

petrographic facies 岩相 [地質]

petrographic microscope 岩石顯微鏡 [地質]

petrographic province 岩區 [地質]

petrographic structure 岩石構造 [地質]

petrographic texture 岩石組織 [地質]

petrography 岩石學 [地質]

petroleum geology 石油地質學 [地質]

petroleum reservoir 油層 [地質]

petroleum source rock 生油岩 [地質]

petrologen 油母岩質 [地質]

petrology of coal 煤岩學 [地質]

petrology of crystalline complexes 晶體複合物岩石學 [地質]

petrology of ice 冰岩學 [地質]

petrology of metamorphic rock 變質岩岩石學 [地質]

petrology of ocean floor 海底岩石學 [地質] [海洋]

petrology of sedimentary rock 沉積岩岩石學 [地質]

petrology 岩石學 [地質]

petromineralogy 造岩礦物學 [地質]

petromorphology 岩石形態學 [地質]

petrophysical property 岩石物理性質 [地質]

petrophysics 岩石物理學 [地質]

petrostratigraphy 岩石地層學 [地質]

petzite 碲金銀礦 [地質]

peuroseite 硒鉛銅鎳礦 [地質]

phacellite 鉀霞石 [地質]

Phact (α Col) 丈人一（天鴿座 α 星）[天文]

phacoidal structure 小扁豆構造 [地質]

Phacolith 岩脊 [地質]

Phad 北斗三，天璣 [天文]

phanerite 顯晶岩 [地質]

phanerocryst 斑晶 [地質]

Phanerozoic eon 顯生元 [地質]

phantom bottom 假海底 [地質] [海洋]

phantom crystal 幻晶，隱形晶 [地質]

phantom horizon 假想標準層 [地質]

phantom 幻覺，幻影 [地質]

pharmacosiderite 毒鐵礦 [地質]

phase age of tide 潮齡 [地質] [海洋]

phase angle indicator 相角指示器 [地質]

phase angle 相角 [天文]

phase collision 相位碰撞 [天文]

phase diagram 相圖 [地質]

phase difference 相位差 [天文] [地質] [海洋]

phase discrimination 震相判別 [地質]

phase distance meter 相位式測距儀 [地質]

phase drift 相位漂移 [地質]

phase identification 震相鑑定 [地質]

phase inequality 月相不等，相位均差 [天文] [海洋]

phase jump 相跳躍，位相突變 [天文] [地質] [海洋]

phase lag 相位落後 [天文] [地質] [海洋]

phase of eclipse 食相 [天文]

phase of planet 行星相 [天文]

phase of the moon 月相 [天文]

phase quadrature 位相方照 [天文]

phase separation 分相 [地質]

phase shifter 相移器 [天文]

phase space 相空間 [天文]

phase switching interferometer 相位開關干涉儀 [天文]

phase 方面，震相 [天文] [地質] [海洋]

phase-encoded 相位編碼制 [地質]

phase-induced polarization method 相位激發極化法 [地質]

phase-swept interferometer 掃相干涉儀 [天文]

Phecda 天璣，北斗三 [天文]

phenacite 矽鈹石 [地質]

phenakite 矽鈹石 [地質]

phengite 多矽白雲母 [地質]

phenoclast 斑晶，顯晶碎屑 [地質]

phenocryst 斑晶 [地質]

phenological calendar 物候曆 [天文]

phenological phase 物候期 [氣象]

phenological phenomenon 物候現象 [氣象]

phenology law 物候學定律 [氣象]

phenology 物侯學 [氣象]

phenomenological petrology 現象岩石學 [地質]

phenomenology 物候學 [地質]

pheuocryst 斑晶 [地質]

phi grade scale! ϕ 分級標準 [地質]

Philippine Sea plate 菲律賓海板塊 [地質]

phillipsite 鈣十字沸石 [地質]

phlebite 混脈岩，脈成岩類 [地質]

Phlogopite 金雲母 [地質]

Phobos 佛倍斯，火衛一 [天文]

Phoebe 菲碧，土衛九 [天文]

phoenicite 紅鉻鉛礦 [地質]

Phoenix 鳳凰座 [天文]

phonolite 響岩 [地質]

P

phonotelemeter 音波測距儀 [地質]

phosgenite 角鉛礦 [地質]

phosphate mineral 磷酸鹽礦物 [地質]

phosphate nodule 磷酸鹽結核 [地質]

phosphate rock 磷鹽岩 [地質]

phosphatic deposit 磷質沉積 [地質]

phosphatic nodule 磷酸鹽結核 [地質]

phospherus 晨星（即金星）[天文]

phosphoferrite 水磷鐵錳石 [地質]

phosphophyllite 磷葉石 [地質]

phosphoria formation 含磷組 [地質]

phosphorite 磷灰岩，磷鈣土 [地質]

phosphorus cycle 磷循環 [地質] [海洋]

phosphorus deposit 磷礦床 [地質]

phosphorus-nitrogen ratio 磷氮比 [地質] [海洋]

phosphuranylite 磷鈾礦 [地質]

phot 輻透，公分燭光 [天文]

photic region 透光層 [海洋]

photic zone 透光層 [海洋]

photo analysis 相片解析 [天文] [地質]

photo exploration 照相探勘 [地質]

photo interpretation in geology 地質照片判讀 [地質]

photo interpretation in ocean 海洋照片判讀 [海洋]

photo prospecting 照相探勘 [地質]

photo survey 照相探勘 [地質]

photoastrometry 照相天體測量學 [天文]

photocenter 光心 [天文]

photocentric orbit 光心軌道 [天文]

photochemical equilibrium 光化學平衡 [天文]

photochemical reaction 光化學反應 [天文] [氣象]

photochemical smog 光化煙霧 [氣象]

photochemical transformation 光化學轉化 [天文]

photochronograph 照相記時儀 [天文]

photo-counting 光子計數 [天文]

photodetachment 光致分離 [天文]

photoelectric amplification system 光電放大系統 [地質]

photoelectric astrolabe 光電等高儀 [天文]

photoelectric astrophotometry 光電天文光度學 [天文]

photo-electric coded compass 光電碼羅盤 [地質] [海洋]

photoelectric guider 光電導星鏡 [天文]

photoelectric magnitude 光電星等 [天文]

photoelectric photometry 光電測光法，光電光度學 [天文]

photoelectric sequence 光電星等序 [天文]

photo-electrical coded compass 光電碼羅盤 [地質] [海洋]

photoelectronic imaging 光電成像 [天文]

photo-electrostatic display recorder 感

光靜電顯示記錄儀 [地質]

photo-excitation 光致激發 [天文]

photogeologic map 航照地質圖 [地質]

photogeology 航照地質學 [地質]

photogrammetric survey 攝影測量 [天文] [地質]

photogrammetric technology 攝影測量技術 [天文] [地質]

photogrammetry in water 水中攝影測量學 [地質] [海洋]

photogrammetry 航空攝影測量 [地質]

photographic albedo 照相反照率 [天文] [氣象]

photographic astrometry 照相天體測量學 [天文]

photographic astronomy 攝影天文學 [天文]

photographic astrophotometry 照相天體光度學 [天文]

photographic astrospectroscopy 攝影天體光譜學 [天文]

photographic barograph 攝影記錄氣壓計 [氣象]

photographic chart 照相星圖 [天文]

photographic current meter 照相海流計 [海洋]

photographic light curve 照相光變曲線 [天文]

photographic magnitude 照相星等 [天文]

photographic meteor 照相流星 [天文]

photographic observation 照相觀測 [天文]

photographic radiant 照相輻射點 [天文]

photographic refractor 折射天體照相儀 [天文]

photographic sequence 照相星等序 [天文]

photographic star catalog 攝影測量 [天文] [地質] [氣象] [海洋]

photographic telescope 照相望遠鏡 [天文]

photographic tracking 照相追蹤 [天文]

photographic triangulation 照相三角測量 [天文]

photographic vertical circle 照相垂直環 [天文]

photographic zenith tube 照相天頂筒 [天文]

photographical star atlas 照相星圖 [天文]

photoheliogram 太陽（全色）照片 [天文]

photoheliograph 太陽（全色）照相儀 [天文]

photoionization 光電離 [天文]

photometric bench 光度台 [天文]

photometric binary 光學雙星 [天文]

photometric catalog 恆星光度表 [天文]

Photometric Data System 光資料系統 [天文]

photometric element　測光要素 [天文]

photometric ellipticity　測光橢率 [天文]

photometric orbit　光度軌道 [天文]

photometric paradox　光度矛盾 [天文]

photometric parallax　光度視差 [天文]

photometric perturbation　測光偏擾 [天文]

photometric sequence　測光星等序 [天文]

photometric solution　測光解 [天文]

photometric system　光度系統 [天文]

photometry　測光，光度學 [天文]

photon counter　光子計數器 [天文]

photon counting detection system　光子計數檢測系統 [天文]

photon counting　光子計數 [天文]

photo-recombination　光致複合 [天文]

photo-sensitive recorder　感光顯示記錄儀 [地質]

photosphere　光球 [天文]

photospheric eruption　光球爆發 [天文]

photospheric facula　光斑 [天文]

photospheric granulation　光球米粒組織 [天文]

photostratigraphy　攝影地層學 [地質]

photosurveying　攝影測量學 [地質]

photosynthesis　光合作用 [海洋]

photosynthetically active radiation　光合有效輻射 [氣象]

phototheodolite　攝影經緯儀 [天文]

photovisual magnitude　仿視星等 [天文]

photovisual objective　仿視照相物鏡 [天文]

phreatic gas　加熱水氣，火山蒸氣 [地質]

phreatic surface　飽和地下水面 [地質]

phreatic water　飽和地下水 [地質]

phreatic zone　地下水層 [地質]

phyllite slate　千枚板岩 [地質]

phyllite　千枚岩 [地質]

phyllosilicate　頁矽酸鹽，層狀矽酸鹽 [地質]

physical astronomy　物理天文學 [天文]

physical chemistry　物理地球化學 [地質]

physical climate　物理氣候 [氣象]

physical climatology　物理氣候學 [氣象]

physical distance meter　物理測距儀 [地質]

physical double　物理雙星 [天文]

physical forecasting　物理預報 [氣象]

physical geodesy　物理大地測量學 [地質]

physical geographic process　自然地理過程 [地質]

physical geography　自然地理學 [地質]

physical geology　物理地質學 [地質]

physical geomorphology　物理地貌學 [地質]

physical horizon　物理地平 [天文]

physical libration of the moon　月球物理天平動 [天文]

physical libration　物理天平動 [天文]

physical meteorology 物理氣象學 [地質]

physical mineralogy 物理礦物學 [地質]

physical oceanography of shelf sea 大陸棚物理海洋學 [天文]

physical oceanography 物理海洋學 [海洋]

physical orientation 物理定向 [地質]

physical pair 物理雙星 [天文]

physical process of solar interior 太陽內部物理過程 [天文]

physical seismology 物理地震學 [地質]

physical stratigraphy 物理地層學 [地質]

physical variable 物理變星 [天文]

physical visual binary 物理目視雙星 [天文]

physical volcanology 物理火山學 [地質]

physicochemical geology 物化地質學 [地質]

physics of atmospheric boundary layer 大氣邊界層物理 [氣象]

physics of crystal growth 晶體生長物理學 [地質]

physics of earth crust 地殼物理學 [地質]

physics of earth interior 地球內部物理學 [地質]

physics of expanding universe 膨脹宇宙物理學 [天文]

physics of magnetosphere 磁層物理學 [地質]

physics of mineral 礦物物理學 [地質]

physics of ocean 海洋物理學 [海洋]

physics of planetary interior 行星內部物理學 [天文]

physics of plate tectonics 板塊構造物理學 [地質]

physics of solar activity 太陽活動物理學 [天文]

physics of solar planetary environment 太陽行星環境物理學 [天文]

physics of stellar interior 恆星內部物理學 [天文]

physics of the earth 地球物理學 [地質]

physics of the sun 太陽物理學 [天文]

physiognomy 形相 [天文] [地質] [氣象] [海洋]

physiographic ecology 地形生態學 [地質]

physiographic geology 地文地質學 [地質]

physiography 地文學 [地質]

phytoclimatology 植物氣候學 [氣象]

phytokarst 植物喀斯特 [地質]

phytoplankton 浮游植物 [海洋]

phytostratigraphy 植物地層學 [地質]

PIC: Particulate Inorganic carbon 顆粒無機碳 [海洋]

pickeringite 鎂明礬 [地質]

Pickwell Down Sandstones 皮克維爾唐砂岩 [地質]

picosecond 皮秒，塵秒，微微秒 [天文]

picotite 鉻尖晶石 [地質]

picromerite 軟鉀鎂礬 [地質]

Pictor 繪架座 [天文]

piedmont belt 山麓帶 [地質]

piedmont bench 山麓階地 [地質]

piedmont bulb 山麓冰生 [地質]

piedmont depression 山麓窪地 [地質]

piedmont flat 山麓平臺 [地質]

piedmont fringe 山麓緣地 [地質]

piedmont glacier 山麓冰川 [地質]

piedmont gravel 山麓礫石 [地質]

piedmont ice 山麓冰 [地質]

piedmont lake 山麓湖 [地質]

piedmont orogeny 山麓造山運動 [地質]

piedmont plain 山麓平原 [地質]

piedmont scarp 山麓斷崖 [地質]

piedmont slope 山麓斜坡 [地質]

piedmont 山麓 [地質]

piedmontite 紅簾石 [地質]

piedmontite-schist 紅簾片岩 [地質]

pier 墩，支柱 [天文] [地質]

piercement dome 穿頂丘 [地質]

piezocrystal 壓電晶體 [地質]

piezoelectric crystal 壓電晶體 [地質]

piezo-magnetic effect 壓磁效應 [地質]

piezometric surface 水壓面 [地質]

piezo-remanence 壓剩磁 [地質]

piezo-remanent magnetization 壓剩磁 [地質]

pigeonite 易變輝石 [地質]

pigeonitic rock series 易變輝石岩石系列 [地質]

pileus 襆狀雲 [氣象]

pillar 柱，支柱 [地質]

pillow lava 枕狀熔岩 [地質]

pillow structure 枕狀構造 [地質]

pilot balloon ascent 測風氣球施放 [氣象]

pilot balloon 測風氣球 [氣象]

pilot meteorological report 飛行員氣象報告 [氣象]

pilot streamer 導閃流 [氣象]

pilotaxitic texture 交織結構 [地質]

pilot-balloon observation 測風氣球觀測 [氣象]

pilot-balloon plotting board 測風繪圖板 [氣象]

pilot-balloon theodolite 測風氣球經緯儀 [氣象]

pimple mound 小圓丘 [地質]

pimple plain 微起伏平原，多丘平原 [地質]

pinacoid 軸面 [地質]

pinakiolite 硼鎂錳礦 [地質]

pinch effect 緊縮效應，收縮效應 [天文] [氣象]

pinch 箍縮，尖滅，變薄 [地質]

pinch-and-swell structure 節束狀構造 [地質]

pinch-out trap 尖滅封閉 [地質]

pinch-out 尖滅，變薄 [地質]

pingo ice　冰舉丘冰 [地質]

pingok　冰土堆 [地質]

pingo　冰舉丘 [地質]

pinguite　脂綠脫石 [地質]

pinhole filter　針孔濾波器 [地質]

pinite　塊雲母 [地質]

pink coral　粉紅珊瑚 [地質] [海洋]

pinnacled rock　峰礁 [地質] [海洋]

pinnate joint　羽狀節理 [地質]

pinnoite　柱硼鎂石 [地質]

pinnule　側枝 [地質]

Pinskey Gill beds　平斯凱吉爾層 [地質]

pintadoite　鈣釩華 [地質]

piotine　脂皂石 [地質]

pip　小峰，小突起 [天文]

pipe dredge　管式挖泥器 [地質]

pipe flow　管流 [地質]

pipe ore body　管狀礦體 [地質]

pipe rock　管石 [地質]

pipe stone　煙斗石 [地質]

pipe survey　管道測量 [地質]

pipe vein　管狀脈 [地質]

pipe　導管，岩管 [地質]

pipeclay　管土 [地質]

piracy　河流襲奪 [地質]

pirate stream　奪流河 [地質]

pirssonite　水鈣鹼 [地質]

Pisces　雙魚座 [天文]

Piscis Austrinus　南魚座 [天文]

pisolite　豆石 [地質]

pisolith　豆岩 [地質]

pisolitic tuff　豆狀凝灰岩 [地質]

pisolitic　豆狀的 [地質]

pit run gravel　坑礫石 [地質]

pit sand　岩穴砂 [地質]

pitch angle　傾伏角，螺傾角 [天文] [地質] [氣象] [海洋]

pitch coal　瀝青煤 [地質]

pitch ore　瀝青鈾礦 [地質]

pitchblende　瀝青鈾礦 [地質]

pitching fold　傾沒褶皺 [地質]

pitchstone　松脂岩 [地質]

pitch　斜角，傾沒，瀝青 [地質]

pitticite　土砷鐵礬 [地質]

pivotal fault　樞轉斷層，旋轉斷層 [地質]

pixel　像素，像元 [天文]

PL waves　PL 波 [地質]

place name　地名 [地質]

place　方位，位置，場所 [地質]

Placention　普萊桑斯階 [地質]

placer claim　砂礦區 [地質]

placer deposit　砂礫礦床 [地質]

placer gold　沙金，砂金 [地質]

placer mining　淘選採礦法 [地質]

placer　砂礫礦 [地質]

plage flare　譜斑狀閃焰 [天文]

plage　譜斑 [天文]

plagioclase feldspar　斜長石 [地質]

plagiohedral class　偏形晶族 [地質]

plagiohedral hemihedral class　偏形半面像晶族 [地質]

plagiohedral　偏形的 [地質]

plain mire　平原沼澤 [地質]

plain　平原 [地質]

Plaisanzian　普萊桑斯階 [地質]

plan　平面圖，計畫 [天文] [地質] [氣象] [海洋]

planar cross-bedding　平面交錯層 [地質]

planar flow structure　流面構造 [地質]

planation surface　平夷面 [地質]

planation　均夷作用 [地質]

Planck time　普朗克時間 [天文]

plane atmospheric wave　大氣平面波 [氣象]

plane component　扁平子系 [天文]

plane dendrite　平面枝蔓 [地質]

plane geodesy　平面大地測量學 [地質]

plane grating　平面光柵 [天文]

plane map　平面地圖 [地質]

plane of datum　基準平面 [地質]

plane of mirror symmetry　鏡像對稱平面 [地質]

plane of polarization　極化面，偏振面 [天文]

plane of saturation　飽和面 [地質]

plane of sky　天球切面 [天文]

plane of the ecliptic　黃道面 [天文]

plane subsystem　扁平次系 [天文]

plane surveying　平面測量學 [地質]

plane wave　平面波 [地質]

plane-dendritic crystal　平面枝蔓晶體 [地質]

plane-parallel atmosphere　平面平行大氣 [氣象]

planet　行星 [天文]

planetarium　天象館，天象儀 [天文]

planetary aberration　行星光行差 [天文]

planetary airglow　行星氣輝 [天文]

planetary astronomy　行星天文學 [天文]

planetary atmosphere　行星大氣 [天文]

planetary atmospheric composition　行星大氣成分 [天文]

planetary boundary layer　行星邊界層 [天文]

planetary chemistry　行星化學 [天文]

planetary circulation　行星環流 [天文]

planetary companion　類行星伴星 [天文]

planetary configuration　行星動態 [天文]

planetary cosmogony　行星演化學 [天文]

planetary cratering mechanics　星球隕石動力學 [天文] [地質]

planetary crust　行星殼 [天文]

planetary ecology　行星生態學 [天文]

planetary geological function　行星的地質作用 [天文] [地質]

planetary geology　行星地質學 [天文] [地質]

planetary geomorphology　行星地貌學 [天文] [地質]

planetary geoscience 宇宙地質學 [天文] [地質]

planetary godesy 行星測量學 [天文]

planetary ionosphere 行星電離層 [天文]

planetary magnetosphere 行星磁層 [天文]

planetary motion 行星運動 [天文]

planetary nebula 行星狀星雲 [天文]

planetary orbit 行星軌道 [天文]

planetary perturbation 行星攝動 [天文]

planetary physics 行星物理學 [天文]

planetary precession 行星歲差 [天文]

planetary probe 行星探測器 [天文]

planetary rings 行星環 [天文]

planetary scale system 行星尺度系統 [天文]

planetary science 行星科學 [天文]

planetary seismology 行星震學 [天文]

planetary space 行星空間 [天文]

planetary stream 行星流星雨 [天文]

planetary structural geology 行星構造地質學 [天文] [地質]

planetary system chemistry 行星系化學 [天文]

planetary system of winds 行星風系 [天文] [氣象]

planetary system 行星系統 [天文]

planetary vorticity effect 行星渦度效應 [天文]

planetary wave 行星波 [天文]

planetary wind belt 行星風帶 [天文]

planetary wind system 行星風系 [天文]

planetary wind 行星風 [天文]

planetesimal hypothesis 微行星假說 [天文]

planetesimal 微行星 [天文]

planet-like body 類行星天體 [天文]

planetocentric coordinates 行星中心座標 [天文]

planetocentric system of coordinates 行星中心座標系 [天文]

planetographic coordinates 行星面座標 [天文]

planetographic system of coordinates 行星面座標系 [天文]

planetography 行星表面學 [天文] [地質]

planetoid 小行星 [天文]

planetology 行星地質學 [天文] [地質]

planet-wide geothermal belt 全球性地熱帶 [地質]

planimetric map 平面圖 [地質]

plankton 浮游生物 [海洋]

plankton indicator 浮游生物指示器 [海洋]

plankton recorder 浮游生物記錄器 [海洋]

planosol 磐層土，滯原土 [地質]

plant fossil 植物化石 [地質]

Plaskett's star (HD 47129) 普拉斯基星 [天文]

plasma astrophysics 電漿天體物理學 [天文]

plasma layer 電漿層 [天文]

plasma mantle 電漿幔 [天文]

plasma sheet 電漿片 [天文]

plasma sphere 電漿層 [天文]

plasma tail of comet 電漿彗尾 [天文]

plasma trough 電漿槽 [天文]

plasma 電漿，等離子體 [天文]

plasmapause 電漿層頂 [天文]

plasmasphere 電漿層 [天文]

plastic fluid 塑性流體 [天文] [地質] [氣象]

plastic limit 塑性限度 [地質]

plasticity index 塑性指數 [地質]

plasticity of crystals 晶體塑性 [地質]

plate boundary 板塊邊界 [地質]

plate center 底片中心 [天文]

plate collision 板塊碰撞 [地質]

plate constant 底片常數 [天文]

plate convergence 板塊聚合 [地質]

plate crystal 片狀晶體 [地質]

plate holder 底片盒 [天文]

plate hypothesis 板塊假說 [地質]

plate ice 板狀冰 [海洋]

plate library 底片庫 [天文]

plate mechanics 板塊力學 [地質]

plate motion 板塊運動 [地質]

plate movement 板塊運動 [地質]

plate scale 底片比例尺 [天文]

plate stratigraphy 板塊地層學 [地質]

plate tectonics 板塊構造學 [地質]

plate 板，片，板塊 [地質]

plateau basalt 高原玄武岩 [地質]

plateau climate 高原氣候 [地質]

plateau eruption 高原噴發 [地質]

plateau glacier 高原冰川 [地質]

plateau gravel 高原礫石 [地質]

plateau meteorology 高原氣象學 [氣象]

plateau mire 高原沼澤 [地質]

plateau plain 高平原 [地質]

plateau pressure 壓升高原 [地質]

plateau ring structure 環形高原構造 [地質]

plateau 高原 [地質]

platform facies 臺地相 [地質]

platform 地台，鑽井平臺 [地質]

platiniridium 鉑銥礦 [地質]

platinite 鐵鎳合金，代用白金 [地質]

platinum deposit 鉑礦床 [地質]

Platonic year 柏拉圖年 [天文]

plattnerite 塊黑鉛礦 [地質]

platy flow structure 片狀流動構造 [地質]

platynite 硫硒鉍鉛礦 [地質]

plauenite 鉀正長岩 [地質]

play back 回放，重播記錄 [地質]

playa 乾湖原 [地質]

playa lake 沙漠湖，乾鹽湖 [地質]

playback apparatus 重播儀 [地質]

Playtair's law 普來泰爾法則 [地質]

Pleiades 昴宿星團 [天文]

pleion 過準區 [氣象]

Pleione (28 Tau) 昴宿增十二（金牛座 28 星）[天文]

Pleistocene period 更新世時期 [地質]

Pleistocene 更新世 [地質]

Plenum Marls 普倫紐斯泥灰岩 [地質]

plenum 充氣狀態 [天文]

pleochroic haloes 多色暈 [地質]

pleochroism 多色性 [地質]

pleomorphism 同質異象，同質多象，多形 [地質]

pleonaste 鎂鐵尖晶石 [地質]

plessite structure 合紋石構造 [地質]

plessite 合紋石 [地質]

Pliensbachian 普連斯巴奇階 [地質]

Plinian eruption 普林尼式火山噴發 [地質]

Pliocene Period 上新世時期 [地質]

Pliocene 上新世 [地質]

plot pen 繪圖筆 [地質]

plot point 標定點 [地質] [海洋]

plot 曲線，圖表，作圖 [天文] [地質] [氣象] [海洋]

plotter 標繪器，繪圖器 [地質]

plough wind 犁風 [氣象]

plough 犁形器具 [地質] [海洋]

ploughing season 耕作期 [天文]

plow wind 犁風 [氣象]

plucking 拔蝕，挖蝕 [地質]

plug bit 塞式鑽頭 [地質]

plug 塞，插頭 [地質]

plum rain 梅雨 [氣象]

plumasite 奧長剛玉岩 [地質]

plumb bob 鉛錘 [地質] [海洋]

plumb level 水平儀 [地質]

plumb line deviation 垂線偏差 [地質]

plumb line 鉛垂線 [地質]

plumbago 石墨 [地質]

plumboferrite 鉛鐵礦 [地質]

plumbogummite 水磷鋁鉛礦 [地質]

plumbojarosit 鉛鐵礬 [地質]

plume 羽狀物，煙柱 [天文] [地質]

plummet method 錘測法 [地質]

plumose mica 石棉狀白雲母 [地質]

plunge point 破浪點 [海洋]

plunge 傾沒 [地質]

plunging breaker 前捲破浪 [海洋]

plunging wave 捲波 [海洋]

plush copper ore 毛赤銅礦 [地質]

Pluto 冥王星 [天文]

pluton 深成岩體 [地質]

plutonic activity 深成活動 [地質]

plutonic breccia 深成角礫石 [地質]

plutonic intrusion 深成侵入體 [地質]

plutonic rock 深成岩 [地質]

plutonic water 深成岩水 [地質]

plutonic 深成的 [地質]

plutonism 火成論，深成作用 [地質]

pluvial lake 雨成湖 [地質]

pluviograph 雨量計 [氣象]

pluviometer 雨量計 [氣象]

pluviometric coefficient 雨量係數 [氣

P

象]

pluviometry　雨量測定學 [氣象]

Plymouth limestone　普利茅斯灰岩 [地質]

Plynlimon beds　普林利蒙層 [地質]

pneumatolysis　氣成作用 [地質]

pneumatolytic deposit　氣成礦床 [地質]

pneumatolytic metasomatism　氣態換質作用 [地質]

POC: particulate organic carbon　顆粒有機碳 [地質]

pocket anemometer　輕便風速計 [氣象]

pocket beach　袋形灘 [地質]

pocket magnetometer　輕便地磁儀 [地質]

pocket sextant　輕便六分儀 [天文]

Pocono sandstones　波科諾砂岩 [地質]

podzol　灰壤 [地質]

Pogson scale　波格森標度 [天文]

poikilitic texture　嵌晶結構 [地質]

poikilitic　嵌晶狀的 [地質]

poikiloblastic　變嵌晶狀 [地質]

Poincare wave　彭卡瑞波 [氣象]

point bar deposit　突洲堆積 [地質]

point defect　點缺陷 [地質]

point diagram　點圖 [地質]

point group　點群 [地質]

point of contact　切點 [地質]

point rainfall　點雨量 [氣象]

point source　點源 [天文]

Pointers　指極星 [天文]

pointing erro　指向誤差 [天文]

point source model　點源模型 [天文]

polacke　波拉克風 [氣象]

polar air mass　極地氣團 [氣象]

polar air　極地氣團 [氣象]

polar anticyclone　極地反氣旋 [氣象]

polar atmosphere　極地氣候 [氣象]

polar aurora　極光 [天文] [氣象]

polar automatic weather station　極地自動氣象站 [氣象]

polar axis　極軸 [天文]

polar cap absorption effect　極冠吸收效應 [天文] [地質]

polar cap absorption event　極冠吸收事件 [天文] [地質]

polar cap absorption　極冠吸收 [天文] [地質]

polar cap ice　極冠冰 [海洋]

polar cap light　極冠輝光 [天文] [氣象]

polar cap region　極帽地區 [地質]

polar cap　極冠 [天文] [地質]

polar circle　極圈 [天文]

polar climate　極地氣候 [氣象]

polar continental air　極地大陸空氣團 [氣象]

polar coordinates　極座標 [天文]

polar crystal　極性晶體 [地質]

polar cyclone　極地氣旋 [氣象]

polar day　極晝 [天文]

polar dial　極日規 [天文]

polar diameter　極直徑 [天文]

polar distance　極距 [天文]

polar easterlies index　極地東風指數 [氣象]

polar easterlies　極地東風帶 [氣象]

polar electrojet　極電噴流 [地質] [氣象]

polar elementary storm　極區元磁暴 [地質] [氣象]

polar finder　極軸鏡 [地質]

polar flattening　極向扁率 [天文]

polar front theory　極鋒學說 [氣象]

polar front　極鋒 [氣象]

polar geography　極地地理學 [地質]

polar geology　極地地質學 [地質]

polar geomorphology　極地地貌學 [地質]

polar glacier　極地冰川 [地質]

polar high　極地高壓 [氣象]

polar ice　極地冰 [海洋]

polar ionosphere　極區電離層 [氣象]

polar light　極光 [天文]

polar low　極地低壓 [氣象]

polar maritime air　極地海洋氣團 [氣象]

polar meteorology　極地氣象學 [氣象]

polar migration　極移 [地質]

polar motion　極移 [天文] [地質]

polar mounting　極式裝置望遠鏡 [天文]

polar night　極夜 [天文]

polar oblateness　極向扁率 [天文]

polar outbreak　極地寒潮爆發 [氣象]

polar path　極軌線 [天文]

polar phase shift　極相漂移 [地質]

polar positioning system　極座標定位系統 [地質]

polar projection　極投影 [天文] [地質]

polar radius　極半徑 [天文]

polar rays　極射線 [天文]

polar region　極地 [地質]

polar sequence　近極星序 [天文]

polar shift　極移 [天文] [地質]

polar spot　極斑 [天文]

polar star　北極星 [天文]

polar stratospheric vortex　平流層極地渦旋 [氣象]

polar streamer　極輻射線 [天文]

polar telescope　極軸鏡 [天文]

polar trough　極槽 [氣象]

polar tube　極軸筒 [天文]

polar variation　極變化 [天文] [地質]

polar vortex　極地渦旋 [氣象]

polar wander　極移 [地質]

polar wandering　極移 [天文] [地質]

polar westerlies　極地西風帶 [氣象]

polar wind　極風 [氣象]

polar zone　極地 [天文] [氣象]

polar　極的，極線，極面的 [天文] [地質] [氣象] [海洋]

polarimeter　偏振計 [天文]

polarimetry　偏振測量 [天文]

Polaris　北極星（勾陳一）[天文]

polarity bias　極性偏向 [地質]

polarity chron　地磁極性期 [地質]

polarity dating　極性期測定 [地質]

polarity epoch　極性期 [地質]

polarity event　極性事件 [地質]

polarity interval　極性間隔 [地質]

polarity of sunspots　黑子極性 [天文]

polarity sequence　極性序列 [地質]

polarity subchron　地磁極性亞期 [地質]

polarity superchron　地磁極性超期 [地質]

polarity transition　極性過渡 [地質]

polarization compensator　極化補償器 [地質]

polarization curve　偏振曲線，極化曲線 [天文]

polarization interference filter　干涉偏振濾光器 [天文]

polarization isocline　偏振等傾線 [地質]

polarization potential difference of electrode　電極極化電位差 [地質]

polarization process　極化過程 [地質]

polarization relay　極化繼電器 [地質]

polarized radiation　偏振輻射 [天文]

polarizing monochromator　偏振單色器 [天文]

polarizing prism　偏光稜鏡 [天文] [地質]

polar-orbiting meteorological satellite　繞極軌道氣象衛星 [氣象]

polar-wander curve　極移曲線 [天文] [地質]

polar-wander path　極移路徑 [天文] [地質]

pole of angular momentum　角動量極 [天文]

pole of figure　形狀極 [天文]

pole of inaccessibility　難近冰極 [地質] [氣象]

pole of inertia　慣性極 [天文]

pole of rotation　自轉極 [天文]

pole of spreading　擴張極 [地質]

pole of the ecliptic　黃極 [天文]

pole of the equator　赤極 [天文]

pole orbit　極軌道 [天文]

pole star　北極星 [天文]

pole tide　極潮 [海洋]

pole　極，柱，極點 [天文] [地質] [海洋]

pole-dipole array　極一偶極陣 [地質]

pole-on object　極向天體 [天文]

pole-on star　極向恆星 [天文]

poleward migration　極向遷移 [天文]

polianite　黝錳礦 [地質]

polite　泥質岩 [地質]

politic gneiss　泥質片麻岩 [地質]

politic hornfels　泥質角頁岩 [地質]

politic schist　泥質片岩 [地質]

politic　泥質岩的 [地質]

polje　灰岩盆地 [地質]

pollen analysis　花粉分析 [地質]

pollen fossil　花粉化石 [地質]

pollen-spore assemblage　孢子一花粉群落 [地質]

pollucite　銫沸石 [地質]

Pollux (β Gem)　北河三（雙子座 β

星）[天文]

pollux 鉑沸石 [地質]

polody origin 極原點 [天文]

poloidal magnetic field 極向磁場 [天文]

poloidal oscillation 極向振盪 [地質]

poloidal 極向，極型 [地質]

polology 定極學 [地質]

polyargyrite 方輝銻銀礦 [地質]

polybasite 硫銻銅銀礦 [地質]

polycrase 複稀金礦 [地質]

polycrystal 多晶體 [地質]

polycrystalline growth 多晶生長 [地質]

polycrystalline material 多晶物質 [地質]

polycrystalline 多晶的 [地質]

polycyclic orogenesis 多循環造山運動 [地質]

polydymite 輝鎳礦 [地質]

polygene volcano 複成火山 [地質]

polygene 複成的 [地質]

polygon structure 多邊形結構 [地質]

polygonal ground 多角地塊面 [地質]

polygonal ring structure 多角環形構造 [天文]

polyhalite 雜鹵石 [地質]

polymer crystal 高分子晶體 [地質]

polymer crystallite 高分子微晶 [地質]

polymer crystallography 高分子晶體學 [地質]

polymetamorphism 複變質 [地質]

polymethylene 聚甲烯 [地質]

polymignite 鈮鈦釔鈣礦 [地質]

polymorph 同素異形體，同質異像體 [地質]

polymorphic 同素異形的，同質異像的 [地質]

polymorphism 同質異像，同質多像 [地質]

polysilicon 多晶矽 [地質]

polysynthetic twinning 聚片雙晶 [地質]

polytaxic ocean 多屬種型海洋 [海洋]

polytrope 多向變性，多方次模型 [天文] [地質]

polytropic atmosphere 多元大氣 [氣象]

polytropic equilibrium 多方平衡 [天文]

polytropic gas sphere 多方氣球體 [天文]

polytropic index 多方指數 [天文]

polytype 多形，同質異型 [地質]

pond 池沼 [地質]

pondage 堰蓄 [地質]

ponded stream 阻塞河 [地質]

ponente 普南特風 [氣象]

ponor 落水洞 [地質]

Pont Erwyd bed 蓬脫艾爾韋德層 [地質]

Pontesfordian series 龐特斯福德統 [地質]

pool 池，槽，油層 [地質]

poor visibility 惡劣能見度 [氣象]

popcorn cluster 爆玉米花狀雲團 [氣象]

population I 星族 I [天文]

population II cepheid 星族 II 造父變星

[天文]

population II 星族II [天文]

population type 星族類型 [天文]

population 星族，全體，群體 [天文]

porcelainite 瓷狀岩，富鋁紅柱石 [地質]

porcellanite 白瓷土，瓷狀岩 [地質]

pore compressibility 孔隙壓縮係數 [地質]

pore ice 孔隙冰 [地質]

pore pressure 孔隙壓力 [地質]

pore space 孔隙空間 [地質]

pore volume 孔隙體積 [地質]

pore water pressure 孔隙水壓力 [地質]

pore water 孔隙水 [地質]

pore 孔，孔隙，細孔 [天文] [地質]

pore-size distribution 孔度分布 [地質]

Poriaz 普里亞茲風 [氣象]

Porlezzina 波里茲那風 [氣象]

porodine 膠狀體 [地質]

porosity trap 孔隙性封閉 [地質]

porphyrite 玢岩 [地質]

porphyritic 斑狀的 [地質]

porphyroblast 斑狀變晶 [地質]

porphyroclastic structure 殘碎斑狀構造 [地質]

porphyry 斑岩 [地質]

portable transit 輕便中星儀 [天文]

portage group 波特奇群 [地質]

Portland beds 波特蘭層 [地質]

Portlandian 波特蘭階 [地質]

portlandite 氫氧鈣石 [地質]

Portmadoc beds 波馬多克層 [地質]

Portscatho beds 波次卡索層 [地質]

position angle 方位角 [天文]

position circle 方位圈 [天文]

position head 位置水頭 [地質]

position micrometer 方位測微計 [天文]

positional astronomy 方位天文學 [天文]

positive anomaly 正異常 [地質]

positive crystal 正晶體 [地質]

positive eyepiece 正像目鏡 [天文]

positive leap second 正閏秒 [天文]

positive mineral 正礦物 [地質]

positive movement 正相運動 [地質]

positive shoreline 上升海岸線 [地質]

post-burst 爆後 [天文]

post-depositional DRM 沉積後碎屑剩磁 [地質]

postglacial period 後冰期 [地質]

post-glacial period 後冰期 [地質]

post-igneous action 後火成作用 [地質]

postmagmatic stage 後岩漿期 [地質]

post-main sequence star 後主序星 [天文]

post-maximum spectrum 極大後光譜 [天文]

post-Newtonian effects 後牛頓效應 [天文]

postnova 爆後新星 [天文]

postorogenic stage 後造山期 [地質]

post-seismic 震後的 [地質]

post-shock 餘震 [地質]

post-stack migration 疊後偏移 [地質]

Post-Tertiary 第三紀後 [地質]

postzygapophysis 後關節突 [地質]

potamogenic geography 河流地理學 [地質]

potamography 河流繪圖學 [地質]

potamologic geography 河流地理學 [地質]

potamology 河流學 [地質]

potarite 汞鈀膏礦 [地質]

potash alum 鉀明礬 [地質]

potash bentonite 變鉀膨土岩 [地質]

potash mica 鉀雲母 [地質]

potassium argon dating 鉀氬定年 [地質]

potassium bearing mineral 含鉀礦物 [地質]

potassium bentonite 鉀膨潤土 [地質]

potassium feldspar 鉀長石 [地質]

potential area 潛藏油區 [地質]

potential difference of primary field 一次場電位差 [地質]

potential difference of secondary field 二次場電位差 [地質]

potential difference of total field 總場電位差 [地質]

potential electrode 測量電極 [地質]

potential evaporation 位蒸發 [氣象]

potential evapotranspiration 潛在蒸散 [氣象]

potential index of refraction 位折射指數 [氣象]

potential instability 潛在不穩度 [氣象]

potential ore 潛在礦量 [地質]

potential refractive index 位折射指數 [氣象]

potential reserve 潛在儲量 [地質]

potential temperature gradient 位溫梯度 [地質] [氣象]

potential temperature 位溫 [地質] [氣象]

potential value 位勢值 [地質]

potentiometric surface 靜水壓面 [地質]

pothole 壺洞，河成壺穴 [地質]

Potomac beds 波多馬克層 [地質]

Potsdam sandstone 波茨坦砂岩 [地質]

potston 不純皂石，塊滑石 [地質]

Pottsville series 波次維統 [地質]

pour point 流動點 [地質] [氣象]

powder coal 粉煤 [地質]

powder crystal 粉晶 [地質]

powder diffraction 粉末繞射 [地質]

powder snow 粉雪 [地質]

powellite 鉬鈣礦 [地質]

power interruption 供電中斷 [地質]

power law 冪律 [天文] [地質] [氣象] [海洋]

Poynting-Robertson effect 坡印廷－羅伯遜效應 [天文]

pozzolan 火山灰 [地質]

pozzolana 白榴火山灰

pozzuolana 白榴火山灰 [地質]

P-process! P 過程 [天文]

practical astrometry 實用天體測量學 [天文]

practical astronomy 實用天文學 [天文]

practical astrophysics 實測天文物理學 [天文]

practical geodesy 實用大地測量學 [地質]

practical geology 應用地質學 [地質]

practical geostatistics 實用地質統計學 [地質]

practical salinity 實用鹽度 [海洋]

practical seismology 實用地震學 [地質]

practical stratigraphy 實用地層學 [地質]

practical surveying 實用測量學 [地質]

Praesepe (M44) 蜂巢星團，鬼宿星團 [天文]

prairie climate 草原氣候 [氣象]

Prandtl mixing-length theory 普朗特混合長理論 [氣象]

prase opal 綠蛋白石 [地質]

prase 蔥綠玉髓 [地質]

Pratt-Hayford isostasy 普拉特—海福德均衡 [地質]

prebaratic chart 天氣形勢預測圖 [氣象]

Precambrian age 前寒武紀前時代 [地質]

preceding limb 前導邊緣 [天文]

preceding spot and following spot 前導黑子和後隨黑子 [天文]

preceding sunspot 前導黑子 [天文]

precession in declination 赤緯歲差 [天文]

precession in longitude 黃經歲差 [天文]

precession in right ascension 赤經歲差 [天文]

precession 進動，歲差 [天文]

precessional constant 歲差常數 [天文]

precessional motion 進動 [天文]

precious opal 貴蛋白石 [地質]

precious stone 寶石 [地質]

precipitable water vapor 可降水量 [氣象]

precipitable water 可降水量 [氣象]

precipitating particle 沉降粒子 [氣象]

precipitation amount 降水量 [氣象]

precipitation area 降水區 [氣象]

precipitation ceiling 降水雲幕高度 [氣象]

precipitation cell 降水胞 [氣象]

precipitation chart 雨量圖 [氣象]

precipitation current 降水電流 [氣象]

precipitation curve 降水量曲線 [氣象]

precipitation distribution 降水分布 [氣象]

precipitation echo 降水回波 [氣象]

precipitation effectiveness 有效降水 [氣象]

precipitation efficiency 降水效率 [氣象]

precipitation electricity　降水電學 [氣象]

precipitation evaporation ratio　降水蒸發比 [氣象]

precipitation forecast　降水預報 [氣象]

precipitation formation　降水形成 [氣象]

precipitation gage　雨量器 [氣象]

precipitation generating element　降水生成單元 [氣象]

precipitation intensity　降水強度 [氣象]

precipitation inversion　降水量逆變 [氣象]

precipitation periodicity　降水週期性 [氣象]

precipitation physics　降水物理學 [氣象]

precipitation prediction　降水量預測 [氣象]

precipitation rate　降水率 [氣象]

precipitation record　降水量記錄 [氣象]

precipitation scatter propagation　降水散射傳播 [氣象]

precipitation scatter　降水散射 [氣象]

precipitation station　雨量站 [氣象]

precipitation trail　降水尾跡 [氣象]

precipitation trajectory　降水軌跡 [氣象]

precipitation　沉澱，降水 [氣象]

precipitous sea　怒濤 [海洋]

precise ephemeris　精密星曆 [天文]

precise survey at seismic station　地震站精密測量 [地質]

precision estimation　精度估計 [天文] [地質] [氣象] [海洋]

precision measure　精度測量 [天文] [地質] [氣象] [海洋]

precision measurement　精密測量 [天文] [地質] [氣象] [海洋]

precision of gravimenter　重力儀精度 [地質]

precision of steady current　穩流精度 [地質]

precomputed altitude　預計高度 [天文]

preconsolidation pressure　固結前壓力 [地質]

precursor gas　前驅氣體 [氣象]

precursor pulse　前兆脈衝 [天文]

precursor signal　前兆信號 [天文] [地質] [氣象] [海洋]

precursor time　前兆時間 [地質]

precursor　前兆，前驅物，母體 [地質]

precursory phenomenon　前導現象 [地質] [氣象]

predawn enhancement　黎明前增強 [地質]

predazzite　水鎂石灰岩，水滑結晶灰岩 [地質]

predecrease　先期減弱 [地質]

predictability　可預報度 [氣象]

predictand　預報值 [氣象]

predicted comet　預測彗星 [天文]

prediction　預報，預測 [氣象]

prediction of volcanic eruption　火山噴

P

發預測 [地質]

predictive deconvolution 預測解迴旋，
預測反褶積 [地質]

predictor 預報因子 [氣象]

predominant wind direction 主導風向
[氣象]

preferred orientation 優選方位 [地質]

preflare upper limit 先兆閃焰上限 [天
文]

preformed nutrient 原存營養鹽 [海洋]

prefrontal squall line 鋒前颮線 [氣象]

pregalaxy 前星系 [天文]

preglacial period 前冰期 [地質]

prehnite 葡萄石 [地質]

**prehnite-pumpellyite metagreywacke
facies** 葡萄石－綠纖石變硬砂片岩相
[地質]

preliminary calculation 初算 [天文]

preliminary designation 初步命名 [天
文]

preliminary determination of epicenter
初定震中 [地質]

preliminary orbit 初始軌道 [天文]

preliminary reference earth model 初始
參考地球模型 [地質]

**PREM: preliminary reference earth
model** 初始參考地球模型 [地質]

pre-main sequence star 前主序星 [天文]

pre-main sequence 前主序帶 [天文]

prenova 爆前新星 [天文]

pre-nova 爆前新星 [天文]

preorogenic 造山運動前的 [地質]

pre-seismic 震前的 [地質]

present weather 現在天氣 [氣象]

pre-solar materials 前太陽物質 [天文]

Press-Ewing seismograph 普雷斯－尤
因地震儀 [地質]

pressolution 壓溶作用 [地質]

pressure 壓力，氣壓 [天文] [地質] [氣
象] [海洋]

pressure altimeter 氣壓高度計 [氣象]

pressure altitude 氣壓高度 [氣象]

pressure anemometer 壓力風速計 [氣
象]

pressure axis! p軸 [地質]

pressure balance pipe 壓力平衡管 [地
質]

pressure breccia 擠壓角礫岩 [地質]

pressure broadening 壓力致寬 [天文]

pressure capsule 氣壓計空盒 [氣象]

pressure center 氣壓中心 [氣象]

pressure chart 氣壓圖 [氣象]

pressure coefficient 壓力係數 [氣象]

pressure contour 氣壓等值線 [氣象]

pressure depth 壓力深度 [海洋]

pressure detector 壓電檢波器 [海洋]

pressure distribution 氣壓分布 [氣象]

pressure fall center 降壓中心 [氣象]

pressure field 壓力場 [海洋]

pressure force 氣壓力 [天文] [地質] [氣
象] [海洋]

pressure gauge 壓力計 [氣象]

pressure gradient　氣壓梯度 [氣象]

pressure gradient force　氣壓梯度力 [氣象]

pressure height　氣壓高度 [氣象]

pressure ice　受壓浮冰 [地質] [海洋]

pressure ionization　壓致電離 [天文]

pressure jump　壓力突增，氣壓躍動 [地質] [氣象]

pressure jump line　氣壓躍動線 [氣象]

pressure maintenance　壓力保持 [地質]

pressure melting　壓融 [氣象]

pressure pattern flight　氣壓型飛行 [氣象]

pressure plate anemometer　壓板風速表 [氣象]

pressure remanent magnetism　壓力殘磁性 [地質]

pressure ridge　高壓脊，擠壓脊 [地質] [氣象]

pressure rise center　升壓中心 [氣象]

pressure scale height　壓力尺度高 [天文] [氣象]

pressure scaling　氣壓標定 [氣象]

pressure solution　壓溶作用 [地質]

pressure surface　壓力表面 [地質]

pressure surge　氣壓驟升 [氣象]

pressure system　氣壓系統 [氣象]

pressure tendency chart　氣壓傾向圖 [氣象]

pressure tendency　氣壓傾向 [氣象]

pressure topography　等壓高度型 [氣象]

pressure torque　氣壓力矩 [氣象]

pressure transducer　氣壓轉換器 [氣象]

pressure variation value　氣壓變數 [氣象]

pressure wave　氣壓波，壓力波 [地質] [氣象]

pressure-change chart　氣壓變化圖 [氣象]

pressure-tube anemometer　壓力管風速計 [氣象]

pressurized-cell detector　氣包式微流星探測器 [天文]

prestack migration　重合前移位 [地質]

pre-stellar body　星前物體 [天文]

pre-stellar cloud　星前雲 [天文]

pre-stellar matter　星前物質 [天文]

prester　普利斯脫旋風 [氣象]

prestratigraphy　初級地層學 [地質]

prestress　預力 [地質]

pre-supernova　爆前超新星 [天文]

prevailing visibility　盛行能見度 [氣象]

prevailing westerlies　盛行西風帶 [氣象]

prevailing wind direction　盛行風向 [氣象]

prevailing wind　盛行風 [氣象]

prevernal　早春 [氣象]

Price meter　普萊斯流速計 [海洋]

priceite　白硼鈣石 [地質]

primary　原生的，初級的，基本的，主星，第一紀（舊名）[天文] [地質] [氣象] [海洋]

primary bodycavity　原體腔 [天文]

primary circulation　黏土 [地質]

primary clock　主鐘，母鐘 [天文]

primary component　主要組成，主星 [天文]

primary cyclone　主氣旋 [氣象]

primary dip　原始傾斜 [地質]

primary fabric　初級結構 [地質]

primary field synchronization　一次場同步 [地質]

primary front　主鋒 [氣象]

primary geosyncline　原生地槽 [地質]

primary gneissic banding　原生片麻狀條帶 [地質]

primary low　主低壓 [氣象]

primary magma　原始岩漿 [地質]

primary magnetization　原生磁化 [地質]

primary maximum　主極大 [天文]

primary mineral　原生礦物 [地質]

primary minimum　主極小 [天文]

primary mirror　主鏡 [天文]

primary nuclei　初級核 [地質]

primary optical axis　主光軸 [天文]

primary period　主週期 [天文]

primary pollutants　初始污染物 [氣象]

primary porosity　原始孔隙度 [地質]

primary productivity　基礎生產力 [海洋]

primary radiation　初級輻射 [地質]

primary remnant magnetization　原生剩磁 [地質]

primary reverse impulse　前導負脈衝 [地質]

primary sedimentary structure　原始沉積構造 [地質]

primary spectrum　主譜 [天文]

primary standard pyrheliometer　一級標準日射強度計 [天文] [氣象]

primary star　主星 [天文]

primary stratigraphic trap　原生地層封閉 [地質]

primary stress field　原始應力場 [地質]

primary surface　原始表面 [天文]

primary tectonite　原生構造岩 [地質]

primary uraninite　原生瀝青鈾礦 [地質]

primary wave!　P 波 [天文]

prime focus　主焦點 [天文]

prime meridian　本初子午圈 [天文]

prime plane　卯酉面 [天文]

prime vertical circle　卯酉圈 [天文]

prime vertical　卯酉圈 [天文]

primeval fireball　原初火球 [天文]

priming of tide　潮時提前，超先潮 [海洋]

primitive atmosphere　原始大氣 [氣象]

primitive cell　基胞，基本晶胞 [地質]

primitive equation model　原始方程模式 [氣象]

primitive equation of meteorology　原始氣象方程 [氣象]

primitive equation　原始方程 [氣象]

primitive lattice　單純晶格 [地質]

primitive nebula 原星雲 [天文]

primitive ocean 原始海洋 [海洋]

primitive orbit 初始軌道 [天文]

primitive translation 基平移 [地質]

primitive 原始的 [天文]

principal earthquake 主震 [地質]

principal focus 主焦點 [天文]

principal maximum 主極大 [天文]

principal meridian 主子午線 [天文]

principal minimum 主極小 [天文]

principal nutation 主章動 [天文]

principal planet 主行星 [天文]

principal quantum number 主量子數 [天文]

principal series lines 主線系 [天文]

principal synoptic observation 基本綜觀觀測 [氣象]

principal volcano 主要火山 [地質]

principle of agroclimatic analogy 農業氣候相似原理 [氣象]

principle of uniformity 均變說 [地質]

printing chronograph 列印記時儀 [天文]

priorite 釔易解石 [地質]

prism spectrograph 稜鏡光譜儀 [天文]

prismatic astrolabe 稜鏡等高儀 [天文]

prismatic jointing 柱狀節理 [地質]

prismatic spectrum 稜鏡光譜 [天文]

prismatic structure 柱狀構造 [地質]

prismatic sulfur 斜方硫 [地質]

prismatic system 斜方晶系，正交晶系 [地質]

prismatic transit instrument 折軸中星儀 [天文]

prismatic 稜柱狀的，稜鏡的 [天文] [地質]

probabilistic stratigraphy 機率地層學 [地質]

probability distribution function 機率分配函數 [氣象]

probability forecast 機率預報 [氣象]

probability integral 機率積分 [氣象]

probability models 機率模式 [氣象]

probability of precipitation type 降水型機率 [氣象]

probability theory 機率說 [氣象]

probable error 可能誤差 [天文] [地質] [氣象] [海洋]

probable maximum precipitation 可能最大降水量 [氣象]

probable reserve 可能儲量 [地質]

probertite 斜硼鈉鈣石，基性硼鈉鈣石 [地質]

problematica 疑問化石 [地質]

procellarian system 風暴洋系 [海洋]

process lapse rate 過程直減率 [氣象]

Procyon (α CMi) 南河三（小犬座 α 星）[天文]

prod mark 刺痕 [地質]

prodelta clay 底積，層土 [地質]

prodelta facies 底積相，前三角洲相 [地質]

prodelta 三角洲前緣 [地質]

productive area 產油地區 [地質]

profile map 剖面圖 [天文] [地質] [氣象] [海洋]

profile of equilibrium 均衡剖面 [地質]

profile 輪廓，剖面，外形 [天文] [地質] [氣象] [海洋]

profundal zone 湖底區，深海底區 [地質] [海洋]

proglacial deposit 冰期堆積 [地質] [海洋]

proglacial facies 冰前相 [地質] [海洋]

proglacial stream 冰前河 [地質] [海洋]

proglacial 冰前的 [地質] [海洋]

prognostic chart 預報圖 [氣象]

prognostic equation 預報方程 [氣象]

progradation 進表作用 [海洋]

prograde motion 順行 [天文]

prograde orbit 順行軌道 [天文]

prograding shoreline 外伸海岸線 [海洋]

program control digital logger 程式控制數位測井儀 [地質]

program 程式，計劃 [天文] [地質] [氣象] [海洋]

progressive error 行程差，累進誤差 [天文] [地質] [氣象] [海洋]

progressive metamorphism 漸進變質作用，前進變質作用 [地質]

progressive sand wave 前進沙波 [地質]

progressive wave 前進波 [氣象]

projected density 投影密度 [天文]

projected velocity of rotation 投影自轉速度 [天文]

projection alteration 投影變換 [天文] [地質]

projection change 投影變換 [天文] [地質]

projection equation 投影方程 [天文] [地質]

projective center 投影中心 [天文] [地質]

projective line 射影直線 [天文] [地質]

projective plane 射影平面 [天文] [地質]

prolate spheroid 長球體，長球面 [天文]

proluvial deposit 洪積物 [地質]

proluvial fan 洪積扇 [地質]

proluvial 洪積的，外緣沖積的 [地質]

proluvium 洪積物，豪雨堆積物 [地質]

Prometheus 普羅米休斯，土衛十六 [天文]

prominence 日珥 [天文]

prominence flare 日珥閃焰 [天文]

prominence knot 日珥結 [天文]

prominence magnetic field 日珥磁場 [天文]

prominence of sunspot type 黑子日珥 [天文]

prominence spectroscope 日珥分光鏡 [天文]

prominence streamer 日珥射流 [天文]

Promontorium Laplace 拉普拉斯岬 [天

文]

promontorium 岬（月面）[天文]

promontory 岬，角 [地質]

propaedeutic stratigraphy 基礎地層學 [地質]

propagation delay 傳播遲滯，傳播延遲 [天文] [地質] [氣象]

propagation forecasting 傳播預報 [天文] [地質] [氣象]

propagation of ground wave 地波傳播 [地質]

proper motion in declination 赤緯自行 [天文]

proper motion star 大自行恆星 [天文]

proper motion 自行 [天文]

propogator matrix 傳播矩陣 [地質]

propylite 青盤岩 [地質]

propylization 青盤岩化作用 [地質]

prosopite 水鋁氟石 [地質]

prospect hole 探孔，探井 [地質]

prospecting 探勘，探礦 [地質]

prospecting baseline 探勘基線 [地質]

prospecting by drilling 鑽井探勘 [地質]

prospecting geophysics 探勘地球物理學 [地質]

prospecting line profile map 探勘線剖面圖 [地質]

prospecting line survey 探勘線測量 [地質]

prospecting network survey 探勘網測量 [地質]

prospecting radiation meter 探礦輻射計 [地質]

prospecting rocket 探測火箭 [天文]

prospecting seismology 探勘地震學 [地質]

prospecting target 探勘目標 [地質]

prospector 探勘者 [地質]

prostratigraphy 基礎地層學 [地質]

proterozoic 原生代 [地質]

protoclastic gneiss 原生碎屑片麻岩 [地質]

protoclastic 原生碎屑的 [地質]

protocluster 原星團 [天文]

protoenstatite 原頑火輝石 [地質]

protogalaxy 原星系 [天文]

protomylonite 原生糜稜岩 [地質]

proton 質子 [天文] [地質] [氣象] [海洋]

proton aurora 質子極光 [天文] [氣象]

proton event 質子事件 [天文] [氣象]

proton flare 質子閃焰 [天文]

proton magnetometer 質子磁力計 [天文]

protonosphere 質子層 [天文]

proton-proton reaction 質子質子反應 [天文]

protoplanet 原行星 [天文]

protoplanetrary cloud 原行星雲 [天文]

protoquartzite 原石英岩 [地質]

protore 礦胎，胚胎礦 [地質]

protostar 原恆星 [天文]

protostellar cloud 原恆星雲 [天文]

P

protostratigraphy　原始地層學 [地質]

protosun　原人陽 [天文]

proustite　淡紅銀礦 [地質]

proved reserve　確定蘊藏量，確定礦量 [地質]

provenance　沉積礦床來源 [地質]

provisional value　初值，暫定值 [天文] [地質] [氣象] [海洋]

provitrain　類鏡煤 [地質]

Proxima Centauri　毗鄰星（半人馬座）[天文]

proximal　近源的，近岸的 [地質]

proximal end　近極端 [地質]

proximal onlap　近端進覆，近端上超 [地質]

proximal turbidite　近源濁流岩 [地質]

proximate analysis　近似分析 [地質]

psammite　砂屑岩 [地質]

psammite-gneiss　砂屑片麻岩 [地質]

psammitic　砂屑的 [地質]

psammitic gneiss　砂屑片麻岩 [地質]

psammitic schist　砂屑片岩 [地質]

psammoliftoral　沙岸的 [地質]

pseudo wet-bulb temperature　假溼球溫度 [氣象]

pseudo-accelaration response spectrum　假加速度反應譜 [地質]

pseudoadiabat　假絕熱線 [氣象]

pseudoadiabatic chart　假絕熱圖 [氣象]

pseudoadiabatic expansion　假絕熱膨脹 [氣象]

pseudo-adiabatic process　假絕熱過程 [氣象]

pseudo-aftershock　假餘震 [地質]

pseudobreccia　假角礫岩 [地質]

pseudobrookite　假板鈦礦 [地質]

pseudo-Cepheid　偽造父變星 [天文]

pseudochrysolite　假貴橄欖石 [地質]

pseudo-cold front　假冷鋒 [氣象]

pseudocolor density slicer　假彩色密度分割儀 [地質]

pseudoconformity　假整合 [地質]

pseudocotunnite　假氯鉛礦 [地質]

pseudo-equivalent potential temperature　假相當位溫 [氣象]

pseudo-front　假鋒 [氣象]

pseudogalena　閃鋅礦 [地質]

pseudogravity anomaly　假重力異常 [地質]

pseudokarst　假喀斯特 [地質]

pseudoleucite　假白榴石 [地質]

pseudomalachite　假孔雀石 [地質]

pseudomarine　假海洋的 [海洋]

pseudomorph　假晶 [地質]

pseudoporphyritic　假斑狀的 [地質]

pseudo-ripple mark　假波痕 [地質]

pseudosection map　擬斷面圖 [地質]

pseudostratification　假層理 [地質]

pseudosymmetry　假對稱 [地質]

pseudotachylite　假玄武玻璃 [地質]

pseudo-trapped particle　假捕獲粒子 [天文]

pseudo-trapped region 偽捕獲區 [地質]

pseudo-variable 偽變數 [天文]

pseudo-velocity response spectrum 假速度反應譜 [地質]

pseudo-wet-bulb potential temperature 假溼球位溫 [氣象]

psilomelane 硬錳礦 [地質]

psittacinite 鋅銅釩鉛礦 [地質]

pslaeoimnology 古湖沼學 [地質]

Psyche 靈神星 [天文]

psychrometer difference 乾溼球溫度差值 [氣象]

psychrometry 測溼法 [氣象]

pteropod ooze 翼足類軟泥 [地質] [海洋]

ptilolite 絲光沸石 [地質]

Ptolemaic system 托勒密體系 [天文]

ptygma 腸狀體 [地質]

ptygmatic fold 腸狀褶皺 [地質]

pucherite 釩鉍礦 [地質]

pudding ball 胃狀泥球 [地質]

pudding stone jade 閃玉結核 [地質]

pudding stone 圓礫岩，布丁礫岩 [地質]

puelche 蒲爾奇風 [氣象]

pueumatolytic metamorphism 氣化變質作用 [地質]

puff cone 噴泥錐 [地質]

puff 噴焰（日面），煙團，膨化，鬆化 [天文] [地質] [氣象]

Pulaski shales and sandstones 普拉斯基頁岩和砂岩 [地質]

puller 拔取器，拉晶機 [地質]

pulling technique 拉單晶技術 [地質]

pulsar 脈衝星，波霎 [天文]

pulsating arc 脈衝狀光弧 [地質]

pulsating aurora 脈動極光 [天文] [氣象]

pulsating radio source 脈衝電波源 [天文]

pulsating spring 間歇泉 [地質]

pulsating star 脈動變星 [天文]

pulsating surface 脈衝狀光面 [天文]

pulsating variable 脈衝變星，脈動變星 [天文]

pulsation instability strip 脈動不穩定帶 [天文]

pulsation instability 脈動不穩定性 [天文]

pulsation theory 脈動說 [天文]

pulse altimeter 脈波高度計 [地質]

pulse waveform generator 脈衝波形發生器 [地質]

pulsed-light cloud-height indicator 脈衝光束雲高計 [氣象]

pulse-time-modulated radiosonde 脈衝時間調製無線電探空儀 [氣象]

pulse 脈衝，脈動，脈波 [天文] [地質] [氣象] [海洋]

pumice flow 浮石流 [地質]

pumice sand 浮石砂 [地質]

pumice volcano 爆裂火山 [地質]

pumice 浮石 [地質]

pumice-tuff 浮石凝灰岩 [地質]

pumicite 浮石，火山灰層 [地質]

pump 抽水機，幫浦，泵 [地質]

pumpellyite 綠纖石 [地質]

pumpellyite-prehnite-quartz facies 綠纖石－葡萄石－石英相 [地質]

puna 乾性荒原，（秘魯的）寒冷山風 [地質] [氣象]

Puppis 船尾座 [天文]

Purbeck beds 波倍克層 [地質]

Purbeck stone 波倍克石 [地質]

Purbeckian stage 波倍克階 [地質]

pure coal 純煤 [地質]

pure coordinated time 純粹協調時（原子時）[天文]

pure gravity anomaly 純重力異常 [地質]

pure local time 純粹地方時 [天文]

pure talc 純滑石 [地質]

purely scattering atmosphere 純散射大氣 [氣象]

purga 布爾加風 [氣象]

Purley shale 帕里頁岩 [地質]

purple blende 紅銻礦 [地質]

purple copper ore 斑銅礦 [地質]

purple light 紫光 [天文] [氣象]

purple ore 紫礦石 [地質]

puy 死火山錐 [地質]

PWP: polar-wander path 極移路徑 [地質]

pycnocline 斜密層 [氣象] [海洋]

pyramidal iceberg 錐形冰山 [海洋]

pyramidal peak 角峰 [地質]

pyramidal system 錐體系 [地質]

pyramid 錐體 [地質]

pyranometer 輻射強度計，全天空輻射計 [氣象]

pyrargyrite 深紅銀礦 [地質]

pyrgeometer 地面輻射強度計 [氣象]

pyrheliometer 日射強度計 [天文] [氣象]

pyrite nodule 黃鐵礦結核 [地質]

pyrite 黃鐵礦 [地質]

pyritic sulphur 黃鐵礦硫 [地質]

pyritization 黃鐵礦化作用 [地質]

pyritohedron 五角十二面體 [地質]

pyroaurite 菱水鐵鎂石 [地質]

pyrobelonite 釩錳鉛礦 [地質]

pyrochlore 黃綠石 [地質]

pyrochlore 燒綠石 [地質]

pyrochroite 水錳石 [地質]

pyroclast 火成碎屑 [地質]

pyroclastic cone 火山碎屑錐 [地質]

pyroclastic fall deposit 火成碎屑降落沉積 [地質]

pyroclastic flow 火成碎屑流 [地質]

pyroclastic flow deposit 火成碎屑流動沉積 [地質]

pyroclastic ground surge 火成碎屑岩源 [地質]

pyroclastic rock 火成碎屑岩 [地質]

pyroclastic material 火山碎屑物 [地質]

pyrogenic　火成的 [地質]

pyrogeology　火山地質學 [地質]

pyrolusite　軟錳礦 [地質]

pyromelane　櫚石 [地質]

pyrometamorphism　高溫變質作用 [地質]

pyrometasomatism　高溫換質作用 [地質]

pyromorphite　氯磷鉛礦 [地質]

pyron　皮隆（太陽輻射強度的單位）[天文]

pyrope　鎂鋁榴石 [地質]

pyrophyllite　葉蠟石 [地質]

pyrosmalite　熱臭石 [地質]

pyrostibite　紅銻礦 [地質]

pyrotomalenic acid　黑腐植酸 [地質]

pyroxene　輝石 [地質]

pyroxenite　輝石岩 [地質]

pyroxenoid　準輝石 [地質]

pyroxmangite　三斜錳輝石 [地質]

pyrrhotite　磁黃鐵礦 [地質]

Pysis　羅盤座 [天文]

P

Q q

q: quiet day　磁靜日 [天文] [地質] [氣象]

QBO: quasi-biennial oscillation　準兩年振盪 [氣象]

Q-index　Q 指數 [地質]

QSO: quasi-stellar object　類星體 [天文]

QSS: quasl-stellar source　類星電源 [天文]

quadrantal point　象限點 [天文] [地質] [氣象] [海洋]

Quadrantids　象限儀流星群 [天文]

quadrant　扇形的，四分之一圓周，象限，四分儀 [天文] [地質] [氣象] [海洋]

quadratic Stark effect　二次斯塔克效應 [天文]

quadrature axis　正交軸 [天文] [地質]

quadrature field　正交磁場 [天文] [地質]

quadrature phase　正交相位 [天文] [地質]

quadrature　弦，正交，積分，方照 [天文] [地質]

quadruple star　四合星 [天文]

quadrupole radiation　四極輻射 [天文]

quaking bog　顫沼，跳動沼 [地質]

quaking mire　顫沼，跳動沼 [地質]

qualitative photogeology　定性攝影地質學 [地質]

quality of snow　雪質 [氣象]

quantitative geochemistry　定量地球化學 [地質]

quantitative geography　定量地理學 [地質]

quantitative geology　定量地質學 [地質]

quantitative measurement　定量測量 [天文] [地質] [氣象] [海洋]

quantitative mineralogy　定量礦物學 [地質]

quantitative seismology　定量地震學 [地質]

quantitative stratigraphy　定量地層學 [地質]

quantization　量化，量子化 [天文]

quantizing　量化 [天文] [地質] [氣象] [海洋]

quantum statistics　量子統計 [天文]

quaquaversal fold　穹狀褶皺 [地質]

quaquaversal 穹形 [地質]

Quarella sandstone 誇雷拉砂岩 [地質]

quark star 夸克星 [天文]

quark 夸克 [天文]

quarrying 挖掘，採石 [地質]

quarternary 第四紀的 [地質]

quarter 四等分，四分之一，弦（月相）[天文] [地質] [氣象] [海洋]

quartet 四重譜線，四合系統，四重奏 [天文]

quartz basalt 石英玄武岩 [地質]

quartz cat's-eye 石英貓眼石 [地質]

quartz crystal 石英晶體 [地質]

quartz diorire 石英閃長岩 [地質]

quartz dolerite 石英粗玄岩 [地質]

quartz monzonite 石英二長岩 [地質]

quartz porphyry 石英斑岩 [地質]

quartz sandstone 石英砂岩 [地質]

quartz spring gravimeter 石英彈簧重力儀 [地質]

quartz topaz 黃晶 [地質]

quartzarenite 石英砂岩 [地質]

quartz-bearing diorite 石英閃長岩 [地質]

quartzite 石英岩 [地質]

quartzitic sandstone 石英質砂岩 [地質]

quartz-keratophyre 石英角斑岩 [地質]

quartzose sandstone 石英質砂岩 [地質]

quartzose subgraywacke 石英質亞雜砂岩 [地質]

quartz-pebble conglomerate 石英圓礫岩 [地質]

quartz-porphyrite 石英玢岩 [地質]

quartz-syenite 石英正長岩 [地質]

quartz 石英 [地質]

quasar 3C273 類星體 3C273 [天文]

quasar OX169 類星體 OX169 [天文]

quasar (QSO) 類星體 [天文]

quasi-adiabatic convection 準絕熱對流 [天文] [氣象]

quasi-biennial oscillation 準兩年振盪 [氣象]

quasicrystal 準晶體 [地質]

quasi-equilibrium state 準平衡態 [天文] [氣象]

quasi-eruptive prominence 準爆發日珥 [天文]

quasi-geostrophic motion 準地轉運動 [氣象]

quasi-geostrophic wind 準地轉風 [氣象]

quasi-hydrostatic approximation 準靜力近似 [氣象]

quasihydrostatic assumption 準靜力假定 [氣象]

quasi-longitudinal approximation 準縱近似 [地質]

quasi-longitudinal propagation 準縱傳播 [地質]

quasiperiodic crystal 準週期性晶體 [地質]

quasi-periodic emission 準週期發射 [天文]

quasipolymer structure 似聚合物結構 [天文]

quasi-statical process 準穩定過程 [天文]

quasi-stationary front 準靜止鋒 [氣象]

quasi-stellar galaxy 類星星系 [天文]

quasi-stellar object 類星體 [天文]

quasi-stellar radio source 類星無線電波源 [天文]

quasi-transverse approximation 準橫近似 [地質]

quasi-transverse propagation 準橫傳播 [地質]

quasi-uniform time 準均勻時 [天文]

Quaternary geology 第四紀地質學 [地質]

Quaternary oceanography 第四紀海洋學 [海洋]

Quaternary science 第四紀科學 [地質]

Quaternary 第四紀 [地質]

Queenston shale 昆士頓頁岩 [地質]

queenstownite 昆士頓岩 [地質]

quenselite 水錳鉛礦 [地質]

quenstedtite 紫鐵礬 [地質]

Querwellen wave 奎威倫波 [地質]

question of life on Mars 火星生命問題 [天文] [地質]

quick clay 流泥 [地質]

quicksand 流沙 [地質]

quiescence spectrum 寧靜光譜 [天文]

quiescent cosmic rays 寧靜宇宙線 [天文]

quiescent prominence 寧靜日珥 [天文]

quiet coronal X-ray emission 寧靜日冕 X 射線輻射 [天文]

quiet day 磁靜日 [天文]

quiet photosphere 寧靜光球 [天文]

quiet solar daily variation 寧靜太陽日變化 [天文]

quiet solar wind 寧靜太陽風 [天文]

quiet sun condition 寧靜太陽條件 [天文]

quiet sun noise 寧靜太陽雜訊 [天文]

quiet sun 寧靜太陽 [天文]

quinzite 薔薇蛋白石 [地質]

Q

R r

R CrB star　北冕 R 型星 [天文]

R galaxy　R 星系 [天文]

R star　R 型星 [天文]

R tectonite　R 構造岩 [地質]

R: rayleigh　瑞利（極光和夜空光的亮度單位）[天文] [地質] [氣象]

Ra: Rayleigh number　瑞利數 [地質]

rabal　無線電測風 [氣象]

race　急流，水道，種族 [地質] [海洋]

rack　支架，導軌，齒條 [地質]

radar climatology　雷達氣候學 [氣象]

radar equivalent reflectivity factor　雷達等效反射率因數 [氣象]

radar mapping　雷達測繪 [氣象]

radar meteorological observation　雷達氣象觀測 [氣象]

radar meteorology　雷達氣象學 [氣象]

radar meteor　雷達流星 [天文]

radar photography　雷達攝影 [地質]

radar reflectivity factor　雷達反射率因數 [地質] [氣象]

radar reflector tape　雷達反射帶 [地質] [氣象]

radar report　雷達天氣觀測報告 [氣象]

radar satellite oceanography　雷達衛星海洋學 [海洋]

radar scatterometry　雷達散射測量 [氣象]

radar sonde　雷達探空儀 [氣象]

radar storm detection equation　雷達風暴探測方程 [氣象]

radar storm detection　雷達風暴探測 [氣象]

radar surveying　雷達測量 [地質] [氣象]

radar theodolite　雷達經緯儀 [地質] [氣象]

radar triangulation　雷達三角測量 [地質] [氣象]

radar upper band　雷達高空亮帶 [氣象]

radar weather observation　雷達天氣觀測 [氣象]

radar wind system　雷達測風裝置 [氣象]

radar wind　雷達測風 [氣象]

radargrammetry　雷達攝影測量學 [地質]

radarscope photography　雷達顯示攝影

學 [地質] [氣象]

raddle 代楮石 [地質]

radial drainage pattern 輻射水系型 [地質]

radial fault 輻射斷層 [地質]

radial oscillation 徑向振盪 [地質]

radial pulsation 徑向脈衝 [天文]

radial velocity curve 徑向速度曲線 [天文]

radial velocity spectrometer 徑向速度儀 [天文]

radial velocity 徑向速度 [天文]

radiance 輻射率，輻射量 [天文] [氣象]

radiant point 輻射點 [天文]

radiating ridge 輻射紋 [天文]

radiation balance 輻射平衡 [天文] [氣象]

radiation band 輻射帶 [氣象]

radiation belt dynamics 輻射帶動力學 [氣象]

radiation belt ion 輻射帶離子 [氣象]

radiation belt proton 輻射帶質子 [氣象]

radiation belt 輻射帶 [氣象]

radiation budget 輻射收支 [氣象]

radiation chart 輻射圖 [氣象]

radiation cooling 輻射冷卻 [氣象]

radiation dominated era 輻射占優期 [天文]

radiation era 輻射時代 [天文]

radiation field system 輻射場系統 [地質]

radiation fog 輻射霧 [氣象]

radiation hydrogeology 放射性水文地質學 [地質]

radiation logging assembly 輻射測井裝置 [地質]

radiation mineralogy 輻射礦物學 [地質]

radiation of upper atmosphere 高層大氣紅外輻射 [氣象]

radiation pattern 輻射型 [地質]

radiation pressure 輻射壓力 [天文]

radiation receiver 輻射接收器 [天文]

radiation thermometer 輻射溫度計 [氣象]

radiation tide 輻射潮 [天文]

radiation zone 輻射區 [天文] [氣象]

radiation 輻射 [天文] [地質] [氣象] [海洋]

radiative cooling 輻射冷卻 [天文]

radiative diffusivity 輻射擴散率 [天文] [氣象]

radiative envelope 輻射殼 [天文]

radiative equilibrium 輻射平衡 [天文] [氣象]

radiative transfer equation 輻射傳送方程 [天文] [氣象]

radiative transfer in ocean 海洋輻射傳送 [海洋]

radiatus 輻射狀雲 [氣象]

radio astrometry 無線電天體測量學 [天文]

radio astronomical observatory　無線電天文臺 [天文]

radio astronomy measuring method　無線電天文學測量法 [天文]

radio astronomy service　無線電天文業務 [天文]

radio astronomy station　無線電天文臺 [天文]

radio astronomy　無線電天文學 [天文]

radio astrophysics　無線電天文物理學 [天文]

radio aurora　無線電極光 [天文]

radio brightness　無線電亮度 [天文]

radio climatology　無線電氣候學 [氣象]

radio diameter　無線電直徑 [天文]

radio dish　無線電碟形天線 [天文]

radio emission　無線電輻射 [天文]

radio energy　無線電能量 [天文]

radio galaxy　無線電星系 [天文]

radio heliograph　無線電日象儀 [天文]

radio hole　無線電洞 [地質] [氣象]

radio index　無線電指數 [天文]

radio interferometer　無線電干涉儀 [天文]

radio link interferometer　無線電連接干涉儀 [天文]

radio lobe　無線電瓣 [天文]

radio locational astronomy　無線電定位天文學 [天文]

radio luminosity　無線電光度 [天文]

radio magnitude　無線電星等 [天文]

radio meteorology　無線電氣象學 [氣象]

radio meteor　無線電流星 [天文]

radio nebula　無線電星雲 [天文]

radio nova　無線電新星 [天文]

radio observatory　無線電天文臺 [天文]

radio phase method　無線電相位法 [地質]

radio plage　無線電譜斑 [天文]

radio prospecting　無線電探勘 [地質]

radio pulsar　無線電脈衝星 [天文]

radio pulse　無線電脈衝 [天文]

radio quiet sun　無線電寧靜太陽 [天文]

radio radiation　無線電輻射 [天文]

radio sextant　無線電六分儀 [天文]

radio sky map　無線電天圖 [天文]

radio sondage　無線電探空 [氣象]

radio sounding balloon　無線電探空氣球 [氣象]

radio sounding　無線電探空 [氣象]

radio source count　無線電源計數 [天文]

radio source　無線電源 [天文]

radio spectrobeliograph　無線電太陽單色儀 [天文]

radio spectrograph　無線電頻譜儀 [天文]

radio spectroheliogram　無線電太陽單色圖 [天文]

radio spectrum　無線電頻譜 [天文]

radio star twinkling　無線電星閃爍 [天文]

radio star　無線電星體 [天文]

R

radio storm 無線電暴 [天文]

radio sun 無線電太陽 [天文]

radio temperature 無線電輻射溫度 [天文]

radio theodolite 無線電經緯儀 [天文]

radio time signal 無線電時號 [天文]

radio wave observation 無線電波觀察 [地質]

radio wave penetration system 無線電波透視儀 [地質]

radio window 無線電窗口 [地質]

radioactive cloud 輻射雲 [氣象]

radioactive heat production 放射性生熱 [地質]

radioactive hydrogeology 放射性水文地質學 [地質]

radioactive logger 放射性測井儀 [地質]

radioactive logging 放射性測井 [地質]

radioactive mineral 放射性礦物 [地質]

radioactive snow gage 放射性雪量器 [氣象]

radioactive tracer logging 放射性追蹤測井 [地質]

radioactive well logging 放射性測井 [地質]

radioactivity 放射性 [天文] [地質]

radioactivity detector 放射性探測器 [地質]

radioactivity exploration 放射性探勘 [地質]

radioactivity logging 放射性測井 [地質]

radioactivity prospecting 放射性探勘 [地質]

radioactivity survey 放射性調查 [地質]

radiobiogeochemistry 放射生物地球化學 [地質]

radiocarbon chronology 放射性碳年代學 [地質]

radiocarbon dating 放射性碳定年 [地質]

radiocarbon stratigraphy 放射性碳地層學 [地質]

radiochronology 放射性定年學 [地質]

radiocrystallography 放射性結晶學 [地質]

radioeclipse 無線電食 [天文] [氣象]

radioelectric meteorology 無線電氣象學 [氣象]

radiogenic heat 放射熱 [天文] [地質]

radiogeochemistry 放射性地球化學 [地質]

radiogeology 放射性地質學 [地質]

radiogeophysical chemistry 放射地球物理化學 [地質]

radiohydrogeology 放射性水文地質學 [地質]

radiohydrology 放射性水文學 [地質]

radioisotope chemistry 放射性同位素地球化學 [地質]

radioisotope logging 放射性同位素測井 [地質]

radioisotopic oceanography 放射性同位

素海洋學 [海洋]

radiolarian chert　放射蟲燧石 [地質]

radiolarian earth　放射蟲土 [地質]

radiolarian ooze　放射蟲軟泥 [地質]

radiolarite　放射蟲岩 [地質]

radiolocational astronomy　無線電定位天文學 [天文]

radiometeorograph　無線電探空儀 [氣象]

radiometric age determination　放射性定年法 [地質]

radiometric dating　放射性定年法 [地質]

radiometric exploration　放射性探測 [地質]

radiometric magnitude　輻射星等 [天文]

radiosonde balloon　無線電探空氣球 [氣象]

radiosonde observation　探空儀觀測 [氣象]

radiosonde set　無線電探空儀設備 [氣象]

radiosonde-radio-wind system　無線電探空與無線電風向系統 [氣象]

radiosonde　無線電探空儀 [氣象]

radiostar　無線電星 [天文]

radiotelescope　無線電望遠鏡 [天文]

radiowave penetration instrument　無線電波透視法儀器 [天文]

radiowind observation　無線電測風觀測 [氣象]

radiowind room　無線電測風室 [氣象]

radio　無線電 [天文] [地質] [氣象] [海洋]

radium geochronology　鐳地質年代學 [地質]

radius-luminosity relation　光徑關係 [天文]

radius-mass relation　質徑關係 [天文]

radius　半徑 [天文] [地質] [氣象] [海洋]

radon survey　氡氣測量 [天文] [地質]

Raeberry castle group　拉柏里堡岩群 [地質]

raffiche　來富其風 [氣象]

raft tectonics　漂浮構造 [地質]

rafted ice　載冰 [海洋]

rafting　浮載，漂浮 [海洋]

ragged ceiling　碎雲幕 [氣象]

ragged clouds　碎雲 [氣象]

raggiatura　拉加吐辣風，強陸風 [氣象]

rain and snow mixed　雨夾雪 [氣象]

rain area report　雨區報告 [氣象]

rain band　雨帶 [氣象]

rain belt　雨帶 [氣象]

rain cell　雨胞 [氣象]

rain chart　雨量圖 [氣象]

rain cloud　雨雲 [氣象]

rain crust　雨雪殼 [氣象]

rain day　雨日 [氣象]

rain drop　雨滴 [氣象]

rain gauge shield　雨量計風擋 [氣象]

rain gauge station　雨量站 [氣象]

R

rain gauge　雨量計 [氣象]

rain gauging　雨量計測 [氣象]

rain gust　暴雨 [氣象]

rain insurance　雨害保險 [氣象]

rain intensity gauge　雨量強度計 [氣象]

rain making　人造雨 [氣象]

rain physics　雨物理學 [氣象]

rain print　雨痕 [氣象]

rain season　雨季 [氣象]

rain shadow　雨蔭 [氣象]

rain spell　霪雨期 [氣象]

rain stage　成雨階段 [氣象]

rain storm　雨暴 [氣象]

rain virga　雨旛 [氣象]

rain wash　雨水沖刷 [氣象]

rain water　雨水 [氣象]

rainbow granite　虹狀花岡岩 [地質]

rainbow　彩虹 [氣象]

raindrop erosion　雨滴侵蝕 [地質]

raindrop impression　雨痕 [地質]

raindrop imprint　雨痕 [地質]

raindrop　雨滴 [氣象]

rainfall amount　雨量 [氣象]

rainfall area　降雨區 [氣象]

rainfall characteristic　降雨特性 [氣象]

rainfall depth　降雨深度 [氣象]

rainfall distribution characteristics　雨量分佈特性 [氣象]

rainfall distribution　雨量分布 [氣象]

rainfall duration　降雨歷時 [氣象]

rainfall forecast　雨量預報 [氣象]

rainfall frequency　降雨頻率 [氣象]

rainfall gauging　雨量計測 [氣象]

rainfall intensity　降雨強度 [氣象]

rainfall intensity recorder　雨量強度記錄器 [氣象]

rainfall inversion　雨量逆變 [氣象]

rainfall kinetic energy　降雨動能 [氣象]

rainfall regime　降雨型 [氣象]

rainfall simulation experiment　模擬降雨試驗 [氣象]

rainfall simulator　模雨計 [氣象]

rainfall　雨量，降雨 [氣象]

rainforest climate　雨林氣候 [氣象]

raininess　降雨強度 [氣象]

rainmaking　人造雨 [氣象]

rainsquall　雨颮 [氣象]

rainwater　雨水 [氣象]

rainy climate　多雨氣候 [氣象]

rainy day　雨日 [氣象]

rainy period　雨期 [氣象]

rainy season　雨季 [氣象]

rain　雨 [氣象]

raised beach　上升灘，隆起灘 [海洋]

rake vein　豎脈 [地質]

rake　傾伏角，傾斜，斜角 [地質]

ralstonite　氟鈉鎂鋁石 [地質]

ramdohrite　輝銻銀鉛礦 [地質]

rammelsbergite　斜方砷鎳礦 [地質]

ramp valley　對衝斷層谷 [地質]

rampart　環壁（月面）[天文]

ramp　斜坡，對衝斷層，斜線上升 [地

質]

ramsdellite 直錳礦 [地質]

Ramsden eyepiece 冉斯登目鏡 [天文]

Ramsden ocular 冉斯登目鏡 [天文]

Ram 白羊座 [天文]

random forecast 隨機預報 [氣象]

random motion 隨機運動 [天文] [氣象]

random reflectance of vitrinite 鏡質體
隨機反射率 [地質]

random sample 隨機取樣 [天文] [地質]
[氣象] [海洋]

range difference 距離差 [地質]

range finding 測距 [地質]

range measurement 測距 [地質]

range of light-variation 光變幅 [天文]

range positioning system 測距定位系統
[地質]

range zone 存帶，延限帶 [地質]

rangefinder 測距儀 [地質]

range-only radar (ROR) 測距雷達 [地
質]

ranger 測距儀 [地質]

range 範圍，區域，變幅 [天文] [地質]
[氣象] [海洋]

ranging accuracy 測距準確度 [地質]

ranging laser 雷射測距儀 [地質]

ranging rod 測距尺 [地質]

ranging system 測距系統 [地質]

ranging theodolite 測距經緯儀 [地質]

ranging 測距 [地質]

rankinite 矽鈣石 [地質]

rank 等級 [地質]

ransomite 銅鐵礬 [地質]

rapakivi aplite 奧長環斑細晶岩 [地質]

rapakivi granite 奧長環斑花岡岩 [地質]

rapakivi syenite 奧長環斑正長岩 [地質]

rapakivi texture 環斑組織 [地質]

rapakivi 奧長環斑岩 [地質]

rapid burster 快爆源 [天文]

rapid nova 快新星 [天文]

rapid variable 迅速變星 [天文]

rapids 急流，湍流 [地質]

rare earth element geochemistry 稀土元
素地球化學 [地質]

rare earth garnet 稀土石榴石 [地質]

rare earth mineral 稀土礦物 [地質]

rare metal deposit 稀有金屬礦床 [地質]

rare metal ore 稀有金屬礦石 [地質]

Ras Alhague (α Oph) 侯，（蛇夫座 Ω
星）[天文]

rashing 煤下頁岩 [地質]

rashleighite 鋁鐵綠松石 [地質]

rasorite 貧水硼砂 [地質]

raspite 斜鎢鉛礦 [地質]

rate of clock 時鐘日差 [天文]

rate of karst filling 喀斯特充填率 [地質]

rate of karstification 喀斯特率 [地質]

rate of sediment production 產沙率 [地
質]

rate of sedimentation 沉積速率 [地質]

rate of stellar extinction 恆星消逝率 [天
文]

R

rate-grown junction 變速生長連接 [地質]

rate-grown method 變速生長法 [地質]

rathite 硫砷鉛鉈礦 [地質]

ratio of rise 潮升比 [海洋]

ratio processing 比值處理 [地質]

ratio scale 比例尺度 [地質]

rational analysis 示性分析 [地質]

rational horizon 理論地平 [天文] [地質]

rauvite 水鈣釩鈾礦 [地質]

ravelly ground 鬆散岩層 [地質]

raw coal 生煤 [地質]

raw humus 粗腐植質 [地質]

raw ore 原礦 [地質]

rawin target 雷文標 [氣象]

rawinsonde 雷文送，探空儀 [氣象]

rawin 雷文，無線電測風 [氣象]

raw 溼寒，未加工，未處理的 [地質] [氣象]

ray 放射線，射線 [天文] [地質] [氣象] [海洋]

ray bending method 波線彎曲法 [地質]

ray method 波線法 [地質]

ray parameter 波線參數 [地質]

ray shooting method 波線發射法 [地質]

ray system 射線紋系統 [天文]

ray theory 射線理論 [天文] [地質]

ray tracing equation 射線追蹤方程 [地質]

ray tracing 射線追蹤 [地質] [地質] [氣象] [海洋]

rayed arc 射線狀光弧 [天文] [氣象]

rayed band 射線狀光帶 [天文] [氣象]

Rayleigh atmosphere 瑞利大氣 [氣象]

rayleigh cell 瑞利單體 [氣象]

rayleigh distribution 瑞利分布 [氣象]

rayleigh number 瑞利數 [氣象]

rayleigh scattering 瑞利散射 [氣象]

Rayleigh wave (R-wave) 瑞利波 [地質]

rayleigh 瑞利（極光和夜空光的亮度單位）[地質] [氣象]

ray 光線，波線，射線 [天文]

Razin effect 拉津效應 [天文]

Razin-Tsytovitch effect 拉津—采多維奇效應 [天文]

Rb-Sr dating 銣—鍶定年 [地質]

RE galaxy RE 型星系 [天文]

reach 河段，河彎間區 [地質]

reaction pair 反應對 [地質]

reaction principle 反應原理 [地質]

reaction series 反應系列 [地質]

Reading bed 雷丁層 [地質]

real air temperature 實際氣溫 [氣象]

real atmosphere 實際大氣 [氣象]

real fault displacement 實際斷層移位 [地質]

real flattening 真扁率 [天文]

realgar 雄黃，雞冠石 [地質]

real-imaginary component instrument 虛實分量儀 [地質]

real-time correlation 即時相關 [天文] [地質]

real-time monitor 即時監視器 [天文] [地質]

real-time prediction 即時預報 [氣象]

rear surface 後表面（隕石）[天文]

rebat 雷巴風 [氣象]

rebound 回跳 [地質]

reboyo 雷波約暴 [氣象]

receiver statics 接收點靜校正 [地質]

receiving coil 接收線圈 [地質]

recent drizzle 觀測時毛雨 [氣象]

Recent Epoch 現代世 [地質]

recent freezing rain 觀測時凍雨 [氣象]

recent limestone 現生石灰岩 [地質]

recent rain 觀測時有雨 [氣象]

recent snow 觀測時有雪 [氣象]

recent thunderstorm 觀測時雷雨 [氣象]

recession curve 退水曲線 [地質]

recession of galaxies 星系退行 [天文]

recessional moraine 後退冰磧 [地質]

recession 消退，後退，退行 [天文] [地質] [氣象] [海洋]

recess 凹部 [地質]

recharge area 補注區 [地質]

recharge storage 補注儲量 [地質]

recharge well 補注井 [地質]

recharge 補注 [地質]

reclined fold 橫臥褶皺 [地質]

recomposed granite 重組花岡岩 [地質]

reconnaissance survey 普查探勘 [地質]

reconstructed granite 重組花岡岩 [地質]

reconstruction of extinct organism 絕種生物之重建 [地質]

recording barograph 自記氣壓計 [氣象]

recording barometer 自記氣壓計 [氣象]

recording hygrometer 自記溼度計 [氣象]

recording micrometer 自記測微計 [天文]

recording rain gage 自記雨量計 [氣象]

recovery phase 恢復相 [地質]

recrystallization breccia 再結晶角礫石 [地質]

recrystallization texture 再結晶結構 [地質]

recrystallization twin 再結晶雙晶 [地質]

recrystallization zone 再結晶區 [地質]

recrystallization 再結晶 [地質]

recrystallized layer 再結晶層 [地質]

recrystallized threshold 再結晶底限 [地質]

rectangular cross ripple mark 直角交錯波痕 [地質]

rectifier 整流器 [地質]

rectilinear current 直線流 [海洋]

rectilinear jet 直線噴流 [天文]

rectilinear slope 直線坡 [地質]

recumbent fold 伏臥褶皺 [地質]

recumbent 伏臥的（在岩層中）[地質]

recurrence period 重現期，迴復週期 [海洋]

R

recurrent nova　再發新星 [天文]

recurvature latitude　轉向緯度 [氣象]

recurvature of storm　風暴轉向 [氣象]

recurvature　轉向 [氣象]

red antimony　紅銻礦 [地質]

red arsenic　雄黃 [地質]

red bed karst　紅層喀斯特 [地質]

red beds　紅色岩層 [地質]

red chalk　紅赭石，代赭石 [地質]

red cobalt　鈷華 [地質]

red copper ore　赤銅礦 [地質]

red coral　紅珊瑚 [地質]

red dwarf　紅矮星 [天文]

red giant branch　紅巨星分支 [天文]

red giant　紅巨星 [天文]

red hematite　紅赤鐵礦 [地質]

red iron ore　赤鐵礦 [地質]

red lead ore　紅鉛礦 [地質]

red lead　鉛丹 [地質]

red magnetism　紅磁性 [地質]

red magnitude　紅星等 [天文]

red marl　紅泥灰岩 [地質]

red mud　紅泥 [地質]

red ocher　代赭石 [地質]

red orpiment　雄黃 [地質]

red oxide of copper　赤銅礦 [地質]

red quartz　紅水晶 [地質]

red rock　紅岩 [地質]

Red Sea　紅海 [地質]

red shift　紅移 [天文]

red silver ore　紅銀礦 [地質]

R

red snow　紅雪 [地質]

red spot　紅斑 [天文]

red supergiant　紅超巨星 [天文]

red tide　赤潮 [海洋]

red vitriol　赤礬 [地質]

red water　紅潮 [海洋]

red white dwarf star　紅白矮星 [天文]

reddening line　紅化曲線 [天文]

reddening　紅化 [天文]

reddle　代赭石 [地質]

redhill beds　紅丘層 [地質]

redingtonite　鐵鉻礬 [地質]

redruthite　輝銅礦 [地質]

reduced heat flow　修正熱流量 [地質]

reduced isothermal　修正等溫線 [氣象]

reduced pressure　修正氣壓 [氣象]

reduced proper motion　修正自行 [天文]

reduced travel time　修正走時 [地質]

reduced visibility　減弱能見度 [氣象]

reduction environment　還原環境 [地質]

reduction of gravity　重力修正 [地質]

reduction of star place　恆星位置歸算 [天文]

reduction of tidal current　潮流資料歸算 [海洋]

reduction of tide　潮汐歸算 [海洋]

reduction　修正，還原，換算，訂正，簡化，歸算 [天文] [地質] [氣象] [海洋]

reedmergnerite　鈉硼長石 [地質]

reef cap　礁帽 [地質] [海洋]

reef crest　礁頂 [地質] [海洋]

reef detritus　礁屑 [地質] [海洋]

reef facies　礁相 [地質] [海洋]

reef flat　礁臺，礁坪 [地質] [海洋]

reef front　礁前 [地質] [海洋]

reef knoll　圓礁丘 [地質] [海洋]

reef limestone　礁灰岩 [地質] [海洋]

reef patch　礁塊 [地質] [海洋]

reef pinnacle　礁柱 [地質] [海洋]

reef platform karst　礁臺喀斯特 [地質] [海洋]

reef rock　礁岩 [地質] [海洋]

reef talus　礁崖錐 [地質] [海洋]

reef　礁，礦脈 [地質] [海洋]

reel tape　捲尺，捲盤磁帶 [地質]

reevesite　水碳鐵鎳石 [地質]

reference atmosphere　參考大氣 [氣象]

Reference Catalogue of Bright Galaxies　亮星系參考表 [天文]

reference coil　參考線圈 [地質]

reference data　參考資料 [天文] [地質] [氣象] [海洋]

reference element　基準元素 [地質]

reference ellipsoid　基準橢球 [天文]

reference level　基準水平面 [地質]

reference meridian　基準子午線 [天文]

reference rock　標準岩石 [地質]

reference spheroid　基準橢球 [天文]

reference star　參考星 [天文]

reference time scale　時間參考尺度 [天文]

refinement of crystal structure　晶體結構精化 [地質]

reflected radiation　反射輻射 [氣象]

reflected solar irradiance　反射太陽輻照度 [氣象]

reflected solar radiation　反射太陽輻射 [氣象]

reflecting nephoscope　反射測雲器 [氣象]

reflecting telescope　反射式望遠鏡 [天文]

reflection layer　反射層 [氣象]

reflection matrix　反射矩陣 [地質]

reflection nebula　反射星雲 [天文]

reflection seismograph　反射地震儀 [地質]

reflection seismology　反射地震學 [地質]

reflection shooting　反射炸測 [地質]

reflection survey　反射法探勘 [地質]

reflectivity method　反射率法 [地質]

reflux　回流 [海洋]

refolding　重褶皺作用 [地質]

refoliation　重葉理 [地質]

refraction correction　折射校正 [天文] [地質] [氣象]

refraction correlation method　折射校正法 [地質]

refraction diagram　折射圖 [地質] [海洋]

refraction process　折射法 [地質]

refraction seismology　折射地震學 [地質]

R

refraction survey　折射探勘 [地質]

refraction　折射 [天文] [地質] [氣象] [海洋]

refractive modulus　折射模數 [氣象]

refractory element　耐火元素 [地質]

regelation　再凍結，復冰現象 [地質] [氣象] [海洋]

regenerated glacier　再生冰川 [地質]

regeneration cycle　再生循環 [海洋]

regimen　體系，均衡性，平衡 [氣象]

regime　型，體系 [地質] [氣象]

region of escape　逃逸區 [天文] [氣象]

regional anomaly　區域異常 [天文] [地質] [氣象] [海洋]

regional climate　區域氣候 [氣象]

regional climatology　區域氣候學 [氣象]

regional differentiation　區域分異 [地質]

regional dip　區域傾斜 [地質]

regional earthquake　區域地震 [地質]

regional engineering geology　區域工程地質學 [地質]

regional forecast　區域預報 [氣象]

regional geochemistry　區域地球化學 [地質]

regional geography　區域地理學 [地質]

regional geological map　區域地質圖 [地質]

regional geological survey　區域地質測量 [地質]

regional geology　區域地質學 [地質]

regional geomorphology　區域地貌學 [地質]

regional geophysics　區域地球物理學 [地質]

regional geotectology　區域大地構造學 [地質]

regional glaciology　區域冰川學 [地質]

regional gravity anomaly　區域重力異常 [地質]

regional hydrochemistry　區域水文化學 [地質]

regional hydrogeography　區域水文地理學 [地質]

regional hydrogeology　區域水文地質學 [地質]

regional hydrology　區域水文學 [地質]

regional metamorphism　區域變質作用 [地質]

regional oceanography　區域海洋學 [海洋]

regional physiography　區域地文學 [地質]

regional slope deposit　區域坡面沉積 [地質]

regional slope　區域坡度 [地質]

regional standard barometer　區域標準氣壓錶 [氣象]

regional stratigraphy　區域地層學 [地質]

regional tectonics　區域大地構造學 [地質]

regional unconformity　區域不整合 [地

質]

region　區域，部 [天文] [地質] [氣象] [海洋]

registering balloon　探測氣球 [氣象]

regmagenesis　區域平移運動 [地質]

Regnault's hygrometer　雷格諾脫溼度計 [氣象]

regolith　風化層 [地質]

regosol　表岩屑土，風積土 [地質]

regression analysis　回歸分析 [天文] [地質] [氣象] [海洋]

regression function　回歸函數 [天文] [地質] [氣象] [海洋]

regression line　回歸線 [天文] [地質] [氣象] [海洋]

regression of node　交點後退 [天文]

regression　海退，退化 [海洋]

regressive overlap　海退超覆 [地質]

regular dodecahedron　五角十二面體 [地質]

regular forecast　定期預報 [氣象]

regular galaxy　規則星系 [天文]

regular nebula　規則星雲 [天文]

regular observation　常規觀測 [天文]

regular perturbation　規則攝動 [天文]

regular satellite　規則衛星 [天文]

regular variable star　規則變星 [天文]

regular variable　規則變星 [天文]

regular wave　規則波 [海洋]

Regulus (α Leo)　軒轅十四（獅子座 α 星）[天文]

rejuvenated fault scarp　回春斷層崖 [地質]

rejuvenated orogenic zone　回春造山帶 [地質]

rejuvenated river　回春河 [地質]

rejuvenated stream　回春河 [地質]

rejuvenate　回春 [地質]

rejuvenation head　回春源頭 [地質]

rejuvenation　回春作用 [地質]

relative amplitude preserve　相對振幅保持 [地質]

relative aperture　相對口徑，相對孔徑 [天文]

relative articulation　相對清晰度 [天文]

relative contour　相對等高線 [氣象]

relative current　相對流 [海洋]

relative determination　相對測定 [天文]

relative divergence　相對輻散 [氣象]

relative geologic time　相對地質年代 [地質]

relative gradient　相對梯度 [天文]

relative gravity measurement　相對重力測量 [地質]

relative gravity survey　相對重力測量 [地質]

relative height　相對高度 [地質]

relative humidity　相對溼度 [氣象]

relative hypsography　相對高度型 [地質]

relative inclinometer　相對傾斜儀 [地質]

relative intensity of fluorescence　相對螢

光強度 [地質]

relative ionospheric opacity meter　相對
電離層不透明度儀 [氣象]

relative isohypse　相對等高線 [氣象]

relative luminosity　相對光度 [天文]

relative magnetometer　相對磁力計 [地質]

relative motion　相對運動 [天文]

relative number　相對數 [天文]

relative orbit　相對軌道 [天文]

relative parallax　相對視差 [天文]

relative permeability　相對滲透率，相
對磁導率 [地質]

relative photometry　相對光度測量 [天文]

relative proper motion　相對自行 [天文]

relative radial velocity　相對視向速度
[天文]

relative rise of sea level　海平面相對上升
[海洋]

relative sunspot number　相對太陽黑子
數 [天文]

relative topography　相對地形 [氣象]

relative vorticity　相對渦度 [氣象]

relativistic astrophysics　相對論天文物
理學 [天文]

relativistic cosmology　相對論宇宙論 [天文]

relativistic deflection　相對論偏折 [天文]

relativistic degeneracy　相對論簡併性
[天文]

relaxation source　鬆弛源 [地質]

relaxation　鬆弛 [地質]

release fracture　解壓裂隙 [地質]

release joint　解壓節理 [地質]

released mineral　釋放礦物 [地質]

relic of supernova　超新星殘骸 [天文]

relict dike　殘餘岩脈 [地質]

relict mineral　殘餘礦物 [地質]

relict permafrost　殘餘永凍土 [地質]

relict sediment　殘留沉積物 [地質]

relict soil　殘餘土 [地質]

relict texture　殘餘組織 [地質]

relict　殘缺，殘留，殘存，殘跡 [地質]

relic　殘留，殘存，殘跡 [地質]

relief　地形，地勢，起伏 [地質]

relief effect　地勢起伏影響 [地質]

relief feature　地勢起伏特徵 [地質]

Relizean stage　雷里茲期 [地質]

remagnetization circle　再磁化圓 [地質]

remagnetization　再磁化 [地質]

remnant of supernova explosion　超新星
爆炸殘骸 [天文]

remnant of Tycho's star　第谷超新星殘
骸 [天文]

remote metering　遙測 [氣象]

remote sensing of atmosphere　大氣遙測
[氣象]

remote unit　遙控單元 [地質]

renardite　黃磷鉛鈾礦 [地質]

rendzina　黑色石灰岩土 [地質]

renewable gypsum　再生石膏 [地質]

R

reniform 腎狀的 [地質]

renewable resource 再生資源 [地質]

repeat coverage 重複覆蓋 [地質]

repeatability 重複性 [地質]

repeated deformation 重複變形 [地質]

repeated folding 重複褶皺作用 [地質]

repeated reflection 重複反射 [地質]

repeating nova 再發新星 [天文]

replacement deposit 交代礦床 [地質]

replacement dike 交代岩脈 [地質]

replacement texture 交代結構 [地質]

replacement vein 交代礦脈 [地質]

replacement 置換作用 [地質]

representative fraction 地圖比例 [地質] [海洋]

research ship 研究船 [海洋]

research vessel 研究船 [海洋]

reseau 網格，晶格 [地質]

resequent fault-line scarp 再順向斷線崖 [地質]

resequent stream 再順河 [地質]

reserve 儲量 [地質]

reservoir fluid 油層流體 [地質]

reservoir of hot fluid 熱液蓄層 [地質]

reservoir rock 儲集岩，儲油岩，儲氣岩 [地質]

reservoir-induced earthquake 水庫誘發地震 [地質]

reservoir 水庫，儲藏處，蓄水池 [地質]

reshabar 雷夏巴風 [氣象]

residence time of cosmic rays 宇宙線居留時間 [天文]

residual anticline 殘餘背斜 [地質]

residual current 殘餘電流 [地質]

residual deposit 殘餘沉積，殘留礦床 [地質]

residual dome 殘餘穹丘 [地質]

residual gravity anomaly 殘餘重力異常 [地質]

residual ochre 殘餘赭石 [地質]

residual radial velocity 殘餘視向速度 [天文]

residual sediment 殘餘沉積物 [地質]

residual soil 殘餘土 [地質]

residual stress field 殘餘應力場 [地質]

residual velocity 剩餘速度 [天文]

residue 殘留物 [地質]

resin tin 松脂錫石 [地質]

resinite 脂蛋白石，脂煤素 [地質]

resinous coal 樹脂煤 [地質]

resistance inclinometer 電阻式傾斜儀 [地質]

resistance to breakage 抗碎強度 [地質]

resistate 殘留物 [地質]

resistivity logging 電阻率測井 [地質]

resistivity method 電阻率法 [地質]

resistivity profiling 電阻率剖面法 [地質]

resistivity well logging 電阻率測井 [地質]

resistor caliper 電阻式井徑儀 [地質]

resolving power 解析力 [天文]

R

resonance theory of tides　潮汐共振理論 [海洋]

resonant structure　共振結構 [天文]

resorption　再吸收，熔蝕 [地質]

respirometer　呼吸計 [海洋]

restricted basin　受限盆地 [海洋]

restricted cosmological principle　限制性宇宙論原則 [天文]

restricted problem　限制性問題 [天文]

restricted proper motion　限制性自行 [天文]

restricted three-body problem　限制性三體問題 [天文]

result of seismic explosion　地震探勘結果 [地質]

resultant wind direction　合成風向 [氣象]

resultant wind velocity　合成風速 [氣象]

resultant wind　合成風 [氣象]

resurgent gas　再生氣體 [地質]

resuspension　再懸浮 [地質] [海洋]

retained water　滯留水 [地質]

retardation　延遲，阻滯 [地質]

retarded motion　減速運動 [天文]

retgersite　鎳礬 [地質]

reticule　網線，十字線 [天文]

Reticulum　網罟座 [天文]

retinite　樹脂石 [地質]

retrogradation　海岸後退作用 [地質] [海洋]

retrograde metamorphism　退化變質作用，逆變質作用 [地質]

retrograde motion　逆行 [天文]

retrograde orbit　逆行軌道 [天文]

retrograde reservoir　逆向儲集層 [地質]

retrograde stationary　逆留 [天文]

retrograde wave　後退波 [氣象]

retrograding shoreline　後退海岸線 [地質]

retrogression　退化，後退 [地質] [氣象]

retrogressive metamorphism　退化變質作用 [地質]

return period　回復期，重現期 [地質]

return streamer　回閃擊 [地質]

return stroke　回閃擊 [地質]

retzianite　砷釔錳石 [地質]

Reunion event　留尼旺事件 [地質]

reverberation　水振盪，混響 [海洋]

reversal of dip　傾斜逆轉 [地質]

reversal of earth's field　地磁場逆轉 [地質]

reversal of season　季節轉換 [氣象]

reversal test　倒轉試驗 [地質]

reversal　倒轉，反轉 [天文] [地質] [氣象] [海洋]

reverse branch　反向分枝 [地質]

reverse cell　反向環流圈，反向胞 [氣象]

reverse fault　逆斷層 [地質]

reverse slip fault　逆向滑移斷層 [地質]

reversed arc　反向島弧，反向弧 [地質]

reversed fault　逆斷層 [地質]

reversed geomagnetic polarity epoch　地

磁極逆轉期 [地質]

reversed polarity 反向極性 [地質]

reversed 倒轉的，反向 [地質]

reversible film 二面用軟片 [天文]

reversible saturation-adiabatic process 可逆飽和絕熱過程 [氣象]

reversible transit circle 可反轉子午圈 [天文]

reversing current 反流 [海洋]

reversing prism 反像稜鏡 [天文]

reversing thermometer 顛倒水溫計，倒置式水溫計 [海洋]

reversing water bottle 倒置式採水器 [海洋]

reversing water sampler 倒置式採水器 [海洋]

revived fault scarp 復活斷層崖 [地質]

revived stream 復活河 [地質]

revolution motion 公轉運動 [天文]

revolution 公轉，繞轉，變革 [天文]

revolving storm 旋轉風暴 [氣象]

revolving vane anemometer 葉輪風速計 [氣象]

Reynolds effect 雷諾效應 [氣象]

rezbanyite 塊輝鉛鉍礦，雜輝鉛鉍礦 [地質]

RGU system RGU 系統 [天文]

rhabdite 隕磷鐵鎳礦 [地質]

rhabdolithe 中柱石，普通柱石 [地質]

rhabdophane 水磷鈰石 [地質]

Rhaetian 瑞提階 [地質]

Rhaetic series 瑞提統 [地質]

Rhea 瑞雅，土衛五 [天文]

rhegmagenesis 平移作用 [地質]

rheid fold 流變褶皺 [地質]

rheidity 流變性 [地質]

rheid 流變體，流岩體 [地質]

Rhenium-Osmium method 錸—鋨法 [天文]

rheological intrusion 流變性侵入體 [地質]

rheomorphism 流變作用 [地質]

Rhinog grits 萊諾格粗砂岩 [地質]

rhodizite 硼鈹鋁銫石 [地質]

rhodochrosite 菱錳礦 [地質]

rhodolite 鐵鎂鋁榴石，紅榴石 [地質]

rhodonite 薔薇輝石 [地質]

rhomb spar 白雲石 [地質]

rhombarsenite 白砷石 [地質]

rhombic dodecahedron 菱形十二面體 [地質]

rhombic lattice 斜方晶格 [地質]

rhombic system 斜方晶系 [地質]

rhomboclase 板鐵礬 [地質]

rhombohedral class 菱面體晶類 [地質]

rhombohedral close packing 菱面體最密堆積 [地質]

rhombohedral crystal system 菱形晶系 [地質]

rhombohedral iron ore 赤鐵礦，菱鐵礦 [地質]

rhombohedral lattice 菱面體晶格 [地

質]

rhombohedral system　菱面體晶系 [地質]

rhomboid ripple mark　菱形波痕 [地質]

rhomb-porphyry　菱長斑岩 [地質]

rhomb　菱面體 [地質]

rhyacolite　透長石 [地質]

Rhyme Chert　萊尼埃燧石層 [地質]

rhyodacite　流紋英安岩 [地質]

rhyolite　流紋岩 [地質]

rhyolitic glass　流紋岩玻璃 [地質]

rhyolitic lava　流紋岩熔岩 [地質]

rhyolitic magma　流紋岩岩漿 [地質]

rhyolitic tuff　流紋凝灰岩 [地質]

rhythmic accumulations　韻律堆積 [地質]

rhythmic crystallization　韻律結晶作用 [地質]

rhythmic sedimentation　韻律沉積 [地質]

rhythmic stratification　韻律層理 [地質]

rhythmic time signal　節奏時號 [天文]

rhythmite　韻律層，帶狀紋泥層，交替層 [地質]

rhythmo-stratigraphy　韻律地層學 [地質]

Ria coast　里亞海岸 [地質]

Ria shoreline　里亞式海岸線 [地質]

riband jasper　條紋碧玉 [地質]

ribbon diagram　帶狀圖 [地質]

ribbon lightning　帶狀閃電 [氣象]

ribbon rock　條紋岩 [地質]

ribbon structure　帶狀構造 [地質]

ribbon vein　帶狀礦脈 [地質]

ribbon　帶，條紋 [地質]

ribut　呂伯特颮 [氣象]

Riccarton group　里卡頓群 [地質]

rice grain　米粒組織 [天文]

rice stone　斑狀岩 [地質]

richellite　膠氟磷鐵礦 [地質]

Richardson number　理查遜數 [地質]

Richmondian　里查滿階 [地質]

richness index　豐富性指數 [天文]

Richter magnitude　芮氏地震規模 [地質]

Richter scale　芮氏地震規模 [地質]

richterite　鈉透閃石 [地質]

rickardite　碲銅礦 [地質]

rider　薄煤層，礦體中夾石 [地質]

ridge aloft　高空脊 [氣象]

ridge line　脊線 [地質] [氣象]

ridge type earthquake　洋脊型地震 [地質]

ridge　脊，山脊，海脊 [地質] [氣象]

riebeckite　鈉閃石 [地質]

riebungsbreccia　褶碎角礫岩 [地質]

Riecke's principle　李開原理 [地質]

riegel　岩柵 [地質]

Riemannian space　黎曼空間 [天文]

riemannite　水鋁英石 [地質]

riffle　淺灘，急流，細槽 [地質]

rift block basin　斷裂塊盆地 [地質]

rift block mountain 斷裂塊山 [地質]

rift block valley 斷裂塊谷 [地質]

rift system 裂谷系 [地質] [海洋]

rift valley lake 裂谷湖 [地質]

rift valley 裂谷，張裂谷 [地質] [海洋]

rift zone 斷裂帶 [地質]

rifting dynamics 裂谷動力學 [地質] [海洋]

rift 裂谷，裂縫 [地質]

Rigel (β Ori) 參宿七（獵戶座 β 星）[天文]

right ascension system 赤經系統 [天文]

right ascension 赤經 [天文]

right slip fault 右滑斷層 [地質]

right sphere 垂直天球 [天文]

right-handed crystal 右旋晶體 [地質]

right-handed polarization 右旋偏振 [地質]

right-handed 右旋 [地質]

right-lateral fault 右移斷層 [地質]

right-lateral slip fault 右滑移斷層 [地質]

rigid frame system 剛架系統 [地質]

Rigil Kent (α Cen) 南門二（半人馬座 α 星）[天文]

rig 鑽機，立格風 [地質] [氣象]

rill crater 溝紋環形山 [天文]

rill current 環電流 [天文]

rill erosion 細溝侵蝕 [地質]

rill mark 細流痕 [地質]

rill wash 細溝沖蝕 [地質]

rill 細溝（月面）[天文] [地質]

rillet 小紋溝 [地質]

rille 月面裂紋 [天文]

rilling 細溝侵蝕 [地質]

rillwork 細溝作用 [地質]

rim cement 邊緣膠結物 [地質]

rima 裂縫（月面）[天文] [地質]

rime break 冰折 [氣象]

rime fog 淞霧 [氣象]

rime frost 白霜 [氣象]

rime 霧淞 [氣象]

rimpylite 富鐵閃石 [地質]

rimrock 緣石 [地質]

rimstone dam 緣石壩 [地質]

rimstone 緣石 [地質]

rim 邊緣 [天文] [地質]

ring A A 環 [天文]

ring B B 環 [天文]

ring C C 環 [天文]

ring current 環狀流，環狀電流 [氣象] [海洋]

ring dike 環狀岩脈 [地質]

ring dyke 環狀岩脈 [地質]

ring F F 環 [天文]

ring fracture intrusion 環狀裂縫侵入體 [地質]

ring galaxy 環狀星系 [天文]

ring nebula 環狀星雲 [天文]

ring silicate 環狀矽酸鹽 [地質]

ring structure 環狀構造 [地質]

rings of Saturn 土星環 [天文]

R

rings of Uranus 天王星環 [天文]

ring 環，圈 [天文] [海洋]

rinkite 氟矽鈦鈰礦 [地質]

rinkolite 氟矽鈦鈰礦 [地質]

rinneite 鉀鐵鹽，鹼鐵鹽 [地質]

riometer 游離層相對不透明度計 [天文] [氣象]

rip current 激流 [海洋]

ripe snow 軟雪 [氣象]

ripidolite 鐵斜綠泥石 [地質]

ripple drift 波痕漂積 [地質]

ripple index 波痕指數 [地質]

ripple load cast 波痕重荷鑄型 [地質]

ripple mark index 波痕指數 [地質]

ripple-mark amplitude 波痕振幅 [地質]

ripple-mark 波痕 [地質]

ripple 微波，漣漪，波紋 [地質] [海洋]

rip 激浪 [海洋]

rise of tide 潮升 [海洋]

riser 上升管 [地質]

rise 隆起，海隆 [地質] [海洋]

rising limb 上升肢 [地質]

rising limit 出限 [天文]

rising point 上升點 [天文]

rising tide 漲潮 [海洋]

rising 上升 [天文]

Riss-Wurm interglacial period 利斯－玉木間冰期 [地質]

Riss 利斯期 [地質]

river basin morphology 流域形態學 [地質]

river basin planning 流域規劃 [地質]

river basin 流域 [地質]

river beach 河灘 [地質]

river bed deformation 河床變形 [地質]

river bed 河床 [地質]

river capture 河流襲奪 [地質]

river catchment 河川流域 [地質]

river chart 江河圖 [地質]

river deflection 河流偏移 [地質]

river dominated delta 河控三角洲 [地質]

river feeding 河流補給 [地質]

river flat 河成平地 [地質]

river forecast 河川預報 [地質]

river geomorphology 河流地貌學 [地質]

river hydrological surveying 河流水文測量學 [地質]

river hydrology 河流水文學 [地質]

river ice 河冰 [地質]

river morphology 河流形態學 [地質]

river mouth 河口 [地質]

river piracy 河流襲奪 [地質]

river plain 氾濫平原 [地質]

river system 河系 [地質]

river terrace 河階，河成階地 [地質]

river tide 河流潮汐 [地質]

river valley 河谷 [地質]

river water 河水 [地質]

river-born substance 河源物質 [地質]

river 河川，河流 [地質]

RK galaxy RK 星系 [天文]

RM wind scale 北洛基山脈風級 [氣象]

RN galaxy RN 星系 [天文]

Roach bed 羅奇層 [地質]

roaring forties 四十度哮風帶 [氣象]

Robertson-Walker metric 勞勃遜一沃克規度 [天文]

Robeston Wathen limestone 羅伯斯頓·瓦辛石灰岩 [地質]

Robin Hood's wind 羅賓漢風 [氣象]

robinsonite 纖硫銻鉛礦 [地質]

Robitzsch actinograph 魯卑支日射儀 [天文]

robot system 機器人系統 [天文] [地質]

robot 機器人，自動操作機 [天文] [地質]

Roche limit 洛希極限 [天文]

Roche lobe 洛希瓣 [天文]

Rochelle salt crystal 羅謝爾鹽晶體 [地質]

Rochester shales 羅徹斯特頁岩 [地質]

rock asphalt 天然瀝青，石瀝青 [地質]

rock awash 適淹礁 [地質] [海洋]

rock bar 岩壩 [地質]

rock base 基岩 [地質]

rock bed 基岩 [地質]

rock bench 岩棚 [地質]

rock bulk compressibility 岩石體積壓縮係數 [地質]

rock burst 岩石爆裂 [地質]

rock chemistry 岩石化學 [地質]

rock cleavage 岩石劈理 [地質]

rock control 岩石控制 [地質]

rock cork 淡石棉，石絨 [地質]

rock creep 岩石潛移 [地質]

rock crystal 水晶 [地質]

rock cycle 岩石循環 [地質]

rock decay 岩石風化 [地質]

rock defended terrace 護岩階地 [地質]

rock deformation and stability measurement 岩石變形及穩定性測量 [地質]

rock description 岩石描述 [地質]

rock desert 石漠 [地質]

rock dynamics 岩石動力學 [地質]

rock element 岩石要素 [地質]

rock fabric 岩石組構 [地質]

rock failure 岩石破裂 [地質]

rock fall 岩崩 [地質]

rock fan 岩扇 [地質]

rock flour 岩粉 [地質]

rock geochemistry 岩石地球化學 [地質]

rock glacier 岩石冰川 [地質]

rock gypsum 塊狀石膏 [地質]

rock island 岩島 [地質]

rock magnetism 岩石磁性 [地質]

rock meal 岩粉 [地質]

rock milk 岩乳 [地質]

rock pedestal 細頸岩柱 [地質]

rock pediment 岩原 [地質]

rock pendant 懸吊岩 [地質]

rock permeability 石滲透性 [地質]

rock phosphate 磷酸岩 [地質]

R

rock physics　岩石物理學 [地質]

rock pressure　岩石壓力 [地質]

rock rose　沙漠玫瑰 [地質]

rock salt karst　岩鹽喀斯特 [地質]

rock salt　岩鹽 [地質]

rock series　岩系 [地質]

rock shelter　岩屋 [地質]

rock slip　山崩，山坡滑崩 [地質]

rock step　岩梯，谷底岩階 [地質]

rock stratigraphic unit　岩石地層單位 [地質]

rock stratigraphy　岩性地層學 [地質]

rock stream　岩石流 [地質]

rock structure　岩石結構 [地質]

rock system　岩石系統 [地質]

rock terrace　岩石階地 [地質]

rock type　岩石類型 [地質]

rock unit　岩石單位 [地質]

rock varnish　岩漆 [地質]

rock wool　岩棉 [地質]

rock-forming mineral　成岩礦物 [地質]

rockbridgeite　綠鐵礦 [地質]

rocket astronomy　火箭天文學 [天文]

rocket lightning　火箭狀閃電 [氣象]

rocket-released vapor trails　火箭蒸氣尾跡 [天文] [氣象]

rocket-satellite astronomy　火箭—衛星天文學 [天文]

rocketsonde　火箭探空儀 [氣象]

rockfall　落石 [地質]

rockforming　造岩的 [地質]

rocking mirror　擺動反光鏡 [天文]

rockslide　岩滑，滑坡 [地質]

rocky desert　岩漠 [地質]

rocky erosion　岩石侵蝕 [地質]

rock　岩石，礦石 [地質]

rodite　古橄角礫無球粒隕石 [地質]

rod-like crystal　棒型晶體 [地質]

rod　桿，棒 [地質]

roedderite　矽鹼鐵鎂石 [地質]

roemerite　粒鐵礬 [地質]

roesslerite　砷氫鎂石 [地質]

roestone　魚卵岩，鯝狀岩 [地質]

ROFO: route forecast　航線預報 [氣象]

Roga index　羅加指數 [地質]

roll cloud　滾軸雲 [氣象]

roll convection　滾動對流 [地質]

roll cumulus　滾軸積雲 [氣象]

roll　滾動，捲狀 [地質]

roller　捲浪，滾筒 [地質] [海洋]

rolling swell　長湧 [海洋]

Romanche trench　羅曼什海溝 [地質] [海洋]

romeite　銻鈣石 [地質]

rondada　郎達達風 [氣象]

roof foundering　頂落作用 [地質]

roof pendant　頂岩 [地質]

root of mountain　山根 [地質]

root zone　山根帶 [地質]

root-mean-square height　均方根高度 [天文] [地質] [氣象] [海洋]

rope　繩索，雷達標索 [地質] [氣象]

ropy lava　繩狀熔岩 [地質]

rosasite　斜方綠銅鋅礦 [地質]

roscherite　鹼磷鈣錳鐵礦 [地質]

roscoelite　釩雲母 [地質]

rose beryl　紅綠柱石 [地質]

rose diagram　玫瑰圖 [地質]

rose opal　紅蛋白石 [地質]

rose quartz　薔薇石英 [地質]

rose topaz　紅黃玉 [地質]

Rosebrae bed　羅斯布拉層 [地質]

roselite　砷鈷鈣石，玫瑰砷鈣石 [地質]

rosette method　薔薇花式系列法（度盤檢驗）[天文]

Rosette Nebula (NGC 2237-2244)　薔薇星雲 [天文]

rosette　玫瑰花式 [地質]

rosieresite　磷鋁鉛銅石 [地質]

rosin jack　黃閃鋅礦 [地質]

rosin tin　紅黃錫石 [地質]

Rosiwal intercept method　羅西瓦截距法 [地質]

Roslin sandstone　羅斯林砂岩 [地質]

Ross Ice Shelf　羅斯冰棚 [地質] [海洋]

Rossby number　羅士比數 [氣象]

Rossby parameter　羅士比參數 [氣象]

Rossby regime　羅士比型 [氣象]

Rossby term　羅士比項 [氣象]

Rossby wave　羅士比波 [氣象]

Rossel Current　羅塞爾海流 [海洋]

Rossi-Forel intensity scale　羅一法氏震度分級 [地質]

rossite　水釩鈣石 [地質]

rosterite　銫綠柱石 [地質]

rotary anemometer　旋轉式風速計 [氣象]

rotary current　迴轉流 [氣象] [海洋]

rotary fault　旋轉斷層 [地質]

rotating beam ceilometer　旋轉射束雲高計 [氣象]

rotating dishpan experiment　轉盤實驗 [氣象]

rotating magnetometer　旋轉磁力計 [地質]

rotating model　旋轉模型 [海洋]

rotating sector　旋轉遮光板 [天文]

rotating shuttle　轉動快門 [天文]

rotating variable　自轉變星 [天文]

rotation axes of symmetry　旋轉對稱軸 [地質]

rotation axis　旋轉軸 [地質]

rotation curve　自轉曲線 [天文]

rotation diagram　旋轉圖，自轉圖 [天文] [地質]

rotation effect　自轉效應 [天文]

rotation of atmosphere　大氣轉動 [氣象]

rotation of the Earth　地球自轉 [天文]

rotation of the Galaxy　銀河系自轉 [天文]

rotation quantum number　轉動量子數 [天文]

rotation reflection axis　旋轉反射軸 [地質]

rotation temperature 自轉溫度 [天文]

rotation twin 旋轉雙晶 [地質]

rotation vibration band 旋轉振動譜帶 [天文]

rotational angular velocity of the Earth 地球自轉角速度 [天文]

rotational broadening 自轉致寬（譜線）[天文]

rotational contour 轉致輪廓 [天文]

rotational fault 旋轉斷層 [地質]

rotational instability 自轉不穩定性 [天文]

rotational momentum 自轉角動量 [天文]

rotational profile 轉致輪廓 [天文]

rotational remanence 旋轉剩磁 [地質]

rotational remanent magnetization 旋轉剩磁 [地質]

rotational variable 自轉變星 [天文]

rotational wave 旋轉波 [天文]

rotation-inversion axis 旋轉反映軸 [地質]

rotation 自轉，旋轉 [天文] [地質] [氣象] [海洋]

rotator 轉體 [天文]

rotenturm wind 羅坦登風 [氣象]

Rotliegende epoch 赤底世 [地質]

Rotliegende series 赤底統 [地質]

rotor cloud 滾軸雲 [氣象]

rotten ice 融冰 [地質]

rotten slime 腐泥 [地質]

rough coal 原煤 [地質]

rough diamond 粗金剛石 [地質]

rough sea 強浪，大浪 [海洋]

roughness coefficient 粗糙係數 [氣象]

roughness element 粗糙要素 [氣象]

roughness layer 粗糙層 [氣象]

roughness parameter 粗糙參數 [氣象]

roumanite 羅馬尼亞琥珀 [地質]

round window 圓窗 [地質]

rounded value 約整值 [天文]

roundness 圓度 [地質]

Rousay flags 魯賽板層 [地質]

route component 航路分風 [氣象]

route forecast 航線預報 [氣象]

routine observation 常規觀測 [天文]

roweite 硼錳鈣石 [地質]

γ-process γ過程 [天文]

RR Lyr variable 天琴 RR 型變星 [天文]

RRM: rotational remanent magnetization 旋轉剩磁 [地質]

RS CVn binary 獵犬座 RS 型雙星 [天文]

ru: radiation unit 輻射單位（宇宙射線吸收測量單位）[天文] [氣象]

rubber ice 彈性冰 [海洋]

rubellite 紅電氣石 [地質]

rubicelle 橙尖晶石 [地質]

rubidium clock 銣鐘 [天文]

rubidium gas cell 銣氣胞 [天文]

rubidium maser 銣邁射 [天文]

rubidium-strontium dating 銣－鍶定年

[地質]

rubidium-strontium geochronology 銣鍶地質年代學 [地質]

rubidium-strontium method 銣鍶法 [地質]

ruby copper ore 赤銅礦 [地質]

ruby mica 紅雲母，針鐵礦 [地質]

ruby silver 紅銀礦 [地質]

ruby spinel 紅尖晶石 [地質]

ruby 紅寶石 [地質]

Ruchbah (δ Cas) 閣道三（仙后座 δ 星）[天文]

rudaceous 礫狀的，礫質的 [地質]

ruddle 代赭石 [地質]

rudite 礫屑岩，礫質岩 [地質]

ruggedness number 崎嶇數 [地質]

ruin agate 殘紋瑪瑙 [地質]

ruled paper 方格紙 [天文] [地質] [氣象] [海洋]

rule 尺，規則 [天文] [地質] [氣象] [海洋]

rumanite 羅馬尼亞琥珀 [地質]

run of mine coal 原煤 [地質]

run up 溯河洄游 [地質]

runaway star 速逃星 [天文]

runic texture 反象組織 [地質]

runite 文象花岡岩反象組織 [地質]

runnel 小河，前岸槽地 [地質]

running mean 移動平均 [天文] [地質] [氣象] [海洋]

running sand 流沙 [地質]

running survey 勘測 [地質]

running water geomorphology 流水地貌學 [地質]

runoff analysis 逕流分析 [地質]

runoff characteristic 逕流特性 [地質]

runoff coefficient 逕流係數 [地質]

runoff control 逕流控制 [地質]

runoff cycle 逕流循環 [地質]

runoff model 逕流模式 [地質]

runoff modulus 逕流模數 [地質]

runoff rate 逕流率 [地質]

runoff ratio 逕流比 [地質]

run-off curve 逕流曲線 [地質]

runoff 逕流 [地質]

run-up time 起轉時間 [天文]

run-up 波浪湧升 [海洋]

runway observation 跑道觀測 [氣象]

runway 河道，跑道 [地質] [氣象]

run 偏斜礦體，礦脈走向，運轉，操作 [天文] [地質] [氣象] [海洋]

rupture front 破裂前沿 [地質]

rupture length 破裂長度 [地質]

rupture process 破裂過程 [地質]

rupture propagation 破裂傳播 [地質]

rupture 破裂，斷裂 [地質]

Rushton schists 魯施頓片岩 [地質]

Russell diagram 羅素圖，赫羅圖 [天文]

Russell mixture 羅素混合物 [天文]

russellite 鎢鉍礦 [地質]

Russell-Saunders coupling 羅素－桑德

斯耦合（LS 耦合）[天文]

Russian platform 俄羅斯地台 [地質]

rutherfordine 纖碳鈾礦 [地質]

rutilated quartz 金紅針水晶 [地質]

rutile 金紅石 [地質]

RV Tauri star 金牛 RV 型變星 [天文]

RVS: radial velocity spectrometer 視向
速度儀 [天文]

RW Aurigal stars 御夫 RW 型星 [天文]

Ryoke belt 洛基帶 [地質]

R

S s

S galaxy: spiral galaxy　螺旋狀星系 [天文]

s process　s 過程 [天文]

S star　S 型星 [天文]

S tectonite　S 構造岩 [地質]

S wave　S 波 [地質]

S: solar daily variation　太陽日變化 [天文]

S: spat　斯派特（天文距離單位）[天文]

Sa spiral galaxy　Sa 型螺旋狀星系 [天文]

sabugalite　鋁鈣鈾雲母 [地質]

saddle fold　鞍狀褶皺 [地質]

saddleback tip　凹形鑽頭 [地質]

saddle　鞍點，鞍部，凹谷 [地質]

safe channel capacity　河道安全輸水能力，通訊頻道容量 [地質]

safflorite　斜方砷鈷礦 [地質]

sag　凹陷，山凹，下垂度 [地質]

sagenite　網金紅石 [地質]

sagenitic　網金紅石的 [地質]

Sagittarius arm　人馬臂 [天文]

Sagittarius A　人馬座 A 源 [天文]

Sagittarius star cloud　人馬座星雲 [天文]

Sagittarius　人馬座 [天文]

Sagitta　天箭座，矢蟲 [天文] [地質]

Saha equation　沙哈方程 [天文]

Saha formula　沙哈公式 [天文]

sahel　沙黑風 [氣象]

sahlite　次透輝石 [地質]

sail　船帆 [氣象] [海洋]

saimaite　賽馬礦 [地質]

Saint Peter sandstone　聖彼得砂岩 [地質]

Sakmarian　薩克馬力統 [地質]

sal　矽鋁帶 [地質]

Salado formation　沙拉多建造 [地質]

salband　近圍岩岩脈 [地質]

saleeite　鎂磷鈾雲母 [地質]

Salem limestone　薩勒姆石灰岩 [地質]

salesite　氫氧碘銅礦 [地質]

salic horizon　矽鋁質層 [地質]

salic　矽鋁質的 [地質]

salina　鹽鹼灘 [地質]

saline deposit　鹽類沉積 [地質]

saline lake　鹽湖 [地質]

S

saline water conversion engineering 鹽水轉化工程 [海洋]

saline water reclamation 鹽水淡化 [海洋]

saline 含鹽的，鹽水 [地質]

salinelle 鹽泥火山 [地質]

salinity of sea ice 海冰鹽度 [海洋]

salinity tongue 鹽舌 [海洋]

salinity 鹽度 [海洋]

salinometer 鹽度計 [海洋]

salite 次透輝石 [地質]

salmonsite 黃磷錳鐵礦 [地質]

Salopian age 薩洛普期 [地質]

salse 泥火山 [地質]

salt anticline 鹽岩背斜 [地質]

salt correction 鹽度校正 [海洋]

salt deposit 鹽層 [地質]

salt desert 鹽漠 [地質]

salt dome 鹽丘 [地質]

salt error 鹽誤差 [地質]

salt flat 鹽灘，鹽坪 [地質]

salt flower 鹽花 [海洋]

salt haze 鹽霾 [氣象]

salt intrusion 鹽水入侵 [地質] [海洋]

salt invasion 鹽水入侵 [地質] [海洋]

salt lake karst 鹽湖喀斯特 [地質]

salt lake 鹽湖 [地質]

salt marsh 鹽沼 [地質]

salt nucleus 鹽核 [氣象]

salt pan 鹽池，鹽田 [地質]

salt wall 鹽牆 [地質]

salt water intrusion 鹽水入侵 [地質]

salt water lake 鹹水湖 [地質]

salt water mud 鹽水泥漿 [地質]

salt water wedge 鹽水楔 [海洋]

salt water 海水 [海洋]

saltation flow 躍動流 [地質]

saltation load 跳躍載重 [地質]

saltation transport 跳躍搬運 [地質]

saltation velocity 躍移速度 [地質]

saltation 跳動，躍動 [地質]

saltpetre cave 硝石洞 [地質]

saltpetre earth 硝石土 [地質]

saltpetre soft 硝石鹽 [地質]

saltpetre 鉀硝石，硝石 [地質]

samarium-neodymium dating method 釤釹定年法 [地質]

samarskite 鈮釔礦 [地質]

samoite 鋁英石 [地質]

sample log 鑽井取樣記錄 [地質]

sampleite 氯磷鈉銅礦 [地質]

sample 水樣，樣品，樣本 [天文] [地質] [氣象] [海洋]

sampling bottle 取樣瓶 [海洋]

samsonite 硫銻錳銀礦 [地質]

San Andreas fault 聖安得列斯斷層 [地質]

Sanbagawa belt 山巴加瓦帶 [地質]

sanbornite 矽鋇石 [地質]

sand and gravel overlay 砂礫覆蓋層 [地質]

sand auger 沙捲 [氣象]

sand bank　沙壩 [地質]

sand bar　沙洲 [地質]

sand bed　砂床 [地質]

sand belt　砂 [地質]

sand blowing　揚沙 [地質]

sand boil　沙湧 [地質]

sand cay　砂嶼 [地質]

sand clock　沙漏 [天文]

sand cloud　沙雲 [氣象]

sand content　含砂量 [地質]

sand crystal　砂晶 [地質]

sand devil　沙捲風 [氣象]

sand drift　漂沙，流砂 [地質]

sand dune succession　沙丘演替 [地質]

sand dune　沙丘 [地質]

sand glass　沙漏 [天文]

sand hill　沙丘 [地質]

sand of storm　暴風沙 [氣象]

sand plain　沙原 [地質]

sand reef　沙洲，砂礁 [地質]

sand ridge　沙脊 [地質]

sand ripple　沙漣 [地質]

sand sheet　薄砂層 [地質]

sand snow　沙性雪 [氣象]

sand spit　沙嘴 [地質]

sand spout　沙龍捲 [氣象]

sand washer　洗砂器 [地質]

sand wave　沙波 [地質] [海洋]

sand wedge　砂楔 [地質]

sandarac　雄黃，雞冠石 [地質]

sandbank　沙洲 [地質] [海洋]

sandbar　沙洲 [地質] [海洋]

sandbeach　沙灘 [地質] [海洋]

sandgate beds　砂口層 [地質]

sand-shale ratio　砂頁岩比率 [地質]

sandstone dike　砂岩脈 [地質]

sandstone petrology　砂岩岩石學 [地質]

sandstone　砂岩 [地質]

sandstorm　沙暴 [氣象]

sandur　外洗平原 [地質]

sandy beach　砂質海灘 [地質] [海洋]

sandy chert　砂質燧石 [地質]

sandy clock　沙漏鐘 [天文]

sandy desert　沙漠 [地質]

sandy slate　砂質板岩 [地質]

Sangamon　桑洛蒙間冰期 [地質]

sanidine　透長石 [地質]

sanidinite　透長岩 [地質]

sanmartinite　鎢鋅礦 [地質]

sansar　摃殺風 [氣象]

Santa Ana　聖塔安娜風 [氣象]

Santa Rosa storm　聖塔羅莎風暴 [氣象]

SAO star catalogue　史密森星表 [天文]

Sapbice d'Ean　堇青水藍寶石 [地質]

saphir d'eau　深藍堇青石 [地質]

saponite　皂石 [地質]

sapphire quartz　藍石英 [地質]

sapphire spinel　藍寶石尖晶石 [地質]

sapphire　藍寶石 [地質]

sapphirine　假藍寶石 [地質]

saprofication　腐泥化作用 [地質]

saprogenous ooze　腐生軟泥 [地質]

S

sapropel-clay　腐泥黏土 [地質]

sapropelic coal　腐泥煤 [地質]

sapropelite　腐泥煤 [地質]

sapropel-peat　腐泥質泥炭 [地質]

sapropel　腐植泥 [地質]

sarcopside　斜磷錳鐵礦 [地質]

sardius　肉紅玉髓 [地質]

sardonyx　紅絲瑪瑙，纏絲瑪瑙 [地質]

sard　肉紅玉髓 [地質]

sarkinite　紅砷錳礦 [地質]

Sarmatian age　薩爾馬期 [地質]

sarmientite　砷鐵礬 [地質]

saros　沙羅週期 [天文]

sarsen stone　混濁砂岩 [地質]

sartorite　脆硫砷鉛礦 [地質]

sassolite　天然硼酸 [地質]

sastruga　雪面波紋 [地質]

satellite aberration　衛星光行差 [天文]

satellite astronomy　衛星天文學 [天文]

satellite cartography　衛星製圖學 [地質]

satellite climatology　衛星氣候學 [氣象]

satellite cloud photograph　衛星雲圖 [氣象]

satellite cloud picture　衛星雲圖 [氣象]

satellite Doppler shift measurement　衛星都卜勒頻移測量 [氣象]

satellite eclipse　衛星食 [天文]

satellite galaxy　伴星系 [天文]

satellite mapping　衛星測繪學 [地質]

satellite meteorology　衛星氣象學 [氣象]

satellite oceanography　衛星海洋學 [海洋]

satellite photogrammetry　衛星攝影測量 [地質]

satellite photograph　衛星攝影 [地質]

satellite photography　衛星攝影學 [地質]

satellite sounding　衛星探測 [地質] [氣象]

satellite station　衛星站 [天文]

satellite surveying　衛星測量學 [地質]

satellite transit　衛星凌行星 [天文]

satellite triangulation　衛星三角測量 [地質]

satellite　衛星 [天文]

satelloon　氣象衛星 [氣象]

satin ice　絲狀冰 [地質]

satin spar　纖維石膏 [地質]

satin stone　纖維石膏 [地質]

satpaevite　黃水釩鋁礦 [地質]

saturable magnetometer　飽和磁力儀 [地質]

saturated air　飽和空氣 [氣象]

saturated humidity mixing ratio　飽和溼度混合比 [氣象]

saturated humidity ratio　飽和溼度比 [氣象]

saturated humidity　飽和溼度 [氣象]

saturated mineral　飽和礦物 [地質]

saturated moist air　飽和溼空氣 [氣象]

saturated rock　飽和岩 [地質]

saturated surface　飽和表面 [地質]

saturated water vapour pressure　飽和水汽壓 [氣象]

saturated zone　飽和帶 [地質]

saturation adiabat　飽和絕熱線 [氣象]

saturation anomaly　飽和度異常 [海洋]

saturation deficit　飽和差 [氣象]

saturation depth　飽和深度 [海洋]

saturation dissolved oxygen　溶氧飽和度 [海洋]

saturation dive　飽和潛水 [海洋]

saturation diving　飽和潛水 [海洋]

saturation function　飽和函數 [天文]

saturation isothermal remanent magnetization　飽合等溫殘磁 [地質]

saturation mixing ratio　飽和混合比 [氣象]

saturation ratio　飽和比 [氣象]

saturation zone　飽和帶 [地質]

saturation　飽和 [天文] [地質] [氣象] [海洋]

saturation-adiabatic lapse rate　溼絕熱直減率 [氣象]

saturation-adiabatic process　溼絕熱過程 [氣象]

Saturn Nebula (NGC 7009)　土星狀星雲 [天文]

Saturn　土星 [天文]

Saturnian ionosphere　土星電離層 [天文]

Saturnian low-energy thermal plasmas　土星低能熱電漿 [天文]

Saturnian magnetopause　土星磁層頂 [天文]

Saturnian magnetosheath　土星磁層鞘 [天文]

Saturnian magnetosphere　土星磁層 [天文]

Saturnian magnetotail　土星磁尾 [天文]

Saturnian plasma wave　土星電漿波 [天文]

Saturnian satellite　土星衛星 [天文]

saturnicentric coordinates　土心座標 [天文]

saturnigraphic coordinates　土面座標 [天文]

Saturnigraphy　土面學 [天文]

Saturn's atmosphere　土星大氣 [天文]

Saturn's atmospheric circulation　土星大氣環流 [天文]

Saturn's bow shock　土星弓型衝擊波 [天文]

Saturn's exploration　土星探測 [天文]

Saturn's kilometric radiation　土星千米波輻射 [天文]

Saturn's ring　土星環 [天文]

saucer crater　碟狀環形山 [天文]

sauconite　鋅膨潤石，鋅皂石 [地質]

saussurite　鈉黝簾石岩 [地質]

saussuritization　鈉黝簾石化作用 [地質]

savanna climate　熱帶草原氣候 [氣象]

sawback　鋸齒形山脊 [地質]

SB galaxy　棒旋星系 [天文]

S

Sc cas: stratocumulus castellanus　堡狀層積雲 [氣象]

Sc cug: stratocumulus cumulogenitus　積雲性層積雲 [氣象]

Sc len: stratocumuluslenticularis　莢狀層積雲 [氣象]

Sc op: stratocumulus opacus　蔽光層積雲 [氣象]

Sc tr: stratocumulus translucidus　透光層積雲 [氣象]

Sc: stratocumulus　層積雲 [氣象]

scabland　惡地 [地質]

scacchite　氯錳礦 [地質]

scaglia　細鈣頁岩 [地質]

scale drawing　縮尺圖 [地質]

scale height　尺度高 [天文] [氣象]

scale map　比例尺地圖 [地質]

scale model　比例模型 [地質]

scale of hardness　硬度表 [地質]

scale of intensity　強度表 [地質]

scale of latitude　緯度比例尺 [地質]

scale of length　長度比例尺 [地質]

scale of longitude　經度比例尺 [地質]

scale of wind-force　風級 [氣象]

scale swell　浪湧等級 [海洋]

scale　比例尺，縮尺，尺度 [天文] [地質] [氣象] [海洋]

scalingfactor　縮放因數 [地質]

scalp　禿山頂 [地質]

scalped anticline　剝蝕背斜 [地質]

scapolite-belugite　方柱中長輝長岩 [地質]

質]

scapolite-gabbro　方柱輝長岩 [地質]

scapolite　方柱石 [地質]

scapolitization　方柱石化 [地質]

scar　斷崖 [地質]

scaraboid　聖甲蟲寶石 [地質]

scarf cloud　頭巾狀雲 [氣象]

scarp face　斷崖面 [地質]

scarp slope　斷崖坡 [地質]

scarp　崖 [地質]

scattered sheaf　散射層 [氣象]

scattering　散射 [天文] [地質] [氣象] [海洋]

scattering by interplanetary media　行星際介質散射 [天文]

scattering by interstellar media　星際介質散射 [天文]

scattering layer　散射層 [氣象]

scattering radiation　散射輻射 [氣象]

scatterometer　散射儀 [地質] [氣象]

scawtite　水碳矽鈉石 [地質]

schafarzikite　紅銻鐵礦 [地質]

schaffnerite　銅釩鉛鋅礦 [地質]

schairerite　鹵鈉礬 [地質]

schallerite　砷矽錳石 [地質]

schalstein　輝綠凝灰岩 [地質]

scharnitzer　夏尼茲風 [氣象]

Schedar (α Cas)　王良四（仙后座 α 星）[天文]

scheelite　白鎢礦 [地質]

schefferite　錳鈣輝石 [地質]

scheitel 地震波峰 [地質]

scheme 方案，計畫 [天文] [地質] [氣象] [海洋]

Schiehallion series 斯希哈利統 [地質]

schirmerite 塊輝鉍鉛銀礦 [地質]

schistose clay 片岩狀黏土 [地質]

schistose cleavage 片狀解理（礦物），片狀劈理（岩石）[地質]

schistose crystalline rock 片狀結晶岩 [地質]

schistose gabbro 片狀輝長岩 [地質]

schistose mica 雲母片岩 [地質]

schistose structure 片狀構造 [地質]

schistose talc 片狀滑石 [地質]

schistose 片狀 [地質]

schistosity cleavage 片狀解理（礦物），片狀劈理（岩石）[地質]

schistosity 片理 [地質]

schist 片岩 [地質]

Schlernwind 史萊風 [氣象]

schlieren arch 流紋弧，異離弧 [地質]

schlieren dome 流紋丘，異離丘 [地質]

schlieren gneiss 異離條塊片麻岩 [地質]

schlieren 異離體 [地質]

Schlumberger array 施倫伯格排列 [地質]

Schlumberger dipmeter 施倫伯格傾角測量儀 [地質]

Schlumberger electrode array 施倫伯格電極排列 [地質]

Schlumberger photoclinometer 施倫伯格攝影測斜儀 [地質]

Schlumberger spread 施倫伯格展開 [地質]

Schmidt corrector plate 施密特校正鏡 [天文]

Schmidt net 施密特網 [地質]

Schmidt projection 施密特投影 [地質]

Schmidt telescope 施密特望遠鏡 [天文]

Schmidt-Cassegrain telescope 施密特-蓋塞格林望遠鏡 [天文]

schoepite 柱鈾礦 [地質]

Schonflies crystal symbol 舍恩夫利斯晶體符號 [地質]

school map 教學地圖 [地質]

schorlaceous 含黑電氣石的 [地質]

schorlite 黑電氣石，黑碧璽 [地質]

schorlomite 鈦榴石 [地質]

schorl 黑電氣石 [地質]

Schottky defect 肖特基缺陷 [地質]

schott 沙漠鹽盆，淺鹽盆 [地質]

schreibersite 隕磷鐵鎳石，磷鐵鎳礦 [地質]

schroeckingerite 板菱鈾礦 [地質]

Schroter effect 施羅特效應 [天文]

schrund line 背隙窿線 [地質]

schultenite 透砷鉛石，鉛砷礦 [地質]

Schumann-Runge band 舒曼－龍格帶 [地質]

Schumann-Runge continuum 舒曼－龍格連續譜 [地質]

schungite 次石墨 [地質]

schwartzembergite 氯碘鉛石 [地質]

Schwarzschild black hole 史瓦西黑洞 [天文]

Schwarzschild criterion 史瓦西判據（對流）[天文]

Schwarzschild index 史瓦西指數 [天文]

Schwarzschild radius 史瓦西半徑 [天文]

Schwarzschild singularity 史瓦西奇異點 [天文]

Schwarzschild sphere 史瓦西球（即黑洞）[天文]

Schwassman-Wachmann comet 施瓦斯曼－瓦赫曼彗星 [天文]

scientific alexandrite 合成變石 [地質]

scientific emerald 合成綠柱石 [地質]

scintillation crystal 閃爍晶體 [地質]

scissors fault 旋轉斷層 [地質]

scleroclase 脆硫砷鉛礦 [地質]

Sco X-1 天蠍座 X-1 [天文]

Sco-Cen Association 天蠍－半人馬星協 [天文]

scolecite 鈣沸石 [地質]

scopulite 羽雛晶 [地質]

scoria cone 火山渣錐 [地質]

scoria flow 岩渣流 [地質]

scoria moraine 岩渣磧 [地質]

scoria mound 火山渣丘 [地質]

scoria 火山渣 [地質]

scoriaceous block 渣狀岩塊 [地質]

scoriaceous bomb 渣狀火山彈 [地質]

scoriaceous lave 渣狀熔岩 [地質]

scoriaceous 火山渣狀 [地質]

scorodite 臭蔥石 [地質]

Scorpio X-1 天蠍座 X-1 源 [天文]

Scorpius 天蠍座 [天文]

scorzalite 鐵天藍石 [地質]

Scotch mist 蘇格蘭霧 [氣象]

scour and fill 挖填作用 [地質]

scour depression 沖刷源槽 [地質]

scouring 擦磨 [地質]

scourway 沖刷通路 [地質]

scout boring 試鑽 [地質]

scout 偵測，探勘人員 [地質]

scovillite 磷鈰釔礦 [地質]

scratcher electrode logging 滑動接觸法測井 [地質]

scree 岩屑堆，碎石堆 [地質]

screed 砂漿層 [地質]

screen temperature 百葉箱溫度 [氣象]

screened pan 網罩蒸發皿 [氣象]

screen 百葉箱，幕，屏 [天文] [地質] [氣象] [海洋]

screw axis 螺旋軸 [地質]

screw dislocation 螺旋位元錯 [地質]

screw micrometer 螺旋測微計 [天文]

screw microscope 螺旋測微鏡 [天文]

screw symmetry axis 螺旋對稱軸 [地質]

screw pitch 螺距 [地質]

scroll meander 內側堆積曲流 [地質]

scroll 內側沙洲 [地質]

scuba diving 潛水 [海洋]

scuba 水肺，水中呼吸器 [海洋]

scud 碎雨雲 [氣象]

Sculptor System 御夫星系 [天文]

Sculptor 御夫座 [天文]

Sculptorids 御夫流星群 [天文]

sculpture 刻蝕 [地質]

Scutum 盾牌座 [天文]

scyelite 閃雲橄欖岩 [地質]

scythian stage 賽特階 [地質]

sea area boundary line 海區界線 [海洋]

sea area situation chart 海區形勢圖 [海洋]

sea bacteriology 海洋細菌學 [海洋]

sea beach 沙灘 [地質] [海洋]

sea bed gravimeter 海底重力儀 [海洋]

sea biosphere interface 海水生物界面 [海洋]

sea breeze 海風 [氣象]

sea cave 海蝕洞 [地質] [海洋]

sea channel 海底峽谷，海上航道 [海洋]

sea chasm 海蝕洞，海崖縫 [地質] [海洋]

sea cliff 海蝕崖 [地質] [海洋]

sea climate 海洋氣候 [氣象]

sea color index 海色指數 [海洋]

sea current dynamics 海流動力學 [海洋]

sea current gradient 海流陡度 [海洋]

sea dike 海堤 [地質] [海洋]

sea floor slope correction 海底傾斜修正 [海洋]

sea floor spreading 海底擴張 [海洋]

sea fog 海霧 [氣象]

sea front 海邊 [地質] [海洋]

sea gate 海閘 [海洋]

sea glow 海面輝光 [海洋]

sea gravimeter 海洋重力儀 [海洋]

sea gravity 海洋重力學 [海洋]

sea ice concentration 海冰密集度 [海洋]

sea ice shelf 浮冰架 [海洋]

sea ice 海冰 [海洋]

sea information investigation 海區資料調查 [海洋]

sea knoll 海丘 [海洋]

sea level 海平面 [海洋]

sea level change 海平面變化 [海洋]

sea level rise 海平面上升 [海洋]

sea magnetic gradiometer 海洋磁力梯度儀 [海洋]

sea magnetometer 海洋磁力儀 [海洋]

sea main thermocline 海洋主斜溫層 [海洋]

sea mist 海面輕霧 [氣象] [海洋]

sea noise 海洋雜訊 [海洋]

sea notch 海蝕凹壁 [地質] [海洋]

Sea of Dreams 夢海 [天文]

Sea of Moscow 莫斯科海 [天文]

sea particle interface 海水顆粒物介面 [海洋]

sea peak 海峰 [海洋]

sea plateau 海底高原 [海洋]

sea quake 海底地震 [地質] [海洋]

S

sea reclamation works 填海工程 [海洋]

sea river interface 海河介面 [地質] [海洋]

sea salt nucleus 海鹽核 [地質]

sea scarp 海崖 [地質]

sea sediment interface 海水沉積物介面 [地質]

sea shock 海震 [地質] [海洋]

sea smoke 海面蒸氣霧 [氣象] [海洋]

sea snow 海水雪花 [海洋]

sea stack 海蝕柱 [海洋]

sea state 海況 [海洋]

sea surface boundary layer 海面邊界層 [海洋]

sea surface elevation 海面高度 [海洋]

sea surface microlayer 海洋微表層 [海洋]

sea surface slope 海面坡度 [海洋]

sea surface temperature 海面水溫 [海洋]

sea surface topography 海面地形 [海洋]

sea surface 海面 [海洋]

sea terrace 海成階地，海成台地 [地質] [海洋]

sea turn 海來風 [氣象] [海洋]

sea valley 海谷 [海洋]

sea water analysis chemistry 海水分析化學 [海洋]

sea water chemical laboratory 海水化學實驗室 [海洋]

sea water chemistry 海水化學 [海洋]

sea water conductivity 海水電導率 [海洋]

sea water demineralizer 海水淡化器 [海洋]

sea water densitometer 海水密度計 [海洋]

sea water density 海水密度 [海洋]

sea water desalination 海水淡化 [海洋]

sea water humus 海水腐植質 [海洋]

sea water ion mobility 海水離子遷移率 [海洋]

sea water ion-association model 海水離子締合模型 [海洋]

sea water molecular physics 海水分子物理學 [海洋]

sea water motion 海洋運動 [海洋]

sea water permeability 海水磁導率 [海洋]

sea water physics 海水物理學 [海洋]

sea water pollutant background 海水污染物背景值 [海洋]

sea water quality standard 海水水質標準 [海洋]

sea water scatterance meter 海水散射儀 [海洋]

sea water science 海水科學 [海洋]

sea water self-purification 海水自淨作用 [海洋]

sea water state equation 海水狀態方程 [海洋]

sea water temperature 海水溫度 [海洋]

sea water thermometer 海水溫度計 [海洋]

sea water transmittance meter 海水透射率儀 [海洋]

sea water transparency 海水透明度 [海洋]

sea water 海水 [海洋]

sea wind 海風 [海洋]

seacoast 海岸 [地質] [海洋]

sea-foam 海泡石 [地質]

sea-going dredge 海洋挖掘船 [海洋]

sea-land breeze 海陸風 [氣象]

sea-land interface 海陸介面 [地質] [海洋]

sea-level altitude 海拔高度 [地質]

sea-level change 海平面變化 [海洋]

sea-level chart 海平面天氣圖 [海洋]

sea-level correction 海平面修正 [海洋]

sea-level fluctuation 海平面變化 [海洋]

sea-level pressure 海平面氣壓 [海洋]

seam 層，礦層 [地質]

seamanite 磷硼錳石 [地質]

seamount chain 海山鏈 [海洋]

seamount group 海山群 [海洋]

seamount range 海山脈 [海洋]

seamount 海底山，海丘 [海洋]

sea-pressure chart 海平面氣壓圖 [海洋]

seaquake 海底地震 [地質] [海洋]

search for extraterrestrial life 地外生命搜尋 [天文]

searching ephemeris 搜尋星曆表 [天文]

searlesite 水矽硼鈉石 [地質]

Seasat (Sea satellite) 海洋衛星 [海洋]

seascape 海景 [海洋]

seascarp 海崖 [海洋]

seashore lake 海濱湖 [地質]

seashore 海濱 [海洋]

season 季節 [天文] [氣象]

seasonal correction of mean sea-level 平均海面季節修正 [海洋]

seasonal current 季節性流 [海洋]

seasonal flood distribution 季節洪水分佈 [地質]

seasonal fluctuation zone 季節變動帶 [地質]

seasonal fluctuation 季節性變動 [天文]

seasonal forecasting 季節預報 [氣象]

seasonal forecast 季節預報 [氣象]

seasonal frozen ground 季節凍土 [地質]

seasonal lake 季節性湖泊 [地質]

seasonal stream 季節性河流 [地質]

seasonal thermocline 季節性斜溫層 [海洋]

seasonal variation 季節變化 [天文] [地質] [氣象] [海洋]

seasonal volume 季節性水量 [地質]

seasonal weather 季節性天氣 [氣象]

seasonal wind 季節性風 [氣象]

seasonality 季節性 [氣象]

seasonally frozen ground 季節性凍土 [地質]

seastrand 潮間帶 [地質] [海洋]

S

seat clay　底盤黏土，底黏土 [地質]

seat earth　底土 [地質]

seat stone　底石 [地質]

sea　海，浪 [海洋]

sebkha　乾鹽沼 [地質]

seca　塞卡風 [氣象]

Secchi disk　西奇盤，海水透明度盤 [海洋]

Secchi's classification　塞齊分類法 [天文]

sechard　塞查德風 [氣象]

seclusion　先囚過程 [氣象]

second bottom　二級底面 [地質]

second contact　食既 [天文]

second control　秒控制器 [天文]

second of arc　角秒 [地質]

second of time　時秒 [地質]

second type surface　副表面 [天文]

secondary coast　次生海岸 [地質] [海洋]

secondary cold front　副冷鋒 [氣象]

secondary component　伴星 [天文]

secondary cyclone　次生氣旋 [氣象]

secondary depression　副低壓 [氣象]

secondary enlargement　次生擴大 [地質]

secondary enrichment　次生富集 [地質]

secondary front　副鋒 [氣象]

secondary growth　次生擴大 [地質]

secondary interstice　次生間隙 [地質]

secondary loess　次生黃土 [地質]

secondary low　次生氣旋 [氣象]

secondary magnetization　次生磁化 [地質]

secondary maximum　次極大 [天文]

secondary mineral deposit　次生礦床 [地質]

secondary mineral　次生礦物 [地質]

secondary minimum　次極小 [天文]

secondary period　次週期 [天文]

secondary pollutants　次生污染物 [氣象]

secondary porosity　次生孔隙度 [地質]

secondary radiant　次輻射點 [地質]

secondary reflection　二次反射 [地質]

secondary remanent magnetization　次生剩磁 [地質]

secondary star　次星 [天文]

secondary stratification　次級層理 [地質]

secondary stratigraphic trap　次級地層封閉 [地質]

secondary structure　次生構造 [地質]

secondary sulfide zone　次生硫化帶 [地質]

secondary tail　副彗尾 [天文]

secondary tidal wave　次生潮汐波 [海洋]

secondary tide station　次要測潮站 [地質]

secondary twinning　次生雙晶 [地質]

secondary uranium　次生鈾礦 [地質]

secondary waterway　次要水道 [地質]

secondary wave!　S 波，次波 [地質]

secondary wind direction　次級風向 [氣象]

secondary 伴星 [天文] [地質]

second-foot-day 秒─英呎─日 [地質]

second-foot 秒─英呎 [地質]

second-order climatological station 二級氣候站 [氣象]

second-order perturbation 二階攝動 [天文]

second-order station 二級氣象站 [氣象]

section map 斷面圖 [地質]

section paper 方格紙 [天文] [地質] [氣象] [海洋]

section view 剖視圖 [天文] [地質] [氣象] [海洋]

sectional observation 斷面觀測 [海洋]

section 段，部分，截面，斷面，剖面 [天文] [地質] [氣象] [海洋]

sector boundary 扇形邊界 [天文]

sector structure 扇形結構 [天文]

sector theory 扇形論 [地質]

sector wind 扇形風 [氣象]

sector 扇形，部分 [天文] [地質] [氣象] [海洋]

sectorial tide 扇形潮 [海洋]

secular aberration 長期光行差 [天文]

secular acceleration 長期加速度 [天文]

secular change 長期變化 [地質]

secular crustal movement 長期地殼運動 [地質]

secular equation 特徵方程 [天文]

secular inequality 長期差 [天文]

secular instability 長期不穩定性 [天文]

secular magnetic variation 長期磁變 [地質]

secular movement 長期運動 [天文]

secular parallax 長期視差 [天文]

secular perturbation 長期攝動 [天文]

secular polar motion 長期極移 [天文]

secular precession 長期歲差 [天文]

secular term 長期項 [天文]

secular variable 長期變星 [天文]

secular variation 長期變化 [天文]

sedentary soil 原積土 [地質]

sedge mire 苔草沼澤 [地質]

sediment accumulation 泥沙積聚 [地質]

sediment analysis 沉積物分析 [地質]

sediment deposition 泥沙沉積 [地質]

sediment dynamics 沉積動力學 [地質]

sediment flux 沉積物通量 [地質]

sediment humus 沉積腐植質 [地質] [海洋]

sediment movement 泥沙運動 [地質]

sediment provenance 沉積物根源 [地質]

sediment trap 沉積物捕集器 [地質] [海洋]

sediment yield 泥沙輸出量，輸沙量 [地質]

sediment 沉澱，沉積物 [地質]

sedimentary basin 沉積盆地 [地質]

sedimentary breccia 沉積角礫岩 [地質]

sedimentary clay 沉積黏土 [地質]

sedimentary cycle 沉積循環 [地質]

S

sedimentary deposit　沉積礦床 [地質]

sedimentary environment　沉積環境 [地質]

sedimentary facies　沉積相 [地質]

sedimentary geochemistry　沉積地球化學 [地質]

sedimentary geology　沉積地質學 [地質]

sedimentary injection　沉積貫入 [地質]

sedimentary intrusion　沉積侵入 [地質]

sedimentary mineral petrology　沉積礦物岩石學 [地質]

sedimentary organic petrography　沉積物有機岩相學 [地質]

sedimentary petrography　沉積岩相學 [地質]

sedimentary petrology　沉積岩石學 [地質]

sedimentary province　沉積區 [地質]

sedimentary rock　沉積岩 [地質]

sedimentary structure　沉積構造 [地質]

sedimentary system　沉積系 [地質]

sedimentary theory　沉積論 [地質]

sedimentary tuff　沉積凝灰岩 [地質]

sedimentary volcanism　沉積火山作用 [地質]

sedimentation basin　沉積盆地 [地質]

sedimentation curve　沉積曲線 [地質]

sedimentation diameter　沉積直徑 [地質]

sedimentation rate　沉積速度，沉降速度 [地質]

sedimentation soil　沖積土壤 [地質]

sedimentation trough　沉積海槽 [地質]

sedimentation unit　沉積單元 [地質]

sedimentation　沉積作用，沉澱（作用）[地質]

sediment-laden stream　含沙流 [地質]

sedimentology　沉積學 [地質]

seed crystal　晶種 [地質]

seed　晶種，種子 [地質]

seeding　播種，種雲 [地質] [氣象]

Seefert galaxy　西佛星系 [天文]

seeing disk　視影盤面 [天文]

seeing image　視影 [天文]

seeing　視相，大氣寧靜度 [天文]

Seeliger paradox　西利格佯謬 [天文]

seepage flow　滲流 [地質]

seepage　滲出，滲流 [地質]

segmented mirror telescope　拼合鏡面望遠鏡 [天文]

segregated ice　分凝冰 [地質]

segregated vein　分凝脈 [地質]

segregation banding　分凝條帶 [地質]

seiche　湖面振動 [地質]

seimochronograph　地震記時器 [地質]

seismic absorption band　地震吸收帶 [地質]

seismic activity　地震活動度 [地質]

seismic alternative wave　轉換地震波 [地質]

seismic amplifier　地震放大器 [地質]

seismic amplitude　地震振幅 [地質]

seismic analysis　地震分析 [地質]

seismic analyzer　地震波分析器 [地質]

seismic apparatus　地震儀器 [地質]

seismic area　地震區 [地質]

seismic basic intensity　地震探勘爆破 [地質]

seismic belt　地震帶 [地質]

seismic blasting　地震探勘爆破 [地質]

seismic body wave　地震體波 [地質]

seismic bulletin　地震通報 [地質]

seismic center　地震中心 [地質]

seismic channel　地震道 [地質]

seismic cluster　地震群 [地質]

seismic coefficient　地震係數 [地質]

seismic cycle　地震週期循環 [地質]

seismic damage　地震損害 [地質]

seismic data preprocessing　地震資料預處理 [地質]

seismic data　地震資料 [地質]

seismic degree　震度 [地質]

seismic detection　地震探測 [地質]

seismic detector　地震儀 [地質]

seismic discontinuity　地震波不連續面 [地質]

seismic dislocation　地震錯位 [地質]

seismic efficiency　地震效率 [地質]

seismic energy　地震能量 [地質]

seismic engineering　地震工程 [地質]

seismic exploration　地震探勘 [地質]

seismic facies　地震相 [地質]

seismic failure　地震破壞 [地質]

seismic focus　震源 [地質]

seismic gap　震波間斷 [地質]

seismic geography　地震地理學 [地質]

seismic geophone　地震檢波器 [地質]

seismic hazard　震災 [地質]

seismic history　地震史 [地質]

seismic horizon　地震層位 [地質]

seismic intensity　地震強度，震度 [地質]

seismic location　地震定位 [地質]

seismic logger　地震測井儀 [地質]

seismic logging　地震測井 [地質]

seismic Mach number　地震馬赫數 [地質]

seismic map　地震圖 [地質]

seismic marker horizon　地震標準層 [地質]

seismic method　地震法 [地質]

seismic model　地震模型 [地質]

seismic moment tensor　地震動量張量 [地質]

seismic moment-density tensor　地震動量密度張量 [地質]

seismic moment　震波動量，震波矩 [地質]

seismic observation　地震觀測 [地質]

seismic observing network　地震觀測網 [地質]

seismic parameter　地震參數 [地質]

seismic pendulum　地震擺 [地質]

seismic penetration　地震穿透力 [地質]

seismic period　地震週期 [地質]

S

seismic phase 地震震相 [地質]

seismic pick-up 地震檢波器 [地質]

seismic picture 地震圖 [地質]

seismic profiler 震波剖面測勘系統 [地質]

seismic profile 地震剖面 [地質]

seismic prospecting 地震法探勘 [地質]

seismic ray path 地震波路徑 [地質]

seismic record 地震波記錄 [地質]

seismic reflection method 地震波反射法 [地質]

seismic refraction method 地震波折射法 [地質]

seismic regime 震情 [地質]

seismic regionalization 地震區劃 [地質]

seismic research observatory 地震研究觀測台 [地質]

seismic risk 地震危險性 [地質]

seismic sea wave 地震海嘯 [地質]

seismic section 地震剖面 [地質]

seismic seiche 湖震 [地質]

seismic sequence 地震序列 [地質]

seismic shock 地震衝擊 [地質]

seismic signal 地震信號 [地質]

seismic site intensity 地震場強度 [地質]

seismic sounding 地震測深 [地質]

seismic source dynamics 震源動力學 [地質]

seismic source function 震源函數 [地質]

seismic source geometry 震源幾何學 [地質]

seismic source kinematics 震源運動學 [地質]

seismic source model 震波來源模型 [地質]

seismic source parameter 震源參數 [地質]

seismic source process 震源機制 [地質]

seismic source 震源 [地質]

seismic station array 震測受波點陣列 [地質]

seismic stratigraphy 地震地層學 [地質]

seismic stress drop 地震應力降 [地質]

seismic stress 地震應力 [地質]

seismic structural map 地震構造圖 [地質]

seismic study 地震研究 [地質]

seismic surface wave 地震面波 [地質]

seismic surveillance 地震監測 [地質]

seismic survey 地震調查 [地質]

seismic system model 地震系統模型 [地質]

seismic test 地震試驗 [地質]

seismic thickness 地震厚度 [地質]

seismic tomography 地震層析成像 [地質]

seismic trace model 震測描線模型 [地質]

seismic travel time 地震波走時 [地質]

seismic trigger 地震誘發力 [地質]

seismic vertical 地震垂線 [地質]

seismic wave dispersion 地震波頻散 [地

質]

seismic wave guide　地震波導 [地質]

seismic wave path　地震波路徑 [地質]

seismic wave propagation　地震波傳播 [地質]

seismic wave velocity　震波速度 [地質]

seismic wave　地震波 [地質]

seismic wavelet　地震子波 [地質]

seismic zone　地震區 [地質]

seismic zoning　地震區劃 [地質]

seismically active belt　地震活動帶 [地質]

seismically active zone　地震活動區 [地質]

seismicity map　地震頻度圖 [地質]

seismicity　地震活動度 [地質]

seismics　地震測量學 [地質]

seismic　地震的 [地質]

seismoacoustics　地震聲學 [地質]

seismo-acoustics　地震聲學 [地質]

seismo-astronomy　地震天文學 [天文]

seismo-electric effect　地震電效應 [地質]

seismogenic faulting　地震斷層作用 [地質]

seismogeology　地震地質學 [地質]

seismogram　地震圖 [地質]

seismograph　地震儀 [地質]

seismography　測震學 [地質]

seismologic engineering　地震工程 [地質]

seismologic history　地震史 [地質]

seismologic statics　地震靜力學 [地質]

seismologic table　地震走時表 [地質]

seismological station　地震測站 [地質]

seismologist　地震學家 [地質]

seismology model　地震模型學 [地質]

seismology　地震學 [地質]

seismometer　地震儀 [地質]

seismomety　測震學 [地質]

seismophysics　地震物理學 [地質]

seismoscope　地動儀，簡易地震儀 [地質]

seismosociology　地震社會學 [地質]

seismotectonic line　地震構造線 [地質]

seismotectonic map　地震構造圖 [地質]

seismotectonic province　地震構造區 [地質]

seismotectonics　地震大地構造學 [地質]

seismotectonic　地震構造 [地質]

seistan wind　十二旬風 [氣象]

seisviewer　地震波觀測器 [地質]

selatan　賽拉坦風 [氣象]

selection effect　選擇效應 [天文]

selective fusion　選擇性熔化 [地質]

selective radiation pressure　選擇性輻射壓力 [天文]

selective radiator　選擇性輻射體 [天文]

selective replacement　選擇置換 [地質]

selective scattering coefficient　選擇性散射係數 [天文]

selective scattering　選擇性散射 [天文]

selective γ-γ logging　選擇 γ-γ 測井 [地

S

質]

selenite blade　透石膏片 [地質]

selenite plate　石膏試板 [地質]

selenite　透石膏 [地質]

selenobismutite　直硫硒鉍礦 [地質]

selenocentric coordinate system　月心座標系 [天文]

selenocentric coordinates　月心座標 [天文]

selenocentric　月心的 [天文]

selenodesy　月面測量學 [天文]

selenodetic　月面測量的 [天文]

selenofault　月面斷層 [天文]

selenographic coordinates　月面座標 [天文]

selenographic latitude　月面緯度 [天文]

selenographic longitude　月面經度 [天文]

selenography　月面學 [天文]

selenograph　月面圖 [天文]

selenology　月球學 [天文]

selenomorphology　月面形態學 [天文]

selenophysics　月球物理學 [天文]

selenotectonics　月球構造學 [天文]

selenotrope　月光反照器 [天文]

self dune　賽夫沙丘 [地質]

self-balancing hot wire anemometer　自平衡熱線風速計 [氣象]

self-calibration　自校準 [天文] [地質] [氣象] [海洋]

self-contained platform　自足海域工作

[海洋]

self-field　固有場，自身場 [天文]

self-gravitation　自吸引 [天文]

self-luminous train　自發光餘跡 [天文]

self-potential exploration　自然電位探勘 [地質]

self-potential logging　自然電位測井 [地質]

self-potential method　自然電位法 [地質]

self-reversal magnetization　自倒轉磁化 [地質]

self-reversal　自反變 [地質]

seligmannite　砷車輪礦，硫砷鉛銅礦 [地質]

sellaite　氟鎂石 [地質]

Selma chalk　塞爾馬白堊層 [地質]

selvage　斷層泥 [地質]

selvedge　斷層泥 [地質]

semi-amplitude　半變幅 [天文]

semianthracite　半無煙煤 [地質]

semiarid climate　半乾燥氣候 [氣象]

semiarid region　半乾燥區 [氣象]

semibituminous coal　半煙煤 [地質]

semicrystalline texture　半晶質結構 [地質]

semicrystalline　半晶質的 [地質]

semidesert　半沙漠 [地質]

semi-detached binary　半接雙星 [天文]

semidiameter　半徑 [天文]

semidiurnal current　半日潮流 [海洋]

semidiurnal lunar tidal strain 月球半日潮應變 [天文]

semidiurnal tide wind 半日潮汐風 [氣象] [海洋]

semidiurnal tide 半日潮 [海洋]

semidiurnal variation 半日變化 [天文] [氣象]

semifixed dune 半固定沙丘 [地質]

semifusinite 半絲炭煤素質 [地質]

semi-geostrophic motion 半地轉運動 [氣象]

semiinfinite atmosphere 半無限大氣 [天文]

semi-major axis 半長徑 [天文]

semi-meridian 半子午線 [天文]

semiminor axis 半短徑 [天文]

semiology-of-cartography theory 地圖符號學 [地質]

semipermanent depression 半永久性低壓 [氣象]

semiprecious stone 半寶石 [地質]

semi-regular variable 半規則變星 [天文]

semisplint coal 半暗煤 [地質]

semi-submersible drilling rig 半潛式鑽探平台 [地質] [海洋]

semitelinite 結構半鏡質體 [地質]

semivitridetrinite 碎屑半鏡質體 [地質]

semivitrinite 半鏡質體 [地質]

semivolcanic 半火山的 [地質]

semseyite 板硫銻鉛礦 [地質]

senaite 鉛錳鈦鐵礦 [地質]

senarmontite 方銻礦 [地質]

Senecan stage 孫尼肯階 [地質]

senescence 老年期 [地質]

senescent lake 老年湖 [地質]

sengierite 水釩銅鈾礦 [地質]

senile river 老年河 [地質]

senile 老年期的 [地質]

Senonian 森諾統 [地質]

sensible atmosphere 可感大氣 [氣象]

sensible heat flow 顯熱流，可感熱流 [氣象]

sensible heat flux 顯熱通量，可感熱通量 [氣象]

sensible heat meter 顯熱儀 [氣象]

sensible heat 顯熱，可感熱 [氣象]

sensible horizon 感覺地平 [天文]

sensible temperature 感覺溫度 [氣象]

sensitive barograph 靈敏氣壓計 [氣象]

sensitivity adjustment of gravimeter 重力儀靈敏度調節 [地質]

sensitivity of gravimeter 重力儀靈敏度 [地質]

sensitivity of thermometer logger 井溫儀靈敏度 [地質]

sensitization type inclinometer 感光記錄測斜儀 [地質]

sensor of proton magnetometer 質子磁力儀感測器 [地質]

sensor sensitivity 探測器靈敏度 [地質]

separate nuclei hypothesis 分立核心假

S

說 [天文]

separation 分離，間隔 [地質]

sepiolite 海泡石 [地質]

septarian boulder 龜背石，龜甲石，龜甲結核 [地質]

septarian nodule 龜背石，龜甲石，龜甲結核 [地質]

septarian structure 龜甲構造 [地質]

septarian 龜甲的，龜裂的 [地質]

septaria 龜甲石 [地質]

septarium 龜背石，龜甲石 [地質]

septechlorite 七埃綠泥石 [地質]

sequence of bedding 層序 [地質]

sequence of crystallization 結晶次序 [地質]

sequence of current 潮流順序，流序 [海洋]

sequence of stellar spectra 恆星光譜序 [天文]

sequence of tide 潮汐順序 [海洋]

sequence 序列，次序 [地質]

serandite 針錳鈉石 [地質]

serein 晴天雨 [氣象]

serendipitous X-ray source 奇遇 X 射線源 [天文]

serial observation 連續觀測 [天文] [地質] [氣象] [海洋]

seriate fabric 連續不等粒結構 [地質]

sericite schist 絹雲片岩 [地質]

sericite-gneiss 絹雲片麻岩 [地質]

sericite-phyllite 絹雲千枚岩 [地質]

sericite 絹雲母 [地質]

sericitization 絹雲母化 [地質]

sericultural meteorology 蠶業氣象學 [氣象]

series of igneous rocks 火成岩系 [地質]

series of rocks 岩系 [地質]

series of strata 層系，層組，層群 [地質]

series 系列，序列，級數，串聯 [天文] [地質] [氣象] [海洋]

Serpens 巨蛇座 [天文]

serpentine belt 蛇紋岩帶 [地質]

serpentine jade 蛇紋玉 [地質]

serpentine kame 蛇形丘 [地質]

serpentine lake 蛇形湖 [地質]

serpentine rock 蛇紋岩 [地質]

serpentine spit 蛇盤狀沙嘴 [地質]

serpentine 蛇紋岩 [地質]

serpentine-chlorite schist 蛇紋綠泥片岩 [地質]

serpentine-schist 蛇紋片岩 [地質]

serpentinization 蛇紋岩化 [地質]

serpierite 鋅銅礬 [地質]

sessile animal 固著動物 [海洋]

seston 浮游有機物，懸浮物 [海洋]

set of faults 斷層組 [地質]

set square 三角板 [地質]

setting basin 沉降盆地，沉澱池 [地質]

setting circle 定位圓 [天文]

setting limit 落限 [天文]

setting point 下落點，凝結點，凝固點

[天文]

setting 裝置，設定 [天文] [地質] [氣象] [海洋]

settled ground 沉降地層 [地質]

settlement curve 沉降曲線 [地質]

settlement measurement 沉降測量 [地質]

settlement observation 沉降觀測 [地質]

settlement zone 沉降區 [地質]

settlement 沉陷，沉降 [地質]

settling area 沉降面積 [地質]

settling basin 沉降盆地，沉澱池 [地質]

settling sand 沉澱沙 [地質]

setup 裝置，裝配，配置 [天文] [地質] [氣象] [海洋]

set 組，套，集合 [天文] [地質] [氣象] [海洋]

seven-luminaries 七曜 [天文]

severe frost 嚴霜 [氣象]

severe heat 酷暑 [氣象]

severe storm observation 劇烈風暴觀測 [氣象]

severe storm 劇烈風暴 [氣象]

severe tropical storm 劇烈熱帶風暴 [氣象]

severe weather 劇烈天氣 [氣象]

severe winter 嚴冬 [氣象]

sexagesimal cycle 六十分制度盤 [天文]

sexagesimal system 六十分制 [天文]

Sextans 六分儀座 [天文]

sextant telescope 六分儀望遠鏡 [天文]

sextant 六分儀 [天文]

sextet 六隅體，六重峰 [天文] [地質]

sextile aspect 六分相互方位 [天文]

sextuple star 六合星 [天文]

seybertite 褐脆雲母 [地質]

Seyfert's sextet 西佛六重星系 [天文]

sferics fix 天電定位 [氣象]

sferics network 天電觀測網 [氣象]

sferics observation 天電觀測 [氣象]

sferics receiver 天電接收器 [氣象]

sferics 天電，大氣電學 [氣象]

SH wave 淺成波 [地質]

SHA: sidereal hour angle 恆星時角 [天文]

shaded area 陰影面積 [天文]

shadow band 影帶 [天文]

shadow cone 影錐 [天文]

shadow transit 衛影凌行星 [天文]

shady slope 陰坡 [地質]

shake wave 搖動波 [地質]

shale reservoir 頁岩儲集層 [地質]

shale rock 頁岩 [地質]

shale 頁岩 [地質]

shallow earthquake 淺成地震 [地質]

shallow focus earthquake 淺源地震 [地質]

shallow fog 淺霧 [氣象]

shallow inland sea 淺內陸海 [地質]

shallow lake 淺湖 [地質]

shallow layer seismograph 淺層地震儀 [地質]

S

shallow marine facies　淺海相 [海洋]

shallow marine sediment　淺海沉積物 [海洋]

shallow saturation zone　淺飽和區 [地質]

shallow sea deposit　淺海沉積 [地質] [海洋]

shallow sea sound channel　淺海聲道 [海洋]

shallow water deposit　淺水沉積 [地質] [海洋]

shallow water propagation　淺海傳播 [海洋]

shallow water wave　淺水波 [海洋]

shallow water　淺水 [地質] [海洋]

shallow　淺灘，淺水區 [地質]

shaluk　沙盧克風 [氣象]

shaly bedding　頁狀岩層 [地質]

shaly　含頁岩的，頁岩狀 [地質]

shamal　夏馬風 [氣象]

shamsir　撝殺風 [氣象]

skarn　矽卡岩 [地質]

shandite　硫鎳鉛礦 [地質]

shape of mineral deposit　礦體形狀 [地質]

shape of ore deposit　礦體形狀 [地質]

sharki　夏基風 [氣象]

sharkskin pahoehoe　鯊魚皮繩狀熔岩 [地質]

shark-tooth projection　鯊牙突起 [地質]

sharp frost　嚴寒 [氣象]

sharp sand　淨砂 [地質]

sharp series　銳線系 [天文]

sharp-edged gust　突變陣風 [氣象]

sharpite　綠碳鈣鈾礦 [地質]

sharpstone conglomerate　尖石礫岩 [地質]

sharpstone　尖粒岩 [地質]

shatter belt　碎裂帶，震裂帶 [地質]

shatter cone　碎裂錐 [地質]

shattuckite　藍矽銅礦 [地質]

Shaula (λ So)　尾宿八（天蠍座 λ 星）[天文]

shear area　剪切面積 [地質]

shear cleavage　剪劈理 [地質]

shear coupled PL wave　剪切耦合 PL 波 [地質]

shear crack　剪切裂隙 [地質]

shear dislocation　剪切錯位 [地質]

shear fault　剪斷層 [地質]

shear fold　剪褶皺 [地質]

shear foliation　剪葉理 [地質]

shear gravity wave　剪切重力波 [地質]

shear instability　剪切不穩定性 [地質] [氣象]

shear joint　剪切節理 [地質]

shear line　風切線，剪切線 [地質] [氣象]

shear melting　剪切熔融 [地質]

shear structure　剪切構造 [地質]

shear theory　剪力理論 [地質]

shear thinning index　剪切稀釋指數 [地

質]

shear thrust fault　剪衝斷層 [地質]

shear wave　剪切波 [地質]

shear wind　切變風 [氣象]

shear zone　剪切帶 [地質]

shearing of rocks　岩石切變 [地質]

shearing vorticity　切變渦度 [氣象]

shed　分水嶺，棚 [地質]

sheet cloud　層狀雲 [氣象]

sheet deposit　片狀礦床 [地質]

sheet erosion　片蝕 [地質]

sheet frost　片霜 [氣象]

sheet ground　席狀礦床 [地質]

sheet ice　片冰，薄冰 [地質]

sheet joint　頁狀節理 [地質]

sheet lightning　片狀閃電 [地質]

sheet mica　雲母片 [地質]

sheet mineral　片狀礦物 [地質]

sheet pile　板樁 [海洋]

sheet sandstone　席狀砂岩 [地質]

sheet sand　席狀砂層 [地質]

sheet silicate　層狀矽酸鹽 [地質]

sheet structure　席狀構造 [地質]

sheet thrust　席衝斷層 [地質]

sheet vein　席狀脈，層狀脈 [地質]

sheet wash　片流沖刷 [地質]

sheeted vein　席狀脈，層狀脈 [地質]

sheeted zone　席狀礦帶 [地質]

sheetflood erosion　片流侵蝕 [地質]

sheetflood　片流 [地質]

sheeting structure　席狀構造 [地質]

sheeting　頁狀節理，片狀剝離 [地質]

sheet　片，板，層，頁，席 [地質]

shelf break　陸棚邊緣 [地質]

shelf channel　陸棚谷 [海洋]

shelf edge　陸棚外緣 [海洋]

shelf ice　陸棚冰 [海洋]

shelf science　陸棚科學 [海洋]

shelf sea hydrodynamics　陸棚海洋動力
學 [海洋]

shelf sea　陸棚海 [海洋]

shelf wave　陸棚波 [海洋]

shelf　陸台，陸棚，架 [地質] [海洋]

shell ice　殼冰 [地質]

shell source model　殼源模型 [天文]

shell star　氣殼星 [天文]

shelly pahoehoe　貝殼面繩狀熔岩 [地質]

shell　殼，外殼，殼層 [天文] [地質] [氣
象] [海洋]

sheltered waters　遮蔽水域 [海洋]

Sheratan (β Ari)　婁宿一（白羊座 β
星）[天文]

shergottite　輝麥長無球粒隕石 [地質]

sheridanite　透斜綠泥石，無色綠泥石
[地質]

shield basal　盾狀火山玄武岩 [地質]

shield cone　盾狀火山錐 [地質]

shield volcano　盾狀火山 [地質]

shielding effect　屏蔽效應 [氣象]

shielding factor　屏蔽係數 [氣象]

shielding layer　屏蔽層 [氣象]

shield　地盾，屏蔽 [天文] [地質] [氣象]

S

[海洋]

Shield 盾牌座 [天文]

shift 偏移，移動，漂移 [天文] [地質] [氣象] [海洋]

shimmer 閃光，大氣閃爍 [天文] [地質] [氣象]

shingle barchan 扁礫新月丘 [地質]

shingle beach 礫灘，礫石海灘 [地質]

shingle rampart 扁石堆 [地質]

shingle structure 覆瓦狀構造 [地質]

shingle 扁礫，礫灘，覆瓦狀 [地質]

shingle-block structure 地塊覆瓦構造 [地質]

shingling 覆瓦作用 [地質]

ship caisson 船式沉箱 [地質]

ship drift 船隻漂移測流法 [海洋]

ship ice log 船上觀測的冰情日記 [海洋]

ship synoptic code 船舶天氣電碼 [氣象] [海洋]

shipboard gravimeter 船載重力儀 [地質]

shipping lane 公定航道 [海洋]

Ship 南船座 [天文]

shiushan stone 壽山石 [地質]

shoal head 暗礁 [海洋]

shoal indicator 淺灘標誌 [海洋]

shoal mark 淺灘標誌 [海洋]

shoal patch 淺灘 [海洋]

shoal reef 淺礁，堤礁 [海洋]

shoal rock 淺礁 [海洋]

shoal sounding 淺水 [海洋]

shoal water 淺水 [海洋]

shoal 淺灘 [海洋]

shoaling factor 淺水係數 [海洋]

shoaling 淺水作用 [海洋]

shock absorption 減震 [地質]

shock metamorphism 衝擊變質 [地質]

shock resistant 抗震 [地質]

shock size 地震大小 [地質]

shock wave 衝擊波，震波 [天文] [地質]

shock 震波，震動，地震 [天文] [地質] [氣象] [海洋]

shoestring sand pool 鞋帶狀貯油砂層 [地質]

shoestring sand trap 鞋帶狀砂岩封閉 [地質]

shoestring sand 鞋帶狀砂岩 [地質]

shoestring 鞋帶狀，細繩狀 [地質]

shonkinite 等色岩，暗輝正長岩 [地質]

shooting method 發射法 [地質]

shooting star 流星 [天文]

shoot 富礦體 [地質]

shore current 沿岸流，濱流 [海洋]

shore effect 海岸效應 [地質]

shore face terrace 水下階地 [地質] [海洋]

shore ice 岸冰 [海洋]

shore lead 冰岸水道 [海洋]

shore platform 海濱台 [地質]

shore protection engineering 護岸工程 [地質] [海洋]

shore reef 裙礁 [地質] [海洋]

S

shore terrace　海濱階地 [地質]

shoreface　濱面 [地質]

shoreline cycle　海岸線循環 [地質]

shoreline of emergence　上升海岸線 [地質]

shoreline of submergence　下沉海岸線 [地質]

shoreline　海岸線 [地質] [海洋]

shoreside　岸邊的 [地質]

shore　岸，濱，灘 [地質] [海洋]

short heavy swell　短狂湧 [海洋]

short low swell　短輕湧 [海洋]

short moderate swell　短中湧 [海洋]

short-crested wave　短峰波 [海洋]

shortite　碳鈣鈉石 [地質]

short-period Cepheid variable　短週期造父變星 [天文]

short-period comet　短週期彗星 [天文]

short-period perturbation　短週期攝動 [天文]

short-period seismograph　短週期地震儀 [地質]

short-period variable　短週期變星 [天文]

short-range forecast　短期天氣預報 [氣象]

short-range weather forecast　短期天氣預報 [氣象]

short-term stability　短期穩定 [天文]

short-term weather prediction　短期氣象預報 [氣象]

short-wave fade-out　短波衰退，短波信號消逝 [天文]

short-wave radiation　短波輻射 [氣象]

shoshonite　橄輝鹼玄岩 [地質]

shot point　爆破點，震點 [地質]

Shotover sands　肖托弗砂層 [地質]

Showalter stability index　蕭氏穩度指數 [氣象]

shower cloud　陣雨雲 [氣象]

shower meteor　屬群流星 [天文]

shower of hail　陣性雹 [氣象]

shower of heavy rain　大陣雨 [氣象]

shower of heavy snow　大陣雪 [氣象]

shower of moderate rain　中陣雨 [氣象]

shower of slight rain　弱陣雨 [氣象]

shower radiant　流星雨輻射點 [天文]

shower unit　射叢裝置 [天文]

shower　陣雨，流星雨，射叢 [天文] [氣象]

showery precipitation　陣性降水 [氣象]

showery rain　陣雨 [氣象]

showery snow　陣雪 [氣象]

shrub coppice dune　灌叢沙丘 [地質]

shuga ice　雪泥冰 [海洋]

shungite　次石墨，硬瀝青 [地質]

shutter　光閘，快門，斷續器 [天文]

sialma　矽鋁鎂層 [地質]

sial　矽鋁層 [地質]

Siberian anticyclone　西伯利亞反氣旋 [氣象]

Siberian high　西伯利亞高壓 [氣象]

S

siberite 紫電氣石，紫碧璽 [地質]

sicklerite 磷鋰錳礦 [地質]

Sickle 軒轅八至十三（獅子座鐮刀形的六顆星）[天文]

sidereal chronometer 恆星時天文鐘 [天文]

sidereal day 恆星日 [天文]

sidereal hour angle 恆星時角 [天文]

sidereal month 恆星月 [天文]

sidereal noon 恆星時正午 [天文]

sidereal period 恆星週期 [天文]

sidereal revolution 恆星周天 [天文]

sidereal second 恆星秒 [天文]

sidereal time 恆星時 [天文]

sidereal universe 恆星世界 [天文]

sidereal year 恆星年 [天文]

sidereal 恆星的 [天文]

sidereostat 定星鏡 [天文]

siderial astronomy 恆星天文學 [天文]

siderite 菱鐵礦，鐵隕石類 [天文] [地質]

siderographite 雜鐵石墨 [地質]

siderograph 恆星儀 [天文]

siderolite 石鐵隕石 [地質]

sideronatrite 纖鈉鐵礬 [地質]

siderophile element 親鐵元素 [地質]

siderophyre 英輝鐵鎳隕石 [地質]

siderophyry 英輝鐵鎳隕石 [地質]

siderose 菱鐵礦 [地質]

siderotil 鐵礬 [地質]

sidestream 支流 [地質] [海洋]

side 邊，翼，側 [天文] [地質] [氣象] [海洋]

Sidutjall event 西杜傑爾事件 [地質]

siegenite 硫鈷鎳礦 [地質]

sierozem 灰鈣土 [地質]

sierranite 縞燧岩 [地質]

sierra 鋸齒山脊 [地質]

sieve coal 篩選煤 [地質]

sieve texture 篩狀組織 [地質]

siffanto 希番土風 [氣象]

sight line velocity 視向速度 [天文]

sighting distance 視距 [天文] [地質] [氣象] [海洋]

sighting range in water 水中視程 [海洋]

sighting tube 窺管 [天文]

sigma 均方偏差 [天文] [地質] [氣象] [海洋]

sign of zodiac 黃道十二宮的符號 [天文]

significant wave height 顯著波高 [地質] [海洋]

significant wave 顯著波 [地質] [海洋]

significant weather information 重要天氣預報 [氣象]

sign 標誌，符號 [天文] [地質] [氣象] [海洋]

sigua 希掛風 [氣象]

sikussak 峽灣冰 [海洋]

silcrete 矽結礫岩，矽質殼層 [地質]

silent earthquake 寂靜地震 [地質]

silex 燧石，堅硬緻密岩石（玄武岩、緻密灰岩等）[地質]

silexite 英石岩，矽英岩 [地質]

silica mineral 二氧化矽礦物 [地質]

silica sand 矽砂 [地質]

silica 二氧化矽，矽石 [地質]

silicate 矽酸鹽 [地質]

silicate mineral 矽酸鹽礦物 [地質]

siliceous clay 矽質黏土 [地質]

siliceous deposits 矽質沉積物 [地質]

siliceous dust 矽灰 [地質]

siliceous earth 矽質土 [地質]

siliceous ooze 矽質軟泥 [地質]

siliceous sandstone 矽質砂岩 [地質]

siliceous sediment 矽質沉澱物 [地質]

siliceous shale 矽質頁岩 [地質]

siliceous sinter 矽華 [地質]

siliceous spicules 矽質骨針 [地質]

siliceous tufa 矽華 [地質]

siliceous 矽質的 [地質]

silicic 矽酸的，矽質的，酸性的 [地質]

silicification 矽化 [地質]

silicified wood 矽化木 [地質]

silicomagnesiofluorite 矽鎂螢石 [地質]

silicon crystal 矽晶體 [地質]

silicon oxygen tetrahedron 矽氧四面體 [地質]

silification 矽化 [地質]

sill depth 岩床最大深度 [地質] [海洋]

sill 岩床，海脊 [地質] [海洋]

silled basin 侷限盆地，閉塞盆地 [地質] [海洋]

sillenite 軟鉍礦 [地質]

sillicate phase 矽酸鹽相 [地質]

sillimanite 矽線石 [地質]

silt 粉砂，淤泥 [地質]

siltation 淤積 [地質]

silting deposit 淤泥堆積 [地質]

silting 淤積 [地質]

siltite 粉砂岩 [地質]

siltstone 粉砂岩 [地質]

silttil 粉砂冰磧土 [地質]

Silurian System 志留系 [地質]

Silurian 志留紀 [地質]

Siluric 志留系 [地質]

silver amalgam 銀汞膏，銀汞齊 [地質]

silver frost 銀霜 [氣象]

silver glance 輝銀礦 [地質]

silver lead ore 銀鉛礦 [地質]

silver storm 銀光風暴 [氣象]

silver thaw 銀光霜 [氣象]

silver-disk pyrheliometer 銀盤日射強度計 [氣象]

sima 矽鎂層 [地質]

similar fold 相似褶皺，同型褶皺 [地質]

simoom 西蒙風 [氣象]

simple cubic lattice 簡單立方晶格 [地質]

simple dike 單岩脈 [地質]

simple pendulum 單擺 [天文]

simple ring 單環 [天文]

simple shear flow 簡單剪切流動 [地質]

simpsonite 鉀鎂紅閃石，水鉭鋁石 [地

質]

simulated diving 模擬潛水 [海洋]

simultaneous altitude 同時高度 [天文]

simultaneous observation 同步觀測 [天文]

sincosite 磷釩鈣礦 [地質]

Sinemurian 錫內穆階 [地質]

singing sand 鳴沙 [地質]

single crystal 單晶 [地質]

single domain particle 單域顆粒 [天文]

single line spectroscopic binary 單譜分光雙星 [天文]

single scintillation radioactive logger 單道閃爍輻射測井儀 [地質]

single section view 單一剖面圖 [天文] [地質] [氣象] [海洋]

single station analysis 單站分析 [氣象]

single station forecast 單站預報 [氣象]

single station weather forecast 單站天氣預報 [氣象]

single-spectrum binary 單譜分光雙星 [天文]

singlet 單譜線，單峰，單一 [天文]

singular corresponding point 特異對應點 [天文]

singular state 奇異態 [天文]

singularity of universe 宇宙奇點 [天文]

singularity 奇異點，獨特性 [天文] [地質] [氣象] [海洋]

sinhalite 硼鋁鎂石 [地質]

sinistral fault 移斷層 [地質]

sink sample 沉煤樣 [地質]

sinkhole erosion 滲穴侵蝕 [地質]

sinkhole plains 滲穴平原 [地質]

sinkhole 滲穴 [地質]

sinking well 沉井 [海洋]

sinking 下沉，沉降流 [海洋]

sink 下沉，下降 [天文] [地質] [氣象] [海洋]

sinopel 含赤鐵石英，鐵石英 [地質]

Sinope 希諾佩，木衛九 [天文]

sinter deposition 泉華沉積 [地質]

sintered spinel 著色塊狀尖晶石 [地質]

sinter 泉華，燒結 [地質]

Sinus Aestuum 浪灣（月面的）[天文]

Sinus Iridum 虹灣（月面的）[天文]

Sinus Medii 中央灣（月面的）[天文]

Sinus Roris 露灣（月面的）[天文]

sinus 灣（月面），彎曲，中槽（腕足類）[天文] [地質] [氣象] [海洋]

sinusoidal perturbation 正弦干擾 [天文]

sinusoidal signal 正弦信號 [天文] [地質] [氣象] [海洋]

sinusoidal vibration 正弦振動 [天文] [地質] [氣象] [海洋]

sinusoidal wave 正弦波 [天文] [地質] [氣象] [海洋]

sipylite 褐釔鈮礦 [地質]

Sirius (α CMa) 天狼星（大犬座 α 星）[天文]

sirocco di levante 希臘西南焚風 [氣象]

sirocco　西洛可風 [氣象]

siserskite　灰銥鋨礦 [地質]

sitaparite　方鐵錳礦 [地質]

site intensity　場地烈度 [地質]

site remanence　原地剩磁 [地質]

site selection　選址 [天文]

site testing　現場試驗 [地質]

site　位置，場，晶格點 [天文] [地質] [氣象] [海洋]

six-sound timing　六響報時 [天文]

size analysis by sedimentation　沉降法粒度分析 [地質]

size analysis by sieving　篩分粒級分析 [地質]

size analysis　粒度分析，粒級分析 [地質]

size frequency analysis　粒級頻率分析 [地質]

size　尺度，大小 [天文] [地質] [氣象] [海洋]

sjogrenite　水碳鐵鎂石 [地質]

skarn deposit　矽卡岩礦床 [地質]

skeleton crystal　骸晶 [地質]

skeleton diagram　單線簡圖 [地質]

skeleton soil　岩屑土，粗骨土 [地質]

skeleton texture　晶骼組織 [地質]

skeleton　骨骼，骨架，架構 [地質]

Skelgill group　斯克爾吉爾群 [地質]

sketch geology　素描地質學 [地質]

sketch survey　草測 [天文] [地質] [氣象] [海洋]

sketch　草圖，素描 [天文] [地質] [氣象] [海洋]

skewness　偏斜度 [天文]

skialith　雲狀殘岩，殘影體 [地質]

Skiddavian　斯奇道階 [地質]

Skiddaw slate　斯啟多板岩 [地質]

skill score　技術得分 [氣象]

skin diving　輕裝潛水 [海洋]

skin-friction coefficient　表面摩擦係數 [氣象]

skiodrome　平原面交切 [地質]

skip distance　越程，跳越距離 [地質] [氣象]

skip mark　躍痕 [地質]

skipcast　跳模 [地質]

skiron　史凱隆風 [氣象]

Skrinkle sandstones　斯科林克爾砂岩 [地質]

skutterudite　方砷鈷礦 [地質]

sky background noise　天空背景雜訊 [天文]

sky background　天空背景 [天文]

sky brightness temperature　天空亮度溫度 [天文]

sky brightness　天空亮度 [天文]

sky condition　天空狀況 [氣象]

sky cover　天空遮蔽 [氣象]

sky diagram　天象圖 [天文]

sky map　星圖 [天文]

sky patrol　巡天 [天文]

sky radiation　天空輻射 [天文] [氣象]

S

sky solar radiation　天空太陽輻射 [天文] [氣象]

sky survey　天空巡測 [天文]

sky temperature　天空溫度 [天文] [氣象]

skylight filter　天光過濾器 [天文]

skylight　天光 [天文] [氣象]

sky　天，天空 [天文] [氣象]

SL: sea level　海平面 [海洋]

slab pahoehoe　板塊繩狀熔岩 [地質]

slab thickness　平板厚度 [地質]

slab　層板，平板，層片，石板 [地質] [海洋]

slabstone　板層岩，石板岩 [地質]

slack coal　碎煤 [地質]

slack ice　屑冰 [地質]

slack tide　平潮 [海洋]

slack water　滯水，憩流 [海洋]

slag　熔渣，礦渣，火山渣 [地質]

slant stack　傾斜疊加 [地質]

slant visibility　傾斜能見度 [氣象]

slat　百葉板，條板，石板 [地質]

slate band　板岩夾層 [地質]

slate spar　輝銀礦 [地質]

slate　板岩 [地質]

slaty cleavage　板岩劈理 [地質]

slave clock　子鐘 [天文]

slavikite　菱鎂鐵礬 [地質]

sleet　霰，冰珠 [氣象]

sleeve　套管，袋 [地質]

slew　溼沼地 [地質]

slice ice　片冰 [地質]

slice method　氣片法 [地質]

slice　片，片層，切片 [地質]

sliced crystal　切割晶體 [地質]

slicer　切片機 [地質]

slick　平滑面，修光 [地質]

slickenside　擦痕面 [地質]

slickensiding　擦痕作用 [地質]

slickens　光滑沖積層 [地質]

slickolite　溶滑痕 [地質]

slide　滑動，崩落 [地質]

slight breeze　輕風 [氣象]

slight sea　輕浪 [海洋]

sling hygrometer　手搖溼度計 [氣象]

sling psychrometer　手搖乾溼球溼度計 [氣象]

sling thermometer　手搖溫度計 [氣象]

slip band　滑移帶，滑動帶 [地質]

slip bedding　滑動層理 [地質]

slip clay　易溶土，易滑土 [地質]

slip cleavage　滑動劈理 [地質]

slip dike　滑動岩脈 [地質]

slip dislocation　滑移錯位 [地質]

slip face　滑落面 [地質]

slip fold　滑褶皺 [地質]

slip function　滑動函數 [地質]

slip joint　滑動節理 [地質]

slip line　滑移線 [地質]

slip plane　滑動面 [地質]

slip sheet　滑動岩片 [地質]

slip surface　滑動面 [地質]

slip throw　斷層滑距 [地質]

slip vector　滑動向量 [地質]

slip vein　斷層礦脈 [地質]

slip　滑移，滑動 [地質]

slippage　滑動，滑動量 [地質]

slit spectrogram　狹縫光譜圖 [天文] [地質]

slitting mill　切片機 [地質]

slob ice　浮冰群 [地質] [海洋]

slob land　低鹽灘 [地質]

slope current　傾斜流，坡流 [地質] [海洋]

slope deposition　坡積作用 [地質]

slope deposit　坡積物 [地質]

slope facies　陸坡相 [地質]

slope stability　坡面穩定性 [地質]

slope theodolite　坡面經緯儀 [地質]

slope　坡，坡度，斜率 [天文] [地質] [氣象] [海洋]

slopewash　坡積物 [地質]

sloping convection　斜坡對流 [氣象]

sloping seam　傾斜礦層 [地質]

slough　泥坑 [地質]

slow drift burst　慢漂爆發 [天文]

slow ion　慢離子 [天文] [氣象]

slow nova gram　慢度圖 [地質]

slowness method　慢度法 [地質]

slowness surface　慢度面 [地質]

slowness vector　慢度向量 [地質]

slowness　慢度 [地質]

SLR: satellite laser ranging　衛星雷射測距 [天文]

sludge cake　鬆軟冰團 [海洋]

sludge ice　鬆軟冰 [海洋]

sludge lump　不規則鬆冰團 [海洋]

sludge　污泥，礦泥，雪泥冰 [地質] [氣象]

slump bedding　滑動層理 [地質]

slump fault　滑動斷層 [地質]

slump　滑動，崩移，崩陷 [地質]

slumping　滑動，滑塌 [地質]

slurry bedding　淤泥層理 [地質]

slush ice　溼雪冰 [氣象]

slush icing　溼積冰 [氣象]

slush　雪泥冰，軟雪，泥漿 [地質] [氣象]

small diurnal range　小平均日潮差 [海洋]

small hail　小雹 [氣象]

small ice floe　小浮冰 [海洋]

small ion combination　小離子結合 [氣象]

small ion　小離子 [氣象]

Small Magellanic Cloud　小麥哲倫雲 [天文]

small particle contamination　小粒子污染 [天文]

small planet　小行星 [天文]

small tropic range　小回歸潮差 [海洋]

smaltine　砷鈷礦 [地質]

smaltite　砷鈷礦 [地質]

smaragd　祖母綠，鉻綠柱石 [地質]

smaragdite　綠閃石 [地質]

S

smectite 膨潤石，膨潤石群 [地質]

smithite 斜硫砷銀礦 [地質]

smithsonite 菱鋅礦 [地質]

smog 煙霧 [地質]

smoke 煙 [地質]

smoke horizon 煙地平 [氣象]

smoke plume density 煙流密度 [氣象]

smoke plume 煙羽，煙流 [氣象]

smoke stone 煙晶 [地質]

smoke stratus 煙層雲 [氣象]

smoke trail 煙跡 [氣象]

smoked paper 煙紙 [地質]

smoky quartz 煙晶 [地質]

smooth sea 微浪（一級浪）[海洋]

smooth 平滑的，光滑 [天文] [地質] [氣象] [海洋]

SMT: segmented mirror telescope 拼合鏡面望遠鏡 [天文]

smythite 菱硫鐵礦 [地質]

snail-shaped nebula 蝸牛狀星雲 [天文]

snaking stream 蜿曲河 [地質]

snatch block 開口滑車 [地質]

snezhura 溼雪 [地質]

snow accumulation 雪積 [地質] [氣象]

snow avalanche 雪崩 [地質]

snow banner 雪旗，空中雪流 [氣象]

snow bin 雪量箱 [氣象]

snow blink 雪映光 [氣象]

snow block 雪片 [氣象]

snow bridge 雪橋 [氣象]

snow cap 雪冠 [氣象]

snow climate 雪地氣候 [氣象]

snow cloud 雪雲 [氣象]

snow course 雪徑 [氣象]

snow cover chart 積雪圖 [氣象]

snow cover 雪蔽 [氣象]

snow coverage 雪蔽量 [地質] [氣象]

snow crust 雪殼 [氣象]

snow crystal 雪晶 [氣象]

snow damage 雪害 [氣象]

snow day 雪日 [氣象]

snow density 雪密度 [氣象]

snow depth 雪深 [氣象]

snow driving wind 風雪流 [氣象]

snow eater 融雪風，融雪霧 [氣象]

snow flurry 陣雪 [氣象]

snow forest climate 雪林氣候 [氣象]

snow garland 環 [地質] [氣象]

snow gauge 雪量器 [氣象]

snow geyser 雪噴 [氣象]

snow grains 雪粒 [氣象]

snow hydrology 積雪水文學 [地質] [氣象]

snow ice 雪冰 [地質] [氣象]

snow line 雪線 [地質]

snow mat 雪蓆 [地質]

snow mechanics 雪力學 [地質]

snow niche 窪地 [地質]

snow patch erosion 雪斑侵蝕 [地質]

snow pellets 霰 [氣象]

snow point 雪點 [氣象]

snow pressure 雪壓 [氣象]

snow ripple　雪紋 [氣象]

snow rollers　雪捲 [氣象]

snow scale　雪標 [氣象]

snow sky　雪映天 [氣象]

snow slush　雪泥 [地質]

snow smoke　雪煙 [氣象]

snow stage　成雪階段 [氣象]

snow stake　雪標 [氣象]

snow storm　雪暴 [氣象]

snow survey　測雪 [氣象]

snow tremor　雪震 [氣象]

snow tube　取雪管 [氣象]

snow virga　雪旛 [氣象]

snow　雪 [氣象]

snowball　雪球 [地質]

snowbank glacier　雪堤冰川 [地質]

snow-covered ice　雪蓋冰 [氣象]

snowdrift glacier　吹雪冰川 [地質]

snowdrift ice　吹雪冰 [地質]

snowdrift　吹雪堆，雪磧 [地質]

snowfall amount　雪量 [氣象]

snowfall　降雪 [氣象]

snowfield　雪原 [地質]

snowflake　雪花 [氣象]

snowmelt runoff　融雪徑流 [地質]

snowmelt　融雪 [地質]

snowpack　積雪場 [地質]

snowquake　雪震 [地質]

snowslide dynamics　雪崩動力學 [地質]

snowslide　雪崩 [地質]

snowstorm　雪暴 [氣象]

So galaxy!　So 星系 [天文]

soaker　浸漬劑 [地質]

soaking rain　傾盆大雨 [氣象]

soaprock　皂石 [地質]

soapstone　皂石 [地質]

socket-shaped nebula　盒狀星雲 [天文]

soda alum　鈉明礬 [地質]

soda granite　鈉花岡岩 [地質]

soda keratophyre　鈉角斑岩 [地質]

soda lake　鹼湖 [地質]

soda mica　鈉雲母 [地質]

soda microcline　鈉微斜長石 [地質]

soda niter　鈉硝石 [地質]

soda plant　含鹼植物 [地質]

soda sanidinite　鈉透長石 [地質]

soda trachyte　鈉粗面岩 [地質]

soda　鈉鹼，蘇打 [地質]

sodaclase-syenodiorite　鈉長正長閃長岩 [地質]

sodaclase　鈉長石 [地質]

soda-hornblendes　鈉角閃石 [地質]

soda-lime feldspar　鈉鈣長石 [地質]

sodalite　方鈉石 [地質]

sodar　聲達 [地質] [氣象]

soddyite　矽鈾礦 [地質]

sodium feldspar　鈉長石，鈉質長石 [地質]

sodium illite　鈉伊來石 [地質]

sodium layer　鈉層 [地質]

sodium-calcium feldspar　鈉鈣長石 [地質]

S

SOFAR 聲納定位儀 [海洋]

SOFAR channel! SOFAR 聲道 [地質]

soft coal 煙煤，軟煤 [地質]

soft component 軟性部分 [地質]

soft hail 軟雹 [氣象]

soft mantle 軟地函 [地質]

soft phase 緩變相 [天文]

soft rime 軟淞，霧淞 [氣象]

soft rock geology 沉積岩地質學，軟岩地質學 [地質]

soft rock 軟岩 [地質]

soft shale 軟頁岩 [地質]

Sohm abyssal plain 索姆深海平原 [地質]

soil 土壤 [地質]

soil cap 表土 [地質]

soil cave 土洞 [地質]

soil creep 土壤潛動，土滑 [地質]

soil flow 土石緩滑 [地質]

soil fluction 泥流 [地質]

soil horizon 土層 [地質]

soil mineral 土壤礦物質 [地質]

soil profile 土壤剖面 [地質]

soil series 土系 [地質]

soil stripes 土條 [地質]

soil taxonomy 土壤分類法 [地質]

soil temperature 土溫 [地質]

soil texture 土壤質地 [地質]

soil thermograph 土壤溫度計 [地質]

soil thermometer 土壤溫度計 [地質]

soil water balance 土壤水平衡 [地質]

soil water belt 土壤水帶 [地質]

soil water content 土壤水含量 [地質]

soil water 土壤水 [地質]

soil-lifting frost 凍拔 [氣象]

soil-lime-pozzolan 火山灰石灰土 [地質]

soil-lime 石灰土 [地質]

sol 溶膠 [地質]

sol-air temperature 太陽作用氣溫 [氣象]

solaire 旭來風 [氣象]

solano 索蘭諾風 [氣象]

solar absorption index 太陽吸收指數 [天文]

solar activity effect 太陽活動效應 [天文]

solar activity index 太陽活動指數 [天文]

solar activity prediction 太陽活動預報 [天文]

solar activity region 太陽活動區 [天文]

solar activity 太陽活動 [天文]

solar altitude 太陽高度 [天文]

solar angle 太陽角 [天文]

solar antapex 太陽背點 [天文]

solar apex 太陽向點 [天文]

solar atmosphere 太陽大氣層 [天文]

solar atmospheric tide 太陽大氣潮 [天文]

solar attachment 太陽儀 [天文]

solar azimuth 太陽方位角 [天文]

solar bridge 太陽橋 [天文]

solar burst　太陽爆發 [天文]

solar calendar　陽曆 [天文]

solar climate belts　太陽氣候帶 [天文] [氣象]

solar climate　太陽氣候 [天文] [氣象]

solar component　太陽成分 [天文]

solar constant　太陽常數 [天文]

solar convection zone　太陽對流層 [天文]

solar corona　日冕 [天文]

solar corpusclar beam　太陽微粒束 [天文]

solar corpusclar burst　太陽微粒爆發 [天文]

solar corpusclar flow　太陽微粒流 [天文]

solar corpuscle　太陽微粒 [天文]

solar corpuscular emission　太陽微粒發射 [天文]

solar corpuscular radiation　太陽微粒輻射 [天文]

solar corpuscular ray　太陽微粒射線 [天文]

solar cosmic ray event　太陽宇宙線事件 [天文]

solar cosmic ray flare　太陽宇宙線閃焰 [天文]

solar cosmic ray　太陽宇宙線 [天文]

solar cycle variation　太陽週期變化 [天文]

solar cycle　太陽週期 [天文]

solar daily variation　太陽日變化 [天文]

solar daily variation on quiet day　寧靜日之太陽日變異 [天文] [氣象]

solar day　太陽日 [天文]

solar decimetric radio burst　太陽分米波爆發 [天文]

solar declination　太陽赤緯 [天文]

solar diameter contraction　太陽直徑收縮 [天文]

solar disk　太陽盤面 [天文]

solar distance　日地距離 [天文]

solar eclipse effect　日蝕效應 [天文]

solar eclipse expedition　日蝕觀測隊 [天文]

solar eclipse limit　日蝕限 [天文]

solar eclipse　日蝕 [天文]

solar electron event　太陽電子事件 [天文]

solar energetic particles　太陽高能粒子 [天文]

solar EUV spectrum　太陽極紫外譜 [天文]

solar extreme ultraviolet radiation　太陽極紫外輻射 [天文]

solar eyepiece　太陽目鏡 [天文]

solar far-ultraviolet spectrum　太陽遠紫外譜 [天文]

solar flare effect　太陽閃焰效應 [天文]

solar flare forecast　太陽閃焰預報 [天文]

solar flare hazard　太陽閃焰危險 [天文]

solar flare particle　太陽閃焰粒子 [天文]

solar flare　太陽閃焰 [天文]

S

solar gamma-ray burst 太陽 γ 射線爆發 [天文]

solar gas dynamics 太陽氣體動力學 [天文]

solar geophysics 太陽地球物理學 [天文]

solar granulation 太陽米粒組織 [天文]

solar hour angle 太陽時角 [天文]

solar index 太陽指數 [天文]

solar infrared radiation 太陽紅外輻射 [天文]

solar latitude 日面緯度 [天文]

solar limb 日面邊緣 [天文]

solar longitude 日面經度 [天文]

solar luminosity 太陽發光度 [天文]

solar magnetic field 太陽磁場 [天文]

solar magnetic system of coordinates 太陽磁場座標系 [天文]

solar magnetism 太陽磁學 [天文]

solar magnetograph 太陽磁象儀 [天文]

solar magnetohydrodynamics 太陽磁流力學 [天文]

solar magnetospheric system of coordinates 太陽磁層座標系 [天文]

solar microwave burst 太陽微波爆發 [天文]

solar month 太陽月 [天文]

solar motion 太陽運動 [天文]

solar near-ultraviolet spectrum 太陽近紫外譜 [天文]

solar nebula 太陽星雲 [天文]

solar neutrino unit (SNU) 太陽微中子單位 [天文]

solar neutrino 太陽微中子 [天文]

solar noise 太陽雜訊 [天文]

solar nutation 太陽章動 [天文]

solar parallax 太陽視差 [天文]

solar partial eclipse 日偏食 [天文]

solar particle event 太陽粒子事件 [天文]

solar particle 太陽粒子 [天文]

solar period 太陽週期 [天文]

solar plasma flux 太陽電漿通量 [天文]

solar plasma physics 太陽電漿物理學 [天文]

solar plasma 太陽電漿 [天文]

solar prominence 日珥 [天文]

solar proton event 太陽質子事件 [天文]

solar quiet day 太陽靜日 [天文]

solar radiationmeter 太陽輻射計 [天文]

solar radiation energy 太陽輻射能 [天文]

solar radiation intensity 太陽輻射強度 [天文]

solar radiation observation 太陽輻射觀測 [天文] [氣象]

solar radiation pressure perturbation 太陽光壓攝動 [天文]

solar radiation spectrum 太陽輻射能譜 [天文]

solar radiation 太陽輻射 [天文]

solar radio astronomy 太陽無線電天文學 [天文]

solar radio burst 太陽無線電爆發 [天文]

solar radio emisson 太陽無線發射 [天文]

solar radio noise 太陽無線雜訊 [天文]

solar ring 環式日規 [天文]

solar rotation 太陽自轉 [天文]

solar semidiurnal tide 太陽半日潮 [海洋]

solar service 太陽聯合觀測，太陽服務 [天文]

solar space 太陽空間 [天文]

solar spectrograph 太陽光譜儀 [天文]

solar spectrum 太陽光譜 [天文]

solar spot 太陽黑子 [天文]

solar storm 太陽暴 [天文]

solar stream 太陽粒子流 [天文]

solar system meteor 太陽系流星 [天文]

solar system physics 太陽系物理學 [天文]

solar system plasma physics 太陽系電漿物理學 [天文]

solar system 太陽系 [天文]

solar telescope 太陽望遠鏡 [天文]

solar term 節氣 [天文]

solar tide 太陽潮 [海洋]

solar time 太陽時 [天文]

solar topographic theory 太陽地形說 [地質]

solar total eclipse 日全蝕 [天文]

solar tower 太陽觀測塔 [天文]

solar tsunami 日嘯 [天文]

solar type star 太陽型星 [天文]

solar ultraviolet Doppler camera 太陽紫外線都普勒照相機 [天文]

solar ultraviolet radiation 太陽紫外線輻射 [天文]

solar ultraviolet reference spectra 太陽紫外線參考光譜 [天文]

solar variability 太陽可變性 [天文]

solar wind one-fluid model 太陽風單流體模型 [天文]

solar wind two-fluid model 太陽風雙流體模型 [天文]

solar wind velocity 太陽風速度 [天文]

solar wind 太陽風 [天文]

solar X-ray astronomy 太陽 X 射線天文學 [天文]

solar X-ray burst 太陽 X 射線爆發 [天文]

solar X-ray 太陽 X 射線 [天文]

solar XUV spectrum 太陽 XUV 譜 [天文]

solar year 太陽年 [天文]

solar zenith angle 太陽天頂角 [天文]

solarigraph 日射強度計 [天文] [氣象]

solarimeter 日射強度計 [天文] [氣象]

solar-terrestrial phenomena 日地現象 [天文]

solar-terrestrial physics 日地物理學 [天文]

solar-terrestrial relationship 日地關係

S

[天文]

solar-terrestrial space　日地空間 [天文]

solar-terrestrial system　日地體系 [天文]

sole injection　基底貫入 [地質]

sole mark　基底線 [地質]

sole plane　基底面 [地質]

Soleil compensator　索累補償器 [天文]

solenoid effect　力管效應 [氣象]

solenoid field　力管場 [氣象]

solenoidal index　力管指數 [氣象]

solenoidal vector　無散度向量 [氣象]

solenoid　螺旋管，力管 [氣象]

sole　底面，基底 [地質]

solfatara　硫質噴氣孔，硫氣孔 [地質]

solid angle　立體角 [天文]

solid body rotation　剛體自轉 [天文]

solid content　固體含量 [地質]

solid geology　基岩地質學 [地質]

solid inclusion　固包體 [地質]

solid-earth geochemistry　固體地球化學 [地質]

solid-earth physics　固體地球物理學 [地質]

solid-earth tide　固體潮 [地質] [海洋]

solidification age of the solar system　太陽系固結年齡 [天文]

solifluction lobe　解凍土 [地質]

solifluction mantle　解凍土覆蓋物 [地質]

solifluction sheet　解凍土層 [地質]

solifluction stream　解凍土帶流 [地質]

solifluction tongue　解凍土舌 [地質]

solifluction　泥流，解凍土 [地質]

solifluxion　融凍泥流 [地質]

solitary corals　單體珊瑚類 [地質]

solitary crystal　單晶體 [地質]

solitary wave　孤立波 [地質]

solore　宿落風 [氣象]

solstices　二至點 [天文]

solstitial colure　二至圈 [天文]

solum　土體 [地質]

solution pool　溶蝕潭 [地質]

solution potholes　溶蝕壺穴 [地質]

solution transfer　溶解轉移 [地質]

solutional cavity　溶穴 [地質]

Solva Series　索爾伏統 [地質]

solvability　可溶性，溶解度 [地質] [海洋]

solvate　溶劑化物 [地質] [海洋]

solvation　溶合作用 [地質] [海洋]

Somati current　索馬里海流 [海洋]

sombrerite　磷灰石，膠磷礦 [地質]

Sombrero Galaxy (M104, NGC 4594)　草帽星系 [天文]

sommaite　白榴橄輝二長岩

somma　外輪山 [地質]

sonar sweeping　聲納掃描 [海洋]

sonde　探測器，電極體 [天文] [地質] [氣象] [海洋]

sondo　桑達風 [氣象]

sonic altimeter　音波測高計 [地質]

sonic anemometer　音波風速計 [氣象]

sonic exploration　音波探勘 [地質]

sonic logger 音波測井儀 [地質]

sonic logging 音波測井 [地質]

sonic prospecting 音波探勘 [地質]

sonic survey 音波探勘 [地質]

sonic system 聲系 [地質]

sonic transducer 聲換能器 [地質]

sonograph 音譜儀 [海洋]

sonoraite 水碲鐵石 [地質]

sonora 索諾拉雷暴 [氣象]

SOP: surface of position 位置面 [海洋]

sordawalite 玄武玻璃 [地質]

sorosilicate mineral 雙矽酸鹽礦物 [地質]

sorotiite 硫石鐵隕石 [地質]

sorted polygon 分選多角形土 [地質]

sortie plot 航攝任務圖 [地質]

sorting coefficient 淘選係數 [地質]

sorting factor 淘選因子 [地質]

sorting index 淘選率 [地質]

sorting 淘選 [地質]

sound emitting fireball 發聲火流星 [天文]

sound fixing and ranging channel! SOFAR 聲道 [地質]

sound ranging 聲波測距 [地質]

sounding balloon 探測氣球 [氣象]

sounding lead 測深錘 [地質] [海洋]

sounding line 測深繩 [地質] [海洋]

sounding machine 測深機 [地質] [海洋]

sounding pole 測深深杆 [地質] [海洋]

sounding sand 鳴沙 [地質]

sounding system 測深系統 [地質]

sounding wire 測深繩 [地質]

sounding 聲距測量，測深，探空 [氣象]

soundings 水深點 [地質]

source area 源地，生油區 [地質] [氣象]

source array 波源陣列 [地質]

source bed 源層，生油層 [地質]

source dynamics 震源動力學 [地質]

source function 源函數 [天文]

source land 原產地 [地質]

source less seismic exploration 無震源地震探勘 [地質]

source region 源地 [氣象]

source rock 源岩 [地質]

source signal 震源信號 [地質]

source time function 震源時間函數 [地質]

source time 震源時間 [地質]

source 源，起源，震源，原始資料 [天文] [地質] [氣象] [海洋]

South American Plate 南美洲板塊 [地質]

South America 南美洲 [地質]

South Asia high 南亞高壓 [氣象]

South Atlantic Current 南大西洋海流 [海洋]

south Atlantic magnetic anomaly 南大西洋磁異常 [地質]

South China quasi-stationary front 華南準靜止鋒 [氣象]

South China Sea Coastal Current 南海

沿岸流 [氣象]

South China Sea Warm Current 南海暖流 [氣象]

South China Sea 南海 [海洋]

South Equatorial Current 南赤道海流 [海洋]

south foehn 南焚風 [氣象]

south following star 東南星（目視雙星）[天文]

south frigid zone 南寒帶 [地質]

south geographical pole 地理南極 [地質]

south geomagnetic pole 地磁南極 [地質]

south hemisphere 南半球 [地質]

South Indian Current 南印度洋海流 [海洋]

south latitude 南緯 [地質]

south lobe 南瓣 [地質]

south magnetic pole 磁南極 [地質]

South Pacific Current 南太平洋海流 [海洋]

south point 南點 [天文]

south polar distance 南極距 [地質]

South Pole 南極 [地質]

south temperate zone 南溫帶 [氣象]

south tropical disturbance 南熱帶擾動 [氣象]

south 南 [天文] [地質] [氣象] [海洋]

southeast drift current 東南漂流 [海洋]

southeaster 東南大風 [氣象]

Southeast 東南 [天文] [地質] [氣象] [海洋]

Southern Cross 南十字座 [天文]

Southern Crown 南冕座 [天文]

Southern Fish 南魚座 [天文]

southern hemisphere 南半球 [地質]

southern latitude 南緯 [地質]

southern lights 南極光 [地質]

Southern Ocean 南大洋 [海洋]

Southern Oscillation 南方震盪 [海洋]

Southern Polar Front 南大洋極鋒 [氣象]

southern polarity 南磁極性 [天文]

Southern Star 南星 [地質]

Southern Triangle 南三角座 [天文]

southernly burster 南寒風 [氣象]

souther 南大風 [氣象]

southwester 西南大風 [氣象]

southwest 西南 [天文] [地質] [氣象] [海洋]

souzalite 水磷鋁鎂石 [地質]

Soviet Mountains 蘇維埃山脈 [地質]

SP exploration 自然電位探勘 [地質]

SP logging 自然電位測井 [地質]

SP prospecting 自然電位探勘 [地質]

SP survey 自然電位探勘 [地質]

SPA: sudden phase anomaly 相位突異 [地質]

space absorption 空間吸收 [天文]

space age 太空時代 [天文]

space astrometry 太空天文學 [天文]

space astrophysics 太空天文物理學 [天文]

文]

space at infinity　無限遠空間 [天文]

space charge dynamics　太空電荷動力學
[地質]

space chemistry　太空化學 [天文]

space circadian rhythm　太空晝夜節律
[天文]

space density　空間密度 [天文]

space distribution　空間分佈 [天文]

space electricity　太空電學 [地質]

space environment　太空環境 [天文]

space geodesy　太空大地測量學 [天文]
[地質]

space geodynamics　太空地球動力學 [天
文] [地質]

space geology　太空地質學 [天文] [地質]

space geomechanics　太空地質力學 [天
文] [地質]

space group extinction　空間群消光 [地
質]

space group　空間群 [天文]

space lattice　空間晶格 [地質]

space motion　太空運動 [天文]

space observational science　太空觀察科
學 [天文]

space observatory　太空觀測台 [天文]

space photogrammetry　太空航測術 [天
文]

space radio astronomy　太空無線電天文
學 [天文]

space reddening　太空紅化 [天文]

space telescope　太空望遠鏡 [天文]

space tensor　空間張量 [天文]

space time measure model　時空測量模
型 [天文]

space weather station　太空氣象站 [氣
象]

space-fixed reference　太空固定參考座
標 [天文]

space　空間，太空 [天文] [地質] [氣象]
[海洋]

spaghetti-shaped radio burst　條狀無線
電爆發 [天文]

spall　剝落，碎片，剝離層 [地質]

spalling　剝落 [地質]

spangolite　氯鋁銅礬 [地質]

sparagmite　破片岩 [地質]

sparite　亮晶方解石 [地質]

spark line　電火花譜線 [天文]

spark　電火花，火花 [地質]

sparker　電火花波源 [地質]

Sparnacean　斯巴納斯階 [地質]

sparry allochemical rock　亮晶異化灰岩
[地質]

sparry calcite　亮晶方解石 [地質]

sparry intraclastic calcarenite　亮晶內碎
屑砂屑石灰岩 [地質]

sparry iron ore　球菱鐵礦 [地質]

sparry limestone　亮晶灰岩 [地質]

sparry mosaic　嵌接亮晶，亮嵌晶 [地
質]

sparry　晶石的，亮晶的 [地質]

S

sparry-calcitecement　亮晶方解石膠結物 [地質]

spartalite　紅鋅礦 [地質]

spar　亮晶，晶石 [天文] [地質]

spasmodic turbidity current　突發性濁流 [地質]

spastolith　變形䱛狀岩 [地質]

spat　斯派特（天文距離單位）[天文]

spathic iron　菱鐵礦 [地質]

spatial dendritic crystal　立體枝狀冰晶 [氣象]

spatial frequency　空間頻率 [天文]

spatial harmonics　空間諧波 [天文]

spatial hierarchy　空間譜系 [天文]

spatial spectrum　空間譜 [天文]

spatial structure　空間結構 [天文]

spatial system　空間體系 [天文]

spatiography　宇宙物理學 [天文]

spatter cone　寄生熔岩錐 [地質]

spatter rampart　火山碎屑壘 [地質]

spear pyrite　矛白鐵礦 [地質]

special coordinates　特殊座標 [天文]

special depth　特殊水深 [海洋]

special forecast　特殊天氣預報 [氣象]

special logging panel　測井專用面板 [地質]

special observation　特殊觀測 [氣象]

special perturbation　特殊攝動 [天文]

special weather report　特殊天氣報告 [氣象]

species number　分潮類數 [海洋]

specific alkalinity　比鹼度 [海洋]

specific gravity　比重 [地質]

specific gravity of gems　寶石比重 [地質]

specific humidity　比溼 [氣象]

specific luminosity　比光度 [天文]

specific moment of momentum　比動量矩（即角動量密度）[天文]

specific volume anomaly　比容偏差 [海洋]

specific yield　比出水量，單位出水量 [地質]

spectral albedo　分光反照率 [天文]

spectral class　光譜型 [天文]

spectral induced polarization method　頻譜激發極化法 [天文]

spectral information　光譜資訊 [天文] [地質]

spectral luminosity classification　光譜光度分類法 [天文]

spectral resolution　光譜解析度 [天文]

spectral sensibility　分光敏度 [天文]

spectral sensitometry　分光敏度測量 [天文]

spectral sequence　光譜序 [天文]

spectral series　光譜系 [天文]

spectral type of stars　恆星光譜型 [天文]

spectral type　光譜型 [天文]

spectrographic orbit　分光軌道 [天文]

spectroheliocinematograph　太陽表面活動攝影機 [天文]

spectroheliogram　太陽單色光照片 [天

文]

spectroheliograph 太陽單色光照相儀 [天文]

spectroheliokinematograph 太陽單色光電影儀 [天文]

spectrohelioscope 太陽單色光觀測鏡 [天文]

spectrophotometeric temperature 分光光度溫度 [天文]

spectropyrheliometer 分光太陽熱量計 [天文]

spectropyrheliometry 太陽輻射能譜學 [天文]

spectroscope 光譜儀，分光鏡 [天文] [地質] [氣象]

spectroscopic binary star 分光雙星 [天文]

spectroscopic binary 分光雙星 [天文]

spectroscopic element 分光要素 [天文]

spectroscopic imaging observatory 分光成像觀測台 [天文]

spectroscopic orbit 分光軌道 [天文]

spectroscopic parallax 分光視差 [天文]

spectroscopy 光譜學 [天文] [地質] [氣象]

spectroscopy of atmospheric measurement 大氣測量光譜學 [天文]

spectrum feature space 光譜特徵空間 [天文]

spectrum of turbulence 湍流譜 [天文]

spectrum variable 光譜變星 [天文]

spectrum-luminosity diagram 光譜光度圖（即赫羅圖）[天文]

specular hematite 鏡鐵礦 [地質]

specular iron ore 鏡鐵礦 [地質]

specular iron 輝赤鐵礦 [地質]

specular stone 雲母 [地質]

specularite 鏡鐵礦 [地質]

speculite 銀碲金礦 [地質]

spelaeo-meteorology 洞穴氣象學 [氣象]

spelean deposit 洞穴堆積 [地質]

spelean 洞穴的 [地質]

speleogenesis 洞穴成因 [地質]

speleogen 溶蝕侵蝕痕 [地質]

speleothem 洞穴堆積物 [地質]

Spence shale 斯潘司頁岩 [地質]

spencerite 斜磷鋅礦 [地質]

spending beach 消波灘 [地質] [海洋]

Spergen limestone 斯柏根石灰岩 [地質]

spergenite 微殼岩屑 [地質]

sperrylite 砷鉑礦 [地質]

spessartine 錳鋁榴石 [地質]

spessartite 錳鋁榴石，閃斜煌岩 [地質]

sphaerite 球磷鋁石 [地質]

sphaerolitic 球粒狀的 [地質]

sphalerite 閃鋅礦 [地質]

sphene 楣石 [地質]

sphenoid 半面晶形 [地質]

sphenoidal group 半面晶形群 [地質]

sphenolith 岩楔 [地質]

sphere 球體，球面，層，球，圈 [天文] [地質] [氣象] [海洋]

S

spherical albedo　球面反照率 [天文]

spherical astronomy　球面天文學 [天文]

spherical component　球狀子系 [天文]

spherical divergence compensation　球面發散補償 [天文]

spherical indicatrix of scattering　球面散射指示量 [天文]

spherical shell　球殼 [天文]

spherical subsystem　球狀次系 [天文]

spherical weathering　球狀風化 [地質]

spherical　球面的，球形的 [天文] [地質] [氣象] [海洋]

spherics　大氣電學 [氣象]

spheroid geodesy　球面大地測量學 [地質]

spheroid　球體 [天文]

spheroidal galaxy　橢球星系 [天文]

spheroidal graphite　球狀石墨 [地質]

spheroidal group　橢球體群 [地質]

spheroidal jointing　球狀節理 [地質]

spheroidal oscillation　球型振盪 [地質]

spheroidal recovery　球狀復原 [地質]

spheroidal structure　球狀結構 [地質]

spheroidal weathering　球狀風化 [地質]

spherulite　球晶，球粒 [地質]

spherulitic texture　球粒結構 [地質]

spherulitic　球粒狀 [地質]

Spica (α Vir)　角宿一（處女座 α 星）[天文]

spicules　冰針，骨針，針狀體 [天文] [地質]

spiculite　針雛晶 [地質]

spike deconvolution　脈衝反褶積脈衝解迴旋 [地質]

spilite magma　細碧岩岩漿 [地質]

spilite-keratophyre sequence　細碧角斑岩系列

spilite　細碧岩 [地質]

spilling breaker　分捲破浪 [海洋]

spilling point　溢點 [地質]

spilling　溢出 [海洋]

spillover effect　溢雨效應 [氣象]

spillover radiation　溢流輻射 [天文]

spillover　溢雨，溢失，溢流，背風飄雨 [天文] [地質] [氣象] [海洋]

spilosite　綠點板岩 [地質]

Spilsby sandstone　斯匹爾斯比砂岩 [地質]

spinar　超密旋體 [天文]

spindle galaxy　紡錘狀星系 [天文]

spindle nebula　紡錘狀星雲 [天文]

spindle-shaped meteor　紡錘狀流星 [天文]

spine　刺，熔岩塔，刺殼針 [地質]

spinel pyroxenite　尖晶輝石岩 [地質]

spinel ruby　紅尖晶石 [地質]

spinel series　尖晶石系 [地質]

spinel　尖晶石 [地質]

spinner magnetometer　旋轉磁力儀 [地質]

spin-orbit interaction　自旋軌道交互作用

spin-orbit resonance 自旋軌道共振 [天文]

spiral arm 旋臂 [天文]

spiral band 螺旋帶 [氣象]

spiral cloud 螺旋雲系 [氣象]

spiral galaxy 螺旋星系 [天文]

spiral jet 螺旋噴流 [天文]

spiral layer 螺旋層 [氣象]

spiral magnetic field 螺旋狀磁場 [天文] [地質]

spiral nebula 螺旋星雲 [天文]

spiral ring structure 螺旋環狀構造 [天文]

spiral structure 螺旋狀結構 [天文]

spiral 螺旋狀，螺線 [天文] [地質] [氣象] [海洋]

spit 沙嘴，微量降水 [地質] [氣象]

Spitsbergen Current 斯匹卑爾根海流 [海洋]

spitzkegelkarst 尖錐形喀斯特 [地質]

splent coal 裂煤 [地質]

spliced 疊接的 [地質]

splint coal 暗硬煤 [地質]

split coal 夾層煤 [地質]

split rock 片裂岩 [地質]

split 裂縫，裂紋 [天文] [地質] [氣象] [海洋]

split-objective heliometer 裂鏡量日計 [天文] [氣象]

split-ring lifter 開環式岩心提取器 [地質]

splitter 劈理器，分樣器 [地質]

splitting of coal seam 煤層分歧 [地質]

spodosol 灰土，灰壤 [地質]

spodumene 鋰輝石 [地質]

Spoerer law 斯波勒定律 [天文]

spoke-like structur 輪輻狀結構 [天文]

spongework 海綿網孔 [地質]

spongolite 海綿岩 [地質]

spongolith 海綿岩 [地質]

spontaneous coal 自燃煤 [地質]

spontaneous evaporation 自然蒸發 [氣象]

spontaneous fault rupture 自發斷層破裂 [地質]

spontaneous nucleation 自發成核 [氣象]

spontaneous potential exploration 自然電位探勘 [地質]

spontaneous recombination 自發複合 [天文]

spontaneous rupture 自發破裂 [地質]

spontaneous survey 自然電位探勘 [地質]

spontaneous transition 自發躍遷 [天文]

sporadic E layer 散塊 E 層 [地質] [氣象]

sporadic meteor 偶現流星 [天文]

sporadic reflection 散亂反射 [地質] [氣象]

sporadic wind 偶發風 [氣象]

spore fossil 孢子化石 [地質]

sporinite 孢煤素 [地質]

spot group 黑子群 [天文]

S

spot wind　定點風 [氣象]

spot　斑點，地點，光點 [天文]

spotted area　黑子覆蓋面積 [天文]

spotted slate　斑點板岩 [地質]

spout　水龍捲 [氣象]

spray electrification　裂滴帶電 [地質]

spray prominence　噴散日珥 [天文]

spray region　邊緣區 [氣象]

spray　濺射，噴霧，浪花 [天文] [地質] [氣象] [海洋]

spray-splash-impression　飛沫痕 [海洋]

spread F　展開 F 層 [氣象]

spreading floor hypothesis　海底擴張學說 [地質] [海洋]

spreading rate　擴張速率 [地質]

spring crust　春雪殼 [地質]

Spring Equinox　春分 [天文]

spring equinox　春分點 [天文]

spring freshet　春汛 [地質]

spring frost　春霜，晚霜 [氣象]

spring high water　大潮高潮面 [海洋]

spring investigation　泉水調查 [地質]

spring low water　大潮低潮面 [海洋]

spring range　大潮潮差 [海洋]

spring rise　大潮升 [海洋]

spring seepage　滲流泉 [地質]

spring sludge　春季冰渣 [地質]

spring snow　春雪 [氣象]

spring tidal current　大潮潮流 [海洋]

spring tide　大潮 [海洋]

spring velocity　大潮流速 [海洋]

spring water　泉水 [地質]

spring　春季，彈簧，泉，噴泉 [天文] [地質] [氣象] [海洋]

sprinkle　小陣雨 [氣象]

sprinkler irrigation　人工降雨 [氣象]

sprinkler　噴灑器，灑水器 [地質] [氣象]

spur　山腳，山嘴，坡尖 [地質]

spurious disk　虛圓面 [天文]

spurrite　灰矽鈣石，碳矽鈣石 [地質]

Spy Wood grit　斯比伍德粗砂岩 [地質]

Sq electric current system!　Sq 電流系 [地質]

squall cloud　颮雲 [氣象]

squall cluster　颮線雲簇 [氣象]

squall front　颮鋒 [氣象]

squall line　颮線 [氣象]

squall storm　颮暴 [氣象]

squall surface　颮面 [氣象]

squall　颮，風暴 [氣象]

square crystal　方形晶體 [地質]

square wave　方波 [地質]

square　二次冪的 [天文] [地質] [氣象] [海洋]

SS Cygni stars　天鵝座 SS 型星 [天文]

St fra: stratus fractus　碎層雲 [氣象]

St. Louis limestone　聖路易斯石灰岩 [地質]

ST.Bees Sandstone　聖比斯砂岩 [地質]

St: stratus　層雲 [氣象]

stability chart　穩定度圖 [氣象]

stability index　穩定度指數 [氣象]

S

stable air 穩定氣團 [氣象]

stable aurora red arc 穩定極光紅弧 [氣象]

stable isotope geochemistry 穩定同位素地球化學 [地質]

stable isotope stage 穩定同位素期 [地質]

stable isotope stratigraphy 穩定同位素地層學 [地質]

stable platform 穩定平台 [地質]

stable star 穩定恆星 [天文]

stable type gravimeter 穩定型重力儀 [地質]

stack 疊加，海蝕柱 [地質]

stacked profiles map 疊加剖面圖 [地質]

stacking fault 堆積缺陷 [地質]

stacking order 堆疊順序，疊接順序 [地質]

stacking sequence 堆疊順序，疊接順序 [地質]

stacking velocity 疊加速度 [地質]

stacking 疊加 [地質]

Staddon grits 斯塔唐粗砂岩 [地質]

stade 亞冰期，小冰期 [地質]

stadia interval factor 視距常數 [地質]

stadia lines 視距線 [地質]

stadia rod 視距標尺 [地質]

stadia survey 視距測量 [地質]

stadia system 視距系統 [地質]

stadia table 視距表 [地質]

stadia wires 視距絲 [地質]

stadial moraine 退磧 [地質]

stadia 視距，測距儀 [地質]

staff gage 水位標 [地質]

staffelite 深綠磷灰石 [地質]

staffella 斯氏蟲 [地質]

Staffordian series 斯塔福德系 [地質]

staff 標桿 [地質]

stage of coal metamorphism 煤變質階段 [地質]

stage of river 河流水位 [地質]

stage 時期，級，階段，水位 [天文] [地質] [氣象] [海洋]

stagnant air 停滯空氣 [氣象]

stagnant event 滯流事件 [地質] [海洋]

stagnant glacier 停滯冰川 [地質]

stagnant water 停滯水，滯留水 [地質]

stagnation zone retreat 停滯帶後退 [地質]

stagnation 停滯 [地質]

stagnum 滯水體 [地質]

stainierite 水鈷礦 [地質]

stalactite grotto 鐘乳石洞 [地質]

stalactite lava 鐘乳狀熔岩 [地質]

stalactite 鐘乳石 [地質]

stalagmite 石筍 [地質]

stamukha 擱冰 [海洋]

stand 平潮，台，支架，標準的 [天文] [地質] [氣象] [海洋]

standard air 標準空氣 [氣象]

standard ambient temperature 標準大氣溫度 [氣象]

S

standard artillery atmosphere 標準彈道大氣 [氣象]

standard artillery zone 標準彈道帶 [氣象]

standard atmosphere 標準大氣 [氣象]

standard coordinate system 標準座標系 [天文]

standard coordinates 標準座標 [天文]

standard cosmological model 標準宇宙模型 [天文]

standard meridian 標準經線 [天文]

standard mineral 標準礦物 [地質]

standard noon 標準時正午 [天文]

standard pan 標準蒸發皿 [氣象]

standard parallel 標準緯線 [天文]

standard plane 準面 [地質]

standard pressure 標準氣壓 [氣象]

standard refractive modulus gradient 標準折射模數梯度 [氣象]

standard refractivity gradient 標準折射率梯度 [氣象]

standard rock 標準岩石 [地質]

standard sea level 標準海平面 [海洋]

standard sea water 標準海水 [海洋]

standard seismograph 標準地震儀 [地質]

standard seismometer 標準地震計 [地質]

standard star 標準星 [天文]

standard station screen 標準百葉箱 [氣象]

standard station 基準潮位站 [海洋]

standard time 標準時 [天文]

standard visibility 標準能見度 [氣象]

standard visual range 標準視距 [氣象]

standing cloud 駐雲 [氣象]

standing water 死水，靜水 [地質]

stanfieldite 磷鎂鈣石 [地質]

stannite 黃錫礦 [地質]

Stapeley volcanic series 斯塔佩利火山岩系 [地質]

star astronomy 恆星天文學 [天文]

star atlas 星圖 [天文]

star catalog (u)e 星表 [天文]

star chart 星圖 [天文]

star chemistry 恆星化學 [天文]

star cloud 星雲 [天文]

star cluster 星團 [天文]

star color 星色 [天文]

star cosmogony 恆星演化學 [天文]

star count 恆星計數 [天文]

star cut 星形琢磨 [天文]

star day 恆星日 [天文]

star density 恆星密度 [天文]

star drift 星流 [天文]

star dust 星塵 [天文]

star dynamics 星體動力學 [天文]

star finder 尋星儀 [天文]

star globe 星象儀 [天文]

star group 星群 [天文]

star identifier 辨星儀 [天文]

star magnitude 星等 [天文]

star map　星圖 [天文]

star model　恆星模型 [天文]

star motions　恆星運動 [天文]

star name　星名 [天文]

star number　星數 [天文]

star observation　恆星觀測 [天文]

Star of Africa　非洲之星 [地質]

Star of South Africa　南非之星 [地質]

star pair method　星對法 [天文]

star peak group　星峰岩群 [地質]

star physics　恆星物理學 [天文]

star place　恆星位置 [天文]

star ruby　星彩紅寶石 [地質]

star sapphire　星彩藍寶石 [地質]

star science　星球科學 [天文]

star sensor　恆星感測器 [天文]

star shower　流星雨 [天文]

star streaming　星流 [天文]

star system　星系 [天文]

star telescope　恆星望遠鏡 [天文]

star　星，恆星 [天文]

star-dial　星晷 [天文]

starlight　星光 [天文]

starlite　藍鋯石 [地質]

starquake　星震 [天文]

starry sky　星空 [天文]

starspot　星斑子 [天文]

starting barrel　起始岩芯管 [地質]

star-tracking telescope　星體追蹤望遠鏡 [天文]

starved basin　淺積盆地 [地質]

stassfurtite　塊方硼石 [地質]

state equation for perfect gas　理想氣體狀態方程 [氣象]

state of ground　地面狀況 [地質]

state of sea　海面狀況 [海洋]

static　靜態 [天文] [地質] [氣象] [海洋]

static correction　靜態修正 [地質]

static develop recorder　靜電顯影記錄儀 [地質]

static drift of gravimeter　重力儀靜態位移 [地質]

static granitization　靜態花岡岩化作用 [地質]

static mechanical magnification　靜態機械放大倍數 [地質]

static metamorphism　靜力變質 [地質]

static meteorology　靜力氣象學 [氣象]

static oceanography　靜力海洋學 [海洋]

static spring gravimeter　靜力彈簧重力儀 [地質]

static universe　靜止宇宙 [天文]

statics of ocean current　海流靜力學 [海洋]

station continuity chart　測站連續圖 [氣象]

station drift　測站漂移 [氣象] [海洋]

station elevation　測站海拔 [氣象]

station equipment　測站設備 [氣象]

station error　測站誤差 [天文] [氣象] [海洋]

station model　測站模式 [氣象] [海洋]

station peg 測站標樁 [氣象] [海洋]

station pole 測站標杆 [氣象] [海洋]

station pressure 測站氣壓 [氣象] [海洋]

stationary cloud 駐雲 [氣象]

stationary front 滯留鋒 [氣象]

stationary line 無位移譜線 [天文]

stationary meteor 駐留流星 [天文]

stationary model 穩定模型，靜宇宙模型 [天文]

stationary point process 平穩點過程 [天文]

stationary prominence flare 穩定日珥型閃焰 [天文]

stationary radiant 固定輻射點 [天文]

stationary shell 穩定氣殼 [天文]

stationary star 穩定恆星 [天文]

stationary 靜止，滯留，穩定的 [天文] [氣象]

station 臺，站，測站 [天文] [地質] [氣象] [海洋]

statistical astronomy 統計天文學 [天文]

statistical differential enhancement 統計差分增強 [氣象]

statistical forecast 統計預報 [氣象]

statistical geochemistry 統計地球化學 [地質]

statistical geography 統計地理學 [地質]

statistical geology 統計地質學 [地質]

statistical geomorphology 統計地貌學 [地質]

statistical hydrology 統計水文學 [地質]

statistical map 統計地圖 [地質]

statistical oceanography 統計海洋學 [海洋]

statistical parallax 統計視差 [天文]

statistical seismology 統計地震學 [地質]

statistical theory of diffusion 擴散統計理論 [氣象]

statistical weight 統計權重 [天文]

statistical-dynamic model 統計動力模式 [氣象]

statistical-dynamic prediction 統計動力預報 [氣象]

staurolite kyanite subfacies 十字藍晶分相 [地質]

staurolite zone 十字石帶 [地質]

staurolite 十字石 [地質]

STD-calibrating installation 溫鹽深檢定裝置 [地質]

steadiness 恆定度 [天文] [地質] [氣象] [海洋]

steady amplitude compensator 穩幅式補償器 [地質]

steady state analysis 穩態分析 [天文] [地質] [氣象] [海洋]

steady state cosmology 穩態宇宙論 [天文]

steady state model 穩態模式 [天文] [地質] [氣象] [海洋]

steady state solution 穩態解 [天文] [地質] [氣象] [海洋]

steady state storm 恆定風暴 [氣象]

steady state theory　穩態學說 [天文]

steady wind pressure　穩定風壓 [氣象]

steam fog　蒸汽霧 [氣象]

steam mist　蒸汽霧 [氣象]

steam vent　蒸氣裂口 [地質]

steaming ground　冒汽地面 [地質]

steatite talc　凍石 [地質]

steatite　塊滑石 [地質]

steatization　塊滑石化 [地質]

steep coast　陡岸 [地質]

steep slope　陡坡 [地質]

steep spectrum source　陡譜源 [天文]

steep spectrum　陡譜 [天文]

steep　陡坡，峭壁，陡峭的 [地質]

steephead　絕崖源頭 [地質]

steepness　尖銳度，傾斜度，斜度 [地質]

steering current　駛流 [氣象]

steering level　駛引高度 [氣象]

Stefan-Boltzmann law　史特凡波茲曼定律 [天文]

Stefan's formula　史特凡公式 [天文]

Stefan's Quintet　史特凡五重星系 [天文]

steigerite　水釩鋁礦 [地質]

stellar aberration　恆星光行差 [天文]

stellar activity　恆星活動 [天文]

stellar astronomy　恆星天文學 [天文]

stellar atmosphere　恆星大氣 [天文]

stellar body　天體 [天文]

stellar camera　恆星攝影機 [天文]

stellar chain　星鏈 [天文]

stellar chromosphere　恆星色球 [天文]

stellar classification　恆星分類 [天文]

stellar complex　恆星複合體 [天文]

stellar corona　恆星冕 [天文]

stellar cosmogony　恆星演化學 [天文]

stellar crystal　星形晶體 [地質]

stellar dynamics　星體動力學 [天文]

stellar encounter　恆星相遇 [天文]

stellar envelope　恆星包層 [天文]

stellar evolution　恆星演化 [天文]

stellar field　星場 [天文]

stellar flare　恆星閃焰 [天文]

stellar guidance　恆星導航 [天文]

stellar kinematics　恆星運動學 [天文]

stellar lightning　星狀閃電 [氣象]

stellar light　背景星光 [天文]

stellar luminosity　恆星光度 [天文]

stellar magnetic field　恆星磁場 [天文]

stellar magnetism　恆星磁性 [天文]

stellar magnitude　恆星星等 [天文]

stellar map　天體圖 [天文]

stellar mass　恆星質量 [天文]

stellar model　恆星模型 [天文]

stellar motion　恆星運動 [天文]

stellar parallax　恆星視差 [天文]

stellar photometry　星體光度學 [天文]

stellar physics　恆星物理學 [天文]

stellar plasma　恆星電漿 [天文]

stellar population　星族 [天文]

stellar pulsation　恆星脈動 [天文]

stellar reference system　恆星基準系統

S

[天文]

stellar ring 恆星環 [天文]

stellar rotation 恆星自轉 [天文]

stellar spectra 恆星光譜

stellar spectrograph 恆星光譜儀

stellar spectrometry 恆星光譜測定 [天文]

stellar spectrophotometry 恆星分光光度學 [天文]

stellar spectroscopy 恆星光譜學 [天文]

stellar spectrum 恆星光譜 [天文]

stellar statistics 恆星統計學 [天文]

stellar structure 恆星結構 [天文]

stellar system 恆星系統 [天文]

stellar temperature 恆星溫度 [天文]

stellar tracker 星體追蹤儀 [天文]

stellar tracking telescope 星體追蹤望遠鏡 [天文]

stellar ultraviolet astronomy 恆星紫外線天文學 [天文]

stellar ultraviolet radiation 恆星紫外輻射 [天文]

stellar universe 恆星宇宙 [天文]

stellar wind 恆星風 [天文]

stellar 天體的 [天文]

stellerite 紅輝沸石，淡紅沸石 [地質]

step cut 階狀切面 [地質]

step faulting 階狀斷層 [地質]

step 階梯，階段，階 [天文] [地質] [氣象] [海洋]

stepback 回步 [地質] [海洋]

Stephanian 斯蒂芬世 [地質]

stephanite 脆銀礦 [地質]

Stephanoceras 冠菊石 [海洋]

Stephanochara 冠輪藻屬 [海洋]

stepout 外圍井，傾斜時差 [天文]

steppe chernozem 乾草原黑鈣土 [氣象]

steppe climate 草原氣候 [氣象]

steppe landscape 草原景觀 [氣象]

steppe soil 草原土 [氣象]

steppe zone 草原帶 [地質]

steppe 草原 [地質]

stepped acclimatization 步進氣候適應 [氣象]

stepped atomic time 步進原子時 [天文]

stepped leader 步進導閃 [地質]

stepped slit 階梯狹縫 [天文]

stepped weakener 階梯減光板 [天文]

stercorite 磷鈉銨石 [地質]

stereognomogram 極射心射圖 [地質]

stereogram 立體圖 [地質]

stereograph 立體相片 [地質]

stereographic chart 球極平面投影圖 [天文] [地質]

stereographic grid 球極平面投影網 [天文]

stereographic projection 球極平面投影 [天文] [地質] [氣象] [海洋]

stereology 立體測量學 [地質]

stereometer 立體測量儀 [地質]

stereophotogrammetry 立體攝影測量學 [地質]

stereophototopography　立體攝影地形測量學 [地質]

stereoplanigraph　精密立體測圖儀 [地質]

stereoplotter　立體測圖儀 [地質]

stereoscopic height finder　立體測高儀 [地質]

stereoscopic map　立體地圖 [地質]

stereoscopic model　立體模型 [地質]

stereoscopic observation　立體觀測 [地質]

stereoscopic range finder　立體測距儀 [地質]

stereotelemeter　立體測距器 [地質]

stereotheodolite　立體經緯儀 [地質]

stereotopography　立體地形測量學 [地質]

sterlingite　紅鋅礦 [地質]

sternbergite　硫鐵銀礦 [地質]

Stevenson screen　斯蒂文森百葉箱 [氣象]

stewartite　斜磷錳礦 [地質]

stibarsen　砷銻礦 [地質]

stibianite　黃銻礦 [地質]

stibiocolumbite　鈮銻礦 [地質]

stibnite　輝銻礦 [地質]

stichtite　菱水鉻鎂石，碳鎂鉻礦 [地質]

stick plot　短棒圖 [地質]

stick slip　黏滑 [地質]

Stikine wind　斯提金風 [氣象]

stilbite　輝沸石 [地質]

still tide　平潮 [海洋]

still water level　靜水面 [地質]

still water　靜水 [地質]

still well　靜井 [氣象]

stilpnomelane　黑硬綠泥石 [地質]

stinkstone　臭灰岩 [地質]

Stiper quartzite　斯蒂珀石英岩 [地質]

Stiperstone　斯蒂珀岩層 [地質]

stipoverite　施英石 [地質]

stishovite　重矽石，施矽石 [地質]

stochastic dependence　隨機相依 [天文] [地質] [氣象] [海洋]

stochastic hydraulics　隨機水力學 [地質]

stochastic hydrology　隨機水文學 [地質]

stochastic process　隨機過程 [天文] [地質] [氣象] [海洋]

stockwork deposit　網狀礦床 [地質]

stockwork lattice　石網 [地質]

stockwork replacement　網脈置換體 [地質]

stockwork　網狀礦脈 [地質]

stock　岩幹，岩株 [地質]

stock tank　貯水槽 [地質]

Stokes parameter　史托克參數 [海洋]

Stokes wave　史托克波 [地質]

stokesite　矽鈣錫石 [地質]

stolzite　鎢鉛礦 [地質] [氣象]

stone coal　塊狀無煙煤 [地質]

stone fan　石扇 [地質]

stone forest　石林 [地質]

stone ice　石冰 [地質]

S

stone implement　石器 [地質]

stone lotus　石荷葉 [地質]

stone pinnacles　石林 [地質]

stone ring　石環 [地質]

stone river　岩石流 [地質]

stone teeth　石牙 [地質]

stone　岩石，寶石，石材 [地質]

Stonebenge　巨石陣 [地質]

Stoneley wave　史東里波 [地質]

stony iron meteorite　石鐵隕石 [天文]

stony layer　石質層 [地質]

stony meteorite　石隕石 [天文]

stope face　回採工作面 [地質]

stope survey　採場測量 [地質]

stope　回採，回採工作面，採場 [地質]

stoping　頂蝕作用 [地質]

stopping phase　停止相 [地質]

storage equation　蓄水方程 [地質]

storage function method　貯留函數法 [地質]

storage rain gauge　蓄水式雨量計 [氣象]

storage routing　蓄水演算 [地質]

storm area　風暴區 [氣象]

storm beach　風暴海灘 [海洋]

storm belt　風暴帶 [氣象]

storm burst　風暴爆發 [氣象]

storm cell　風暴胞 [氣象]

storm center　風暴中心 [氣象]

storm cloud　風暴雲 [氣象]

storm delta　風暴三角洲 [地質]

storm deposit　風暴沉積 [地質]

storm detection　風暴探測 [氣象]

storm drum　風暴信標 [氣象]

storm eddy　風暴渦流 [氣象]

storm flow　暴雨徑流 [地質]

storm ice foot　沿岸風暴冰腳 [氣象] [海洋]

storm microseism　風暴微震 [地質]

storm model　風暴模式 [氣象]

storm path　風暴路徑 [氣象]

storm precipitation　風暴降水 [氣象]

storm splitting　風暴分裂 [氣象]

storm surge　風暴潮 [氣象] [海洋]

storm swell　風暴湧浪 [氣象] [海洋]

storm tide　暴潮 [海洋]

storm track　風暴路徑 [氣象]

storm transposition　風暴轉移 [氣象]

storm warning signal　風暴警報信號 [氣象]

storm warning tower　風暴警報塔 [氣象]

storm warning　風暴警報 [氣象]

storm water run-off　暴雨徑流水 [氣象]

storm water　暴雨水 [氣象]

storm wave　風暴潮 [海洋]

storm wind　暴風 [氣象]

storm　暴風雨，風暴，磁暴 [天文] [氣象]

Stormer cone　史托馬錐 [地質]

Stormer length　史托馬長度 [地質]

Stormer viscosimeter　史托馬黏度計 [地質]

stormfury hypothesis　破颱假說 [氣象]

storminess 風暴度 [氣象]

storm-time variation 暴時變化 [氣象]

storm-time 暴時 [氣象]

stormwater 雨水 [氣象]

stormy weather 風暴天氣 [氣象]

stoss 迎冰川面的 [地質]

stoss-and-lee topography 鼻狀地形 [地質]

straight drainage pattern 直流型 [地質]

straight fan 直扇狀流 [天文]

straight lamellar texture 直片狀結構 [地質]

straight path approximation method 直線路近似法 [地質]

straight shoreline 平直海岸線 [海洋]

straight tail 直彗尾 [天文]

straight 順直的 [天文] [地質] [氣象] [海洋]

strain axis 應變軸 [地質]

strain ellipsoid 應變橢球體 [地質]

strain hardening 應力硬化 [地質]

strain seismograph 應變地震儀 [地質]

strain seismometer 應變地震儀 [地質]

strain tensor 應變張量 [地質]

strain-cleavage 應變劈理 [地質]

strain-slip cleavage 應變滑動劈理 [地質]

strain-slip 應變滑動 [地質]

strain 應變 [地質]

strait wind 海峽風 [氣象]

strait 海峽，峽谷，地峽 [地質]

strake 洗礦槽，列板 [地質]

strand deposit 海濱沉積，濱堆積 [地質]

strand line 濱線，海岸線 [地質]

strand 海濱，湖濱 [地質]

stranded ice 底冰 [海洋]

strandflat 海濱淺灘 [地質] [海洋]

strandline 濱線 [地質] [海洋]

strata 地層（複數）[地質]

strata-bound massive sulfide deposit 層限塊狀硫化物礦床 [地質]

strategic mineral 戰略礦物 [地質]

Strathmore sandstone 斯特拉思莫爾砂岩 [地質]

stratification foliation 層狀葉理 [地質]

stratification line 層理線 [地質]

stratification of wind 風層 [氣象]

stratification plane 層理面 [地質]

stratification 層理，層化，成層 [地質]

stratified cloud 層狀雲 [氣象]

stratified drift 層狀冰磧 [地質]

stratified lake 層結湖 [地質]

stratified ocean 層化海洋 [海洋]

stratified rock 層狀岩 [地質]

stratified sand 成層砂 [地質]

stratiform cloud 層狀雲 [氣象]

stratiform deposit 層狀礦床 [地質]

stratiform 層狀的 [天文] [地質] [氣象] [海洋]

stratigrapher 地層學家 [地質]

stratigraphic break 地層間斷 [地質]

S

stratigraphic column 地層柱 [地質]

stratigraphic correlation 地層對比 [地質]

stratigraphic distribution 地層分布 [地質]

stratigraphic geology 地層地質學 [地質]

stratigraphic heave 地層斷距 [地質]

stratigraphic history 地層史 [地質]

stratigraphic map 地層圖 [地質]

stratigraphic oil field 地層油田 [地質]

stratigraphic separation 地層離距 [地質]

stratigraphic sequence 地層序列組 [地質]

stratigraphic throw 地層落差 [地質]

stratigraphic trap secondary 次生地層封閉 [地質]

stratigraphic trap 地層封閉 [地質]

stratigraphic unit 地層單元 [地質]

stratigraphy 地層學 [地質]

stratocumulus castellanus 堡狀層積雲 [氣象]

stratocumulus cumulogenitus 積雲性層積雲 [氣象]

stratocumulus lenticularis 莢狀層積雲 [氣象]

stratocumulus opacus 蔽光層積雲 [氣象]

stratocumulus translucidus 透光層積雲 [氣象]

stratocumulus 層積雲 [氣象]

stratopause 平流層頂 [氣象]

stratoscope 地層檢查儀 [地質] [氣象]

stratosphere radiation 平流層輻射 [氣象]

stratosphere 平流層 [氣象]

stratospheric aerosols 平流層懸浮顆粒 [氣象]

stratospheric chemical dynamics 平流層化學動力學 [氣象]

stratospheric chemistry 平流層化學 [氣象]

stratospheric circulation index 平流層環流指數 [氣象]

stratospheric circulation 平流層環流 [氣象]

stratospheric coupling 平流層耦合作用 [氣象]

stratospheric disturbance 平流層擾動 [氣象]

stratospheric model 平流層模式 [氣象]

stratospheric warming 平流層增溫 [氣象]

stratovolcano 成層火山 [地質]

stratum water 地層水 [地質]

stratum 層，地層 [地質]

stratus communis 普通層雲 [氣象]

stratus fractus 碎層雲 [氣象]

stratus lenticularis 莢狀層雲 [氣象]

stratus maculosus 斑狀層雲 [氣象]

stratus opacus 蔽光層雲 [氣象]

stratus translucidus　透光層雲 [氣象]

stratus　層雲 [氣象]

stray sand　夾層沙 [地質]

streak lightning　條狀閃電 [氣象]

streak　條帶，條痕，條紋 [地質]

stream action　河流作用 [地質]

stream capacity　河流能力 [地質]

stream capture　河川襲奪 [地質]

stream channel　河道 [地質]

stream community　溪流群集 [地質]

stream current　水流 [地質]

stream dissection　河流分支 [地質]

stream erosion　河流侵蝕 [地質]

stream frequency　水流密度頻率 [地質]

stream ga(u)ge　河水位標 [地質]

stream gradient ratio　河床坡度比 [地質]

stream gradient　河床坡度 [地質]

stream hydraulics　河流水力學 [地質]

stream morphology　河貌學 [地質]

stream ore　砂礦 [地質]

stream piracy　河川襲奪 [地質]

stream profile　河流縱剖面 [地質]

stream robbery　河川襲奪 [地質]

stream segment　河段 [地質]

stream slope　河流坡降 [地質]

stream terrace　河成階地 [地質]

stream valley　河谷 [地質]

stream　河流，氣流 [地質]

stream-built terrace　沖積階地 [地質]

streamer feathering　拖纜羽角 [地質]

[海洋]

streamer　閃流，流光 [地質] [氣象]

streamflow routing　河流定跡 [地質]

streamflow　河流流量 [地質]

streaming aurora　流動狀極光 [天文] [氣象]

streaming chart　流線圖 [氣象]

stream-length ratio　河長比 [地質]

streamway　河道 [地質]

strengite　紅磷鐵礦 [地質]

strength of current　電流強度 [地質]

strength of ebb interval　最大落潮流間隙 [海洋]

strength of ebb　最大落潮流速 [海洋]

strength of flood interval　最大漲潮流間隙 [海洋]

strength of flood　最大漲潮流速 [海洋]

stress cleavage　應力劈理 [地質]

stress dislocation　應力錯位 [地質]

stress drop　應力降 [地質]

stress minerals　應力礦物 [地質]

stress　應力 [地質]

stretch fault　引伸斷層 [地質]

stretch thrust　引伸逆衝斷層 [地質]

stretch　拉伸，延伸，伸長 [地質]

stretched pebble　拉長卵石 [地質]

Stretton group　斯特雷頓岩群 [地質]

stria　殼紋，條紋，擦痕，紋線 [地質]

striated boulder　擦痕巨礫 [地質]

striated crystal　擦痕結晶 [地質]

striated structure　條紋結構 [地質]

S

striation 條紋，擦痕 [地質]

strigovite 柱綠泥石 [地質]

strike fault 走向斷層 [地質]

strike joint 走向節理 [地質]

strike line 走向線 [地質]

strike orientation 走向走向 [地質]

strike pitch 走向傾角 [地質]

strike separation 走向離距 [地質]

strike shift fault 走向變位斷層 [地質]

strike shift 走向變位 [地質]

strike-slip fault 平移斷層 [地質]

strike slip 走向滑距 [地質]

strike stream 走向河 [地質]

strike valley 走向谷 [地質]

strike 走向 [地質]

string 弦，串，鑽索，鑽桿 [地質]

stringer lode 細碎礦脈帶 [地質]

stringer 小礦脈，細脈，薄岩層 [地質]

strip coal 條狀煤 [地質]

strip cropping 橫帶間截 [地質]

strip jasper 縞玉髓 [地質]

stripped structural surface 剝落構造面 [地質]

stripped surface 剝落面 [地質]

stroke density 閃擊密度 [地質] [氣象]

stroke 閃擊，衝程，筆劃 [天文] [地質] [氣象] [海洋]

stromatite 層狀混合岩 [地質]

stromatolite 疊層石，疊層藻 [地質]

stromatolithic limestone 疊層石灰石 [地質]

stromatolithic structure 疊層構造 [地質]

stromatolith 疊層混合岩 [地質]

stromatology 成層岩石學 [地質]

stromatoporoid limestone 層孔蟲灰岩 [地質]

stromatoporoid 層孔蟲 [地質]

strombolian type volcano 斯通波利式火山 [地質]

strombolian type 斯沖波利式 [地質]

stromeyerite 硫銅銀礦 [地質]

strong breeze 強風（六級風）[氣象]

strong earthquake 強震 [地質]

strong gale 烈風（九級風）[氣象]

strong ground motion 強地動 [地質]

Strong Motion Array in Taiwan 臺灣強地動台陣 [地質]

strong shock 強震 [地質]

strong vein 厚礦脈 [地質]

strong wind 強風 [氣象]

strong-motion instrument 強震儀 [地質]

strong-motion seismograph 強震儀 [地質]

strong-motion seismology 強震地震學 [地質]

strong-motion wave 強震波 [地質]

strontianite 菱鍶礦 [地質]

strontium age 鍶齡 [地質]

structural basin 構造盆地 [地質]

structural bench 構造棚地 [地質]

structural contour map　構造等高線圖 [地質]

structural crystallography in biology　生物結構結晶學 [地質]

structural crystallography in chemistry　化學結構結晶學 [地質]

structural crystallography　結構晶體學 [地質]

structural drilling　結構鑽探 [地質]

structural fabric　構造岩組 [地質]

structural forms　構造形態 [地質]

structural geological surveying of photo　相片構造地質測量 [地質]

structural geology　構造地質學 [地質]

structural geomorphology　構造地貌學 [地質]

structural high　構造高區 [地質]

structural history　構造發育史 [地質]

structural lake　構造湖 [地質]

structural petrology　構造岩石學 [地質]

structural physics　構造物理學 [地質]

structural plateau　構造高原 [地質]

structural terrace　構造階地 [地質]

structural trap　構造封閉 [地質]

structural valley　構造谷 [地質]

structure cell　構造胞 [地質]

structure contour　構造等高線 [地質]

structure low　構造低地 [地質]

structure of orebody　礦體構造 [地質]

structure section　構造剖面 [地質]

structure type　結構類型 [地質]

structureless solar wind　無結構太陽風 [天文]

struvite　鳥糞石，水磷鎂銨石 [地質]

studerite　黝銅礦 [地質]

study of mineral deposit　礦床學 [地質]

stuffed mineral　填塞礦物 [地質]

sturtite　鐵錳矽膠 [地質]

Stuve chart　史提維圖 [氣象]

stylolite　縫合線，縫合面 [地質]

stylotypite　柱形礦 [地質]

S-type asteroid!　S 型小行星 [天文]

sub cloud layer　雲下層 [氣象]

subaerial denudation　陸相剝蝕 [地質]

subaerial deposition　陸上堆積 [地質]

subaerial erosion　陸上侵蝕 [地質]

subaerial eruption　陸上噴發 [地質]

subaerial fluvial system　陸上河系 [地質]

subaerial　陸上的 [地質]

subage　亞代，亞期 [地質]

subalpine peat　亞高山泥煤 [地質]

subalpine zone　亞高山帶 [地質]

subalpine　亞高山 [地質]

Subantarctic Intermediate Water　亞南極中層水 [海洋]

subaquatic geomorphology　水下地貌學 [地質] [海洋]

subaquatic landscape　水下景觀 [地質] [海洋]

subaqueous dune　水下丘 [地質] [海洋]

subarctic climate　副極地氣候 [氣象]

S

subarid climate 半乾燥氣候 [氣象]

subarkose 亞長石砂岩 [地質]

subastral point 星下點 [天文]

subauroral latitude 極光下點緯度 [地質]

subauroral zone 亞極光帶 [天文] [氣象]

subbituminous coal 次煙煤 [地質]

subbottom profiler prospecting 淺底地層剖面儀探測 [海洋]

sub-bottom profiler 淺底地層剖面儀 [海洋]

subbottom profile 海底剖面 [海洋]

subbottom reflection 海底反射 [海洋]

subbottom seismic profiling 海底震波剖面探測 [海洋]

subbottom tunnel 海底隧道 [海洋]

subcapillary interstice 次毛細管間隙 [地質]

subclass 亞綱，次型 [天文] [地質]

subconchoidal 亞貝殼狀 [地質]

subcontinent 亞大陸 [地質]

subcooled water 次冷水 [地質] [氣象]

subcrop 隱伏露頭，地下露頭 [地質]

subcrust 地殼下地層 [地質]

subcrustal earthquake 殼下地震 [地質]

subduction belt 隱沒帶 [地質]

subduction erosion 隱沒侵蝕 [地質]

subduction plate 隱沒板塊 [地質] [海洋]

subduction type geothermal belt 隱沒型地熱帶 [地質] [海洋]

subduction zone 隱沒帶 [地質]

subduction 隱沒 [地質]

subdwarf sequence 次矮星序 [天文]

subdwarf 次矮星 [天文]

suberinite 軟木煤素質 [地質]

subfeldspathic sandstone 亞長石質砂岩 [地質]

subfeldspathic 亞長石質 [地質]

subflare 次閃焰 [天文]

subgelisol 不凍下層 [地質]

subgeostrophic wind 次地轉風 [氣象]

subgiant sequence 次巨星序 [天文]

subgiant 次巨星 [天文]

subglacial channel 冰下河道 [地質]

subglacial drainage 冰下水系 [地質]

subglacial moraine 冰底磧 [地質]

subglacial relief 冰下地形 [地質]

subglacial 冰下的 [地質]

subgradient wind 次梯度風 [氣象]

subgraywacke 亞雜砂岩 [地質]

subgrid scale process 次網格尺度過程 [氣象]

subhedral crystal 半自形晶 [地質]

subhedral 半自形的 [地質]

subhumid climate 半溼潤氣候 [氣象]

subidiomorphic 半自形的 [地質]

subjacent igneous body 下伸火成岩體 [地質]

subjacent mass 下臥塊體 [地質]

subjacent 下側的，下伏 [地質]

subjective forecast 主觀預報 [氣象]

sublacustrine canyon 湖底峽谷 [地質]

sublacustrine 湖下的 [地質]

sublimation 昇華 [氣象]

sublimation curve 昇華曲線 [氣象]

sublimation deposit 昇華礦床 [地質]

sublimation mineral 昇華礦物 [地質]

sublimation nucleus 昇華核 [氣象]

sublimation pressure 昇華壓力 [地質]

sublimation vein 昇華脈 [地質]

sublittoral zone 次濱海帶 [地質] [海洋]

subluminous star 低光度恆星 [天文]

sublunar point 月下點 [天文]

submarine bar 海底沙壩 [海洋]

submarine bell 潛水鐘 [海洋]

submarine bench 海底平台 [海洋]

submarine bulge 海底凸起，陸坡扇狀沉積 [海洋]

submarine canyon 海底峽谷 [海洋]

submarine cave 海底錐 [海洋]

submarine collapse 海底崩塌 [海洋]

submarine construction survey 海底施工測量 [海洋]

submarine control network 海底控制網 [海洋]

submarine coring drilling rig 海底岩芯鑽機 [海洋]

submarine delta 海底三角洲 [海洋]

submarine detector 海底探測器 [海洋]

submarine earthquake 海底地震 [地質] [海洋]

submarine erosion 海底侵蝕 [海洋]

submarine escarpment 海底陡崖 [地質] [海洋]

submarine exhalative-sedimentary deposit 海底洩流沉積礦床 [地質] [海洋]

submarine fan 海底沖積扇 [海洋]

submarine fumarole 海底噴氣孔 [地質] [海洋]

submarine geology 海底地質學 [地質] [海洋]

submarine geomorphologic chart 海底地貌圖 [地質] [海洋]

submarine geomorphology 海底地貌學 [地質] [海洋]

submarine geophysics 海底地球物理學 [地質] [海洋]

submarine hot spring 洋底熱泉 [海洋]

submarine hydrothermal solution 海底熱液 [海洋]

submarine isthmus 海底地峽 [海洋]

submarine landslide 海底坍塌 [地質] [海洋]

submarine magnetic anomaly 海底磁力異常 [地質] [海洋]

submarine morphology 海底地形學 [海洋]

submarine peninsula 海底半島 [海洋]

submarine photography 海底攝影 [海洋]

submarine pit 海底坑 [海洋]

submarine plain 海底平原 [海洋]

S

submarine relief　海底起伏 [海洋]

submarine ridge　海脊 [海洋]

submarine rock　海洋岩石 [地質] [海洋]

submarine science　海底科學 [海洋]

submarine sediment　海底沉積物 [地質] [海洋]

submarine sedimentology　海底沉積學 [海洋]

submarine seismograph　海底地震儀 [海洋]

submarine spring　海底泉 [海洋]

submarine stratigraphy　海底地層學 [海洋]

submarine structural chart　海底地質構造圖 [地質] [海洋]

submarine swell　海底隆起 [海洋]

submarine tectonic geology　海底構造地質學 [地質] [海洋]

submarine tectonics　海底構造學 [地質] [海洋]

submarine terrace　海底階地 [海洋]

submarine topography　海底地形學 [地質] [海洋]

submarine trench　海底溝 [海洋]

submarine tunnel survey　海底隧道測量 [海洋]

submarine ultrasonic direction finder　海底超音波測向儀 [海洋]

submarine unconformity　海底不整合 [海洋]

submarine valley　海底谷 [海洋]

submarine vehicle　潛水器 [海洋]

submarine volcano　海底火山 [海洋]

submarine weathering　海底風化 [海洋]

submarine well　海底井 [海洋]

submarine　水下的 [海洋]

submerged bank　水下沙洲 [海洋]

submerged beach　下沉海灘 [海洋]

submerged coastal plain　沉沒海岸平原 [地質] [海洋]

submerged delta　水下三角洲 [海洋]

submerged land　下沉陸地 [地質] [海洋]

submerged shoreline　下沉海岸線 [地質] [海洋]

submergence　沉沒，下沉 [地質]

submersible　潛水器 [海洋]

submillimeter astronomy　次毫米波天文學 [天文]

suboceanic structure　洋底構造 [地質] [海洋]

suboceanic　洋底的 [海洋]

subordinate mantle　海底地函 [地質] [海洋]

subordinate tide station　次要潮汐觀測站 [海洋]

subpolar anticyclone　副極地反氣旋 [氣象]

subpolar glacier　副極地冰川 [地質]

subpolar high　副極地高壓 [氣象]

subpolar low-pressure belt　副極地低壓帶 [氣象]

subpolar westerlies　副極地西風帶 [氣

象]

subpolar zone 副極地帶 [氣象]

subreflector 副反射面 [天文]

subsea beacon 水下信標 [海洋]

subsea 海底，水下 [地質] [海洋]

subsea-completed well 海底完井 [海洋]

subseismic 次地震波 [地質]

subsequent drainage 後成水系 [地質]

subsequent fold 後成褶皺 [地質]

subsequent stream 後成河 [地質]

subsequent thrusting 後成逆衝作用 [地質]

subsequent valley 後成谷 [地質]

subsequent 後成的 [地質]

subsidence inversion 沉降逆溫 [氣象]

subsidence 地表沉陷 [地質] [氣象]

subsidiary fracture 次生裂隙 [地質]

subsilicate mineral 次矽酸鹽礦物 [地質]

subsoil 心土，底土 [地質]

subsoil ice 地下冰 [地質]

subsoil water 地下水 [地質]

subsolar point 日下點 [天文]

sub-solar point 日下點 [天文]

sub-standard sea water 副標準海水 [海洋]

substar 星下點 [天文]

substellar point 星下點 [天文]

sub-stellar point 星下點 [天文]

substitution vein 交代礦脈 [地質]

substorm 亞暴 [氣象]

substratosphere 副平流層 [氣象]

substratum 基層，底層 [地質]

subsurface contour 地下等高線 [地質]

subsurface current 次表層流 [海洋]

subsurface flow 地下水流，伏流 [地質]

subsurface geology 地下地質學 [地質]

subsurface stratigraphy 地下地層學 [地質]

subsurface water 次表層水 [海洋]

subsynoptic scale weather system 次天氣尺度系統 [氣象]

subsystem 次系統，次（星）系，亞系 [天文] [氣象]

subterranean ice 地下冰 [地質]

subterranean lake 地下湖 [地質]

subterranean stream 地下河流，伏流 [地質]

subtidal zone 潮下帶 [海洋]

subtropic rain forest climate 亞熱帶雨林氣候 [氣象]

subtropical anticyclone 副熱帶反氣旋 [氣象]

subtropical belt 副熱帶 [地質] [氣象]

subtropical calms 副熱帶無風帶 [氣象]

subtropical climate 副熱帶氣候 [氣象]

subtropical convergence 副熱帶輻合帶 [氣象]

subtropical cyclone 副熱帶氣旋 [氣象]

subtropical easterlies index 副熱帶東風帶指數 [氣象]

subtropical easterlies 副熱帶東風帶 [氣

S

象]

subtropical high-pressure belt 副熱帶高
壓帶 [氣象]

subtropical high 副熱帶高壓 [氣象]

subtropical jet stream 副熱帶噴射氣流
[氣象]

subtropical marine biology 副熱帶海洋
生物學 [海洋]

subtropical mode water 副熱帶模態水
[海洋]

subtropical red earth 副熱帶紅壤 [地質]

subtropical ridge 副熱帶脊 [氣象]

subtropical water marine biology 副熱
帶水域海洋生物學 [海洋]

subtropical westerlies 副熱帶西風帶 [氣
象]

subtropical zone 副熱帶 [氣象]

subtropical 副熱帶的 [氣象]

subtropics 副熱帶，亞熱帶 [地質]

subtype 次（光譜）型 [天文]

subzero temperature 零下溫度 [氣象]

subzero 零下的 [氣象]

succession 接續，連續 [地質]

successive of strata 層序 [地質]

succinite 琥珀 [地質]

sucrosic texture 糖粒狀組織 [地質]

suction anemometer 吸管式風速計 [氣
象]

sudburite 倍長蘇玄岩 [地質]

sudden commencement magnetic storm
突發磁暴 [天文] [地質]

sudden commencement 突發磁擾 [天文]
[地質]

sudden cosmic noise absorption 宇宙雜
訊突然吸收 [天文]

sudden disappearance of filament 暗條
突逝 [天文]

sudden drawdown 水位突降 [地質]

sudden enhancement of atmospherics
天電突然增強 [氣象]

sudden frequency deviation 頻率急偏
[氣象]

sudden ionosphere disturbance 電離層
突擾 [氣象]

sudden phase anomaly 突發相位異常
[地質]

sudden short wave fade-out 短波突然衰
退 [氣象]

sudden stratospheric warming 平流層
突然增溫 [氣象]

suestada 蘇埃斯塔多風暴 [氣象]

suffosion 管流現象 [地質]

sugar berg 多孔冰山 [地質] [氣象]

sugar snow 雪中白霜，粒雪 [地質] [氣
象]

sugarloaf sea 三角浪 [海洋]

sugary dolomite 糖粒狀白雲岩 [地質]

sugary 砂糖狀 [地質]

sukhovel 蘇克霍維風 [氣象]

sulfate mineral 硫酸鹽礦物 [地質]

sulfate sulfur 硫酸鹽硫 [地質]

sulfide core 硫化物核 [地質]

sulfide mineral　硫化物礦物 [地質]

sulfide phase　硫化物相 [地質]

sulfoborite　硼鎂礬 [地質]

sulfohalite　氟硫岩鹽 [地質]

sulfophile element　親硫元素 [地質]

sulfosalt mineral　複硫鹽礦物 [地質]

sulfur ball　硫黃球，黃鐵礦球 [地質]

sulfur cycle　硫循環 [地質]

sulfur deposit　硫磺沉積 [地質]

sulfur isotopic geochemistry　硫同位素
地球化學 [地質]

Sully beds　蘇利層 [地質]

sulphoborite　硼鎂礬，硫硼鎂石 [地質]

sulphohalite　氟硫鹽，鹵鈉石 [地質]

sulphur spring　硫黃泉 [地質]

sultriness　悶熱度 [氣象]

sulvanite　方硫釩銅礦 [地質]

sumatra　蘇門答臘風 [氣象]

summation principle　總和原則 [天文]
[地質] [氣象] [海洋]

summer monsoon　夏季季風 [氣象]

Summer Solstice　夏至 [天文]

summer time　夏令時間 [天文]

summer　夏季 [氣象]

summit concordance　峰頂平齊 [地質]

summit level　峰頂面，切鋒面 [地質]

summit plane　峰頂面 [地質]

summit　峰頂 [地質]

sun crack　曬裂 [地質]

sun cross　十字暈，白虹貫日 [氣象]

sun crust　再結霧殼 [地質]

sun dog　幻日 [天文]

sun drawing water　雲隙暉 [氣象]

sun geochemistry　太陽地球化學 [天文]

sun observation　太陽觀測 [天文]

sun opal　火蛋白石 [地質]

sun path diagram　太陽路徑圖 [天文]

sun pillar　日柱 [天文]

sun seeker　太陽追蹤器 [天文]

sun　太陽，日 [天文]

Sunbury shale　森伯里頁岩 [地質]

Sundance series　松丹斯統 [地質]

sundial　日晷 [天文]

sundown　日沒 [天文]

sunlight　陽光 [天文]

sunlit aurora　日照極光 [天文]

sunrise　日出 [天文]

sun's altitude angle　日高角 [氣象]

sun's disk　日面 [天文]

sun's way　太陽路徑 [天文]

sunseeker　尋日器 [天文]

sunset　日沒 [天文]

sunshine duration　日照時數，日照期間
[天文] [氣象]

sunshine hour　日照時數 [天文] [氣象]

sunshine integrator　日照累積器 [天文]
[氣象]

sunshine recorder　日照記錄器 [天文]

sunshine　日照 [天文]

sunspot active cycle　黑子活動週期 [天文]

sunspot activity　黑子活動性 [天文]

S

sunspot cycle 黑子週期 [天文]

sunspot flare 黑子閃焰 [天文]

sunspot group classification by magnetic polarity 黑子群磁性分類 [天文]

sunspot group 黑子群 [天文]

sunspot magnetic field 黑子磁場 [天文]

sunspot maximum 黑子極大期 [天文]

sunspot maximum 黑子極小期 [天文]

sunspot number 太陽黑子數 [天文]

sunspot polarity 黑子極性 [天文]

sunspot pore 黑子小孔 [天文]

sunspot prominence 黑子日珥 [天文]

sunspot radiation 黑子輻射 [天文]

sunspot relative number 黑子相對數 [天文]

sunspot 太陽黑子 [天文]

sunstone 日長石，奧長石 [地質]

sunward side 向陽面 [地質] [氣象]

sunward tail 向日彗尾 [天文]

sun-weather climate relationship 太陽與天氣氣候關係 [天文] [氣象]

suolunite 直水矽鈣石，索倫石 [地質]

super cluster 超星團 [天文]

super corona 超日冕 [天文]

super fluid core 超流體核 [天文]

superadiabatic convection 超絕熱對流 [氣象]

superadiabatic lapse rate 超絕熱直減率 [氣象]

superbolide 超火流星 [天文]

supercapillary interstice 超毛細管間隙 [地質]

supercapillary percolation 超毛細孔滲透 [地質]

supercluster 超星系團 [天文]

superconducting magnetometer 超導磁力儀 [地質]

superconductive gravimeter 超導重力儀 [地質]

superconductive magnetometer 超導磁力儀 [地質]

superconductor gravimeter 超導重力儀 [地質]

supercontinent 超級陸地 [地質]

supercooled cloud droplet 過冷雲滴 [氣象]

supercooled cloud 過冷雲 [氣象]

supercooled fog 過冷霧 [氣象]

supercooled water droplet 過冷水滴 [氣象]

supercooled water 過冷水 [氣象]

superelastic collision 超彈性碰撞 [地質]

superficial deposit 表生礦床，地面礦床 [地質]

superficial strata 表面層 [地質]

supergalactic astronomy 超星系天文學 [天文]

supergalaxy 超星系 [天文]

supergene alteration 表生換質 [地質]

supergene deposit 表生礦床 [地質]

supergene enrichment 表生富集作用 [地質]

supergene ore mineral　表生礦石礦物 [地質]

supergene sulphide enrichment　表生硫化富集作用 [地質]

supergene zone　表生帶，淺成帶 [地質]

supergene　表生的，淺成的，次生的 [地質]

supergene-enriched zone　表生富集帶，次生富集帶 [地質]

supergeostrophic wind　超地轉風 [氣象]

supergiant galaxy　超巨星系 [天文]

supergiant star　超巨星 [天文]

supergiant　超巨星 [天文]

superglacial moraine　表磧 [地質]

superglacial till　冰上冰磧土 [地質]

superglacial　冰面的 [地質]

supergradient wind　超梯度風 [氣象]

supergranulation　超米粒組織 [天文]

supergranule　超米粒組織 [天文]

superheated area　過熱地區 [地質]

superimposed drainage　疊置水系 [地質]

superimposed fan　疊置沖積扇 [地質]

superimposed field　疊加場 [地質] [氣象]

superimposed fold　疊褶皺 [地質]

superimposed glacier　疊置冰川 [地質]

superimposed stream　疊置河 [地質]

superimposed valley　疊置谷 [地質]

superinduced stream　疊置河 [地質]

superior air　高空氣團 [氣象]

superior conjunction　上合 [天文]

superior ecliptic limit　上蝕限 [天文]

superior planet　地外行星 [天文]

superior tide　向月潮 [海洋]

superior transit　上中天 [天文]

superjacent waters　上覆水域 [海洋]

superlatticereflection　超晶格反射 [天文]

superlattice　超晶格 [地質]

superluminous star　高光度恆星 [天文]

supermassive star　超大質量恆星 [地質]

supermatue　超成熟的 [天文]

supernova of 1054　1054 超新星 [天文]

supernova outburst　超新星爆發 [天文]

supernova remnant　超新星殘骸 [天文]

supernova　超新星 [天文]

superposed stream　疊置河 [地質]

superposition　疊置，疊積 [地質]

superrefraction echo　超折射回波 [氣象]

superrefraction　超折射 [氣象]

superresolution　超限分辨 [海洋]

super-Schmidt telescope　超施密特望遠鏡 [天文]

super-short period Cepheid　超短週期造父變星 [天文]

supersaturation　過飽和 [氣象]

superstructure　上部構造，超結構 [天文] [地質]

supervised classification　監督分類 [氣象]

supplementary forecast　輔助預報 [氣象]

supplementary observation 輔助觀測 [氣象]

supplementary point 輔助點 [氣象]

supplementary weather forecast 輔助天氣預報 [氣象]

supply current 供電電流 [地質]

supragelisol 永凍土上覆層 [地質]

suprapermafrost layer 永凍土上覆層 [地質]

supra-thermal electron 超熱電子 [天文]

supratidal environment 潮上環境 [地質]

supratidal sediment 潮上沉積 [地質]

supratidal zone 潮上帶 [地質]

surf beat 浪擊 [海洋]

surf ripple 衝浪波痕 [海洋]

surf zone 碎波帶，激浪帶 [海洋]

surf 激浪，衝浪 [海洋]

surface air temperature 地面氣溫 [氣象]

surface borehole variant 地面井中方式 [地質]

surface boundary layer 地表邊界層 [氣象]

surface break 地面陷落 [地質]

surface brightness 表面亮度 [天文]

surface charge 表面電荷 [天文]

surface chart 地面天氣圖 [氣象]

surface chemistry 表面化學 [地質]

surface creep 地表潛移 [地質]

surface crystallography 表面晶體學 [地質]

surface current 表層流 [海洋]

surface deposit 表層沉積 [地質]

surface detention 地面滯流 [地質]

surface duct 地面波導，表面導管 [地質]

surface erosion 表面侵蝕 [地質]

surface flow 地表流 [地質]

surface friction 地面摩擦 [地質]

surface geology 地表地質學 [地質]

surface geologic survey 地表地質調查 [地質]

surface geothermal manifestation 地表地熱顯示 [地質]

surface gravity 表面重力 [天文]

surface harmonic 面調和函數 [天文]

surface heat flow 地表熱流 [地質]

surface hoar 雪面白霜，表面白霜 [氣象]

surface hodograph 時距曲面 [地質]

surface ice 表冰 [地質] [海洋]

surface inversion 地面逆溫 [氣象]

surface layer 表層 [氣象]

surface map 地面（天氣）圖 [氣象]

surface microlayer sampler 微表層採樣器 [海洋]

surface observation 地面觀測 [氣象]

surface of discontinuity 不連續面 [地質] [氣象]

surface of slide 滑動面 [地質]

surface of zero velocity 零速度面 [天文]

surface phase　表面相 [地質]

surface pressure　表面壓力 [地質] [氣象]

surface relief　地勢，地面起伏 [地質]

surface retention　地面蓄水 [地質]

surface reverberation　海面混響，海面水振盪 [海洋]

surface roughness　地面粗糙度 [氣象]

surface runoff　地面逕流 [地質]

surface S wave　橫波型表面波 [地質]

surface scattering　表面散射 [地質] [氣象]

surface soil　表土 [天文]

surface storage　地面蓄水 [地質]

surface survey　地面測量 [地質]

surface temperature　表面溫度 [天文] [地質] [氣象] [海洋]

surface thermometer　表面溫度計 [氣象] [海洋]

surface topography　表面地形學 [地質]

surface visibility　地面能見度 [氣象]

surface water hydrology　地表水水文學 [地質]

surface water　表層水 [地質] [海洋]

surface wave group　表面波群 [地質]

surface wave　表面波 [地質]

surface weather chart　地面天氣圖 [氣象]

surface weather observation　地面天氣觀測 [氣象]

surface wind　地面風 [氣象]

surficial deposit　表層沉積 [地質]

surficial geology　地表地質學 [地質]

surge line　風速突變線 [氣象]

surge zone　湧浪帶 [海洋]

surge　衝擊，波動，湧浪 [地質] [海洋]

surging breaker　上湧破浪 [海洋]

surplus alkalinity　剩餘鹼度 [海洋]

surrounding rock　圍岩 [地質]

sursassite　紅錳簾石 [地質]

survey line　測線 [天文] [地質] [氣象] [海洋]

survey mark　測量標誌 [天文] [地質] [氣象] [海洋]

survey station　測點，測站 [天文] [地質] [氣象] [海洋]

survey　測量，調查，巡天 [天文] [地質] [氣象] [海洋]

surveying altimeter　測量用高度計 [地質]

surveying astrophysics　實測天文物理學 [天文]

surveying engineering　測量工程 [地質]

surveying system　測量系統 [地質]

surveying　測量，地質調查 [天文] [地質] [氣象] [海洋]

Surwell clinograph　瑟韋爾傾斜儀 [地質]

susannite　三方碳鉛礬 [地質]

suspected nova　疑似新星 [天文]

suspected supernova　疑似超新星 [天文]

suspected variable　疑似變星 [天文]

suspended level　懸水準 [天文]

S

suspended load　懸浮荷重 [地質] [海洋]

suspended matter　懸浮物 [地質] [海洋]

suspended water　懸浮水 [地質]

suspension current　懸浮流，濁流 [地質]

suspension load　懸浮荷重 [地質]

sussexite　白硼錳石 [地質]

Sutton stone　薩頓石 [地質]

suture zone　縫合帶 [地質] [海洋]

suture　縫合，縫合線 [地質]

Suzuki effect　鈴木效應 [地質]

svabite　砷灰石 [地質]

svanbergite　磷鍶鋁礬 [地質]

Sverdrup wave　斯佛竹普波 [海洋]

swale fill deposit　灘槽堆積 [地質]

swale　低窪地，灘槽 [地質]

swallow buoy　燕形浮標 [海洋]

swallow float　燕形浮標 [海洋]

swamp area　沼澤區 [地質]

swamp biogeochemistry　沼澤生物地球化學 [地質]

swamp ditch　沼澤溝 [地質]

swamp forest　沼澤林 [地質]

swamp gas　沼氣 [地質]

swamp geography　沼澤地理學 [地質]

swamp lake　沼澤湖 [地質]

swamp pedology　沼澤土壤學 [地質]

swamp soil　沼澤腐植土 [地質]

swamp stream　沼澤河 [地質]

swamp taxonomy　沼澤分類學 [地質]

swamp　沼澤，林澤 [地質]

swampology　沼澤學 [地質]

swampy basin　沼澤盆地 [地質]

swampy ground　沼澤地 [地質]

Swan nebula　天鵝星雲 [天文]

Swan　天鵝座 [天文]

swarm earthquake　群震 [地質]

swarm　群，成群 [地質]

swartzite　水碳鈣鎂鈾礦 [地質]

swash channel　沖流河道 [地質]

swash cross-bedding　沖流交錯層理 [地質]

swash height　波浪爬高 [海洋]

swash mark　沖流痕，沖浪痕 [地質]

swash　流濺，沖流，沖浪 [地質] [海洋]

swedenborgite　銻鈉鈹礦 [地質]

sweeping at definite depth　定深掃海 [海洋]

sweeping depth　掃海深度 [海洋]

sweeping of meander　曲流下移 [地質]

sweeping survey　掃海測量 [海洋]

sweeping train　掃海趟 [海洋]

sweeping vessel　掃海測量船 [海洋]

swell direction　湧浪方向 [海洋]

swell forecast　湧浪預報 [海洋]

swell　湧浪，膨脹 [地質] [海洋]

swept area　掃海區 [海洋]

swept frequency interferometer　掃頻干涉儀 [天文]

swept lobe interferometer　掃瓣干涉儀 [天文]

swim　游泳，漂浮 [海洋]

swinestone　臭石灰岩 [地質]

Swiss lapis　瑞士青金石 [地質]

swivelling vane　風標 [氣象]

Swordfish　劍魚座 [天文]

syenite-porphyry　正長斑岩 [地質]

syenite　正長岩 [地質]

syenodiorite　正長閃長岩 [地質]

syenogabbro　正長輝長岩 [地質]

sylvanite　針碲金銀礦 [地質]

sylvine　鉀鹽 [地質]

sylvinite　鉀石鹽 [地質]

sylvite　鉀鹽 [地質]

symbiotic algae　共生藻 [海洋]

symbiotic bacteria　共生菌 [海洋]

symbiotic objects　共生星 [天文]

symbiotic star　共生星 [天文]

symbiotic variables　共生變星 [天文]

symmetric ripple mark　對稱波痕 [地質]

symmetric tensor　對稱張量 [天文]

symmetrical banded structure　對稱帶狀構造 [地質]

symmetrical extinction　對稱消光 [天文]

symmetrical fold　對稱褶皺 [地質]

symmetrical four-pole sounding　對稱四極測深 [地質]

symmetrical mode　對稱型 [地質]

symmetrical profiling　對稱剖面法 [地質]

symmetrical syncline　對稱向斜 [地質]

symmetrical twin　對稱雙晶 [地質]

symmetrical vein　對稱脈 [地質]

symmetry axis　對稱軸 [地質]

symmetry class　對稱類型 [地質]

symmetry element　對稱要素 [地質]

symmetry operation　對稱操作 [地質]

symmictite　火成混合角礫岩，固泥礫岩 [地質]

symmicton　混雜沉積物，泥礫岩 [地質]

sympathetic radio burst　共振無線電爆發 [天文]

symplectite　後成合晶 [地質]

symplesite　砷鐵礦 [地質]

synadelphite　水砷鋁錳礦 [地質]

synantectic　反應緣生 [地質]

synantexis　岩漿後期蝕變作用 [地質]

synchroneity　同時性，同步性 [天文] [地質] [氣象] [海洋]

synchrone　等時線 [地質]

synchronous meteorological satellite　同步氣象衛星 [氣象]

synchronous pluton　同期深成岩體 [地質]

synchrotron radiation　同步加速器輻射 [天文]

synchrotron self-absorption　同步加速自吸收 [天文]

synchysite- (Y)　直碳鈣釔礦 [地質]

synclinal axis　向斜軸 [地質]

synclinal valley　向斜谷 [地質]

syncline　向斜 [地質]

synclinorium　複向斜 [地質]

S

syndyname 等力線 [天文]

syngenesis 同生作用 [地質]

syngenetic deposit 同生礦床 [地質]

syngenite 鉀石膏 [地質]

synodic month 朔望月 [天文]

synodic motion 會合運動 [天文]

synodic period 會合週期 [天文]

synodic revolution 會合周 [天文]

synodic rotation period 會合自轉週期 [天文]

synodic rotation 會合自轉 [天文]

synodic year 會合年 [天文]

synoptic analysis 綜觀分析 [氣象]

synoptic chart 綜觀天氣圖 [氣象]

synoptic chart 天氣圖 [氣象]

synoptic climatology 天氣氣候學 [氣象]

synoptic code 天氣電碼 [氣象]

synoptic correlation 天氣相關 [氣象]

synoptic forecast 天氣預報 [氣象]

synoptic meteorology 綜觀天氣學 [氣象]

synoptic model 天氣（圖）模式 [氣象]

synoptic observation 天氣觀測 [氣象]

synoptic oceanography 預報海洋學 [海洋]

synoptic process 綜觀天氣過程 [氣象]

synoptic radio meteorology 無線電氣象學 [氣象]

synoptic report 天氣報告 [氣象]

synoptic scale weather system 天氣尺度系統 [氣象]

synoptic scale 綜觀天氣幅度 [氣象]

synoptic situation 天氣形勢 [氣象]

synoptic wave-chart 綜觀海浪圖 [海洋]

synoptic weather observation 天氣圖氣象觀測 [氣象]

synoptic 天氣學的 [氣象]

synorogenic basin 同造山期盆地 [地質]

synorogenic period 同造山期 [地質]

synorogenic plutonism 造山期深成作用 [地質]

synorogenic 同造山的 [地質]

syntaxial overgrowth 同軸衍生 [地質]

syntaxis 山脈輻聚，銜接，併合 [天文] [地質] [氣象] [海洋]

syntec pluton 同構造深成岩體 [地質]

syntectic magma 同熔岩漿 [地質]

syntectic reaction 同熔反應 [地質]

syntectic rock 同熔岩 [地質]

syntectic 同熔的 [地質]

syntectonic clastic wedge 同構造期碎屑楔狀體 [地質]

syntectonic crystallization 同構造期結晶 [地質]

syntectonic growth 同構造生長 [地質]

syntectonic pluton 同構造深成岩體 [地質]

syntectonic plutonic intrusion 同構造深成侵入 [地質]

syntectonic shear zone 同構造期剪切帶 [地質]

syntectonic 同構造的 [地質]

syntexis　同熔作用，共熔 [地質]

synthesis aperture　合成孔徑 [氣象]

synthetic climatology　綜合氣候學 [氣象]

synthetic crystal　合成晶體 [地質]

synthetic emerald　合成祖母綠 [地質]

synthetic gem　合成寶石 [地質]

synthetic hydrology　合成水文學 [地質]

synthetic quartz　合成石英 [地質]

synthetic ruby　合成紅寶石 [地質]

synthetic sapphire　合成藍寶石 [地質]

synthetic seawater　合成海水 [海洋]

synthetic seismogram　合成震波圖 [地質]

synthetic spectrum　合成光譜 [天文]

synthetic spinel　合成尖晶石 [地質]

synthetical seismogram　合成地震圖 [地質]

Syracuse salt series　敘拉古含鹽統 [地質]

syssiderite　鐵矽隕石 [地質]

system of astronomical constants　天文常數系統 [天文]

system of coordinates　座標系 [天文]

system of crystals　晶系 [地質]

system of stars　星系 [天文]

system　系統，系，組 [天文] [地質] [氣象] [海洋]

systematic hydrology　系統水文學 [地質]

systematic joints　節理系 [地質]

systematic mineralogy　系統礦物學 [地質]

systematic petrography　系統岩石學 [地質]

systematics of mineral deposit　礦床分類學 [地質]

syzygy tide　朔望潮 [天文] [海洋]

syzygy　朔望，西齊基風 [天文] [氣象]

szaibelyite　硼鎂石 [地質]

szaskaite　菱鋅礦 [地質]

szmikite　錳礬 [地質]

szomolnokite　水鐵礬 [地質]

S

T t

T phase   T 震相 [地質]

T Tau-type variable   金牛座 T 型變星 [天文]

tabbyite   韌瀝青，硬瀝青 [地質]

table cut   平面切割 [地質]

table iceberg   桌狀冰山 [海洋]

table mountain   桌狀山 [地質] [海洋]

table of strata   地層表 [地質]

table reef   桌礁 [地質]

table rock   桌岩 [地質]

table   表，台地，地塊 [地質]

tableland   台地 [地質]

tables of the moon   太陰表 [天文]

tabular berg   桌狀冰山 [地質] [海洋]

tabular body   板狀體 [地質]

tabular crystal   片狀結晶 [地質]

tabular iceberg   桌狀冰山 [地質] [海洋]

tabular spar   矽灰石 [地質]

tabular structure   板狀構造 [地質]

tabulated altitude   表列高度 [地質]

tabulate   列表 [地質]

tachydrite   溢晶石 [地質]

tachylite   玄武玻璃 [地質]

tachylyte basalt   玻璃玄武岩 [地質]

Taconic movement   塔康運動 [地質]

Taconic orogeny   塔康造山運動 [地質]

Taconic system   塔康系 [地質]

taconite   鐵燧岩，矽鐵礦 [地質]

tactite   接觸變質碳酸岩 [地質]

tadpole plot   蝌蚪型圖示 [地質]

tadpole radio burst   蝌蚪狀無線電爆發 [天文]

taeniolite   帶雲母，鋰鎂雲母 [地質]

taenite   鎳紋石 [天文] [地質]

tagilite   纖磷銅礦 [地質]

Tahuian   塔威階 [地質]

TAI: international atomic time   國際原子時 [天文]

taiga climate   寒林氣候 [氣象]

tail of comet   彗尾 [天文]

tail of the Earth   地球尾 [天文]

tail stinyer system   尾刺系統 [地質]

tail water   尾水，下游水 [地質]

tail   尾，尾端，尾流 [天文] [地質] [氣象] [海洋]

tailwind   順風，尾風 [氣象]

taino 台諾風 [氣象]

Taiwan warm current 臺灣暖流 [海洋]

takeoff forecast 起飛預報 [氣象]

takeoff weather forecast 起飛天氣預報 [氣象]

taku wind 塔古風 [地質]

talc apatite 滑石磷灰石 [地質]

talc carbonatite rock 滑石碳酸鹽岩 [地質]

talc chlorite rock 滑石綠泥石岩 [地質]

talc deposit 滑石礦床 [地質]

talc powder 滑石粉 [地質]

talc schist 滑石片岩 [地質]

talcose granite 滑石花岡岩 [地質]

talcose rock 滑石岩 [地質]

Talcott level 泰爾各特水準 [天文]

Talcott method 泰爾各特法 [天文]

talc 滑石 [地質]

talik 不凍層，冰原土 [地質]

talus breccia 落石堆角礫岩 [地質]

talus cone 崖錐，落石錐 [地質]

talus creep 岩屑下滑落石潛移 [地質]

talus deposit 落石堆積 [地質]

talus glacier 岩屑冰川 [地質]

talus ruoble 崩落 [地質]

talus slope 岩屑坡 [地質]

talus wall 落石壁 [地質]

talus 落石堆 [地質]

talweg 谷道 [地質]

tamarugite 斜鈉明礬 [地質]

Tamasopo limestone 塔馬索波灰岩 [地質]

tangeite 鈣釩銅礦 [地質]

tangent arc 切弧 [天文]

tangential acceleration 切線加速度 [天文]

tangential arc 切弧 [天文]

tangential cross-bedding 正切交錯層 [天文]

tangential distortion 切向畸變 [天文] [地質]

tangential lens distortion 切向透鏡畸變 [天文]

tangential motion 切線運動 [天文] [氣象]

tangential plane 切面 [天文]

tangential stress 切線應力 [天文]

tangential velocity 切線速度 [天文]

tangential wave 切向波 [地質]

tank model 水筒模式 [地質]

tantalite 鉭鐵礦 [地質]

tanteuxenite 鉭黑稀金礦 [地質]

taphonomy 埋葬學 [地質]

taphrogenesis 塊裂運動，張裂運動 [地質]

taphrogeny 塊裂運動，張裂運動 [地質]

taphrogeosyncline 塊裂地槽，張裂地槽 [地質]

tapioca snow 霰 [氣象]

tapiolite 重鉭鐵礦 [地質]

tar sand 瀝青砂，焦油砂 [地質]

tar seep 瀝青苗 [地質]

taranakite 磷鉀鋁石 [地質]

Tarannon shales 塔朗農頁岩 [地質]

tarantata 塔朗他他風 [氣象]

Tarantula Nebula (NGC 2070) 蜘蛛星雲 [天文]

tarapacaite 黃鉀鉻石 [地質]

tarbuttite 三斜磷鋅礦 [地質]

taren 暗礁 [海洋]

target 目標，靶，指標 [天文] [地質] [氣象] [海洋]

tarn 冰成湖，冰斗湖 [地質]

tasmanite 塔斯曼油頁岩，沸黃霞輝岩 [地質]

T-association! T 星協 [天文]

Taurid meteor 金牛座流星群 [天文]

Taurids 金牛座流星群 [天文]

Taurus A 金牛座 A 源 [天文]

Taurus Cluster 金牛星團 [天文]

Taurus 金牛座 [天文]

tavistockite 碳氟磷灰石 [地質]

T-axis T 軸 [地質]

Taygeta (19 Tau) 昴宿二（金牛座 19 星）[天文]

Taylor-Orowan dislocation 泰勒－奧羅萬錯位 [地質]

TDL: theoretical dilution line 理論稀釋線 [海洋]

TDT: terrestrial dynamical time 地球力學時 [天文]

tea green marl 茶綠泥灰岩 [地質]

Tealby clay 梯爾拜黏土 [地質]

Tealby limestone 梯爾拜石灰岩 [地質]

teallite 硫錫鉛礦 [地質]

tear fault 轉捩斷層，撕裂斷層 [地質]

tectite 玻隕石 [地質]

tecto gene 深地槽 [地質]

tectofacies 構造相 [地質]

tectogenesis 構造運動 [地質]

tectonic axis 構造軸 [地質]

tectonic breccia 構造角礫岩 [地質]

tectonic coast 構造海岸 [地質]

tectonic conglomerate 構造礫岩 [地質]

tectonic cycle 構造循環 [地質]

tectonic earthquake 構造地震 [地質]

tectonic element 構造單元 [地質]

tectonic facies 構造相 [地質]

tectonic flow 構造移動 [地質]

tectonic forms 構造地形 [地質]

tectonic framework 構造架構 [地質]

tectonic geology 構造地質學 [地質]

tectonic geomorphology 構造地形學 [地質]

tectonic history 構造史 [地質]

tectonic kinematics 構造運動學 [地質]

tectonic lake 構造湖 [地質]

tectonic land 構造陸塊 [地質]

tectonic lens 構造透鏡體 [地質]

tectonic line 構造線 [地質]

tectonic map 構造圖 [地質]

tectonic metamorphism 構造變質作用 [地質]

tectonic moraine 構造冰磧物 [地質]

tectonic order 構造級別 [地質]

tectonic overpressure 構造加壓 [地質]

tectonic physics 構造物理學 [地質]

tectonic plate 構造板塊 [地質]

tectonic rotation 構造旋轉 [地質]

tectonic stress 構造應力 [地質]

tectonic style 構造型式 [地質]

tectonic valley 構造谷 [地質]

tectonic 構造的 [地質]

tectonite 構造岩 [地質]

tectonodynamics 構造動力學 [地質]

tectonomagnetism 構造地磁學 [地質]

tectonometer 地殼構造測量儀 [地質]

tectonophysics 構造物理學 [地質]

tectophysics 構造物理學 [地質]

tectosilicate 網狀矽酸鹽類 [地質]

tectosome 構造岩體 [地質]

tectostratigraphy 構造地層學 [地質]

teepleite 氯硼鈉石 [地質]

tehuantepecer 台宛太白風 [氣象]

teineite 碲銅礬 [地質]

tektite 玻隕石 [地質]

telain 胞煤 [地質]

teleconnection pattern 遙聯型，遙相關型 [地質]

teleconnection 遠距連接，遙相關 [地質] [氣象]

telemagmatic deposit 遠岩漿礦床 [地質]

telemagmatic metamorphism 遠成岩漿熱變質作用 [地質]

telemagmatic 遠岩漿的 [地質]

telemeteorography 遙測氣象儀器學 [氣象]

telemeteorograph 遙測氣象儀 [氣象]

telemeteorometry 遙測氣象學 [氣象]

telemetered seismic network 遙測地震台網 [地質]

telemetering pluviograph 遙測雨量計 [氣象]

telemetering weather station 遙測氣象站 [地質]

telemetric seismic instrument 遙測地震儀 [地質]

telemetry 遙測技術，遙測裝置 [天文] [地質] [氣象] [海洋]

telepsychrometer 遙測溼度計 [氣象]

telescope 望遠鏡 [天文]

telescopic comet 望遠鏡彗星 [天文]

telescopic meteor 望遠鏡流星 [天文]

telescopic star 望遠鏡恆星 [天文]

Telescopium 望遠鏡座 [天文]

teleseismic wave 遠震地震波 [地質]

teleseismology 遙測地震學 [地質]

teleseism 遠震 [地質]

Telesto 特利斯多，土衛十三 [天文]

telethermal deposit 遠成熱液礦床 [地質]

telethermal 遠成熱液的 [地質]

television infrared observation satellite 電視紅外線觀察衛星 [氣象]

telinite 結構鏡質體 [地質]

telluric band　大氣譜帶 [氣象]

telluric bismuth　碲輝鉍礦 [地質]

telluric current exploration　大地電流探測，地電流探勘 [地質]

telluric current method　大地電流法 [地質]

telluric current monitor　大地電流監測器 [地質]

telluric current　地面電流 [地質]

telluric field　地大地電場 [地質]

telluric method　大地電流法 [地質]

tellurite　黃碲礦 [地質]

tellurium glance　葉碲金礦 [地質]

tellurometer　微波測距儀 [地質]

telmatology　沼澤學，溼地學 [地質]

telocollinite　均質無結構鏡質體 [地質]

temperate belt　溫帶 [氣象]

temperate climate　溫帶氣候 [氣象]

temperate glacier　溫帶冰川 [氣象]

temperate karst　溫帶喀斯特 [氣象]

temperate rainy climate　溫帶多雨氣候 [氣象]

temperate region　溫帶 [氣象]

temperate waters　溫帶水域 [氣象] [海洋]

temperate westerlies index　溫帶西風帶指數 [氣象]

temperate westerlies　溫帶西風帶 [氣象]

temperate zone　溫帶 [氣象]

temperature advection　溫度平流 [氣象]

temperature aloft　高空溫度 [氣象]

temperature belt　溫度帶 [氣象]

temperature difference　溫差 [氣象]

temperature differential　溫差 [氣象]

temperature drop　溫度下降 [氣象]

temperature fall period　降溫期間 [氣象]

temperature fall　溫度下降 [氣象]

temperature history　溫變史 [氣象]

temperature inversion layer　逆溫層 [氣象]

temperature inversion　逆溫 [氣象]

temperature lapse　溫度直減率 [氣象]

temperature logging　溫度測井 [地質]

temperature observation　溫度觀測 [氣象]

temperature of earth's surface　地球表面溫度 [地質] [氣象]

temperature of terrestrial interior　地球內部溫度 [地質]

temperature of the Earth's interior　地球內部溫度 [地質]

temperature profile　溫度剖面 [地質]

temperature province　溫度分區 [氣象]

temperature retrieval　溫度反演 [氣象]

temperature salinity diagram　溫鹽圖 [海洋]

temperature zone　溫度帶 [氣象]

temperature-controlled salinity bath　溫控鹽水槽 [地質] [海洋]

temperature-humidity index　溫溼指數 [氣象]

temperature-pressure tank　控溫壓力罐

[地質]

temperature 溫度，氣溫 [天文] [地質] [氣象] [海洋]

temporal and spatial stability 時空穩定性 [地質]

temporal frequency 時間頻率 [地質]

temporal location 時間位置 [地質]

temporal sampling 時間採樣 [地質]

temporale 坦普拉風 [氣象]

temporary base level 暫時基準面 [地質]

temporary spring 暫時泉 [地質]

temporary star 新星 [天文]

ten-day agrometeorological bulletin 農業氣象旬報 [氣象]

ten-day star 旬星 [天文]

tendency chart 趨勢圖 [天文] [地質] [氣象] [海洋]

tendency equation 趨勢方程 [氣象]

tendency interval 趨勢時距 [氣象]

tenggara 滕加拉風 [氣象]

tennantite 砷黝銅礦 [地質]

tenorite 黑銅礦 [地質]

tension crack 張力裂縫 [地質]

tension fault 張力斷層 [地質]

tension fracture 張力破裂 [地質]

tension joint 張力節理 [地質]

tension leg platform 張力腳式鑽油台 [海洋]

tepetate 鈣質蒸發岩，鈣質凝灰岩 [地質]

tephigram 溫熵圖 [氣象]

tephra 火山噴物 [地質]

tephrite 鹼玄岩 [地質]

tephrochronology 火山灰年代學 [地質]

tephroite 錳橄欖石 [地質]

tephrostratigraphy 火山灰層定年法 [地質]

terlinguaite 黃氯汞礦 [地質]

terminal basin 端盆地 [地質]

terminal curvature 末端拖曲 [地質]

terminal forecast 終點預報 [氣象]

terminal moraine 終磧，端磧 [地質]

terminal synchrone 終端等時線 [天文]

terminator 明暗界限，晨昏線 [天文] [氣象]

ternary diagram 三元圖解 [地質]

ternary 三元的，三相的 [地質]

terra miraculosa 紅玄武土 [地質]

terra rossa 鈣紅土，紅色石灰土 [地質]

terrace mire 階地沼澤 [地質]

terrace surface 階面 [地質]

terracette 小土階 [地質]

terrace 階地，臺地 [地質]

terracotta 硬陶土，赤陶土 [地質]

terradynamics 土動力學 [地質]

terrain analysis 地域分析 [地質]

terrain correction 地形校正 [地質]

terrain effect 地形效應 [氣象]

terrain error 地形誤差 [地質]

terrain factor 地形因子 [地質]

terrain feature 地形特徵 [地質]

terrain photography 地形攝影 [地質]

terrain spectral reflectivity 地形光譜反射性 [地質]

terrain surveying 地形測量 [地質]

terrain-induced system 地形引發系統 [氣象]

terrain 地體，地貌，地形，岩區 [地質]

terral levante 拉利凡底風 [氣象]

terrane 地體，岩體，岩區 [地質]

terra 土地，陸地，地球 [天文] [地質]

terrestrial atmosphere 地球大氣 [氣象]

terrestrial ball 地球 [天文]

terrestrial branch 地支 [天文]

terrestrial coordinate system 地球座標系 [天文]

terrestrial coordinates 地球座標 [地質]

terrestrial current 地面電流 [地質]

terrestrial deposit 陸地沉積物 [地質]

terrestrial dynamical time 地球力學時 [天文]

terrestrial electricity 地電學 [地質]

terrestrial facies 陸相 [地質]

terrestrial fluviology 陸地河流學 [地質]

terrestrial frozen water 地面凍結水 [地質]

terrestrial geochemistry 大陸地球化學 [地質]

terrestrial geomorphology 陸地地形學 [地質]

terrestrial geophysics 陸上地球物理學 [地質]

terrestrial globe 地球儀 [地質]

terrestrial gravitational perturbation 地球引力攝動 [天文]

terrestrial heat flow 大地熱流，地殼熱流量，地熱流 [地質]

terrestrial hydrology 陸地水文學 [地質]

terrestrial interferometry 地球干涉量度學 [地質]

terrestrial irradiance 地球輻照度 [天文]

terrestrial magnetic pole 地磁極 [地質]

terrestrial magnetism 地磁學 [地質]

terrestrial materials 地表物質 [地質]

terrestrial meridian 地面子午線 [天文]

terrestrial parallel 地面緯度圈 [天文]

terrestrial photogrammetry 地面攝影測量 [地質]

terrestrial photography 地面攝影學 [地質]

terrestrial physics 大地物理學 [地質]

terrestrial planet 類地行星 [天文]

terrestrial pole 地極 [地質]

terrestrial radiation 地面輻射 [地質]

terrestrial refraction 大地折射 [天文]

terrestrial science 地球科學 [地質]

terrestrial scintillation 地面閃爍，大氣閃鑠 [天文]

terrestrial space 地球空間 [天文]

terrestrial spectrograph 地面光譜儀 [地質]

terrestrial spectroscopy 地球光譜學 [地質]

T

質]

terrestrial stereoplotter 地面立體測圖儀 [地質]

terrestrial telemetric station 地面遙測站 [地質]

terrestrial thermology 地熱學 [地質]

terrestrial 地球的，陸地的 [天文] [地質] [氣象] [海洋]

terrigenous deposit 陸源沉積 [地質]

terrigenous humus 陸源腐植質 [海洋]

terrigenous organic matter 陸源有機物 [海洋]

terrigenous sand 陸源沙 [海洋]

terrigenous sediment 陸源沉積 [海洋]

territorial air 領空 [地質]

territorial sea 領海 [海洋]

territorial waters 領海 [海洋]

territory 領域，礦區，區域 [地質]

tertiary circulation 三級環流 [氣象]

Tertiary igneous rock 第三紀火成岩 [地質]

Tertiary period 第三紀 [地質]

teschemacherite 碳銨石 [地質]

teschenite 沸綠岩 [地質]

tesselated mirror 嵌合反射鏡 [天文]

test core 鑽探岩心 [地質]

test hole 取樣鑽孔 [地質]

test pit 試井，試坑 [地質]

test reach 試驗河段 [地質]

tetartohedral class 四分面體晶族 [地質]

tetartohedral form 四分面體晶形 [地質]

質]

tetartohedral 四分面體的 [地質]

Tethys 提西斯土衛二 [天文]

Tethys Sea 古地中海 [地質]

tetradymite 輝碲鉍礦 [地質]

tetragonal lattice 四方晶格 [地質]

tetragonal system 四方晶系 [地質]

tetragonal trisoctahedron 四角三八面體 [地質]

tetragonal tristetrahedron 四角三四面體 [地質]

tetrahedrite 黝銅礦 [地質]

tetrahedron 四面體 [地質]

tetrahexahedron 四六面體 [地質]

tetratohedral pentagonal dodecahedron 四分面五角十二面體 [地質]

textinite 結構木質體 [地質]

texture of rock 岩石結構 [地質]

texture of the Moon 月球構造 [天文]

thalassic rock 深海岩 [海洋]

thalassochemistry 海洋化學 [海洋]

thalassocratic period 高海水面期 [海洋]

thalassocratic 高海水面期的 [海洋]

thalassocraton 海洋穩定地塊 [海洋]

thalassography 海洋學 [海洋]

thalassoids 海（月面的）[天文]

thalassology 海洋學 [海洋]

thalassophile element 親海元素 [海洋]

thallium atomic beam 鉈原子束 [天文]

Thanet sands 森內特沙層 [地質]

Thanetian 森內特階 [地質]

Tharsis region　塔西斯區 [地質]

thaw　解凍 [地質] [氣象]

thaw lake　融冰湖 [地質]

thawing index　融冰指數 [氣象]

thawing season　融冰季節 [氣象]

thawing time　融冰期，解凍期 [氣象]

thawing weather　融冰天氣 [氣象]

thawing　解凍，融冰 [地質]

thaw　解凍，融冰 [地質]

the Antarctic　南極地帶 [地質]

Thebe　西比，木衛十四 [天文]

thematic chart　專題海圖 [海洋]

thematic mapper　專題製圖儀 [地質]

thematic map　專題地圖 [地質]

Themis　賽米斯女神 [天文]

thenardite　無水芒硝 [地質]

theodolite　經緯儀 [天文]

theoretical astronomy　理論天文學 [天文]

theoretical astrophysics　理論天文物理學 [天文]

theoretical crystallography　理論晶體學 [地質]

theoretical dilution line　理論稀釋線 [海洋]

theoretical geochemistry　理論地球化學 [地質]

theoretical geography　理論地理學 [地質]

theoretical geology　理論地質學 [地質]

theoretical geomorphology　理論地貌學 [地質]

theoretical glaciology　理論冰川學 [地質]

theoretical meteorology　理論氣象學 [氣象]

theoretical mineralogy　理論礦物學 [地質]

theoretical petrology　理論岩石學 [地質]

theoretical seismogram　理論震波圖 [地質]

theoretical seismology　理論地震學 [地質]

theoretical source function　理論震源函數 [地質]

theoretical stratigraphy　理論地層學 [地質]

theory　理論，學說 [天文] [地質] [氣象] [海洋]

theory of ablation　消融理論 [地質]

theory of canopy-heavens　蓋天說 [天文]

theory of continental drift　大陸漂移說 [地質]

theory of cycles　循環理論 [天文]

theory of perturbation　攝動理論 [天文]

theory of seismic rays　震波射線理論 [地質]

theory of sphere-heavens　渾天說 [天文]

theory of stellar interior structure　恆星內部結構理論 [天文]

theralite　霞斜輝岩 [地質]

thermal air current　熱氣流 [氣象]

thermal aureole　熱力接觸變質帶 [地質]

thermal belt　溫度帶 [氣象]

thermal cleaning　熱清洗 [地質]

thermal climate　熱型氣候 [氣象]

thermal convection current　熱對流 [氣象]

thermal convection　熱對流 [氣象]

thermal current　熱氣流 [氣象]

thermal equator　熱赤道 [氣象]

thermal evolution　熱演化 [天文]

thermal flexure　熱彎曲 [天文]

thermal gradient　溫度梯度 [地質] [氣象]

thermal high　熱高壓 [氣象]

thermal history　熱史 [天文]

thermal ionization　熱致電離 [天文]

thermal island　熱島 [地質] [氣象]

thermal jet　熱噴流 [氣象]

thermal low　熱低壓 [氣象]

thermal metamorphism　熱變質 [地質]

thermal quality of snow　雪質 [氣象]

thermal radiation　熱輻射 [天文] [氣象]

thermal spring　溫泉 [地質]

thermal steering　熱成引導 [氣象]

thermal stratification　溫度分層 [海洋]

thermal structure　溫度結構 [地質]

thermal tide　熱力潮 [氣象]

thermal vorticity advection　熱成渦度平流 [氣象]

thermal vorticity　熱渦度 [氣象]

thermal wind equation　熱力風方程 [氣象]

thermal wind　熱力風 [氣象]

thermal　熱的，熱流 [天文] [地質] [氣象] [海洋]

thermic cumulus　熱積雲 [氣象]

thermobarogeochemistry　溫壓地球化學 [地質]

thermocline　斜溫層，溫躍層 [海洋]

thermocyclogenesis　熱力氣旋生成 [氣象]

thermodynamic scale of temperature　熱力學溫標 [氣象]

thermodynamics of mesosphere　中氣層熱力學 [氣象]

thermogeochemistry　熱地球化學 [地質]

thermohaline circulation　熱鹽環流 [海洋]

thermohaline convection　熱鹽對流 [海洋]

thermohaline structure　熱鹽結構 [海洋]

thermohaline　熱鹽的 [海洋]

thermoisopleth　等溫線 [海洋]

thermokarst lake　熱喀斯特湖 [地質]

thermokarst topography　熱喀斯特地形 [地質]

thermokarst　熱喀斯特 [地質]

thermoluminescence dating　熱螢光定年 [地質]

thermometamorphism　熱力變質作用 [地質]

thermometer anemometer　溫度計式風

速計 [氣象]

thermometer screen　溫度計百葉箱 [氣象]

thermometer　溫度計 [氣象]

thermometric depth　溫測深度 [海洋]

thermopause　熱氣層頂，增溫層頂 [氣象]

thermoperiod　溫週期 [氣象]

thermoremanence　熱剩磁 [地質]

thermoremanent magnetization　熱剩磁 [地質]

thermoremanent remagnetization　熱剩餘再磁化 [地質]

thermosphere　熱氣層，增溫層 [氣象]

thermospheric chemistry　熱氣層化學 [氣象]

thermospheric circulation index　熱氣層環流指數 [氣象]

thermospheric circulation　熱氣層環流 [氣象]

thermospheric heat source　熱氣層熱源 [氣象]

thermosteric anomaly　熱容異常 [海洋]

thermotropic model　正溫模式 [氣象]

thick cloud　密雲 [氣象]

thick fog　濃霧 [氣象]

thick weather　陰霾天氣 [氣象]

thick-bedded　厚層的 [地質]

thickness chart　厚度圖 [氣象]

thickness line　厚度線 [氣象]

thickness of strata　地層厚度 [地質]

thickness pattern　厚度型 [氣象]

thick-skinned structure　厚皮構造 [地質]

Thiessen polygon method　賽森多邊形法 [氣象]

thin section　薄片，切片 [地質]

thin-skinned structure　薄皮構造 [地質]

thiospinel　硫硼尖晶石 [地質]

third order climatological station　三級氣候站 [氣象]

third quarter　下弦 [天文]

thirty-day forecast　三十天預報 [氣象]

thirty-two nucleus　三十二核 [氣象]

thixotropic clay　觸變土 [地質]

tholeiite　拉斑玄武岩 [地質]

thomsenolite　湯霜晶石，鈉方鹵石 [地質]

Thomson limestone　湯姆遜石灰岩 [地質]

Thomson scattering　湯姆遜散射 [地質]

Thomson-Haskell matrix method　湯姆遜－哈斯克爾矩陣法 [地質]

thomsonite　桿沸石 [地質]

thoreaulite　鉭錫礦 [地質]

thorianite　方針石 [地質]

thorite　針石 [地質]

thorogummite　矽針石 [地質]

thortveitite　鈧釔石 [地質]

thread vein　細脈 [地質]

thread-lace-scoria　纖維火山渣 [地質]

three-cell circulation　三胞環流 [氣象]

T

three-cell meridional circulation　三胞經向環流 [氣象]

three-colour photometry　三色測光 [天文]

three-dimension map　三維地圖 [地質]

three-dimension zonality　三維地帶性 [地質]

three-dimensional geodesy　三維大地測量學 [地質]

three-dimensional map　三維地圖 [地質]

three-dimensional network　三維網 [地質]

three-dimensional seismic model　三維地震模型 [地質]

three-mile limit　三海浬領海界限 [地質]

three-point method　三點法 [地質]

three-point perspective　三點透視 [地質]

three-point problem　三點問題 [地質]

threshold depth　低限深度 [氣象] [海洋]

threshold temperature of ice nucleation　成冰低限溫度 [地質]

threshold　門檻，臨界，低限 [海洋]

through glacier　貫通冰川 [地質]

through-valley　貫通谷 [氣象]

throw　落差 [地質]

thrust block　逆衝斷塊 [地質]

thrust fault　逆衝層，逆斷層 [地質]

thrust moraine　逆衝冰磧 [地質]

thrust nappe　逆衝斷層推覆體 [地質]

thrust plane　逆衝斷面 [地質]

thrust plate　逆衝斷層岩板 [地質]

thrust sheet　逆衝斷片 [地質]

thrust slice　逆衝斷層岩片 [地質]

thrust slip fault　逆衝滑斷層 [地質]

thrust　逆衝 [地質]

Thuban (α Dra)　右樞（天龍座 Ω 星）[天文]

Thule group　杜里群小行星 [天文]

thulite　玫瑰黝簾石，錳綠簾石 [地質]

thumper　起震裝置 [天文] [地質]

thunder and lightning　雷電 [氣象]

thunderbolt　霹靂，雷電 [氣象]

thundercloud　雷雨雲 [氣象]

thunderhead　雷雨雲頂，雷砧 [氣象]

thundersquall　雷颮 [氣象]

thunderstone　雷石 [地質]

thunderstorm belt　雷雨區 [氣象]

thunderstorm cell　雷雨胞 [氣象]

thunderstorm cirrus　雷雨捲雲 [氣象]

thunderstorm day　雷雨日 [氣象]

thunderstorm downdraft　雷雨下沖流 [氣象]

thunderstorm dynamics　雷雨動力學 [氣象]

thunderstorm high　雷雨高壓 [氣象]

thunderstorm low　雷雨低壓 [氣象]

thunderstorm observing station　雷雨觀測站 [氣象]

thunderstorm rain　雷暴雨 [氣象]

thunderstorm turbulence　雷雨亂流 [氣象]

thunderstorm wind　雷雨風 [氣象]

thunderstorm 雷雨，雷暴 [氣象]

thunder 雷 [氣象]

thuringite 鱗綠泥石 [地質]

Thurso flagstone group 瑟索板層岩群 [地質]

Thvera event 瑟瓦拉事件 [地質]

Tian-guan guest star 天關客星 [天文]

tidal acceleration 潮汐加速度 [海洋]

tidal action 潮汐作用 [海洋]

tidal age 潮齡 [海洋]

tidal barrier 擋潮堤 [海洋]

tidal bore 潮湧 [海洋]

tidal bulge 潮汐隆起 [海洋]

tidal channel 潮流道 [海洋]

tidal component 分潮 [海洋]

tidal constant 潮汐常數 [海洋]

tidal constituent 分潮 [海洋]

tidal correction 潮汐訂正 [海洋]

tidal creek 潮溝 [海洋]

tidal current chart 潮流圖 [海洋]

tidal current diagram 潮流圖 [海洋]

tidal current table 潮流表 [海洋]

tidal current 潮流 [海洋]

tidal cycle 潮汐週期 [海洋]

tidal datum plane 潮汐基準面 [海洋]

tidal datum 潮汐基準面 [海洋]

tidal day 潮汐日 [海洋]

tidal deformation 潮汐變形 [海洋]

tidal delta 潮汐三角洲 [海洋]

tidal difference 潮差 [海洋]

tidal effect 潮汐作用 [海洋]

tidal ellipse 潮流橢圓 [海洋]

tidal energy 潮能 [海洋]

tidal estuary 有潮河口 [地質] [海洋]

tidal evolution 潮汐演化 [海洋]

tidal excursion 潮程 [海洋]

tidal factor 潮汐因子 [海洋]

tidal flat 潮灘 [海洋]

tidal force 潮汐力 [海洋]

tidal frequency 潮汐頻率 [海洋]

tidal friction 潮汐摩擦 [海洋]

tidal glacier 入海冰川 [海洋]

tidal harmonic analysis 潮汐調和分析 [海洋]

tidal harmonic constant 潮汐調和常數 [海洋]

tidal hydraulics 潮汐水力學 [海洋]

tidal hypothesis 潮汐假說 [海洋]

tidal information panel 潮信表 [海洋]

tidal inlet 入潮口 [海洋]

tidal instability 潮汐不穩定性 [海洋]

tidal marsh 潮沼 [地質]

tidal mixing 潮混合 [海洋]

tidal motion 潮汐運動 [海洋]

tidal nonharmonic analysis 潮汐非調和分析 [海洋]

tidal nonharmonic constant 潮汐非調和常數 [海洋]

tidal observation 潮汐觀測 [海洋]

tidal oscillation 潮汐振盪 [海洋]

tidal period 潮汐週期 [海洋]

tidal perturbation 潮汐攝動 [海洋]

T

tidal phase 潮位相 [海洋]

tidal platform ice foot 潮間帶台狀冰腳 [海洋]

tidal pool 潮間帶水池 [海洋]

tidal potential 潮汐勢，潮汐位 [海洋]

tidal prediction 潮汐預報 [海洋]

tidal prism 潮水量 [海洋]

tidal range 潮差 [海洋]

tidal residual current 潮餘流 [海洋]

tidal rise 潮升 [海洋]

tidal scour 潮流挖蝕 [海洋]

tidal sluice gate 擋潮閘 [海洋]

tidal spectrum 潮汐頻譜 [海洋]

tidal stand 平潮，停潮 [海洋]

tidal station 驗潮站 [海洋]

tidal stratification 潮汐成層 [海洋]

tidal stream 潮流 [海洋]

tidal stress 潮汐應力 [海洋]

tidal surge 湧潮 [海洋]

tidal synobservation 同步驗潮 [海洋]

tidal table 潮汐表 [海洋]

tidal wave 潮波，潮浪 [海洋]

tidal wind 潮汐風 [氣象]

tidal zone 潮間帶 [地質] [海洋]

tidalite 潮積物，潮積岩 [地質]

tide amplitude 潮幅 [海洋]

tide bulge 潮汐波 [海洋]

tide crack 潮裂冰 [海洋]

tide curve 潮汐曲線 [海洋]

tide cycle 潮汐週期 [海洋]

tide gauge station 驗潮站 [海洋]

tide gauge well 驗潮井 [海洋]

tide gauge 驗潮儀 [海洋]

tide hole 冰上驗潮孔 [海洋]

tide indicator 潮高指示器 [海洋]

tide level 潮位 [海洋]

tide meter 驗潮儀 [海洋]

tide observation 潮汐觀測 [海洋]

tide pole 測潮竿 [海洋]

tide prediction 潮汐預報 [海洋]

tide range 潮差 [海洋]

tide signal 潮汐信號 [海洋]

tide staff 測潮竿 [海洋]

tide station 驗潮站 [海洋]

tide table 潮汐表 [海洋]

tide wave 潮汐波 [海洋]

tide zone corrosion 潮汐區腐蝕 [海洋]

tide-dominated delta 潮控三角洲 [地質]

tide-generating force 引潮力 [海洋]

tide-generating potential 引潮勢 [海洋]

tidehead 感潮界限 [海洋]

tide-induced electromagnetic field 潮感電磁場 [海洋]

tideland 受潮區，潮淹區 [海洋]

tideless sea 無潮海 [海洋]

tidemark 潮痕，潮線 [海洋]

tide-producing force 引潮力 [海洋]

tide 潮水，潮汐 [海洋]

tidology 潮汐學 [海洋]

tie bar 連島沙洲 [地質] [海洋]

tiemannite 硒汞礦，灰硒汞礦 [地質]

tigereye 虎眼石 [地質]

tight rock　緻密岩層，低滲透岩石 [地質]

tilasite　氟砷鈣鎂石 [地質]

tile ore　瓦銅礦 [地質]

Tilgate stone　梯爾蓋特石 [地質]

till billow　冰磧波狀地 [地質]

till plain　冰磧原 [地質]

till sheet　冰磧層 [地質]

tilleyite　碳矽鈣石 [地質]

tillite　冰磧岩 [地質]

tilloid　含礫泥岩 [地質]

till　冰磧土 [地質]

tilt block　偏斜斷塊 [地質]

tilt observation　傾斜觀測 [地質]

tilted block　偏斜斷塊 [地質]

tilted iceberg　傾斜冰山 [地質]

tilted interface　傾斜界面 [地質]

tilting level　微傾水平儀 [地質]

tilt　傾斜 [地質]

time average　時間均值 [天文]

time axis　時軸 [天文]

time ball　報時球 [天文]

time break　時代間斷，爆發時刻 [天文] [地質]

time constant　時間常數 [天文]

time correlation　時間相關 [地質]

time delay　時間延遲 [天文]

time determination　測時 [天文]

time diagram　時間圖 [天文]

time dilatation　時間變慢 [天文]

time for each revolution　軌道週期 [天文]

time interval radiosonde　時間間隔無線電探空儀 [氣象]

time interval　時間間隔 [天文]

time lag　時滯，時間落後 [天文] [氣象]

time line　時間線 [地質]

time measurement　時間計量 [天文]

time meridian　時子午線 [天文]

time of duration of rainfall　降雨持續時間 [氣象]

time of exposure　曝光時間 [天文]

time of flight　飛行時間 [天文] [氣象]

time of peak　洪峰時刻 [地質]

time of perihelion passage　過近日點時刻 [天文]

time of relaxation　鬆弛時間 [天文]

time of rise　漲洪時刻，上升時間 [天文] [地質]

time of travel　傳播時間 [天文] [地質]

time pulse　時間脈衝 [天文]

time receiving　收時 [天文]

time reckoning　計時法 [天文]

time record section　時間剖面 [地質]

time reference　參考時間 [天文]

time scale　時標 [天文]

time service　報時業務，授時 [天文]

time signal in UTC　協調世界時時號 [天文]

time signal　時號 [天文]

time star　時星 [天文]

time step　時階 [天文]

T

time synchronism 時間同步 [天文]

time term 時間項 [天文] [地質] [氣象] [海洋]

time transmission 播時 [天文]

time variation of cosmic ray intensity 宇宙線強度的時間變化 [天文]

time zone 時區 [天文]

time 時間，時刻 [天文]

time-depth conversion 時深轉換 [地質]

time-distance curve 時距曲線 [地質]

time-rock unit 時間岩石單位 [地質]

time-stratigraphic facies 時間地層相 [地質]

time-stratigraphic unit 時間地層單位 [地質]

time-stratigraphy 時代地層學 [地質]

time-transgressive unit 時間海侵單位 [地質]

timing line 計時線 [地質]

timing mark 定時記號 [地質]

timing radio station 報時台 [天文]

Timiskaming group 提密卡明岩群 [地質]

tin stone 錫石 [地質]

tincalconite 三方硼砂，硼砂石 [地質]

tincal 粗硼砂 [地質]

tinguaite porphyry 細霞霓斑岩 [地質]

tinguaite 細霞霓岩 [地質]

tinticite 白磷鐵礦 [地質]

tipping bucket rain gauge 傾斜式雨量計 [氣象]

Tiscaloosa beds 塔斯卡羅薩層 [地質]

titanaugite 鈦輝石 [地質]

Titania 泰坦尼亞，天王衛三 [天文]

titania 鈦白，二氧化鈦 [地質]

titanic iron ore 鈦鐵礦 [地質]

titanite 榍石 [地質]

titanium deposit 鈦礦床 [地質]

titanomagnetite 鈦磁鐵礦 [地質]

Titan's aerosol layer 土衛六懸浮顆粒層 [天文]

Titan's atmosphere 土衛六大氣 [天文]

Titan's life precursors 土衛六生命前兆 [天文]

Titan's surface 土衛六表面 [天文]

Titan 泰坦，土衛六 [天文]

Tithonian 蒂托階 [地質]

Titius-Bode's law 波提定律 [天文]

tivano 提瓦諾風 [氣象]

tjaele 凍土層 [地質]

TL dating 熱螢光定年 [地質]

toad's-eye tin 蛙目錫石 [地質]

toadstone 蟾蜍岩 [地質]

Toarcian 托爾斯階 [地質]

tofan 吐凡風暴 [氣象]

tolane liquid crystals 二苯乙炔類液晶 [地質]

tombolo cluster 連島沙洲群 [地質]

tombolo island 陸連島，連島沙洲 [地質]

tombolo 連島沙洲 [地質]

tonalite 英雲閃長岩，英閃岩 [地質]

tongara 唐加拉風 [氣象]

Tongrian 湯格階 [地質]

tongue 舌，岩舌，齒舌（軟體動物的）[地質]

tonstein 黏土石，高嶺土岩 [地質]

top level 最高水位 [地質]

top of clouds 雲頂 [氣象]

top of overcast 密雲頂部 [氣象]

top old age 地形老年期 [地質]

top surge 最高湧浪 [海洋]

topazite 黃英岩 [地質]

topazolite 黃榴石 [地質]

topaz greisenization 黃玉雲英岩化作用 [地質]

topaz 黃玉，黃寶石 [地質]

topocentric coordinates 觀測中心座標 [天文]

topocentric terrestrial coordinate system 觀測中心座標系 [天文]

topoclimate 地形氣候 [氣象]

topoclimatology 地形氣候學 [氣象]

topographic correction 地形校正 [地質]

topographic curl effect 地形旋度效應 [海洋]

topographic effect 地形效應 [地質]

topographic features 地形 [地質]

topographic infancy 幼年地形期 [地質]

topographic isobar 地形等高線 [地質]

topographic latitude 地形緯度 [地質]

topographic map symbol 地形圖圖示 [地質]

topographic map 地形圖 [地質]

topographic maturity 壯年地形期 [地質]

topographic old age 老年地形期 [地質]

topographic profile 地形剖面 [地質]

topographic survey 地形測量 [地質]

topographic unconformity 地形不整合 [地質]

topographic youth 幼年地形期 [地質]

topography 地形，地形學 [地質]

topological map 拓撲地圖 [地質]

topology of ice 冰拓撲學 [地質]

topology 拓撲學，微地形學 [地質]

topomineralogy 區域礦物學 [地質]

toponymy 地名學 [地質]

toposequence 地形序列 [地質]

topostratigraphy 基礎地層學 [地質]

topset bed 頂層 [地質]

topside 上部 [地質]

topside ionosphere 頂端電離層 [氣象]

top 頂，頂端 [天文] [地質] [氣象] [海洋]

torbernite 銅鈾雲母 [地質]

tornado alley 龍捲道 [氣象]

tornado belt 龍捲帶 [氣象]

tornado cave 龍捲風避難所 [氣象]

tornado cloud 管狀雲 [氣象]

tornado cyclone 龍捲氣旋 [氣象]

tornado echo 龍捲回波 [氣象]

tornado prominence 龍捲日珥 [天文]

tornado track 龍捲路徑 [氣象]

T

tornado warning 龍捲警報 [氣象]

tornado watch 龍捲守視 [氣象]

tornado 龍捲風 [氣象]

toroidal structure 環狀結構 [天文]

torose load cast 節狀負荷鑄型 [地質]

torrential rain 暴雨，大豪雨 [氣象]

torrent 急流，洪流 [地質]

torreyite 錳鎂鋅礬 [地質]

torrid zone 熱帶 [氣象]

Torridonian System 托里東系 [地質]

torsion fault 扭轉斷層 [地質]

torsional oscillation 扭轉型振盪 [地質]

torso mountain 剝蝕殘山，殘山 [地質]

Tortonian 托爾頓階 [地質]

tor 凸岩，岩堡 [地質]

toscanite 流紋英安岩 [地質]

tosca 托斯卡風 [氣象]

total ablation 總消融量 [地質]

total accuracy of sounding 測深總精度 [海洋]

total amount of cloud 總雲量 [氣象]

total amount of ozone 臭氧總量 [氣象]

total annular eclipse 全環食 [天文]

total atmosphere 大氣總體 [氣象]

total conductivity 總電導率 [地質]

total displacement 總位移 [地質]

total drilling time 總鑽進時間 [地質]

total eclipse 全蝕 [天文]

total electron content 電子總含量 [地質]

total evaporation 總蒸發量 [氣象]

total half-width 全半寬（譜線）[天文]

total hardness 總硬度 [地質]

total intensity of magnetic anomaly 總磁異常強度 [地質]

total lunar eclipse 月全蝕 [天文]

total organic carbon 總有機碳 [海洋]

total organic matter 總有機物 [海洋]

total organic nitrogen 總有機氮 [海洋]

total organic phosphorus 總有機磷 [海洋]

total porosity 全孔隙率 [地質]

total precipitation 總降水量 [氣象]

total proper motion 總自行 [天文]

total radiation fluxmeter 全輻射通量計 [地質]

total radiation pyrometer 全輻射高溫計 [地質]

total radiation 全輻射 [地質]

total slip 總滑距 [地質]

total solar eclipse 日全蝕 [天文]

total solar irradiance 太陽總輻照度 [天文]

total solar output 太陽總輸出 [天文]

total storm precipitation 風暴總降水量 [氣象]

total thermoremanent magnetization 總熱剩磁 [地質]

total throw 總落差 [地質]

total ultimate reserves 最終儲量 [地質]

total volume of rain 總雨量 [氣象]

totality 總體，全部 [天文]

Toucan 巨嘴鳥座 [天文]

touriello 托利落風 [氣象]

tourmaline-corundum rock 電氣剛玉岩 [地質]

tourmaline-granite 電氣花岡岩 [地質]

tourmaline-schist 電氣片岩 [地質]

tourmaline 電氣石 [地質]

tourmalinization 電氣石化作用 [地質]

Tournaisian 杜內階 [地質]

Toussaint's formula 杜賽公式 [氣象]

toward sector 向陽磁區 [地質] [氣象]

tower karst 塔狀喀斯特 [地質]

tower telescope 塔式望遠鏡 [天文]

towering cumulus 塔狀積雲 [氣象]

towering 蜃景 [氣象]

trace element geochemistry 微量元素地球化學 [地質]

trace element in coal 煤中微量元素 [地質]

trace element 微量元素 [地質]

trace equalization 描線等化 [地質]

trace fossil 生痕化石 [地質]

trace metal 微量金屬 [地質]

trace slip fault 平行斷距斷層 [地質]

trace slip 平行斷距 [地質]

trace 痕跡，生痕，記錄曲線 [天文] [地質] [氣象] [海洋]

trachyandesite 粗面安山岩 [地質]

trachybasalt 粗面玄武岩 [地質]

trachyte porphyry 粗面斑岩 [地質]

trachyte 粗面岩 [地質]

trachytic texture 粗面組織 [地質]

trachytic 粗面狀 [地質]

tracing 追蹤 [地質]

tracking compensation 追蹤式補償 [地質]

tracking station of satellite 衛星追蹤站 [地質]

trade air 信風空氣 [氣象]

trade wind belt 信風帶 [氣象]

trade wind circulation 信風環流 [氣象]

trade wind cumulus 信風積雲 [氣象]

trade wind current 信風海流 [氣象] [海洋]

trade wind desert 信風沙漠 [氣象]

trade wind inversion 信風逆溫 [氣象]

trade wind 信風，貿易風 [氣象]

traersu 特利速風 [氣象]

Trail formation 特賴爾組 [地質]

trailer sunspot 後隨黑子 [天文]

trailing wave 拖曳波 [氣象]

trailing 歸併現象 [天文]

trail 尾跡，凝結尾，爬跡 [地質] [氣象]

train 列，波列 [天文]

tramontana 特拉蒙他那風 [氣象]

transcurrent fault 平移斷層 [地質]

transducer baseline 換能器基線 [海洋]

transducer dynamic draft 換能器動態吃水 [海洋]

transducer static draft 換能器靜態吃水 [海洋]

transfer equation 轉移方程 [天文] [氣象]

T

transfer of water vapor 水汽輸送 [氣象]

transform boundary 轉型邊界 [地質] [海洋]

transform fault 轉型斷層 [地質]

transformation twin 轉變雙晶 [地質]

transformed air mass 變性氣團 [氣象]

transformer box 變壓器箱 [地質]

transformer 變壓器 [地質]

transform 轉換，變換 [地質]

transgression sea 侵陸海 [地質]

transgression 海侵，海進 [地質]

transgressive deposit 海侵沉積物 [地質]

transgressive overlap 海侵超覆 [地質]

transient creep 暫態爬動，過度潛變 [地質]

transient field method 過渡場法 [地質]

transient lunar phenomena 月球暫現現象 [天文]

transient tracer 瞬變示蹤劑 [海洋]

transient X-ray source 暫現 X 射線源 [天文]

transit circle 子午圈 [天文]

transit declinometer 經緯儀式測斜儀 [地質]

transit instrument 經緯儀 [天文]

transit of Jupiter's satellites 木衛凌木 [天文]

transit of Mercury 水星凌日 [天文]

transit of shadow 衛影凌行星 [天文]

transit of Venus 金星凌日 [天文]

transit 凌，經緯儀，中星儀 [天文]

transition lattice 過渡晶格 [地質]

transition rock 過渡岩石 [地質]

transition season 過渡季節 [氣象]

transition swamp 過渡沼澤 [地質]

transition zone 過渡帶 [地質]

transitional climate 過渡性氣候 [氣象]

transitional flow 過渡氣流 [氣象]

transitional mire 過渡沼澤 [地質]

translation gliding 移置滑動 [地質]

translation group 平移群 [地質]

translational fault 直移斷層 [地質]

translatory fault 直移斷層 [地質]

translucent attritus 半透明暗煤 [地質]

translucidus 透光雲 [氣象]

translunar space 月軌道外空間 [天文]

translunar 月球軌道外的 [天文]

transmission function 透射函數 [地質]

transmiting line of sounder 測深儀發射線 [海洋]

transmitting antenna 發射天線 [天文] [氣象]

transmitting control circuit 發射控制回路 [海洋]

transmitting medium 傳遞介質 [地質]

transmitting tube 發送管，發射管 [地質]

transmitting wave 發射波 [地質]

transmitting 發送，透射 [天文] [地質] [氣象] [海洋]

trans-Neptunian planet 海王外行星 [天文]

transobuoy　浮標式自動氣象站 [氣象]

transparency of the atmosphere　大氣透明度 [氣象]

transparent sky cover　透明天空遮蔽 [氣象]

transpiration coefficient　蒸散係數 [氣象]

transpiration efficiency　蒸散效率 [氣象]

transpiration rate　蒸散速率 [氣象]

transpiration　蒸散作用 [氣象]

transplanetary space　行星外空間 [天文]

trans-Plutonian planet　冥外行星 [天文]

transponder　自動回訊器，轉發器 [氣象] [海洋]

transportability　搬運能力，輸送能力 [天文] [地質] [氣象] [海洋]

transportation　搬運作用，運輸 [地質]

transport　傳遞，輸送，遷移 [地質]

Transvaal jade　水鈣鋁榴石 [地質]

transversal coast　橫岸 [海洋]

transversal earthquake　橫震 [地質]

transversal stream　橫向河 [地質]

transversal wave detector　橫波檢波器 [地質]

transverse bar　橫沙壩 [地質]

transverse basin　橫向盆地，橫切盆地 [地質]

transverse conductivity　橫向傳導率 [天文]

transverse dune　橫向沙丘 [地質]

transverse equator　橫軸投影赤道 [地質]

transverse fault　橫斷層 [地質]

transverse fold　橫褶皺 [地質]

transverse joint　橫節理 [地質]

transverse latitude　橫向緯度 [地質]

transverse meridian　橫向子午線 [地質]

transverse parallel　橫向平行圈 [地質]

transverse pole　橫向極 [地質]

transverse ripple mark　橫向波痕 [地質]

transverse spherical aberration　橫向球面像差 [天文]

transverse thrust　橫移逆衝斷層 [地質]

transverse valley　橫谷 [地質]

trap for petroleum　石油捕集構造 [地質]

trap rock　暗色岩 [地質]

trapeze　經緯度格 [天文]

Trapezium of Orion　獵戶座四邊形 [天文]

Trapezium　獵戶座四邊形 [天文]

trapezohedron　四角三八面體 [地質]

trappean rock　暗色岩 [地質]

trapped radiation　俘獲輻射 [地質]

trapped wave　俘獲波 [海洋]

trappide　暗色岩 [地質]

trappoid breccias　暗色岩狀角礫岩 [地質]

trap　封閉，暗色岩 [地質]

travel geography　旅遊地理學 [地質]

travel time　走時（地震波的）[地質]

travelling dune　移動沙丘 [地質]

travelling ionospheric disturbance　電離

層干擾 [地質]

travelling wave 行進波 [地質]

travelling wire 動絲 [天文]

travel-time curve 走時曲線 [地質]

travel-time table 走時表 [地質]

traverse 導線，導線測量 [天文]

Traversia 特拉外西亞風 [氣象]

Traversier 特拉外西厄風 [氣象]

travertine frostwork 鈣華霜花，鈣華花 [地質]

travertine sinter 鈣華，泉華 [地質]

travertine 石灰華，鈣華 [地質]

treanorite 褐簾石 [地質]

tree climate 樹木氣候 [氣象]

tree crystal 樹枝狀結晶 [地質]

tree-ring climatology 年輪氣候學 [氣象]

trellis drainage 格狀水系 [地質]

trellis dune 格狀沙丘 [地質]

trellis pattern 格狀水系 [地質]

Tremadoc slate 特雷馬多克板岩 [地質]

tremolite asbestos 透閃石棉 [地質]

tremolite-schist 透閃片岩 [地質]

tremolite 透閃石 [地質]

tremor 顫動，微震 [地質]

trench 峽谷，海溝 [地質]

trench-forearc geology 海溝弧前地質學 [地質]

trend of coast 海岸走向 [地質]

trend 趨勢，走向 [地質]

Trenton limestone 特倫頓灰岩 [地質]

Trentonian 特倫頓階 [地質]

trestle 架柱，臺架 [地質] [海洋]

trevorite 鎳磁鐵礦 [地質]

triangle 三角形，三角板 [地質]

triangularshooting 三角形爆破 [地質]

triangular facet 三角面 [地質]

triangulation point 三角點 [地質]

triangulation 三角測量 [地質]

Triangulum Australe 南三角座 [天文]

Triangulum Galaxy (M33, NGC 598) 三角星系 [天文]

Triangulum Nebula 三角座星雲 [天文]

Triangulum 北三角座 [天文]

Triassic Period 三疊紀 [地質]

Trias 三疊紀 [地質]

triaxial distribution 三軸分佈 [天文]

tribrach 三角基座 [地質]

tributary area 支流區域 [地質]

tributary glacier 支冰川 [地質]

tributary stream 支流 [地質]

tributary waterway 支水道 [地質]

tributary 支流 [地質]

trichalcite 絲砷銅礦，銅泡石 [地質]

trichite 髮晶，毛晶，髮狀骨針 [地質]

triclinic crystal 三斜晶體 [地質]

triclinic system 三斜晶系 [地質]

tridymite latite 鱗英二長安岩 [地質]

tridymite peralboranite 鱗英淡蘇安玄岩 [地質]

tridymite-trachyte 鱗英粗面岩 [地質]

tridymite 鱗石英 [地質]

Trifid Nebula (M20) 三葉星雲 [天文]

trigger mechanism　觸發機制 [天文]

triggering of earthquake　地震觸發 [地質]

trigonal lattice　三方晶格 [天文]

trigonal system　三方晶系 [地質]

trigonite　斜楔石，砷錳鉛礦 [地質]

trigonometric leveling　三角高程測量 [地質]

trigonometric parallax　三角視差 [天文]

trigonometrical survey　三角測量 [地質]

trilling　三連晶 [地質]

trimacerite　三煤素質，微三合煤 [地質]

trimetric projection　三維投影 [地質]

trimetric system　斜方晶系 [地質]

trimetric　斜方的，三維的 [地質]

trimetry　不等距投影 [地質]

Trinity series　三一統 [地質]

triphane　鋰輝石 [地質]

triphylite　磷鐵鋰礦 [地質]

triple junction　三岔點 [地質]

triple star　三合星 [天文]

triplet　三重線，三合系統，三連晶 [天文] [地質]

triplite　磷鐵錳礦 [地質]

tripolite earth　矽藻土 [地質]

tripolite　板狀矽藻土 [地質]

tripoli　風化矽土 [地質]

trippkeite　軟砷銅礦 [地質]

tripuhyite　銻鐵礦 [地質]

Triton　崔頓，海衛一，氚核 [天文] [地質]

TRM: thermoremanent magnetization　熱剩磁 [地質]

trochoidal fault　複旋轉斷層 [地質]

trochoidal wave　餘擺線波 [海洋]

troctolite　橄長岩 [地質]

troegerite　砷鈾礦 [地質]

troilite　單硫鐵礦 [地質]

Trojan asteroids　特洛伊群小行星 [天文]

Trojan group　特洛伊群 [天文]

trolley　手推車，吊運車 [地質]

trona　天然鹼 [地質]

trondhjemite aplite　奧長花岡細晶岩 [地質]

trondhjemite pegmatite　奧長閃長花岡偉晶岩 [地質]

trondhjemite porphyrite　奧長閃長花岡玢岩 [地質]

trondhjemite　奧長閃長岩 [地質]

tropept　天然鹼 [地質]

trophic level　營養級，食性層次 [海洋]

tropic higher-high-water interval　回歸高高潮間隙 [海洋]

tropic high-water inequality　回歸高潮不等 [海洋]

tropic lower-low-water interval　回歸低低潮間隙 [海洋]

tropic low-water inequality　回歸低潮不等 [海洋]

Tropic of Cancer　北回歸線 [天文]

Tropic of Capricorn　南回歸線 [天文]

tropic tidal currents　回歸潮流 [海洋]

T

tropic tide   回歸潮 [海洋]

tropic velocity   回歸潮流速 [海洋]

tropical air mass   熱帶氣團 [氣象]

tropical air   熱帶氣團 [氣象]

tropical climate   熱帶氣候 [氣象]

tropical climatology   熱帶氣候學 [氣象]

tropical cyclone   熱帶氣旋 [氣象]

tropical depression   熱帶低壓 [氣象]

tropical disturbance   熱帶擾動 [氣象]

tropical front   熱帶鋒 [氣象]

tropical geography   熱帶地理學 [地質]

tropical geology   熱帶地質學 [地質]

tropical karst   熱帶喀斯特 [地質]

tropical marine biology   熱帶海洋生物學 [海洋]

tropical meteorology   熱帶氣象學 [氣象]

tropical monsoon climate   熱帶季風氣候 [氣象]

tropical month   分至月 [天文]

tropical oceanography   熱帶海洋學 [海洋]

tropical rain forest climate   熱帶雨林氣候 [氣象]

tropical rainy climate   熱帶多雨氣候 [氣象]

tropical revolution   分至周 [天文]

tropical revolving storm   熱帶旋轉風暴 [氣象]

tropical savanna climate   熱帶草原氣候 [氣象]

tropical science   熱帶科學 [地質] [氣象]

tropical storm   熱帶風暴 [氣象]

tropical wet and dry climate   熱帶乾溼氣候 [氣象]

tropical wet climate   熱帶潮溼氣候 [氣象]

tropical year   回歸年 [天文]

tropical zone   熱帶 [氣象]

tropical   回歸線下的，熱帶的 [天文] [地質]

tropic   熱帶，回歸線 [天文] [氣象]

tropopause chart   對流層頂圖 [氣象]

tropopause inversion   對流層頂逆溫 [氣象]

tropopause   對流層頂 [氣象]

troposphere   對流層 [氣象]

tropospheric ducting   對流層波導 [氣象]

tropospheric duct   對流層波導 [氣象]

tropospheric effect   對流層效應 [氣象]

tropospheric layer   對流層分層 [氣象]

tropospheric superrefraction   對流層超折射 [地質]

tropospheric wave   對流層波 [地質]

trouble area   不穩定岩層區 [地質]

trough aloft   高空槽 [氣象]

trough crossbedding   槽形交錯層 [地質]

trough fault   槽形斷層，地塹斷層 [地質]

trough line   槽線 [氣象]

trough plane   向斜面底 [地質]

trough surface   向斜底面 [地質]

trough valley   槽谷 [地質]

trough　槽，溝，谷，波谷，向斜底 [地質] [氣象]

trudellite　易潮石 [地質]

true absorption　真吸收 [天文]

true air temperature　真氣溫 [氣象]

true altitude　真實高度 [氣象]

true anomaly　真近點角 [天文]

true continuous absorption　真連續吸收 [天文]

true diameter　真直徑 [天文]

true dip　真傾斜 [地質]

true equator　真赤道 [天文]

true equinox　真春分點 [天文]

true error　真誤差 [天文] [地質] [氣象] [海洋]

true formation resistivity　真岩層電阻率 [地質]

true height　真高 [地質]

true horizon　真地平 [天文]

true libration　真天平動 [天文]

true mean place　真平位置 [天文]

true mean temperature　真平均溫度 [氣象]

true meridian　真子午線 [天文]

true modulus　真距離模數 [天文]

true noon　真正午 [天文]

true place　真位置 [天文]

true pole　真極 [天文]

true position　真位置 [天文]

true radiant　真輻射點 [天文]

true section　真斷面 [地質]

true selective absorption　真選擇性吸收 [天文]

true sidereal time　真恆星時 [天文]

true solar day　真太陽日 [天文]

true solar time　真太陽時 [天文]

true sun　真太陽 [天文]

true vertex　真奔赴點，真頂點 [天文] [地質]

true wind direction　真風向 [氣象]

true wind　真風 [氣象]

Trumpler star　莊普勒星 [天文]

truncated anticline　削蝕背斜 [地質]

truncated exponential path length distribution　截指數路徑長度分佈 [地質]

truncated soil profile　截頭土壤剖面 [地質]

truncated volcano　截頭火山 [地質]

truncation　截切，截斷，切蝕 [地質]

trunk stream　幹流 [地質]

trunnion　耳軸 [地質]

T-S curve　溫鹽曲線，熱鹽曲線 [海洋]

T-S diagram　溫鹽圖解 [海洋]

T-S index　溫鹽指標 [海洋]

T-S relation　溫鹽關係 [海洋]

tschermakite　鎂鈉鐵閃石 [地質]

Tsiolkovskii　齊奧爾科夫斯基環形山 [天文]

tsumebite　綠磷鉛銅礦 [地質]

tsunami earthquake　海嘯地震 [地質]

tsunami　海嘯 [海洋]

Tsushima current 對馬海流 [海洋]

T-T curve: travel-time curve 時距曲線 [地質]

tuba 管狀雲 [氣象]

tube 管 [天文] [地質] [氣象] [海洋]

tubular pile 管柱 [天文]

Tucana 杜鵑座 [地質]

tufaceous 石灰華質的 [地質]

tufa 石灰華，華 [地質]

tuff agglomerate lava 凝灰集塊熔岩 [地質]

tuff breccia 凝灰角礫岩 [地質]

tuff cone 凝灰錐 [地質]

tuff lava 凝灰熔岩 [地質]

tuff ring 凝灰岩環 [地質]

tuff volcano 凝灰火山 [地質]

tuff 凝灰岩 [地質]

tuft 簇，叢，束，多孔軟岩 [地質]

Tunbridge Wells sand 騰布里奇·威爾斯砂岩 [地質]

tundra climate 苔原氣候 [氣象]

tundrite 碳鈦鈰鈉石 [地質]

tungsten minerals 鎢礦物 [地質]

tungstenite 輝鎢礦 [地質]

tungstic ochre 鎢華 [地質]

tungstite 鎢華 [地質]

tunnel survey 隧道測量 [地質]

tunnelling effect 穿隧效應，隧道效應 [地質]

tunnelling wave 隧道波 [地質]

tunnel 隧道，通道 [地質]

Turam method 士拉姆法，多頻振幅相位法 [地質]

turanite 綠釩銅礦 [地質]

turbid atmosphere 紊亂大氣層 [氣象]

turbidite deposit 濁流堆積 [地質]

turbidite sequence 濁流岩層序 [地質]

turbidite 濁流岩 [地質]

turbidity current 濁流 [氣象]

turbidity factor 混濁因數，濁度因子 [氣象]

turbidity 混濁度 [地質] [氣象]

turbonada 突暴那達颮 [氣象]

turbopause 亂流層頂，渦動層頂 [氣象]

turbosphere 亂流層，渦動層 [氣象]

turbulence body 亂流體 [氣象]

turbulence component 亂流分量 [氣象]

turbulence condensation level 亂流凝結高度 [氣象]

turbulence effect 亂流效應 [氣象]

turbulence energy 亂流能量 [氣象]

turbulence intensity 亂流強度 [氣象]

turbulence kinetic energy 亂流動能 [氣象]

turbulence Reynolds number 亂流雷諾數 [氣象]

turbulence spectrum 亂流譜 [氣象]

turbulence time scale 亂流時間尺度 [氣象]

turbulent dissipation 亂流消散 [地質]

turbulent exchange coefficient 亂流交換係數 [地質]

turbulent exchange　亂流交換 [地質]

turbulent heat conduction　亂流熱傳導 [天文] [地質] [海洋]

turbulent magnetic field　亂流磁場 [天文]

turbulent mixing　亂流混合 [地質]

turbulent transport coefficient　亂流輸送係數 [地質]

turgite　水赤鐵礦，圖爾石 [地質]

turkey stone　綠松石，土耳其玉 [地質]

turn of tide　潮汐轉流 [地質]

Turner method　特納法 [天文]

turning of tide　轉潮 [海洋]

turning point　轉向點，轉折點 [天文] [地質] [氣象] [海洋]

turning　旋轉，迴轉 [地質]

Turonian Age　土侖期 [地質]

turquoise　綠松石，土耳其玉 [地質]

turreted cloud　塔狀雲 [氣象]

turtle stone　龜背石，龜甲石 [地質]

tuya　平頂火山 [地質]

tweak　微調 [地質]

twenty-eight lunar mansions　二十八宿 [天文]

twiglow　曙暮光 [天文]

twilight arch　曙暮光弧 [天文]

twilight colours　霞 [氣象]

twilight correction　曙暮光訂正 [天文]

twilight phenomena　曙暮光現象 [天文]

twilight zone　曙暮光區 [天文]

twilight　曙暮光 [天文]

twin axis　雙晶軸 [地質]

twin boundary energy　雙晶界面能 [地質]

twin boundary　雙晶界面 [地質]

twin center　雙晶中心 [地質]

twin contact　雙晶接觸 [地質]

twin creek series　特溫溪統 [地質]

twin crystal　雙晶 [地質]

twin formation　雙晶形成 [地質]

twin law　雙晶律 [地質]

twin plane　雙晶面 [地質]

twin quasar　雙類星體 [天文]

twinkling　閃爍 [天文]

twinning plane　雙晶面 [地質]

twinning　雙晶作用 [地質]

twin　雙晶，成雙的 [地質]

twisted magnetic field　扭絞磁場 [天文]

twisting channel　擺動河道 [地質]

two-body problem　二體問題 [天文]

two-color diagram　兩色圖 [天文]

two-color photometry　兩色測光 [天文]

two-dimensional classification　二維分類法 [天文]

two-layer method　二層法 [地質]

two-layer structure　二層構造 [地質]

two-photon emission　雙光子發射 [天文]

two-pyroxene andesite　兩輝安山岩 [地質]

two-ribbon flare　雙帶閃焰 [天文]

two-spectra binary　雙譜分光雙星 [天文]

T

two-stage acceleration 雙階段加速 [天文]

two-stream approximation 二流近似 [氣象]

two-stream hypothesis 二流假說 [天文]

two-way shot 雙向爆破 [地質]

tychite 複芒硝，雜芒硝 [地質]

Tychonic system 第谷（宇宙）體系 [天文]

Tycho's Nova 第谷新星 [天文]

Tycho's supernova (SN Cas 1572) 第谷超新星 [天文]

Tycho 第谷環形山 [天文]

tying bar 連島沙洲 [地質]

Type II Cepheids II 型造父變星 [天文]

type II radio burst II 型無線電爆發 [天文]

Type II Seyfert galaxy II 型西佛星系 [天文]

type II supernova II 型超新星 [天文]

type III radio burst III 型無線電爆發 [天文]

type IV radio burst IV 型無線電爆發 [天文]

type I radio burst I 型無線電爆發 [天文]

Type I Seyfert galaxy I 型西佛星系 [天文]

type I supernova I 型超新星 [天文]

type locality 標準產地 [地質]

type map 類型圖 [地質]

type of karst 喀斯特類型 [地質]

type section 典型剖面 [地質]

type V radio burst V 型無線電爆發 [天文]

type-α leader α 型先導 [地質]

type-β leader β 型先導 [地質]

typhoon 颱風 [氣象]

typhoon eye 颱風眼 [氣象]

typhoon wind 颱風 [氣象]

typhoon 颱風 [氣象]

tyrolite 銅泡石，藍砷銅礦 [地質]

tyuyamunite 鈣釩鈾礦 [地質]

U u

U center　U 心 [地質]

U Cephei　仙王座 U 星 [天文]

U Gem binary　雙子 U 型雙星 [天文]

U Gem star　雙子 U 型星 [天文]

U Geminorum star　雙子座 U 型星 [天文]

U index　U 指數 [地質]

U sagitta　天箭座 U 型星 [天文]

U-B color index　U-B 色指數 [天文]

ubehebe　低火山碎屑錐 [地質]

U-burst　U 型爆發 [天文]

UBV photometry　UBV 測光 [天文]

UBV system　UBV 系統 [天文]

udometer　雨量器 [氣象]

uhligite　鋯鈣鈦礦 [地質]

uhligites　烏里格菊石屬 [地質]

uintaite　硬瀝青 [地質]

Ulatisian　烏拉梯斯期 [地質]

ulexite　硼鈉鈣石 [地質]

ullmannite　輝銻鎳礦 [地質]

Ulloa's ring　鄔洛亞環 [氣象]

Ullswater basalt group　尤爾斯瓦特玄武岩群 [地質]

ulrichite　鹼長霞霓岩 [地質]

Ulsterian age　烏耳斯得期 [地質]

ultimate base levely　最終基準面 [地質] [海洋]

ultimate line　駐留譜線 [天文]

ultra microearthquake　超微地震 [地質]

ultra-abyssal zone　深海區 [海洋]

ultra-acid rock　超酸性岩石 [地質]

ultrabasic glass　超基性玻璃 [地質]

ultrabasic rock　超基性岩 [地質]

ultrabasic　超基性的 [天文]

ultrabasite　輝銻鉛銀礦 [地質]

ultrafine panical size talc　超細粒滑石 [地質]

ultra-large coal　超大塊煤 [地質]

ultralong wave　超長波 [氣象]

ultramafic rock　超鐵鎂岩，超基性岩，超鎂鐵質岩 [地質]

ultramafic　超鐵鎂質的，超基性 [地質]

ultrametamorphic water　超變質水 [地質]

ultrametamorphism　超變質作用 [地質]

ultrasonic image logging　超音波成像測

井 [地質]

ultratelescopic meteor 微流星 [天文]

ultraviolet astronomical photometry 紫外天文光度學 [天文]

ultraviolet astronomy 紫外天文學 [天文]

ultraviolet color excess 紫外色餘 [氣象]

ultraviolet excess object 紫外超天體 [天文]

ultraviolet excess 紫外超 [天文]

ultraviolet star 紫外星 [天文]

ultraviolet telescope 紫外望遠鏡 [天文]

ultraviolet-B 紫外 B 波段輻射 [天文]

ultravolcanian 強火山作用 [地質]

ulvite 鈦鐵尖晶石 [地質]

ulvospinel 鈦尖晶石 [地質]

umangite 紅硒銅礦 [地質]

umbral eclipse 本影食 [天文]

umbral flash 本影閃爍（黑子）[天文]

umbra 本影，影 [天文]

umbrella core 傘狀泥芯 [地質]

Umbriel 安比利爾，天王衛二 [天文]

umohoite 菱鉬鈾礦 [地質]

unaka 殘丘群 [地質]

unakite 綠簾花岡岩 [地質]

unblocking field 解阻場 [地質]

unblocking temperature 解阻溫度 [地質]

unconfined aquifer 自由水面含水層 [地質]

unconformability 不整合 [地質]

unconformable 不整合的 [地質]

unconformity iceberg 混成冰山 [地質]

unconformity plane 不整合面 [地質]

unconformity spring 不整合泉 [地質]

unconformity trap 不整合封閉 [地質]

unconformity 不整合 [地質]

unconsolidated deposit 疏鬆沉積物 [地質]

unconsolidated material 疏鬆物質 [地質]

unconsolidated surface layer 疏鬆表層 [地質]

uncontaminated water sampler 無污染採水器 [地質]

under cloud layer 下層雲層 [氣象]

undercast 下密雲 [氣象]

underclay limestone 底黏土灰岩 [地質]

underclay 底黏土 [地質]

undercliff 小崖，副崖 [地質]

underconsolidation 固結不足 [地質]

undercurrent 底流，潛流，電流不足 [海洋]

undercutting 基蝕，崖底侵蝕 [地質]

underdeveloped area 未開發區 [地質]

underearth 底層土 [地質]

underexposure 曝光不足 [天文]

underflow conduit 潛流水道 [地質]

underflow water 潛流水 [地質]

underflow 潛流，底流 [地質]

underground erosion 潛蝕作用 [地質]

underground geological map 地下地質

圖，礦坑製圖 [地質]

underground geology 地下地質學 [地質]

underground hydrodynamics 地下水動力學 [地質]

underground ice 地下冰 [地質]

underground lake 地下湖 [地質]

underground liquid dynamics 地下液體力學 [地質]

underground permeation fluid mechanics 地下滲流力學 [地質]

underground river 地下河，伏流 [地質]

underground spring 地下泉 [地質]

undergrounds stream 伏流 [地質]

underground structural mechanics 地下結構力學 [地質]

underground temperature survey 地下溫度調查 [地質]

underlayer 下層，底層 [地質]

underlie 下層，傾斜餘角，延伸礦體 [地質]

underluminous star 低光度恆星 [天文]

undermelting 下融 [地質]

under-moon 下幻月 [天文]

under-parhelion 下幻日 [天文]

underpressure 壓力不足，低大氣壓力 [氣象]

undersaturated rock 不飽和岩 [地質]

undersea cable 海底纜線 [海洋]

undersea cataract 海底急流 [海洋]

undersea delta 海下三角洲 [海洋]

undersea mining 海底採礦 [海洋]

undersea prospecting 海底探勘 [海洋]

undersea technology 海下技術 [海洋]

underseam 底部煤層 [地質]

undersea 海下的 [海洋]

underset 潛流，下層逆流 [地質]

undershooting 潛炸，下沖 [地質]

underthrust belt 俯衝帶 [地質]

underthrust zone 俯衝帶 [地質]

underthrust 俯衝斷層 [地質]

undertow mark 底流痕 [海洋]

undertow 底流 [海洋]

underwater camera 水中照相機 [海洋]

underwater electroacoustics 水下電聲學 [海洋]

underwater engineering 水下工程學 [海洋]

underwater gravimeter 地下重力儀 [地質]

underwater irradiance meter 水下照度計 [海洋]

underwater optics 水下光學 [海洋]

underwater photogrammetry 水下攝影測量 [海洋]

underwater physics 水下物理學 [海洋]

underwater structure 水下結構 [海洋]

underwater 地下水 [地質]

underway sampler 航行取樣器 [海洋]

undisturbed orbit 無攝動軌道 [天文]

undisturbed sun 無擾動太陽 [天文] [氣

象]

undulata 波紋瑪瑙 [地質]

undulation 波動 [天文] [地質] [氣象] [海洋]

undulatus 波狀雲 [氣象]

uneffective precipitation 無效降水 [氣象]

unexplored area 未探測地區 [地質]

unfilled level 未滿能階 [天文]

unfreezing 凍融作用 [地質]

ungaite 奧長英安岩 [地質]

ungemachite 鹼鐵礬 [地質]

unghwarite 綠脫石 [地質]

ungvarite 綠脫石 [地質]

uniaxial crystal 單軸晶體 [地質]

unified magnitude 統一震級 [地質]

unified model 統一模型 [地質]

uniform array 等距天線陣 [天文]

uniform induction 均勻感應 [天文]

uniform motion 等速運動 [天文]

uniform section 均一剖面 [地質]

uniform sidereal time 平恆星時 [天文]

uniformitarianism 均變說 [地質]

unilateral faulting 單側斷裂 [地質]

unilluminated hemisphere 不照亮半球 [天文]

unipolar group 單極（黑子）群 [天文]

unipolar magnetic region 單極磁區 [天文]

unipolar sunspot 單極黑子 [天文]

unique variable 獨特變星 [天文]

unit cell 晶胞，結晶單位 [地質]

unit distance 單位距離 [天文]

unit hydrograph 單位過程線 [地質]

unit peak flow 單位洪峰流量 [地質]

unit weight 單位重量 [地質]

univariate distribution 單變量分布 [天文]

universal dial 日晷 [天文]

universal horizon 宇宙視界 [天文]

universal polar stereographic grid 通用極球面投影格網 [天文]

universal polar stereographic projection 通用極球面投影 [天文]

universal stratigraphy 通用地層學 [天文]

universal time 世界時 [天文]

universal transmission function 通用透射函數 [天文]

universal transverse Mercator grid 世界橫麥卡托方格圖 [天文]

universal transverse Mercator projection 世界橫麥卡托投影 [天文]

universal 宇宙，普遍，通用 [天文]

universe 宇宙，世界，全體 [天文]

universology 宇宙學 [天文]

unlimited ceiling 無限雲幕 [氣象]

unmanned observation balloon 無人觀測氣球 [氣象]

unrestricted visibility 無限能見度 [氣象]

unsaturated zone 不飽和帶 [地質]

unsettled weather　不穩定天氣 [氣象]

unsettled　多變天氣 [氣象]

unsounded　未測深的 [地質] [海洋]

unstable air　不穩定氣團 [氣象]

unstable-type gravimeter　不穩型重力儀 [地質]

unstationary star　不穩定星 [天文]

unsupervised classification　非監督分類 [地質]

unsurveyed area　無實測資料地區 [天文] [地質] [氣象] [海洋]

unusual sedimentary structure　特殊沉積構造 [地質]

unusual weather　異常天氣 [氣象]

unweathered rock　未風化岩石 [地質]

unweathered　未風化的 [地質]

upcast fault　逆傾斷層 [地質]

upcast　排氣坑 [地質]

upcurrent　上升流 [氣象] [海洋]

updraught　上衝流 [氣象] [海洋]

updraft　上升氣流 [氣象]

upflow　上升流 [氣象] [海洋]

upheaval movement　隆起運動 [地質]

uphole geophone　井口檢波器 [地質]

uphole survey　孔口探勘 [地質]

uphole time　孔口時間 [地質]

uphole　孔口，井口 [地質]

upland mire　高地沼澤 [地質]

upland moor　高沼地 [地質]

upland plain　高平原 [地質]

upland stream　高地河流 [地質]

upland　高地 [地質]

uplifted block　上升地塊 [地質]

uplifted coral reef　上升珊瑚礁 [地質] [海洋]

uplifted reef　上升礁 [地質] [海洋]

uplifted wall　上升壁 [地質]

uplift　上升，隆起 [地質]

upper air　高層空氣 [氣象]

upper anticyclone　高空反氣旋 [氣象]

upper atmosphere dynamics　高層大氣動力學 [氣象]

upper atmosphere　高層大氣 [氣象]

upper atmospheric absorption　高層大氣吸收 [氣象]

upper atmospheric chemistry　高層大氣化學 [氣象]

upper atmospheric circulation　高層大氣環流 [氣象]

upper atmospheric dynamics　高層大氣動力學 [氣象]

upper atmospheric photochemistry　高層大氣光化學 [氣象]

upper atmospheric physics　高層大氣物理學 [氣象]

upper atmospheric thermodynamics　高層大氣熱力學 [氣象]

upper branch　上分枝，上時圈 [天文]

upper bright band　高空亮帶 [氣象]

Upper Cambrian Period　上寒武紀 [地質]

Upper Carboniferous Period　上石炭紀

U

[地質]

upper chromosphere　色球高層 [天文]

upper cloud　高空雲 [氣象]

Upper Cretaceous Period　上白堊紀 [地質]

upper culmination　上中天 [天文]

upper cyclone　高空氣旋 [氣象]

Upper Devonian Period　上泥盆紀 [地質]

upper front　高空鋒 [氣象]

upper greensand　上海綠石砂層 [地質]

upper high　高空高壓 [氣象]

upper inversion　高空逆溫 [氣象]

upper ionosphere　上部電離層 [氣象]

Upper Jurassic Period　上侏儸紀 [地質]

upper layer cloud　上層雲 [氣象]

upper level　高層 [氣象]

upper limb　上緣 [天文]

upper low　高空低壓 [氣象]

upper mantle　上部地函 [地質]

upper mixing layer　高空混合層 [氣象]

Upper Ordovician Period　上奧陶紀 [地質]

Upper Permian Period　上二疊紀 [地質]

upper ridge　高空脊 [氣象]

Upper Silurian Period　上志留紀 [地質]

upper transit　上中天 [天文]

Upper Triassic Period　上三疊紀 [地質]

upper trough　高空槽 [氣象]

upper water　上層水 [海洋]

upper wind　高空風 [氣象]

upper-air analysis　高空分析 [氣象]

upper-air chart　高空（天氣）圖 [氣象]

upper-air disturbance　高空擾動 [氣象]

upper-air observation room　高空氣象觀測室 [氣象]

upper-air observation　高空觀測 [氣象]

upper-air sounding　高空探測 [氣象]

upper-level anticyclone　高空反氣旋 [氣象]

upper-level chart　高空圖 [氣象]

upper-level cyclone　高空氣旋 [氣象]

upper-level disturbance　高空擾動 [氣象]

upper-level high　高空高壓 [氣象]

upper-level jet stream　高空噴流 [氣象]

upper-level low　高空低壓 [氣象]

upper-level ridge　高空脊 [氣象]

upper-level trough　高空槽 [氣象]

upper-level weather chart　高空天氣圖 [氣象]

upper-level wind　高空風 [氣象]

upper　上層的，上部 [天文] [地質] [氣象] [海洋]

uprush　上衝流 [氣象] [海洋]

upsilon component　ε 分量 [天文]

upslope fog　上坡霧 [氣象]

upstream　上游 [地質]

upsurge　上湧浪 [海洋]

upthrow side　升側 [地質]

upthrow　升側 [地質]

upthrust　上衝斷層 [地質]

up-to-date map　現勢地圖 [地質]

upward current　上升氣流 [氣象]

upward drilling　向上鑿岩 [地質]

upward flow　向上流動 [氣象] [海洋]

upward radiation　向上輻射 [氣象]

upwarp　上曲，上撓 [地質]

upwelling　湧升流 [海洋]

upwind effect　上風效應 [氣象]

uraconite　土硫鈾礦 [地質]

Ural blocking high　烏拉爾山阻塞高壓 [氣象]

Uralean　烏拉爾階 [地質]

Uralian emerald　烏拉爾祖母綠，綠色鈣鐵榴石 [地質]

uralite-diabase　次閃輝綠岩 [地質]

uralite-gabbro　次閃輝長岩 [地質]

uralite-norite　次閃蘇長岩 [地質]

uralite　次纖閃石 [地質]

uralitization　次閃化作用 [地質]

uralorthite　巨晶褐簾石 [地質]

uramphite　磷銨鈾礦 [地質]

uran-apatite　鈾磷灰石 [地質]

Uranian satellites　天王衛星 [天文]

uraninite　晶質鈾礦 [地質]

uranite　鈾雲母類 [地質]

uranium age　鈾年齡 [地質]

uranium concentrate　鈾精礦 [地質]

uranium deposit　鈾礦床 [地質]

uranium mineral　鈾礦物 [地質]

uranium ocher　脂鉛鈾礦 [地質]

uranium vein　鈾礦脈 [地質]

uranium-lead dating　鈾鉛測年 [地質]

Uranium-Thorium-Helium method　鈾釷氦法 [天文]

uranium-thorium-lead dating　鈾一釷一鉛定年法 [地質]

Uranium-Thorium-lead method　鈾釷鉛法 [天文]

uran-mica　鈾雲母 [地質]

uranmicrolite　鈾細晶石 [地質]

uranniobite　晶鈾礦 [地質]

uranocircite　鋇鈾雲母 [地質]

uranography　星圖學 [天文]

uranolepidite　綠鈾礦 [地質]

uranolite　隕石 [地質]

uranology　天文學 [天文]

uranometry　天體測量 [天文]

uranoniobite　晶質鈾礦 [地質]

uranophane　矽鈣鈾礦 [地質]

uranophanite　矽鈣鈾礦 [地質]

uranopilite　鈾礬 [地質]

uranoscopy　天象鏡 [天文]

uranospathite　水磷鈾礦 [地質]

uranosphaerite　纖鈾鉍礦 [地質]

uranospinite　砷鈣鈾礦 [地質]

uranotantalite　鉭鈾礦 [地質]

uranotemnite　黑鈾礦 [地質]

uranothallite　鈾碳鈣石 [地質]

uranothorianite　方鈾釷石 [地質]

uranothorite　鈾釷礦 [地質]

uranotile　矽鈣鈾礦 [地質]

uranpyrochlore　鈾燒綠石 [地質]

U

Uranus' ring　天王星環 [天文]

Uranus ultraviolet aurora　天王星紫外極光 [天文]

Uranus　天王星 [天文]

urao　鉀鹼 [地質]

urban climate　都市氣候 [氣象]

urban geography　都市地理學 [地質]

urban geomorphology　都市地形學 [地質]

urban heat island　都市熱島 [氣象]

urban hydrology　都市水文學 [地質]

urban meteorology　都市氣象學 [氣象]

urban weather　都市天氣 [氣象]

urdite　獨居石 [地質]

ureilite　橄輝無球粒隕石 [地質]

ureyite　鈉鉻輝石，隕鉻石 [地質]

urgneiss　古片麻岩 [地質]

urgranite　古花岡岩 [地質]

urhite　水鈾礦 [地質]

Uriconian rock　尤里康岩層 [地質]

urigite　水鈾礦 [地質]

urite　磷霞岩 [地質]

Ursa Major Cluster　大熊星團 [天文]

Ursa Major　大熊座 [天文]

Ursa Minor Galaxy　小熊星系 [天文]

Ursa Minor　小熊座 [天文]

Ursids　小熊座流星群 [天文]

ursilite　水鈣鎂鈾石 [地質]

urusite　纖鈉鐵礬 [地質]

usbekite　水釩銅礦 [地質]

U-shape valley　U 形谷 [地質]

usihyte　黃矽鈾礦 [地質]

ussingite　紫脆雲母，紫脆石 [地質]

ustarasite　柱硫鉍鉛礦 [地質]

U-Th-Pb dating　鈾—釷—鉛定年法 [地質]

UT chart　UT 曲線圖 [天文]

UT: universal time　世界時 [天文]

utahite　黃鉀鐵釩 [地質]

UTC: universal time coordinated　協調世界時 [天文]

Utica shale　猶提卡頁岩 [地質]

UV Cet star　鯨魚座 UV 型星 [天文]

uvanite　釩鈾礦 [地質]

uvarovite　鈣鉻榴石 [地質]

uwarowite chromitite　綠榴鉻鐵岩 [地質]

U

V v

V depression　V形低壓 [地質]

V jewel　V形寶石 [地質]

vaalite　鱗蛭石 [地質]

vacancy　空位 [地質]

vacuole　氣泡，空泡，液泡 [地質]

vacuum grown crystal　真空成長晶體 [地質]

vacuum spectrograph　真空光譜儀 [地質]

vadose water　滲流水 [地質]

vadose zone　滲流帶 [地質]

vaesite　方硫鎳礦 [地質]

vaeyrynenite　紅磷錳鈹石 [地質]

vagabond current　地電流 [地質]

vagrant color　遊彩 [地質]

valais wind　瓦來風 [氣象]

valaite　黑脂石 [地質]

valamite　正長英蘇輝綠岩 [地質]

valbellite　角閃蘇橄岩 [地質]

valcanite　軟碲銅礦 [地質]

valence crystal　價鍵晶體 [地質]

valence electron　價電子 [地質]

valencianite　冰長石 [地質]

valengongite　炭質油頁岩 [地質]

Valentian series　瓦倫特統 [地質]

valentinite　銻華 [地質]

vale　谷，山谷 [地質]

valleite　鈣直閃石 [地質]

vallerite　墨銅礦 [地質]

vallevarite　反條紋二長岩 [地質]

valley bottom circulation zone　谷底循環帶 [地質]

valley bottom　谷底 [地質]

valley breeze　谷風 [氣象]

valley fill　河谷填積物 [地質]

valley flat　谷平地 [地質]

valley floor　谷底 [地質]

valley fog　谷霧 [氣象]

valley glacier　谷冰川 [地質]

valley iceberg　谷冰山 [地質]

valley plain　谷平原 [地質]

valley region　谷區 [地質]

valley storage　河谷蓄水 [地質]

valley train　谷磧 [地質]

valley wind　谷風 [氣象]

valley　谷，山谷，海谷 [地質]

vallis 谷（月面）[天文]

valuable mineral 有用礦物 [地質]

value of division of level 水平刻度值 [天文]

valuevite 綠脆雲母 [地質]

Van Allen belt 范艾倫帶 [天文]

Van Allen radiation belt 范艾倫輻射帶 [天文]

vanadate mineral 釩酸鹽礦物 [地質]

vanadian augite 釩輝石 [地質]

vanadinite 釩鉛礦 [地質]

vanalite 蛋黃釩鋁石 [地質]

vandenbrandite 綠鈾 [地質]

vandendriesschreite 橙水鈾鉛礦 [地質]

vane anemometer 葉片風速計 [氣象]

vane borer 輪轉機（鑽探用）[地質]

vane 風標，葉，板 [氣象]

vanishing tide 消失潮 [海洋]

vanoxite 複釩礦 [地質]

vanthoffite 斜鈉鎂礬 [地質]

vanuralite 水釩鋁鈾礦 [地質]

vanuranylite 黃釩鈾礦 [地質]

vanuxemite 雜異極礦 [地質]

vapor concentration 水氣濃度 [氣象]

vapor pressure curve 水氣壓曲線 [氣象]

vapor pressure deficit 水氣壓虧值 [氣象]

vapor pressure hygrograph 水氣壓溼度計 [氣象]

vapor pressure 水氣壓 [氣象]

vapor trail 凝結尾 [氣象]

Vaqueros formation 瓦克羅斯層 [地質]

vardar 瓦達風 [氣象]

vargasite 輝滑石 [地質]

variability of runoff 徑流變率 [地質]

variable base-line interferometer 變距干涉儀 [天文]

variable ceiling 變動雲幕 [氣象]

variable density log 變密度測井 [地質]

variable density record section 變密度記錄剖面 [地質]

variable density system 變密度系統 [地質]

variable frequency method 變頻法 [地質]

variable mass 變質量 [天文]

variable nebula 變光星雲 [天文]

variable plasma density region 電漿體密度可變區 [天文]

variable radio source 變無線電源 [天文]

variable spacing interferometer 變距干涉儀 [天文]

variable star 變星 [天文]

variable visibility 可變能見度 [氣象]

variable X-ray source X 射線源 [天文]

variable-reluctance detector 變磁組式地震檢波器 [地質]

variable 變星，變數，變因，變量 [天文]

variation of daily rate 日速變化 [天文]

variational inequality 均差 [天文]

variegated copper ore 斑銅礦 [地質]

variole 球粒 [地質]

variolite 球粒玄武岩 [地質]

variometer 可變電感器，磁變儀 [天文] [地質] [海洋]

Variscan orogeny 華力西造山運動 [地質]

variscite 磷鋁石 [地質]

varulite 黑磷錳鈉礦 [地質]

varve clays 紋泥，季候泥 [地質]

varve 紋泥，季候泥 [地質]

varvity 年層理，紋泥性 [地質]

vashegyite 纖磷鋁石 [地質]

vasite 水褐簾石 [地質]

vaterite 六方方解石 [地質]

vaudaire 瓦德風 [氣象]

vauderon 瓦德風 [氣象]

vault of heaven 天穹 [天文]

vauquelinite 磷鉻銅鉛礦 [地質]

v-axis v 軸 [地質]

vayrynenite 紅磷錳鈹石 [地質]

V-cut crystal V 截晶體 [地質]

veatchite 水硼鍶石 [地質]

Vectian 維克第階 [地質]

vectograph method of stereoscopic viewing 偏振光立體觀察法 [地質]

vectopluviometer 向風雨量計 [氣象]

vector gauge 定向雨量器 [氣象]

vectorial structure 向量構造 [地質]

vector 向量 [天文] [地質] [氣象] [海洋]

veering wind 順轉風 [氣象]

Vega (α Lyr) 織女星，天琴座 α 星 [天文]

vegetable jelly 植物膠質 [地質]

vegetation climate 植物氣候 [地質]

vegetational history 植物生長史 [地質]

Veil Nebula (NGC 6992) 薄紗星雲 [天文]

veil 罩，膜，面紗 [氣象]

vein deposit 脈狀礦床 [地質]

vein quartz 脈石英 [地質]

vein stone 脈石 [地質]

vein wall 脈壁 [地質]

vein 脈，礦脈，岩脈，葉脈 [地質]

vein-type deposit 脈狀礦床 [地質]

veined gneiss 脈狀片麻岩 [地質]

veined marble 脈狀大理岩 [地質]

veinstone 脈石 [地質]

Vela pulsar (PSR 0833-45) 船帆座脈衝星 [天文]

Vela supernova remnant 船帆座超新星遺跡 [天文]

Vela X-l 船帆座 X-l [天文]

Vela 船帆座 [天文]

velium 雲幔 [氣象]

velocity azimuth display technique 速度方位顯示技術 [氣象]

velocity discontinuity 速度不連續面 [地質]

velocity dispersion 速度色散 [天文]

velocity ellipsoid 速度橢球 [天文]

velocity field 速度場 [天文] [氣象]

V

velocity filtering 速度濾波 [地質]

velocity of escape 逃逸速度 [天文]

velocity of recession 退行速度 [天文]

velocity ratio 速度比 [地質]

velocity response spectrum 速度反應譜 [地質]

velocity seismograph 速度地震儀 [地質]

velocity shooting 速度炸測 [地質] [海洋]

velocity structure 速度結構 [地質]

velocity-distance relation 速距關係 [天文]

velocity-of-light cylinder 光速柱面 [天文]

velum 雲幔，帆狀雲 [氣象]

venanzite 橄金斑岩 [地質]

venasquite 錳硬綠泥石 [地質]

vendaval 文達瓦風 [氣象]

veneer layer 薄層 [地質]

venerite 銅染石 [地質]

venite 脈混合岩 [地質]

vent de Mut 木特風 [氣象]

vent des dames 達梅斯風 [氣象]

vent du midi 米迪風 [氣象]

vent 孔，出口，通氣孔，火山口 [地質]

ventifact 風稜石，風磨石 [地質]

ventilating hole 通風孔 [地質]

ventilation 通風 [地質] [氣象]

venting 通風，通氣 [地質] [氣象]

vento di sotto 索托風 [氣象]

ventrallite 鹼玄響岩 [地質]

Venus calendar 金星曆 [天文]

Venus explorations 金星探測 [天文]

Venus' hair stone 髮金紅石 [天文]

Venus seismology 金星地震學 [天文] [地質]

Venusian atmosphere 金星大氣 [天文]

Venusian atmospheric layer 金星大氣層 [天文]

Venusian bowshock 金星弓形衝擊波 [天文]

Venusian cloud layers 金星雲層 [天文]

Venusian ionosphere 金星電離層 [天文]

Venusian ionospheric sheath 金星電離層鞘 [天文]

Venusian magnetic field 金星磁場 [天文]

Venusian ring-shaped features 金星環形特徵 [天文]

Venusian surface 金星表面 [天文]

Venusian ultraviolet markings 金星紫外斑紋 [天文]

Venus 金星 [天文]

Veranillo 凡拉尼羅乾期 [地質] [氣象]

Verano 凡拉諾乾期 [地質] [氣象]

verdant zone 綠帶，無霜帶 [地質] [氣象]

verde salt 無水芒硝 [地質]

verdelite 綠電氣石 [地質]

verditer 銅鏽，銅綠 [地質]

verdite 鉻雲母 [地質]

vergence 同向構造 [地質]

verglas　雨淞 [氣象]

vermiculite　蛭石 [地質]

vermilion　辰砂 [地質]

vernadite　複水錳礦 [地質]

vernadskite　塊銅礬 [地質]

vernal circulation　春季環流 [氣象]

Vernal equinoctial point　春分點 [天文]

Vernal Equinox　春分 [天文]

vernal　春季，春季的 [天文]

Verneuil methodof crystal growth　伏聶爾氏晶體生長技術 [地質]

vernier type time signal　游標式時號（即科學式時號）[天文]

Vernon shale　佛農頁岩 [地質]

verobieffite　鉋綠柱石 [地質]

veronite　綠鱗石 [地質]

verrucite　中沸石 [地質]

vertebratus　脊椎狀雲 [氣象]

vertex　頂點，奔赴點 [天文]

vertical air temperature distribution　氣溫垂直分布 [氣象]

vertical anemometer　鉛直風速表 [氣象]

vertical angle　垂直角 [天文]

vertical axis　垂直軸 [天文] [地質] [氣象] [海洋]

vertical circle　地平經圈 [天文]

vertical climatic belt　垂直氣候帶 [氣象]

vertical coaxial coils system　垂直同軸線圈系統 [地質]

vertical component detector　垂直分量地震檢波器 [地質]

vertical component seismograph　垂直分量地震儀 [地質]

vertical coplanar coils system　垂直共面線圈系統 [地質]

vertical cross section　垂直剖面圖 [氣象]

vertical current recorder　垂直電流記錄器 [地質]

vertical current　垂直電流 [地質]

vertical differential chart　垂直變差圖 [氣象]

vertical diffusion　垂直擴散 [氣象] [海洋]

vertical dip slip　垂直滑距 [地質]

vertical distribution of temperature　溫度垂直分佈 [天文] [地質] [氣象]

vertical distribution　垂直分布 [天文] [地質] [氣象] [海洋]

vertical erosion　向下侵蝕 [地質]

vertical gradient of gravity　重力垂直梯度 [地質]

vertical height　垂直高度 [地質] [氣象]

vertical incidence ionosonde　垂直投射電離層探測裝置 [氣象]

vertical intensity of geomagnetic field　地磁場垂直強度 [地質]

vertical intensity　垂直強度 [地質]

vertical interval　垂距 [地質]

vertical jet　垂直噴流 [氣象]

vertical magnetometer　垂直磁力儀 [地質]

vertical motion seismograph　垂直地震

V

儀 [地質]

vertical plane　垂直面 [天文] [地質]

vertical seismic profile　垂直地震剖面 [地質]

vertical shaft　立軸 [地質]

vertical slip　垂直滑距 [地質]

vertical stability　垂直穩度 [氣象] [海洋]

vertical stacking　垂直疊加 [地質]

vertical transport　垂直輸送 [氣象] [海洋]

vertical stretching　垂直伸展 [氣象]

vertical thread　縱絲 [天文]

vertical view　俯視圖 [地質]

vertical visibility　垂直能見度 [氣象]

vertical zonality　垂直地帶性 [地質]

vertical zone　垂直地帶 [地質]

verticality　垂直度 [天文] [地質] [氣象] [海洋]

vertical-type breakwater　直立式防波堤 [地質]

vertical　垂直的 [天文] [地質] [氣象] [海洋]

very close pack ice　非常密集漂流冰 [海洋]

very early universe　極早期宇宙 [天文]

very high sea　狂濤（七級浪）[海洋]

very inhomogeneous model　非常不均勻模型 [地質]

very large array (VLA)　超大天線陣列 [天文]

very long baseline interferometer　超長基線干涉儀 [天文]

very long baseline interferometry　超遠基線干涉測量法 [天文]

very low frequency band radiated field system　極低頻帶輻射場系統 [地質]

very low frequency electromagnetical receiver　極低頻電磁儀 [地質]

very low frequency method　極低頻法 [地質]

very open pack ice　非常稀疏漂流冰 [海洋]

very rough sea　巨浪 [海洋]

very short-range weather forecast　極短期天氣預報 [氣象]

very short-range　極短期預報 [氣象]

very slight shock　微震 [地質]

very strong shock　極強地震 [地質]

very wide field camera　極寬視場照相機 [天文]

vesbine　水釩銅礦 [地質]

vesbite　輝黃白榴岩 [地質]

vesecite　鈣鎂橄黃煌岩 [地質]

vesicle　氣泡，氣孔，囊，泡沫組織 [地質]

vesicular basalt　多孔玄武岩 [地質]

vesicular lava　多孔狀熔岩 [地質]

vesicular structure　多孔結構 [地質]

vesicularity　多孔度 [地質]

vesicular　多孔狀 [地質]

Vesperus　昏星，長庚 [天文]

Vesper　昏星，長庚（金星）[天文]

vestanite 蝕矽線石 [地質]

Vesta 灶神星（小行星 4 號）[天文]

Vesuvian eruption 維蘇威式火山噴發 [地質]

vesuvian garnet 白榴石 [地質]

vesuvianite 符山石 [地質]

vesuvian 符山石 [地質]

vesuvite 白榴鹼玄岩 [地質]

veszelvite 磷砷銅礦 [地質]

vetrallite 灰玄響岩 [地質]

VGP: virtual geomagnetic pole 虛擬地磁極 [地質]

vibrating needle 振動磁針 [地質]

vibrating sample magnetometer 振動試樣磁力計 [地質]

vibrating spring marine gravimeter 振弦式海洋重力儀 [海洋]

vibration measurer 振動計 [地質]

vibrodrilling 振動鑽進 [地質]

vibrodrill 振動鑽機 [地質]

vicinal face 鄰晶面 [地質]

Victoria 維多利亞小行星 [天文]

victorite 頑火輝石 [地質]

vierzonite 粉狀蛋白石 [地質]

vietinghofite 鐵鈮釔礦 [地質]

vigia 海圖示警區，可疑礁石 [海洋]

vignite 雜磁藍鐵礦 [地質]

vilateite 錳紅磷鐵礦 [地質]

Villafranchian stage 維拉夫蘭期 [地質]

villamaninite 黑硫銅鎳礦 [地質]

villiersite 鎳滑石 [地質]

vilnite 矽灰石 [地質]

viluite 硼符山石 [地質]

Vindobonian 文多邦階 [地質]

vinogradovite 白鈦矽鈉石 [地質]

vintlite 閃英粒玄岩 [地質]

violaite 鐵鎂鈣輝石 [地質]

violan 青透輝石 [地質]

violarite 紫硫鎳礦 [地質]

violent earthquake 強烈地震 [地質]

violent galaxy 激變星系 [天文]

violet layer 紫層（火星）[天文]

violet quartz 紫石英 [地質]

virazon 比拉風 [氣象]

virescite 綠輝石 [地質]

virgation of fold 褶皺分歧 [地質]

virga 雨旛 [氣象]

virgin stress 初始應力 [地質]

Virgo A 處女座 A 源 [天文]

Virgo Cluster 處女座星系團 [天文]

Virgo Supercluster 處女座超星系團 [天文]

Virgo 處女座 [天文]

virial theorem 維理定理 [天文]

visibility 錳紅柱石 [地質]

viridite 鐵綠泥石 [地質]

virtual displacement 虛位移 [天文]

virtual geomagnetic pole 虛地磁極 [地質]

virtual gravity 虛重力 [地質]

virtual height 虛高 [地質]

virtual image 虛像 [天文]

V

virtual pressure 虛壓 [氣象]
virtual temperature 虛溫 [氣象]
vis visa integral 活力積分 [天文]
viscosity 黏滯性 [地質] [氣象]
viscous magnetization 黏滯磁化 [地質]
viscous remanence 黏滯剩磁 [地質]
viscous remanent magnetization 黏滯剩磁 [地質]
viseite 磷方沸石 [地質]
vishnevite 鹼鈣霞石 [地質]
visibility chart 能見度圖表 [氣象]
visibility curve 能見度曲線 [氣象]
visibility distance 能見距離 [氣象]
visibility function 能見度函數 [氣象]
visibility good 能見度良好 [氣象]
visibility in cloud 雲中能見度 [氣象]
visibility in water 水中能見度 [海洋]
visibility index 能見度指數 [氣象]
visibility indicator 能見度指示器 [氣象]
visibility list 能見度表 [氣象]
visibility meter 能見度計 [氣象]
visibility of satellite 衛星可見期 [天文]
visibility reduction 能見度降低 [氣象]
visibility 可見度 [氣象]
visible horizon 可見地平，視地平線 [天文]
visible light 可見光 [天文] [氣象]
visiometer 能見度計 [氣象]
vistinghtite 變鈮釔礦 [地質]
visual alignment 目視調準 [天文]
visual astronomy 目視天文學 [天文]
visual astrophotometry 目視天體光度學 [天文]
visual balance 視覺平衡 [天文]
visual binaries 目視雙星 [天文]
visual binary 目視雙星 [天文]
visual colorimetry 目視色度學 [天文]
visual doubles 目視雙星 [天文]
visual horizon 可見地平線，視平線 [天文]
visual light curve 目視光變曲線 [天文]
visual magnitude 目視星等 [天文]
visual measurement 目測 [天文]
visual meteor 目視流星 [天文]
visual observation 目測 [天文] [地質] [氣象] [海洋]
visual photometry 目測光度學 [天文]
visual range 視程 [天文] [氣象]
visual storm signal 風暴信號 [氣象]
visual storm warning 風暴警報標誌 [氣象]
visual zenith telescope 目視天頂望遠鏡 [天文]
vital effect 生命效應 [地質] [海洋]
vitrain 鏡煤 [地質]
vitreous copper 輝銅礦 [地質]
vitreous silica 透明石英，玻質氧化矽 [地質]
vitreous silver 輝銀礦 [地質]
vitric tuff 玻璃凝灰岩 [地質]
vitrinertite 微鏡惰煤 [地質]
vitrinite reflectance 鏡質體反射 [地質]

V

vitrinite　鏡煤素 [地質]

vitrinoid　鏡煤質 [地質]

vitrite　鏡煤岩 [地質]

vitroclastic structure　玻璃碎屑構造 [地質]

vitrodetrinite　鏡質碎屑體 [地質]

vitrophyre　玻基斑岩 [地質]

vittingite　多水矽錳礦 [地質]

viuga　維加風 [氣象]

vivianite　藍鐵礦 [地質]

VLA: very large array　超大天線陣列 [天文]

vladimirite　針水砷鈣石 [地質]

vlasovite　矽鋯鈉石 [地質]

VLBI: very long baseline interferometer　超長基線干涉儀 [天文]

VLF method　極低頻法 [地質]

VOC: volatile organic carbon　揮發性有機碳 [地質] [海洋]

voelckerite　氧磷灰石 [地質]

vogesite　閃正煌岩 [地質]

voglianite　綠鈾礬 [地質]

voglite　碳銅鈣鈾礦 [地質]

vogtite　錳矽灰石 [地質]

void　空隙，空洞 [地質]

voigtite　鐵黑蛭石 [地質]

Volans　飛魚座 [天文]

volatile element　揮發性元素 [地質]

volatile organic carbon　揮發性有機碳 [海洋]

volatile organic matter　揮發性有機物 [海洋]

volatile phase geochemistry　揮發相地球化學 [地質]

volatile substance　揮發性物質 [天文]

volatiles　揮發成份 [地質]

volborthite　水釩銅礦 [地質]

volcanello　子火山，寄生熔岩錐 [地質]

volcanic activity　火山活動 [地質]

volcanic arc　火山弧 [地質]

volcanic ash soil　火山灰土 [地質]

volcanic ash　火山灰 [地質]

volcanic belt　火山帶 [地質]

volcanic block　火山塊 [地質]

volcanic bomb　火山彈 [地質]

volcanic breccia　火山角礫岩 [地質]

volcanic chain　火山鏈 [地質]

volcanic cinder　火山渣 [地質]

volcanic cloud　火山雲 [地質] [氣象]

volcanic cluster　火山群 [地質]

volcanic cone　火山錐 [地質]

volcanic conglomerate　火山礫岩 [地質]

volcanic dust　火山灰 [地質]

volcanic earthquake　火山地震 [地質]

volcanic ejecta　火山噴出物 [地質]

volcanic eruption　火山爆發 [地質]

volcanic foam　火山泡沫 [地質]

volcanic gas　火山氣體 [地質]

volcanic geology　火山地質學 [地質]

volcanic glass　火山玻璃 [地質]

volcanic island　火山島 [地質]

volcanic island arc　火山島弧 [地質]

V

volcanic lake　火山湖 [地質]

volcanic landform　火山地形 [地質]

volcanic lava　火山熔岩 [地質]

volcanic mud and sand　火山泥和火山砂 [地質]

volcanic mudflow　火山泥流 [地質]

volcanic mud　火山泥 [地質]

volcanic neck　火山頸 [地質]

volcanic product　火山噴出物 [地質]

volcanic rift zone　火山斷裂帶 [地質]

volcanic rock　火山岩 [地質]

volcanic row　火山鏈 [地質]

volcanic sediment　火山沉積 [地質]

volcanic seismology　火山地震學 [地質]

volcanic spine　火山碑，火山塔 [地質]

volcanic theory　火山學說 [地質]

volcanic thunderstorm　火山雷雨 [地質]

volcanic tremor　火山性顫動 [地質]

volcanic vent　火山道，火山口 [地質]

volcanic water　火山水 [地質]

volcanic zone　火山帶 [地質]

volcanicity　火山活動 [地質]

volcaniclastic material　火山碎屑物 [地質]

volcaniclastic rock　火山碎屑岩 [地質]

volcanic　火山的 [地質]

volcanism on the Moon　月球火山活動 [地質]

volcanism　火山作用 [地質]

volcanist　火山學家 [地質]

volcanite　歪長輝熔岩，火山島岩 [地質]

volcano gas　火山氣體 [地質]

volcano hypothesis　火山假說 [天文] [地質]

volcano observation　火山觀察 [地質]

volcano-geothermal region　火山地熱區 [地質]

volcanology　火山學 [地質]

volcano　火山 [地質]

volchonskoite　鉻膨潤石 [地質]

volcanostratigraphy　火山地層學 [地質]

volgerite　黃銻礦 [地質]

volhynite　閃雲斜煌岩 [地質]

volknerite　水滑石 [地質]

voltage control attenuator　壓控衰減器 [地質]

voltaite　綠鉀鐵礬 [地質]

voltzine　鋅乳石 [地質]

voltzite　鋅乳石 [地質]

volume emission rate　體積發射率 [天文] [地質]

volume of storm　暴雨總量 [氣象]

volume reverberation　體積混響 [海洋]

volume scattering　體積散射 [地質] [海洋]

volume transport　體積輸送 [海洋]

VOM: volatile organic matter　揮發性有機物 [海洋]

Von Arx current meter　馮．阿克斯流速計 [海洋]

vonsenite　硼鐵礦 [地質]

vorobievite　鉋綠柱石 [地質]

vortex hypothesis 渦流假說 [天文] [氣象]

vortex intensity 渦流強度 [氣象]

vortex structure 渦流結構 [天文]

vortex 漩渦，渦流 [天文] [地質] [氣象] [海洋]

vorticity transport hypothesis 渦度傳送假說 [氣象]

vorticity 渦度 [氣象]

vosgite 蝕鈉長石 [地質]

vreckite 蘋綠鈣石 [地質]

vredenburgite 鐵錳尖晶石 [地質]

vriajem 弗里阿琴乾冷期 [氣象]

VRM: viscous remanent magnetization 黏滯剩磁 [地質]

V-shaped depression Ｖ形低氣壓 [氣象]

V-shaped valley Ｖ形谷 [地質]

VSP survey 垂直地震剖面法 [地質]

VSP: vertical seismic profile 垂直地震剖面 [地質]

vudyavrite 水矽鈦鈰石 [地質]

vuggy rock 多孔岩 [地質]

vugh 晶簇，晶洞 [地質]

vugular porosity 多孔孔隙率 [地質]

vug 晶洞，晶簇 [地質]

Vulcan 火神星 [天文]

vulgar establishment 平高潮間隙 [海洋]

vullanite 碲銅礦 [地質]

vullinite 二長透輝雲閃片岩 [地質]

Vulpecula 狐狸座 [天文]

vulpinite 鱗硬石膏 [地質]

vulsinite vicoite 長斑粗安白榴等色岩 [地質]

vulsinite 透長粗安岩 [地質]

vuthan 烏丹暴 [氣象]

VWFC: very wide field camera 極寬視場照相機 [天文]

W w

W star　W 型星 [天文]

W UMa binary　大熊座 W 型雙星 [天文]

W Vir variable　處女座 W 型變星 [天文]

WACDP: wide-angle common depth point
　廣角共深度點 [地質]

wachenrodite　鉛錳土 [地質]

wackestone　粒泥灰岩，泥質石灰岩 [地質]

wacke　泥砂岩，濁砂岩，玄土 [地質]

Wadati-Benioff zone　瓦德提—班尼夫帶
　[地質]

wadeite　矽鋯鈣鉀石 [地質]

Wadhurst clay　瓦德赫斯特黏土 [地質]

wadite　錳土 [地質]

wadi　乾谷，旱谷 [地質]

wady　乾谷 [地質]

wad　錳土 [地質]

wagnerite　氟磷鎂石 [地質]

wagon drill　車裝鑽機 [地質]

wairakite　斜鈣沸石 [地質]

wake　尾流，流星尾 [天文] [地質] [氣象] [海洋]

Walker cell　沃克胞 [氣象]

walker river　不定床河流 [地質]

walkerite　福利鎂石，漂白土 [地質]

wall rock alteration　圍岩換質 [地質]

wall rock　圍岩 [地質]

walled plain　月面圓谷 [天文]

wallerite　墨銅礦 [地質]

wall-sided glacier　陡壁冰川 [地質]

walmstedtite　錳菱鎂礦 [地質]

walpurgite　砷鈾鉍礦 [地質]

waluewite　綠脆雲母 [地質]

wandering dune　流動沙丘 [地質]

wandering lake　遊移湖 [地質]

wandering star　遊星 [天文]

wane　缺損 [天文] [地質] [氣象] [海洋]

waning moon　下弦月 [天文]

waning slope　低緩坡，凹坡 [地質]

want　尖滅帶 [地質]

wardite　水磷鋁鈉石 [地質]

wargasite　輝滑石 [地質]

warm-air drop　暖池 [氣象]

warm air mass　暖氣團 [氣象]

warm air　熱空氣 [氣象]

warm anticyclone　暖性反氣旋 [氣象]

W

warm braw 暖風 [氣象]

warm cloud 暖雲 [氣象]

warm current 暖流 [海洋]

warm cyclone 暖性氣旋 [氣象]

warm drop 暖池 [氣象]

warm eddy 暖渦 [氣象]

warm front 暖鋒 [氣象]

warm high 暖高壓 [氣象]

warm lake 熱湖 [海洋]

warm low 暖低壓 [氣象]

warm occluded front 暖囚錮鋒 [氣象]

warm period 暖季 [氣象]

warm pool 暖池 [氣象]

warm rain 暖雨 [氣象]

warm season 溫季 [氣象]

warm sector 暖區 [氣象]

warm spring 暖泉，溫泉 [地質]

warm temperate zone 暖溫帶 [氣象]

warm tongue 暖舌 [氣象] [海洋]

warm trough 暖流低壓槽 [氣象]

warm vortex 暖渦 [氣象]

warm water sphere 暖水圈 [海洋]

warm water tongue 暖水舌 [海洋]

warm water 暖水區 [海洋]

warm wave 暖浪 [氣象]

warm-core anticyclone 暖心反氣旋 [氣象]

warm-core cyclone 暖心氣旋 [氣象]

warm-core high 暖心高壓 [氣象]

warm-core low 暖心低壓 [氣象]

warm-front fog 暖鋒霧 [氣象]

warm-front thunderstorm 暖鋒雷雨 [氣象]

Warminster bed 沃明斯特層 [地質]

warm-tongue steering 暖舌引導 [氣象]

warm-up drift 預熱漂移 [氣象]

warm-wet climate 暖溼氣候 [氣象]

warning stage 警戒水位 [地質]

warning water level 警戒水位 [地質] [海洋]

warrant 底黏土 [地質]

Warren hill series 華倫山統 [地質]

warrenite 脆硫錄鉛礦 [地質]

warringtonite 水膽礬 [地質]

warwickite 硼鎂鈦礦 [地質]

Wasatch wind 窩塞奇風 [氣象]

wash load 沖刷搬運泥沙 [海洋]

wash plain 冰水沉積平原 [地質]

wash-and-strain ice foot 沖擠冰腳 [海洋]

washing mark 沖刷痕跡 [地質]

Washita series 瓦希塔統 [氣象]

Washita stone 瓦希塔石 [地質]

Washoe zephyr 瓦休采菲風 [氣象]

washover fan 風暴沖積扇 [地質]

wash 沖積層，沖刷 [地質]

wastage 減耗，冰河消融 [地質]

waste plain 沖積平原 [地質]

waste-filled valley 埋積谷 [地質]

watchet bed 瓦切特層 [地質]

water atmosphere 水氣大氣 [氣象]

water balance 水平衡，水均衡 [地質]

W

Water Bearer　寶瓶座 [天文]

water body　水體 [地質] [海洋]

water bottom　底水 [地質] [海洋]

water break　防波堤 [地質] [海洋]

water budget　水量收支 [地質] [海洋]

water chrysolite　莫爾道玻隕石 [地質]

water clock　水鐘 [天文]

water cloud　水雲 [氣象]

water color　水色 [地質] [海洋]

water content of cloud　雲中含水量 [氣象]

water cycle　水循環 [地質]

water droplet　水滴 [地質] [氣象] [海洋]

water exchange　水交換 [地質] [海洋]

water ga(u)ge　水表 [地質] [海洋]

water gap　水口，峽谷 [地質]

water gauge　水位計，水位標尺 [地質] [海洋]

water geochemistry　水地球化學 [海洋]

water geology　水地質學 [地質]

water gun　水槍 [海洋]

water head　水源，水頭 [地質]

water layer ghosting　水層虛反射 [海洋]

water level observation　水位觀測 [地質] [海洋]

water level indicator　水位指示器 [地質] [海洋]

water level recorder　水位記錄器 [地質] [海洋]

water level recording accuracy　水位記錄精度 [地質] [海洋]

water level　地下水面 [地質] [海洋]

water mass analysis　水團分析 [海洋]

water mass　水團 [海洋]

water monitor　水監測器 [地質] [海洋]

water opal　玉滴石，玻璃蛋白石 [地質]

water opening　冰間水面 [海洋]

water parting　分水嶺 [地質]

water regimen　水動態 [地質]

water sapphire　藍菫青石，水藍寶石 [地質]

water science　水科學 [地質]

water sky　水映空 [氣象]

water smoke　蒸氣霧 [氣象]

water snow　溼雪 [地質]

water space　水區 [地質]

water spring　湧泉 [地質]

water stage　水位 [地質]

water standard　水質標準 [地質] [海洋]

water surface evaporation　水面蒸發 [地質]

water system　水系 [地質]

water table　地下水面 [地質]

water type　水型 [海洋]

water vapor absorption　水氣吸收 [氣象]

water vapor pressure　水氣壓 [氣象]

water vapor　水氣 [氣象]

water vein　水脈 [地質] [海洋]

water year　水文年 [地質] [海洋]

water yield formation　產水層 [地質]

water yield from snow　積雪出水量 [地質]

W

water yield　出水量 [地質]

water-bearing deposit　含水礦床 [地質]

water-bearing layer　含水層 [地質]

water-bearing stratum　含水岩 [地質]

water-bearing zone　含水帶 [地質]

waterborne deposits　水成沉積層 [地質]

watercourse　水道，河流 [地質]

waterdivide　分水嶺 [地質]

waterfall effect　瀑布效應 [地質]

waterfall erosion　瀑布侵蝕 [地質]

waterfall line　瀑布線 [地質]

waterfall　瀑布 [地質]

waterfront　濱水區 [地質]

watergauge　水位標尺 [地質] [海洋]

waterline　海岸線，吃水線 [地質] [海洋]

waterlogging　積水作用 [地質]

watermark　水漬，波紋，浮水印 [地質]

watershed characteristic　流域特性 [地質]

watershed management　集水區管理 [地質]

watershed model　流域模型 [地質]

watershed morphology　流域地形學 [地質]

watershed observation　集水區觀測 [地質]

watershed　流域，集水區 [地質]

waterside land　堤外地 [地質]

waterside slope　堤外斜坡 [地質]

waterspout prominence　龍捲日珥 [天文]

waterspout　水龍捲 [氣象]

waters　水域 [地質] [海洋]

watertight bed　不透水層 [地質]

watertight layer　不透水層 [地質]

watertight　不透水的，防水的 [地質]

water　水 [地質]

wattevillite　灰芒硝 [地質]

Watting shale　瓦特林葉頁岩 [地質]

Waucobian　沃科巴統 [地質]

Waulsortian bed　沃爾索特層 [地質]

wave age　波齡 [氣象] [海洋]

wave base　波浪基面 [海洋]

wave basin　波浪盆地 [海洋]

wave climate　波候 [海洋]

wave cloud　波狀雲 [氣象]

wave clutter　海浪干擾 [海洋]

wave crest length　波峰長度 [海洋]

wave crest line　波峰線 [海洋]

wave cyclone　波狀氣旋 [氣象]

wave delta　波浪三角洲 [地質] [海洋]

wave depression　波狀低壓 [氣象]

wave depth　波深 [海洋]

wave diffraction　波繞射 [天文] [地質] [氣象] [海洋]

wave disturbance　波狀擾動 [氣象] [海洋]

wave energy spectrum　波能譜 [海洋]

wave equation migration　波動方程偏移 [地質]

wave erosion　波浪侵蝕 [地質] [海洋]

wave estimation　波浪推算 [海洋]

wave flume　波浪水槽 [海洋]

wave forecasting　波浪預報 [海洋]

wave forecast　波浪預報 [海洋]

wave generating area　波浪形成區 [海洋]

wave height　波高 [海洋]

wave line　波線 [海洋]

wave load　波浪負荷 [海洋]

wave observation　波浪觀測 [海洋]

wave of earthquake　地震波 [海洋]

wave of oscillation　振盪波 [海洋]

wave of translation　移動波 [海洋]

wave period　波浪週期 [海洋]

wave platform　浪蝕平台 [海洋]

wave pressure　波壓 [海洋]

wave profile　波剖面 [海洋]

wave rear　波尾 [地質]

wave recorder　波浪計 [海洋]

wave reflection　波浪反射 [海洋]

wave refraction　波浪折射 [海洋]

wave ripple mark　波痕 [海洋]

wave scale　波浪等級 [海洋]

wave scatter　波浪散射 [海洋]

wave setdown　波減水 [海洋]

wave setup　波增水 [海洋]

wave staff　測波桿 [海洋]

wave steepness　波浪尖銳度，波斜度 [海洋]

wave subduer　防浪裝置 [海洋]

wave theory of cyclones　氣旋波理論 [氣象]

wave-built platform　波成臺地 [地質] [海洋]

wave-built terrace　波成階地 [地質] [海洋]

wave-cut bench　海蝕棚 [地質] [海洋]

wave-cut cliff　海蝕崖 [地質] [海洋]

wave-cut notch　海凹壁 [海洋]

wave-cut plain　海蝕平原 [地質] [海洋]

wave-cut platform　海蝕平臺 [地質] [海洋]

wave-cut shore　海蝕岸 [地質] [海洋]

wave-cut terrace　海蝕階地 [地質] [海洋]

wave-cut　海蝕 [海洋]

wave-dominated delta　波控三角洲 [海洋]

waveform display type shallow-layer seismograph　波形表示型淺層地震儀 [地質]

wave-induced current　波流 [海洋]

wave-induced electromagnetic field　浪感電磁場 [地質] [海洋]

wavelength　波長 [天文] [地質] [氣象] [海洋]

wavelet processing　子波處理 [地質]

wavellite　銀星石 [地質]

Waverly group　威佛里岩群 [地質]

wave　波，波浪 [天文] [地質] [氣象] [海洋]

wavy cloud　波狀雲 [氣象]

waxing moon　盈月，漸圓月 [天文]

W

wax 蠟 [天文] [地質]

way-up 最後沉積層定位 [地質]

weakly caking coal 弱黏煤 [地質]

Weald-clay 威爾德黏土層 [地質]

Wealden age 韋爾登期 [地質]

weather adjustment 天氣調整裝置 [氣象]

weather advisory 氣象通報 [氣象]

weather analysis 氣象分析 [氣象]

weather balloon 氣象氣球 [氣象]

weather box 晴雨盒 [氣象]

weather briefing 氣象簡語 [氣象]

weather broadcast 天氣廣播 [氣象]

weather bulletin 天氣公報 [氣象]

weather bureau 氣象局 [氣象]

weather centre 天氣中心 [氣象]

weather chart 天氣圖 [氣象]

weather chart facsimile apparatus 氣象圖傳真機 [氣象]

weather code 天氣電碼 [氣象]

weather communication 氣象勤務通信 [氣象]

weather computer 氣象電腦 [氣象]

weather condition 天氣條件 [氣象]

weather control 天氣控制 [氣象]

weather cycle 天氣循環 [氣象]

weather divide 天氣分界 [氣象]

weather effect 天氣影響 [氣象]

weather facsimile network 氣象傳真通信網 [氣象]

weather forecast 天氣預報 [氣象]

weather indicator 氣象指示器 [氣象]

weather information service 氣象資訊服務 [氣象]

weather information 氣象資訊 [氣象]

weather instrument 氣象儀錶 [氣象]

weather intelligence 氣象情報 [氣象]

weather map type 天氣圖類型 [氣象]

weather map 天氣圖 [氣象]

weather matrix 風化母岩 [地質]

weather maxim 天氣諺語 [氣象]

weather message 氣象電報 [氣象]

weather minimum 最低氣象條件 [氣象]

weather modification 天氣改造 [氣象]

weather notation 天氣符號 [氣象]

weather observation radar 氣象觀測雷達 [氣象]

weather observation 天氣觀測 [氣象]

weather observatory 氣象臺 [氣象]

weather outlook 天氣展望 [氣象]

weather parameter 天氣參數 [氣象]

weather parting 天氣區界限 [氣象]

weather phenomena 天氣現象 [氣象]

weather prediction 氣象預報 [氣象]

weather proverb 天氣諺語 [氣象]

weather radar 氣象雷達 [氣象]

weather reconnaissance aircraft 氣象偵察機 [氣象]

weather reconnaissance flight 飛機天氣偵察 [氣象]

weather report 氣象報告 [氣象]

weather satellite data 氣象衛星資料 [氣

象]

weather satellite 氣象衛星 [氣象]

weather service 氣象服務 [氣象]

weather signal 天氣信號 [氣象]

weather situation 天氣情況 [氣象]

weather station 氣象站 [氣象]

weather symbol 天氣符號 [氣象]

weather system 天氣系統 [氣象]

weather telecommunication 氣象通訊 [氣象]

weather tide 氣象潮 [氣象]

weather type 天氣類型 [氣象]

weather vane 風標 [氣象]

weather warning 天氣警報 [氣象]

weatherable mineral 可風化礦物 [地質]

weathercast 氣象報告 [氣象]

weathercock stability 風標穩定性 [氣象]

weathercock 風標 [氣象]

weathered coal 風化煤 [地質]

weathered crust 風化殼 [地質]

weathered iceberg 風化冰山 [海洋]

weathered layer 風化層 [地質]

weathered 風化的 [地質]

weatherglass 氣壓計 [氣象]

weathering crust 風化殼 [地質]

weathering escarpment 風化崖 [地質]

weathering index 風化指數 [地質]

weathering sequence of mineral 礦物風化序列 [地質]

weathering shot 風化層毀損 [地質]

weathering unit 風化單元 [地質]

weathering 風化作用 [地質]

weatherman 氣象員 [氣象]

weatherology 天氣學 [氣象]

weathervision 天氣圖像傳遞 [氣象]

weather 天氣，氣象 [氣象]

weberite 氟鋁鎂鈉石 [地質]

Weber's cavity 韋伯空洞 [地質]

webnerite 硫銻銀鉛礦 [地質]

websterite 礬石，二輝石 [地質]

weddellite 草酸鈣石 [地質]

wedge constant 楔常數 [天文]

wedge photometer 楔光度計 [天文]

wedge 楔，楔形體 [地質] [氣象]

week 星期，周 [天文]

weeping spring 滴水泉 [地質]

Wegener-Bergeron process 韋格納—伯傑龍過程 [氣象]

wehriite 葉碲鉍礦 [地質]

weibullite 輝硒鉍鉛礦 [地質]

weighing rain gauge 衡量式雨量計 [氣象]

weight of moist air 溼空氣重度 [氣象]

weighting rain gauge 衡重雨量計 [氣象]

weinschenkite 水磷釔礦 [地質]

weissite 黑碲銅礦 [地質]

Weizsaecker's theory 魏茲紮克學說 [天文]

welded tuff 熔結凝灰岩，熔灰岩 [地質]

well borer 鑽井機 [地質]

well core 鑽井岩心 [地質]

W

well drill bit　鑽井機鑽頭 [地質]

well drilling rope　鑽井繩 [地質]

well drill　鑽井機 [地質]

well geochemistry　鑽井地球化學 [地質]

well logging　鑽井測試，井測 [地質]

well log　井錄 [地質]

well shooting　井中測速 [地質]

well site calibrator　井場刻度器 [地質]

well site geologist　駐井地質師 [地質]

well-drill method　鑽井方法 [地質]

wellhead platform　井口平台 [地質]

wellhead　井口 [地質]

well-type scintillation crystal　井型閃爍晶體 [地質]

well　井 [地質]

Wenlock bed　溫洛克層 [地質]

Wenlock limestone　溫洛克灰岩 [地質]

Wenlock shale　溫洛克頁岩 [地質]

Wenlockian age　溫洛克期 [地質]

Wenner array　溫納排列 [地質]

Wentworth classification　溫氏分類 [地質]

Wentworth scale　溫氏分級表 [地質]

wentzelite　紅磷鐵錳礦 [地質]

Wentzel-Kramers-Brillouin-Jeffreys method!　WKBJ 法 [地質]

Werfenian stage　韋爾芬階 [地質]

wernerite　方柱石 [地質]

West Australia Current　西澳大利亞海流 [海洋]

West Greenland Current　西格陵蘭海流 [海洋]

west longitude　西經 [天文] [地質]

west point　西點 [天文]

west wind drift　西風漂流 [海洋]

Westbury beds　韋斯特伯裏層 [地質]

Westerlies rain belt　西風多雨帶 [氣象]

westerlies　西風帶 [氣象]

westerly belt　西風帶 [氣象]

westerly jet　西風噴流 [氣象]

westerly trough　西風槽 [氣象]

westerly vortex　西風渦 [氣象]

westerly wave　西風波 [氣象]

westerly wind burst　西風爆發 [氣象]

western boundary current　西邊界流 [海洋]

western elongation　西大距 [天文]

western equatorial countercurrent　西赤道逆流 [海洋]

Western Hemisphere　西半球 [地質]

western quadrature　西方照 [天文]

westing　西行航程 [海洋]

Westleton beds　威斯特萊頓層 [地質]

Weston flag　韋斯頓板層 [地質]

westward superrotation　西向超自轉 [天文]

west　西 [天文] [地質] [氣象] [海洋]

wet adiabat　溼絕熱線 [氣象]

wet and dry bulb hygrometer　乾溼球溼度表 [氣象]

wet and dry bulb thermocouple unit　乾溼球熱電偶裝置 [氣象]

W

wet and dry bulb thermometer　乾溼球溫度計 [氣象]

wet and dry cycling resistance　耐乾溼交替性 [氣象]

wet and dry hookup　定溼計 [氣象]

wet bulb depression　溼球溫差 [氣象]

wet bulb potential temperature　溼球位溫 [氣象]

wet bulb thermometer　溼球溫度錶 [氣象]

wet bulb　溼球 [氣象]

wet climate　重溼氣候 [氣象]

wet damage　溼害 [氣象]

wet diving　溼式潛水 [海洋]

wet fog　溼霧 [氣象]

wet hole　積水鑽孔 [地質]

wet land　溼地 [地質]

wet model　溼模式 [地質]

wet monsoon　溼季風 [氣象]

wet season　溼季 [氣象]

wet snow　溼雪 [氣象]

wet tongue　溼舌 [氣象]

wet weather flow　雨天流量 [氣象]

wet wind　溼風 [氣象]

wetness　潮溼 [氣象]

wetted perimeter　溼界 [地質] [氣象]

wet　溼 [氣象]

whaleback dune　鯨背沙丘 [地質]

Whale　鯨魚座 [天文]

whartonite　含鎳黃鐵礦 [地質]

wherryite　氯碳硫鉛礬 [地質]

whewellite　水草酸鈣石 [地質]

whin sill　暗色岩床 [地質]

whinstone　暗色岩，粒玄岩 [地質]

whin　暗色 [地質]

whirlblast　颺風 [氣象]

Whirlpool Galaxy (M51, NGC 5194)　漩渦星系 [天文]

whirlpool　漩渦 [天文] [地質] [氣象] [海洋]

whirlwind　塵捲 [氣象]

whirly　旋風 [氣象]

whisker crystal　鬚狀晶體 [地質]

whisker technology　晶鬚技術學 [地質]

whisker　晶鬚 [地質]

whistler rate　嘯聲出現率 [天文] [氣象]

whistler wave　嘯波 [海洋]

whistler　嘯聲，電嘯，雷嘯 [天文] [氣象]

whistling wind　呼嘯風 [氣象]

white bulb thermometer　白球溫度計 [氣象]

white chert　白燧石 [地質]

white clay　白土 [地質]

white cliff sandstone　白崖砂岩 [地質]

white cobalt　砷鈷礦 [地質]

white copperas　皓礬 [地質]

white coral　白珊瑚 [地質]

white dwarf star　白矮星 [天文]

white dwarf　白矮星 [天文]

white feldspar　鈉長石 [地質]

white frost　白霜 [地質]

W

white garnet 白榴石 [地質]

white hole 白洞 [天文]

white iron ore 菱鐵礦 [地質]

white iron pyrites 白鐵礦 [地質]

white jade 白玉 [地質]

white lead ore 白鉛礦 [地質]

white lead 白鉛 [地質]

white light coronameter 白光日冕光度計 [天文]

white light corona 白光日冕 [天文]

white light event 白光事件 [天文]

white light flare 白光閃焰 [天文]

white mica 白雲母 [地質]

white nickel 斜砷鎳礦 [地質]

white night 白夜 [天文]

white olivine 鎂橄欖石 [地質]

white sapphire 白剛玉 [地質]

white schorl 鈉長石 [地質]

white spot 白斑 [天文]

white squall 無形颮 [氣象]

white tellurium 白碲金礦 [地質]

white vitriol 皓礬 [地質]

white water 白水，碎波水花 [海洋]

whitecap 白浪冠，白浪頭 [海洋]

whiteout 白矇天 [氣象]

whiting 白堊粉 [地質]

whitlockite 白磷鈣礦 [地質]

Whittery shale 維特里頁岩 [地質]

whole gale warning 狂風警報 [氣象]

whole gale 狂風（十級風）[氣象]

wholly crystalline texture 全晶體結構 [地質]

wiborgite 奧長環斑花岡岩 [地質]

wichtisite 玄武玻璃 [地質]

Wick flagstone group 威克板層砂岩群 [地質]

wickmanite 氫氧錫錳石 [地質]

wide binary 遠距雙星 [天文]

wide line profile 寬線剖面 [地質]

wide pair 遠距雙星 [天文]

wide-angle common depth point 廣角共深度點 [地質]

wide-angle reflection 大角度反射 [地質]

wideband seismograph 寬頻帶地震儀 [地質]

Widmanstatten patterns 威德曼型 [地質]

Widmanstatten structure 威德曼結構 [地質]

Wiechert seismograph 魏氏地震儀 [地質]

Wigner-Seitz cell 維格納－賽茨晶胞 [地質]

wildflysch 巨礫複理層 [地質]

wilhelmite 矽鋅礦 [地質]

wilkeite 氧矽磷灰石 [地質]

willemite 矽鋅礦 [地質]

Williamson-Adams equation 威廉遜－艾達姆斯方程 [天文]

williwaw 威利瓦颮 [氣象]

Willmore seismograph 威爾莫地震儀 [地質]

W

willy-will　威烈威烈風 [氣象]

Wilson effect　威爾遜效應 [天文]

Wilson-Bappu effect　威爾遜－巴甫效應 [天文]

wind aloft map　高空風圖 [氣象]

wind aloft observation　高空風觀測 [氣象]

wind aloft　高空風 [氣象]

wind angle　風向角 [氣象]

wind area　受風面積 [氣象]

wind component indicator　風力分速指示器 [氣象]

wind cone　風袋 [氣象]

wind correction　風力修正 [氣象]

wind crust　風雪殼 [地質]

wind current　風流，吹送流 [氣象]

wind damage　風害 [氣象]

wind data　風的資料 [氣象]

wind dead ahead　正逆風 [氣象]

wind deflection　風偏轉 [氣象]

wind deposit　風成礦床 [地質]

wind diagram　風圖 [氣象]

wind direction indicator　風向指示器 [氣象]

wind direction recorder　風向記錄器 [氣象]

wind direction shaft　風向桿 [氣象]

wind direction　風向 [氣象]

wind disturbance　風擾動 [氣象]

wind driven current　風成流 [氣象] [海洋]

wind divide　風分界 [氣象]

wind drift　風漂流 [海洋]

wind duration　風時 [海洋]

wind effect　風效應 [氣象]

wind erosion　風蝕 [地質]

wind factor　風力係數 [氣象] [海洋]

wind fall　風折 [氣象]

wind field　風場 [氣象]

wind force direction gauge　風力方向計 [氣象]

wind force scale　風級 [氣象]

wind force　風力 [氣象]

wind frost　風霜 [氣象]

wind gap　風口，風隙 [地質] [氣象]

wind gauge　風力計 [氣象]

wind indicator　風向儀，風標 [氣象]

wind instrument　風速儀 [氣象]

wind measurement　風測定 [氣象]

wind meter　風速計 [氣象]

wind power　風力 [氣象]

wind pressure　風壓 [氣象]

wind profile　風剖線 [氣象]

wind regime　風系，風型 [氣象]

wind ripple　風成波痕 [地質] [氣象]

wind rose　風頻圖，風花圖 [氣象]

wind scale　風級 [氣象]

wind scoop　風窩，風挖穴 [地質]

wind shaft　風向桿 [氣象]

wind shear detection system　風切探測系統 [氣象]

wind shear　風切 [氣象]

W

wind shift line　風度線 [氣象]

wind signal pole　風訊信號杆 [氣象]

wind slab　風砌雪，硬風雪層 [地質] [氣象]

wind sleeve　風袋 [氣象]

wind spectrum　風譜 [氣象]

wind speed counter　風速計數器 [氣象]

wind speed effect　風速效應 [氣象]

wind speed indicator　風速儀 [氣象]

wind speed profile　風速剖線 [氣象]

wind speed scale　風速標度盤 [氣象]

wind speed　風速 [氣象]

wind squall　風颮 [氣象]

wind stress　風應力 [氣象]

wind valley　風谷 [地質]

wind vane　風標 [氣象]

wind vector　風向量 [氣象]

wind velocity　風速 [氣象]

wind wave rose　風浪玫瑰圖 [氣象] [海洋]

wind wave spectrum　風浪譜 [氣象] [海洋]

wind wave　風浪 [氣象]

windage effect　風阻影響 [氣象]

windage loss　風阻損失 [氣象]

windage scale　風力計 [氣象]

windage　空氣阻力 [天文] [地質] [氣象] [海洋]

wind-borne soil deposits　風成土壤沉積 [氣象]

wind-borne　風成的 [地質]

windburn　風炙 [氣象]

windchill index　風寒指數 [氣象]

windchill　風寒 [氣象]

wind-cut stone　風切石 [氣象]

wind-driven current　風生海流 [海洋]

wind-eroded basin　風蝕盆地 [地質]

wind-eroded soil　風蝕土 [地質]

wind-faceted stone　風稜石，風磨石，風切石 [地質]

wind-formed basin　風成盆地 [地質]

wind-generated noise　風生雜訊 [海洋]

window frost　窗霜 [地質] [氣象]

window ice　窗冰 [地質] [氣象]

window region　大氣窗區 [天文] [氣象]

window　大氣窗，冰窗 [天文] [地質] [氣象] [海洋]

wind-polished stone　風稜石，風磨石，風切石 [地質]

windrow cloud　波狀雲 [氣象]

windrow　風積丘 [地質]

wind-scoured basin　風蝕盆地 [氣象]

windscreen panel　擋風玻璃 [氣象]

windscreen　擋風玻璃，擋風板 [氣象]

wind-shaped stone　風稜石，風磨石，風切石 [氣象]

windsorite　淡英二長岩 [地質]

windspout　旋風 [氣象]

windstorm　風暴 [氣象]

windy cirrus　風捲雲 [氣象]

winged headland　翼岬 [地質]

Winged Horse　飛馬座 [天文]

wingtip rigid frame system　翼尖硬架系統 [地質]

wingtip system　翼尖系統 [地質]

wing　翼 [天文] [地質] [氣象] [海洋]

winter anomaly　冬季異常 [氣象] [海洋]

winter monsoon　冬季季風 [氣象]

winter solstice　冬至 [天文] [氣象]

winter time　冬季 [天文] [氣象]

winter-talus ridge　冰錐脊，雪蝕堤 [地質]

winter　冬季 [天文] [氣象]

wire grid　線柵 [天文]

wire-line logging　繩吊井測 [地質]

wireless time signal　無線電時號 [天文]

wiresonde　有線探空儀 [氣象]

Wisconsin ice age　威斯康辛冰期 [地質]

wismutantimon　鉍紅銻礦 [地質]

WISP:wide-range imaging spectrometer　寬波段圖像頻譜器 [天文]

wisper wind　韋斯派風 [氣象]

withamite　錳紅簾石 [地質]

witherite　碳鋇礦，毒重石 [地質]

Witte-Margules equation　維特一馬古列斯方程 [海洋]

wittichenite　硫鉍銅礦 [地質]

wittite　硫鉍銅礦 [地質]

WKBJ method!　WKBJ 法 [地質]

WKBJ theoretical seismogram　WKBJ 理論地震圖 [地質]

Woburn sand　沃伯恩砂岩 [地質]

Wolf diagram　沃夫圖 [天文]

Wolf number　沃夫數 [天文]

wolfachite　輝砷銻鎳礦 [地質]

wolfeite　水磷鐵錳礦 [地質]

wolfram ocher　鎢華 [地質]

wolfram ore　黑鎢礦 [地質]

wolframine　黑鎢礦 [地質]

wolframite　錳鐵鎢礦，黑鎢礦 [地質]

wolfram　鎢，黑鎢礦 [地質]

Wolf-Rayet star　沃夫一拉葉星 [天文]

wollastonite　矽灰石 [地質]

wolsendorfite　紅鉛鈾礦 [地質]

wood coal　褐煤 [地質]

wood copper　木銅礦 [地質]

wood fossil　木質化石 [地質]

wood opal　木蛋白石 [地質]

wood tin　纖錫石 [地質]

Wood-Anderson seismograph　伍德一安德森地震儀 [地質]

Woodhouse ashes　伍德豪斯火山灰 [地質]

woodhouseite　磷鈣鋁礬 [地質]

woodruffite　纖鋅錳礦 [地質]

woodstone　石化木，矽化木 [地質]

woodwardite　水銅鋁礬 [地質]

woody lignite　木質煤 [地質]

Woolhope limestone　伍爾霍普灰岩 [地質]

woolpack cloud　捲毛雲 [氣象]

woolpack　球狀石灰岩 [地質]

Woolwich beds　伍爾維奇層 [地質]

Workman-Reynolds effect　沃克曼一雷

諾效應 [地質]

Workshop　御夫座 [天文]

world calendar　世界曆 [天文]

world climate　世界氣候 [氣象]

world concordant time　世界協調時 [天文]

World geographic reference system　世界地理參考系統 [地質]

world geography　世界地理學 [地質]

world line　世界線 [天文]

world model　全球模型，宇宙模型 [天文]

world point　世界點 [天文]

world rift system　世界斷裂系 [地質]

world weather　世界天氣 [氣象]

world wide natural disaster warning system　全球自然災害警報系統 [地質] [氣象]

World Wide Standard Seismograph Network　世界範圍標準地震台網 [地質]

worldwide gravimetric basic point　世界重力基點 [地質]

world　世界 [天文]

WR star: Wolf-Rayet star　沃爾夫－拉葉星 [天文]

wrack　藻類植物，碎雲 [氣象] [海洋]

Wrekin quartzite　雷金石英岩 [地質]

wrench fault　走向斷層 [地質]

Wright's phenomenon　萊特現象 [天文]

wrinkle ridge　紋脊，皺脊 [天文]

wulfenite　鉬鉛礦 [地質]

wurtzite　纖鋅礦 [地質]

wustite　方鐵礦 [地質]

wyomingite　金雲斑白榴岩，窩明岩 [地質]

W

X x

X wave　X 波 [地質]

xalostocite　薔薇榴石 [地質]

xanthochroite　硫鎘礦 [地質]

xanthoconite　黃銀礦 [地質]

xantholite　十字石 [地質]

xanthophyllite　綠脆雲母 [地質]

xanthoxenite　黃磷鐵鈣礦 [地質]

xaser　X 射線雷射 [天文]

X-axis　X 軸 [地質]

X-cut　X 軸切割 [地質]

xenoblast　他形變晶 [地質]

xenocryst　捕獲晶 [地質]

xenogenite　後成礦床 [地質]

xenolite　重矽線石 [地質]

xenolith　捕虜岩 [地質]

xenomorphic crystal　他形晶 [地質]

xenomorphic granular texture　他形粒
　狀結構 [地質]

xenomorphic mineral　他形礦物 [地質]

xenomorphic　他形的 [地質]

xenontime　磷釔礦 [地質]

xenothermal ore deposit　淺成高溫礦床
　[地質]

xerothermal period　乾熱期 [地質]

xerothermic index　乾熱指數 [地質]

xonotlite　硬矽鈣石 [地質]

X-parallax　X 視差 [天文]

X-process　X 過程 [天文]

X-ray active galactic nuclei　X 射線活躍
　星系核 [天文]

X-ray astrometry　X 射線天體測量學
　[天文]

X-ray astronomy　X 射線天文學 [天文]

X-ray background radiation　X 射線背
　景輻射 [天文]

X-ray binary　X 射線雙星 [天文]

X-ray burst　X 射線爆發 [天文]

X-ray buster　X 射線爆發源 [天文]

X-ray crystal density　X 射線晶體密度
　[地質]

X-ray crystal spectrometer　X 射線晶體
　光譜儀 [地質]

X-ray crystallography　X 射線晶體學
　[地質]

X-ray diffraction analysis　X 射線繞射
　分析 [地質]

X

X-ray diffraction micrography X 射線繞射顯微照片 [地質]

X-ray emission of active region 活動區 X 射線輻射 [天文]

X-ray emission of solar flare 太陽閃焰 X 射線輻射 [天文]

X-ray fluoremetry logger X 射線螢光測井儀 [地質]

X-ray halo X 射線暈 [天文]

X-ray imaging telescope X 射線成像望遠鏡 [天文]

X-ray jet X 射線噴流 [天文]

X-ray luminosity of cluster of galaxies 星系團的 X 射線光度 [天文]

X-ray nebulae X 射線星雲 [天文]

X-ray nova X 射線新星 [天文]

X-ray photogrammetry X 射線攝影測量法 [地質]

X-ray powder crystallography X 射線粉末結晶學 [地質]

X-ray powder diffractometer X 射線粉末繞射機 [地質]

X-ray pulsar X 射線脈衝星 [天文]

X-ray source X 射線源 [天文]

X-ray spectral index X 射線光譜指數 [天文]

X-ray spectrum of galaxy cluster 星系團的 X 射線光譜 [天文]

X-ray star X 射線星 [天文]

X-ray stereometry X 射線立體測量學 [地質]

X-ray stereophotogrammetry X 射線立體攝影測量學 [地質]

X-ray structure X 射線結構 [地質]

X-ray telescope X 射線望遠鏡 [天文]

X-ray white dwarf X 射線白矮星 [天文]

X-rayed aurora X 射線極光 [天文]

X-source X 射線源 [天文]

xyloid coal 木質煤 [地質]

xyloid lignite 木質褐煤 [地質]

xylotile 鐵石棉 [地質]

X

Y y

yalca 雅卡雪暴 [氣象]

yamase 山背風 [氣象]

yamaskite 角閃鈦輝玄武岩 [地質]

Yarmouth interglacier 雅木斯間冰期 [地質] [氣象]

Yarside rhyolite 亞爾賽德流紋岩 [地質]

yaw 偏向，偏流，橫搖 [地質] [氣象]

Y-axis Y軸 [地質]

Y-crystal Y晶體 [地質]

Y-cut Y軸切割 [地質]

year 年 [天文]

year-climate 年氣候 [氣象]

yearly mean sea level 年平均海平面 [海洋]

yellow arsenic 雌黃 [地質]

yellow color index 黃色指數 [天文]

yellow copper ore 黃銅礦 [地質]

yellow lead ore 鉬鉛礦 [地質]

yellow mud 黃泥 [地質]

yellow orthoclase 黃色正長石 [地質]

yellow pyrite 黃銅礦 [地質]

yellow quartz 黃晶 [地質]

yellow rain 黃雨 [氣象]

yellow sand 黃沙 [地質]

Yellow Sea coastal current 黃海沿岸流 [海洋]

Yellow sea cold water mass 黃海冷水團 [海洋]

Yellow Sea warm current 黃海暖流 [海洋]

Yellow Sea 黃海 [海洋]

yellow snow 黃雪 [氣象]

yellow tellurium 針碲金銀礦 [地質]

yenite 黑柱石 [地質]

Yeovil sands 由維爾砂岩 [地質]

Yerkes system 葉凱士系統 [天文]

yield of groundwater 地下水出水量 [地質]

yield point 軟化點 [地質]

yield strength 軟化強度 [地質]

yield stress 軟化應力 [地質]

ylttrocolumbite 釔鈮鐵礦 [地質]

Yoffe effect 約費效應 [地質]

yoke mounting 軛式裝置 [天文]

yoked basin 配合盆地 [地質]

Yoredale series 約雷達爾統 [地質]

Y

youg 游各風 [氣象]

young galaxy 年輕星系 [天文]

young ice 新冰 [海洋]

Y-shaped valley Y 形谷 [地質]

yttrium aluminum garnet 釔鋁石榴石 [地質]

yttrium garnet 釔石榴石 [地質]

yttrium iron garnet 釔鐵石榴石 [地質]

yttrocerite 鈰釔礦，稀土螢石 [地質]

yttrocrasite 鈦釔釷礦 [地質]

yttrotantalite 鉭釔礦 [地質]

Yucatan Current 猶加敦海流 [海洋]

yugawaralite 鋁鈣沸石，湯河原沸石 [地質]

Y

Z z

Z cam star　鹿豹座 Z 型星 [天文]

Z cam　鹿豹座 Z 型星 [天文]

zap pit　衝擊坑 [天文] [地質]

zaratite　翠鎳礦 [地質]

zastruga　風蝕崎嶇雪面 [地質]

z-axis　z 軸 [地質]

Zechstein epoch　鎂灰世 [地質]

zeilanite　鐵鎂尖晶石 [地質]

Zeiss planetarium　蔡司天象儀 [天文]

zenith angle distribution　天頂角分佈 [天文]

zenith angle　天頂角 [天文]

zenith distance　天頂距 [天文]

zenith instrument　天頂儀 [天文]

zenith magnitude　天頂星等 [天文]

zenith point　天頂點 [天文]

zenith reading　天頂讀數 [天文]

zenith star　天頂星 [天文]

zenith telescope　天頂望遠鏡 [天文]

zenith　天頂 [天文]

zenithal equidistant projection　天頂等距投影 [天文]

zenithal hourly rate　天頂流星出現率 [天文]

zenithal orthomorphic projection　天頂正交投影 [天文]

zenithal projection　天頂投影 [天文]

zenithal rain　天頂雨 [氣象]

zenithal refraction　天頂折射 [天文]

zenocentric coordinates　木星中心座標 [天文]

zenographic coordinates　木面座標 [天文]

zenographic latitude　木面緯度 [天文]

zenographic longitude　木面經度 [天文]

zenographic system of coordinates　木面座標系 [天文]

zenography　木星表面學 [天文]

zeolite facies　沸石相 [地質]

zeolite　沸石 [地質]

zeolitic copper deposit　沸石銅礦床 [地質]

zeolitization　沸石化作用 [地質]

zephyr　軟風 [氣象]

zephyros　西菲洛風 [氣象]

zero age main sequence　零齡主序 [天文]

Z

zero ceiling　零高雲幕 [氣象]

zero crossing　零交點 [天文]

zero curtain　零溫層，冰點地層 [地質] [氣象]

zero drift coefficient of gravimeter　重力儀零位移係數 [地質]

zero hour　零時 [天文]

zero layer　零面 [海洋]

zero meridian　零子午線 [天文]

zero of pole　驗潮桿零點 [海洋]

zero point of tidal　驗潮站零點 [海洋]

zero tide　潮位零點 [海洋]

zero variation of gravimeter　重力儀零點突變 [地質]

zero velocity surface　零速度面 [天文]

zero zone　零時區 [天文]

zero　零，零點 [天文] [地質] [氣象] [海洋]

zero-frequency seismology　零頻地震學 [地質]

zero-initial-length spring　零長彈簧 [地質]

zero-length spring gravimeter　零長彈簧重力儀 [地質]

zero-order spectrum　零級光譜（光柵光譜）[天文]

zero-zero transition　零零躍遷 [天文]

zeugogeosyncline　配合地槽 [地質]

zeunerite　翠砷銅鈾礦 [地質]

zeylanite　鐵鎂尖晶石 [地質]

zianite　藍晶石 [地質]

zigzag lightning　曲折閃電 [氣象]

zigzag reflection　曲折反射 [地質]

Zijderveld diagram　澤德費爾德圖 [地質]

zimapanite　氯釩礦 [地質]

zinc bearing mineral　含鋅礦物 [地質]

zinc blende lattice structure　閃鋅礦晶格結構 [地質]

zinc blende structure　閃鋅礦結構 [地質]

zinc blende　閃鋅礦 [地質]

zinc bloom　水鋅礦 [地質]

zinc spinel　鋅尖晶石 [地質]

zincaluminite　鋅攀石 [地質]

zincite　紅鋅礦 [地質]

zinckenite　輝銻鉛礦 [地質]

zincobotryogen　鋅赤鐵攀 [地質]

zincocopiapite　鋅葉綠攀 [地質]

zinkenite　輝銻鉛礦 [地質]

zinkosite　鋅攀 [地質]

zinnwaldite　鐵鋰雲母 [地質]

zippeite　水鈾攀 [地質]

zircon　鋯石 [地質]

zirkelite　鈦鋯鈰礦 [地質]

zobaa　鄒巴風 [氣象]

zobtenfel　異剝輝長片麻岩 [地質]

zodiac　黃道 [天文]

zodiacal belt　黃道帶

zodiacal circle　黃道圈 [天文]

zodiacal cloud　黃道雲

zodiacal cone　黃道光錐 [天文]

zodiacal constellation　黃道星座 [天文]

Z

zodiacal counterglow　黃道反輝 [天文]

zodiacal light　黃道光 [天文]

zodiacal pyramid　黃道錐 [天文]

zodiacal signs　黃道十二宮 [天文]

zodiacal star　黃道帶恆星 [天文]

zodiacal zone　黃道帶 [天文]

zodite　銻碲鉍礦 [地質]

zoisite　黝簾石 [地質]

zoll　十二分之一（食分）[天文]

Zollner suspension　措爾納懸掛法 [地質]

zonal biostratigraphy　分帶生物地層學 [地質]

zonal circulation　緯向環流 [氣象]

zonal distribution　帶狀分布 [地質]

zonal flow　緯向氣流 [氣象]

zonal index　緯向指數 [氣象]

zonal kinetic energy　緯向動能 [氣象]

zonal mineral　分帶礦物 [地質]

zonal pegmatite　帶狀偉晶岩 [地質]

zonal pressure belt　緯向氣壓帶 [氣象]

zonal soil　地帶性土壤 [地質]

zonal structure　帶狀構造 [地質]

zonal theory　分帶理論 [地質]

zonal westerlies　緯向西風 [氣象]

zonal wind　緯向風，緯流風 [氣象]

zonal wind-speed profile　緯向風速剖線 [氣象]

zonal　緯向，環帶狀的 [天文] [地質] [氣象] [海洋]

zonality of hydrological phenomena　水文現象地帶性 [海洋]

zonality　地帶性 [地質]

zonda　佐達風 [氣象]

zone astrograph　分區天體照相儀 [天文]

zone axis　晶帶軸 [地質]

zone boundary　晶帶界，區域邊界 [地質]

zone catalog　分區星表 [天文]

zone description　時區標號 [天文]

zone dividing meridian　分區子午線 [天文]

zone indices　晶帶指數 [地質]

zone law of Weiss　外斯晶帶定律 [地質]

zone law　晶帶定律 [地質]

zone meridian　時區子午圈 [天文]

zone noon　分區正午 [天文]

zone observation　分區觀測 [天文]

zone of ablation　消融區 [地質]

zone of accumulation　聚積帶 [地質]

zone of aeration　通氣層，通氣帶 [地質] [氣象]

zone of avoidance　隱帶 [天文]

zone of cementation　膠結帶 [地質]

zone of crush　擠壓帶 [地質]

zone of deposition　沉積帶 [地質]

zone of detachment　分離帶 [地質]

zone of eclipse　食帶 [天文]

zone of enrichment　富集帶 [地質]

zone of fault　斷層帶 [地質]

zone of fracture　破裂帶 [地質]

zone of igneous activity　火成活動帶 [地

Z

質]

zone of illuviation 淋積帶 [地質]

zone of leaching 淋溶帶 [地質]

zone of magma 岩漿帶 [地質]

zone of maximum precipitation 最大降水帶 [氣象]

zone of non-saturation 不飽和帶 [地質]

zone of oxidation 氧化帶 [地質]

zone of primary ore 原生礦帶 [地質]

zone of rejuvenation 回春帶 [地質]

zone of rock-flowage 岩流帶 [地質]

zone of saturation 飽和帶 [地質]

zone of soil water 土壤水帶 [地質]

zone of suspended water 懸浮水帶 [地質]

zone of totality 全蝕帶 [天文]

zone of trade wind 信風帶 [氣象]

zone of wastage 消耗帶，消冰帶 [地質]

zone of weathering 風化帶 [地質]

zone time 區域時 [天文]

zone 層，區，帶 [天文] [地質] [氣象] [海洋]

zoning 環帶，分帶 [地質]

zoning of ore deposits 礦床帶分作用 [地質]

zonochlorite 綠纖石 [地質]

zoo-benthos 底棲動物 [地質]

zooplankton 浮游動物 [海洋]

Zoppritz-Turner travel time table 佐普里茲－特納走時表 [地質]

zorgite 硒銅鉛礦 [地質]

Z-shaped nebula Z 形星雲 [天文]

Z-term Z 項 [天文]

Zulu time 世界時，祖魯石 [天文]

zunyite 氯黃晶 [地質]

Zurich classification 蘇黎世分類 [天文]

Zurich number 蘇黎世數 [天文]

zussmanite 錳鐵變雲母，菱鉀鐵石 [地質]

ZZ Cet star 鯨魚座 ZZ 型星 [天文]

Z

這個時代最需要創新
創新最需要人才

五南科學科技專業詞典

本科技詞典系列主題範圍涵括全部理工領域，詞彙量最多、兼顧新舊詞條、釋義準確、實用性強、內容豐富、便於攜帶、專家編著審定。

專業必備的工具
洞察學界與產業需求
追求讀者自我卓越

國家圖書館出版品預行編目資料

地球科學英漢對照詞典 / 邱琬婷編著. -- 初
版. -- 臺北市 : 五南, 2011.03
　　面；　公分.
　ISBN 978-957-11-6228-7（精裝）
　1.地球科學 2.詞典
350.41　　　　　　　　　　100002574

5U03

地球科學英漢對照詞典
ENGLISH-CHINESE DICTIONARY OF EARTH SCIENCES

作　　者 ― 邱琬婷

發 行 人 ― 楊榮川

總 編 輯 ― 龐君豪

主　　編 ― 穆文娟

責任編輯 ― 蔣晨晨　楊景涵

出 版 者 ― 五南圖書出版股份有限公司

地　　址：106台北市大安區和平東路二段339號4樓

電　　話：(02)2705-5066　傳　　真：(02)2706-6100

網　　址：http://www.wunan.com.tw

電子郵件：wunan@wunan.com.tw

劃撥帳號：01068953

戶　　名：五南圖書出版股份有限公司

台中市駐區辦公室/台中市中區中山路6號

電　　話：(04)2223-0891　傳　　真：(04)2223-3549

高雄市駐區辦公室/高雄市新興區中山一路290號

電　　話：(07)2358-702　傳　　真：(07)2350-236

法律顧問　元貞聯合法律事務所　張澤平律師

出版日期　2011年 3 月初版一刷

定　　價　新臺幣680元

700329